TRAITÉ

D'OPTIQUE PHYSIQUE,

Par M. F. BILLET,

Professeur de Physique à la Faculté des Sciences de Dijon.

TOME SECOND.

PARIS,

MALLET-BACHELIER, IMPRIMEUR-LIBRAIRE

DE L'ÉCOLE IMPÉRIALE POLYTECHNIQUE, DU BUREAU DES LONGITUDES,

Quai des Augustins, 55.

1859

(L'Auteur et l'Éditeur de cet Ouvrage se réservent le droit de traduction.)

PARIS.—IMPRIMERIE DE MALLET-BACHELIER,
rue du Jardinet, n° 12.

TRAITÉ

D'OPTIQUE PHYSIQUE.

TABLE DES MATIÈRES.

CHAPITRE XI.

ÉTUDE GÉNÉRALE DE LA PRODUCTION ET DES PRINCIPALES MANI-
FESTATIONS DE LA LUMIÈRE POLARISÉE CIRCULAIREMENT ET
ELLIPTIQUEMENT.

ARTICLE Ier. — *De la réciprocité des polarisateurs et des polariscopes, soit circulaires, soit elliptiques.*

II.   a

ARTICLE II.— *Intervention des générateurs de polarisation circulaire et elliptique dans les phénomènes de polarisation colorée.*

CHAPITRE XII.

POLARISATION ELLIPTIQUE ET CIRCULAIRE. — THÉORIE.

ARTICLE Ier. — *Composition des mouvements vibratoires qui diffèrent par l'azimut, l'intensité et la phase.*

ARTICLE II. — *Exemples de génération continue des rayons elliptiques à tous les degrés.*

CHAPITRE XIII.

POLARISATION CIRCULAIRE ET ELLIPTIQUE PAR RÉFLEXION TOTALE.

CHAPITRE XIV.

POLARISATION ELLIPTIQUE ET CIRCULAIRE PAR RÉFLEXION MÉTALLIQUE ET VITREUSE.

CHAPITRE XV.

POLARISATION RECTILIGNE, CIRCULAIRE ET ELLIPTIQUE PAR RÉFLEXION CRISTALLINE.

CHAPITRE XVI.

MESURE DES CARACTÉRISTIQUES DE LA POLARISATION MÉTALLIQUE, VITREUSE, ETC.

CHAPITRE XVII.

DOUBLE RÉFRACTION CIRCULAIRE.

ARTICLE Ier. — *Détermination des constantes de la double réfraction circulaire par les prismes et par les rotations.*

ARTICLE II. — *Interférence des circulaires. — Détermination des constantes de la double réfraction circulaire par la méthode des déplacements.*

CHAPITRE XVIII.

POLARISATION ROTATOIRE CHROMATIQUE.

ARTICLE Ier. — *Travaux de M. Biot.*

ARTICLE II. — *Applications de la polarisation rotatoire.*

CHAPITRE XIX.

POLARISATION CHROMATIQUE DES CIRCULAIRES ET DES ELLIPTIQUES.

CHAPITRE XX.

POLARISATION ROTATOIRE. — TRAVAUX SYNTHÉTIQUES.

ARTICLE Ier. — *Expériences et appareils de Fresnel.*

ARTICLE II. — *Rotation du plan de polarisation par le magnétisme.*

CHAPITRE XXI.

LA POLARISATION ROTATOIRE ET LA CHIMIE.

CHAPITRE XXII.

LA POLARISATION ROTATOIRE ET LA CRISTALLOGRAPHIE.

CHAPITRE XXIII.

LA MÉTHODE EXPÉRIMENTALE DE M. DE SENARMONT.

CHAPITRE XXV.

THÉORIE DE LA DOUBLE RÉFRACTION.

ARTICLE Ier. — *Théorèmes généraux sur l'élasticité de certains milieux.*

ARTICLE II. — *La surface de l'onde.*

ARTICLE III. — *Discussion. — Les réfractions coniques.*

ARTICLE IV. — *Les théorèmes sur les vitesses et leur application au calcul approximatif des courbes isochromatiques.*

ARTICLE V. — *Les constantes de la double réfraction et leurs variations.*

NOTE.

PLANCHES VIII, IX, X, XI, XII, XIII, XIV.

TRAITÉ
D'OPTIQUE PHYSIQUE.

CHAPITRE XI.

ÉTUDE GÉNÉRALE DE LA PRODUCTION ET DES PRINCIPALES MANIFESTATIONS DE LA LUMIÈRE POLARISÉE CIRCULAIREMENT ET ELLIPTIQUEMENT.

ARTICLE Iᵉʳ.

DE LA RÉCIPROCITÉ DES POLARISATEURS ET DES POLARISCOPES, SOIT CIRCULAIRES, SOIT ELLIPTIQUES.

Premier moyen de reconnaître, par projection ou autrement, la lumière polarisée circulaire et elliptique. — Comment ce qui polarise elliptiquement ou circulairement peut servir de polariscope elliptique ou circulaire. — On s'en convainc en s'appuyant sur ces deux principes : *Un circulaire équivaut à deux rectilignes égaux, rectangulaires et différents de* $\frac{\lambda}{4}$. *Un rectiligne équivaut à deux circulaires égaux et contraires.* — Idée générale des appareils quart d'onde et des biréfringents circulaires envisagés tour à tour comme polarisateurs et comme polariscopes. — Existence de deux sortes de circulaires et d'elliptiques établie par des constructions graphiques et confirmée par l'expérience. — Prismes biréfringents circulaires. — Ils résolvent un rectiligne ou un naturel en deux circulaires égaux et contraires. — Les micas *quart d'onde.* — Supérieurs aux micas *trois quarts d'onde.* — La lame sensible appliquée à la reconnaissance des deux sortes de circulaires et d'elliptiques. — Analyseurs d'Airy. — Comment, si leur Nicol possède un mouvement indépendant, ils deviennent des polariscopes universels. — Comment le rayon naturel soumis à leur action reste naturel. — Parallélipipèdes de Fresnel. — Prismes de Dove. — Comment les premiers rachètent par un moindre trajet l'inconvénient du déplacement du faisceau. — Comment ils l'emportent sur les micas par une moindre dispersion. — Double utilité des compensateurs. — Compensateur à franges. — Compensateurs à teintes plates. ··· Comment ils produisent et restaurent les circulaires et les elliptiques.

§ 316. — Description d'un appareil de projection.

Dans les nombreuses expériences de la Section précédente,

II.

nos principaux auxiliaires ont été les appareils de Norremberg et d'Amici : dans la Section actuelle, pour familiariser le lecteur avec une autre manière d'opérer qui a ses avantages, nous procéderons par projection. Mais comme cette dernière méthode est relativement grossière, que la sensibilité de l'œil, dont l'intervention n'a lieu que secondairement, y est bien moindre; nous admettons que le lecteur reprendra ces expériences avec les deux précédents appareils, surtout quand il s'agira de particularités délicates qui pourraient, dans une chambre imparfaitement obscure, n'être que difficilement aperçues sur l'écran où apparaissent les phénomènes.

L'appareil représenté (*fig.* 146) comprend un petit miroir *m* à face postérieure noircie, installé sous l'angle de 34 degrés à l'extrémité libre d'un axe, parallèle au trait solaire, qu'on peut tourner à la main de manière à identifier son plan de réflexion tour à tour avec tous les azimuts. Cet axe traverse centralement et normalement un grand écran de carton muni, à la circonférence, d'une division dont le zéro est sur le diamètre vertical et le 90° à chaque extrémité du diamètre horizontal. Une lentille L d'un foyer un peu long, placée à une distance du miroir un peu plus petite que son foyer principal, communique au trait solaire une convergence qui lui permet de tomber tout entier sur le petit miroir et de tracer sur l'écran une tache lumineuse très-intense, qui aurait la forme d'un cercle si l'écran avait la forme d'un cône convenable, mais qui, sur l'écran plan et vertical, est ovale. Avec cet appareil on peut tâter en un instant les rayons de lumière qui arrivent dans la direction AL et donner, d'une manière visible pour tout l'auditoire, réponse à chacune de ces questions qui se présentent sans cesse en optique. *Ce rayon est-il ou non polarisé? L'est-il partiellement ou totalement? Et s'il l'est, quel est son plan de polarisation?* En communiquant au miroir un mouvement de rotation rapide, on peut même obtenir l'exhibition simultanée de tous les cas particuliers du phénomène

et les obtenir d'une manière plus nette que cela n'arrive
avec le miroir conique et immobile imaginé, il y a déjà
longtemps, par le docteur Guérard : car si ce miroir, en qualité d'*enveloppe* de notre miroir mobile, lui est géométriquement équivalent, son polissage laisse toujours à désirer.

§ 317. — Première notion de la polarisation circulaire et elliptique.

Eh bien, il a été donné aux physiciens de rencontrer
des rayons qui, à l'instar des rayons naturels, donnent dans
tous les azimuts une image réfléchie d'intensité constante ;
ou, par la rotation, un cercle d'illumination uniforme et
qui cependant ne sont pas de la lumière naturelle. On s'en
convaincra en interposant, en avant du miroir, une lame
biréfringente, le quartz sensible par exemple (§ 299), car ces
prétendus naturels, au lieu de continuer à donner une tache
blanche, offrent une image vivement colorée comme s'il
s'agissait de lumière polarisée. D'ailleurs, même à ce point
de vue d'une teinte engendrée, on ne saurait les confondre
avec de la lumière polarisée, car la teinte obtenue avec une
même lame traversée dans la même direction n'est pas la
même dans les deux cas. Ainsi tandis que, dans la lame
choisie, le polarisé donne ou la teinte sensible ou le vert
jaunâtre complémentaire, les nouveaux rayons donnent
l'une des deux couleurs complémentaires *rose* ou *vert*. On
a donné à ces rayons le nom de *rayons polarisés circulairement :* bornons-nous à constater ici que cette dénomination
est en parfaite harmonie avec chacune des deux propriétés
que nous venons de leur reconnaître : *polarisé* fait allusion
à la génération de couleurs qui avait été jusqu'alors un at-
tribut caractéristique de la lumière polarisée, et *circulaire*
à cette constance de l'image réfléchie qui exclut toute idée
d'orientation du mouvement *vibratoire*. C'est par imitation
de ce nom composé qu'on a appelé *polarisés rectilignes* les
rayons qui nous ont tant occupé jusqu'ici.

En modifiant un peu les conditions qui donnent naissance à un polarisé circulaire, on peut obtenir un rayon

que le miroir traitera comme un polarisé partiel et qui cependant s'en séparera par des différences analogues à celles qui existent entre le circulaire et le naturel : car si livré au miroir, sans interposition de lames biréfringentes, il donne une image constamment blanche et dont l'intensité variable reçoit ses deux valeurs extrêmes pour deux orientations rectangulaires du miroir, l'interposition d'une lame mince cristallisée amène, comme avec un polarisé partiel, des colorations, mais des colorations spéciales, caractérisées par des teintes complémentaires distinctes de celles que donne le polarisé partiel. Cette nouvelle espèce de lumière est connue sous le nom de *lumière polarisée elliptiquement*.

§ 318. — Comment se justifiera la réciprocité des polarisateurs et des polariscopes circulaires et elliptiques.

Le terrain que nous venons de choisir pour donner une première idée des moyens pratiques auxquels on peut recourir pour reconnaître la lumière polarisée circulaire ou elliptique, n'est pas le seul sur lequel on puisse se placer. Ici, comme en polarisation rectiligne, les différences expérimentales sont multiples. Ici encore ces diverses manifestations particulières sont inséparables et chacune d'elles constitue un caractère exclusif capable, jusqu'à un certain point, de définir à lui seul l'espèce de lumière qui la possède et de fournir ainsi un procédé polariscopique suffisant. L'étude de la polarisation elliptique ou circulaire ne manquera donc point de variété, et partant d'un certaine complication. Mais heureusement, ici comme en polarisation rectiligne, il est une circonstance éminemment simplifiante qui vient racheter ce qu'on pourrait être tenté d'appeler les inconvénients de la richesse des points de vue. Une parfaite réciprocité existe entre les polariscopes et les polarisateurs soit elliptiques, soit circulaires. Tant qu'il ne s'agit point de procédés complexes et indirects fondés sur le concours de plusieurs phénomènes et analogues à ce que sont pour la polarisation rectiligne les polariscopes issus de la polarisation chromatique, tout appareil, qui appliqué à un polarisé elliptique ou circulaire le distingue d'un polarisé rectiligne, appliqué à un rectiligne le transforme en un polarisé elliptique ou circulaire. La raison de cette double aptitude est parfaitement connue, et quoique ce chapitre, destiné à nous familiariser avec les moyens variés de produire et de reconnaître ces deux nouvelles sortes de lumière, doive rester essentiellement expérimental, cependant nous n'hésitons pas à en parler dès à présent, au moins sommairement.

On sait que la science n'existe que par la diversité des points de vue, par les manières multiples d'envisager et de constituer une même chose. Ainsi, une force, un mouvement, équivalent à deux, trois,..., autres forces, à deux, trois,..., autres mouvements, et la résolution des problèmes de statique ou de dynamique s'obtient souvent en substituant à la force et au mouvement donné un de ces systèmes innombrables convenablement choisi ; en optique de même, des liens intimes existent entre les diverses sortes de rayons, et chacun d'eux se prête à des équivalences nombreuses. Nous avons déjà vu par exemple qu'un rayon polarisé rectiligne pouvait s'échanger d'une infinité de manières contre un système de deux autres polarisés rectilignes, et c'est en recourant à l'un de ces systèmes que nous avons mené simplement à bonne fin mainte question délicate. Le cadre de cette étude, maintenant qu'elle peut porter sur les rectilignes, les circulaires et les elliptiques, s'agrandit considérablement, et il ne saurait être ici question de le remplir incidemment ; nous la reprendrons plus loin avec les développements qu'elle mérite et nous allons nous borner à énoncer à présent deux des curieux théorèmes auxquels elle nous conduira.

1°. *Un rayon circulaire, un rayon elliptique, peuvent être considérés comme le résultat de la superposition de deux polarisés rectangulaires issus d'un polarisé primitif et différant de $\frac{\lambda}{4}$. Quand les rayons sont égaux, on a le*

*circulaire; quand ils sont inégaux, on a, suivant le rap-
port de leurs amplitudes, l'un des rayons dont l'ensemble
forme la série innombrable des rayons elliptiques à divers
degrés.*

2°. Inversement. *Un rayon rectiligne équivaut soit à
l'ensemble de deux certains circulaires d'intensité moitié,
soit à l'ensemble de deux certains elliptiques.*

§ 319. — Appareils quart d'onde. — Comment la réciprocité leur appartient.

D'après le premier théorème, la génération des rayons
circulaires ou elliptiques consistera à s'en prendre à l'un
des systèmes de deux polarisés rectangulaires qui valent un
rectiligne et à agir sur lui de telle sorte que l'un de ces
deux composants contracte un retard de $\frac{\lambda}{4}$ sans toutefois
être séparé de son congénère. De là une première série de
polarisateurs circulaires ou elliptiques nommés expressi-
vement *appareils quart d'onde*. Or, si l'on soumet à
l'action d'un appareil quart d'onde un rayon déjà circulaire
ou elliptique, un nouveau retard égal à $\frac{\lambda}{4}$ s'introduira. Si
donc il arrive que ce retard soit appliqué aux constituants
qui le possèdent déjà, pour eux le retard sera soit annulé,
soit élevé à $\frac{\lambda}{2}$, et partant il y aura reconstitution d'un rayon
rectiligne, ou, comme on le dit techniquement, *restauration*
du circulaire et de l'elliptique. Un appareil quart d'onde
traite donc différemment un naturel, un rectiligne, un circulaire et un elliptique; il laisse le premier naturel (§ 331),
il rend le second circulaire ou elliptique, il restaure le
troisième sans condition d'orientation (§ 365), et enfin il
restaure le quatrième quand certaines conditions d'orientation sont satisfaites (§ 363), c'est-à-dire qu'il mérite le
nom de polariscope circulaire ou elliptique.

§ 320. — Biréfringents circulaires. — Comment la réciprocité leur appartient.

D'après le second théorème il faudra trouver, soit des

milieux analogues aux biréfringents ordinaires qui mettent au service des deux circulaires possibles deux vitesses de propagation différentes, de manière que leur séparation angulaire s'opère sitôt que le rayon rectiligne tombera obliquement sur eux ; soit encore des milieux analogues aux tourmalines qui éteignent l'un de ces constituants circulaires. Ces derniers sont encore à trouver, et tout ce qu'on a pu faire jusqu'à présent a été d'en imiter les effets par certaines combinaisons d'appareils que nous ne tarderons pas à connaître (§ 329). Quant aux premiers, qu'il faut appeler *biréfringents circulaires*, ils sont connus depuis longtemps et ils ont sur les polarisateurs quart d'onde deux avantages marqués : 1° celui de transformer le rectiligne qui leur est livré, non plus en un, mais en deux circulaires ; 2° celui de ne pas exiger la condition de polarisation préalable et d'exercer leur action dédoublante aussi bien sur un naturel que sur un rectiligne. Or, si l'on soumet tour à tour à l'action d'un biréfringent circulaire un naturel, un rectiligne et un circulaire, ne prévoit-on pas que les deux premiers seront seuls dédoublés et que le dernier suivra tout entier la route de celui des deux circulaires dont il possède l'organisation (§ 321) ? C'est-à-dire que pour cette catégorie de polarisateurs circulaires il y aura encore, comme conséquence obligée de leur faculté polarisatrice, une faculté polariscopique bien marquée.

Nous allons donc nous occuper successivement et des appareils quart d'onde et des biréfringents circulaires ou elliptiques, et nous en occuper au double point de vue de leur faculté polarisatrice et polariscopique. Mais nous commencerons par les derniers, et voici pourquoi.

§ 321. — Les deux sortes de circulaires et d'elliptiques.

En double réfraction ordinaire, l'inégale vitesse des deux rayons tient à ce que les deux vibrations rectilignes constitutives de ces rayons attaquent le milieu hétérogène dans des directions différentes. La double réfraction circulaire doit visiblement relever d'une cause physique analogue et venir de ce que le mouvement vibratoire d'un rayon circulaire a deux manières d'être distinctes. Soient (*fig.* 147) OX, OY les directions rectangulaires des deux vibrations, O la position de repos de la particule qui va subir à la fois les deux mouvements; A, A'; B, B' les positions extrêmes entre lesquelles elle oscillerait si elle était exclusivement animée de chacun des mouvements : on obtiendra les points de la trajectoire décrite, à l'aide d'une foule de parallélogrammes construits respectivement sur chaque couple de positions simultanées. A, B sont-elles positions simultanées, auquel cas il n'existe pas de retard entre les deux vibrations composantes, les diagonales des parallélogrammes successifs coïncideront et la vibration résultante restera rectiligne; il en serait de même encore si, l'une des vibrations étant en retard sur l'autre de $\frac{\lambda}{2}$, A et B' étaient positions simultanées. Hors de ces deux cas simples déjà signalés (§ 240), la trajectoire est courbe. Les positions simultanées sont-elles A pour la vibration OX et O pour la vibration OY, auquel cas cette dernière est en retard de $\frac{\lambda}{4}$, les parallélogrammes $aOb1$, $a'Ob'2$, ..., portent la particule oscillante successivement en 1, 2, 3, ..., et la courbe décrite l'est dans le sens 1, 2, ...; le retard $\frac{\lambda}{4}$ appartient-il au contraire à la vibration OX, les positions successives sont celles de la (*fig.* 148) et la courbe est décrite dans le sens de la flèche, c'est-à-dire dans le sens contraire du mouvement de l'aiguille d'une montre. Eh bien, les biréfringents circulaires sont des milieux tellement organisés, que le sens du mouvement révolutif y influe sur la vitesse de propagation. Une telle différence est donc considérable et elle suffirait largement à justifier la division des rayons circulaires ou elliptiques en deux catégories, à savoir, la série des circulaires ou elliptiques *dextrorsum* chez lesquels la rotation a lieu dans le même sens que dans une montre, et la série des circulaires ou elliptiques *sinistror-sum*. Les deux circulaires d'un rayon rectiligne ou d'un rayon naturel se trouvant appartenir à ces deux catégories, la double réfraction circulaire qui les sépare a l'avantage inappréciable de mettre à notre disposition d'un seul coup les deux types de rayons circulaires et de nous offrir ainsi le moyen le plus net de nous familiariser avec les particularités expérimentales qui les caractérisent.

§ 322. — Prismes biréfringents circulaires.

Le quartz considéré dans le sens de l'axe se trouve affranchi de la double réfraction ordinaire : le champ y est donc libre pour la manifestation de différences spéciales de vitesse, si faibles qu'elles puissent être. De telles différences existent précisément à l'égard des deux sortes de rayons circulaires. Chez certains échantillons reconnaissables à des signes extérieurs (chap. **XXII**), les circulaires dextrorsum vont plus vite, chez d'autres ce sont les sinistrorsum. Si donc on fait pénétrer dans un quartz un rayon naturel ou rectiligne, sous une incidence oblique telle, que la route intérieure correspondante soit l'axe, l'inégalité de vitesse des deux circulaires possibles suffira pour que le rectiligne ou le naturel se produise sous cette forme et l'on aura à l'entrée un dédoublement qui s'améliorera à la sortie.

Pour donner au rayon intérieur strictement la direction de l'axe, il suffit de tailler dans le quartz un prisme isocèle tellement orienté, que sa base soit parallèle à l'axe optique, et de choisir l'incidence qui donne la déviation minima. Mais la différence des vitesses est si faible (§ **468**), que le prisme devra être très-ouvert; de là des effets considérables de dispersion que l'on n'éviterait qu'en recourant à une lumière d'une homogénéité parfaite : d'ailleurs l'angle du prisme sera soumis à la limitation connue et ne pourra surpasser deux fois l'angle limite, c'est-à-dire 80° 27′. Fresnel échappait et à la dispersion et à cette limitation, en juxtaposant à son prisme, de 145 degrés, deux prismes auxiliaires de verre (*fig.* 149) dont l'angle réfringent

valait 72° 30'. Si le verre a strictement l'indice ordinaire
du quartz, il suffit de recevoir normalement, sur une face
extrême du parallélipipède formé par l'ensemble des trois
prismes collés, un rayon, pour obtenir de l'autre côté deux
rayons séparés, polarisés tous deux circulairement ainsi
que le témoigne le miroir tournant, et cependant différant
l'un de l'autre par quelque chose, puisque si l'un d'eux se
teint en rose par l'interposition de la lame sensible, l'autre
se teindra en vert. L'existence des deux sortes de quartz
dispensait Fresnel de chercher un verre ayant strictement
l'indice ordinaire du quartz, car il lui suffisait, si son prisme
isocèle accordait par exemple la plus grande vitesse au
rayon dextrorsum, de prendre pour auxiliaires deux
prismes d'un quartz chez qui la vitesse la plus grande fût
celle du rayon sinistrorsum et de tailler leurs faces extrêmes
normalement à l'axe. On a ainsi l'avantage de doubler la
séparation, comme dans le biprisme de Wollaston (§ 198)
et pour les mêmes motifs.

Si, dans le premier prisme, les deux circulaires superposés suivent rigoureusement l'axe, dans les suivants ils
en sont éloignés par la réfraction l'un en haut, l'autre en
bas. Si donc la double réfraction circulaire était un peu
grande, comme la résolution en deux circulaires est une
propriété qui n'appartient qu'à l'axe (§ 323), les deux
rayons ne pourraient être franchement circulaires. Ils ne le
seraient rigoureusement que si l'on recourait à un seul
prisme tel que ABC. Même dans l'appareil à prismes terminaux de verre, il faudrait, pour leur donner tour à tour
ce caractère, incliner convenablement le *triprisme*, tantôt
dans un sens et tantôt dans l'autre : mais l'angle de *duplication* Δ est trop faible, même avec les trois prismes de
quartz (§ 464), pour troubler d'une manière appréciable la
circularité.

Nous pourrions sans doute obtenir dès à présent la
relation qui unit l'angle Δ aux vitesses respectives des deux
circulaires, en suivant la marche déjà tracée lors des bi-

prismes, et, par suite, en mesurant Δ, obtenir ces vitesses ; mais cette marche serait peu précise. Devant trouver plus tard une méthode très-exacte pour déterminer ces vitesses, nous attendrons qu'elle nous soit connue, et alors la formule du triprisme pourra servir à déterminer indirectement l'angle de duplication.

Le dispositif qui permet de montrer à tout l'auditoire la double réfraction circulaire est représenté (*fig.* 150). Le trait solaire, transmis ou non à travers un premier nicol, et rétréci par un trou T d'environ 4 millimètres de diamètre, arrive polarisé ou naturel sur le triprisme et s'y dédouble. Les deux faisceaux, non encore dégagés l'un de l'autre, rencontrent aussitôt une lentille d'un foyer un peu long qui les livre, soit au miroir, soit plutôt au nicol N'. En plaçant l'écran en T', foyer conjugué du trou T, on obtient deux petites taches rondes t, t', tangentes l'une à l'autre. Avec un trou plus petit elles se séparent ; un trou plus grand les laisse au contraire partiellement superposées. Veut-on les agrandir, on place au delà de ces taches, prises comme objet, une lentille L'; d'un foyer médiocre, qui en donne, sur un écran placé au nouveau foyer conjugué, des images réelles et agrandies dans un rapport qu'on peut faire varier. Faites tourner le nicol N', leur intensité restera constante ; interposez en deçà de ce nicol une lame sensible, vous aurez les deux teintes complémentaires et partant du blanc dans la partie commune. Enfin, recevez sur le triprisme un faisceau déjà circulaire, obtenu, par exemple, par l'action séparatrice d'un premier triprisme, il ne se dédoublera pas et passera tout entier dans l'une ou dans l'autre image, ce qui permet de distinguer expérimentalement les deux sortes de circulaires.

Nous retrouverons la double réfraction circulaire et chez des liquides et chez des cristaux appartenant au système cubique. Il suffirait de donner à de telles substances la prismaticité sans aucune préoccupation d'orientation. Malgré ces avantages, on n'a pu les substituer au quartz dans les

études directes de double réfraction circulaire, parce que la
biréfringence y est beaucoup plus faible. Le quartz lui-
même, quoique le plus biréfringent de tous, l'est encore
trop peu pour qu'on puisse songer à réaliser avec lui le
nicol circulaire.

§ 323. — Ce qui arrive hors de l'axe.

Quand on quitte la direction de l'axe, ce seraient deux certains
elliptiques inverses équivalents au rayon donné, naturel ou rectiligne (§ **402**), qui rencontreraient des vitesses différentes et
devraient apparaître angulairement séparés. Mais cette *double réfraction elliptique* promise n'aboutit pas, masquée qu'elle est par
la double réfraction ordinaire prédominante; il en résulte que les
phénomènes de la double réfraction elliptique, au lieu de s'isoler,
ne se produisent que comme phénomènes perturbateurs de la
double réfraction ordinaire du quartz. Nous reviendrons sur ce
point.

§ 324. — Construction et vérification des micas quart d'onde.

La lumière blanche agit dans les phénomènes d'interférence où la dispersion n'intervient que faiblement, comme
une lumière simple ayant pour longueur d'onde environ
550 millionièmes de millimètre, c'est-à-dire sensiblement
celle du jaune. A la rigueur, comme l'influence de la dispersion est variable de phénomène à phénomène et même
aux diverses phases d'un même phénomène, par exemple,
dans les franges de divers ordres obtenues simultanément, il faudrait, et nous aurons l'occasion d'y revenir, déterminer, pour chaque expérience, la longueur
d'onde qui, de fait, convient à la lumière blanche. Mais,
comme avec cette sorte de lumière les études ne peuvent
prétendre qu'à une exactitude bornée, nous admettrons,
à moins que nous ne prévenions du contraire, le chiffre 550.

Cela posé, le quart d'onde, évalué en épaisseur d'air.
vaut $\frac{1}{4}$ 550 = 137,5; en gypse ou en quartz, ce sera 115 fois
plus, c'est-à-dire $0^{mm},0158$; en mica ce serait plus du

double, c'est-à-dire environ 0,032. Supposons donc qu'ayant clivé du mica, on en passe les feuillets à l'appareil de Norremberg afin de choisir ceux dont l'égalité d'épaisseur est attestée par l'uniformité de la teinte, qu'ensuite on mesure ces derniers au sphéromètre pour en déterminer les épaisseurs. Si on opère sur un grand nombre de lames, on en trouvera dont l'épaisseur réalisera, sinon rigoureusement, au moins très-approximativement, le chiffre précédent. Noyons-les, entre deux verres, dans de la térébenthine, et nous aurons préparé des *micas quart d'onde*. Nous supposerons qu'on en possède deux, et qu'ils sont installés dans un liége octogonal qui permette d'orienter sans peine leur section principale et de la faire tourner de 45 degrés ou de 90 degrés.

Dans ces manipulations, il convient de déterminer sur la lame, avant le clivage, la direction des deux sections neutres et d'y reconnaître la section principale, afin de reporter à l'équerre et avec une pointe sur chaque feuillet la trace de ces deux sections, indispensable dans l'usage des micas quart d'onde. Cette connaissance permet ici d'en obtenir, par duplication parallèle ou croisée, même quand aucune lame ne s'approcherait suffisamment du chiffre $0^{mm},032$. Il suffit en effet pour cela que deux lames le donnent par la somme ou par la différence de leurs épaisseurs, et de les superposer en profitant des lignes de repère. On vérifiera leur bonne confection avec l'appareil de Norremberg en constatant que sur la plate-forme supérieure elles se teignent soit d'un gris bleuâtre, soit du blanc jaunâtre complémentaire, et sur la plate-forme inférieure d'un jaune paille ou d'un rouge foncé. Au lieu de recourir au sphéromètre on peut même, plus expéditivement, se contenter de passer les lames à l'appareil de Norremberg, et reconnaître celles qui conviennent, d'après la production des teintes précitées.

Les cristaux $\frac{3}{4}$ d'onde, $\frac{5}{4}$ d'onde,..., etc., pourraient rendre les mêmes services que les cristaux quart d'onde, et

comme leur épaisseur est triple, quintuple,..., etc., ils
offriraient, surtout chez le quartz, moins de fragilité ; mais
ils auraient l'inconvénient d'être affectés d'une dispersion
plus grande, et de ne plus traiter aussi bien la lumière
blanche, comme en bloc. D'ailleurs nous verrons que la
construction d'un quartz quart d'onde d'une large section
n'offre plus aujourd'hui de difficulté (§ 341).

Puisque les cristaux, même les plus biréfringents, cessent de l'être dans le sens de l'axe et prennent à partir de
là une double réfraction croissante avec continuité, pourquoi ne pas tailler ses lames quart d'onde normalement à
une direction voisine de l'axe et assez voisine pour que son
épaisseur soit considérable ? De pareilles lames ne vaudraient rien, attendu que le retard n'y étant pas maximum
y serait sans stabilité et se dénaturerait grandement par la
moindre inclinaison du cristal. Les lames doivent être parallèles à l'axe, ou, s'il s'agit d'un biaxe, à la ligne qui le
remplace à ce point de vue de la stabilité.

Quoique nous devions user dans les expériences surtout
de micas quart d'onde, comme ces cristaux ne sont qu'accidentellement uniaxes, toutes les fois que nous voudrons
donner de la précision aux développements, nous supposerons que les quart d'onde employés sont en quartz.

§ 325. — Les cristaux quart d'onde polarisateurs circulaires et elliptiques.

Un cristal quart d'onde placé normalement sur le trajet
d'un rayon polarisé rectiligne, le laisse rectiligne si sa
section principale est parallèle ou perpendiculaire au plan
de polarisation. Hors de là le rayon subit la double réfraction sans séparation angulaire et se transforme en un circulaire ou en un elliptique : en un circulaire quand la section
principale étant à 45 degrés du plan de polarisation, les
deux constituants sont exceptionnellement égaux, et en
un elliptique pour toutes les autres orientations.

Soit le plan de polarisation horizontal, et partant la
vibration incidente verticale ; disposons la section princi-

pale du cristal (*fig.* 151) de manière qu'elle traverse le quadrant inférieur de gauche. Si le cristal est positif, en quartz par exemple, ou bien formé de l'un des biaxes, mica et gypse qui, comme le quartz, retardent la vibration située dans la section principale, on aura un dextrorsum (§ 321). Le circulaire et l'elliptique deviendront sinistrorsum si l'axe (*fig.* 152) passe dans le quadrant inférieur de droite; mais on peut passer encore d'un dextrorsum à un sinistrorsum sans toucher au mica quart d'onde et en tournant simplement de 90 degrés le nicol qui imprime au rayon incident son état de polarisation, de manière à rendre la vibration incidente horizontale (*fig.* 153), puisque la vibration tourne toujours en allant de la vibration avancée à la retardée.

Maintenant que nous savons produire à coup sûr un circulaire soit dextrorsum, soit sinistrorsum, voyons quelles différences ils présentent dans la coloration d'une même lame mince et entrons par là en possession d'une nouvelle manière pratique de les distinguer, distincte de celle que nous a donnée le triprisme (§ 322).

§ 326. — Les deux teintes des deux sortes de circulaires. Variabilité de ces teintes chez les elliptiques.

La coloration d'une lame mince cristallisée par un circulaire et surtout par un elliptique est un phénomène complexe dont l'étude approfondie réclame l'aide du calcul. En attendant le chapitre où nous donnerons ces calculs, il convient de jeter, sur les causes de ce phénomène, qui ne diffère pas au fond de celui traité longuement (§§ 273, 274), un coup d'œil synthétique anticipé.

Offrir un circulaire à une lame capable par elle-même d'un retard E — O, c'est lui offrir deux rayons rectangulaires égaux affectés déjà d'un retard $\frac{\lambda}{4}$, et, par conséquent, élever le retard à E — O + $\frac{\lambda}{4}$, ou l'abaisser à E — O — $\frac{\lambda}{4}$,

Si, dans une situation donnée de la lame, les dextrorsum donnent l'un des cas, les sinistrorsum réaliseront l'autre. On peut donc définir d'une manière générale les nouvelles teintes revêtues par la lame, en disant qu'elles diffèrent d'un quart d'onde, en plus ou en moins, de la teinte due à un rectiligne. Chacune de ces teintes continue d'ailleurs de pouvoir être remplacée par sa complémentaire, attendu que la perte spéciale de $\frac{\lambda}{2}$ (§ **272**) continue d'échoir tantôt à l'une, tantôt à l'autre des deux images. Si donc on prend pour lame mince la lame sensible, et si l'on relève dans le tableau (§ **292**) les teintes dues aux épaisseurs

$$1128 + 137,5 = 1265,5 \quad \text{et} \quad 1128 - 137,5 = 990,$$

on trouve les teintes *bleu-verdâtre* et *rose*, *orange-rougeâtre* et *bleu-verdâtre* : les deux dernières reproduisant sensiblement, mais avec échange des teintes ordinaires et extraordinaires, les deux premières : on peut donc dire qu'une lame sensible ne met au service des deux sortes de circulaires qu'un seul système de teintes complémentaires, le *bleu verdâtre* et le *rose* pour les uns, le *rose* et le *bleu verdâtre* pour les autres (*).

Nous verrons (§ **365**) que, de quelque manière que le circulaire se présente à la lame sensible, il introduit constamment l'un ou l'autre des deux retards $\pm \frac{\lambda}{4}$. Il en résulte

---

(*) On trouve aisément, dans le tableau, des teintes qui éprouveraient des transformations distinctes suivant qu'on y ajouterait ou qu'on en soustrairait une même épaisseur, 137,5 par exemple. A quoi peut tenir cette diversité de teintes, à laquelle on ne devait pas s'attendre puisque $E - O + \frac{\lambda}{4}$ et $E - O - \frac{\lambda}{4}$ diffèrent de $\frac{\lambda}{2}$, précisément comme deux teintes complémentaires du tableau ? C'est ce que nous n'examinerons pas ici. Nous en concluons seulement que de telles lames, mettant deux systèmes de teintes complémentaires au service de chaque circulaire, seraient moins simples à considérer que la lame sensible dans l'application que nous nous proposons de faire de ces colorations.

que si, rendant solidaires le polariscope et la lame, on les fait tourner d'un mouvement commun, la même teinte persévérera pendant le tour entier. Il en serait autrement avec un elliptique; nous verrons en effet que pour lui le retard surajouté n'est $\pm \frac{\lambda}{4}$ que pour une certaine orientation de la lame (§ 355), et alors un elliptique la colore d'une des deux teintes propres au circulaire. Pour toute autre orientation, le retard introduit par l'elliptique varie, et avec lui le système des teintes complémentaires obtenues. On peut donc voir là un nouveau caractère pratique propre à distinguer les circulaires des elliptiques. Avec les premiers, en changeant de toutes les manières possibles l'orientation de la lame et du polariscope, on n'obtient jamais que du rose ou du bleu verdâtre, tandis qu'en pareil cas les derniers fournissent une série de systèmes de teintes complémentaires.

§ 327. — Reconnaître à l'aide de ces teintes les circulaires dextrorsum et les sinistrorsum.

En rendant convenablement solidaires la lame sensible et le polariscope, nous venons de dire qu'un circulaire pouvait ne donner qu'une des deux teintes, et que s'il donnait la teinte ordinaire par exemple, les circulaires de l'autre espèce fournissaient alors exclusivement la teinte complémentaire. Il y a donc là le germe d'un polariscope dont la mission serait de discerner les deux sortes de circulaires, il s'agit de le féconder.

Reprenons une disposition expérimentale qui nous est familière, à savoir à un bout un nicol polarisateur N à section principale verticale, et à l'autre bout près de l'œil un nicol N′ à section principale horizontale et placé par conséquent à l'extinction (*fig.* 154). Si nous mettons la lame sensible, l'axe dans l'azimut 45 degrés pour avoir le maximum de coloration, et si cet axe traverse les quadrants inférieur de gauche et supérieur de droite, nous savons et nous retrouvons sans peine, en improvisant les deux décompositions successives, que l'image conservée dans ce cas est

II.

2

affectée de la perte spéciale $\frac{\lambda}{2}$, qu'ainsi la lame se teindra de la couleur extraordinaire, c'est-à-dire ici de la teinte sensible. Mettons alors le quart d'onde comme dans la *fig.* 151, de manière à avoir un dextrorsum, dans cette configuration le retard sera $E - O + \frac{\lambda}{4}$, et partant nous aurons la teinte extraordinaire due à l'épaisseur 1265, c'est-à-dire le vert bleuâtre, et cette teinte persévérera, quelques changements d'azimut qu'on imprime au quart d'onde et au nicol N solidaires. Si par l'un des deux moyens précités (§ 325) nous passons au sinistrorsum, nous aurons la teinte extraordinaire due à l'épaisseur $E - O - \frac{\lambda}{4}$, c'est-à-dire du rose. Il est vrai que si nous tournions la lame sensible de 90 degrés, ce seraient les dextrorsum qui donneraient le rose et les sinistrorsum le vert ; mais si nous convenons de nous attacher exclusivement à l'une des situations du quartz sensible, la première par exemple, nous reconnaîtrons immédiatement les dextrorsum à la couleur verte et les sinistrorsum à la couleur rose.

Appliquons sans délai cet appareil à distinguer lequel des deux rayons de notre triprisme est le dextrorsum. Si nous le plaçons, comme *fig.* 150, l'arête en bas de manière à ce que les deux images soient dans un plan vertical, la plus réfractée en haut, en y appliquant le système solidaire de la lame sensible et du nicol, nous voyons que l'image supérieure est verte. Donc le rayon le plus réfracté est circulaire dextrorsum, donc en passant dans le prisme isocèle ce rayon s'est rapproché de la normale et a diminué de vitesse ; donc enfin notre triprisme comprend deux prismes terminaux qui transportent le dextrorsum plus rapidement et qui ont la qualité appelée, pour des motifs que nous connaîtrons, *dextrogyre*, associés à un prisme intermédiaire chez qui le sinistrorsum va plus vite et appartenant par conséquent à la variété de quartz dite *lévogyre*.

§ 328. — Les cristaux quart d'onde polariscopes circulaires.

Un circulaire attaqué par deux plans rectangulaires quelconques donnant constamment entre les constituants obtenus dans ces plans un retard $\frac{\lambda}{4}$, il en résulte qu'un cristal quart d'onde qui reçoit un circulaire diminue le retard ou l'augmente de $\frac{\lambda}{4}$, et, par conséquent, le rend égal à zéro ou à $\frac{\lambda}{2}$. Dans les deux cas, comme il a été dit (§ 319), le rayon est restauré. Si le mica restaurateur a sa section principale à 90 degrés de celle du mica circularisant, on a le cas du retard annulé et la vibration reprend sa direction primitive. Si les deux micas ont leurs sections principales en coïncidence, le plan de *polarisation rétablie* est à 90 degrés du plan primitif.

Il faut l'aide d'un nicol. — Le mica restaurateur ne forme pas à lui seul un polariscope circulaire. Pour constater la restauration, il faut visiblement lui annexer du côté de l'œil un polariscope rectiligne, un nicol par exemple, capable de tourner indépendamment du mica afin de constater s'il y a restauration, et, cela étant, de dire l'azimut de restauration. Les appareils de polarisation circulaire, fondés sur l'emploi des cristaux quart d'onde, comprennent donc deux parties identiques. A une extrémité se trouvent un nicol ou un miroir polarisateur et un quart d'onde circularisant; à l'autre bout se retrouvent les deux mêmes pièces, à savoir un quart d'onde restaurateur, et près de l'œil un nicol ou un miroir interrogateur. Entre ces deux parties symétriques se trouvent la plate-forme ou la pince qui recevront le corps sur lequel on voudra faire agir la lumière circulaire, et aussi, quand on ne voudra plus les étudier dans la lumière parallèle, les diverses lentilles qui donnent la convergence; c'est-à-dire que pour transformer les appareils de polarisation ordinaire, ceux d'Amici, par exemple, ou de Norremberg, en appareils de polarisation circulaire ou elliptique, il suffira d'ajouter, en lieu convenable, deux générateurs d'un retard quart d'onde.

§ 329. — Tourmaline circulaire artificielle ou analyseurs d'Airy.

Soit le circulaire dextrorsum de la *fig.* 151. Si je le restaure par un mica quart d'onde dont l'axe soit à 90 degrés de celui du mica circularisant, le retard des deux vibrations est annulé, et la vibration rétablie reprend la direction verticale. Si donc je mets la section principale du nicol oculaire horizontale, le rayon ne passera pas ; or l'extinction persévérera si, laissant au mica restaurateur et au nicol leur situation relative, je les entraîne d'un mouvement commun, parce que le dextrorsum pourra être incessamment assimilé à deux autres constituants rectangulaires polarisés dans les deux plans principaux du mica restaurateur, et tels, que la vibration avancée tombe toujours dans sa section principale. Le système est donc infranchissable aux dextrorsum. Pour constituer la tourmaline des sinistrorsum, il suffit que le mica restaurateur tourne de 90 degrés, et qu'ainsi la portion de la section principale qui faisait avec celle du nicol un angle + 45 en dessous le fasse en dessus. En y réfléchissant, on voit que la combinaison qui éteint les dextrorsum, retournée, engendrerait un sinistrorsum. En pareil cas, la tourmaline des sinistrorsum donnerait au contraire un dextrorsum. En appliquant la tourmaline dextrorsum aux deux images de notre triprisme, c'est l'image supérieure qui survit, résultat conforme à celui qui a été déduit (§ 327) de la coloration de la lame sensible.

§ 330. — Un premier coup d'œil sur le problème général de la polariscopie.

Les micas quart d'onde peuvent également restaurer les elliptiques, mais cette restauration ne s'obtient plus qu'avec certaines orientations du quart d'onde et certaine orientation du nicol, différente de 45 degrés et variable avec le degré d'ellipticité (§ 363). En rapportant à la section principale du mica ces orientations, nous prévoyons qu'elles auront lieu d'un côté pour les elliptiques dextrorsum, et de l'autre pour les sinistrorsum, de sorte que les vibrations restaurées engendrées par les deux catégories d'elliptiques prendront encore place de part et d'autre d'une certaine droite. La faculté polariscopique d'un mica quart d'onde associé à un nicol ou à une tourmaline est donc très-étendue, car elle permet de distinguer, par quelque signe, chacune des sept sortes de lumière qui nous sont actuellement connues. Les circulaires droits ou gauches y sont restaurés sans condition d'orientation; mais ils le sont, les premiers à + 45 degrés, les seconds à — 45 degrés. Les elliptiques droits ou gauche y sont restaurés si l'orientation du mica est convenable, mais ils le sont dans des azimuts positifs ou négatifs différents de 45 degrés. Les rectilignes rendus circulaires ou elliptiques par le mica se comporteraient en traversant le nicol, tantôt comme un naturel et tantôt comme un polarisé partiel; mais rien n'empêche d'écarter le mica et de les recevoir directement sur le nicol qui les éteindra pour certaines orientations. Enfin les naturels et les polarisés partiels paraîtront naturels et polarisés partiels, qu'on les reçoive directement sur le nicol ou qu'on les ait préalablement transmis par le cristal quart d'onde; de sorte que le mica leur laisse, soit leur état naturel, soit leur polarisation partielle. Quelques détails sur cette absence d'action apparente ou réelle ne seront pas sans utilité.

§ 331. — Comment le rayon naturel reste naturel après l'action du mica quart d'onde.

La vibration tournante du rayon naturel, pendant une révolution complète, ou, ce qui revient au même, pendant la durée de la grande période, aura été : 1° quatre fois en coïncidence avec les azimuts principaux du mica quart d'onde; 2° quatre fois à 45 degrés et aura engendré, par conséquent, quatre rectilignes, quatre circulaires, deux de chaque espèce, et un nombre infini d'elliptiques à tous

les degrés comprenant autant d'elliptiques d'une espèce
que de l'autre. C'est l'effet collectif d'un tel ensemble de
rayons que l'œil perçoit ; or, à quelque point de vue qu'on
se place, il est évident que les apparences seront celles d'un
naturel. S'inspire-t-on des théorèmes du § 318, on voit
que, conjugués deux à deux, les quatre circulaires engendreront deux vibrations rectilignes. On saura que, combinés
deux à deux d'une manière analogue, les elliptiques contraires auront les qualités requises pour engendrer également autant de rectilignes diversement orientés (§ 363),
de sorte que ces rayons qui sont pour l'œil comme coexis-
tants, équivaudront à la vibration, douée tour à tour de
toutes les orientations, que l'on avait avant l'action du mica
quart d'onde. S'inspire-t-on, au contraire, des caractères
pratiques, on voit que la teinte d'une lame sensible aura
été pendant cette durée, colorée également par chacune des
teintes complémentaires des divers systèmes possibles, ce
qui donnera du blanc pour résultante. Il en est tout autrement chez les prismes biréfringents circulaires ; pour eux
chaque vibration élémentaire vaut deux circulaires égaux
à $\frac{1}{2}$ et contraires ; les circulaires dextrorsum suivent tous
une même route, les sinistrorsum en suivent une seconde.

§ 332.   Existence d'autres appareils quart d'onde.

La réflexion totale peut, comme la double réfraction,
introduire, entre deux rayons issus d'un même rayon po-
larisé, et sans opérer leur séparation, un retard de $\frac{\lambda}{4}$. Cette
possibilité tient à ce que, conformément aux idées du § 63,
les rayons pénétrant pour se réfléchir plus ou moins dans
le milieu, la résultante des réflexions multiples, opérées
ainsi dans une couche très-mince, ne part pas de la surface
même. Si, dans certains cas, ce point de départ est avancé
ou reculé juste de $\frac{\lambda}{8}$, et entraine un surcroit ou un déchet de
chemin égal à $\frac{\lambda}{4}$, il en est tout autrement dans les réflexions

totales. Là le retard dépend de l'angle d'incidence et de l'orientation de la vibration, prenant des valeurs différentes suivant qu'il s'agit de rayons polarisés dans le premier ou dans le deuxième azimut. Si donc on s'arrange pour que la différence des deux retards vaille $\frac{\lambda}{4}$, comme la réflexion a lieu suivant la même direction pour les deux rayons principaux, le rayon réfléchi apparaîtra circulaire ou elliptique. Enfin la réflexion étant aussi bien totale pour l'un comme pour l'autre rayon, il suffira que la vibration incidente soit à 45 degrés du plan de réflexion et donne initialement deux composants égaux pour qu'on ait le cas du circulaire. La réflexion totale est donc capable de fournir des appareils quart d'onde parfaitement équivalents aux cristaux quart d'onde. Dans les milieux étudiés jusqu'à présent le retard maximum ayant été inférieur à $\frac{\lambda}{4}$, mais supérieur à $\frac{\lambda}{8}$, il faut pour atteindre $\frac{\lambda}{4}$ recourir au moins à deux réflexions; de là la forme de parallélipipèdes acquise à ces appareils; passons à leur description.

§ 333. — Parallélipipèdes de Fresnel.

Ce sont des parallélipipèdes obliques à bases rectangulaires ABCD, EFGH (*fig.* 155), tellement calculés, qu'un faisceau parallèle introduit normalement par une des bases sort normalement par l'autre, après avoir éprouvé sur les pans ABFE, DCGH, et sous un certain angle I qui devra varier avec l'indice du verre employé et sera calculé plus loin, deux réflexions totales successives. Les dimensions de ces primes dont il est utile d'avoir deux exemplaires, dépendent de celles des bases, ou, ce qui revient au même, des dimensions qu'on désire donner au faisceau. Soit BC = h (*fig.* 156) la hauteur du faisceau incident; en raisonnant sur le rayon qui pénètre centralement en L, éprouve ses deux réflexions en M, N et sort centralement en O, on trouve sans peine : 1° que la longueur CG du solide équivaut à PN, ou bien à $2\,NQ$, et vaut alors

$$2\,\overline{MQ}\,\operatorname{tang} I = 2\,h\,\frac{\sin^2 I}{\cos I},$$

puisque la distance MQ des faces réfléchissantes vaut visi-blement

$$\overline{CB}\sin I = h\sin I;$$

2° que la distance GR des bases vaut

$$\overline{CG}\sin I = 2\,h\,\frac{\sin^2 I}{\cos I},$$

et qu'enfin le déplacement CR subi par le faisceau vaut $\overline{CG}\cos I$, ou bien $2\,h\sin^2 I$.

§ 334. — Prismes de M. Dove.

Ce déplacement du faisceau est souvent un inconvénient : ainsi, dans les expériences de projection, si le faisceau dont on dispose n'est pas assez large pour atteindre dans toutes ses posi-tions le parallélipipède, il faut à chaque changement d'orientation changer la direction du faisceau arrivant et toucher même à quel-qu'une des pièces qui se succèdent. Dove a cherché et trouvé un appareil donnant comme le parallélipipède deux réflexions totales et laissant de plus au faisceau sa direction.

Soit un prisme isocèle ABC d'angle α (*fig.* 157); tout rayon tel que *ef*, *mn* qui arrive parallèlement à la base, sortira, par raison de symétrie, suivant une direction *kl*, *pq* parallèle à la direction primitive. Dans le faisceau incident, il y aura un certain rayon *ef* qui viendra se réfléchir en *g* au milieu de la base et pour lequel la direction de sortie *kl* sera rigoureusement le prolongement de celle d'entrée *ef*. A l'égard des autres la direction seule est con-servée; mais comme les rayons inférieurs au rayon central *ef* passent en dessus et les supérieurs en dessous, le faisceau transmis pris dans son ensemble est rigoureusement le prolongement du faisceau arrivant. Pour que la réflexion soit totale et le soit sous un angle désigné I, on posera $r = I - \alpha$, ce qui donnera pour déterminer α l'équation de condition

$$\sin i \quad \text{ou} \quad \sin(90 - \alpha) = n\sin(I - \alpha),$$

on en tire

$$\operatorname{tang}\alpha = \frac{n\sin I - 1}{n\cos I}.$$

en supposant ces primes formés avec la même matière que les solides de Fresnel (§ 391), il vient

$$\alpha = 14^\circ\, 48'\, 20''.$$

En en mettant deux bout à bout dans un tube, le faisceau qui traversera le tube en sortira après y avoir subi, comme dans un parallélipipède, deux réflexions totales : mais, et c'est là un nouvel avantage pour l'appareil de Dove, on pourra, sans que le faisceau cesse de se mouvoir en ligne droite, faire tourner un des prismes de manière à introduire entre les deux plans de réflexion, en place du parallélisme, un angle quelconque, celui de 90 degrés par exemple. Toutefois ces prismes rachètent ces avantages marqués par quelques inconvénients. Tandis que, l'incidence étant normale dans un parallélipipède, il suffit pour offrir aux réflexions totales deux rayons principaux égaux, de mettre à 45 degrés du plan des réflexions le plan de polarisation du faisceau arrivant, ici l'incidence ayant lieu sous l'angle $90 - \alpha = 75^\circ\, 11'\, 40''$, l'azimut qui donnera cette égalité n'est plus simple et ne se trouve qu'en résolvant un problème que nous engageons le lecteur à traiter. Une autre infériorité des deux prismes résulte de la longueur du trajet dans le verre. Ce trajet, qu'on a intérêt à rendre aussi faible que possible, vaut, dans un parallélipipède,

$$2\,\mathrm{MN} = 2\,\frac{\mathrm{QM}}{\cos \mathrm{I}} = 2\,h\,\frac{\sin \mathrm{I}}{\cos \mathrm{I}} = 2\,h\,\tang \mathrm{I}.$$

Dans un prisme de Dove, soit h' l'épaisseur $2\,\overline{fv}$ du faisceau, le triangle $\mathrm{B}fg$ donnera

$$fg = \overline{f\mathrm{B}}\,\frac{\sin (90 - \alpha)}{\sin \mathrm{I}};$$

mais le triangle $vf\mathrm{B}$ donne

$$vf = \frac{h'}{2} = f\mathrm{B}\sin\alpha,$$

donc

$$fg = \frac{h'}{2}\,\frac{\cos\alpha}{\sin\alpha\,\sin \mathrm{I}}:$$

en quadruplant, on aura pour le trajet dans les deux prismes $\dfrac{2\,h'}{\tang\alpha\,\sin \mathrm{I}}.$ Supposons $h' = h$, le rapport des deux trajets sera $\dfrac{1}{\tang\alpha\,\sin \mathrm{I}\,\tang \mathrm{I}};$ et, d'après les valeurs de I et α, 3,03. Cet allongement considérable du trajet a dû contribuer à maintenir l'emploi des parallélipipèdes. D'ailleurs dans l'appareil d'Amici où le faisceau arrivant est large, il a suffi d'y réduire convenablement leurs dimensions pour détruire les inconvénients du déplacement du faisceau. C'est ce qu'on verra (§ 342), quand nous décrirons les expériences de polarisation circulaire et elliptique auxquelles se prête cet appareil.

§ 335. — On compare les parallélipipèdes et les micas.

On pourra donc répéter avec les parallélipipèdes toutes les expériences que nous avons faites avec les micas, ou encore organiser des expériences mixtes dans lesquelles les fonctions de polarisateur circulaire ou elliptique étant confiées à un mica ou à un parallélipipède, celles de polariscope le seraient à un parallélipipède ou à un mica. Pour que l'identité des rôles ait lieu, que, par exemple, le parallélipipède restaure un dextrorsum là où un mica le restaurait, il faudra que le plan de ses deux réflexions, ou, comme on le dit encore, sa *section* principale, soit normale à celle du mica, qu'ainsi sa première vibration coïncide avec la vibration extraordinaire ou deuxième du mica. On le constate sans peine en introduisant tour à tour parallélipipède et mica dans les expériences du § 326, et voyant le faisceau garder sa couleur ou l'image conservée rester la même. En résulte-t-il qu'en réflexion totale le retard appartienne au rayon polarisé dans le premier azimut? C'est ce que nous nous réservons d'examiner plus loin.

Quoique équivalents, les parallélipipèdes et les micas présentent cependant des différences. Ainsi les premiers ne gardent pas la ligne droite et sont moins commodes ; ainsi, et cela est plus grave, il est rare que le recuit le plus parfait n'y laisse ou que le polissage des faces n'y introduise des effets de trempe et de compression permanente. Il est vrai que l'élimination des retards perturbateurs dus à la faible biréfringence qui en résulte n'est pas chose impossible, ainsi que nous le verrons en réflexion totale où une telle élimination sera de rigueur, si on veut laisser le champ libre aux retards nés de cette réflexion totale : néanmoins il semble qu'au point de vue actuel rien n'obligeant, puisqu'ils font double emploi, à donner à ces parallélipipèdes une mission incessante, soit polarisatrice, soit polariscopique, on puisse avec certains praticiens les exclure systématiquement des appareils usuels et leur préférer constamment les cristaux quart d'onde. Il n'en est rien, car il est un troisième point de vue où les parallélipipèdes priment tellement les micas, que, somme toute, ils nous paraîtraient préférables. Il s'agit des effets d'une dispersion spéciale sur laquelle nous allons insister.

§ 336. — La dispersion circulaire chez les cristaux quart d'onde.

Un générateur de quart d'onde, parallélipipède ou cristal, ne saurait, en effet, donner à la fois le quart d'onde pour toutes les couleurs. Quand on lui a fait donner la circularité à un certain rayon, la raie D par exemple, il rend elliptiques tous les autres. Eh bien, chez les parallélipipèdes, ces ellipticités discordantes s'éloignent beaucoup moins de la circularité que chez les cristaux.

Supposons le cristal quart d'onde en quartz; s'il circularise le rayon D, son épaisseur e satisfera à l'équation

$$\frac{1}{4}\lambda_D = e\,(n'_D - n_D)\,;$$

avec une autre couleur le multiple m de $\frac{\lambda}{4}$ qu'il donnera dépendra de l'équation

$$m\frac{\lambda}{4}, \quad \text{c'est-à-dire} \quad (n'-n)\,e = \frac{n'-n}{n'_D - n_D}\,\frac{\lambda}{4}.$$

En profitant du tableau du § 144, nous avons calculé les valeurs de m pour les quatre rayons principaux B, E, F, H, et formé le tableau suivant qui nous montre que, tandis que les rayons moins réfrangibles que D sont en deçà du quart d'onde, les rayons plus réfrangibles l'ont dépassé.

Nom de la raie.	Multiple m de $\frac{\lambda}{4}$ donné pour les autres rayons, par le quartz qui serait quart d'onde pour le rayon D, c'est-à-dire $m = \dfrac{(n'-n)\,e}{\frac{1}{4}\lambda}.$
B	0,8453
D	1,0000
E	1,130
F	1,240
H	1,574

On saura (§ **367**) qu'un elliptique équivaut à un circulaire, plus à un rectiligne *résiduel;* qu'avec des constituants égaux cette vibration résiduelle est dirigée dans l'un des deux azimuts ± 45, le premier cas ayant lieu quand le retard est moindre que $\frac{\lambda}{4}$, et le second quand il lui est supérieur. Si nous admettons par anticipation ces divers points, nous concevrons qu'au sortir du quartz le rayon blanc incident soit représenté : 1° par un circulaire formé d'autant de circulaires qu'il y a de rayons simples, doué cependant d'une légère teinte jaunâtre, parce que, seul, le rayon D n'a pas fourni de vibration résiduelle et a gardé son intensité normale; 2° par un premier rectiligne coloré polarisé dans un certain azimut et formé des rayons moins réfrangibles que D pris en proportion croissante jusqu'au rouge extrême; 3° par un deuxième rectiligne coloré polarisé dans un azimut rectangulaire, et formé seulement des rayons plus réfrangibles que D pris également en proportion croissante au fur et à mesure que s'éloignant de D ils se rapprochent du violet extrême (*fig.* 158).

Cela posé, mettons la section principale du nicol oculaire horizontale, les vibrations résiduelles du second groupe passeront seules en donnant une teinte bleuâtre. En tournant ce nicol dans le sens de la flèche, on atteindra, après avoir tourné d'environ 45 degrés, une position où les deux faisceaux résiduels produiront, en se compensant, une teinte blanchâtre, et où la teinte jaunâtre des circulaires apparaîtra; en continuant de tourner, à 90 degrés du point de départ, on livrera passage au premier groupe des rayons résiduels, et la teinte virera à l'orangé. C'est en effet ce qui s'observe très-bien, surtout dans l'appareil de Norremberg.

§ 337. — La dispersion circulaire chez les parallélipipèdes.

Le calcul des retards, ou, ce qui revient au même, des valeurs du multiple *m*, pour les diverses couleurs, dans un parallélipipède qui donne le quart d'onde du rayon D, repose sur une formule que nous n'établirons que plus tard (§§ **391, 392**). Nous l'avons employée à calculer *m* pour les deux rayons extrêmes B, H ; et nous croyons utile de donner ici, comme contraste du précédent tableau, le résultat de ces calculs :

Désignation de la raie.	Valeurs du multiple m pour un parallélipipède à deux réflexions.
B	1,0062
D	1,0000
H	1,0149

Nous voyons que les rayons B, H ont tous deux un excès de retard, et qu'ainsi il n'y aura à ajouter au circulaire collectif qu'un seul faisceau de rectilignes résiduels, à savoir celui de l'azimut — 45. Cette superposition des rayons résiduels engendrés par les deux bouts du spectre et aussi leur faiblesse (§ 367) expliquent comment les circulaires donnés par des parallélipipèdes bien recuits donnent des phénomènes autrement nets que les cristaux quart d'onde.

Cette supériorité des parallélipipèdes est patente dans les expériences de restauration, surtout quand le retard y est porté à la valeur $\frac{\lambda}{2}$. Si le rayon D est alors strictement restauré, les rayons rouge et violet y sont amenés à une ellipticité plus prononcée que celle qu'on vient de considérer, puisque la fraction m, au lieu de porter sur $\frac{\lambda}{4}$, s'exerce maintenant sur $\frac{\lambda}{2}$. On remarque, en effet, que les micas quart d'onde laissent alors une teinte rougeâtre très-prononcée, donnant ainsi une extinction défectueuse et bien plus défectueuse qu'avec les parallélipipèdes. Au contraire, les restaurations qui annulent le retard, faites par exemple avec deux micas croisés, deux parallélipipèdes croisés, l'annulent également pour tous les rayons, et ne laissent rien à désirer chez les uns comme chez les autres. Ceci nous montre pourquoi, tout en signalant (§ 324) la possibilité de circulariser par les micas $\frac{3}{4}\lambda$, $\frac{5}{4}\lambda$, nous ne pouvons cependant recommander leur emploi puisque chez eux les rectilignes résiduels s'accroîtraient encore et amèneraient une dispersion et des colorations intolérables.

Si l'on était tenté de trouver trop longs ces développements sur la dispersion circulaire, nous ferions remarquer qu'il s'agit là de phénomènes perturbateurs très-appréciables qui viennent troubler les expériences fondamentales de la polarisation circulaire et infirmer les conséquences qu'on doit en tirer. Le seul moyen d'établir

que, nonobstant ces légers démentis, les principes peuvent être
conformes à ceux que nous avons posés, était de montrer l'origine
de ces écarts et d'établir qu'ils sont minutieusement conformes aux
indications de la théorie.

§ 338. — La dispersion circulaire chez les prismes biréfringents circulaires.

Les rayons circulaires extraits d'un rayon blanc par l'action
d'un prisme biréfringent circulaire ne sont pas non plus à l'abri de
la dispersion; mais chez eux elle a un tout autre caractère, elle
ne porte pas sur l'état des divers rayons simples qui sont tous circulaires, mais sur la déviation qui, comme dans la dispersion ordinaire, varie avec la couleur et est encore ici plus grande pour
les ondes les plus courtes. Nous verrons même (§ 474) que cette
nouvelle dispersion est beaucoup plus grande que l'ancienne et
que si la coloration marginale des taches rondes est faible, cela
tient uniquement à la faiblesse de la déviation.

§ 339. — Notion générale et double utilité des compensateurs.

Si l'emploi de la lumière blanche convient à une première étude des polarisations circulaire et elliptique,
comme se prêtant aux projections, le trouble qu'y amène la
dispersion la rend d'une précision bornée. Pour être initié
à l'exactitude si remarquable des travaux contemporains,
il faut reprendre cette étude avec une lumière simple.
Comme on ne peut guère espérer trouver par tâtonnements
des cristaux quart d'onde donnant rigoureusement le retard
propre à chacun des rayons principaux du spectre, on doit,
de toute nécessité, remplacer les appareils discontinus
par des générateurs continus de retard. Il en existe aujour-
d'hui deux, dont l'un donne le même retard dans une
grande étendue, tandis que l'autre donne, à droite et à
gauche d'une ligne fondamentale, des retards qui s'accroissent continûment avec une lenteur qu'on peut rendre
excessive. Avant de les décrire, il est bon de montrer comment la possession de ces appareils, connus sous le nom
générique de *compensateurs*, est également intéressante
pour un second motif.

Quoiqu'un cristal quart d'onde donne de fait (§ 364) tous les elliptiques possibles, comme il les donne sous une certaine forme, on aurait une idée incomplète de leur génération si l'on se taisait sur les moyens vraiment généraux de les obtenir. On saura qu'en général un elliptique est constitué par l'ensemble de deux vibrations rectangulaires (*), quand bien même leur retard différerait de $\frac{\lambda}{4}$: c'est-à-dire qu'on doit considérer comme capable d'imprimer à un rayon rectiligne la polarisation elliptique, soit un cristal d'épaisseur quelconque pourvu qu'elle soit faible, soit un parallélipipède dont les angles s'éloigneraient de ceux de Fresnel, soit même enfin la réflexion totale unique donnée par un des deux prismes de Dove. La loi de réciprocité (§ 318) nous permet d'ajouter que ces appareils pourraient également jouer, du moins dans certains cas, le rôle de restaurateurs. Seulement, comme en polariscopie on n'est nullement tenu de rechercher les conditions générales, qu'on doit même les fuir, si, comme il arrive ici (§ 363), la faculté restauratrice d'un mica non quart d'onde se trouve restreinte à la série incomplète d'elliptiques que ce cristal peut engendrer, il en résulte que c'est surtout comme polarisateurs qu'il convient d'envisager ces nouveaux moyens.

§ 340. — Du compensateur à franges et de son aptitude restauratrice universelle.

La construction matérielle de cet appareil a été donnée (§ 199). Nous avons dit qu'on pouvait engendrer des retards de deux manières, soit en déplaçant l'œil le long des prismes immobiles, soit, et alors la sensibilité est double, en visant constamment au même point et en recourant au glissement de l'un des prismes. Soit, en effet (*fig.* 159), ABC la ligne qui donne AB = BC ; si je vise suivant la ligne A′ B′ C′ distante de la précédente de CC′ = δ j'aurai d'une part, en appelant α l'angle des deux prismes et $2l$ leur

---

longueur MN

$$B'C' = (l + \delta)\, \text{tang}\, \alpha, \quad A'B' = (l - \delta)\, \text{tang}\, \alpha,$$

et la différence $B'C' - A'B'$ des deux trajets vaudra $2\delta\, \text{tang}\, \alpha$. Si maintenant, faisant glisser le prisme inférieur de $Nn = \gamma$ (*fig.* 160), je vise constamment dans la direction ABc, l'un des trajets sera

$$Bc = (l + \gamma)\, \text{tang}\, \alpha,$$

et l'autre AB gardera la valeur constante $l\, \text{tang}\, \alpha$; différence $\gamma\, \text{tang}\, \alpha$: c'est-à-dire que par un glissement γ égal au déplacement δ, on provoque une différence de route moitié moindre, ainsi que nous l'avions annoncé. Nous supposerons que l'angle α vaut 15'. Comme l'épaisseur ε du quartz capable d'un retard égal à λ dépend de l'équation

$$\varepsilon (n_0 - n_e) = \lambda$$

et vaut $\dfrac{\lambda}{n_0 - n_e}$, il en résulte que le glissement γ qui amènera le retard ε dépendra de l'équation

$$\varepsilon = \gamma\, \text{tang}\, \alpha$$

et sera

$$\gamma = \frac{\varepsilon}{\text{tang}\, \alpha} = \frac{\lambda}{(n_0 - n_e)\, \text{tang}\, \alpha}.$$

En partant des valeurs du § 144, nous avons calculé pour les cinq rayons B, D, E, F, H, les valeurs de ε et de γ, et nous avons obtenu le tableau suivant :

DÉSIGNATION DE LA RAIE.	Épaisseur ε qui donne un retard égal à λ $$\varepsilon = \frac{\lambda}{n_0 - n_e}.$$	Glissement γ du prisme mobile qui donne ce retard λ $$\gamma = \frac{\lambda}{(n_0 - n_e)\, \text{tang}\, \alpha} = \frac{\varepsilon}{\text{tang}\, \alpha}$$
	mm	mm
B	0,07644	17,520
D	0,06473	14,834
E	0,05725	13,121
F	0,04784	10,965
H	0,04115	9,431

Si donc le prisme mobile est mené par une vis dont le pas soit de $0^{mm},5$ et la tête divisée en 100 parties, le retard se mesurera, pour le rayon B en $\dfrac{\frac{1}{100}}{17,52}\lambda = \dfrac{1}{3504}\lambda$ et pour le rayon H en $\dfrac{1}{1886}\lambda$. Pour passer du quart d'onde du rouge au quart d'onde du violet, on aura le glissement

$$\frac{1}{4}(17,52 - 9,431) = 2^{mm},022,$$

c'est-à-dire plus de 4 tours. On pourra noter les divisions des deux échelles qui amènent la génération des circulaires de ces rayons définis. Il faudra, d'ailleurs, pour y réussir, que le plan de polarisation du rayon arrivant soit incliné de 45 degrés sur les sections principales des deux prismes.

Nous convenons de mettre vers l'œil le prisme dont l'arête est perpendiculaire à l'axe, cette arête étant verticale et la base à droite (*fig.* 161). Ce sera le prisme mobile. La vis qui le mènera sera à droite et se mouvra dans un écrou fixe. Dans ces conditions le mouvement dextrorsum de la tête de la vis fera glisser le prisme mobile, de la droite vers la gauche, et allongera le trajet dans le prisme mobile; or, cheminer dans le quartz retarde le rayon extraordinaire, ce sera donc la vibration horizontale parallèle à l'axe du prisme mobile qui sera retardée. La rotation sinistrorsum de la vis, au contraire, allongera le trajet dans le prisme fixe et retardera la vibration verticale. Si donc la vibration incidente ou, ce qui revient au même, la section principale du nicol polarisateur, est dirigée dans les deux quadrants, inférieur de gauche et supérieur de droite, la rotation $\left\{\begin{array}{l}\text{dextrorsum}\\\text{sinistrorsum}\end{array}\right.$ de la vis, engendrera un circulaire $\left\{\begin{array}{l}\text{dex-}\\\text{sinis-}\end{array}\right.$ $\begin{array}{l}\text{trorsum}\\\text{trorsum}\end{array}$. La direction constante dans laquelle on doit viser est indiquée par deux fils verticaux très-fins distants d'environ 1 millimètre.

Quand le compensateur est au zéro, que la vis n'a pas

joué, c'est entre les fils que le retard est nul. Si donc le nicol polariscopique est à l'extinction, on a une frange noire centrale. A droite et à gauche on a des elliptiques inverses, puis deux circulaires, un de chaque espèce, ensuite deux nouvelles séries d'elliptiques qui se terminent par deux rectilignes polarisés dans l'azimut 90 degrés. Ces rectilignes passent donc en entier et forment le milieu des premières franges blanches de droite et de gauche. Au delà reviennent des elliptiques, et la période est achevée quand on arrive à avoir, entre les deux parties du rayon dédoublé par le compensateur, le retard λ, on a alors les premières franges noires latérales ; elles se trouvent, s'il s'agit du rayon D (sensiblement réalisé par la flamme de l'alcool salé), à $\dfrac{1^{\text{mm}},83}{2}$ de la frange noire centrale. Ces divers rayons qui s'échelonnent à droite et à gauche de la frange centrale sont amenés tour à tour à se produire entre les fils quand on fait jouer la vis dans un sens ou dans l'autre. A-t-on produit, par exemple, un glissement de $3^{\text{mm}},708$, on reçoit dans le plan central équidistant des deux fils un circulaire qu'on reconnaît à ce que la rotation du nicol ne produit plus en cette région de variations d'intensité.

Restauration des circulaires par le compensateur. — Soit un circulaire dextrorsum, si nous le considérons comme formé d'une vibration horizontale et d'une verticale, et si nous prenons comme positions correspondantes les positions extrêmes situées l'une à droite et l'autre en bas, le retard $\dfrac{\lambda}{4}$ appartiendra à la vibration verticale. Cela posé, en tournant la vis à droite, nous venons de voir qu'un retard était donné à la vibration horizontale, donc cette rotation atténuera et finira par annuler le retard de $\dfrac{\lambda}{4}$. Ce sera donc encore la rotation dextrorsum qui restaurera les dextrorsum, mais la vibration restaurée sera située dans le quadrant inférieur de droite XOY, tandis que tout à l'heure, pour engendrer un dextrorsum avec une ro-

tation droite de la vis, il fallait une vibration primitive situ
tuée dans le quadrant inférieur de gauche. Cela revient à
dire que si l'on gardait le même point de vue dans la géné-
ration et la restauration, un même mouvement de la vis
produirait un dextrorsum et restaurerait un sinistrorsum.

Au surplus, la restauration d'un circulaire est chose vague, il faut l'avouer, puisqu'elle peut avoir également lieu par addition et soustraction de $\frac{\lambda}{4}$, et conséquemment par chacune des deux rotations de la vis. Dans le premier cas, on restaure dans l'azimut 90 degrés; dans le second, on restaure dans l'azimut primitif. C'est cette dernière restauration que nous avions en vue dans ce qui précède ; mais pour que cette distinction soit possible il faut connaître l'origine du rayon circulaire, savoir comment était situé le polarisé qui lui a donné naissance, et enfin si le retard était $\frac{\lambda}{4}$, ou $\frac{3\lambda}{4}$, ou $\frac{5\lambda}{4}$.... Nous verrons qu'en général ces connaissances, sans lesquelles les interprétations sur la restauration des circulaires seraient complétement arbitraires, ressortent de la génération même des phénomènes et de la continuité qui préside à la transformation successive du rectiligne primitif en elliptiques incessamment variables. Toujours est-il que, tant que le retard n'est pas détruit, la frange noire centrale, si reconnaissable quand la lumière est blanche, est à droite ou à gauche des fils. La restauration consiste à ramener cette frange centrale entre les fils en touchant ou non au polariscope. Nous reviendrons sur ce point.

§ 341. — Compensateurs à teintes plates.

Plusieurs physiciens ont cherché et ont réussi à doter la physique de cet utile instrument. M. Bravais, l'un d'eux, y est arrivé en coupant en deux, dans le sens normal aux arétes, le précédent compensateur (*fig.* 162). Si l'on superposait les deux moitiés de manière à ce qu'elles aient même orientation (*fig.* 163), le tout donnerait, de part et d'autre de la ligne neutre, des retards

3.

doubles, et l'appareil fonctionnerait comme un compensateur dont l'angle serait doublé; mais si l'on retourne cette moitié supérieure, de manière à mettre A' à gauche (*fig.* 164), on se convaincra sans peine que dans toute l'étendue du système les retards s'annuleront. Fait-on glisser l'un des compensateurs, AB par exemple, on provoque dans toute l'étendue des parties superposées un retard constant qui croîtra avec continuité à partir de zéro. Cet appareil a l'inconvénient d'exiger quatre quartz, tandis que le suivant, dû à M. Henri Soleil, n'en prend que trois. Ce dernier a surtout l'avantage de posséder la même organisation qu'un autre compensateur que nous devons retrouver en saccharimétrie, et, à ce titre, il nous semble préférable.

Compensateur de M. Henri Soleil. — Soit un prisme aigu de quartz dont une face soit parallèle à l'axe, l'autre lui étant, par conséquent, légèrement inclinée. Si nous la coupons en deux, et que nous la repliions sur elle-même en maintenant dans les deux moitiés le parallélisme des axes, et choisissant la disposition qui fait de leur ensemble une lame parallèle, nous aurons dans toute l'étendue du système le même retard. Si l'une glisse sur l'autre, l'épaisseur grandit ou diminue avec d'autant plus de lenteur que le prisme sera plus aigu, et le nouveau retard restera constant dans toute l'étendue des parties superposées; mais, si aigu que soit le prisme, les retards ne pourront partir de zéro. Pour avoir les premiers retards qui, on le sait (§ 324), sont les plus précieux, M. Soleil se donne un quartz, parallèle à l'axe encore dont l'épaisseur est égale à celle du système des deux lames dans un certain état de recouvrement, et il le juxtapose à ce système, en duplication croisée, de manière que l'ensemble des trois donne alors un retard nul (*fig.* 165). A partir de là le retard grandissant atteindra successivement le $\frac{\lambda}{4}$ des divers rayons simples. Au lieu de laisser à l'axe du prisme une direction quelconque, nous l'avons supposé, dans la figure, perpendiculaire à l'arête, ce qui rend l'axe du quartz auxiliaire parallèle à cette arête. En continuant d'appeler $2l$ la longueur des prismes, γ le glissement, et appelant ε l'épaisseur surajoutée, on a

$$NR = 2l \, \text{tang} \, \alpha, \quad NR - \varepsilon = (2l - \gamma) \, \text{tang} \, \alpha,$$

d'où

$$\varepsilon = \gamma \tang \alpha.$$

Sa sensibilité sera donc la même que celle du précédent compensateur.

ARTICLE II.

INTERVENTION DES POLARISATEURS OU DES POLARISCOPES CIRCULAIRES ET ELLIPTIQUES, DANS LES PHÉNOMÈNES DE POLARISATION COLORÉE.

Usage de l'appareil d'Amici pour l'étude des polarisations circulaire et elliptique. — Déformations ou altérations des anneaux, hyperboles et lemniscates, dues à l'emploi d'un quart d'onde soit circularisant, soit restaurateur. — Anneaux sans croix à centre blanc ou noir; lemniscates sans hyperboles à pôles blancs ou noirs; obtenus quand on place le cristal entre deux quarts d'onde parallèles ou croisés. — Comment, en usant de l'appareil Soleil et en recourant ou non aux projections, on mesure et la réduction des anneaux et le déplacement des hyperboles. — Constitution hétérogène de ces anneaux sans croix, mise en évidence par un développement graduel des phénomènes. — Dilatation ou contraction des lemniscates sans hyperboles, dues au mouvement du polariscope.

---

§ 342. — L'appareil d'Amici et les polarisations circulaire et elliptique.

Nous nous sommes proposé dans ce chapitre de nous familiariser avec les principales expériences de polarisation elliptique ou circulaire, circulaire surtout. Il nous a semblé que cette marche avait le double avantage d'intéresser vivement aux calculs qui vont suivre et de donner une direction à la discussion des formules. Ce qui précède ne contenant que des expériences faites dans la condition dite parallèle, il nous reste, pour atteindre complétement notre but, à en faire connaître dans lesquelles la lumière soit elliptique, soit circulaire, intervienne avec convergence.

Dans l'appareil d'Amici (*fig.* 114), la pile de glace est confiée à un tambour dont la base supérieure libre reçoit le cylindre qui porte tour à tour soit le *verre support*, soit le *disperseur*. Quand on veut expérimenter sur

la lumière circulaire et qu'on veut l'emprunter à un parallélipipède P, on remplace ce cylindre par un autre qui
porte intérieurement P (*fig.* 166). P est assez petit pour
que sa base inférieure excentrique ne sorte pas du faisceau
arrivant; quant à sa base supérieure, elle correspond à une
ouverture circulaire d'environ 10 millimètres, qu'elle peut
recouvrir en entier ou à demi, suivant qu'on pousse dans
un sens ou dans l'autre un petit verrou *v*. S'agit-il de
lumière parallèle, on ne le pousse qu'à demi de manière à
obtenir à la fois dans deux demi-cercles juxtaposés, et les
colorations de l'elliptique ou du circulaire et celles du rectiligne. S'agit-il de lumière convergente, on pousse le
verrou de manière à n'avoir plus qu'une sorte de lumière
et on place le disperseur sur la base supérieure du cylindre
en profitant, pour le bien placer, d'une rainure circulaire *r*
que porte cette base : il va d'ailleurs sans le dire qu'on
n'oublie pas d'adapter alors au microscope le collecteur.

§ 343. — Expériences avec la lumière parallèle.

PREMIÈRE EXPÉRIENCE. Je place le plan des deux réflexions à 45 degrés comme dans la *fig.* 167, ce qui me
donne un dextrorsum (§ 321), je mets le microscope au point
et l'œilleton sur le trajet du rayon extraordinaire, c'est-à-
dire à l'extinction du polarisé rectiligne. La moitié libre
de l'ouverture qui répond au rectiligne est obscure; l'autre
barrée par le parallélipipède et répondant au circulaire est
éclairée (*). Plaçons sur l'ouverture la lame sensible en
dirigeant son axe dans le plan des deux réflexions : le demi-
cercle obscur se colorera de la teinte sensible et l'autre
de la teinte orangé-rougeâtre qui répond à l'épaisseur
1128 — 137,5 = 990. Tournons la lame dans son plan, la
teinte sensible ne changera pas et s'évanouira deux fois en
passant par l'obscurité, page 461. La teinte du circulaire, au

---

(*) Ces moitiés semblent disposées en sens inverse de la réalité, parce
que, dans les expériences sur la lumière parallèle, l'appareil d'Amici renverse.

contraire, deviendra alternativement verte et rouge en passant par le blanc. Nouveau contraste à ajouter à ceux déjà signalés § 317. On aurait des résultats analogues, si l'on mettait l'œilleton sur le trajet du rayon ordinaire, ou encore si, faisant tourner de 90 degrés le parallélipipède, on se donnait un sinistrorsum.

Deuxième expérience. Mettons le plan des deux réflexions dans l'azimut 22° 30′, de manière à avoir un elliptique fortement accentué équidistant en quelque sorte du rectiligne et du circulaire. En faisant tourner le quartz sensible, nous aurons non plus deux, mais au moins quatre teintes bien appréciables, à savoir : du bleu, du vert, du rouge et de l'orangé.

§ 344. — Cas de la lumière convergente.

Troisième expérience. *Anneaux des uniaxes avec la lumière circulaire convergente.* — Plaçons le spath sur le disperseur, la croix disparaît et les anneaux prennent l'apparence représentée *fig.* 168. Si le rayon était sinistrorsum, on aurait l'apparence *fig.* 169. On obtient également cette dernière apparence en gardant le rayon dextrorsum et tirant l'œilleton dans l'image ordinaire. Comme le champ du phénomène n'est pas très-vaste, on peut réussir cette expérience sans disperseur et avec le collecteur seul. L'appareil de M. Soleil (§ **227**) donnant une figure plus grande, c'est en l'employant que nous avons pris ces dessins dont le vrai caractère s'apprécie mieux avec la lumière simple d'un verre rouge. De l'un à l'autre, la ligne des deux taches noires intérieures a varié de 90 degrés.

Quatrième expérience. Remplaçons le spath normal à l'axe par un salpêtre normal à la bissectrice, les hyperboles disparaissent et un point noir apparaît à chaque pôle. Si l'on passe à l'image ordinaire, au lieu du point noir on a un cercle. Je retrouve ces résultats et surtout l'absence d'hyperboles sur un second salpêtre moins épais et sur d'autres biaxes, tels que la nacre de perle.

Cinquième expérience. Avec un biaxe normal à l'un des axes optiques, c'était un gypse, un diopside ; on retrouve, surtout en s'aidant du verre rouge, absence de la branche d'hyperbole et point noir central, ce point se transforme en cercle, si l'on passe dans le rayon ordinaire.

Sixième expérience. *Les hyperboles des uniaxes croisés, avec la lumière circulaire convergente.* — Nous prenons les deux quartz croisés du § 289, et nous nous arrangeons en profitant du bouton qui meut l'un de ces quartz pour que la ligne des retards nuls soit une croix noire centrale. Circularisons-nous la lumière incidente, le centre devient éclairé, et la ligne isochromatique noire, devenue une hyperbole, s'est réfugiée dans l'un des deux systèmes d'angles opposés. Les angles choisis changent quand on passe d'un dextrorsum à un sinistrorsum.

Septième expérience. *Quartz perpendiculaire à l'axe traversé par un faisceau convergent de lumière circulaire.* — Dès que le quartz approche de 1 millimètre et quitte les faibles épaisseurs pour lesquelles les phénomènes qui lui sont propres sont mal développés (§ 613), on obtient dans la région centrale, deux spirales dont le sens de gyration varie avec la nature du quartz, et non avec celle du rayon. Avec un quartz dextrogyre les spires tournent à gauche (*) (*fig.* 170 et 171), aussi bien avec un dextrorsum qu'avec un sinistrorsum. Mais tandis que dans le premier cas les deux bouts des spirales sont sur le diamètre transversal (*fig.* 170), dans le second elles sont sur le diamètre antéro-postérieur (*fig.* 171). Avec un quartz lévogyre, les deux sortes de rayons circulaires donnent des spirales qui tournent à droite et dont les deux extrémités sont sur un diamètre { antéro-postérieur / transversal }, suivant que le circulaire est

---

(*) Nous convenons de considérer le développement des spirales en partant de leurs bouts. Si on allait vers leur bout, la gyration serait contraire et aurait lieu ici par exemple dans le sens de l'aiguille d'une montre.

$\left\{\begin{array}{l}\text{dextrorsum}\\\text{sinistrorsum}\end{array}\right.$ (*fig.* 172 et 173). Chacun verra sans peine le double parti qu'on peut tirer de ces relations pour reconnaître, avec un circulaire connu, l'espèce d'un quartz, ou avec un quartz connu, le sens de gyration d'un circulaire.

On peut visiblement dans toutes ces expériences substituer un mica quart d'onde au parallélipipède. Cette substitution les rend même plus faciles.

§ 345. — Deuxième série d'expériences. -- Intervention d'un quart d'onde restaurateur.

On peut reprendre les expériences précédentes en échangeant les places du quart d'onde et du cristal, de façon que le cristal soit attaqué par de la lumière polarisée rectiligne, et qu'en en sortant, cette lumière soit remaniée par le quart d'onde devenu partie intégrante du polariscope et fonctionnant comme restaurateur. Si le quart d'onde est un mica, rien de plus simple que l'échange des positions ; s'il convenait de garder le parallélipipède, on collerait le cristal avec un peu de cire molle contre sa base inférieure. De quelque manière qu'on opère, on trouve qu'en général (*) l'aspect des phénomènes n'est pas modifié par cette transposition, et nous aurons à examiner en théorie jusqu'à quel point l'ordre de succession du cristal et du quart d'onde est réellement indifférent.

§ 346. — Troisième série d'expériences. — Intervention de deux quarts d'onde.

Combinons actuellement les deux dispositions en plaçant le cristal entre deux quarts d'onde. Si ce sont deux micas, les expériences s'improvisent avec une extrême facilité et l'on peut donner à ces quarts d'onde une orientation quelconque, et notamment les deux principales du parallélisme et de la rectangularité. Si l'on voulait, pour les raisons développées

---

(*) Cependant si les spirales du quartz gardent alors leur sens de rotation, la ligne des bouts change quand on met le cristal en dessous du quart d'onde devenant par exemple antéro-postérieure si elle était transversale.

§ 337, employer aussi les parallélipipèdes, on saura que le microscope d'Amici se prête à ce genre d'opérations, mais seulement pour le cas particulier du parallélisme des sections principales. A cet effet, la plaque glissante à laquelle est adapté le parallélipipède P porte quatre colonnettes dont les bouts libres reçoivent (*fig.* 174), et gardent, grâce à deux goupilles, la plaque qui porte le second parallélipipède. Entre les deux reste un intervalle de quelques millimètres pour recevoir les cristaux. On constate aisément que le concours des deux parallélipipèdes restaure la lumière et la restaure dans l'azimut 90 degrés. Pour cela, on fait glisser l'ensemble des deux solides, de manière à dénuder moitié de l'ouverture, et l'on voit en faisant tourner le corps du microscope que chaque moitié de l'image s'éteint tour à tour, mais dans des azimuts rectangulaires. Pour opérer avec de la lumière convergente, il suffit de pousser le verrou pour livrer en entier le faisceau aux parallélipipèdes et de remettre le collecteur. On ne remet pas le disperseur dont l'effet est mauvais. Cette absence du disperseur n'empêche pas de voir, toutes les fois que le champ du phénomène est moindre que celui donné par le collecteur seul. N'ayant plus de disperseur, on peut retourner la pièce qui porte les parallélipipèdes, afin d'insérer plus aisément les cristaux. Veut-on plus de champ, on recourt aux deux micas qui s'accommodent fort bien du disperseur.

Anneaux du spath. — Le premier quart d'onde disloquait les anneaux et enlevait la croix. Le concours d'un second quart d'onde maintient l'absence de la croix et restitue aux anneaux leur rondeur première, mais non leur grandeur (*fig.* 175). Ils restent plus petits (§ 347), et l'appareil de Soleil, avec ses fils micrométriques, offre un excellent moyen de le constater. Si le rayon devient sinistrorsum, ou encore si l'on prend l'image ordinaire, au lieu d'un centre blanc on acquiert un centre noir (*fig.* 176). Pour obtenir l'échange des centres, on peut encore ne toucher ni au premier mica, ni au polariscope, mais tourner de

90 degrés le mica restaurateur. L'emploi d'un cristal positif (c'était le quartz) n'a rien changé aux phénomènes. Quand on tourne l'un des micas ou le polariscope, le cercle s'ovalise dans une direction ou dans la direction rectangulaire, selon la pièce que l'on tourne et le sens dans lequel a lieu la rotation.

Lemniscates du salpêtre. — Nous mettons la section principale du cristal à 45 degrés, de manière à obtenir la configuration de la *fig.* 177. Les branches de l'hyperbole s'évanouissent encore, et l'on a aux pôles soit un centre blanc délimité par un cercle, soit un centre noir; mais, toutes choses égales d'ailleurs, l'état du centre est contraire à ce qu'il serait en n'employant qu'un mica. Les mêmes remarques s'appliquent à un biaxe taillé perpendiculairement à l'un des axes. On retrouve, mais avec inversion, les phénomènes décrits § 344; quant aux hyperboles des quartz croisés, nous y reviendrons bientôt.

On peut vouloir que les deux quarts d'onde qui comprendront la lame biréfringente puissent prendre toutes les orientations possibles. En pareil cas, si l'on veut user des parallélipipèdes, il faut les raccorder par leurs bases centrales et mettre en dehors les bases excentriques. On voit sur la *fig.* 178 que chaque solide est enchâssé dans un cylindre dont les bases sont reliées par des tiges. Les bases extérieures sont munies chacune, vis-à-vis la surface du verre, d'une douille à laquelle s'adapte un nicol. Il reste entre les bases intérieures adjacentes un espace suffisant pour recevoir les cristaux. Cet appareil suppose l'emploi de la lumière parallèle.

§ 347. — Projection des expériences précédentes.

Les diverses expériences qui viennent d'être décrites peuvent se faire par projection. Pour que le lecteur voie nettement comment on y arrive, nous allons donner la figure du dispositif auquel nous avons recours et l'employer à répéter une ou deux de ces expériences (*fig.* 179).

La lumière, polarisée par la glace noire du porte-lumière si l'heure est convenable, ou par une pile de glaces si elle ne l'est pas, tombe en large faisceau sur une première lentille L d'un foyer un peu long qui la transforme en cône et lui permet de passer en entier par le mica quart d'onde, que porte un support spécial S; au delà une deuxième lentille L' de foyer plus court lui rend son parallélisme primitif; elle rencontre alors l'appareil de M. Soleil débarrassé de son miroir antérieur et de son micromètre, et donne sur un écran plus ou moins éloigné une image plus ou moins agrandie des lignes isochromatiques.

Ayant mis la tourmaline à l'extinction, confions aux mâchoires de la pince un spath normal à l'axe. Nous obtenons les anneaux traversés par la croix noire dont je supposerai un bras vertical. Traçons les deux premiers cercles et interposons alors le mica quart d'onde de manière à obtenir un dextrorsum. Si nous dessinons sur l'écran les anneaux disloqués du § 344, nous verrons que dans les angles traversés par l'axe du mica les anneaux auront été reculés, tandis que dans les deux autres angles ils auront été avancés. Or, si l'on s'est servi d'un verre rouge pour avoir plus de précision, on trouve que la quantité dont ces fragments d'anneaux auront été soit reculés, soit rapprochés, sera le quart de l'intervalle qui séparait les premiers anneaux. Ajoute-t-on, contre la lentille L''', le second mica en lui donnant la même orientation qu'au premier, on trouve que le premier anneau circulaire restitué n'a que les trois quarts du diamètre du premier anneau primitif.

Autre expérience. — Otons la pince qui ne peut mordre les deux quartz épais, et interposons-les entre les lentilles L'' L''' en orientant les axes à 45 degrés. Supposons toujours la vibration incidente verticale et dessinons, avant de mettre le mica, la croix noire et les deux premières hyperboles. Quand le mica sera mis et donnera un dextrorsum, les lignes obscures devenues hyperboles se seront jetées dans les quadrants traversés par l'axe du mica, et s'y seront placées à égale distance du centre et des premières hyperboles anciennes, que les premières hyperboles actuelles dépassent d'environ le quart de la distance qui séparait les deux premières hyperboles anciennes. Dans les deux autres angles, les hyperboles actuelles se seront rapprochées du centre, de la même quantité. En mettant le second mica avec la condition de parallélisme des axes, les hyperboles noires continuent de s'éloigner du centre, où elles reviendraient s'il était rectangulaire au premier.

§ 348. — Retour sur les configurations délaissées.

Ces études expérimentales sont singulièrement diversifiables, et nous ne saurions prétendre épuiser tous les cas. Il faudrait faire tourner, soit isolément chacune des pièces nombreuses qui concourent à la production des phénomènes, soit les diverses associations de ces pièces, rendues solidaires, que l'on peut imaginer. Ces mouvements rattachent l'un à l'autre les phénomènes extrêmes du rectiligne et du circulaire, auxquels nous nous sommes presque exclusivement attachés, par des transitions qui ont de l'intérêt. Nous allons terminer ce chapitre en citant quelques-unes de ces transformations progressives. Nous les emprunterons aux phénomènes de lumière convergente, attendu que les transformations analogues offertes par la lumière parallèle seront mieux placées dans le Chap. XX.

Anneaux du spath. — Ayant placé un spath normal à l'axe, entre deux micas quart d'onde dont les sections principales sont parallèles, je mets le polariscope de l'appareil Soleil à l'extinction, et je confie à sa pince l'ensemble des trois cristaux, ayant soin de placer les sections principales des micas dans le plan de polarisation, de manière à avoir pour point de départ les anneaux ordinaires et la croix noire. Si j'imprime actuellement à l'ensemble des trois cristaux une gyration telle, que chaque mica, s'il était seul, engendrât un dextrorsum, je vois que l'anneau réduit (§ 346) se forme graduellement, en empruntant, 1° au premier cercle, deux portions situées dans la direction AB (*fig.* 180); 2° à la croix ses parties centrales qui s'arrondissent et viennent dans la direction CD compléter l'anneau; et, en effet, une fois l'anneau sans croix formé, on constate aisément que sa constitution n'est pas homogène, qu'en AB il est fortement irisé, tandis qu'en CD il est noir. Les petites images de l'appareil d'Amici ne montrent pas ces particularités qui réclament les images amplifiées de l'appareil Soleil. Quand on tourne en sens contraire, c'est dans les quadrants traversés par AB que s'éloignent et s'arrondissent les portions survivantes de la croix.

Si je croisais les axes des micas, ce ne serait plus l'anneau, mais la tache noire centrale (ou plutôt les deux taches noires) que la rotation des trois cristaux, opérée dans un sens ou dans l'autre, amènerait. Pour que ces mouvements continuent de donner l'anneau, il faut commencer par tourner de 90 degrés l'analyseur.

Cristaux biaxes. — En passant aux biaxes les cas sont bien plus nombreux, puisque le cristal peut être normal à l'un des axes ou à leur bissectrice ; puisque, dans ce dernier cas, la ligne des pôles peut être parallèle, perpendiculaire ou oblique aux axes des micas. Je me bornerai à étudier un cas récemment signalé par M. H. Soleil, à savoir celui d'un cristal perpendiculaire à la bissectrice placé entre deux micas croisés ; je supposerai que sa section principale bissecte l'angle droit formé par celles des micas, et enfin, laissant immobile le système des trois cristaux, c'est au polariscope que je communiquerai le mouvement rotatoire. J'opère avec l'appareil d'Amici, et je m'aide au besoin d'un verre rouge. Je vois alors les lemniscates se dilater ou se contracter suivant qu'on tourne dans un sens ou dans l'autre, suivant que la ligne des pôles prend l'une ou l'autre des deux orientations bissectrices. Mais il est curieux qu'en adoptant une manière de faire constante, les biaxes se laissent grouper, à ce point de vue de dilatation ou de contraction des courbes, en deux catégories. Quand le salpêtre, l'arragonite, le carbonate de plomb, le borax, la nacre de perle, etc., dilatent leurs courbes, la topaze et la baryte sulfatée les contractent

CHAPITRE XII.

POLARISATION ELLIPTIQUE ET CIRCULAIRE. — THÉORIE.

ARTICLE Iᵉʳ.

COMPOSITION DES MOUVEMENTS VIBRATOIRES QUI DIFFÈRENT
PAR L'AZIMUT, L'INTENSITÉ ET LA PHASE, ET N'ONT DE
COMMUN QUE LA PÉRIODE.

Deux mouvements vibratoires situés dans deux plans différents donnent en
général une vibration elliptique. — Deux sortes de rayons elliptiques. —
Leurs équations. — Conventions qui subordonnent des *hélices dextrorsum*
et *sinistrorsum* aux rayons de même dénomination. — Équations qui permettent de trouver les caractéristiques d'un quelconque des systèmes de
rayons polarisés rectangulaires qui peuvent engendrer un même elliptique.
— Rayons *principaux*. — Rayons *égaux*. — Relation des rayons principaux
avec les axes de l'ellipse décrite. — Relations analogues qui unissent les
autres systèmes aux diamètres conjugués de cette ellipse. — Dans des plans
équidistants des axes on obtient des constituants égaux dont l'anomalie
est supplémentaire. — Dans des plans rectangulaires on obtient des constituants à amplitudes réciproques et à anomalie également supplémentaire.
Comment les analyseurs réalisent les divers systèmes générateurs d'un
rayon elliptique. — Comment ils déterminent les axes. — Il vaut mieux
les trouver par les rayons égaux. — La loi de Malus conservée pour les elliptiques. — Restauration des elliptiques. — Elle conduit à la détermination de R. — Ce que deviennent les équations des elliptiques quand on y
introduit soit les rayons principaux, soit les rayons égaux. — Le cas de
la polarisation circulaire. — Un elliptique équivaut à un circulaire plus à
un rectiligne. — Discussion des formules. — Elliptiques *symétriques directs
et inverses*. — Elliptiques *complémentaires directs et inverses*. — Elliptiques
rectangulaires directs et inverses.

---

§ 349. — Comment la vibration du rayon lumineux peut être elliptique.

Ne considérons que deux rayons, et, nous autorisant des
faits usuels, supposons d'abord leurs azimuts rectangulaires.
En figurant dans chacun de ces plans les sinusoïdes caractéristiques des deux mouvements, et composant à l'aide

d'une succession de parallélogrammes, soit les vitesses simultanées, soit les deux écarts correspondants, on reconnaît sans peine, ainsi que nous l'avons déjà vu § 321, que le mouvement résultant est gyratoire et soumis à la même période que ses composants. Mais quand on veut approfondir cette étude capitale, on doit recourir au calcul. (*Voir* la Note consacrée au développement d'une méthode géométrique.)

Prenons (*fig.* 181) pour plans coordonnés ZOX, ZOY les deux azimuts rectangulaires et supposons que la particule O, qui va subir les deux mouvements que lui apportent les deux rayons superposés suivant l'axe OZ, ait pour position de repos l'origine même des coordonnées. Plaçons la vibration du rayon polarisé, qui est en avance dans le plan ZOX, et celle du rayon retardé dans l'azimut ZOY; leurs équations seront

$$x = a \cos 2\pi \frac{t}{T}, \quad y = a' \cos\left(2\pi \frac{t}{T} - \varphi\right),$$

on en tire

$$2\pi \frac{t}{T} = \operatorname{arc} \cos \frac{x}{a}, \quad 2\pi \frac{t}{T} - \varphi = \operatorname{arc} \cos \frac{y}{a'};$$

éliminant le temps et passant aux cosinus, on trouve, après élévation au carré et réduction, pour la courbe décrite par la particule d'éther,

$$\frac{x^2}{a^2} + \frac{y^2}{a'^2} - 2\frac{\cos\varphi}{aa'} xy = \sin^2\varphi.$$

Or

$$B^2 - 4AC = \frac{4(\cos^2\varphi - 1)}{a^2 a'^2};$$

donc cette courbe est toujours une *ellipse*.

La courbe étant fermée, le mouvement est périodique: nous aurons la durée T_1 de la période en nous en référant aux valeurs isolées de x et de y, et cherchant le temps t' qui redonnera et à l'une et à l'autre les mêmes valeurs. Comme y développé contient le sinus et le cosinus de l'arc

$2\pi\frac{t}{T}$, on voit que le nouvel arc $2\pi\frac{t'}{T}$ devra surpasser $2\pi\frac{t}{T}$ de 2π, d'où $t' - t$, c'est-à-dire $T_1 = T$. La durée de la période n'a donc pas changé.

Ce mouvement résultant constitue ce qu'on nomme un *rayon polarisé elliptique*. Suivant la valeur de φ, la gyration a lieu dans un sens ou dans l'autre, et il est utile de distinguer deux sortes de rayons elliptiques. Reprenons, en effet, avec un retard quelconque et sur la *fig.* 181 cette construction de parallélogrammes successifs qui nous a servi à distinguer les deux sortes de circulaires (§ 321), et ayons soin, pour plus de clarté, de placer, dans le premier, la particule à la limite A de son excursion parallèle aux x : on voit que, pour quelqu'un placé au-dessus du plan XOY, le mouvement se fera dans le sens de l'aiguille d'une montre, nous l'appellerons *dextrorsum*. Il irait, dans le même quadrant YOX, des Y aux X et serait *sinistrorsum*, si l'anomalie φ restant positive était comprise (*fig.* 182) entre π et 2π, ou encore si, φ devenant négatif, le retard, moindre d'ailleurs que $\frac{\lambda}{2}$, appartenait (*fig.* 183) au rayon x (*).

§ 350. — Équations des deux sortes de rayons elliptiques.

Nous savons que les phases peuvent être accrues ou diminuées d'un nombre exact de circonférences, et qu'ainsi la différence de deux phases peut toujours être ramenée entre o et 2π. Il y a plus : si l'on consent à prendre des anomalies négatives, on peut, par ce même artifice, la ramener entre o et π, car quand φ est compris entre π et 2π, ajoutons 2π et alors la phase du deuxième rayon sera

$$2\pi\frac{t}{T} + 2\pi - \varphi = 2\varphi\frac{t}{T} - [-(2\pi - \varphi)],$$

(*) Comme conséquence évidente, ajouter ou enlever une demi-circonférence à la phase d'un des rayons, transforme le rayon résultant en un elliptique de gyration contraire. *Voir* § 366.

et il aura pour anomalie l'arc $2\pi - \varphi$ moindre que π et pris négativement. On a alors, pour représenter les deux classes de rayons elliptiques, les deux systèmes d'équations

$$x = a \cos 2\pi \frac{t}{T}, \quad y = a' \cos\left(2\pi \frac{t}{T} \mp \varphi\right),$$

le signe $-$ s'appliquant aux dextrorsum et le signe $+$ aux sinistrorsum, et φ restant compris entre 0 et π (*).

§ 351. — Hélices dextrorsum et sinistrorsum, subordonnées aux rayons de même dénomination.

Les positions résumées par une ellipse, qu'occupe successivement dans le plan des xy la particule d'éther, se développent ultérieurement dans les autres particules du milieu propagateur, et, à un instant donné, l'ensemble des déplacements du point O se retrouve dans une série de points primitivement alignés le long de l'axe OZ. On conçoit que ces points vont être enroulés sur un cylindre droit qui a pour base l'ellipse décrite par O, et y formeront une hélice elliptique ayant λ pour pas. La considération de ces hélices est utile et constitue un nouvel aspect du phénomène souvent très-commode.

Admettons avec Ampère qu'une hélice est dextrorsum quand, pour un observateur placé en dehors du cylindre, la spire, dans la partie antérieure, monte de la gauche vers la droite (c'est le cas des vis et des tire-bouchons). Admettons de plus, et cela aura lieu dans les appareils les plus usuels, celui d'Amici par exemple, que le rayon chemine suivant OZ, c'est-à-dire de bas en haut : alors on voit que la position E devancera sur le cylindre la position F dans la

---

(*) Retrancher π intervertit la gyration (§ 349, la note), changer le signe de φ l'intervertit également. Si donc on fait les deux choses à la fois, les nouvelles équations

$$x = a \cos 2\pi \frac{t}{T}, \qquad y = a' \cos\left[2\pi \frac{t}{T} - (\pi - \varphi)\right],$$

où l'anomalie a pris une valeur supplémentaire, représenteront un rayon de même gyration. Voir le § 366.

fig. 181, et sera précédée par elle dans la *fig.* 183, de sorte que chaque espèce de rayons engendre des hélices de même dénomination (*fig.* 184 et 185).

Il est évident que toutes ces correspondances seraient dénaturées, si, les y positifs étant pris en arrière, les positions analogues, au lieu d'être A, B, devenaient A, B' (*fig.* 181): ou bien, si le rayon se propageait de haut en bas. Il fallait faire un choix, nous avons été guidé dans le nôtre par le désir d'utiliser des conventions existantes. Nous y serons fidèle dans la suite de ce Traité.

§ 352. — **Les vitesses conduisent aux mêmes résultats.**
Intensité d'un elliptique.

On peut également recourir à l'ensemble des équations

$$V_x = b \sin 2\pi \frac{t}{T}, \quad V_y = b' \sin\left(2\pi \frac{t}{T} - \varphi\right)$$

pour exprimer un elliptique. Pour voir le sens de la gyration, on choisit le moment où l'une des deux vitesses, V_x par exemple, est nulle, et l'on cherche la direction de V_y. On voit ainsi que φ positif et plus petit que π répond encore aux gyrations dextrorsum, tandis que les gyrations contraires sont engendrées soit par $\varphi > \pi$ et $< 2\pi$, soit par φ négatif et $> -\pi$. Les deux classes de rayons sont donc, à ce point de vue, données par les deux systèmes d'équations

$$V_x = b \sin 2\pi \frac{t}{T}, \quad V_y = b' \sin\left(2\pi \frac{t}{T} \mp \varphi\right)$$

dans lesquelles encore φ ne surpassera point π.

La vitesse résultante est tangente à la courbe et a pour expression manifeste

$$V = \sqrt{\overline{V_x}^2 + \overline{V_y}^2}.$$

Sa considération est utile quand on veut obtenir l'intensité d'un rayon elliptique. Admettons, en effet, que le travail accompli se compose toujours, comme au § 12, de la somme des éléments de travail, quelle qu'en soit l'orientation; l'intensité sera

$$\int_0^T v^2 \, dt = \int_0^T b^2 \sin^2 2\pi \frac{t}{T} \, dt + \int_0^T b'^2 \sin^2\left(2\pi \frac{t}{T} - \varphi\right) dt,$$

4.

c'est-à-dire que l'intensité est la somme des intensités des deux rayons composants.

En général, l'addition des intensités n'est légitime que pour des mouvements successifs. Dès qu'il s'agit de mouvements simultanés, l'intensité (§§ 52-53) surpasse la somme des intensités ou est surpassée par elle. Une première exception a été offerte par deux mouvements vibratoires situés dans le même plan, quand leur différence de route est $\frac{\lambda}{4}$. Une deuxième exception nous est offerte ici par deux vibrations situées dans deux plans rectangulaires. Quelle que soit leur anomalie, la somme de leurs intensités donne celle du rayon résultant (*).

En effectuant les deux intégrales, on trouve pour l'intensité

$$\frac{T}{2}(b^2 + b'^2),$$

(*) Cette constance nous explique l'éclairement uniforme de l'écran dans l'expérience de Young modifiée du § **232**. Mais quand, intermédiairement, les deux rayons ont leurs plans de polarisation inclinés l'un sur l'autre d'un angle autre que 90 degrés, alors l'intensité redevient variable avec la différence de route, et les franges renaissent d'autant plus énergiques qu'on s'éloigne davantage de la rectangularité. En effet, si α est l'angle des deux plans, on a pour le carré de la vitesse résultante

$$b^2 \sin^2 2\pi \frac{t}{T} \, dt + b'^2 \sin^2 \left(2\pi \frac{t}{T} - \varphi \right) dt$$

$$+ 2 bb' \sin 2\pi \frac{t}{T} \sin \left(2\pi \frac{t}{T} - \varphi \right) \cos \alpha \, dt,$$

et pour intensité la somme des intégrales données par ces trois expressions étendues aux limites o et T, c'est-à-dire

$$\frac{T}{2}(b^2 + b'^2) + T bb' \cos \alpha \cos \varphi,$$

expression qui, α étant constant, varie avec φ depuis le maximum

$$\frac{T}{2}(b^2 + b'^2 + 2 bb' \cos \alpha)$$

jusqu'au minimum

$$\frac{T}{2}(b^2 + b'^2 - 2 bb' \cos \alpha).$$

Si l'on a $b = b'$ et $\alpha = 45$, le maximum et le minimum valent

$$T b^2 \left(1 + \frac{1}{\sqrt{2}} \right) \qquad \text{et} \qquad T b^2 \left(1 - \frac{1}{\sqrt{2}} \right)$$

et sont proportionnels à 1,707 et 0,293.

ou, profitant de la relation qui unit b et a (§ 11),

$$\pi \left(a^2 + a'^2\right).$$

On peut donc, en négligeant un facteur constant, prendre la somme $a^2 + a'^2$ pour mesure de l'intensité d'un rayon elliptique. Ainsi disparaît le seul avantage qui paraissait devoir s'attacher à la considération des vitesses, et désormais nous nous bornerons aux excursions, puisqu'elles offrent les avantages bien réels d'être mises facilement en évidence dans les figures et de conduire ici à la trajectoire.

§ 353. — Expériences sur la composition des vibrations rectangulaires.

On peut avec M. Lissajous rendre visibles, comme il suit, les ellipses dues au concours de deux vibrations rectangulaires de même durée. Soient deux diapasons portant chacun, sur la face externe d'une de leurs branches, un petit miroir plan (*fig.* 338, *Pl. XIV*) : si l'on dispose ces miroirs parallèlement et en regard l'un de l'autre, on pourra obtenir que le trait solaire lancé sur le premier atteigne ensuite le second, et subissant, après ces deux réflexions, l'action d'une lentille convergente, aille se résumer sur un écran en un point brillant P. Qu'on ébranle alors les diapasons, et le point lumineux, soumis par le mouvement du premier à une excursion horizontale, et par celui du second à une excursion verticale, décrira autour de P une courbe sensiblement plane. Quand on a la précaution de rétablir la symétrie des branches en adaptant à celles où ne s'opèrent pas les réflexions, des pièces parcilles aux miroirs, les ébranlements durent, comme à l'ordinaire, un certain temps, et, si les vibrations sont assez rapides, la persistance des impressions rend permanentes les courbes décrites. Avec des vibrations plus lentes, on peut n'avoir qu'une visibilité partielle de ces courbes, et voir l'illumination les parcourir dans un sens qui indique le sens de la gyration.

Telle est l'expérience fondamentale appliquée, avec le plus grand succès, par M. Lissajous à l'étude de la composition des vibrations sonores quelconques. L'optique n'ayant que faire d'une aussi grande généralité, rendons horizontal l'axe du diapason D, vertical celui du diapason D', et les ayant choisis de même ton, parfaisons leur unisson en surchargeant le plus aigu par des petites boules de cire, nous serons alors dans le cas du § 349, et nous obtiendrons une ellipse dont la forme et la position dépendront de la différence de phase accidentellement introduite lors de l'ébranlement. Si l'on veut être maître de cette différence, il faudra attaquer les diapasons par un moyen mécanique convenable: c'est ce qu'a fait également l'auteur de ces belles expériences.

§ 354. — Un même elliptique peut résulter d'une infinité de systèmes constituants.

Un même elliptique peut être engendré par une foule de systèmes de polarisés rectangulaires. Pour s'en convaincre, il suffit de projeter sur deux nouveaux plans rectangulaires chacune des vibrations primitives, on obtiendra sur chacun de ces plans deux ondes réductibles à une seule par les formules connues § 52, et l'on aura ainsi passé du premier système à un deuxième, formé de deux rayons qui n'ont plus ni les mêmes amplitudes ni la même anomalie, mais qui cependant donneraient la même ellipse, et forment ainsi un système équivalent au premier.

Dès lors on est conduit à se demander si, parmi tous ces systèmes de rayons capables de constituer un même elliptique, il n'en est pas quelqu'un plus simple que tout autre et se recommandant surtout par une plus grande accessibilité aux déterminations expérimentales. Un tel système, s'il existe, pourrait être défini *système principal*, et ses paramètres *paramètres principaux* du rayon elliptique ; et dans la recherche des lois on pourrait trouver des avantages dans son emploi.

Si ω (*) est l'angle d'un des nouveaux plans avec le

(*) Les ω seront positifs quand ils iront des X aux Y dans le quadrant XOY.

plan **ZX**, on aura (*fig.* 186)

$$x' = x\cos\omega + y\sin\omega, \quad y' = -x\sin\omega + y\cos\omega,$$

c'est-à-dire en remplaçant x et y par leurs valeurs

$$x' = a\cos 2\pi\,\frac{t}{T}\cdot\cos\omega + a'\cos\left(2\pi\,\frac{t}{T} - \varphi\right)\sin\omega,$$

$$y' = -a\cos 2\pi\,\frac{t}{T}\cdot\sin\omega + a'\cos\left(2\pi\,\frac{t}{T} - \varphi\right)\cos\omega.$$

La phase ψ et l'intensité A^2 du rayon x', données par la règle de Fresnel, seront

$$\tang\psi = \frac{a'\sin\omega\sin\varphi}{a\cos\omega + a'\sin\omega\cos\varphi},$$

$$A^2 = a^2\cos^2\omega + a'^2\sin^2\omega + 2aa'\sin\omega\cos\omega\cos\varphi.$$

Pour le rayon y' on aura de même

$$\tang\psi' = \frac{a'\cos\omega\sin\varphi}{-a\sin\omega + a'\cos\omega\cos\varphi},$$

$$A'^2 = a^2\sin^2\omega + a'^2\cos^2\omega - aa'\sin 2\omega\cos\varphi.$$

L'anomalie $\psi' - \psi$ des deux nouveaux rayons sera donnée par

$$\tang(\psi' - \psi) = \frac{a'\cos\omega\sin\varphi(a\cos\omega + a'\sin\omega\cos\varphi) - a'\sin\omega\sin\varphi(-a\sin\omega + a'\cos\omega\cos\varphi)}{(a\cos\omega + a'\sin\omega\cos\varphi)(-a\sin\omega + a'\cos\omega\cos\varphi) + a'^2\cos\omega\sin\omega\sin^2\varphi},$$

Réduisant et posant $\psi' - \psi = \Phi$, il vient

$$\tang\Phi = \frac{aa'\sin\varphi}{aa'\cos 2\omega\cos\varphi - \frac{1}{2}(a^2 - a'^2)\sin 2\omega} \qquad (^{*}).$$

(*) A chaque valeur ω répond une valeur ω', donnée par la relation

$$2\omega' = \pi + 2\omega,$$

qui change le signe de tang $(\psi' - \psi)$ et donne un système dont l'anomalie est supplémentaire de celle du système $a.a'.\psi' - \psi = \Phi$. Les innombrables systèmes se correspondent donc deux à deux de cette manière, et la relation

$$\omega' = \omega + \frac{\pi}{2}$$

montre qu'ils utilisent les mêmes directions. Mais on aurait une idée fausse de cette correspondance si l'on ne remarquait que la valeur ω' échange, entre elles, les valeurs A, A', de sorte que ces systèmes conjugués rectangulaires sont réellement A.A'.Φ et A'.A.π−Φ. Toutefois, quand les amplitudes A, A' sont égales, le système conjugué rectangulaire n'offre plus qu'une différence, à savoir celle de l'anomalie qui reste supplémentaire.

Nous avons pris la différence $\psi - \psi$, attendu que le rayon OX' doit continuer d'être en avance pour que la rotation ait toujours lieu dans le même sens.

§ 355. — Il y a toujours un couple de constituants distants de $\frac{\lambda}{4}$.

Voulons-nous que le système ait l'anomalie $\frac{\pi}{2}$ ou le retard $\frac{\lambda}{4}$, alors

$$\operatorname{tang}(\psi - \psi') = \infty, \quad \text{d'où} \quad \operatorname{tang} 2\Omega = \frac{2\,a\,a'\cos\varphi}{a^2 - a'^2},$$

et les intensités $A_1^2 \, A_1'^2$ seront ce que deviennent leurs expressions générales quand on y donne à ω la valeur Ω tirée de l'équation précédente. Le lecteur qui effectuera cette substitution aura soin de commencer par introduire dans A^2, A'^2, $\cos 2\omega$ à la place de $\cos\omega$ et $\sin\omega$, il trouvera (*)

$$A_1^2 = \frac{1}{2}(a^2 + a'^2) \pm \frac{1}{2}\sqrt{(a^2 - a'^2)^2 + 4\,a^2\,a'^2\cos^2\varphi},$$

$$A_1'^2 = \frac{1}{2}(a^2 + a'^2) \mp \frac{1}{2}\sqrt{}.$$

(*) Le double signe s'interprète comme il suit. L'équation

$$\operatorname{tang} 2\Omega = \frac{2\,aa'\cos\varphi}{a^2 - a'^2}$$

admet pour Ω une infinité de valeurs. Mais ces valeurs ne donnent que deux directions distinctes, et voilà pourquoi on n'a que deux valeurs A, A' correspondant l'une à la première des valeurs de Ω et l'autre à la deuxième.

Si $\dfrac{2\,aa'\cos\varphi}{a^2 - a'^2}$ est positif, ce qui ne peut arriver que quand on a à la fois

$$\begin{cases} a > a' \\ \varphi < 90° \end{cases} \quad \begin{cases} a < a' \\ \varphi > 90 \end{cases},$$

le premier angle 2Ω est < 90, donc $\cos 2\Omega$ est positif. Or il vaut $\dfrac{a^2 - a'^2}{\sqrt{}}$, donc le radical doit y être pris $\begin{cases} \text{positif} \\ \text{négatif} \end{cases}$ suivant que $\begin{cases} a > a' \\ a < a' \end{cases}$ ou, en d'autres termes il doit avoir le signe de $\cos\varphi$. Quand au contraire $\dfrac{2\,aa'\cos\varphi}{a^2 - a'^2}$ est négatif, ce qui suppose l'ensemble des conditions

$$\begin{cases} a > a' \\ \varphi > 90 \end{cases} \quad \begin{cases} a < a' \\ \varphi < 90 \end{cases},$$

§ 356. — Il y a toujours un couple de constituants égaux.

Voulons-nous avoir deux rayons égaux, alors on posera

$$A^2 = A'^2,$$

c'est-à-dire

$$(a^2 - a'^2)\cos 2\,\Omega_1 = -2\,a\,a'\cos\varphi\sin 2\,\Omega_1\,,$$

d'où

$$\operatorname{tang} 2\,\Omega_1 = -\frac{a^2 - a'^2}{2\,a\,a'\cos\varphi}\,,$$

et, par conséquent,

$$\operatorname{tang} 2\,(\Omega - \Omega_1) = \infty\,,$$

ce qui montre que ces nouvelles directions sont à 45 degrés des précédentes. Dans ce cas on trouve

$$A^2 = A'^2 = \frac{a^2 + a'^2}{2}\,.$$

Quant à la différence de phase, elle devient, après des réductions faciles,

$$\operatorname{tang}(\psi'_1 - \psi_1) = \frac{\pm 2\,a\,a'\sin\varphi}{\sqrt{(a^2 + a'^2)^2 - 4\,a^2\,a'^2\sin^2\varphi}}\,.$$

Nous la désignerons par Φ_1.

---

auquel cas le premier des angles $2\,\Omega$ est $>$ 90 et par conséquent le premier angle $\Omega >$ 45, $\cos 2\,\Omega$ est négatif et le radical doit être pris $\left\{\begin{array}{l}\text{négatif}\\\text{positif}\end{array}\right.$ suivant que $\left\{\begin{array}{l}a > a'\\a < a'\end{array}\right.$, *c'est-à-dire que dans tous les cas, le radical et $\cos\varphi$ auront le même signe.*

Or, dans les expressions $A_1^2\,A_1'^2$ ce radical apparaît et n'y apparaît même que comme dénominateur de $\cos 2\,\Omega$ et $\sin 2\,\Omega$. Son signe y sera donc fixé par les mêmes considérations, et A_1 *cessera d'être le plus grand axe pour devenir le plus petit quand $\cos\varphi$ sera négatif.*

Dans ce qui précède, nous avons admis que l'on prenait, pour le premier angle $2\,\Omega$, toujours un angle positif. Or quand $\dfrac{2\,aa'\cos\varphi}{a^2 - a'^2}$ est négatif, si nous conventions de prendre pour premier angle l'angle négatif. Alors le signe supérieur suffirait et A_1^2, caractérisé par l'angle dont la valeur absolue est la moindre, serait constamment le grand axe. On le justifie sans peine.

§ 357. — Propriétés de ces deux couples remarquables.

Voulons-nous que le système ait la plus grande ou la plus faible anomalie, nous trouvons, en égalant à zéro la différentielle de tang Φ pour ω_2,

$$\text{tang } 2\,\omega_1 = -\frac{a^2 - a'^2}{2\,a\,a'\cos\varphi},$$

c'est-à-dire la même valeur que pour Ω_1, de sorte que l'anomalie Φ_1 des rayons égaux se trouve être soit un maximum, soit un minimum. Ce qui a été dit ($\S$ 354, 2me note) montre que c'est l'un et l'autre.

Voulons-nous enfin avoir deux rayons constituants qui diffèrent le plus possible en intensité, l'un étant maximum et l'autre minimum, si toutefois l'association de ces deux rayons extrêmes est compatible avec la rectangularité de nos plans. Il faut écrire que les différentielles des expressions A^2, A'^2, prises par rapport à ω, sont nulles. On trouve ainsi pour l'une

$$(a^2 - a'^2)\sin 2\omega - 2\,a\,a'\cos\varphi\,\cos 2\,\omega,$$

et pour l'autre la même expression prise en signe contraire ; on n'a donc qu'une équation, et comme les divers angles ω qu'elle donne sont distants de 90 degrés, il s'ensuit que les rayons extrêmes sont bien réalisés dans deux plans rectangulaires. On reconnaît enfin que cette équation unique n'est autre que celle qui nous a donné déjà le système doué de l'anomalie $\dfrac{\pi}{2}$.

§ 358. — Relations des constituants principaux avec l'ellipse décrite.

Avant de conclure, il faudrait connaître, par rapport à l'ellipse que décrivent tous ces systèmes équivalents, la situation des plans qui caractérisent ceux d'entre eux qui sont les plus simples.

L'équation de cette ellipse est ($\S$ 349)

$$\frac{x^2}{a^2} + \frac{y^2}{a'^2} - \frac{2\cos\varphi}{a\,a'}\,xy = \sin^2\varphi.$$

Pour avoir ses axes, on passe à un autre système de coordonnées rectangulaires à l'aide des formules connues

$$x = x' \cos \omega - y' \sin \omega, \quad y = x' \sin \omega + y' \cos \omega,$$

et on détermine ω par la condition que le terme en xy disparaisse. On trouve ainsi l'équation

$$\frac{1}{2}(a^2 - a'^2)\sin 2\omega = a\,a' \cos \varphi \cos 2\omega,$$

identique avec celle qui nous a donné Ω. Donc *c'est quand les deux plans où l'on ramène les vibrations passent par les axes de l'ellipse, que l'on a soit les deux vibrations maxima et minima, soit les deux constituants distants* de $\dfrac{\lambda}{4}$.

Il y a plus : en formant les valeurs des nouveaux coefficients des termes en x^2 et y^2, on obtient

$$\frac{1}{a^2 a'^2}\left(a'^2 \cos^2 \omega + a^2 \sin^2 \omega - a\,a' \cos \varphi \sin 2\omega\right)$$

et

$$\frac{1}{a^2 a'^2}\left(a'^2 \sin^2 \omega + a^2 \cos^2 \omega + a\,a' \cos \varphi \sin 2\omega\right).$$

Les carrés des axes de l'ellipse sont donc

$$\frac{a^2 a'^2 \sin^2 \varphi}{a'^2 \cos^2 \omega + a^2 \sin^2 \omega - a\,a' \cos \varphi \sin 2\omega}$$

et

$$\frac{a^2 a'^2 \sin^2 \varphi}{a^2 \cos^2 \omega + a'^2 \sin^2 \omega + a\,a' \cos \varphi \sin 2\omega}.$$

En réduisant ces fractions au même dénominateur, on voit qu'elles sont proportionnelles aux expressions générales A^2, A'^2 des intensités, qui prennent les valeurs A_1^2, $A_1'^2$ dans le cas actuel de $\omega = \Omega$; ainsi *quand les deux plans passent par les axes de l'ellipse, outre les deux particularités précitées, les vibrations offrent celle d'avoir leurs amplitudes proportionnelles aux deux axes.*

Le deuxième système est loin d'être aussi remarquable. Si les constituants y sont égaux et si leur amplitude commune se rattache simplement à celle du système primitif, si, de plus, l'anomalie y prend une valeur extrême, cette valeur est compliquée et sa complication constitue pour ce système une infériorité bien réelle. On pourra sans doute y recourir (§ 361), mais d'une manière subordonnée et uniquement pour trouver la position du premier système qui en est à 45 degrés. Bref, le premier système est pour nous, sans conteste, le *représentant principal d'un rayon elliptique.*

§ 359. — Relations avec les diamètres conjugués.

Ces rapprochements entre les axes de l'ellipse décrite, et les éléments du système principal ne sont pas les seuls que l'on puisse établir. En effet, 1° la somme des carrés d'un système quelconque $A^2 + A'^2$ est visiblement constante et vaut $a^2 + a'^2$, comme on pouvait d'ailleurs le déduire de ce que l'intensité du rayon elliptique (§ 352) ne saurait dépendre de l'aspect sous lequel il nous plaît de le considérer; 2° si nous passons de tang Φ au sinus de l'anomalie, nous trouvons

$$\sin \Phi = \frac{2aa' \sin \varphi}{\sqrt{\left[(a^2 - a'^2) \sin 2\omega - 2aa' \cos 2\omega \cos \varphi\right]^2 + 4 a^2 a'^2 \sin^2 \varphi}}.$$

Or, si l'on effectue le produit AA' avec le double soin de n'y laisser que le sinus et le cosinus de l'angle double 2ω et d'y introduire $\sin^2 \varphi$, on trouve qu'il est égal à la moitié du précédent radical, d'où l'on conclut que le triple produit des amplitudes de chaque système par leur anomalie est constant et vaut $aa' \sin \varphi$. En faisant un retour sur les propriétés des diamètres conjugués de l'ellipse, on voit que ces deux relations ne sont autres que celles qui unissent les longueurs des diamètres conjugués de notre ellipse avec l'angle qui les sépare, de sorte que le bénéfice de théorèmes et de constructions bien connus se trouve acquis à l'étude de la polarisation elliptique. Toutefois, comme les diamètres conjugués autres que les axes cessent d'être, ainsi qu'il arrive aux vibrations de chaque système, à angle droit, tout semble se borner pour eux à des rapports de grandeur, et leur position dans l'ellipse n'indique pas spontanément la direction des plans générateurs du système de vibrations correspondant.

Pour trouver cette correspondance, supposons

$$\varphi = \frac{\pi}{2},$$

ce qui rend les rayons donnés a, a', constituants principaux du rayon elliptique, les formules générales qui donnent les caractéristiques A, A', Φ, d'un système quelconque de rayons non principaux, situés dans les azimuts ω et $\omega + 90$, se simplifient et deviennent

$$A^2 = a^2 \cos^2 \omega + a'^2 \sin^2 \omega, \quad A'^2 = a^2 \sin^2 \omega + a'^2 \cos^2 \omega,$$

$$\tan \Phi = - \frac{2\,aa'}{(a^2 - a'^2) \sin 2\omega}.$$

De son côté, la théorie de l'ellipse donne, pour les caractéristiques a_1, a'_1, $\alpha' - \alpha$, d'un système de diamètres conjugués situés dans les azimuts α, α', les relations

$$a_1^2 = \frac{a^2 a'^2}{a^2 \sin^2 \alpha + a'^2 \cos^2 \alpha}, \quad a'^2_1 = \frac{a^2 a'^2}{a^2 \sin^2 \alpha' + a'^2 \cos^2 \alpha'},$$

$$\tan \alpha \tan \alpha' = - \frac{a'^2}{a^2},$$

il s'agit de voir si à tout angle α correspond un angle ω capable de rendre égaux chacun à chacun A et a_1, A' et a'_1, Φ et $\alpha' - \alpha$.

En posant $A^2 = a_1^2$, on arrive sans peine aux relations

$$\sin^2 \omega = \frac{a^2 \sin^2 \alpha}{a^2 \sin^2 \alpha + a'^2 \cos^2 \alpha}, \quad \cos^2 \omega = \frac{a'^2 \cos^2 \alpha}{a^2 \sin^2 \alpha + a'^2 \cos^2 \alpha},$$

qui donnent

$$(c) \qquad \tan^2 \omega = \frac{a^2}{a'^2} \tan^2 \alpha.$$

Eh bien, on arriverait à la même équation si l'on partait de chacune des deux autres équations

$$A'^2 = a'^2_1, \quad \tan \Phi = \tan(\alpha' - \alpha).$$

Bornons-nous à le démontrer pour cette dernière équation.

L'équation

$$\tan \alpha \tan [\alpha + (\alpha' - \alpha)] = - \frac{a'^2}{a^2}$$

donne en développant

$$\tan [\alpha + (\alpha' - \alpha)],$$

et, en résolvant,

$$\tan (\alpha' - \alpha) = - \frac{a^2 \tan^2 \alpha + a'^2}{(a^2 - a'^2) \tan \alpha}.$$

Si nous prenons pour α la valeur tirée de l'équation de condition (c), il vient

$$\tan (\alpha' - \alpha) = - \frac{aa'}{(a^2 - a'^2) \sin \omega \cos \omega},$$

c'est-à-dire précisément la même valeur que pour $\tan \Phi$. Il en résulte qu'il y a, ainsi qu'on pouvait le prévoir, correspondance entre les diamètres conjugués et les systèmes de rayons rectilignes générateurs de l'elliptique, et que cette correspondance a lieu pour des azimuts α, ω liés par la relation

$$\tan^2 \omega = \frac{a^2}{a'^2} \tan^2 \alpha,$$

en d'autres termes, la règle à suivre pour approprier à la question de physique les diamètres conjugués de l'ellipse est la suivante :

Construisez ou calculez l'angle ω donné par

$$\tan \omega = + \frac{a}{a'} \tan \alpha,$$

dans cet azimut et dans l'azimut rectangulaire prenez deux polarisés rectilignes d'amplitudes a_i, a'_i, attribuez-leur une anomalie Φ égale à l'angle $\alpha' - \alpha$ séparateur des diamètres conjugués a_i, a'_i, et vous aurez mis en place, sans l'emploi des formules, et par la seule considération de l'ellipse décrite, l'un des systèmes de constituants non principaux du rayon elliptique. La seconde valeur

$$\tan \omega = - \frac{a}{a'} \tan \alpha$$

conduira de même à un second système caractérisé par les mêmes amplitudes a_i, a'_i, et par une anomalie supplémentaire

$$\pi - (\alpha' - \alpha).$$

Pour ne pas s'égarer dans cette appropriation de considérations purement géométriques à des questions d'un ordre si différent, on saura qu'en polarisation elliptique l'absolu n'est guère moins inaccessible en général pour les amplitudes que pour les phases ; de sorte qu'ordinairement on doit se borner à considérer le rapport $\frac{A}{A'} = \rho$ des amplitudes avec la différence $\Phi = \psi' - \psi$ des phases. Chaque système de constituants n'est donc pas déterminé en grandeur par quatre paramètres, mais par les deux seuls ρ et Φ, ou bien par trois, si l'on y joint, comme élément de situation, l'angle ω que fait une des vibrations composantes, celle qui est en avance, par exemple, avec une ligne fixe. Quand la nature de la question ne rendra pas préférable la considération d'un système particulier de constituants, on adoptera le système des rayons principaux. Dans ce cas, les paramètres se réduisent à deux, à savoir, un rapport d'axes R (*) et l'azimut Ω de la première vibration.

§ 360. — On groupe dans un tableau certains des constituants d'un elliptique.

Le lecteur qui voudra se familiariser avec cette variété d'aspects que peut revêtir un elliptique, n'aura qu'à étudier le tableau suivant. On l'a construit dans l'hypothèse $a = 2\,a'$, $\varphi = \frac{\pi}{4}$. La *fig.* 187 donne l'ellipse décrite.

(*) Le rapport des axes $\frac{A_1}{A'_1}$ est, en chassant le radical du dénominateur.

$$R^2 = \frac{a^4 + a'^4 + 2\,a^2 a'^2 \cos^2 \varphi + (a^2 + a'^2)\sqrt{(a^2 - a'^2)^2 + 4\,a^2 a'^2 \cos^2 \varphi}}{2\,a^2 a'^2 \sin^2 \varphi}$$

$$= \frac{\rho^4 + 1 + 2\,\rho^2 \cos^2 \varphi + (\rho^4 + 1)\sqrt{(\rho^2 - 1)^2 + 4\,\rho^2 \cos^2 \varphi}}{2\,\rho^2 \sin^2 \varphi} ;$$

le signe de R dépend donc du dénominateur et par suite, tant que a et a' sont pris positifs, de $\sin \varphi$. Quand φ surpassera 180 degrés, $\sin \varphi$ sera négatif, et nous savons qu'alors la gyration est intervertie (§ **549**). Donc *un signe négatif pour* R *indiquera des rayons sinistrorsum*. Quand $a = a'$, on a

$$R = \sqrt{\frac{1 + \cos \varphi}{1 - \cos \varphi}} = \cot \frac{\varphi}{2}.$$

AZIMUT.		Anomalies.		Rapport des amplitudes $\rho = \dfrac{A}{A'}$
$\omega =$	$0°$	$\Phi =$	$45°$	$= 2,00$
	$10°$		$60 \quad 1'$	$2,69$
	20		$85 \quad 11$	$3,21$
	$21° 39' 30''$		90	$3,225 = \dfrac{A_1}{A'_1} = R$
	30		$112 \quad 43$	$2,91$
	40		$131 \quad 2$	$2,21$
	50		$140 \quad 37$	$1,63$
	60		$144 \quad 49$	$1,21$
	$66° 39' 30''$		$145 \quad 33$	$1,00$
	70		$145 \quad 22$	$0,91$
	80		$142 \quad 59$	$0,68$
	90		135	$0,50$
	100		$119 \quad 59$	$0,37$
	110		$94 \quad 49$	$0,311$
	$111° 39' 30''$		90	$0,310 = \dfrac{1}{R}$
	120		$67 \quad 17$	$0,34$
	130		$48 \quad 58$	$0,45$
	$140 = 50 + 90$		$39 \quad 23$	$0,61 = \dfrac{1}{1,63}$
	150		$35 \quad 11$	$0,83$
	$156° 39' 30''$		$34 \quad 27$	1.00
	160		$34 \quad 38$	$1,10$
	170		$37 \quad 1$	$1,47$
	180		45	$2,00$

C'est ici le moment de compléter la note du § 384, elle établit et le tableau actuel confirme qu'en prenant deux angles ω, ω' distants de 90 degrés, on obtient deux systèmes dont les anomalies Φ, Φ' sont supplémentaires, et les valeurs ρ, ρ' réciproques. Mais pour atteindre tous les cas particuliers de ce genre, on doit se poser les questions suivantes. Trouver toutes les valeurs ω' qui donnent soit pour Φ' des valeurs supplémentaires de Φ, soit pour ρ' des valeurs égales ou réciproques à ρ. Occupons-nous de la première de ces recherches, en supposant que l'angle ω, qui sert de point de

départ soit nul, ou, en d'autres termes, cherchons toutes les valeurs ω', qui donneront

$$\Phi = \pi - \varphi.$$

L'équation qui donnera ω' est visiblement

$$\tan \Phi = - \tan \varphi = \frac{- 2\,aa'\sin\varphi}{2\,aa'\cos\varphi\cos 2\omega' - (a^2 - a'^2)\sin 2\omega'}.$$

Si nous y exprimons $\cos 2\omega'$ et $\sin 2\omega'$ en fonction de $\tan 2\omega'$,
il vient

$$[\, 2\,aa'\cos\varphi - (a^2 - a'^2)\tan 2\omega'\,]^2 = 4\,a^2 a'^2 \cos^2\varphi\,(1 + \tan^2 2\omega'),$$

équation qui, réduite et ordonnée, donne

$$[(a^2 - a'^2)^2 - 4\,a^2 a'^2 \cos^2\varphi]\tan^2 2\omega'$$
$$- 4\,aa'(a^2 - a'^2)\cos\varphi\,\tan 2\omega' = 0,$$

et fournit les solutions

$$(1) \qquad\qquad \tan 2\omega' = 0,$$

$$(2) \qquad\qquad \tan 2\omega' = \frac{2\,\dfrac{2\,aa'}{a^2 - a'^2}\cos\varphi}{1 - \dfrac{4\,a^2 a'^2}{(a^2 - a'^2)^2}\cos^2\varphi}.$$

La première donne

$$\omega' = 0 = 90 = 180\ldots;$$

mais $\omega' = 0$ donnerait, contrairement à ce qui est cherché, $\Phi = \varphi$,
donc, de ce côté, la vraie solution est

$$\omega' = 90,$$

qui donne bien

$$\Phi = 180 - \varphi,$$

et qui de plus échange entre elles les valeurs A, A'. Passons à la
seconde.

En se rappelant que

$$\tan 2x = \frac{2\,\tan x}{1 - \tan^2 x},$$

on voit qu'elle donne

$$\tan \omega' = \frac{2\,aa'}{a^2 - a'^2}\cos\varphi ;$$

l'azimut ω' vaut donc $2\,\Omega$ et est situé au delà du grand axe de l'el-

<table><tr><td>II.</td><td style="text-align:right">5</td></tr></table>

lipse, dans l'azimut symétrique de celui qui nous sert de point de départ. Comme les constituants donnés sont quelconques, ce résultat doit être considéré comme établi généralement, et il est prouvé, ainsi qu'on pouvait s'y attendre, que, dans des plans équidistants de ceux qui passent par les axes, les constituants ont les mêmes amplitudes. En effet, cette valeur de ω' donne

$$\cos^2 \omega' = \frac{(a^2 - a'^2)^2}{(a^2 - a'^2)^2 + 4\,a^2 a'^2 \cos^2 \varphi},$$

$$\sin^2 \omega' = \frac{4\,a^2 a'^2 \cos^2 \varphi}{(a^2 - a'^2)^2 + 4\,a^2 a'^2 \cos^2 \varphi},$$

et ces valeurs portées dans les expressions A^2, A'^2 donnent, après d'énormes réductions,

$$A^2 = a^2, \quad A'^2 = a'^2.$$

Ainsi, dans l'azimut,

$$\omega' = 2 \times 21^\circ 39' 30'' = 43^\circ 19',$$

nous trouvons un système équivalent du système donné a, a', φ, caractérisé par les mêmes amplitudes a, a' et par l'anomalie supplémentaire $\pi - \varphi$.

On pourrait construire un tableau analogue au précédent, en prenant pour point de départ non plus les valeurs de ρ, φ caractéristiques d'un système quelconque, mais le rapport R des vibrations principales. Les formules à calculer sont alors plus simples, puisqu'elles sont ce que deviennent les formules générales du § 354, quand on y pose

$$\varphi = \frac{\pi}{2},$$

c'est-à-dire

$$\frac{A}{A'} = \rho = \sqrt{\frac{R^2 \cos^2 \omega + \sin^2 \omega}{R^2 \sin^2 \omega + \cos^2 \omega}}, \qquad \tang \psi = \frac{2}{\left(R - \dfrac{1}{R}\right) \sin^2 \omega},$$

§ 361.   Comment les polariscopes font éclore les divers systèmes et comment ils donnent la direction des axes.

La mise en évidence d'un quelconque de ces systèmes de vibrations rectangulaires se réalise visiblement, quant aux intensités du moins, avec un polariscope biréfringent. Fait-on passer sa section principale par l'un des axes de l'ellipse, on obtient les rayons principaux : en tournant de 45 degrés, on tombe sur les rayons égaux. Les polariscopes rectilignes restent donc de précieux auxiliaires en polarisation elliptique, ils y ont en effet pour mission de déterminer l'orientation des axes de l'ellipse décrite. Avec un nicol, on tourne jusqu'à ce que l'intensité du rayon transmis soit ou maxima ou minima : dans le premier cas, sa section principale passe par le grand axe, dans le second elle passe par le petit. Comme l'œil est mieux doué pour saisir l'égalité de deux images simultanément visibles que pour reconnaître entre des images qui se succèdent la plus intense, la précision de ces déterminations est plus grande avec un prisme biréfringent, on le tourne jusqu'à ce qu'il donne deux images égales ; à 45 degrés de là seront les axes.

§ 362. — Ils donnent la même intensité qu'avec un polarisé partiel.

Comme il n'est pas de système où l'un des rayons soit nul, la variation d'intensité de chaque image ne va jamais jusqu'à l'extinction. Or il est curieux que ces changements d'intensité d'un elliptique qu'on regarde à travers un analyseur soient soumis à la même loi que ceux des polarisés partiels et se fassent encore d'après la loi de Malus. Comptons, en effet, l'azimut ω à partir du grand axe de l'ellipse, et nous aurons pour les intensités A^2, A'^2 des deux images (§ 354)

$$A^2 = A_\iota^2 \cos^2\omega + A'^2_\iota \sin^2\omega = A'^2_\iota + (A_\iota^2 - A'^2_\iota) \cos^2\omega,$$

$$A'^2 = A_\iota^2 \sin^2\omega + A'^2_\iota \cos^2\omega = A'^2_\iota + (A_\iota^2 - A'^2_\iota) \sin^2\omega,$$

formules complétement analogues à celles que donnerait en pareil cas un polarisé partiel.

§ 363. — Restauration des elliptiques. — Universalité des quarts d'onde.

L'existence des rayons principaux justifie ce qui a été dit § 330 sur la possibilité de restaurer un elliptique quelconque avec un quart d'onde et sur l'existence de deux orientations restauratrices. La restauration a lieu, mais dans deux azimuts différents, dès que l'un des deux plans principaux du quart d'onde passe par l'un des axes de l'ellipse. Soit, en effet, le dextrorsum A_1, A'_1 de la *fig.* 188. Si la section principale du *quartz quart d'onde* coïncide avec l'axe A_1, cette vibration sera retardée de $\frac{\lambda}{4}$, l'anomalie des deux vibrations principales sera donc annulée et la restauration aura lieu dans l'azimut s donné par

$$\tan g\, s = \frac{A'_1}{A_1}.$$

Si maintenant cette section principale coïncide avec A'_1, le retard de A'_1 sera élevé à $\frac{\lambda}{2}$ et la vibration restaurée se dirigera dans le système d'angles opposés $\overline{X}OY$, $XO\overline{Y}$, faisant avec l'axe A'_1 un angle s' donné par

$$\tan g\, s' = \frac{A_1}{A'_1},$$

ou bien avec l'axe A_1 l'angle $-s$ donné par

$$\tan g\, s = -\frac{A'_1}{A_1}.$$

On peut donc poser les règles suivantes :

Considérez l'axe de l'ellipse mis en coïncidence avec la section principale du quartz restaurateur et éloignez-vous-en par une rotation dextrorsum, cette rotation vous portera dans les quadrants où apparaîtra la vibration restaurée. L'angle s qui, dans ce quadrant, sépare la vibration restaurée de l'axe de l'ellipse coïncidant, a pour tangente le quotient de l'axe non coïncidant de l'ellipse par l'axe coïncidant. Pour un sinistrorsum, la règle reste la même, mais les quadrants où s'installe la vibration sont désignés par une rotation sinistrorsum.

Comme cette règle compte l'angle s avec une droite qui change dans les deux cas, on préférera peut-être la suivante qui le compte constamment avec un même axe de l'ellipse, l'axe A_1 par exemple : *La restauration a lieu dans l'azimut $\pm s$, le signe $+$ convenant au cas où la section principale coïncide avec l'axe A_1 et le signe $-$ au cas où elle passe par l'axe A'_1. Pour un sinistrorsum les azimuts sont au contraire $\mp s$.* A ce dernier point de vue, les deux sortes d'elliptiques se distinguent donc, ainsi qu'on l'avait annoncé (§ 330), par le signe de s. La polariscopie elliptique devait être essentiellement mensuratrice. Puisque l'ellipticité admet une foule de degrés, il lui fallait distinguer chaque elliptique par quelques caractères numériques. Nous avons montré (§ 359) comment les plus simples étaient au nombre de deux, à savoir Ω et R ; nous savons maintenant les déterminer par l'expérience. Ω est donné par un prisme biréfringent. Une fois connu, cet azimut Ω sert de point de départ pour obtenir par le concours d'un quart d'onde et d'un analyseur (qui peut être le même prisme biréfringent), un autre angle s dont la tangente n'est autre chose que R. Ω et s étant des angles comptés sur le même limbe, à savoir celui du prisme biréfringent, on préférera sans doute leur donner la même origine. Si on appelle Σ l'angle de position de l'alidade mobile quand il y a restauration, on aura

$$s = \Sigma - \Omega,$$

et la valeur de R dépendra de l'équation

$$R = \tang(\Sigma - \Omega).$$

Il n'est pas inutile de remarquer que si la faculté restauratrice d'un appareil quart d'onde est complète et s'étend à tous les elliptiques, celle d'un appareil à retard unique φ distinct de $\frac{\pi}{2}$ est au contraire limitée, et ce n'est pas seulement vis-à-vis les circulaires qu'un tel appareil serait désarmé. Rappelons-nous, en effet, comme la formule finale du § 360 le montre d'ailleurs avec une grande netteté, que les innombrables anomalies propres aux divers constituants d'un elliptique sont toujours comprises entre deux limites Φ_1

et $\pi - \Phi_1$, l'une inférieure et l'autre supérieure à $\frac{\pi}{2}$, et nous comprendrons que la restauration devienne impossible dès que l'anomalie fixe tombe en dehors des limites Φ_1 et $\pi - \Phi_1$.

§ 364. — Équations des elliptiques en fonction des constituants principaux.

Puisque les constituants d'un elliptique quelconque sont toujours échangeables contre deux rayons qui diffèrent de $\frac{\lambda}{4}$, ou encore contre un système de constituants égaux, il s'ensuit qu'on peut engendrer tous les elliptiques soit, conformément à ce qui a été dit § 339, par la seule variation du rapport R des deux amplitudes principales, soit encore par la variation exclusion de la phase Φ_1 (§ 356). Quand donc, à un point de vue théorique, on prendra d'autorité un rayon elliptique sans qu'il soit extrait, par quelque action physique, d'un rayon primordial, on pourra sans restreindre la généralité de la question le représenter soit par les deux équations

$$(1) \quad x = A \cos 2\pi \frac{t}{T}, \quad y = A' \cos\left(2\pi \frac{t}{T} - \frac{\pi}{2}\right) = A' \sin 2\pi \frac{t}{T}$$

qui donnent à l'ellipse la forme:

$$\frac{x^2}{A^2} + \frac{y^2}{A'^2} = 1,$$

soit par le système plus rarement employé

$$(2) \quad x = a \cos 2\pi \frac{t}{T}, \quad y = a \cos\left(2\pi \frac{t}{T} - \Phi_1\right).$$

A ce point de vue, les elliptiques sinistrorsum sont constitués par une valeur de φ, égale à $-\frac{\pi}{2}$ dans le premier cas, et à $\Phi_1 + \pi$ dans le second, et ils ont pour équations

$$(3) \quad x = A \cos 2\pi \frac{t}{T}, \quad y = - A' \sin 2\pi \frac{t}{T} \,(*),$$

(*) En thèse générale, changer le signe de l'expression totale d'un mouvement vibratoire revient à y ajouter π. Mettre un sinus en place d'un co-

ou bien

$$(4) \qquad x = a \cos 2\pi \frac{t}{T}, \quad y = - a \cos\left(2\pi \frac{t}{T} - \Phi_1\right);$$

mais tandis que (1) et (3) donnent la même ellipse, les systèmes (2) et (4) donnent des ellipses égales, il est vrai, mais non superposées. Faisons, en effet, dans la formule

$$\tan 2\Omega = \frac{2\,aa'\,\cos\varphi}{a^2 - a'^2}$$

tour à tour

$$\varphi = \Phi_1, \quad \varphi = \Phi_1 + \pi,$$

nous trouverons deux valeurs supplémentaires pour 2Ω, et conséquemment complémentaires pour Ω. Mais les valeurs de A^2, A'^2 montrent qu'il y a échange des axes; les axes homologues des deux ellipses sont donc distants, dans le cas général, de

$$\Omega' - \Omega + 90 = 90 - 2\Omega + 90 = 180 - 2\Omega.$$

Dans le cas particulier qui nous occupe, où l'on a

$$\begin{cases} a = a' \\ \Omega = 45 \end{cases},$$

ils sont rectangulaires ($fig.$ 189).

§ 365. — Cas particulier de la polarisation circulaire.

Puisque les axes sont rectangulaires, l'ellipse devient un cercle si l'on a à la fois

$$a = a' \quad \text{et} \quad \cos\varphi = 0,$$

c'est-à-dire

$$\varphi = \frac{\pi}{2} = 3\frac{\pi}{2}\cdots$$

conformément à ce que nous avons admis (§ 318). Alors

---

sinus revient à en retrancher $\frac{\pi}{2}$. Faire les deux choses à la fois, c'est accroître la phase de $\frac{\pi}{2}$.

les deux rayons composants, en posant dorénavant $a\pi\frac{t}{T}=\xi$, sont

$$x = a\cos\xi, \quad y = a\sin\xi,$$

et l'équation de la courbe devient

$$x^2 + y^2 = a^2.$$

Dans le cas général, la vitesse de gyration varie périodiquement atteignant son minimum au sommet du grand axe et son maximum au sommet du petit. Ici on prévoit qu'elle sera uniforme. Ce point, facile à démontrer, admis, on obtient cette vitesse en divisant la circonférence $2\pi a$ par le temps T d'une révolution. Or ce quotient $\frac{2\pi a}{T}$ est précisément le coefficient des vitesses égales des deux rayons élémentaires ; donc *dans un rayon circulaire la vitesse est constamment égale à la valeur maximum qu'elle possède à certains moments dans chacun de ses deux composants.*

Nous retrouvons les deux sortes de rayons circulaires. Le dextrorsum répond à un retard de $\frac{\lambda}{4}$ et le sinistrorsum à un retard de $\frac{3\lambda}{4}$; mais on peut encore échanger le retard $\frac{3\lambda}{4}$ du rayon OY contre une avance $\frac{\lambda}{4}$ attribuée à ce rayon. C'est-à-dire qu'on a pour les deux sortes de circulaires les équations

$$x = a\cos\xi, \quad y = a\sin\xi$$

et

$$x = a\cos\xi, \quad y = -a\sin\xi.$$

Quant aux hélices subordonnées à ces deux classes de rayons, d'elliptiques elles deviennent circulaires.

Avec un seul paramètre, ces échanges qui rendent si variée la physionomie d'un elliptique ne sont plus possibles. On peut sans doute engendrer le même circulaire avec deux autres constituants situés dans des plans différents : mais quelle que soit la situation de ces azimuts rectangulaires.

les constituants n'ont pas changé. Ce qui revient à dire qu'on peut donner aux deux plans telle situation qu'il plaira, avec la seule attention de placer le rayon retardé, de telle sorte que la rotation ait lieu dans le sens convenable. C'est ce qu'on voit en introduisant dans les formules générales qui donnent A^2, A'^2, ψ, ψ', les suppositions $a = a'$, $\varphi = 90°$, car elles donnent

$$A^2 = A'^2 = a^2, \quad \psi = \omega, \quad \psi' = 90 + \omega \,;$$

ce qui montre que, si la différence des phases ne change pas, les phases elles-mêmes varient dans cet échange et sont diminuées précisément de l'angle ω qui sépare le nouveau plan **ZOX**, de l'ancien. Dans le cas du sinistrorsum, on trouve $\psi = -\omega$, c'est-à-dire que le rayon OX', au lieu d'être retardé, se trouve avancé de $\lambda \frac{\omega}{2\pi}$. Si l'angle ω dont tourne le système des composantes était négatif, ce serait au dextrorsum qu'appartiendrait l'accroissement de phase ω. On peut par de simples constructions analogues à celle des *fig.* 147 et 148 non pas mesurer le quantum d'avance ou de retard, mais constater si c'est l'un ou l'autre qui se produit. C'est à cette invariabilité de l'anomalie qu'est due visiblement la propriété qu'a tout quart d'onde de restaurer un circulaire sans condition d'orientation.

Soient A_1, A'_1 les amplitudes des deux constituants principaux d'un rayon elliptique. Si A_1 est la plus grande, on peut en faire deux parts, l'une A'_1 formant un rectiligne qui donnera, avec la plus faible, un circulaire d'intensité $2 A'^2_1$ et l'autre $A_1 - A'_1$ formant une vibration résiduelle alignée dans le sens du grand axe. Ce qui est précisément l'équivalence admise § 336.

Il importe de rappeler ici que la polarisation rectiligne n'est, comme la circulaire, qu'un cas particulier de l'elliptique. Le rayon résultant est rectiligne quand l'anomalie des deux rayons rectangulaires est un multiple exact de π. Dans ce cas, les formules du § 354 nous donnent zéro pour l'une des quantités A_1, A'_1, et la vibration elliptique est ré-

ductible à une vibration polarisée, dont l'angle de situation Ω, dépendant de l'équation

$$\tan 2\Omega = \pm \frac{2\frac{a}{a'}}{\frac{a'^2}{a''^2} - 1} = \pm 2\frac{\frac{1}{\rho}}{1 - \frac{1}{\rho^2}},$$

vaut visiblement l'angle Ω déduit de

$$\tan \Omega = \pm \frac{1}{\rho} = \pm \frac{a'}{a},$$

Le signe changeant avec celui de $\cos\varphi$, la vibration qui,
pour un multiple pair, se trouve dans le quadrant XOY,
passe dans le quadrant $\mathrm{XO\overline{Y}}$ quand le multiple est impair.
Après ces ébauches de discussion introduites *passim* dans
le cours de ce chapitre, abordons d'une manière formelle
et plus complète la discussion des formules du § 354.

§ 386. — Discussion.

La discussion va consister à suivre les transformations que subit l'ellipse caractéristique du rayon elliptique, quand on fait
passer avec continuité les paramètres a, a', φ par tous les états de
grandeur possibles. Nous rappelons que les signes de $\cos\varphi$ et de
$\sin\varphi$ ont de l'intérêt, puisque, suivant que le cosinus est $+$ ou $-$,
c'est le grand ou le petit axe qui est situé dans l'angle XOY
(§ 355); puisque, quand le sinus devient négatif, la gyration
cesse d'être dextrorsum pour devenir sinistrorsum (§ 350). Cependant si, au lieu de s'attacher individuellement à A_1, A'_1, on ne
s'occupe que de leur rapport R : le signe de ce rapport, marchant
avec celui de $\sin\varphi$ (§ 350, note), dispense de recourir à cette dernière
quantité ; tout comme si l'on admet pour Ω des valeurs négatives,
cet angle caractérise constamment le grand axe et rend inutile de
consulter $\cos\varphi$ (§ 355, note). Il s'agit donc, en réalité, d'étudier les altérations de signe et de grandeur introduites dans les
expressions $\tan 2\Omega$ et R des §§ 355, 359, par les variations de
ρ et φ. R variera depuis $+\infty$ jusqu'à $-\infty$ et Ω depuis $+90$ degrés jusqu'à -90 degrés. Quant à φ, s'il suffisait à la rigueur
de le maintenir entre $+\pi$ et $-\pi$ (§ 350), le développement des
phénomènes rend préférable de le laisser croître dans les deux

sens, à partir de zéro, jusqu'à une limite qui, généralement peu élevée, pourra néanmoins, dans certaines expériences exceptionnelles (§ 372), être singulièrement reculée.

Variation de φ. $\varphi = 0$ donne

$$1^{\circ}. \qquad \operatorname{tang} 2\,\Omega = 2\,\frac{\dfrac{1}{\rho}}{1 - \dfrac{1}{\rho^2}},$$

d'où

$$\operatorname{tang} \Omega = \frac{1}{\rho} = \frac{a'}{a},$$

2°. $R = \infty$. Quand φ grandit, tang $2\,\Omega$ diminue ainsi que R. $\varphi = 90^{\circ}$ donne $\Omega = 0$ et fait prendre à R sa valeur minima $\frac{a}{a'}$.

Au delà Ω devient négatif et R reprend les mêmes valeurs, de sorte que les deux ellipses engendrées par φ et $\pi - \varphi$ sont identiques et symétriquement placées par rapport aux axes coordonnés ainsi que l'indique la *fig.* 190; enfin quand $\varphi = \pi$, on retrouve

$$R = \infty \quad \text{et} \quad \operatorname{tang} \Omega = -\frac{1}{\rho},$$

ce qui accorde à Ω pour seconde limite une valeur égale et de signe contraire à la première. Si φ continue de croître, R devient négatif et l'on obtient une série de sinistrorsum dont les ellipses sont les mêmes que celles des dextrorsum précédents, l'identité ayant lieu, sous le double rapport de la position et de la grandeur, pour les valeurs φ et $2\,\pi - \varphi$. En continuant de faire croître φ, on réobtiendrait dans le même ordre et indéfiniment ces deux séries d'elliptiques inverses dont les grands axes oscillent entre $+\Omega$ et $-\Omega = \pm \operatorname{arc\,tang} \frac{a}{a'}$. Si l'on voulait, de plus, étudier les résultats amenés par des valeurs négatives de φ, on verra sans peine que deux valeurs égales et de signe contraire de φ donnent deux elliptiques inverses caractérisés par la même ellipse. On peut convenir d'appeler *elliptiques symétriques* ceux qui, ρ étant le même, répondent l'un à φ et l'autre à $\pi - \varphi$; *elliptiques inverses*, ceux qui répondent l'un à φ et l'autre à $-\varphi$ ou à $2\,\pi - \varphi$; et enfin *elliptiques symétriques inverses*, ceux qui sont engendrés l'un par φ et l'autre par l'une des deux valeurs, distantes de $2\,\pi$, $\pi + \varphi$ ou

— $(\pi - \varphi)$. La note du § 349 se trouve donc justifiée, et nous pouvons ajouter, pour la compléter, que, dans les quatre cas qu'elle pose, l'elliptique primitif est échangé contre son elliptique symétrique inverse. Celle du § 350 l'est également, et nous voyons que les deux changements qu'elle suppose amènent l'elliptique symétrique.

§ 367. — Cas des constituants égaux. — Retour sur une transformation d'un elliptique.

Si l'on se plaçait dans le cas particulier de $a = a'$, les formules à discuter seraient

$$\operatorname{tang} 2\,\Omega = \infty\,, \quad R = \cot \tfrac{1}{2}\,\varphi \ (\S\ 359,\ \text{note}).$$

On voit donc que dans ce cas $\operatorname{tang} 2\,\Omega = \infty$, quel que soit φ, et qu'ainsi les axes de l'ellipse sont invariablement orientés dans les azimuts $+ 45$ et $- 45$. Dans ce cas, les circulaires s'intercalent comme les rectilignes entre les elliptiques successifs. Pour $\varphi = 0$, on a une vibration rectiligne orientée dans l'azimut $+ 45$. φ grandissant, l'elliptique s'arrondit et devient circulaire quand $\varphi = \dfrac{\pi}{2}$.

Au delà $\cos \varphi$ est négatif, aussi l'elliptique a-t-il son grand axe dans l'azimut $- 45$. L'ellipse se réduit à ce grand axe et le rayon redevient rectiligne quand $\varphi = \pi$. Après viendraient les elliptiques sinistrorum séparés en deux groupes égaux par un circulaire sinistrorsum. Si φ était négatif et croissant en valeur absolue à partir de zéro, on débuterait par les sinistrorsum. Cette immobilité des axes des divers elliptiques qui se succèdent quand φ varie a été invoquée par nous (§ 356). Nous pouvons actuellement donner une autre forme aux tableaux de ce paragraphe et du suivant. En effet, dans ce cas, on a pour l'intensité du rayon circulaire (§ 352) $2\,a^2 \left(1 - \cos \dfrac{\pi}{2}\,m \right)$ et pour celle du rayon résiduel $2\,a^2 \cos \dfrac{\pi}{2}\,m$ ou simplement, en posant $a = 1$ et en prenant égale à l'unité l'intensité du rayon incident, $1 - \cos \dfrac{\pi}{2}\,m$ et $\cos \dfrac{\pi}{2}\,m$. Les deux tableaux ci-joints conviennent, le premier au mica quart d'onde, et le second au parallélipipède.

DÉSIGNATION DE LA RAIE.	Intensité du circulaire $1 - \cos\frac{\pi}{2}m$.	Intensité du rectiligne résiduel $\cos\frac{\pi}{2}m$.	Rapport R de l'elliptique.
Ier Tableau. B	0,759	0,241	1,634
D	1,000	0,000	1,000
E	0,797	0,203	0,677
F	0,630	0,368	0,471
H	0,216	0,784	0,121
IIe Tab. B	0,9903	0,0097	0,9806
D	1,0000	0,0000	1,0000
H	0,9815	0,0185	0,9636

§ 368. — Variation de ρ. — Elliptiques complémentaires directs et inverses.

Variation de $\frac{a}{a'} = \rho$. — Quoiqu'il soit inutile de rendre négative l'une des deux quantités a, a', et, par conséquent, le rapport ρ, cependant on remarquera que, conformément d'ailleurs à la note du § 359, rendre a négatif, par exemple, c'est changer les positions correspondantes A, B de la *fig.* 181 contre les positions A', B, qu'en d'autres termes c'est retarder ce rayon de π et se donner, par conséquent, un rayon *symétrique inverse*.

Les variations de ρ, plus efficaces que celles de φ, font voyager un même axe dans toute l'étendue de l'angle XOY. En effet, à une valeur quelconque de $2\,\Omega$ répondent des valeurs de ρ toujours réelles. Nous laissons au lecteur le soin de suivre les variations amenées dans Ω et R par celles de ρ, et nous allons nous borner ici à signaler quelques cas remarquables.

Changer $\begin{cases} a \\ a' \end{cases}$ en $\begin{cases} a' \\ a \end{cases}$ ne change ni le signe ni la grandeur de R et donne

$$2\,\Omega' = 180 - 2\,\Omega \quad \text{ou bien} \quad \Omega' = 90 - \Omega.$$

Les deux ellipses ont donc la situation de la *fig.* 191 et peuvent être nommés *elliptiques complémentaires directs*. On aurait visiblement *l'elliptique complémentaire inverse* si on changeait en même temps le signe de φ. Si l'on changeait à la fois $\left\{ \begin{matrix} a \\ a' \end{matrix} \right.$ en $\left| \begin{matrix} a' \\ a \end{matrix} \right.$ et φ en π — φ, 2Ω garderait sa valeur et les axes leurs directions ; mais le signe de cos φ changeant, le grand axe prendra la place du petit, et réciproquement. On passe ainsi du premier rayon à un autre de même gyration, et tel, que leurs ellipses identiques aient leurs axes homologues rectangulaires (*fig.* 192), cas analogue à celui de la *fig.* 189, mais plus général. On aurait tout cela, et, de plus, le renversement de la gyration, si aux suppositions précédentes on ajoutait celle de φ remplacé par — φ ou par φ + π. Nous ne saurions trop engager le lecteur à se rendre synthétiquement compte par des figures et par les moyens mis en jeu au § 349 des nombreux résultats établis dans cette discussion ; il verra que des suppositions, équivalentes quant à la courbe décrite, peuvent à un moment donné amener la particule oscillante en des points différents de cette courbe. Ainsi quand on passe (*fig.* 190) de la supposition φ = φ aux suppositions

$$\varphi' = \varphi + \pi, \quad \varphi'' = \varphi - \pi = -(\pi - \varphi),$$

au lieu de décrire l'arc C sur l'ellipse primitive, la particule oscillante décrit sur l'ellipse symétrique, l'arc C′ dans le premier cas, et l'arc C″ dans le second.

Le XIe chapitre nous avait fait entrevoir la possibilité d'engendrer par familles les rayons elliptiques, le chapitre actuel nous montre que la théorie suivra sans peine cette génération successive ; il s'agit actuellement de produire et de discuter quelques-unes des expériences nombreuses qui se prêtent à engendrer ainsi des séries de rayons elliptiques avec intercalation de rectilignes, et quelquefois de circulaires. Nous reprendrons ainsi, en quelque sorte, mais l'expérience en main, la discussion des formules. Ce sera le principal objet du deuxième article de ce chapitre.

ARTICLE II.

EXEMPLES DE GÉNÉRATION CONTINUE DE RAYONS ELLIPTIQUES A TOUS LES DEGRÉS.

Comment l'expérience de Young peut offrir des familles d'elliptiques. — Tableau de leurs caractéristiques dans le cas où les rayons engagés dans cette expérience sont égaux. — Tableau analogue pour le cas où ils sont inégaux. — On esquisse le cas général de la composition des rayons polarisés non rectangulaires. — Expérience de vérification proposée par Fresnel. — Expérience de MM. Fizeau et Foucault. — Avantages que présente l'emploi d'une seule fente et d'un biréfringent. — Spectres cannelés de la lumière polarisée. — Comment les franges noires et brillantes peuvent y échanger leurs positions. — Insuffisance du nicol analyseur pour vérifier la constitution de ce spectre. — Emploi du parallélipipède. — L'action perturbatrice du prisme combattue par une lame auxiliaire. — Rayons elliptiques dans les anneaux des uniaxes. — Causes de la dislocation des cercles produite par un quart d'onde. — Comment les vérifications auxquelles se prêtent ces expériences peuvent se faire avec le compensateur. — On introduit les paramètres primordiaux dans les formules générales de la polarisation elliptique.

---

§ 369. — Polarisation elliptique dans l'expérience de Young. Premier cas.

Reportons-nous à cette expérience telle qu'elle a été modifiée pour étudier l'interférence des rayons polarisés (§ 232), et, pour nous attacher d'abord à un cas simple, plaçons d'une part la section principale du nicol polarisateur, parallèlement aux franges possibles, c'est-à-dire aux fentes, et disposons de l'autre les axes rectangulaires des deux tourmalines égales en épaisseur, à 45 degrés du plan de polarisation primitive.

Cela posé, nous remarquons que l'ensemble des deux rayons dérivés qui, émanés des trous, arrivent à un point quelconque du tableau, forme en général un elliptique. Car si ces rayons sont égaux, leurs phases diffèrent. Quand, en certains points, la différence de route atteint la valeur $\frac{\lambda}{4}$, les deux rayons forment un circulaire, au delà renaissent des elliptiques jusqu'à ce que la différence de route atteignant $\frac{\lambda}{2}$, les deux rayons donnent un rectiligne. Si les multiples impairs $\frac{\lambda}{3}$, $5\frac{\lambda}{4}$, $9\frac{\lambda}{4}$,..., donnent un dextrorsum, les intermédiaires $3\frac{\lambda}{4}$, $7\frac{\lambda}{4}$,..., donneront un sinistrorsum. Là, au contraire, où les chemins diffèrent d'un multiple pair de $\frac{\lambda}{4}$, ou, en d'autres termes, d'un multiple de $\frac{\lambda}{2}$, on a des rayons résultants rectilignes polarisés alternativement dans les azimuts zéro et 90 degrés, le premier azimut étant engendré par les multiples pairs de la demi-onde.

Dans la *fig.* 193, L est la lentille qui donne aux rayons la communauté d'origine, N le nicol qui donne aux vibrations l'orientation verticale, T, T′ les tourmalines qui recouvrent les fentes, à savoir, T celle de droite, et T′ celle de gauche, *m* le tableau que nous figurons, quoiqu'il soit dans la pratique un plan antérieur à l'œil non matérialisé par un écran. Avec la disposition donnée aux deux axes des tourmalines, on débute à droite de M par des elliptiques dextrorsum; en F on atteint le retard $\frac{\lambda}{4}$, et le premier circulaire dextrorsum; au delà reparaissent des elliptiques qui restent dextrorsum. A une distance MG double de MF′, on a le premier rectiligne. A gauche, au contraire, la première série est formée d'elliptiques sinistrorsum. Comme les composants sont égaux, il s'ensuit (§ 336) que ces elliptiques auront leurs axes constamment dirigés, l'un parallèlement et l'autre perpendiculairement aux fentes. Très-allongées d'abord dans le sens vertical, les ellipses s'arrondissent en s'approchant du premier circulaire F ou F_1. Au delà de ces circulaires, le grand axe devient horizontal et l'ellipse s'allonge jusqu'en G, G_1 où elle dégénère en vibration horizontale. Plus loin, dans l'intervalle GI égal à MG, on obtient une série analogue de sinistrorsum, au milieu desquels s'installe en H un circulaire, et que termine en I une vibration verticale. Sur la *fig.* 194, le tableau a été assez allongé pour recevoir entre deux des rayons consécutifs M, F, G, H, I deux des innombrables elliptiques. Nous avons de plus calculé, à l'aide de la formule

$$R = \cot \tfrac{1}{2} \varphi \quad (\S\, 389,\ \text{note}),$$

et, pour une série de retards croissants en progression arithmétique, le rapport des axes. Dans le tableau suivant, qui contient le résultat de ces calculs, nous rappelons que l'∞ indique un rectiligne, l'unité un circulaire et les chiffres négatifs des gyrations sinistrorsum.

Anomalies φ croissant par $\frac{1}{36} 2\pi$.	Rapport des axes $R = \cot \frac{1}{2}\varphi$.	S calculé par la relation tang $S = R$, ou bien $S = 90 - \frac{1}{2}\varphi$ pour les besoins du § 574.
$\varphi =$ 0	$R = \infty$	$S = 90°$
10	11,43	
20	5,67	
30	3,73	75
40	2,75	
50	2,14	
60	1,73	60
70	1,43	
80	1,19	
90	1,00	45
100	0,84	
110	0,70	
120	0,58	30
130	0,47	
140	0,36	
150	0,27	15
160	0,18	
170	0,087	
180	— ∞	0
190	— 0,087	
200	— 0,18	
210		— 15

Si nous ne continuons pas ce tableau, c'est qu'il ne s'y

II.   6

reproduirait que les mêmes rapports pris tantôt négativement et tantôt positivement.

§ 370. — Deuxième cas.

Quand les axes des tourmalines, tout en restant rectangulaires, ne sont plus également inclinés sur la vibration incidente, que l'axe **MX** de celle de droite, par exemple, est incliné sur elle de l'angle α (*fig.* 195), les deux vibrations composantes cessent d'être égales et valent $\cos \alpha$ pour la fente de droite, et $\sin \alpha$ pour celle de gauche. On n'a donc plus de circulaires; les plans de polarisation des rayons restaurés, au lieu d'être rectangulaires, font alternativement, avec la direction **MX**, les angles $+ \alpha$ et $- \alpha$. Les axes des ellipses cessent également d'avoir une orientation constante, et le tableau qui représentera leurs dégradations successives devra donner, outre le rapport R, la direction du grand axe, et avoir trois colonnes. Nous allons le former pour le cas particulier où

$$\alpha = \frac{1}{2} 45° = 22° 30'.$$

Dans ce cas, l'expression du rapport R devient

$$\sqrt{\frac{\sqrt{2} + \sqrt{1 + \cos^2 \varphi}}{\sqrt{2} - \sqrt{1 + \cos^2 \varphi}}},$$

et celle de tang 2Ω donne

$$\text{tang } 2\Omega = \cos \varphi.$$

ANOMALIES.	Direction du grand axe.	Rapport des axes.
$\varphi = \quad 0°$	$\Omega = 22° 30'$	$R = \infty$
10	22.17	16,79
20	21.36	8.16
30	20.27	5,48
40	18.43	4,16
50	16.22	3,40
60	13.17	2.92
70	9.26	2,63
80	4.55	2,47
90	0.	$2,414 = \cot 22° 30'$

Nous ne continuons pas ce tableau, parce qu'on reconnaîtra sans peine que les valeurs de Ω et R correspondantes à deux valeurs de φ équidistantes de 90 degrés sont, les premières égales et de signe contraire, et les dernières égales et de même signe. Ainsi, pour $\varphi = 130$ degrés, par exemple, on a

$$\Omega = -16°22', \quad R = 3,40.$$

La *fig.* 195 représente le plan m (*fig.* 193). En M, là où les chemins sont égaux, MX, MY figurent les axes des deux tourmalines : la verticale MA est la vibration résultante orientée dans l'azimut primitif, qui, compté à partir de MX conformément aux conditions du calcul (§ 354), vaut $+\alpha$. En F au lieu du circulaire on a l'elliptique $2,414$: à gauche de M, tout comme au delà de G on a des sinistrorsum.

§ 371. — Esquisse du cas général.

Si, le plan de polarisation primitif restant ou non perpendiculaire aux fentes, les axes des tourmalines cessaient d'être rectangulaires, la complication s'accroîtrait, puisqu'on sortirait du cas de génération des rayons elliptiques que nous avons exclusivement considéré dans la leçon précédente, pour entrer dans le cas vraiment général de la composition de deux rayons superposés et polarisés dans des azimuts différents. Le lecteur qui voudrait se satisfaire sur ce cas, qui n'est pas sans intérêt puisque nous voyons qu'il n'est pas irréalisable, verra sans peine que les deux équations fondamentales y sont les mêmes qu'au § 349, que l'élimination du temps s'y fait de la même manière et conduit à la même équation en xy, qu'enfin la seule différence consiste en ce que les coordonnées caractéristiques des points de l'ellipse décrite sont obliques et respectivement parallèles aux deux droites suivant lesquelles un plan perpendiculaire aux rayons coupe les plans des deux vibrations.

§ 372. — Expériences de vérification. — Fresnel. — MM. Fizeau et Foucault.

Pour reconnaître la constitution variable de ces rayons résultants, on pourrait avec Fresnel les isoler tour à tour

6.

à l'aide d'un écran percé d'une fente, mais il faudrait alors
user d'une lumière simple, et le peu de vivacité du phénomène en compromettrait l'étude. Il vaut mieux recourir
aux nouveaux moyens imaginés par MM. Fizeau et Foucault. Nous rappelons que leur méthode développée (§ 37)
repose sur ce que, en un même point de l'espace situé derrière les fentes, les diverses couleurs qui constituent la lumière blanche offrent, à cause de la diversité de leurs longueurs d'onde, les divers états du phénomène (à savoir ici
des séries d'elliptiques avec leurs rectilignes et leurs circulaires intercalés) qu'il faut aller chercher en divers points,
quand on use de rayons simples; de sorte que si l'on soumet à l'action de prismes puissants le pinceau isolé par la
fente étroite de Fresnel, et si, pour plus de commodité on
échange encore, à l'aide d'une lentille, le spectre *virtuel*
que les prismes donneraient dans ces conditions, contre
un spectre *réel*; on y trouve séparés, les systèmes binaires
de rayons diversicolores avec l'état de polarisation qu'assigne à chaque système le quotient du commun retard par
la longueur d'onde variable.

Quand la fente tombe par exemple sur le premier rayon
circulaire de l'onde moyenne (*fig.* 193), prenons encore
celle $\lambda_0 = 0^{mm},00058g$ du rayon D, les rayons moins réfrangibles jusqu'au rouge extrême ont des ellipses dont le
grand axe est vertical, tandis que les rayons qui le surpassent en réfrangibilité ont des ellipses dont le grand
axe est horizontal. Le calcul des caractéristiques de ces
rayons a la plus vive analogie avec celui du § 336, et
n'en différerait même pas si nous n'avions pas alors tenu
compte de la dispersion du quartz. Nous l'avons effectué et
nous allons en donner ici le tableau, d'une part parce que
ce cas est simple par excellence et fondamental, et de l'autre
afin qu'en comparant ce nouveau tableau avec l'ancien on
puisse se convaincre que la dispersion du quartz est venue
exagérer encore les ellipticités dues à la diversité des longueurs d'onde.

DÉSIGNATION DU RAYON.	Anomalie exprimée en degrés $\varphi = 90°\frac{\lambda_D}{\lambda}$.	Anomalie caractérisée par le multiple m de $90°$. $m = \frac{\lambda_D}{\lambda}$.	Rapport des axes $R = \cot\frac{1}{2}\varphi$.
B	77°,04	0,856	1,256
C	80,90	0,898	1,173
D	90	1,000	1,000
Alcool salé	90,02	1,0002	0,9994
E	100,2	1,120	0,996
F	109,53	1,217	0,706
G	123,57	1,373	0,537
H	135,01	1,499	0,411

Pour un si faible retard, les états des divers rayons sont peu contrastants et sont loin de donner une période complète, leur séparation aurait donc peu d'intérêt; aussi est-ce sur des rayons bien plus éloignés du centre M que doit s'exercer la puissante analyse de MM. Fizeau et Foucault. Supposons donc la fente placée là où le retard est 100 fois plus grand et atteint $25\lambda_D$, auquel cas le rayon D se trouve polarisé rectilignement dans le plan horizontal. Les phases des trois rayons $\lambda_D \lambda_B \lambda_H$ seront 9000°, 7704° et 13491°. Or entre 9000 et 7704 il y a la différence 1296, c'est-à-dire sensiblement 14,5 fois 90 degrés. Donc dans le spectre il y aura entre les raies B et D, 14 circulaires, 15 rectilignes et 15 séries, ou mieux 15 demi-séries d'elliptiques. Le quotient $\frac{13491 - 9000}{90}$ s'élevant à près de 50, le nombre des circulaires, des rectilignes et des séries d'elliptiques compris dans l'autre portion du spectre sera bien plus grand encore.

§ 373. — Substitution d'une lame biréfringente aux deux fentes.

Aux distances où il faudrait placer la fente, la dérivation affaiblirait singulièrement les rayons. Aussi était-ce à l'action des biréfringents que ces physiciens demandaient leurs deux faisceaux superposés. Nous allons décrire leur expérience en la compliquant d'abord d'un analyseur qui lui donne les apparences si remarquables de celle décrite (§ 37). La *fig.* 196 montre le trait solaire reçu successivement par un premier et par un second nicol, puis par une fente verticale; plus loin, à une assez grande distance, vient le prisme (son arête est verticale), armé de sa lentille achromatique, et enfin au foyer conjugué de la fente le tableau. En mettant d'abord les nicols parallèles, on obtient sur l'écran un spectre; si les raies s'y montrent nettement, on en conclut que les dispositions sont bonnes, et alors on tourne de 90 degrés le second nicol N′, de manière à avoir extinction. Il suffit maintenant d'interposer entre les deux nicols un biréfringent Q, en ayant soin d'éviter les deux orientations où il ne dédoublerait pas, pour *canneler* le spectre de franges d'interférences plus ou moins nombreuses. Prenons-nous l'un de ces quartz épais, parallèles à l'axe, qui croisés donnent les hyperboles (§ 289), les franges sont très-nombreuses. Avec un des deux quartz de l'appareil Savart, elles le sont moins. Fait-on choix au contraire d'un cristal, spath ou quartz, perpendiculaire à l'axe et l'incline-t-on graduellement, les franges d'abord larges et peu nombreuses se resserrent jusqu'à ce que leur extrême rapprochement les rende insaisissables, mais même alors il suffit d'enlever l'écran M et de regarder le spectre réel, avec une loupe, pour continuer à les voir. La beauté de ces expériences tient à l'énergie des rayons qui sont directs et non dérivés, et de plus débarrassés de l'action affaiblissante de la lentille des expériences de Young, elle tient encore à ce que les deux rayons épargnés par la fente ont strictement la même direction et n'offrent pas comme avec les miroirs une inclinaison mutuelle qui, légère il est vrai, s'oppose néanmoins, comme on l'a remarqué (§ 37), à la parfaite superposition des deux spectres.

Pour déplacer, dans l'expérience actuelle, le système de

ces franges noires, il suffit de tourner le nicol N′. Le fait-on
tourner de 90 degrés de manière à ramener au parallélisme
les sections principales, les franges noires marchent de la
moitié de l'intervalle qui les sépare et viennent prendre la
place des premières franges brillantes. Ce nicol, en effet,
arrêtait dans sa première situation tous les rectilignes
restaurés dans l'azimut primitif et laissait intégralement
passer les rectilignes intermédiaires restaurés dans l'azimut
90 degrés; de sorte que les premiers donnaient les franges
noires et les derniers les franges brillantes. Après la rotation
au contraire, les rôles de ces deux catégories de rayons sont
échangés, et ce sont les derniers qui sont éteints. Dans les
deux cas, ou mieux dans toutes les orientations, les circulaires passent à moitié et sont équidistants des deux sortes
de franges. Quand N′ quitte les deux orientations précitées,
les minima cessent d'être nuls. Nous n'insisterons pas plus
longuement sur ces transformations des cannelures du
spectre, produites par la rotation du nicol analyseur, car,
suivant le point visé, on n'obtient que ce que donnent aux
polariscopes ordinaires les circulaires, les elliptiques et les
rectilignes, à savoir dans le premier cas les apparences d'un
naturel et dans le second celles d'un polarisé partiel.

Pour rentrer dans l'étude qui nous occupe, il faut visiblement enlever le second nicol. Alors la lumière du spectre
présente dans le sens de sa longueur, l'organisation étudiée
(§ 369). Pour avoir les mêmes résultats, nous supposerons
1° la section principale du nicol conservé verticale; 2° l'axe
du quartz interposé, incliné de 45 degrés sur la fente, de
manière à traverser les deux quadrants inférieur de gauche
et supérieur de droite; 3° son épaisseur telle ($1^{mm},615$), que
pour la raie D le retard soit d'un nombre exact d'ondulations, 25 par exemple; nous remarquerons enfin que,
d'après la position du prisme, les couleurs les plus réfrangibles du spectre sont jetées à droite de la raie D qui occupe
la position M de la *fig.* 196, et, par conséquent, vers F.
Dans ces conditions, les choses se passent en s'éloignant de

M vers F, comme si le retard de la vibration *axiale* du quartz grandissait, et nous avons bien d'abord les elliptiques dextrorsum du § 369. A gauche au contraire les retards diminuent et deviennent d'abord très-peu inférieurs à 25λ, ce qui donne des sinistrorsum. Il s'agit actuellement d'établir, en recourant aux polariscopes elliptiques, la parfaite concordance de cette description théorique et des faits.

§ 374. — Comment dans le premier cas tous les rayons peuvent être simultanément restaurés.

Notre polariscope consistera dans l'ensemble d'un parallélipipède P et d'un nicol doués chacun d'un mouvement rotatoire indépendant (§ 328). On sait que ce solide ne laisse aux polarisés rectilignes leur état rectiligne que si le plan de polarisation se confond avec un de ses deux azimuts principaux. Les connaissances théoriques acquises dans la section précédente nous montrent qu'il restaure les circulaires dans toutes les orientations, et que pour les elliptiques la restauration n'a lieu que s'il y a coïncidence de ses azimuts principaux avec les deux constituants principaux de l'elliptique. Comme ici la position du quartz Q rend les vibrations rectilignes ou verticales ou horizontales, comme les ellipses ont toutes un de leurs axes vertical (*fig.* 194); il s'ensuit que P restaurera tous les rayons si on met la section principale ou verticale ou horizontale. Supposons-la verticale, et rappelons-nous : 1° que dans un parallélipipède, c'est la deuxième vibration qui est avancée de $\frac{\lambda}{4}$ (§ 335);

2° que dans nos elliptiques dextrorsum le retard $\frac{\lambda}{4}$ a lieu pour la composante principale verticale; et nous verrons qu'après avoir traversé P, le retard sera racheté et réduit à un nombre entier de λ pour la première série d'elliptiques comprise entre M et G, de sorte que les vibrations restaurées seront toutes dirigées dans le quadrant inférieur de droite, et feront avec l'horizontale un angle S ayant pour tangente le rapport R inscrit dans le tableau du § 369. Comme ces angles y ont été calculés de 30 en 30 degrés, en prévision de l'étude actuelle, nous en avons profité pour mettre en place exacte dans la *fig.* 194 les directions des vibrations restaurées ; ou, ce qui est tout un, celles que doit prendre le second azimut du nicol oculaire pour amener leur extinction. Au delà de G le retard $\frac{\lambda}{4}$, propre aux constituants principaux des elliptiques, affecte les axes horizontaux des ellipses et se trouve élevé à $\frac{\lambda}{2}$ par l'action du parallélipipède. Les vibrations restaurées renaissent donc dans les quadrants inférieurs de gauche.

Si le nicol est armé d'une alidade mobile le long d'un limbe, on pourra constater que les positions restauratrices sont bien celles calculées. Si le système du parallélipipède et du nicol est confié à un chariot micrométrique, on pourra constater l'équidistance des douze rayons figurés depuis M jusqu'à I. Quant à l'établissement du parallélisme entre la section principale du parallélipipède et l'un des axes de l'ellipse, nous avons vu (§ 361) comment on y arrivait.

§ 375. — Emploi d'une lame de correction.

Dans ces belles expériences, le prisme, en agissant sur les deux vibrations inclinées de 45 degrés, l'une en dessus, l'autre en dessous du plan horizontal, détruit par voie de rotation leur rectangularité, et dénature, par conséquent, le degré d'ellipticité produit par le cristal biréfringent. Pour éliminer cet effet, les deux habiles physiciens, auxquels la science les doit, plaçaient près du prisme une lame à faces parallèles qu'ils inclinaient, d'avant en arrière, de manière à rendre vertical leur plan de réfraction, et ils l'inclinaient assez pour que le rapprochement angulaire des vibrations, par rapport au plan vertical, fût égal à l'angle que le prisme peut produire par rapport au plan horizontal de ses deux réfractions. Quand le prisme procède par déviation minimum, les actions de ses deux surfaces sont égales entre elles comme celles des deux faces parallèles de la lame, et la formule du § 243 peut donner, comme il suit, l'inclinaison de la lame auxiliaire. Soit z l'angle dont chaque vibration devra être inclinée sur la section principale du prisme, z dépendra de l'équation

$$\cot z = \frac{1}{\cos^2(i - r)};$$

mais, pour substituer à l'angle 45 degrés, l'angle z avec le plan horizontal, et, par conséquent, l'angle 90 — z avec le plan vertical, il faut que l'angle d'incidence i_1 sur la lame satisfasse à

$$\tang z = \cos^2(i_1 - r_1).$$

La première équation donnera z et la seconde $\cos(i_1 - r_1)$ qui conduit à une équation du quatrième degré en i_1. Aussi était-ce expérimentalement et par tâtonnement qu'on donnait à la lame l'inclinaison convenable.

Une remarque faite par MM. Fizeau et Foucault est bien propre à donner une idée du pêle-mêle que leur méthode réussit à débrouiller. Un de leurs quartz donnait, dans l'étendue du spectre, 600 rayons polarisés dans l'azimut primitif, et, par conséquent, 600 périodes. On avait donc 600 vibrations verticales, 600 horizontales ; 1200 circulaires, à savoir, 600 dextrorsum, 600 sinistrorsum et des milliers d'elliptiques à tous les degrés, les uns droits, les autres gauches. Eh bien, après avoir subi l'action du biréfringent, le filet de lumière blanche transmis par la fente est le résultat de la superposition de tous ces rayons simples, pris chacun dans l'état particulier d'ellipticité qu'on lui reconnaît dans le spectre.

§ 376. — Rayons elliptiques circulaires et rectilignes dans les anneaux des uniaxes normaux à l'axe.

Un troisième exemple de génération continue d'elliptiques va nous être fourni par les anneaux des cristaux perpendiculaires à l'axe étudiés § 278. Autour de la normale aux faces du cristal, imaginons une série de cônes droits tels, que, sur le premier, le retard des deux rayons soit $\frac{\lambda}{4}$, sur le second $2\frac{\lambda}{4}$, et sur chacun des suivants le multiple de $\frac{\lambda}{4}$ marqué par son rang ; et soit *fig.* 197 leurs intersections par un plan qui sera, par exemple, celui du tableau sur lequel se projette le phénomène. Supposons enfin que la tourmaline qui précède le cristal ait son axe horizontal.

Dans l'azimut 45 degrés, sur le premier cercle, au point F, la vibration incidente donne dans la section principale M F, et suivant la tangente au cercle, deux vibrations égales et différant de $\frac{\lambda}{4}$, et partant un circulaire qui sera sinistrorsum si le cristal est un spath d'Islande. En un autre point f, situé dans l'azimut α, les deux composantes, fournies par l'action du cristal, vaudront, l'extraordinaire $\cos \alpha$, l'ordinaire $\sin \alpha$; comme elles diffèrent également de $\frac{\lambda}{4}$, elles sont les deux rayons principaux d'un elliptique dont les axes sont dirigés l'un radialement et l'autre tangentiellement. En f_1, résultat analogue avec cette seule différence que ce sera le petit axe qui sera dans la direction du rayon $M f_1$. Les quadrants adjacents BC et AD offrent les mêmes résultats, mais les elliptiques et le circulaire intercalé y sont dextrorsum. Ils redeviennent sinistrorsum dans le quadrant opposé CD.

Sur le deuxième cercle, les deux vibrations données par le cristal redonnent partout un rectiligne, mais cette vibration restaurée y varie d'orientation. Elle continue de faire, avec le rayon du cercle, mais de l'autre côté, l'angle α qui lui est propre. Elle est donc verticale pour le point G situé dans l'azimut $\alpha = 45$ degrés, horizontale en A_1 et elle se rapproche graduellement de l'horizontale quand on passe de G en A_1. On sait que, quand on place contre le cristal et du côté de l'œil une seconde tourmaline croisée avec la première, ce second cercle forme le premier anneau brillant; ce qui vient d'être dit, cette variabilité dans l'orientation de la vibration restaurée montre comment l'éclat de cet anneau n'est pas uniforme.

Sur le troisième cercle, en H, les deux vibrations composantes sont égales, leur retard vaut $\frac{3}{4} \lambda$; on a donc un cir-

culaire dextrorsum, à droite et à gauche ce sont des elliptiques dextrorsum ayant leur grand axe ou leur petit axe
dirigé radialement, en A_2 ces elliptiques dégénèrent en
vibration horizontale. Dans les quadrants adjacents $A_2 D_2$,
$C_2 B_2$, les rayons sont, au contraire, sinistrorsum.

Enfin sur le quatrième cercle, le retard étant λ, la vibration régénérée reprend sa direction primitive et est partout horizontale. La tourmaline croisée l'arrêtera donc, et
voilà pourquoi les anneaux noirs, dont ce quatrième cercle
est le premier, sont partout complétement obscurs.

Si cette étude, restreinte aux cercles que nous considérons exclusivement, est déjà remarquablement variée, que
serait-ce donc si on considérait l'état de la lumière dans les
régions intermédiaires ? On rencontrerait alors des elliptiques constitués par des rayons non principaux dont la différence de route aurait toutes les valeurs imaginables. Au
lieu d'insister sur ce point facile, abordons d'autres points
de vue.

§ 377. — Vérifications par le parallélipipède. — Cause des dislocations étudiées §§ 344 et 345.

Pour reconnaître l'état de ces rayons et constater l'accord de la théorie avec l'expérience, on aura recours à l'ensemble du parallélipipède P et du prisme biréfringent. On
verra ainsi qu'en F, H,..., il y a restauration dans toutes les
orientations de P. Pour restaurer le rayon f, il faudra que
la section principale de P coïncide soit avec M f, soit avec la
tangente en f. Dans le premier cas, le retard de la vibration
tangentielle est élevé à $\frac{\lambda}{2}$ et la restauration se fait dans
l'azimut $-z$. Dans le second, le retard est annulé et la vibration redevient horizontale. Si, au lieu de faire ainsi tourner
P, on lui donne une position invariable, orientant, par
exemple, sa section principale dans l'azimut $MF' = -45°$.
et si on laisse l'axe de la tourmaline oculaire croisé, c'est-à-
dire vertical, on aura la déformation d'anneaux étudiée

§ 344. En effet, en F le retard sera racheté par P, la vibration redeviendra horizontale, le rayon sera donc éteint; de là l'une des deux taches noires quasi centrales. En G l'anomalie des deux rayons s'abaissera à $\frac{\pi}{2}$ et l'on aura un dextrorsum; en H elle deviendra π; en I, $\frac{3}{2}\pi$ et l'on aura un circulaire dextrorsum : ce sera sur le cinquième anneau en J que, l'anomalie devenant 2π, on aura une nouvelle extinction. Ainsi l'ancien premier anneau aura été reculé du quart de son rayon. Dans les quadrants, AD, BC, au contraire, il sera avancé de $\frac{\lambda}{4}$, les anneaux disloqués prendront donc l'apparence de la *fig.* 168. Mais si la section principale de P était dirigée dans l'azimut + 45, ce serait dans l'azimut $m\,$F$'$ que les segments d'anneaux seraient reculés et l'on aurait la *fig.* 169. Avec un cristal positif, au contraire, ce serait la première orientation de P qui donnerait cette dernière apparence.

Au lieu de mettre le quart d'onde P après le cristal, plaçons-le en avant, immédiatement après la tourmaline polarisatrice et dirigeons sa section principale dans l'azimut MF, de manière à offrir au cristal, de la lumière polarisée circulairement. Avec cette orientation les rayons offerts seront sinistrorsum. Aux points F, G, H, I,..., le retard collectif du quart d'onde et du cristal aura les valeurs $\frac{\lambda}{2}$, $3\frac{\lambda}{4}$, λ, $5\frac{\lambda}{4}$,.... Ce sera donc en H que l'extinction aura lieu et le premier anneau noir aura été rapproché du quart de son rayon, tout comme quand le parallélipipède intervenait après le cristal et en qualité de restaurateur avec la même orientation. Le soupçon d'identité dans les deux manières d'agir d'un quart d'onde, suivant qu'il précède ou qu'il suit le cristal, soupçon énoncé § 345, serait donc confirmé par cette analyse : mais on comprend qu'une telle question

ne puisse être vidée que quand il nous sera donné de poser
les formules générales de l'intensité de la lumière transmise, et d'en tirer les équations des cercles disloqués qui
représentent soit les minima, soit les maxima d'intensité.
Si, préludant ici à cette étude quantitative, nous avons
déterminé les points de ces courbes qui sont situés dans les
azimuts ± 45, c'est que, d'une part, l'analyse du phénomène admettait sans effort cette extension, et que, de l'autre,
il est bon de se familiariser avec ces considérations synthétiques qui vivifient la science et préparent les voies au
calcul.

§ 378. — Vérifications par le compensateur.

Dans ces études, on peut remplacer le parallélipipède par
un compensateur et donner aux vérifications un autre
aspect, arriver par exemple aux paramètres ρ, Φ d'un système
de constituants autre que le principal. Supposons qu'il s'a-
gisse de vérifier, par la méthode de Fresnel, les expériences
du § 369 (*fig.* 193) faites avec une lumière simple, et qu'on
veuille l'anomalie Φ_1 (§ 356) des constituants égaux; on
orientera le compensateur, de manière que ses deux sections
principales soient parallèles aux directions $T t$, $T' t'$ des
deux vibrations constituantes égales, et on fera glisser le
quartz mobile jusqu'à ce que, Φ étant annulé, l'analyseur
atteste qu'il y a restauration. Pour être précis, ayant pris le
compensateur à franges (§ 340), mettons l'axe du quartz
voisin de l'œil, dans l'azimut $T' t'$. Quand nous tournerons
le bouton sinistrorsum, un retard croissant affectera la
vibration qui traverse le quadrant inférieur de droite; et
comme, pour les elliptiques dextrorsum placés de M en G,
cette vibration possède l'avance, en poussant assez le bouton,
on amènera la restauration dans l'azimut primitif. Quand
elle aura lieu, l'anomalie introduite par le compensateur,
dans chacune des douze stations, devra prendre les douze
valeurs équidistantes 0, $30°$, $60°$, $90°$,.... En dirigeant ainsi
les vérifications, l'analyseur n'a plus à tourner comme

quand on s'attache à la détermination de R, il garde aussi
bien que le compensateur une orientation invariable.

Quand la section principale de la lame biréfringente, cessant d'être inclinée de 45 degrés sur la vibration incidente,
fait avec elle un angle α (*fig.* 195), si l'on continue de trouver
en G, I, des rayons rectilignes, leurs vibrations sont inclinées
sur la direction de la vibration primitive de l'angle $\pm \alpha$.
Les circulaires ont disparu et les elliptiques cessent d'avoir
pour leurs axes une orientation invariable. Il faudrait donc,
à chaque station, faire tourner et le parallélipipède pour lui
donner l'une des orientations restauratrices, et l'analyseur
biréfringent pour constater qu'il y a extinction de l'image
extraordinaire. A-t-on recours au compensateur et veut-on
attaquer les elliptiques d'une manière uniforme, soit par leurs
constituants principaux, soit par leurs constituants égaux, il
faudra également lui donner en chaque station une orientation particulière. On formerait sans peine pour ces divers
modes d'opérer le tableau des éléments sur lesquels s'exer-
cerait la confrontation entre la théorie et l'expérience.

§ 379. — On introduit les paramètres primordiaux dans les formules de la polarisation elliptique. — Premier cas.

Dans l'étude théorique de la polarisation elliptique, nous
avons admis d'emblée la rectangularité entre les deux constituants, nous leur avons donné certaines amplitudes a, a' et
une certaine anomalie φ. Or, dans la pratique, ainsi que
nous avons dû le remarquer déjà, ce seront certaines actions
physiques qui introduiront toutes ces conditions génératrices d'un rayon elliptique. Il y aura un polarisé primitif
qui se dédoublera sous des influences variées en deux rayons
rectangulaires inégaux et inégalement retardés. Les paramètres a, a', φ seront donc réductibles à d'autres paramètres
primordiaux. Pour approprier les formules aux cas réalisables et nous préparer ainsi à leur étude, il convient d'o-
pérer cette réduction.

S'agit-il, par exemple, de la transmission normale à

travers des lames minces biréfringentes, la vibration incidente située dans l'azimut α sera remplacée par deux autres
polarisées contenues, l'une $\cos \alpha$ dans la section principale et
constitutive du rayon extraordinaire, et l'autre $\sin \alpha$ dans
le deuxième azimut. La transmission (écartons la tourmaline et les cristaux analogues) respectera ces amplitudes ou,
plus exactement, les altérant pareillement, respectera leur
rapport, mais elle changera les phases et introduira entre
elles une anomalie $\frac{2\pi}{\lambda}(O - E) = \varphi$. On aura donc en place
du rayon donné

$$X = \cos 2\pi \frac{t}{T},$$

les deux autres

$$x = \cos \alpha \cos 2\pi \frac{t}{T},$$

et

$$y = \sin \alpha \cos \left(2\pi \frac{t}{T} - \varphi \right),$$

φ étant positif ou négatif, suivant que le cristal uniaxe est
lui-même positif ou négatif (*).

§ 380. — Deuxième cas. — Il se ramène au premier.

Si le cristal éteignait diversement les deux rayons, ou si

(*) Le calcul du § **273** ne diffère pas au fond de celui du § **354**; seulement, dans le premier, les quantités a, a', φ n'y sont pas prises d'emblée,
mais dérivent, ainsi qu'on vient de le dire, de l'action d'un cristal et ont
pour valeurs $\cos s$, $\sin s$, $2\pi \frac{O - E}{\lambda}$; seulement l'échange des premières composantes $\cos s$, $\sin s$, contre d'autres situées dans deux autres plans, au lieu
de n'avoir qu'une existence purement virtuelle, y est le résultat bien net de
l'action d'un polariscope. Les expressions A^3, A'^3 du § **354** ne doivent donc
pas différer de celles A^3, B^3 du § **273** et elles s'y réduisent en effet si on y
remplace a, a', φ par $\cos s$, $\sin s$, $2\pi \frac{O - E}{\lambda}$, et si de plus on constate, en
comparant les figures, que notre angle ω de la *fig.* 186 a pour analogue, dans
la *fig.* 133, $s - \omega$. Mais le calcul du § **354** est plus complet puisque, outre
les amplitudes nouvelles, il donne encore l'anomalie $\psi' - \psi$.

encore ils étaient fournis par des réflexions non totales
inégalement généreuses, les deux composantes $\cos\alpha$, $\sin\alpha$
de la vibration incidente, tout en gardant leur azimut,
seraient modifiées et dans leurs phases et dans leurs amplitudes. Soient h et k les facteurs d'altération des amplitudes,
on aura, après l'action elliptisante, les deux mouvements

$$x = h\cos\alpha\cos 2\pi\frac{t}{T}, \quad y = k\sin\alpha\cos\left(2\pi\frac{t}{T} - \varphi\right).$$

Les amplitudes seront donc ou de la forme $\cos\alpha$, $\sin\alpha$,
ou de la forme plus générale $h\cos\alpha$, $k\sin\alpha$. Ce dernier cas
peut se ramener au premier en posant les deux équations de
condition

$$h\cos\alpha = z\cos\sigma, \quad k\sin\alpha = z\sin\sigma,$$

qui conduisent aux valeurs suivantes de z et de σ, toujours
acceptables,

$$z = \sqrt{h^2\cos^2\alpha + k^2\sin^2\alpha}, \quad \tang\sigma = \frac{k}{h}\tang\alpha.$$

Ces valeurs donnent

$$h\cos\alpha = \cos\sigma\sqrt{h^2\cos^2\alpha + k^2\sin^2\alpha},$$
$$k\sin\alpha = \sin\sigma\sqrt{h^2\cos^2\alpha + k^2\sin^2\alpha},$$

et comme dans presque toutes les questions le rapport des
amplitudes influe seul, omettons le radical facteur commun,
alors la forme générale des équations du rayon elliptique
sera, en posant, comme nous l'avons déjà fait, $2\pi\frac{t}{T} = \xi$,

$$x = \cos\sigma\cos\xi, \quad y = \sin\sigma\cos(\xi - \varphi);$$

en conséquence l'équation de l'ellipse reçoit la forme

$$\frac{x^2}{\cos^2\sigma} + \frac{y^2}{\sin^2\sigma} - \frac{2\cos\varphi}{\sin\sigma\cos\sigma}xy = \sin^2\varphi.$$

Le lecteur écrira ce que deviennent alors les équations générales du § 354. Nous nous bornerons à le faire ici pour

II.   7

les équations particulières des §§ 355, 356 :

$$\operatorname{tang} 2\,\Omega = \cos\varphi\,\operatorname{tang} 2\,\sigma, \qquad \operatorname{tang} 2\,\Omega_{,} = -\frac{\cot 2\,\sigma}{\cos\varphi},$$

$$\frac{A_{,}^{2}}{A_{,}^{\prime\,2}} = R^{2} = \frac{1 + \cos 2\,\sigma\,\sqrt{1 + \operatorname{tang}^{2} 2\,\sigma\,\cos^{2}\varphi}}{1 - \cos 2\,\sigma\,\sqrt{1 + \operatorname{tang}^{2} 2\,\sigma\,\cos^{2}\varphi}}$$

$$= \frac{1 + \cos 2\,\sigma\,\sec 2\,\Omega}{1 - \cos 2\,\sigma\,\sec 2\,\Omega},$$

$$\operatorname{tang}\Phi_{,} = \frac{\sin 2\,\sigma\,\sin\varphi}{\sqrt{1 - \sin^{2} 2\,\sigma\,\sin^{2}\varphi}} = \frac{\sin\varphi\,\operatorname{tang} 2\,\sigma}{\sqrt{1 + \cos^{2}\varphi\,\operatorname{tang}^{2} 2\,\sigma}}$$

$$= \frac{\sin\varphi\,\operatorname{tang} 2\,\sigma}{\sqrt{1 + \operatorname{tang}^{2} 2\,\Omega}} = \sin\varphi\,\operatorname{tang} 2\,\sigma\,\cos 2\,\Omega.$$

L'élimination des radicaux tenant à l'introduction de l'angle Ω s'obtiendrait au même prix dans les expressions générales des §§ 355, 356.

CHAPITRE XIII.

POLARISATION CIRCULAIRE ET ELLIPTIQUE
PAR RÉFLEXION TOTALE.

Interprétation des formules de la réflexion quand elle devient totale. — Comment on trouve pour constituer chacun des rayons principaux deux vibrations situées dans le même plan. — Amplitudes et phases de ces rayons principaux. — Un rayon réfléchi est comme un rayon incident qu'on regarderait par derrière. — Comment s'il est elliptique sa gyration en est intervertie. — Vraie valeur de l'anomalie due à la réflexion totale. La théorie et l'expérience s'accordent pour montrer qu'elle est la différence de deux avances et non de deux retards. — Maximum de l'anomalie due à une réflexion. — Il faut au moins deux réflexions pour circulariser. — Calcul des incidences qui amènent un circulaire après 2, 3, etc., réflexions produites soit sur le verre, soit au contact du verre et de l'eau. Appareil et travaux de M. Jamin.

§ 381. — Les formules de Fresnel deviennent imaginaires quand les réflexions sont totales.

Quand on applique la formule

$$V = -\frac{\sin(i-r)}{\sin(i+r)} = -\frac{\sin i \cos r - \sin r \cos i}{\sin i \cos r + \sin r \cos i}$$

au cas d'une réflexion totale, il faut y introduire les relations

$$\sin r = n \sin i, \quad n > 1, \quad \text{et} \quad n \sin i > 1;$$

elle devient

$$-\frac{\sin i \sqrt{1 - n^2 \sin^2 i} - n \sin i \cos i}{\sin i \sqrt{1 - n^2 \sin^2 i} + n \sin i \cos i}$$

$$= \frac{1 - n^2 \sin^2 i + n^2 \cos^2 i - 2n \cos i \sqrt{1 - n^2 \sin^2 i}}{1 - n^2},$$

ou bien, en séparant la partie réelle de la partie imaginaire, et mettant en évidence le facteur réel de cette dernière,

$$V = \frac{1 - n^2 + 2n^2 \cos^2 i}{n^2 - 1} - \frac{2n \cos i}{n^2 - 1} \sqrt{n^2 \sin^2 i - 1} \sqrt{-1}.$$

7.

La formule

$$V = -\frac{\tang (i - r)}{\tang (i + r)} = -\frac{\sin i \cos i - \sin r \cos r}{\sin i \cos i + \sin r \cos r}$$

conduit dans les mêmes circonstances à des résultats analogues. On a d'abord

$$-\frac{\sin i \cos i - n \sin i \sqrt{1 - n^2 \sin^2 i}}{\sin i \cos i + n \sin i \sqrt{1 - n^2 \sin^2 i}},$$

puis

$$-\frac{\cos^2 i + n^2 - n^1 \sin^2 i - 2 n \cos i \sqrt{1 - n^2 \sin^2 i}}{\cos^2 i - n^2 + n^1 \sin^2 i},$$

et dédoublant

$$V = \frac{n^2 + 1 - (n^1 + 1) \sin^2 i}{n^2 - 1 - (n^1 - 1) \sin^2 i} - \frac{2 n \cos i \sqrt{n^2 \sin^2 i - 1} \sqrt{-1}}{n^2 - 1 - (n^1 - 1) \sin^2 i}.$$

Les imaginaires étant un des moyens par lesquels l'analyse refuse aux cas particuliers exceptionnels la réponse qui ne peut plus leur être faite, il s'agissait de deviner quelles étaient les considérations qui, vraies en général, cessaient d'être admissibles dans le cas de réflexion totale, et de voir, par une habile interprétation, quelles nouvelles considérations devaient prévaloir.

§ 382. — Origine de ces imaginaires.

Une supposition fondamentale des formules de la réflexion consiste à admettre que le rayon réfléchi est dans la même phase que l'incident dont il ne diffère que par l'amplitude ; ainsi le rayon incident étant

$$V = B \sin 2\pi \frac{t}{T},$$

on admet que le réfléchi sera

$$V = B_1 \sin^2 \pi \frac{t}{T}.$$

B_1 étant lié à B par l'une des deux relations

$$B_1 = - B \frac{\sin (i - r)}{\sin (i + r)}, \quad B_1 = - B \frac{\tang (i - r)}{\tang (i + r)}.$$

Mais s'il n'en était pas ainsi, au lieu de

$$V = B_1 \sin 2\pi\frac{t}{T},$$

on aurait dû poser

$$V = B_2 \sin\left(2\pi\frac{t}{T} + x\right),$$

et la question aurait offert les deux inconnues B_2, x au lieu de l'unique B_1.

Or on prévoit qu'il n'est pas possible de trouver pour B_1 une valeur qui fasse à elle seule l'effet des deux autres B_2 et x; qu'en d'autres termes il n'existe pas de valeur réelle de B_1 qui satisfasse à l'équation

$$B_1 \sin 2\pi\frac{t}{T} = B_2 \sin\left(2\pi\frac{t}{T} + x\right)$$

dans laquelle x, en sa qualité d'anomalie contractée à un moment donné, est indépendant du temps. En effet, si l'on développe, il vient

$$B_1 - B_2 \cos x = B_2 \sin x \cot 2\pi\frac{t}{T},$$

et le premier membre constant ne peut égaler à toute époque le deuxième que quand on a

$$\sin x = 0, \quad x = 0 \quad \text{ou bien} \quad B_1 = B_2;$$

mais si x n'est pas nul, s'il y a différence de phase, il faut que B_1 soit imaginaire, ainsi que nous venons de le trouver.

Ce symbole imaginaire qui dénote dans le rayon réfléchi une différence de phase pourra-t-il en dire le quantum?

§ 383. — Hypothèse de Fresnel sur leur signification.

Si la phase diffère, on peut remplacer le rayon réfléchi par deux rayons constituants polarisés dans le même plan, dont l'un aura même phase que l'incident et l'autre une phase distincte; et ce problème, en général indéterminé, devient déterminé quand la différence de phase des deux

constituants est 90 degrés. Fresnel, s'inspirant sans doute
d'un principe déjà invoqué à propos des tranches (§ 80),
s'est demandé si les deux termes dans lesquels se subdivise
le coefficient B, ne seraient pas les amplitudes de deux pareils constituants.

Une épreuve se présente : on sait (§ 50) que dans ce cas
l'intensité du rayon résultant est la somme des intensités
des deux constituants, et que l'on a

$$B^2 = b^2 + b'^2.$$

Les deux coefficients présumés étant

$$\frac{n^2 - 1 - 2\,n^2\cos^2 i}{n^2 - 1},$$

partie réelle du coefficient total, et

$$- \frac{2\,n\cos i}{n^2 - 1}\sqrt{n^2\sin^2 i - 1},$$

facteur réel de la partie imaginaire de ce même coefficient ;
on trouve pour la somme des carrés de ces deux amplitudes

$$\frac{(n^2-1)^2+4\,n^2\cos^4 i-4\,n^2(n^2-1)\cos^2 i+4\,n^2\sin^2 i\cos^2 i-4\,n^2\cos^2 i}{(n^2-1)^2} = 1.$$

et comme le rayon transmis est nul et la réflexion totale
(§ 403), cette épreuve se trouve réussir.

Il en est de même pour le rayon polarisé perpendiculairement au plan d'incidence. On a

$$\frac{(n^2-1)^2+(n^2+1)^2\sin^4 i-2(n^2+1)(n^4+1)\sin^2 i+4\,n^4\cos^2 i\sin^2 i-4\,n^2\cos^2 i}{(n^2-1)^2\left[1-(n^2+1)\sin^2 i\right]^2}$$

$$= \frac{(n^2+1)^2-4\,n^2+\left[(n^4+1)^2-4\,n^4\right]\sin^4 i-\left[2(n^2+1)(n^4+1)-4\,n^4-4\,n^2\right]\sin^2 i}{(n^2-1)^2\left[1-(n^2+1)\sin^2 i\right]^2}$$

$$= \frac{(n^2-1)^2+(n^4-1)^2\sin^4 i-2(n^2+1)(n^2-1)^2\sin^2 i}{(n^2-1)^2\left[1-(n^2+1)\sin^2 i\right]^2}$$

$$= \frac{1+(n^2+1)^2\sin^4 i-2(n^2+1)\sin^2 i}{\left[1-(n^2+1)\sin^2 i\right]^2} = 1,$$

et l'on retrouve encore dans l'ensemble de ces deux
rayons l'intensité 1 commune au rayon incident et au rayon
réfléchi.

§ 384. — Amplitudes des deux constituants.

Les formules de la composition de deux mouvements vibratoires situés dans le même plan, établies § 52, dans l'hypothèse des vibrations longitudinales, résolvent visiblement en lumière, le cas où les rayons constitués sont polarisés dans le même plan. Or, ces formules nous apprennent que, dans le cas particulier où ces constituants diffèrent de $\frac{\lambda}{4}$, la phase ψ du rayon résultant dépend de l'une des deux équations

$$\cos \psi = \frac{b}{B}, \quad \sin \psi = \frac{b'}{B},$$

b' appartenant au rayon qui est en retard, et b au rayon qui est en avance, c'est-à-dire ici à celui des deux constituants du rayon réfléchi qui a la même phase que le rayon incident, admettons que ce soit le rayon qui répond à la partie réelle du coefficient, et nous en conclurons qu'un rayon incident 1 de phase zéro, polarisé dans le premier azimut, engendre un rayon réfléchi d'intensité 1 dont la phase ψ dépend de l'une des équations

$$\cos \psi = \frac{1 - n^2 + 2\,n^2\cos^2 i}{n^2 - 1} = \frac{1 + n^2 - 2\,n^2\sin^2 i}{n^2 - 1}$$

$$\sin \psi = \frac{-2\,n\cos i\,\sqrt{n^2\sin^2 i - 1}}{n^2 - 1}.$$

Quand le rayon incident est polarisé dans le deuxième azimut, il donne par réflexion totale un rayon d'intensité 1 et d'une phase ψ' liée à l'indice et à l'angle d'incidence par l'une des deux relations équivalentes

$$\cos \psi' = \frac{(n^2 + 1) - (n^4 + 1)\sin^2 i}{(n^2 - 1)\left[1 - (n^2 + 1)\sin^2 i\right]},$$

$$\sin \psi' = \frac{-2\,n\cos i\,\sqrt{n^2\sin^2 i - 1}}{(n^2 - 1)\left[1 - (n^2 + 1)\sin^2 i\right]}.$$

§ 385. — Ce que seront les mesures de ψ, ψ'.

Ainsi trouvée par une méthode qui est toute d'inspiration, cette curieuse solution du problème de la réflexion totale doit recevoir une confirmation expérimentale. L'idée la plus naturelle est assurément de mesurer sur chacun des deux rayons réfléchis, issus d'un rayon tour à tour polarisé dans les azimuts principaux, les changements de phase dus à la réflexion totale et de les comparer à ceux des formules précédentes. Ces mesures, dont s'est occupé depuis M. Babinet, Fresnel comptait se les procurer en faisant interférer deux rayons qui auraient subi, sur deux surfaces contiguës, deux réflexions intérieures qu'on eût pu rendre tour à tour toutes deux totales, ou bien l'une totale et l'autre ordinaire, et en mesurant le déplacement qu'eût produit dans les franges un tel changement. Son appareil est sans doute compris (*fig.* 198), un bloc de verre comprenant quatre faces dont deux très-inclinées eussent fonctionné comme miroirs. Il eût suffi, pour passer de la réflexion totale à l'ordinaire, de mouiller avec un liquide l'un des miroirs; mais nos demi-lentilles (§ 35) nous semblent offrir, pour ces expériences, de grands avantages. La *fig.* 199 montre successivement un nicol, une lentille L d'un court foyer, la plaque qui porte les deux demi-lentilles l, l' et un petit prisme isocèle rectangulaire dont l'arête est verticale, et qui reçoit sur sa face hypoténuse en i, i' les deux sommets des demi-cônes, de manière que l'application d'un petit papier mouillé puisse faire cesser pour l'un d'eux la réflexion totale. Si la distance des moitiés l', l est convenable, d'une part les deux images i, i' seront suffisamment écartées, de l'autre la région commune aux deux demi-cônes s'étendra loin du prisme et les franges horizontales auront une grande largeur. Suivant que la section principale du nicol sera verticale ou horizontale, la vibration sera polarisée dans le premier ou dans le second azimut, et l'on pourra vérifier, soit les valeurs de ψ, soit celles de ψ'. A en juger par quelques essais, ces mesures doivent réussir, quoique l'inégale intensité des deux faisceaux rende, dès qu'il y a humectation, les franges très-pâles. On y remédiera en interposant sur la route des deux faisceaux les deux moitiés d'une tourmaline, et en profitant de leur indépendance pour donner à l'une l'orientation de plus grande transmission, et à l'autre une orientation telle, que le faisceau trop énergique y subisse une réduction convenable. Pour guider ceux de nos lecteurs qui voudraient s'occuper de ce point intéressant, nous dirons que la déviation causée par l'entrée, la réflexion intérieure et la sortie, a pour expression

$$\Delta = 90 - 2i,$$

que l'angle intérieur z (*fig.* 200) vaut $45 + r$. Comme l'angle limite, entre le verre ($n = 1,51$) et l'eau ($n = 1,336$) est $59°\,32$, l'angle i, qu'on ne devra pas dépasser, si l'on veut éviter que la réflexion ne reste totale après le dépôt du liquide, dépend de l'équation

$$r = 59°\,32' - 45° = 14°\,32'$$

qui donne pour i la valeur $22°\,16$ et pour Δ, $45°\,28'$. Au lieu de polariser initialement la lumière, il sera plus simple de l'employer naturelle et d'armer finalement l'œil d'un nicol, doué tour à tour de chacune des deux orientations principales.

§ 386. — Conditions de la circularité du rayon réfléchi totalement.

Puisque ψ' diffère de ψ, si l'on se donnait à la fois les deux réflexions dans les azimuts principaux, l'ensemble des deux rayons réfléchis pourrait former un circulaire. Il suffirait de placer le plan de polarisation à 45 degrés des deux azimuts principaux, afin d'avoir deux rayons égaux; 2° de donner à l'angle $\psi' - \psi$, par le choix d'une incidence convenable, la valeur $\frac{\pi}{2}$. Cette dernière exigence mérite seule d'être développée, mais avant d'établir la formule qui donnera ces valeurs de i, il convient de discuter les expressions qui donnent ψ et ψ'.

§ 387. — Discussion de ψ, ψ'.

Discussion de ψ. — Ne nous occupons pour le moment que des valeurs absolues. En posant

$$\sin i = \frac{1}{n},$$

on trouve

$$\sin\psi = 0, \quad \cos\psi = 1,$$

$i = 90$ donne

$$\sin\psi = 0 \quad \text{et} \quad \cos\psi = -1.$$

intermédiairement pour

$$n^2 \sin^2 i = 1 + z^2,$$

il vient

$$\cos\psi = 1 - \frac{2 z^2}{n^2 - 1};$$

on en conclut que l'avance du rayon, nulle à l'angle limite L et avant lui, grandit continûment jusqu'à la valeur $\frac{\lambda}{2}$ qui répond à l'incidence rasante.

Discussion de ψ'. — Le dénominateur étant négatif entre $i = $ L et $i = $ 90, limites du problème, $\sin\psi'$ est positif et reste tel pour toutes les valeurs de i. $i = $ L donne

$$\sin\psi' = 0 \quad \text{et} \quad \cos\psi' = -1;$$

pour $i = 90°$, on a

$$\sin\psi' = 0, \quad \cos\psi' = 1.$$

D'ailleurs quand on pose encore

$$n^2 \sin^2 i - 1 = z^2,$$

on trouve pour $\cos\psi'$ l'expression

$$-\frac{(n^2 - 1) - (n^2 + 1) z^2}{(n^2 - 1)(n^2 z^2 + z^2 + 1)}$$

qui débute par des valeurs négatives. Nous concluons donc que l'anomalie perdue en apparence (§ 390) par la deuxième vibration, croît, de l'angle limite à l'incidence rasante, depuis π jusqu'à 2π.

Nous avons réuni dans un tableau les valeurs de ψ, ψ' calculées pour des incidences croissantes de 5 en 5 degrés, à partir de l'angle limite $i = 41°28'$. Une dernière colonne contient l'excès de $\psi' - 180$ sur ψ, excès qui, nous le verrons bientôt, représente l'avance de la deuxième vibration sur la première.

i.	ψ'.	ψ.	$\psi' - \psi - 180$.
$i = 41°28'$	180°	0″	0
45	257 29′	38 38	38°51′
50	287 29	61 55	45 34
50 20′30″	» »	» »	45 56 30″ maxi.
55	304 53	80 6	44 48
60	·317 5	96 17	40 48
65	326 39	111 21	35 18
70	334 38	125 41	28 57
75	342 36	139 35	23 1
80	348 4	153 12	14 52
85	354 7	167 39	6 28
90	360	180	0 0

§ 388. — Comment la réflexion change le sens de gyration et l'anomalie d'un rayon elliptique.

Dans la réflexion normale sur un milieu non cristallisé, les deux composantes principales sont nécessairement traitées de la même manière et leur anomalie doit être nulle. Au fur et à mesure que l'incidence croît, ces composantes ont avec le miroir une relation de plus en plus dissemblable et acquièrent une anomalie continûment croissante. Les formules de Fresnel et aussi l'expérience montrent que son maximum s'élève à π. Cependant on admet quelquefois qu'au lieu d'être nulle au début, l'anomalie vaut π, et qu'ainsi, quand elle atteint sa seconde limite, elle est devenue 2π. Il s'agit de concilier ces deux manières de voir et de les réduire à une simple diversité de point de vue.

Soit (*fig.* 201) un rayon IO incident sur le miroir MM', soit sa vibration comprise dans le quadrant inférieur de gauche YOX et l'œil placé derrière le miroir vertical sur lequel l'incidence est d'abord normale. Si la deuxième vibration OY éprouvait un retard, le rectiligne incident deviendrait elliptique dextrorsum. Eh bien, quand ce retard apparaît dans le réfléchi, comme l'observateur est obligé de tourner de 180 degrés et de se reporter en I du côté où le rayon incident arrive, sa gauche passe du côté où était sa droite et le réfléchi constitué par les mêmes composantes est *sinistrorsum*. Ainsi, suivant qu'on regarde un rayon dans un sens ou dans l'autre, en supposant toutefois (la réflexion produit ce résultat) que le rayon vient toujours vers l'œil, on obtient, d'un même retard introduit entre deux composantes de ce rayon, des gyrations contraires : tout comme s'il s'agissait successivement de deux incidents dont les composantes principales auraient les anomalies φ et $\varphi + \pi$.

Or, dans les appareils de réflexion, celui de M. Jamin par exemple (§ 398), quand on vise tour à tour au rayon direct et au réfléchi, cette différence artificielle issue du retournement et étrangère au phénomène physique s'introduit et les retards apparents surpassent les retards vrais de π. Suivant donc qu'on s'en tiendra, dans l'énoncé des résultats, au point de vue expérimental, ou qu'on préférera le point de vue théorique, on gardera ou l'on retranchera ce π de *retournement*, et l'on aura des résultats qui différeront de cette quantité.

Ce π de retournement n'est pas particulier à l'incidence normale, il se maintient à toutes les incidences ; et il intervient, au delà de l'incidence brewstérienne, avec cet autre π (§ 239) qui provient du renversement de la vibration ou mieux, comme nous le verrons (§ 410), d'un développement rapide et presque instantané de la variation totale de phase π. Comme il faut en même temps ne pas perdre de vue ce qui constitue, pour la deuxième vibration, les orientations directes et inverses (§ 239, 2ᵉ note), on nous saura gré sans doute de diriger par quelques exemples l'emploi de ces considérations délicates.

Soit (*fig.* 202, *Pl. X*) une réflexion de + sur — et l'angle d'incidence moindre que l'angle brewstérien B, les deux composantes de la vibration réfléchie sont directes et ont les directions OX', OY', s'il n'y a pas de retard, leur résultante est dans le quadrant X'OY = XOȲ. Si OY a été retardé, on a un sinistrorsum; passé l'incidence B, la deuxième vibration est renversée et se dirige suivant OY''; si donc on a le même retard, OX'' et OY'' engendreront un dextrorsum.

Dans une réflexion de — sur + (*fig.* 203), avant l'incidence B, les deux vibrations sont renversées et deviennent OX', OY', on a donc un sinistrorsum, tandis que ce double renversement eût continué de produire sur le rayon incident un dextrorsum. Au delà de B, OY' devient direct et l'on a un dextrorsum comme dans la réflexion de + sur —. Nous avons raisonné jusqu'ici dans l'hypothèse où la seconde composante serait retardée. Si elle était avancée, ce serait avant l'incidence B qu'on aurait le dextrorsum, et après, le sinistrorsum.

Quand le rayon subit deux réflexions successives, les deux effets de retournement s'élèvent à 2π ou, ce qui revient au même, s'annulent, et cette altération particulière des phénomènes cesse d'exister.

§ **389.** $\psi' - \psi - \pi$ **est l'effet dû à la réflexion totale.**

Comme, en réflexion totale, on est toujours au delà de l'angle limite L (*), on peut dire que le π de retournement géométrique y détruit pour la pratique, le π de renversement brewstérien aussi bien quand les réflexions sont en nombre impair qu'en nombre pair. Quand il s'agit de valeurs théoriques, au contraire, comme elles contiennent le π brewstérien, il faut en retrancher 180 degrés; la différence $\psi' - 180$, ou mieux $\psi' - \psi - 180$, sera l'effet dû à la réflexion totale; mais cette remarque ne lève cependant pas toutes les difficultés.

(*) On a en effet pour l'angle brewstérien intérieur B

$$\tan B = \frac{1}{n}, \qquad \text{d'où} \qquad \sin B = \frac{1}{\sqrt{1 + n^2}}.$$

Or

$$\sin L = \frac{1}{n},$$

donc B est toujours moindre que L.

§ 390. Les deux vibrations principales sont avancées par la réflexion totale. — Expérience décisive.

Nous avons vu, en effet (§ 335), que dans les conditions géométriques des figures précédentes, le réfléchi issu d'un parallélipipède était sinistrorsum; il faut donc que la deuxième vibration y acquière ou un retard plus grand que π, ou une avance moindre que π. Consultons sur ce point délicat la théorie et les formules.

Le signe de $\sin \psi$ étant négatif (§ 384), il semble naturel d'en conclure, d'accord en cela avec la théorie des tranches, que ψ est une avance, et non un retard comme on l'avait supposé. Relativement à ψ' dont le sens est positif, il faut remarquer que quand on arrive à la réflexion totale, le renversement de la vibration dû à l'incidence brewstérienne est accompli depuis longtemps, qu'ainsi pour avoir les effets dus seulement à la réflexion totale, il faut retrancher de l'effet collectif cette quantité π; mais en retranchant π de de ψ', $\sin (\psi' - \pi)$ sera négatif, et il sera vrai de dire que, pour la deuxième aussi bien que pour la première vibration, la réflexion totale produit une avance.

Ainsi, au rebours de ce qui arrivera en réflexion métallique, la réflexion totale avancerait les deux vibrations, mais inégalement, de manière à avancer différentiellement la deuxième, d'une quantité qui, partant de zéro, croîtrait jusqu'à un certain maximum moindre que $\dfrac{\pi}{2}$, et décroîtrait ensuite jusqu'au point de départ zéro, qu'elle réatteindrait sous l'incidente rasante. (Renvoi aux expériences de M. Jamin, § 403.)

Pour se décider entre un retard et une avance, on peut, comme il suit, en appeler à l'expérience. S'il y a retard, il faut que pour deux réflexions il surpasse π et vaille, par exemple, $\pi + z$. Cela donne pour une réflexion $\dfrac{\pi}{2} + \dfrac{z}{2}$, c'est-à-dire un retard moindre que π. Donc une seule réflexion totale engendrerait un dextrorsum. Y a-t-il, au contraire, une avance, elle sera inférieure à π, et, pour une seule réflexion, à $\frac{\pi}{2}$. Et alors une seule réflexion engendrera, comme deux réflexions, un sinistrorsum. Les travaux les plus récents sur cette matière, quoique entrepris sur une seule réflexion, se taisent sur ce point et semblent même continuer d'accorder avec Fresnel un retard à la deuxième vibration. Pour savoir à quoi nous en tenir sur un objet aussi capital, nous avons déposé comparativement et tour à tour sur la plate-forme de l'appareil de Norremberg un mica quart d'onde orienté de manière à donner un rayon doué d'une ellipticité légère et de gyration connue, et un prisme de Dove. Le plan d'incidence dans ce dernier était parallèle à l'axe du mica, et l'on avait interposé (§ 327), en avant du polariscope, la lame sensible. Or, quand le mica donnait la teinte rosée, le prisme donnait la teinte verdâtre. Donc il avance la deuxième vibration (*).

§ 391. — Calcul des valeurs de i qui circularisent par 2, 3,…, réflexions.

Le tableau du § 387 nous révèle l'existence de deux incidences : l'une un peu inférieure et l'autre un peu supérieure à 5o degrés, qui donneront chacun une avance de $\frac{\pi}{4}$, ou bien, à la suite de deux réflexions, l'avance désirée $\frac{\pi}{2}$. Pour trouver directement ces incidences, ou, plus généralement, pour obtenir un circulaire à la suite de p réflexions pareilles, l'avance $\psi' - \psi - 180$, propre à l'une d'elles, devra satisfaire à l'équation

$$(\psi' - \psi - \pi)\,p = \frac{\pi}{2},$$

qui donne

$$\cos(\psi' - \psi - \pi) = \cos\frac{\pi}{2p} = P,$$

(*) Nous venons de trouver que dès 1839 M. Babinet avait reconnu par l'expérience, l'avanc dans les réflexions totales.

en appelant P la quantité connue $\cos \dfrac{\pi}{2p}$, ou enfin en développant,

$$(\text{M}) \qquad\qquad \cos (\psi' - \psi) = - \text{P} \ (^*).$$

En remplaçant dans le développement de $\cos (\psi' - \psi)$ les quatre lignes trigonométriques par leurs valeurs données (§ 384), ordonnant et supprimant le facteur commun $(n^2 - 1)^2$, on trouve sans difficulté l'équation bicarrée

$$2 n^2 \sin^4 i - (n^2 + 1)(1 + \text{P}) \sin^2 i + \text{P} + 1 = 0,$$

qui donne

$$\sin^2 i = \frac{(\text{P} + 1)(n^2 + 1) \pm \sqrt{(\text{P} + 1)[(\text{P} + 1)(n^2 + 1)^2 - 8 n^2]}}{4 n^2},$$

et n'apporte à la question que deux solutions, puisque i ne peut être ni négatif ni supérieur à 90 degrés. De ces deux incidences capables de donner un retard qui, répété $2, 3, \ldots, p$ fois, rendra circulaire le rayon réfléchi collectif, l'une est ordinairement voisine de la réflexion totale, l'autre est beaucoup plus grande. Fresnel, qui voulait opérer avec la lumière blanche, craignait que les retards ne fussent plus variables de couleur à couleur, dans les environs de l'angle limite que pour des incidences plus éloignées : cette appréhension ayant été confirmée par la construction des deux solides trapézoïdaux qui, dans le cas de trois réflexions, répondent aux deux valeurs de i, il subordonna les faces d'entrée et de sortie de ses parallélipipèdes à la plus grande de ces valeurs.

Fresnel a calculé, pour le verre de Saint-Gobain ($n = 1,51$ angle limite moyen $41° 28'$), et pour deux, trois et quatre réflexions, les deux valeurs de l'équation en $\sin^2 i$. Ces calculs n'offrant aucune difficulté, nous nous bornons à en

---

(*) Quand les réflexions sont nombreuses, on pourrait encore obtenir un circulaire à l'aide d'un retard égal à $3 \dfrac{\pi}{2}$, $5 \dfrac{\pi}{2}$, ... Nous négligeons dans ce qui suit, ces cas possibles.

donner le tableau :

Réflexions.

$$2 \quad p = 2, \quad P = \cos 45°, \qquad i = 48° 37' 30'', \quad i' = 54° 37'.$$
$$3 \quad\;\; = 3 \quad\;\; = \cos 30°, \qquad\;\; = 43° 10' 40'', \quad = 69° 12' 20''.$$
$$4 \quad\;\; = 4 \quad\;\; = \cos 22° 30', \quad = 42° 19' 50'', \quad = 74° 41' 50''.$$

Puis il a fait construire quatre prismes droits assez longs pour se prêter aux deux, trois et quatre réflexions, et tels, que les rayons entrassent et sortissent normalement. L'angle aigu des parallélogrammes et des trapèzes qui leur servaient de base valait donc 54° 37', 69° 12', 74° 42', 43° 11' (*fig.* 204, 205, 206, *Pl. IX*). Ce dernier angle avait été choisi, parce que, différant peu de l'angle limite du rayon moyen, il devait donner et donna, en effet, quand on observait son rayon circulaire avec un polariscope, la notable coloration à laquelle il vient d'être fait allusion.

§ 392. — Calcul de la dispersion des parallélipipèdes.

C'est à la formule (M) du § **391** qu'ont été demandés les chiffres du tableau donné dans le § **357**; seulement, comme Fresnel ne nous a pas laissé les indices qu'avait son verre pour les principales raies, nous avons dû faire ces calculs pour un crown de Fraunhoffer, n° 13 (*). On commence par calculer pour la raie

D les deux angles i, i' qui donnent un retard de $\lambda + \frac{1}{8}\lambda$; on trouve

$$i = 50° 22' 40'', \qquad i' = 52° 17' 20'';$$

puis, résolvant la formule par rapport à P, ce qui donne

$$P = \frac{2 n^2 \sin^4 i - (n^2 + 1)\sin^2 i + 1}{(n^2 + 1)\sin^2 i - 1},$$

nous avons mis tour à tour, soit avec i, soit avec i', les valeurs de n propres aux rayons B et H. Il en est résulté les chiffres du tableau

---

(*) Les indices de ce crown sont

$$B = 1,524312,$$
$$D = 1,527982 \text{ angle limite } L = 40° 53',$$
$$H = 1,544684.$$

suivant, dans lequel, 1° nous avons doublé P pour avoir l'effet du parallélipipède ; 2° nous avons inscrit le multiple m de $\frac{\pi}{2}$ qui est fourni par l'équation

$$2\,P = m\ 90°.$$

DESIGNATION DE LA RAIE.	$i' = 50°\ 17'.$		$i = 50°\ 22'\ 40''.$	
	$2\,P$	m	$2\,P$	m
B	$92°\ 35'$	1,0072	$92°\ 12'\ 20''$	1,0062
D	90	1,0000	90	1,0000
H	94 12	1,0118	97 23	1,0149

Nous y voyons avec surprise que, pour ce verre plus réfringent que celui de Fresnel, si la dispersion de la raie H est plus grande pour i que pour i', le contraire a lieu pour la raie B. Il est vrai que là les angles i, i' sont très-rapprochés et tous deux très-éloignés de l'angle limite. Il est fâcheux que nous n'ayons pu faire ces deux calculs sur le verre de Fresnel, afin de voir par quels chiffres la théorie justifiait la différence de coloration signalée § 391. Il y a évidemment des recherches à entreprendre sur ce point.

§ 393. — Forme donnée par Cauchy à la formule fondamentale.

Cauchy n'a pas manqué de voir que l'expression de

$$\operatorname{tang} \tfrac{1}{2}\, (\psi' - \psi)$$

avait une simplicité remarquable. On sait que $\operatorname{tang} \frac{x}{2}$ dépend de $\operatorname{tang} x$ par une équation du second degré qui, en s'en tenant à la valeur positive, suffisante dans le problème que nous traitons, donne

$$\operatorname{tang} \frac{x}{2} = \frac{1 - \cos x}{\sin x}.$$

En partant des valeurs du § 384, après avoir toutefois changé

($ 389) les signes de $\sin \psi'$ et $\cos \psi'$, on trouve sans peine

$$\sin(\psi' - \psi) = \frac{2\,n \cos i \sin^2 i \sqrt{n^2 \sin^2 i - 1}}{1 - (n^2 + 1) \sin^2 i},$$

$$\cos(\psi' - \psi) = - \frac{2\,n^2 \sin^4 i - (n^2 + 1) \sin^2 i + 1}{1 - (n^2 + 1) \sin^2 i},$$

et partant

$$\tan\frac{1}{2}(\psi' - \psi) = \frac{n \sin^2 i}{\cos i \sqrt{n^2 \sin^2 i - 1}}.$$

Veut-on introduire avec ce géomètre l'angle limite L, on verra que
l'on a

$$\sqrt{\sin(i - \mathrm{L})}\ \sqrt{\sin(i + \mathrm{L})} = \frac{1}{n}\sqrt{n^2 \sin^2 i - 1},$$

ce qui permet d'écrire

$$\tan\frac{1}{2}(\psi' - \psi) = \frac{\sin^2 i}{\cos i \sqrt{\sin(i - \mathrm{L})}\ \sqrt{\sin(i + \mathrm{L})}}.$$

Prise sous cette forme ou sous la précédente, l'expression de

$$\tan\frac{1}{2}(\psi' - \psi)$$

n'a pas seulement l'avantage de la simplicité, elle se prête encore
à montrer nettement ce qui aurait échappé, dans son travail sur la
réflexion totale, au génie de Fresnel. Cauchy, dans ses profondes
études sur le même sujet, arrive à une valeur de

$$\tan\frac{1}{2}(\psi' - \psi)$$

qui ne diffère de la précédente que par l'addition, au second membre, d'un terme ε, qui a été trouvé entièrement négligeable pour
les substances qui se prêtent par leur transparence et par leur homogénéité à l'étude de ce phénomène.

§ 394. — Recherche du maximum de l'anomalie due à une seule réflexion.

Pour trouver le maximum de l'anomalie due à une seule réflexion, on peut partir d'une quelconque des lignes trigonométriques de l'angle $\psi' - \psi$. Fresnel partait du cosinus, nous partirons de

$$\tan\frac{1}{2}(\psi' - \psi);$$

8.

en égalant à zéro sa différentielle, on obtient l'équation très-simple

$$(n^2 + 1) \sin^2 i = 2,$$

qui donne pour i, $50^\circ 20' 30''$. Cette valeur introduite dans la tangente donne

$$\operatorname{tang} \frac{1}{2}(\psi' - \psi) = - \frac{2n}{n^2 - 1}$$

qui amène

$$\frac{1}{2}(\psi' - \psi) = 112^\circ 58' 20''.$$

En doublant, on a le chiffre inscrit dans le tableau du § 387. S'il y a en général deux incidences capables de donner un même retard, elles se réduisent à une quand le retard est maximum. En effet, l'équation

$$(n^2 + 1) \sin^2 i = 2$$

n'est que du second degré. Ou encore, si l'on calcule la valeur de

$$P = \cos (\psi' - \psi)$$

qui répond au maximum, elle est égale à $- \dfrac{8 n^2}{(n^2 + 1)^2} + 1$, et si on la porte dans l'expression générale de $\sin^2 i$ (§ 391), le radical s'annule, et les deux valeurs de $\sin^2 i$ deviennent égales.

§ 395. — Réflexion totale à la limite du verre et de l'eau.

Pour s'éclairer sur le nombre des réflexions totales qui engendreraient, au contact du verre et de l'eau, un circulaire, Fresnel traita d'abord la question du maximum d'anomalie dont serait capable une seule réflexion totale opérée à la démarcation de ces deux corps. Il trouva pour l'incidence la plus avantageuse $i = 69^\circ 34'$ et pour l'anomalie correspondante seulement 14 degrés, d'où il conclut que pour atteindre 90 degrés, il faudrait au moins sept réflexions. Comme il redoutait dans d'aussi longs parallélipipèdes ces effets de trempe que la précision des expériences actuelles permet de reconnaître dans presque tous ces solides, il s'arrêta à la construction d'un cinquième parallélipipède qui donnait seulement quatre réflexions dont deux auraient lieu au contact du verre et de l'eau. Pour répartir entre ces deux sortes de réflexions l'anomalie 90 degrés, on procède par tâtonnement. Fresnel a trouvé ainsi que sous l'angle $i = 68° 27'$ le verre sec donne

$$\psi' - \psi = 31°,$$

et le verre mouillé ,

$$\psi' - \psi = 13° 53' 40'',$$

c'est-à-dire, pour les quatre réflexions , deux fois

$$44° 53' 40'' = 89° 47' 20''.$$

Ce parallélipipède cesse de donner un circulaire quand on laisse ses faces latérales sèches, ou bien quand , au lieu de n'appliquer que sur l'une un papier mouillé, on l'applique sur toutes deux.

§ 396. — Remarques finales.

Nous sera-t-il permis de présenter les réflexions suivantes qui nous sont suggérées par le remarquable travail que nous venons d'exposer.

Un grand progrès des mathématiques est attendu, à savoir l'interprétation des imaginaires.

On sait que l'*algèbre* donne des formules qui s'appliquent à tous les cas d'un phénomène, que ces formules purement passives acceptent tous les chiffres qui ressortent d'une quelconque des questions numériques posées à l'instar de la question générale.

Que ce cas particulier soit absurde ; l'algèbre serait une science trompeuse, si elle n'avait quelque moyen évasif de se désintéresser dans une telle question.

Ces moyens elle les possède, elle sait à sotte question faire sotte réponse, et elle a deux manières de le faire ; elle amène du négatif ou de l'imaginaire.

L'algèbre, et c'est là une belle découverte, a su tirer parti du négatif en y montrant la solution d'autres questions voisines de celle qu'on étudie, et sa généralité s'est singulièrement accrue, puisque grâce au négatif, au lieu des cas particuliers d'une seule question, elle embrasse dans une même formule ceux de plusieurs questions. .

Eh bien, il est possible que le facteur réel de ses imaginaires convienne comme bonne solution à d'autres questions solidaires de celle qu'on étudie, et si l'on savait

(comme on y a réussi pour le négatif) discerner à coup
sûr et par un procédé général ces questions, les imaginaires
ainsi interprétées apporteraient encore à l'algèbre un nouvel accroissement de généralité.

Plusieurs mathématiciens se sont occupés de cette étude
au point de vue géométrique, et M. Faure (*) entre autres
est arrivé à énoncer la relation qui unirait à la question
principale les questions auxquelles conviennent les facteurs
réels des imaginaires ; il a même obtenu, en se fiant à cette
interprétation, de curieux résultats. Mais malheureusement
la meilleure consécration des principes de son interprétation leur vient plutôt à postériori qu'à priori, et les géomètres répudient comme peu solides les bases théoriques
sur lesquelles elle repose.

Toujours est-il que Fresnel en polarisation circulaire et
M. Faure dans le domaine des mathématiques ont su tirer
un excellent parti des imaginaires, et que, chose digne de
remarque, les principes de M. Faure conduisaient droit à
l'interprétation de Fresnel.

Un dernier mot. Les physiciens, à moins de nier la réalité de leur science, ne peuvent avoir la même exigence que
les géomètres. Pour quiconque admet que la voie de l'observation est un moyen doué d'une puissance à lui propre,
et souvent l'unique moyen d'arriver à la vérité, un principe
hypothétique, un pressentiment hardi, peuvent être établis
à postériori par la confrontation de ses conséquences avec
les faits. Nous considérons donc comme de bon aloi, et
cette interprétation des imaginaires due à Fresnel, et ces
quelques principes féconds qui ont, comme autant de phares
puissants, éclairé ses prodigieux travaux : aussi désireux
cependant que tout autre de voir l'analyse pure les démontrer à priori (**).

(*) Faure, *Essai sur la théorie et l'interprétation des quantités dites imaginaires.* Paris, 1845.

(**) Ces lignes étaient écrites avant les remarquables travaux de Cauchy
sur l'interprétation des imaginaires

§ 397. — Polarisation elliptique par les parallélipipèdes.

Dès qu'on n'a pas la précaution de mettre la vibration incidente à 45 degrés du plan d'incidence, les deux rayons principaux sont inégaux, et partant l'ensemble des deux rayons dus à leur réflexion forme un rayon elliptique. Comme leur anomalie vaut $\frac{\pi}{2}$, ce sont les rectilignes principaux de l'elliptique qui sont en évidence. α étant l'angle que fait avec le miroir la vibration incidente, $\cos\alpha$ est la première vibration, $\sin\alpha$ la seconde, leur rapport, avant comme après la réflexion totale, sera $\frac{\sin\alpha}{\cos\alpha}$. Ce sera celui des axes. Il peut visiblement prendre toutes les valeurs possibles, ce qui nous montre qu'un parallélipipède peut donner la série complète des elliptiques et qu'il la donne au point de vue simple des rayons principaux.

Si, au lieu des solides de Fresnel à angles calculés, on prend soit un parallélipipède à angles quelconques, soit un simple prisme analogue à ceux de Dove, le résultat sera généralement un elliptique ; mais comme l'anomalie de ses deux constituants sera quelconque, les réflexions multiples ou la réflexion unique ne mettront plus en évidence ses rectilignes principaux. Mais il sera facile de les obtenir par les formules du § 355, puisqu'on connaît les valeurs $\cos\alpha$, $\sin\alpha$, $\psi' - \psi$ d'un système de constituants.

§ 398. — Travaux de M. Jamin sur la réflexion totale.

Les vérifications nombreuses récemment exécutées par M. Jamin ont le même caractère que celles de Fresnel : comme lui, il détermine l'anomalie $\psi' - \psi$. Seulement, grâce à la méthode qu'il suit et à l'appareil dont il dispose, il n'est pas obligé de pousser cette anomalie, par la *méthode des multiples,* jusqu'à une partie aliquote déterminée de la circonférence. Dans ces conditions favorables, il lui est inutile de recourir à ces réflexions successives qui allongent le trajet du rayon au sein de la substance. Décrivons d'abord cet

appareil, qui a pour organe principal le compensateur à
franges de M. Babinet, et qui s'adaptera avec un égal succès à l'étude des phénomènes qui nous occuperont dans les
chapitres suivants.

Appareil de M. Jamin (*fig.* 207).

Au centre d'un limbe horizontal se trouve une plate-
forme, munie d'une alidade, sur laquelle on installe centralement et normalement le miroir. Sur la circonférence se
trouvent deux tubes T, T' dirigés dans le sens des rayons du
cercle, l'un fixe armé d'un nicol qui communique au rayon
incident la polarisation rectiligne, l'autre confié à une
alidade et armé, 1° d'un compensateur c dont les sections
principales coïncident avec celles du réflecteur; 2° d'un
nicol oculaire. A chacun de ces tubes est annexé un limbe
vertical qui permet d'apprécier, l'un l'azimut du polarisé
primitif, l'autre l'azimut de restauration.

Plaçons le zéro de ces derniers limbes sur le diamètre vertical et admettons que ce zéro indique, sur le premier, la
verticalité de la section principale du nicol polarisateur, et
sur le dernier l'horizontalité de celle de l'analyseur, de
manière que quand les alidades des nicols marquent toutes
deux soit zéro, soit le même angle $\alpha = s$, on ait en visant
directement, l'extinction. Alors, quand la première alidade
marquera zéro, la vibration incidente sera verticale et le
rayon offert à la réflexion sera polarisé dans le premier azimut. Marque-t-elle 90 degrés, le rayon l'est dans le deuxième
azimut; s'arrête-t-on à l'angle α, la vibration incidente se
résout en deux, l'une $\cos\alpha$ constitutive du premier rayon
et l'autre $\sin\alpha$ constitutive du second.

§ 399. — Cas où les amplitudes sont seules altérées.

Si la réflexion altère simplement les amplitudes, les deux
vibrations gardent leurs nœuds et recomposent au delà du
miroir, un rectiligne. On le reconnaît à ce que, le compensateur restant au zéro, on obtient entre les fils, par la rotation du nicol oculaire, des variations d'intensité qui vont

jusqu'à l'extinction. Si h et k sont les facteurs d'altération des première et deuxième vibrations, l'angle s marqué par ce nicol, quand la frange placée entre les fils sera la plus noire possible, satisfera à l'équation

$$\operatorname{tang} s = \frac{k \sin \alpha}{h \cos \alpha} = \frac{k}{h} \operatorname{tang} \alpha,$$

et comme l'appareil donne α et s, on se trouvera avoir déterminé la seule inconnue du problème $\dfrac{h}{k} = \rho$.

§ 400. — Cas où l'altération n'atteint que les phases.

Quand la réflexion altérant simplement les phases introduit entre les deux vibrations une anomalie $\psi' - \psi$, on le reconnaîtra à ce que si l'on place d'avance l'alidade du nicol oculaire dans l'azimut α et si l'on ramène, en faisant jouer le bouton du compensateur, la frange noire entre les fils, le nicol oculaire donnera, lors de ce retour, une extinction complète. Supposons, par exemple, $\psi' - \psi$ positif et $< \pi$, auquel cas la frange centrale aura été jetée à gauche des fils : en tournant le bouton sinistrorsum, on diminuera le retard de la deuxième vibration OY et quand ce mouvement aura opéré la diminution $\psi' - \psi$, le rayon sera restauré et il le sera bien dans l'azimut primitif α. $\psi' - \psi$ est-il, au contraire, négatif et plus petit en valeur absolue que π, il faudra tourner le bouton dextrorsum. Ici c'est donc sur le compensateur que se mesure la seule inconnue du problème, et les deux cas du phénomène, à savoir la génération d'un dextrorsum et celle d'un sinistrorsum, se trouvent distingués par le sens de la rotation du bouton.

Quand $\psi' - \psi$ surpasse π, la frange centrale, nettement reconnaissable quand la lumière est blanche, se trouve jetée encore à gauche ou à droite, suivant que $\psi' - \psi$ est positif ou négatif, mais d'une quantité qui surpasse moitié de l'intervalle de deux franges. Pour ramener cette frange entre les fils, il faudra donc pousser le prisme d'une quantité plus grande que $7^{mm},4$ (§ 340) et, à part cela, on ob-

tiendra encore la restauration dans le quadrant **XOY** par
une rotation qui sera, sinistrorsum quand $\psi' - \psi$ sera positif, et dextrorsum quand il sera négatif.

§ 401. — Usage du compensateur quand on convient d'en limiter le jeu à $\pm \frac{\pi}{2}$.

Quand on sait d'avance entre quels multiples de π tombe
$\psi' - \psi$, et qu'usant de lumière blanche, la frange centrale se
laisse reconnaître, on peut, en effet, procéder comme il
vient d'être dit. Mais, quand on ne sait rien sur l'anomalie
inconnue et que l'on use d'une lumière simple qui fait disparaître la différence d'organisation des franges, on pourra se
poser, comme condition du mouvement du compensateur,
de ne pas dépasser une certaine limite, sauf à opérer, dans
certains cas, la restauration *complémentairement*, c'est-à-
dire en ajoutant à l'anomalie inconnue ce qui lui manque
pour atteindre cette limite. Les limites $\pm 2\pi$ et $\pm \pi$ sont
excessives, et ont ou l'inconvénient de ne pas offrir aux
deux classes d'elliptiques des caractères pratiques nettement
isolés, ou celui de ne pas donner toujours la préférence aux
restaurations les plus simples, à celles qui, par exemple,
répondraient aux moindres déplacements du compensateur.

Il n'en est pas de même des limites $\pm \frac{\pi}{2}$ auxquelles nous
convenons de nous arrêter. Voici, sous forme de tableau, les
diverses configurations qui peuvent se présenter :

RETARD φ OU AVANCE $-\varphi$ DE OY.	Sens du rayon elliptique.	Mouvement du compensateur.		Signe de l'azimut de restauration.	Désignation plus générale du retard.
		Le sens.	L'étendue.		
$\varphi < \dfrac{\pi}{2} = z.$	↘	↙	$- z$	$+ s$	$4n\dfrac{\pi}{2} + z$
$> \dfrac{\pi}{2} < \pi = \dfrac{\pi}{2} + z.$	↘	↘	$\dfrac{\pi}{2} - z$	$- s$	$(4n+1)\dfrac{\pi}{2} + z$
$> \pi < \dfrac{3}{2}\pi = \pi + z.$	↙	↙	$- z$	$- s$	$(4n+2)\dfrac{\pi}{2} + z$
$> \dfrac{3}{2}\pi < 2\pi = \dfrac{3}{2}\pi + z.$	↙	↘	$\dfrac{\pi}{2} - z$	$+ s$	$(4n+3)\dfrac{\pi}{2} + z$
φ entre $\quad$ o et $-\dfrac{\pi}{2}$	↙	↘	$+ z$	$+ s$	
$-\dfrac{\pi}{2} \quad - \pi$	↙	↙	$-\left(\dfrac{\pi}{2} - z\right)$	$- s$	
$- \pi \quad -\dfrac{3}{2}\pi$	↘	↘	$+ z$	$- s$	
$-\dfrac{3}{2}\pi \quad - 2\pi$	↘	↙	$-\left(\dfrac{\pi}{2} - z\right)$	$+ s$	

Le mouvement du compensateur ayant, ainsi que celui du polariscope, deux sens, cela fait quatre combinaisons, que nous utilisons avec ce choix de limites. Eh bien, ces quatre combinaisons sont en correspondance, soit avec les quatre cas du retard, soit avec les quatre cas de l'avance, et permettent ainsi de les distinguer nettement. Mais si l'on ne savait pas auquel des deux cas, avance ou retard, on a affaire, il est clair qu'il y aurait toujours deux interprétations également admissibles, un certain retard ou une certaine avance équivalente. Mais alors il nous semble qu'en doublant le retard ou l'avance, on pourra comme au § 390 discerner celui des deux qui s'est réalisé. Quoi qu'il en soit, la méthode consistera à chercher la restauration par un mouvement $\begin{cases} \text{soit dextrorsum} \\ \text{soit sinistrorsum} \end{cases}$ du compensateur, et à s'attacher au moindre des deux mouvements. Il sera toujours moindre que $\frac{\pi}{2}$. Son signe et celui de l'azimut de restauration s rapprochés du précédent tableau résoudront la question.

§ 402. — Cas général.

Quand il y a à la fois altération des amplitudes et introduction d'une anomalie, faute de connaître ρ, on ne peut plus disposer d'avance le nicol oculaire dans l'azimut de restauration et opérer à son aise le rachat $\psi' - \psi$: tout comme, faute de connaître $\psi' - \psi$, on ne peut plus restaurer d'abord le rayon et chercher ensuite en toute sécurité l'azimut du nicol oculaire. On semble donc condamné à de doubles tâtonnements longs et pénibles. Mais il n'en est rien et voici comment :

Si nous refaisons avec les données actuelles le calcul de l'intensité de l'image extraordinaire donné (§ 273), nous voyons que la vibration incidente ι se décompose d'abord (*fig.* 208) en $\cos \alpha$ et $\sin \alpha$; que ces vibrations, devenues après la réflexion $h \cos \alpha$ et $k \sin \alpha$, donnent ensuite dans la section principale ON (*) du nicol oculaire, $h \cos \alpha \sin s$ et $- k \sin \alpha \cos s$. Qu'ainsi l'intensité B² sera

$$h^2 \cos^2 \alpha \sin^2 s + k^2 \sin^2 \alpha \cos^2 s + \frac{1}{2} hk \sin 2\alpha \sin 2s \cos (\psi' - \psi + \pi),$$

ou bien en soumettant cette expression à l'élaboration connue, et ajoutant à l'anomalie $\psi' - \psi$ une anomalie Σ issue du compensateur,

$$B^2 = (h \cos \alpha \sin s - k \sin \alpha \cos s)^2$$
$$+ hk \sin 2\alpha \sin 2s \sin^2 \frac{1}{2} (\psi' - \psi + \Sigma).$$

Comme α et s ne peuvent dépasser 90 degrés, on voit que

(*) On doit cette orientation à la manière dont sont placés les zéros. En effet nous sommes convenus que quand α et s avaient la même valeur, on était à l'extinction.

là où Σ est égale et de signe contraire à $\psi'-\psi$, l'intensité, réduite au premier terme de B^2, perd une partie constamment positive, et est plus petite qu'en deçà ou qu'au delà. Ainsi, le lieu de la frange centrale est déterminé quelle que soit la valeur de s, supposée comprise entre 0 et 90, par le rachat de $\psi'-\psi$. Si donc, ayant donné à l'alidade, non plus la position inconnue de l'azimut de restauration, mais une orientation quelconque, on fait jouer le compensateur jusqu'à ce que la frange vienne se placer entre les fils, on aura mesuré $\psi'-\psi$ dans une complète indépendance de ρ. Il suffira alors pour mesurer ce dernier paramètre, de tourner le nicol oculaire jusqu'à ce que l'obscurité de cette frange centrale qui ne se déplacera plus, soit totale. On annule par ce mouvement le premier terme de B seul survivant, et l'on aura

$$h \cos \alpha \sin s = k \sin \alpha \cos s,$$

ou bien

$$\frac{h}{k} = \mathrm{tang}\, \alpha \cot s.$$

Ainsi la méthode du compensateur présente cet avantage capital de mesurer séparément chacune des inconnues $\psi'-\psi$ et ρ, le cas général se dédoublant de fait dans les deux cas particuliers que nous avons d'abord considérés.

L'incidence i s'obtient, en ôtant le miroir, et notant sur le limbe horizontal la position de l'alidade du nicol oculaire qui le met dans le prolongement du nicol fixe. L'angle qui sépare cette position fondamentale de la position actuelle vaut visiblement $180 - 2i$. Il conviendra, pour éliminer l'erreur du zéro, après avoir fait les mesures à gauche du miroir, de les faire à droite. Chaque pièce a donc dans cet appareil un rôle spécial : le limbe horizontal donne l'incidence, le compensateur donne l'anomalie, et les limbes verticaux le rapport ρ

§ 403. — Expériences de M. Jamin.

Installons sur la plate-forme du précédent appareil, un

prisme rectangulaire isocèle ABC (*fig.* 209), de telle sorte
que le point **D** de l'hypoténuse où doit s'opérer la réflexion totale, soit au centre du limbe. Pour chaque position de l'alidade du miroir on aura une incidence particulière i d'entrée et de sortie, et une incidence **I** de réflexion
intérieure. En mesurant la déviation Δ et profitant de la
relation

$$\Delta = 90 - 2i \ (\S\ 385),$$

on aura i; de i on déduira r, et de r, **I** par la relation

$$I = 45 + r.$$

Convenons de mettre la section principale du nicol polarisateur à 45 du plan de réflexion, de manière à avoir au
début deux rayons principaux égaux. Cette égalité ne se
maintiendra pas, car les incidences en a et b n'étant plus
normales comme dans les solides de Fresnel, les deux
rayons principaux y éprouveront des déchets différents.
Soit $\dfrac{H}{H'}$ le rapport d'altération des amplitudes à l'entrée;
φ l'anomalie ordinairement très-faible introduite pendant
le premier trajet aD par la biréfringence due à l'hétérogénéité du verre; Φ celle introduite par la réflexion totale,
φ' la nouvelle anomalie acquise pendant le trajet Db. **A** la
sortie, les deux rayons subiront de nouveau le fractionnement $\dfrac{H}{H'}$ de leurs amplitudes, ou encore si le prisme n'était

pas isocèle un autre fractionnement $\dfrac{H_{_1}}{H'_{_1}}$. Prévoyons même le
cas où les anomalies introduites par les deux réfractions ne
seraient pas négligeables et vaudraient $\varphi_{_1}$, $\varphi'_{_1}$. Supposons
enfin qu'on ignore que la réflexion soit totale en **D**, et
appelons $\dfrac{R}{R'}$ le rapport des altérations qu'elle imprime aux

amplitudes. Les deux rayons issus du rayon primitif

$$X = \cos 2\pi \frac{t}{T} = \cos \xi$$

étaient, en deçà du prisme,

$$x = \frac{1}{\sqrt{2}} \cos \xi, \qquad y = \frac{1}{\sqrt{2}} \cos \xi \qquad \left(\text{car } \cos \alpha = \sin \alpha = \frac{1}{\sqrt{2}} \right),$$

ils seront au delà,

$$x = \frac{1}{\sqrt{2}} \, \mathrm{HRH}_{\scriptscriptstyle 1} \cos \xi,$$

$$y = \frac{1}{\sqrt{2}} \, \mathrm{H'R'H'}_{\scriptscriptstyle 1} \cos \left(\xi - \varphi_{\scriptscriptstyle 1} - \varphi - \Phi - \varphi' - \varphi'_{\scriptscriptstyle 1} \right),$$

et arriveront alors au compensateur dont les plans principaux sont en coïncidence exacte avec ceux de l'hypoténuse miroir.

Admettons, pour être plus précis, que toutes les anomalies que nous avons attribuées au deuxième rayon constituent pour lui une avance; la frange centrale sera jetée à droite, et il faudra pousser le prisme mobile du compensateur vers la gauche, pour la ramener, par une rotation dextrorsum du bouton, entre les fils. A l'instant où elle y reparaîtra, le compensateur aura introduit une anomalie Σ égale à la somme analytique

$$\varphi_{\scriptscriptstyle 1} + \varphi + \Phi + \varphi' + \varphi'_{\scriptscriptstyle 1},$$

qui sera dès lors connue. Tournons maintenant le polariscope jusqu'à ce que la frange noire ait le maximum d'obscurité, et soit s l'angle marqué par son alidade, on aura

$$\tan s = \frac{\mathrm{H'R'H'}_{\scriptscriptstyle 1}}{\mathrm{HRH}_{\scriptscriptstyle 1}}.$$

Or le prisme de M. Jamin était la moitié d'un prisme deux fois plus long, dont la seconde moitié va lui permettre d'éliminer d'une manière aussi précise qu'ingénieuse les inconnues H, $H_{\scriptscriptstyle 1}$, H', $H'_{\scriptscriptstyle 1}$, φ, $\varphi_{\scriptscriptstyle 1}$, φ', $\varphi'_{\scriptscriptstyle 1}$; juxtaposons-la en effet au prisme ABC, en interposant entre eux une couche mince d'un mastic obtenu par un mélange de térébenthine et d'huile de cassia, et amené à avoir le même indice que le verre des prismes. On obtient ainsi un parallélipipède à

base carrée ACBC′ qui reçoit la lumière par sa face antérieure et la transmet de a en b' sans lui faire éprouver de
réflexion sensible; or ce rayon qui subit de a en D identiquement les diverses actions antérieures à la réflexion
totale, traversant l'espace Db' égal à Db, retrouve dans le
second prisme des actions pareilles à celles qui, dans le
prisme unique, succédaient à la réflexion totale, et sort du
verre après en avoir traversé la même épaisseur, sous les
mêmes incidences, et après y avoir subi les mêmes réfractions, les mêmes biréfringences, et les mêmes changements
d'amplitude, hormis toutefois ceux dus à la réflexion totale. Les deux composantes du rayon émergent seront donc

$$x = \frac{1}{\sqrt{2}} HH_1 \cos \xi, \qquad y = \frac{1}{\sqrt{2}} H'H'_1 \cos(\xi - \varphi_1 - \varphi - \varphi' - \varphi'_1).$$

Le glissement Σ_1 du compensateur donnera encore l'anomalie de ces rayons, et l'azimut s_1 du rayon restauré sera
encore lié aux inconnues H, H$_1$, H′, H′$_1$ par la relation

$$\operatorname{tang} s_1 = \frac{H'H'_1}{HH_1}.$$

Suivant que dans cette seconde expérience le compensateur se sera mû du même côté que dans la première ou en
sens contraire, on fera la différence ou la somme des deux
anomalies Σ, Σ_1 et l'on aura Φ. En faisant le quotient des
deux tangentes, il vient

$$\frac{\operatorname{tang} s_1}{\operatorname{tang} s} = \frac{R}{R'}.$$

M. Jamin trouva toujours le rapport $\frac{R}{R'}$ égal à l'unité, ce
qui s'accorde parfaitement et avec l'idée d'une réflexion
totale et avec les expériences de mesure par lesquelles
Arago a établi que toute la lumière incidente se retrouvait
bien dans le faisceau réfléchi.

M. Jamin a fait ainsi 65 mesures qu'il a résumées dans
un tableau à cinq colonnes comprenant : 1° l'incidence intérieure; 2° et 3° les deux lectures du compensateur; 4° le

retard observé, exprimé en parties de $\frac{\lambda}{2}$; 5° le retard donné par la formule de Fresnel, laquelle, avec le verre employé ($n = 1,545$), donne les mêmes résultats que celle de Cauchy. Nous n'en transcrivons ici qu'une faible partie.

INCIDENCES.	Interférence $m \frac{\lambda}{2}$.	
	Observée.	Calculée.
40° 18′ 40″	$m =$ 0,004	0,000
45. 5.10	0,177	0,176
50.49	0,270	0,268
54.39	0,263	0,259
59.39.30	0,230	0,231
65.39.30	0,199	0,196
70. 8.50	0,163	0,163
80.14.20	0,083	0,082
83.43.50	0,052	0,052

CHAPITRE XIV.

POLARISATION ELLIPTIQUE ET CIRCULAIRE PAR RÉFLEXION MÉTALLIQUE ET VITREUSE.

Toute réflexion subie par un polarisé primitif dont le plan de polarisation n'est ni o degré ni 90 degrés, donne un réfléchi elliptique. — L'ellipticité est constituée par certaines valeurs de h, k, φ, variables avec l'incidence. — Pour les métaux comme pour les corps vitreux les valeurs de $\frac{k}{h}$ ont le même point de départ et le même point d'arrivée, et celles de φ la même étendue de variations. — Mais le mode de développement de ces deux grandeurs diffère essentiellement chez ces deux sortes de corps. — Comment et le développement de $\frac{k}{h}$ et celui de φ concourent chez les corps vitreux, à rendre l'ellipticité difficile à saisir.—Précautions pour y réussir. — Cas du circulaire. — *Incidence principale.* — Restauration par les réflexions multiples. — Diaphanes *positifs*, *négatifs* et *neutres*. — Un réflecteur est caractérisé par deux paramètres qui peuvent recevoir des formes équivalentes distinctes. — Pris sous celles que l'expérience atteint le plus aisément, ils s'appellent *incidence de dépolarisation* et *azimut de polarisation rétablie.* — Tableaux des constantes des métaux, — de leur variation avec la couleur, — de l'intensité réfléchie et de la teinte résultante après une ou dix réflexions. — Constantes des corps vitreux et des liquides. — Loi de Cauchy qui lie les paramètres et l'intensité réfléchie. — Inégale réflexibilité des rayons calorifiques principaux et des diverses sortes de rayons calorifiques. — Énorme réflexibilité des rayons antérieurs au rouge, établie directement et confirmée par l'étude des pouvoirs absorbants.

---

§ 404. — Cas où un miroir métallique laisse rectiligne le rayon réfléchi.

Longtemps indéchiffrable, la polarisation métallique a donné lieu à une grande variété de travaux et à une extrême diversité de méthodes. Grâce à ces efforts tentés par des physiciens et des géomètres éminents, parmi lesquels nous citerons Fresnel et Brewster, et plus près de nous, MM. de Senarmont. Jamin et Cauchy, l'étude que nous abordons n'a maintenant ni moins de netteté ni moins de simplicité que celles qui précèdent. Pour ne pas nous égarer dans l'exposition de ces travaux et dans la comparaison des méthodes, nous croyons utile de commencer par une esquisse raisonnée des principaux résultats auxquels on est arrivé.

C'est sur l'appareil de M. Jamin (§ 398) que nous suivrons l'énoncé des théorèmes qui résument l'action des métaux et autres corps sur la lumière. Quand il s'agira de réflexions multiples, nous mettrons (*fig.* 210), vis-à-vis le miroir métallique central, un second miroir qui puisse se mouvoir sans cesser d'être parallèle au premier, et qui soit assez reculé vers le polariscope pour que les rayons incidents ne cessent pas d'arriver centralement. Pour recevoir le rayon réfléchi devenu excentrique, le tube oculaire possédera, outre son mouvement de translation circulaire le long du limbe, un mouvement spécial de rotation. Le nombre des réflexions subies dépendra de la distance des deux miroirs et se comptera sans peine, si l'on opère dans la chambre obscure avec la lumière solaire. Nous continuerons de supposer, conformément à la *fig.* 207, que la vibration incidente est dirigée dans l'angle YOX inférieur de gauche et qu'elle fait avec la verticale, direction de la *première* vibration, l'angle α.

Si l'on fait réfléchir un nombre quelconque de fois sur un métal un rayon polarisé dans les azimuts o et 90, il reste, après réflexion, et quelle qu'ait été l'incidence, polarisé dans le même plan. En effet, le miroir étant homogène, les actions de droite et de gauche sont semblables, et ne peuvent, ni détruire, dans le premier cas, l'orthogonalité de la vibration sur le plan d'incidence, ni, dans le second, faire sortir la vibration de ce plan.

§ 405. — Cas où il le transforme en rayon elliptique.

Si l'azimut diffère de o et 90, le rayon rejaillit polarisé elliptiquement. Le miroir, en effet, ne saurait traiter de la même manière les deux composantes principales $\cos\alpha$, $\sin\alpha$ du rayon. Il leur communique donc, par suite d'une inégale pénétration dans la couche active, des retards inégaux r, r', et, par suite, une anomalie

$$\frac{2\pi}{\lambda}(r' - r) = \varphi.$$

D'ailleurs, et pour les mêmes motifs, il diminue leurs amplitudes dans des rapports différents h et k, de sorte que le rayon réfléchi, formé par la superposition de ces deux constituants inégalement diminués et inégalement retardés, est un elliptique, dont les paramètres, pris tels que les donne cette analyse, sont $h\cos\alpha$, $k\sin\alpha$ et φ.

Quoiqu'on n'ait pu jusqu'à présent user largement des méthodes proposées (§ 443) pour la détermination individuelle des retards r, r', cependant on s'est assuré que chez les métaux on avait toujours $r' > r$, et qu'ainsi le rayon elliptique est toujours, dans la configuration adoptée, et à cause du π de retournement (§ 388), sinistrorsum.

§ 406. — Incidence principale.

Nulle au début, l'anomalie φ grandit continûment jusqu'à l'incidence rasante où elle est π, après avoir valu sous une incidence intermédiaire i_1, dite principale, $\frac{\pi}{2}$.

§ 407. — Angle de polarisation maxima.

Des coefficients h et k, h est toujours le plus grand, il est de plus soumis à des variations moins étendues que k. Les variations de k rappellent par leur allure celle étudiée (§ 233), avec cette différence capitale qu'au lieu d'aller jusqu'à zéro, elles s'arrêtent à un certain minimum, sous un certain angle qui est l'analogue de l'angle brewstérien et s'appelle angle de polarisation maxima (fig. 212).

Ce dernier angle se confond avec l'incidence principale, au moins dans la pratique, car la théorie aurait montré à Cauchy qu'ils diffèrent, mais d'une fraction de degré trop faible, même chez les corps les plus favorables, pour être accessible à l'expérience.

§ 408. — Une seule réflexion peut circulariser, et un nombre pair de réflexions peut restaurer le rayon réfléchi.

Une seule réflexion sur métal peut donc (ce qui n'arrivait pas avec une réflexion totale) fournir un circulaire, mais il faut avoir soin, par un choix convenable de l'azimut α, d'égaliser les deux vibrations réfléchies. On y arrive visiblement quand α satisfait à l'équation

$$\operatorname{tang}\alpha = \frac{h}{k},$$

car alors

$$\cos\alpha = \frac{k}{\sqrt{h^2+k^2}}, \quad \sin\alpha = \frac{h}{\sqrt{h^2+k^2}},$$

et les deux vibrations réfléchies valent toutes deux $\dfrac{hk}{\sqrt{h^2+k^2}}$.

Deux réflexions, ou un nombre pair quelconque $2n$ de réflexions, opérées sous cet angle privilégié, donnent donc entre les deux composantes une anomalie constamment égale à un multiple de π, et partant restaurent le rayon dans un azimut s alternativement positif et négatif, qui dépend de l'équation

$$\operatorname{tang}s = \left[-\left(\frac{k}{h}\right)^2\right]^n \operatorname{tang}\alpha.$$

§ 409. — Pour m réflexions on a $m+1$ incidences restauratrices.

m réflexions entre les miroirs parallèles donnent entre les incidences 0 et 90 un retard total qui varie de 0 à $m\dfrac{\lambda}{2}$, et qui, par conséquent, prend, sous $m-1$ incidences intermédiaires, exclusivement restauratrices, les valeurs des $m-1$ premiers multiples de π. En d'autres termes, pour m réflexions, en y comprenant les incidences extrêmes 0 et 90, il y a $m+1$ incidences restauratrices.

Si une réflexion engendre un elliptique sinistrorsum, deux réflexions et plus généralement un nombre pair de réflexions opérées sous une incidence presque normale engendrent un dextrorsum. S'éloigne-t-on davantage de l'in-

cidence normale en conservant ce nombre pair de réflexions,
le rayon ne reste dextrorsum que jusqu'à la première des
$m - 1$ incidences restauratrices intercalées ; au delà il
devient sinistrorsum, pour redevenir dextrorsum après la
deuxième ; et ainsi de suite. Avec m impair, le premier de
ces elliptiques alternativement contraires est sinistrorsum.

Tandis que chez les précédents polarisateurs elliptiques h
et k restaient constants pour les diverses couleurs, ici la
dispersion elliptique ne provient pas moins de la variation
de ces paramètres que de celle de φ. Aussi la réflexion métallique amène-t-elle, surtout quand elle se répète (§ 418),
un développement de couleurs.

§ 440.   Réflexion vitreuse. - Elle donne aussi l'ellipticité.

Une égale pénétration des deux composantes principales
au sein des tranches de Fresnel est aussi improbable chez
les diaphanes que chez les métaux. Si elle a pu être admise
par Fresnel, comme un résultat de l'expérience, cela tient à
ce qu'ici le développement du retard $\frac{\lambda}{2}$, au lieu de commencer à partir de l'incidence nulle pour ne finir qu'à
$i = 90^\circ$, et de marcher entre ces deux incidences extrêmes
sans trop d'irrégularité, commence brusquement, quelques degrés seulement avant l'incidence principale, pour
finir plus brusquement encore un peu après qu'on l'a
dépassée. Cela tient surtout à ce que, dans ces parages
restreints où le rayon réfléchi devient elliptique, la
deuxième composante est d'une extrême faiblesse. Si donc
le procédé d'observation n'est pas très-sensible et si l'on
ne combat pas la différence d'intensité des deux rayons,
en prenant α très-grand, cette seconde composante, et avec
elle l'ellipticité, passera inaperçue. Au lieu d'un elliptique,
on croira avoir un rectiligne et une polarisation totale. Cependant, en réalité, après avoir eu, pendant une longue
série d'incidences, une vibration réfléchie dirigée dans le
quadrant Y'OX' (*fig* 203), tout d'un coup l'ellipticité de-

vient appréciable; sous l'angle brewstérien, le retard atteint $\frac{\lambda}{4}$ et presque aussitôt, la période d'ellipticité étant close, il s'élève à $\frac{\lambda}{2}$ pour rester tel jusqu'à l'incidence rasante : la vibration réfléchie, d'abord orientée dans les quadrants opposés $\overline{X}OY$, $XO\overline{Y}$, finit par l'être dans les deux autres, comme si ce changement d'orientation s'était accompli brusquement sous l'incidence brewstérienne. La *fig.* 211 représente graphiquement ce mode de développement de l'anomalie pour un flint ($n = 1,714$). La nouvelle courbe contraste singulièrement par son rapide développement avec celles de l'acier et du plaqué d'argent. Toutes trois ont été construites à l'aide de valeurs obtenues par M. Jamin : on a de même juxtaposé, dans la *fig.* 212, aux trois courbes qui construisent pour l'acier les valeurs de h, k et $\frac{k}{h}$, trois nouvelles courbes qui montrent l'accroissement de ces trois grandeurs pour ce flint. Ces dernières, reconnaissables à ce qu'elles sont en *traits interrompus*, ont été construites à l'aide des formules de Fresnel. S'il est vrai que ces formules, qui n'ont point prévu l'ellipticité, soient insuffisantes, on saura que les termes par lesquels Cauchy les a complétées n'ont de valeur appréciable qu'aux alentours de l'angle brewstérien, et qu'ainsi, pour le but de contraste que nous nous proposons, on peut s'en tenir à celles de Fresnel.

D'ailleurs pour mettre en évidence la vraie manière dont $\frac{k}{h}$ varie autour de l'incidence $i_\prime$, dans la *fig.* 213 construite en décuplant et l'échelle des abscisses et celles des ordonnées, nous avons reproduit, toujours d'après des expériences dues à M. Jamin, et pour ce flint, la portion de la courbe des valeurs de $\frac{k}{h}$ qui reçoit ainsi un développement tout spécial.

§ 411. — **Précautions à prendre pour le constater.**

Pour reconnaître cette absence si capitale d'un angle de

polarisation totale, et l'existence non moins importante de l'ellipticité, il faut avec M. Jamin répudier la faible lumière des nuées qui donne sur les azimuts extincteurs du polariscope, des incertitudes de plusieurs degrés, et recourir au trait solaire dont l'éclat devient blessant pour l'œil, pour peu qu'on quitte l'azimut d'extinction, ce qui réduit les erreurs à quelques minutes. On voit alors qu'il n'y a jamais refus complet de réflexion pour la lumière polarisée dans le second azimut, et que, si l'on obtient sous l'angle brewstérien un minimum, ce minimum n'est pas nul. En prenant, par exemple, α égal à 87 degrés, ce qui donne (car tang 87° = 19) une première composante initiale 19 fois plus faible que la seconde, l'elliptique s'arrondit et devient incontestable. En se plaçant même strictement sous l'incidence brewstérienne, et prenant (il s'agit du précédent flint) $\alpha = 88° 58'$, c'est-à-dire tel, que tang α vaille le rapport trouvé pour $\dfrac{h_i}{k_i}$ sous cette incidence, on peut même obtenir, tout comme sur un métal, un rayon que le polariscope tournant traitera comme un naturel, c'est-à-dire ici un circulaire.

§ 412. — Autre preuve par la lame sensible.

M. Jamin confirme d'ailleurs l'existence d'une anomalie développée aux alentours de l'angle de Brewster par une expérience catégorique. Si la vibration rejaillit polarisée, une lame sensible (ou mieux encore la bilame de M. Bravais) ne saurait revêtir que l'une ou l'autre de ses deux teintes. Or, si on en place la section principale en coïncidence avec le plan d'incidence, après avoir amené par un choix convenable de α l'égalité des composantes réfléchies, on obtiendra, dans le voisinage de l'incidence principale et là seulement, des teintes nouvelles, et notamment sous l'incidence principale les deux teintes rose et bleu-verdâtre déjà signalées, tout comme si le miroir était métallique. Preuve incontestable qu'un retard spécial, né de la réflexion (les dispositions précédentes le rendent maximum) vient alors s'ajouter à celui causé par la lame.

A ceux qui voudraient attribuer à la dissémination des surfaces, à l'imperfection des nicols, à quelque perturbation dans le plan de polarisation, la faible lumière que garde sous l'angle de Brewster le rayon polarisé dans le deuxième azimut, M. Jamin répond victorieusement que la lumière polarisée dans les azimuts o et 90 s'éteint strictement après réflexion, quand le nicol oculaire est mis lui-même à o et 90, ce qui prouve et la conservation du plan de polarisation et l'insignifiance de la dissémination.

§ 413 — Diaphanes positifs, négatifs et neutres.

Si à ce point de vue les diaphanes ne donnent, par suite d'une extrême condensation, que rudimentairement les phénomènes des métaux, il en est un autre découvert également par M. Jamin, où ils les priment par une plus grande généralité du phénomène. Chez eux, en effet, le retard r n'est pas toujours moindre que r', et la seconde vibration se trouvant en avance comme en réflexion totale, on obtient des dextrorsum au lieu de sinistrorsum. Quand nous aborderons la mesure délicate de ces retards avec l'appareil par excellence, le compensateur, nous verrons, en effet, que sur certaines substances à indices généralement faibles le mouvement qui rachète le retard devient contraire. Il y a donc deux classes de diaphanes : la première comprend, sous le nom de *positifs*, ceux qui, à l'instar des métaux, avancent la première vibration, et la seconde les substances *négatives* qui, au contraire, la retardent. Entre ces deux groupes assez imparfaitement délimités par l'indice 1,45 se trouvent sous le nom de substances *neutres* quelques corps chez lesquels la période empreinte d'ellipticité est tellement réduite, qu'il n'est plus possible d'en constater l'existence.

Comme l'intensité très-faible que garde sous l'incidence de Brewster le rayon polarisé dans le second azimut, décroît au fur et à mesure que les limites de l'ellipticité se rapprochent, et devient nulle quand elles se confondent, il en résulte que, chez les corps neutres, les phénomènes ont, sans réserve, les caractères étendus par Fresnel à tous les diaphanes médiocrement réfringents, et acceptent dès lors comme rigoureuses ses formules.

Cette double manière d'être des substances positives et négatives, aussi bien que l'observation des mêmes phénomènes sur les surfaces naturelles des cristaux, créent de nouveaux obstacles à l'idée d'attribuer l'anomalie de réflexion aux circonstances qui accompagnent le polissage. Mais ce qui s'y oppose par-dessus tout, ce sont les précieuses expériences par lesquelles M. Jamin a retrouvé chez les liquides les mêmes effets et la même dualité. L'obligation d'employer la lumière solaire et de laisser horizontale la surface des liquides complique les appareils et les expériences. Ainsi il faut disposer verticalement le grand limbe, adapter en avant du tube polarisateur un miroir qui rabatte dans l'axe du nicol le trait solaire. Enfin, quand on veut étudier la réflexion sur des corps immergés, il faut, pour éliminer les complications dues aux incidences obliques, recouvrir, avec M. de Senarmont, les tubes qui portent les deux nicols, de prolongements cylindriques fermés par des verres plans et assez longs pour plonger dans le liquide.

§ 414. — Formes diverses que l'on peut donner aux constantes de la polarisation métallique.

Avant de revenir sur la variation qu'offrent, chez les divers rayons simples, les caractéristiques de l'ellipticité due à leur réflexion sur un métal, il convient de se familiariser avec les aspects divers que peuvent prendre ces paramètres. Pour y arriver, rentrons dans des considérations théoriques présentées à diverses reprises et tout récemment encore (§ 410).

L'anomalie provient, avons-nous dit, de ce que le rayon s'engage, en quelque sorte, pendant la réflexion, dans une série de tranches dont l'épaisseur ou l'effet diffère pour les deux vibrations principales. Cette diversité d'épaisseur doit avoir une influence analogue sur la quantité du mouvement réfléchi et le rapport $\frac{h}{k}$ doit être dans une dépendance connexe et de l'incidence et de cette épaisseur.

On conçoit que le calcul de la somme des réflexions successives opérées dans la tranche active, tout compliqué que puisse le faire l'obligation d'y tenir compte (§ 63) du principe des interférences, ressemble cependant jusqu'à un certain point au calcul de l'extinction graduelle d'un filet de lumière au sein d'un milieu doué d'une imparfaite diaphanéité, et l'on ne sera pas surpris qu'un grand géomètre ait pu, il y a déjà longtemps, donner les expressions mathématiques des portions réfléchies du mouvement incident. Mais si le paramètre nommé *indice* était suffisant quand on attribuait la réflexion à la surface seule, ou qu'on accordait une transparence parfaite à la couche active, il ne peut plus en être ainsi dès que ces couches exercent une extinction. Eh bien, l'analyse apprend qu'alors le milieu se résume dans deux paramètres, l'indice d'abord et de plus un coefficient qui, sous le nom expressif de *coefficient d'extinction*, caractérise la somme des actions successives de ces couches actives.

C'est parce que l'extinction modifie l'épaisseur des tranches de Fresnel, qu'elle engendre une anomalie. Extinction et anomalie ne sont que deux formes distinctes du second paramètre : et puisque, d'après M. Jamin, l'anomalie se retrouve là où l'on ne s'attendait pas à trouver d'extinction, c'est-à-dire chez tous les diaphanes, on doit accorder que l'anomalie forme un point de vue plus général et partant préférable. Mais l'anomalie engendre ellipticité, de là la possibilité de varier encore la forme du second paramètre et d'aboutir à un *coefficient d'ellipticité*.

Ces anomalies φ et ces rapports d'amplitude $\frac{h}{k}$, variables avec l'incidence, sont tous solidaires : on conçoit donc qu'on puisse prendre pour les deux paramètres indispensables une valeur analogue de l'anomalie, c'est-à-dire l'incidence qui en sera capable et le rapport des amplitudes correspondantes. Comme les limites entre lesquelles se développent ces deux grandeurs sont les mêmes, on prendra, par exemple, l'incidence capable d'une même partie aliquote de l'anomalie maxima π et le rapport ρ correspondant. On a naturellement choisi l'incidence principale $i_{,}$ et le rapport

$\dfrac{k_1}{h_1} = \dfrac{1}{\rho_1}$ dans lequel sont fractionnées sous cette incidence, les deux vibrations principales. Ces caractéristiques ont sur le coefficient d'extinction l'avantage marqué d'être accessibles à l'expérience. On aurait tort de regretter l'indice, puisqu'il cesse d'être déterminable chez les corps opaques, et que d'ailleurs l'incidence principale différant à peine de l'angle brewstérien, on peut la considérer comme équivalente à l'indice. On donne souvent ce dernier paramètre $\dfrac{k_1}{h_1}$ sous forme d'un angle Λ; à savoir, celui qui a pour tangente $\dfrac{k_1^2}{h_1^2}$ et qui est ainsi l'azimut de restauration d'un rayon primitivement polarisé dans l'azimut 45 degrés, et réfléchi deux fois sous l'incidence principale. On lui donne alors le nom d'*azimut de la polarisation rétablie*. L'incidence qui forme le premier paramètre ayant le double privilège de ramener, après deux réflexions, la polarisation rectiligne, et de donner le plus grand contraste entre la première et la deuxième vibration, s'appelle souvent soit *incidence de dépolarisation*, soit *angle de polarisation maxima*.

L'analyse de Cauchy lie, par des formules, les paramètres que nous préférons à ceux équivalents que nous délaissons. La physique doit offrir aux théories mathématiques les expériences nécessaires à la vérification des formules : mais elle a le droit de choisir son terrain et de donner la préférence aux paramètres qu'elle peut atteindre, et atteindre avec le moins d'erreur. Chez les métaux, $\dfrac{k_1}{h_1}$ n'est jamais très-petit et sa détermination comporte une grande exactitude. Chez les corps diaphanes, l'ellipticité est si peu prononcée et elle passe par la circularité sous une incidence si ingrate, que là sa détermination laisse plus à désirer.

§ 415. — Tableaux des constantes i_1 et Λ, — de l'intensité et de la teinte résultante.

Nous allons grouper dans divers tableaux les constantes de la polarisation elliptique, prises sous cette forme plus accessible. Les déterminations auront lieu chez les métaux pour divers rayons simples.

1er TABLEAU. — *Constantes des métaux.*

	Incidence principale i_1.	Azimut A de polarisation rétablie.	Valeur correspondante de $\frac{k_1}{h_1}$ tirée de $\operatorname{tg} A = \left(\frac{k_1}{h_1}\right)^2$
Argent (rouge moyen du spectre).	75°	40° 59'	0,932
Plaqué d'argent (lumière blanche)	71.24'	27.50	0,727
Zinc	77.	»	»
Zinc soumis à un autre polissage.	79.8	»	»
Zinc (rouge moyen)	75.11	17.9	0,556
Cuivre	70.	34.	»
Cuivre (rouge moyen)	71.21	28.22	0,735
Alliage monétaire	73.33 (*)	»	»
Laiton (rouge moyen)	71.31	29.40	0,755
Bronze (rouge moyen)	74.15	28.46	0,741
Métal des miroirs (verre rouge).	75.30	24.6 (**)	0,669
Métal des miroirs (verre rouge).	»	»	0,662 (***)
Métal des miroirs (verre rouge).	76.14	28.37	0,739
Acier (verre rouge)	76.	19.29 (**)	0,595
Acier (rouge moyen)	77.4	16.29	0,544
Acier	75.27 (*)	»	»

(*) Ces deux valeurs sont dues à M. de Senarmont qui les a obtenues par la méthode des §§ 594 et 600; les autres sont de M. Jamin (§ 447).

(**) Obtenues par la méthode du § 443. Les autres valeurs sont dues à la méthode du § 447.

(***) Obtenue par la méthode du § 450.

IIe TABLEAU. — *Constantes des métaux pour divers rayons simples.*

	Argent.		Cuivre.		Zinc.		Métal des Miroirs.		Acier.	
	Incidence i_1.	tang $A = \frac{k_1^2}{h_1^2}$.	i_1.	A.	i_1.	A.	i_1.	A.	i_1.	A.
Rouge extrême.	75° 45'	A — 41° 37'	»	»	75° 45'	15° 50'	76° 45'	29° 15'	77° 52'	16° 20'
Rouge moyen..	75	40.59	71° 21'	28° 22'	75.11	17.9	76.14	28.37	77. 4	16.29
Raie D........	72.30	40.9	69.3	21.57	74.27	18.45	74.7	27.21	76.40	16.48
Jaune.........	»	»	»	»	»	»	»	»	»	»
Raie F........	69.34	39.46	»	»	72.32	22.44	73.4	26.15	75. 8	18.29
Bleu..........	»	»	67.44	16.57	»	»	»	»	»	»
Raie H........	66.12	39.50	»	»	71.18	25.18	71.56	28	74.32	20.7
Violet extrême.	65	39.47	66.56	15.57	70.4	26.46	70.42	28.30	73.19	21.12

IIIe TABLEAU. — *Intensités réfléchies sous l'incidence normale.*

	Argent.		Cuivre.		Zinc.		Métal des miroirs.		Acier.	
	Une réflexion.	Dix réflexions	Une.	Dix.	Une.	Dix.	Une.	Dix.	Une.	Dix.
Rouge..	0,929	0,478	0,682	0,022	0,576	0,004	0,692	0,035	0,609	0,007
Orangé.	0,909	0,388	0,623	0,009	0,594	0,005	0,654	0,014	0,600	0,006
Jaune..	0,905	0,339	0,540	0,002	0,602	0,006	0,632	0,010	0,599	0,006
Vert. ..	0,902	0,357	0,470	0,000	0,616	0,008	0,625	0,009	0,593	0,005
Bleu...	0,878	0,273	0,434	0,000	0,628	0,009	0,606	0,006	0,603	0,007
Indigo .	0,875	0,264	0,423	0,000	0,635	0,010	0,599	0,005	0,604	0,006
Violet..	0,867	0,242	0,405	0,000	0,636	0,011	0,599	0,006	0,599	0,006

IVe TABLEAU. — *Teintes réfléchies.*

	UNE RÉFLEXION.		Proportion		DIX RÉFLEXION.		Proportion	
		Nature de la teinte.	de la couleur.	du blanc.		Nature de la teinte.	de la couleur.	du blanc.
	U.		Δ.	$1 - \Delta$	U.		Δ.	$1 - \Delta$
Cuivre..	69° 56′	Orangé très-rouge.	0,113	0,887	43° 29′	Rouge............	0,812	0,188
Bronze..	83.10	Orangé jaune.....	0,065	0,935	40.40	Rouge............	0,767	0,233
Laiton...	103.13	Jaune.	0,112	0,888	62.50	Orangé très-rouge	0,349	0,651
Argent .	89.0	Orangé très-jaune.	0,013	0,987	84.32	Orangé jaune.....	0,124	0,876
Zinc.. ..	180.7	Bleu............	0,021	0,978	264.58	Bleu indigo.......	0,188	0,812
Acier....	74.33	Orangé rouge. ...	0,017	0,982	-22.50	Violet...........	0,089	0,911
Métal des miroirs.	67.25	Orangé très-rouge.	0,028	0,972	53.59	Rouge orangé.....	0,292	0,708

Vᵉ TABLEAU. — *Constantes des corps diaphanes.*

	Premier param.		Deuxième paramètre.	
	Indice	i_1 (*).	$\tang A = \dfrac{k_1^2}{h_1^2}$.	$\dfrac{k_1}{h_1}$.
SUBSTANCES POSITIVES.				
Diamant	2,434	67°3o'	A=0° 1' 14"	0,0190
Blende	2,371	67. 6	0. 6. 4	0,0420
Goudron de gaz	1,768	6o.3o		0,0082
Flint de Faraday	1,755	6o.16	0. 2.5o	0,0287
Houille	1,701	59.17	0.33.55	0,1022
Spath (**)	1,675	59.		0,0591
Quartz	1,53o	56.5o		0,0102
Verre vert	1,527	56.46		0,0190
Essence de térébenthine	»	55.36		0,0024
Alcool absolu	»	53.38	0. 0. 1	0,0021
SUBSTANCES NEUTRES.				
Ménilite	1,482	56.		0,0000
Sulfate de sesqui-oxyde de fer $(\frac{3}{4})$ (***)	1,458	55.33		0,0000
Glycérine	1,431	55. 3		0,0000
Alun perpendic. à l'axe de l'octaèdre.	1,428	55.15		0,0000
SUBSTANCES NÉGATIVES.				
Fluorine	1,441	55.15	0. 0.20	0,0097
Hyalite	1,421	54.52		0,0071
Sulfate de soude $(\frac{1}{4})$	1,344	53.28		0,0138
Eau	1,333	53. 7		0,0058

(*) Les valeurs de i_1 ont été obtenues (§ **448**) en cherchant l'incidence qui donne l'anomalie $\frac{\pi}{2}$. Si l'on calcule les valeurs de l'angle brewstérien B par la formule

$$\tang B = u$$

on trouve des valeurs peu différentes et l'assertion du § **407** sur l'identité expérimentale de i_1 et n se trouve justifiée.

(**) Les faces des cristaux uniaxes étaient perpendiculaires a l'axe optique.

(***) Le numérateur indique le poids du sel et le dénominateur celui de l'eau.

§ 416. — Remarques sur le premier tableau.

On y rencontre entre les diverses valeurs d'un même paramètre obtenues ou sur des échantillons différents du même corps ou par des méthodes différentes, des divergences qui, surtout pour les azimuts A, sont excessives. Si l'insuffisance des renseignements contenus dans les deux Mémoires de M. Jamin qui nous ont fourni tous ces chiffres, ne nous a pas égaré dans l'interprétation de quelques-uns d'entre eux, on doit en conclure qu'il serait grandement utile d'entreprendre une étude comparative des méthodes, afin de déterminer les conditions accessoires qui donnent à chacune toute l'exactitude à laquelle elle peut prétendre et la limite des erreurs qu'elle ne peut éviter. Ce travail comprendrait naturellement une étude plus étendue que cela n'a eu lieu jusqu'à présent, des variations que l'impureté des corps et l'état physique de leur surface peuvent introduire dans ces paramètres.

§ 417. — Remarques sur le deuxième tableau. — Décroissement inattendu de i_1. — Trois groupes de métaux.

Les incidences i_1 étant, chez les diaphanes, sensiblement équivalentes à l'indice, on pouvait s'attendre à ce que même chez les métaux, par suite d'un reste d'analogie, elles éprouvassent du rouge au violet l'accroissement connu. Il n'en est rien, elles diminuent avec λ chez tous les métaux étudiés, même chez ceux qui ont comme l'acier une seconde composante assez faible pour que la polarisation maxima, obtenue sous cette incidence i_1, y soit presque aussi voisine de la polarisation complète que chez certains diaphanes.

Relativement aux A il y aurait trois catégories de métaux, dont le cuivre, le zinc et le métal des cloches seraient les types. Dans la première, qui comprend encore l'argent, le laiton et le bronze, A diminue du rouge au violet. Dans la seconde, où se trouve également l'acier, il augmente entre ces mêmes limites, et dans le métal des miroirs enfin, après avoir décru jusqu'au vert, les azimuts A augmentent jusqu'au violet.

§ 418. — La dispersion métallique manifestée par la teinte résultante. — Troisième et quatrième tableau.

Aux §§ 336 et 337, nous avons mis en évidence la dispersion

II.   10

elliptique des micas et parallélipipèdes en donnant l'orientation des ellipses décrites par les divers rayons simples. Au § 367, variant le point de vue, nous avons donné les intensités du circulaire et du rectiligne résiduel de chaque couleur. Les métaux pouvant aussi se produire comme quart d'onde, et étant, comme les précédents quarts d'onde, affectés de dispersion ; on voudrait naturellement comparer l'étendue de ces dispersions analogues. On pourrait sans doute construire encore les ellipses diversicolores ; mais comme ici, $\frac{k}{h}$ n'étant plus égal à 1, l'intensité des rayons subit, pendant la réflexion, une altération variable avec la couleur, ce point de vue de la disposition en éventail des axes des diverses ellipses manquerait probablement le but. Aussi est-ce autrement, et par un moyen qu'accepteraient sans difficultés les autres quarts d'onde, que M. Jamin a mis en relief la dispersion elliptique des métaux. Il consiste à chercher la teinte revêtue après réflexion par un rayon incident blanc. Ce point de vue, outre l'avantage d'une plus grande généralité, possède ceux de contenir une interprétation d'anciennes expériences dues à Benedict Prévost, et d'offrir aux formules trouvées par Cauchy, sur cette matière, de précieuses vérifications.

Ces formules donnent en effet l'intensité de là lumière réfléchie par un métal en fonction des paramètres i_1, A. M. Jamin a donc pu la calculer pour chacune des sept couleurs du spectre et en déduire la couleur de l'ensemble à l'aide d'autres formules connues (§ 496) et dues à Newton. Ce laborieux travail, entrepris pour l'incidence normale et pour une et dix réflexions, l'a conduit à des colorations constamment pareilles à celles obtenues.

§ 419. — Loi de Cauchy.

Pour cette incidence, les formules de M. Cauchy sont simples et leur discussion facile. Quoiqu'il n'entre pas dans le plan de cet ouvrage de les faire connaître, nous ne pouvons cependant pas nous taire sur la généralité suivante qu'elles mettent au jour. *Si l'on fait croître ou diminuer, séparément ou à la fois, i_1 et A, les intensités réfléchies augmentent ou diminuent.* On en conclut que dans la première série où les paramètres diminuent tous deux du rouge au violet, les couleurs les moins réfrangibles seront prépondérantes, surtout après des réflexions nombreuses ; que dans la seconde où il y a antagonisme entre l'effet d'accroissement du premier paramètre et l'effet de décroissement du second; les teintes seront moins prononcées, et pourraient aussi bien être prises à un bout du spectre qu'à l'autre, donnant même du blanc si l'équilibre des deux influences est parfait.

En admettant que quand la quantité de blanc atteint et dépasse $0,950$ ou les $\frac{19}{20}$, la couleur devient insaisissable, le quatrième tableau nous montre que l'argent, le zinc et le métal des miroirs après une réflexion, l'acier après une, aussi bien qu'après dix réflexions, restent blancs; qu'au contraire, après dix réflexions, les teintes du cuivre et du bronze, la première surtout, atteignent une grande pureté. D'après les valeurs de U, les teintes du bronze après une réflexion et de l'argent après dix sont identiques, ainsi que l'avait remarqué Bénédict Prévost il y a longtemps.

Les valeurs de $i_{\prime}$ étant beaucoup moins différentes chez les divers métaux que celles de A, la loi de Cauchy nous montre que la réflexion la plus abondante sera fournie par les métaux chez qui la valeur moyenne de A est la plus grande, et qui, par conséquent, laissent à la deuxième vibration, sous l'incidence principale, la valeur relative la plus considérable. A ce titre l'argent se place au premier rang et se recommande pour la fabrication des télescopes. Le tableau III atteste en effet que sa réflexion sous l'incidence normale l'emporte d'environ $\frac{1}{3}$ sur celle du métal des miroirs.

Cette réflexibilité si abondante, surtout pour le rouge, gagne encore quand il s'agit des rayons purement calorifiques antérieurs au rouge, ainsi que l'ont montré MM. de la Provostaye et Desains, et que nous le verrons § 421.

§ 420. — Ce qui rend l'ellipticité prononcée. — Ce qui la rend reconnaissable.

Dans le tableau V, nous avons donné sous deux formes distinctes chacun des paramètres. On conçoit que l'ellipticité soit d'autant plus prononcée qu'à valeur de n égale, A et par conséquent $\frac{k_{\prime}}{h_{\prime}}$ sera plus grand. Cela posé, nous voyons que les substances les plus réfringentes ne jouissent pas toujours de la polarisation la plus elliptique; qu'ainsi la houille, le spath, la blende l'emportent

sur le diamant. Si l'on s'étonnait que l'ellipticité du diamant ait
été cependant reconnue bien avant celle de ces autres corps, nous
en trouverions la raison dans l'énergie de sa réflexion. Or, main-
nant que, d'après les conseils de M. Jamin, on use de la lumière
solaire dans ces études, on peut dire que l'on confère à tous les
corps les avantages que le diamant trouvait dans son organisation
si réfringente. Ce cinquième tableau nous montre encore que
l'indice 1,45 ne délimite que très-imparfaitement les trois groupes, puisque l'alcool positif est moins réfrangible et que la méni-
lite neutre et que la fluorine négative.

M. Jamin a fait encore, sur la polarisation elliptique des miroirs
immergés dans des liquides, d'intéressantes expériences. Mais
comme l'intérêt qui leur est dû leur vient surtout de la théorie de
Cauchy, nous ne nous y arrêterons pas.

§ 421. — L'analogie maintenue entre la chaleur et la lumière.

En chaleur, à cause du galvanomètre, les mesures d'intensité
s'obtiennent directement. Si l'on reçoit le trait solaire, d'abord
sur un prisme de spath achromatisé assez ouvert pour séparer
les deux faisceaux, puis sur un appareil de Melloni disposé
pour les expériences de réflexion, on pourra obtenir, sous les
diverses incidences, les coefficients de réflexibilité de la lumière
polarisée et dans le premier et dans le second azimut. Eh bien,
ces deux physiciens trouvent qu'en chaleur comme en lumière la
réflexion croît, dans le premier cas, avec l'incidence, et qu'elle
décroît dans le second jusqu'à un certain angle au delà duquel
elle finit par croître. Ces coefficients de réflexibilité et cet angle
ne diffèrent pas sensiblement des données analogues obtenues
avec la lumière et sur les mêmes miroirs par M. Jamin. Ces analogies précieuses entre les deux agents se maintiennent quand, au
lieu de recevoir en bloc toute la chaleur solaire, ils opèrent
sur des rayons simples pris à l'extrémité rouge d'un spectre pur
et intense ou encore quand, abandonnant la chaleur solaire, ils
demandent leurs deux faisceaux à une lampe à double courant.

Pour constater l'accroissement de la réflexion avec l'accroissement de la longueur d'onde, ils suivent deux marches : 1° ils
s'adressent au spectre solaire en trois régions fortement contrastantes, à savoir celle du vert, celle du rouge, et enfin la région
obscure prise à une grande distance du rouge ; 2° ils s'adressent

soit à des sources calorifiques capables d'engendrer dans des proportions très-variées les divers flux calorifiques, soit à des écrans capables de dépouiller une même radiation de certains de ses éléments, des plus réfrangibles, par exemple. Leurs principaux résultats sont résumés dans les deux tableaux suivants.

RÉFLEXIBILITÉ DE LA CHALEUR NON POLARISÉE EMPRUNTÉE
A DIVERSES RÉGIONS DU SPECTRE SOLAIRE.

	Laiton.	Métal des miroirs
Région du vert.....................	0,63	0,58
Région du rouge..................	0,75	0,65
Région obscure très-distante du rouge	0,90	

RÉFLEXIBILITÉ DE LA CHALEUR NON POLARISÉE EMPRUNTÉE
A DIVERSES SOURCES.

	Argent.	Laiton.	Acier.	Métal des miroirs.	Platine.
(1) Chaleur solaire..........	0,873	»	0,550	0,66	»
(2) Lampe à double courant..	0,92	0,81	0,64	0,80	0,65
(3) Lampe Locatelli..........	0,95	»	»	0,83	»
(4) Lampe Locatelli avec verre interposé..............	0,91	»	»	0,74	»
(5) Lampe à alcool salé......	»	0,94	0,88	»	0,86
(6) Cuivre à 400 degrés.......	»	0,945	»	»	0,895

Remarques sur le deuxième tableau. — Le premier résultat, relatif à la chaleur solaire, a été obtenu de deux manières : 1° directement; 2° en formant, conformément à un principe théorique qui chemin faisant se trouvait confirmé par des expériences instituées dans ce but, la demi-somme des deux intensités obtenues quand on avait opéré tour à tour sur les rayons polarisés dans chacun des azimuts principaux. Toutefois pour aboutir dans une parcille vérification, il faut faire en sorte que la constitution des trois flux, l'un naturel et les deux autres polarisés, soit strictement la même. Les précautions consistaient à emprunter les rayons à la même source et à leur faire traverser les mêmes écrans. Dans ce dernier but, on annexait au prisme biréfringent polarisateur, une lame de spath qu'on plaçait antérieurement au prisme quand la lumière devait être polarisée, et postérieurement avec l'orientation dépolarisatrice quand la lumière devait être naturelle.

Au lieu d'être pris pour l'incidence zéro, comme dans les expériences de M. Jamin, les coefficients de réflexibilité de nos deux tableaux le sont pour l'incidence 70 degrés. Mais la différence de ces deux points de vue est faible, parce que la variation inverse de h et k entre 0 et 70 laisse le coefficient de réflexibilité à peu près constant pour une même chaleur, si elle est naturelle. Aussi quand l'expérience n'avait pas été faite sous l'incidence supposée de 70 degrés, nous ne nous sommes pas fait scrupule de prendre, pour le mettre dans notre tableau, le résultat obtenu sous l'incidence antérieure la plus voisine de ce nombre.

§ 422.   Méthodes et vérifications particulières à la chaleur.

On sait que les questions de chaleur joignent à l'avantage de pouvoir être traitées directement, celui de pouvoir l'être indirectement par plusieurs méthodes que l'*irrationnalité* des couleurs rend impraticables en optique. MM. de la Provostaye et Desains n'ont délaissé aucun de ces points de vue. Ainsi la quatrième expérience du deuxième tableau nous montre que le verre, qui absorbe en plus grande proportion les rayons les moins réfrangibles, fait baisser le coefficient de réflexibilité. Ainsi ces physiciens ont constaté que des rayons issus d'une locatelli, réfléchis deux fois par un métal, étant par là devenus plus riches en rayons peu réfrangibles, éprouvaient d'une même lame de verre interposée une perte plus grande qu'avant la réflexion, dans le rapport de 44 à 33. Ainsi enfin, transportant ces études sur le terrain des pouvoirs absorbants dont la détermination directe est devenue possible, grâce à la méthode, seule correcte, qu'ils ont imaginée, et partant de cette remarque que pour des métaux polis, et privés ainsi sensiblement de pouvoir diffusif, l'absorption est complémentaire de la réflexion, ils ont pu déduire des précédentes recher-

ches un tableau des pouvoirs absorbants des métaux polis pour
la chaleur des diverses sources, et ouvrir ainsi la voie à de nouvelles vérifications qui naîtront de la comparaison des chiffres de
ce tableau avec ceux obtenus soit par la méthode directe, soit par
la méthode également indirecte des pouvoirs émissifs.

*Tableau des pouvoirs absorbants des métaux polis, pour la
chaleur des diverses sources, déduit de la détermination des
pouvoirs réfléchissants correspondants.*

NATURE DE LA CHALEUR.	Argent plaqué très-brillant.	Laiton.	Acier.	Zinc.	Métal des miroirs.	Platine
Solaire..................	0,08		0,42		0,34	0,39
Lampe à double courant.	0,035	0,16	0,34	0,32	0,30	0,30
Locatelli............	0,025	0,07	0,175	0,19	0,145	0,17
Alcool salé.............		0,06	0,12			0,14
Cuivre à 400............		0,855				0,105

Les quelques vérifications que l'état de la science permet déjà de
faire sont très-satisfaisantes. Leur succès tient à ce que, comme
on l'a déjà remarqué, la différence des incidences mises en jeu
dans ces diverses méthodes n'a pas d'influence, les précédents
chiffres convenant à très-peu près à toutes celles comprises entre
0 et 70 degrés. Mais on n'oubliera pas que la condition d'un poli
parfait est essentielle et qu'on doit s'attendre à des écarts plus
grands pour les métaux qui n'auraient pas ou qui n'admettraient
pas la perfection du poli.

CHAPITRE XV.

POLARISATION RECTILIGNE CIRCULAIRE ET ELLIPTIQUE PAR RÉFLEXION CRISTALLINE.

Comment, sous l'incidence normale, la réflexion change le plan de polarisation dès que la vibration n'est ni parallèle, ni perpendiculaire à la section principale. — Calcul de ce changement pour le spath plongé dans l'air et dans divers liquides. — Diverses manières de disposer les expériences. — Appliquées aux corps opaques, elles manifestent leur biréfringence. — Cas de l'incidence quelconque. — Calcul de l'amplitude du rayon réfléchi sur un milieu biréfringent dans deux cas simples. — Incidences capables de donner $h = \pm k$. — Les équations $h = \pm k$ dans ces cas simples. — Comment $h = -k$ ne se réalise qu'en immergeant le cristal dans un milieu suffisamment réfringent. — Comment avec un cristal positif, et l'azimut qui donne $h = \pm k$, et les équations sont différentes. — Angle de polarisation. — Comment on doit le définir. — Déviation du plan de polarisation sous l'incidence polarisante. — Discussion sur l'insuffisance de la théorie de Fresnel et sur les modifications qu'on a été conduit à y introduire.

§ 423. — Esquisse historique de la réflexion cristalline.

Jusqu'ici l'étude de la double réfraction n'a pour ainsi dire porté que sur des phénomènes de transmission. Il s'agit d'abord maintenant quelques-uns de ceux qu'engendre la réflexion. Inséparable de la réfraction, la réflexion extérieure possède, au point de vue théorique, la même importance qu'elle. En n'ayant affaire qu'aux surfaces, elle conduit à des expériences qui sont en général faciles. Enfin en s'appliquant indistinctement aux biréfringents transparents et opaques, elle devient un moyen précieux pour établir chez ces derniers la réalité de la biréfringence et même pour déterminer la valeur numérique de leurs paramètres. Si, moins active que la réflexion *intérieure*, elle ne donne jamais qu'un rayon, ce rayon unique se prête à ces modifications nombreuses qui depuis la découverte de Malus ont tant agrandi le champ de la double réfraction par transmission. Son domaine comprendra donc des variations d'amplitude et d'azimut, phénomènes dont l'étude théorique suppose la solution générale du problème des intensités que Fresnel a attaqué avec tant de succès dans le cas particulier des monoréfringents. Dès lors il n'est pas étonnant que leur étude ait été si tardive. Tout cependant ne date pas d'hier dans ce chapitre; mais les premières observations, dues à Brewster, n'ont peut-être pas inspiré tout l'intérêt qui leur était dû. Chez quelques-unes d'entre elles, en effet, par suite du contact de certains liquides qui débarrassaient, pour ainsi dire, la double réfraction, de la réfraction simple concomitante, des phénomènes habituellement rudimentaires recevaient un développement qui semblait compromettant pour la théorie des ondes. Aujourd'hui, grâce aux travaux de Seebeck qui a mêlé à des expériences très-précises quelques ébauches de théorie; de MM. Mac-Cullagh et Neumann, qui s'appuyant, il est vrai, sur des principes un peu différents de ceux de Fresnel, ont abordé le calcul des phénomènes et solidement rattaché à leur théorie de nombreuses observations; de M. de Senarmont enfin qui, venu le dernier, a cependant rencontré des faits nouveaux aussi intéressants pour la pratique que pour la théorie; cette partie de l'optique a acquis un intérêt tout particulier. Décrire les faits, soumettre au calcul ceux d'entre eux qui acceptent sans difficulté la théorie des ondes sous la forme que lui a donnée Fresnel, signaler les modifications qu'y a introduites Neumann, et montrer par un exemple à quel point ces modifications peuvent simplifier les calculs, tel est le but que nous nous proposons ici.

Polarisation rectiligne circulaire et elliptique par réflexion sur les biréfringents. — Dans cette étude, il sera d'abord et surtout question des uniaxes transparents. Leurs propriétés établies, on passera aisément à celle des biréfringents opaques, puisque ces cristaux ne font que cumuler en quelque sorte les caractères des métaux et des biréfringents transparents.

§ 424. — Les biréfringents quand l'incidence est normale. — Trois cas.

Quand un rayon incide normalement sur un cristal, sa vibration peut être perpendiculaire, parallèle ou oblique à la section principale. Dans les deux premiers cas, elle subit en bloc la réflexion et garde par raison de symétrie sa direction primitive. Seulement, tandis que dans le premier cas le milieu agit par les qualités qui lui font engendrer le rayon ordinaire et donne au réfléchi l'amplitude

$$-\,\frac{n_0-1}{n_0+1}=-\,\frac{1-b}{1+b}\,i=h,$$

dans l'autre il agit comme milieu extraordinaire, fournissant un réfléchi conjugué avec le réfracté extraordinaire et solidaire avec l'ellipsoïde d'Huyghens. Dans le troisième cas, la vibration, située dans l'azimut α, doit être échangée contre ses deux composantes $\sin\alpha$, $\cos\alpha$. La première, traitée comme dans le premier cas, subit ce qu'on peut convenir d'appeler la *réflexion ordinaire*; à la seconde, au contraire, échoit la *réflexion extraordinaire*. Comme, sous cette incidence, l'anomalie contractée est nulle (les deux retards sont égaux même avec les cristaux opaques), ces deux composantes constituent une vibration réfléchie unique, dirigée toutefois dans un azimut θ différent de α.

Détermination de l'azimut θ. — Quelle que soit la position de l'axe, on peut étendre au second cas les principes du § 238 et obtenir ainsi l'expression qui, analogue à $-\dfrac{n-1}{n+1}$, représentera l'amplitude k, et l'on aura dans $\dfrac{h}{k}$ l'expression théorique de $\tan\theta$. Le troisième cas se prête donc à des confrontations expérimentales faciles.

Calcul de k. — Pour obtenir k nous rappelons que, pour l'onde incidente comme pour l'onde réfléchie, si l est la longueur d'onde, les volumes *correspondants* et les densités sont proportionnels aux quantités l, $\dfrac{1}{l^2}$, qu'ainsi les masses conjuguées. y ont la valeur commune $\frac{1}{l}$. Pour le rayon transmis, si l' est la longueur d'onde, estimée ici sur la normale au cristal, le volume sera proportionnel à l', la densité à $\frac{1}{l'}$ et la masse à $\frac{1}{l'}$. Mais l et l', chemins correspondants décrits par l'onde dans le milieu extérieur et dans le milieu extraordinaire, ont le même rapport que l'unité, et la quantité p du § 179. On a donc pour les trois masses :

$1,\ 1,\ \frac{1}{p}$, de sorte que si $1,\ x,\ y$ sont encore des proportionnelles aux vitesses oscillatoires, on aura pour première équation

$$1 - x^2 = \frac{y^2}{p}.$$

Ici les trois vibrations sont sur la même ligne, le principe des couples inséparables ramène donc pour seconde équation

$$1 + x = y.$$

On en déduit

$$x = \frac{p - 1}{p + 1},$$

c'est-à-dire que l'on a

$$\tan g\, \theta = \frac{(1 + p)\,(1 - b)}{(1 - p)\,(1 + b)}.$$

Si, dans une réfraction normale, le réfracté extraordinaire quitte en général la normale, il n'en est pas de même de la normale à l'onde. L'angle θ' qu'elle fait avec l'axe optique est donc l'angle L du § 165, et l'on aura

$$p = \sqrt{a^2 \sin^2 L + b^2 \cos^2 L}.$$

Quand le spath est plongé dans un milieu d'indice m, ses indices deviennent $\frac{n_o}{m},\ \frac{n_e}{m}$, il faut donc remplacer $a,\ b,\ p$ par $ma,\ mb,\ mp$.

§ 425. — Calculs numériques pour le spath.

Quand l'axe est dans le plan de la face, on a $L = 90$, et,

par suite, ainsi qu'on pouvait le prévoir, $p = a$. Pour $\alpha = 45$, on a donc

$$\tan g\ \mathfrak{E} = \frac{(1-b)(1+a)}{(1+b)(1-a)};$$

en mettant pour a, b les valeurs du § 144 on trouve

$$\frac{k}{h} = 0,7897, \quad \mathfrak{E} = 51°42'30'',$$

la déviation surpasse donc 6 degrés.

Quand la face est une face naturelle, on a

$$L = 44°36'40'',$$

on en tire

$$p = 0,6398, \quad \frac{k}{h} = 0,8911, \quad \mathfrak{E} = 48°17'40''.$$

La déviation dans ce cas si facile à réaliser surpasse donc encore 3 degrés.

Quand le spath est dans l'eau $(n = 1,336)$, on trouve, suivant qu'il s'agit d'une face parallèle à l'axe ou d'une face de clivage,

$$\frac{k}{h} = 0,4908, \quad \mathfrak{E} = 63°51'30'',$$

et

$$\frac{k}{h} = 0,7356, \quad \mathfrak{E} = 53°39'45''.$$

Le plonge-t-on dans l'huile de faines $(n = 1,47)$, on obtient avec la première face $0,076.85°37'50''$, et avec la seconde $0,519.62°33'$. On trouvera au § 427 les valeurs de $\frac{k}{h}$ obtenues par M. de Senarmont.

§ 426. — Détail sur les expériences. — Première méthode.

Au fond d'une chambre obscure et en face du porte-lumière armé d'un nicol, disposez le cristal au centre d'un limbe vertical, sur la plate-forme mobile de son alidade. Pour le disposer normalement au faisceau incident, on sait qu'il suffit d'arriver à renvoyer le faisceau réfléchi dans l'ouverture qui livre passage à la lumière. Ici on évitera d'obtenir strictement ce résultat et on se contentera de le renvoyer sur un polariscope placé aussi près que possible du polarisateur. Si le limbe de ce polariscope est évidé près du centre de manière à laisser passer le polarisateur, ces deux organes pourront se toucher, et la déviation du faisceau réfléchi rester au-dessous de $0^m,04$. Dans une salle de 10^m, $0,04$ font un angle de $13'$, dont la moitié $6',5$ exprime l'angle d'incidence. Une pareille incidence équivaut assurément à l'incidence normale. Cela fait, rendez la section principale du polarisateur verticale, celle du polariscope horizontale, et observez ce qui se passe sur un écran placé derrière le polariscope, quand la section principale du spath mise d'abord verticale ou horizontale tourne de 45 degrés. Nos expériences ont été faites avec un spath parallèle à l'axe : derrière le polariscope était une loupe d'un court foyer qui résumait sur l'écran, en un point très-brillant, le peu de lumière dont le passage était rendu possible par la rotation du spath. Chaque fois qu'ayant mis le polariscope à l'extinction pour l'un des azimuts $\frac{0}{45}$, on faisait passer le spath à l'azimut $\frac{45}{0}$, on voyait renaître un point brillant qui ne disparaissait que si l'on tournait le polariscope, dans le sens prévu, d'environ 6 degrés. En faisant passer le spath de l'un des deux azimuts ± 45 à l'azimut ∓ 45, on donne visiblement au phénomène un développement double, c'est-à-dire qu'on obtient un point plus brillant et une rotation d'environ 13 degrés pour le polariscope.

§ 427. — Deuxième méthode.

M. de Senarmont, qui voulait opérer en tout temps avec la lumière d'une lampe, et surtout atteindre les déviations exagérées que procure l'immersion du cristal, disposait autrement l'expérience. Son appareil, identique par son organisation générale avec celui du § 398, ne s'en distin-

guait que par certains détails sur lesquels il nous suffira
d'insister. Figurez-vous au centre du limbe et en avant de
lui un support dont le plan soit normal à celui du limbe.
C'est là qu'on place le cristal. Pour qu'on puisse le sou-
lever ou l'abaisser et amener ainsi la face du cristal, soit à
passer, quelle qu'en soit l'épaisseur, par le centre des divisions, soit à se trouver excentrique et inférieure à ce centre,
ce support se termine par une tige cylindrique parallèle au
limbe. En tournant cette tige on dirige le plan d'incidence
suivant tous les azimuts du cristal. Ce support se démonte
et l'on peut y adapter un vase rectangulaire étroit et
allongé, dont l'ouverture, bouchée déjà par la tige et garnie
d'un caoutchouc, devient parfaitement étanche quand on
visse à refus la plate-forme dont le mouvement rotatoire
reste néanmoins possible, même au sein du liquide. Avec
un liquide il va sans dire que la plate-forme ne peut plus
prendre toutes les positions et qu'elle doit rester horizontale.

Pour obtenir dans ces conditions une réflexion normale,
on dispose au centre du limbe et au-dessus du cristal une
lame de verre mince et à faces parallèles mobile autour
d'un axe normal au limbe. Recevant la lumière transmise
par le polarisateur, elle la renvoie au cristal sous l'incidence normale. Cette lumière revient, après réflexion, à la
lame qu'elle traverse, et arrive enfin au polariscope qu'on
a disposé, dans ce but, au zénith du cristal. Pour éviter,
quand on interpose un liquide, la lumière réfléchie par ce
liquide, on incline légèrement le support de manière à détruire le parallélisme des deux surfaces : ce dont il s'en
faut alors que l'incidence soit normale, est parfaitement
négligeable.

Dans cette manière d'opérer, outre la modification due à
sa réflexion sur le cristal, la lumière a subi, à deux reprises,
l'atteinte de la lame et celle du liquide. On conçoit donc
que l'expérience ne puisse donner aussi simplement qu'au
paragraphe précédent le rapport $\frac{k}{h}$ et qu'il faille éliminer

ces influences étrangères par la combinaison de deux expériences. Ces expériences consisteront à diriger tour à tour la section principale du cristal dans le plan d'incidence et normalement à ce plan.

Soit α l'angle que la vibration primitive ou, ce qui revient au même, la section principale du nicol polariseur, fait avec le plan d'incidence : $\sin \alpha$ et $\cos \alpha$ seront les composantes livrées successivement aux six altérations d'amplitude, à savoir d'une part les cinq perturbatrices occasionnées, soit par la réflexion sur le verre, soit par les quatre transmissions, deux à travers la surface de l'eau et deux à travers celles du verre, et d'autre part l'altération principale due au spath. Comme l'ordre dans lequel ont lieu ces altérations partielles, représentées chacune par un facteur, est sans influence sur l'altération totale, nous pouvons réunir les cinq étrangères dans un seul facteur, à savoir R pour la vibration normale au plan d'incidence, et S (*) pour celle contenue par ce plan, et avoir dès lors pour les vibrations finales offertes au polariscope $R h \sin \alpha$ et $S k \cos \alpha$. L'azimut de la vibration reconstituée sera donc donné par

$$\operatorname{tang} \theta = \frac{R h}{S k} \operatorname{tang} \alpha.$$

En donnant au cristal sa deuxième orientation, les altérations RS se combineront avec k et h, et l'on aura

$$\operatorname{tang} \theta_1 = \frac{R k}{S h} \operatorname{tang} \alpha;$$

en divisant membre à membre ces équations, il vient

$$\frac{\operatorname{tang} \theta_1}{\operatorname{tang} \theta} = \frac{k^2}{h^2}.$$

L'absence de α dans cette expression montre que l'azimut du polariseur n'a pas d'autre influence que celle exercée sur

---

(*) Pour que S ne soit pas nul, il faut que la lame de verre soit disposée sous un angle différent de celui de Brewster.

$\mathcal{C}$ et $\mathcal{C}_1$. Si l'on choisit par tâtonnement α, de telle sorte que $\mathcal{C}$ vaille 45, la formule à vérifier devient

$$\tan \mathcal{C}_1 = \frac{k^2}{h^2}.$$

Le tableau suivant résume les expériences de M. de Senarmont.

INCLINAISON de la face réfléchissante sur l'axe $(90 - L)$.	Dans l'air.			Dans l'eau.			Dans l'huile.		
	Valeurs. de $\mathcal{C}_1$.	Valeurs de $\frac{k}{h}$.		Valeurs de $\mathcal{C}_1$.	Valeurs de $\frac{k}{h}$.		Valeurs de $\mathcal{C}_1$.	Valeurs de $\frac{k}{h}$.	
		Observ.	Cal.		Observ.	Calc.		Observées	Calc.
0° 7' 45.23.20"	31° 42' 38.32	0,7859 0,8924	0,7894 0,8911	13° 42' 28.18	0,4937 0,7829	0,4902 0,7356	0° 26' 0. 3	0,08697 0,02954	0,0752 0,519

Ainsi, pour le spath à faces naturelles et dans l'air, on a

$$\frac{1}{2} \log \tan 38° 32' = \overline{1},9505618,$$

ce qui assigne à $\frac{k}{h}$ pour valeur observée 0,8924; mais le

logarithme de $\frac{(1-p)(1+b)}{(1+p)(1-b)}$ vaut $\overline{1},9497065$, donc la valeur théorique est 0,8911. L'huile seule offre peu d'accord entre les résultats de l'expérience et de la théorie, mais il faut l'attribuer et à la petitesse des angles et à la faiblesse de la lumière qui jette de l'incorrection dans les positions de l'analyseur.

§ 428. — Cas des cristaux opaques. — Le sulfure d'antimoine.

Chez les cristaux opaques la rotation du plan de polarisation par réflexion normale reste un criterium de biréfringence doué de la même simplicité. En effet, de ce que la réflexion normale n'engendre d'anomalie ni chez les métaux ni chez les biréfringents transparents, elle n'en développera pas non plus chez les corps qui uniront l'opacité à la biréfringence; de sorte que chez eux encore cette rotation dépendra seulement de h et k sans complication d'ellipticité. On conçoit donc que M. de Senarmont y ait eu recours pour manifester, dans ces conditions ingrates, la biréfringence.

Les cristaux opaques capables de se prêter à ces expériences sont malheureusement rares et M. de Senarmont n'a guère pu donner à sa méthode la sanction de l'expérience que sur le sulfure d'antimoine qui n'est pas un uniaxe.

Ce corps appartient au quatrième système cristallin. De ses trois axes rectangulaires il en est deux (a et b) qui ont pour rapport 0,977 et qui conduisent ainsi à un prisme rhomboïdal droit (110), dont l'angle aigu vaut 88° 40'. Ce cristal admet un clivage très-net, parallèle à l'axe vertical c et au plus grand des deux axes horizontaux b. Les faces de clivage ont donc pour symbole (100) et contiennent deux des axes cristallographiques, ou, ce qui revient au même, deux des trois droites autour desquelles la surface de l'onde des cristaux biaxes est disposée symétriquement. On peut en conclure que si le plan d'incidence passe par l'axe c ou lui est perpendiculaire, les expressions et des volumes coébranlés et des densités et des forces vives, qu'en un mot les deux équations déterminatrices des intensités réfléchies et transmises seront les mêmes qu'au § **424**, toute la différence portant sur l'évaluation de p qui devra se tirer de l'équation de l'onde chez les biaxes. Si donc on appelle encore h, k les vibrations réfléchies normale et parallèle à c, α l'angle de la vibration incidente avec c, ϵ celui de la vibration reconstituée, on continuera d'avoir l'équation

$$\operatorname{tang} \epsilon = \frac{h}{k} \operatorname{tang} \alpha,$$

et, quand on opérera avec la lame auxiliaire, l'équation

$$\frac{\operatorname{tang} \epsilon_1}{\operatorname{tang} \epsilon} = \frac{k^2}{h^2}.$$

Ici, faute de connaître les paramètres fondamentaux du cristal et de savoir tenir compte des modifications que l'opacité doit introduire dans le calcul des phénomènes, on ne saurait obtenir une valeur théorique du rapport $\frac{k}{h}$. Aussi la méthode borne-t-elle ses

II.   11

162   CHAPITRE XV.

prétentions à constater le fait de la rotation et à en conclure que la valeur de $\frac{k}{h}$ est différente de 1. Le tableau suivant contient quelques-uns des résultats dus à M. de Senarmont. Quand on opère sur des lames récemment clivées, les valeurs de $\frac{k}{h}$ dues à des couples d'angles c, c_1 différents, ne présentent que des variations insignifiantes.

NUMÉRO DU CRISTAL.	Dans l'air.			Dans l'eau.			Dans l'huile.		
	c.	c_1.	$\frac{k}{h}$.	c.	c_1.	$\frac{k}{h}$.	c.	c_1.	$\frac{k}{h}$.
1	44°52'	41°10'	1,067	44°52'	39°52'	1,092	44°52'	39°11'	1,108
2	48.43	44.51	1,063	49.54	44.52	1,093	50.51	44.52	1,101

La grandeur des incidences principales (§ 603) chez le sulfure d'antimoine donne lieu de croire que les analogies des biréfringents transparents et opaques seraient plus accentuées si l'on mettait en parallèle avec ce corps opaque un diaphane d'une réfringence plus grande que celle du spath. M. de Senarmont a trouvé ce corps dans le protochlorure de mercure (calomel), uniaxe positif extrêmement énergique qui cristallise en prismes droits à base carrée, et il l'a soumis soit aux expériences qui précèdent, soit à d'autres dont nous parlerons bientôt. La méthode des prismes, un peu entravée il est vrai par des stries et surtout par l'énorme dispersion de la substance, lui a donné pour le rouge

$$n_o = 1,969,$$
$$n_e = 2,606;$$

il a trouvé par la méthode des angles de polarisation maxima

$$n_o = 1,904,$$
$$n_e = 2,508.$$

En prenant ces derniers nombres, la formule du § **427** donne pour la valeur de $\frac{k}{h} = \cot c$, sous l'incidence normale, 1,381. Eh bien, l'expérience interprétée par la formule du § **427** lui a donné 1,38.

§ 429. — Les biréfringents quand l'incidence n'est plus normale.

Nous distinguerons trois cas : le plan d'incidence peut être, 1° la section principale; 2° le plan perpendiculaire à cette section; 3° un plan quelconque. Chacun de ces cas se subdivise lui-même en trois autres, puisque la vibration peut être, 1° normale au plan d'incidence; 2° comprise dans ce plan; 3° oblique sur lui.

I. — Le plan d'incidence coïncide avec la section principale.

Si la vibration est normale au plan, le rayon subit la réflexion ordinaire et la subit d'après la formule

$$- \frac{\sin(i - r)}{\sin(i + r)}.$$

Si elle est dans le plan, le rayon se réfléchit comme extraordinaire et est soumis à une formule analogue à

$$- \frac{\tang(i - r)}{\tang(i + r)}.$$

Le troisième cas se ramène aux précédents et a pour conséquence facilement observable un changement du plan de polarisation qui peut toutefois manquer dans des conditions étudiées par M. de Senarmont (**§ 432**).

Le second cas appelle la recherche de la formule qui remplacera $- \frac{\tang(i - r)}{\tang(i + r)}$ une fois trouvée, on pourra voir s'il n'y a pas quelque valeur de i qui la rende minima, peut-être même nulle, reproduisant ainsi le phénomène de la polarisation totale. Compliquée dans le cas général, cette formule se trouve aisément quand l'axe est soit dans le plan de la face, soit normal à la face. Nous traitons ci-dessous ces deux cas simples.

§ 430. — Calcul de l'intensité du rayon réfléchi, quand, l'axe étant perpendiculaire à la face et le plan d'incidence confondu par conséquent avec une section principale, la vibration du rayon incident est contenue dans ce plan.

Soit (*fig.* 214) $a\delta$ le cercle de rayon 1, bE l'intersection de l'ellipsoïde aplati, par le plan d'incidence, dE la trace de l'onde réfractée, r' l'angle de réfraction du rayon extraordinaire, P la longueur aE du rayon vecteur, aN celle de la normale abaissée sur l'onde et enfin $r'_{,}$ l'angle de réfraction propre à cette normale.

11.

Au lieu de prendre comme au § **238** des parallélipipèdes pour éléments correspondants des trois ondes, prenons, la figure en sera plus simple, pour volumes coébranlés les moitiés de ces solides, c'est-à-dire les prismes triangulaires qui égaux en hauteur ont pour base, à savoir chez les ondes incidentes et réfléchies le triangle rectangle adD' et chez l'onde transmise le triangle obliquangle adE, leurs surfaces sont proportionnelles aux produits

$$\overline{dD'} \times \overline{aD'} = \overline{dD'}.\overline{ad}.\cos i \quad \text{et} \quad \overline{aE}.\overline{dM} = \overline{aE}.\overline{da}\cos r',$$

c'est-à-dire à $\cos i$ et $P\cos r'$, puisqu'on a

$$dD' = 1 \quad \text{et} \quad aE = P.$$

On a donc le tableau suivant :

ONDES.	Volume.	Proportion. aux deusités.	Masses.	Vitesses oscilla-loires.	Forces vives.
Incidente....	$\cos i$.	$\frac{1}{V^2} = 1$.	$\cos i$.	1.	$\cos i$.
Réfléchie....	$\cos i$.	1.	$\cos i$.	x.	$x^2\cos i$.
Réfractée....	$P\cos r'$.	$\frac{1}{V'^2} = \frac{1}{P^2}$.	$\frac{\cos r'}{P}$.	y.	$\frac{y^2\cos r'}{A}$,

La première équation sera

$$(1 - x^2)\cos i = y^2\,\frac{\cos r}{P}.$$

Située à la fois dans le plan de l'onde et dans le plan d'incidence, la vibration transmise est dirigée suivant dE et fait avec ad l'angle r'_1. Sa projection sera donc $y\cos r'_1$, et la deuxième équation

$$(1 + x)\cos i = y\cos r'_1.$$

On en tire

$$c = -\frac{\cos i\cos r' - P\cos^2 r'_1}{\cos i\cos r' + P\cos^2 r'_1}.$$

Le § **178** donne pour ρ qui est notre P actuel

$$P^2 = \frac{a^2 b^2}{a^2\cos^2 r' + b^2\sin^2 r'}.$$

Le § **170** donne, en posant $L = 0$,

$$\tan g\, r' = \frac{a^2\sin i^2}{b\sqrt{1 - a^2\sin^2 i}},$$

et, par suite,

$$\cos r' = \frac{b\sqrt{1 - a^2 \sin^2 i}}{\sqrt{b^2 + a^2(a^2 - b^2)\sin^2 i}}, \quad \sin r' = \frac{a^2 \sin i}{\sqrt{}};$$

d'où

$$P^2 = b^2 + a^2(a^2 - b^2)\sin^2 i.$$

Les triangles $ad\,D'$, $ad\,N$ donnent

$$\sin r'_1 = \overline{a\,N}\sin i.$$

En combinant cette équation avec l'expression

$$\overline{a\,N}^2 = b^2 \cos^2 r'_1 + a^2 \sin^2 r'_1$$

du § 179, on obtient

$$\cos^2 r'_1 = \frac{1 - a^2 \sin^2 i}{1 - (a^2 - b^2)\sin^2 i}.$$

Ces valeurs de P, $\cos^2 r'_1$, $\cos r'$ reportées dans x donnent, après suppression du facteur commun $\sqrt{1 - a^2 \sin^2 i}$, et en posant $(a^2 - b^2) = \Delta^2$,

$$x = - \frac{b\cos i\,(1 - \Delta^2 \sin^2 i) - (b^2 + a^2 \Delta^2 \sin^2 i)\sqrt{1 - a^2 \sin^2 i}}{b\cos i\,(1 - \Delta^2 \sin^2 i) + (b^2 + a^2 \Delta^2 \sin^2 i)\sqrt{1 - a^2 \sin^2 i}}.$$

§ 431. — **Intensité du rayon réfléchi quand l'axe étant dans le plan de la face et le plan d'incidence confondu avec la section principale, la vibration du rayon incident est contenue dans ce plan** (*fig.* 215).

Une première différence entre ce calcul et le précédent provient de ce que dans les valeurs de $a\,E$, $a\,N$, les angles, au lieu de valoir r', r'_1 sont $90 - r'$, $90 - r'_1$. On aura donc

$$P^2 = \frac{a^2 b^2}{a^2 \sin^2 r' + b^2 \cos^2 r'}, \quad \overline{a\,N}^2 = b^2 \sin^2 r'_1 + a^2 \cos^2 r'_1;$$

une autre provient de ce qu'ayant $L = 90$, il vient

$$\operatorname{tang} r' = \frac{b^2 \sin i}{a\sqrt{1 - b^2 \sin^2 i}},$$

$$\sin r' = \frac{b^2 \sin i}{\sqrt{a^2 - b^2 \Delta^2 \sin^2 i}},$$

$$\cos r' = \frac{a\sqrt{1 - b^2 \sin^2 i}}{\sqrt{}}.$$

on en tire

$$\mathrm{P}^2 = a^2 - b^2 \Delta^2 \sin^2 i, \quad \cos^2 r'_1 = \frac{1 - b^2 \sin^2 i}{1 + \Delta^2 \sin^2 i},$$

et partant

$$x = - \frac{a \cos i \,(1 + \Delta^2 \sin^2 i) - (a^2 - b^2 \Delta^2 \sin^2 i) \sqrt{1 - b^2 \sin^2 i}}{a \cos i \,( ) + ( ) \sqrt{}},$$

valeur qui ne diffère de la précédente que par le changement de a en b et de b en a. En laissant l'axe quelconque et se plaçant toujours dans la section principale, on trouve encore

$$x = - \frac{\cos i \cos r' - \mathrm{P} \cos^2 r'_1}{\cos i \cos r' + \mathrm{P} \cos^2 r'_1};$$

mais les valeurs de P, $\cos r'$, $\cos r'_1$, sont plus compliquées. Toutefois nous verrons cette complication s'évanouir quand, nous plaçant sur le terrain de la théorie allemande, nous identifierons r'_1 à r' (§ **440**).

§ 432. — II. — Le plan d'incidence est perpendiculaire à la section principale.

En général, dans ce cas, l'ellipsoïde ne se présente plus symétriquement à la vibration. Il en résulte que fût-elle normale au plan d'incidence ou contenue par lui, elle donnera une vibration réfléchie oblique sur ce plan. De tels rayons perdant leurs privilèges fourniront des rayons réfléchis dont la vibration donnera, comme un rayon quelconque, et une composante parallèle et une composante normale au plan d'incidence. Nul doute que pour eux ces deux composantes ne soient plus simples que pour un rayon quelconque et qu'il n'y ait encore utilité de leur rattacher le cas d'une orientation quelconque de la vibration. Mais tout en étant doués d'une certaine simplicité relative, ces deux cas restent compliqués. Aussi nous rabattrons-nous sur un cas simple et rétablirons-nous la symétrie en supposant l'axe optique compris dans le plan de la face. Alors le milieu, dont l'ellipsoïde est coupé par le plan d'incidence suivant deux cercles, équivaut à deux milieux ordinaires d'indices $\frac{1}{b}$ et $\frac{1}{a}$. La vibration normale au plan donne l'amplitude réfléchie $- \dfrac{\sin (i - r')}{\sin (i + r')}$ et la vibration située dans le plan

$- \dfrac{\tan (i - r)}{\tan (i + r)}$. Une vibration orientée dans l'azimut α se résout en deux autres $\sin \alpha$, $\cos \alpha$ qui engendrent les deux réfléchies $- \sin \alpha \dfrac{\sin (i - r')}{\sin (i + r')}$, $- \cos \alpha \dfrac{\tan (i - r)}{\tan (i + r)}$. Or, tant qu'on pourra négliger les phénomènes d'ellipticité si bien mis en lumière par M. Jamin, ces deux rayons soumis au même retard $\dfrac{\lambda}{2}$, et n'ayant pas dès lors contracté d'anomalie, vaudront une vibration rectiligne située dans l'azimut θ donné par

$$\tan \theta = \tan \alpha \, \frac{\sin (i - r') \tan (i + r)}{\sin (i + r') \tan (i - r)}.$$

Incidence qui donne $h = k$. — Si l'angle i est commun aux deux vibrations réfléchies, les angles de réfraction r, r' diffèrent, parce que l'un d'eux est subordonné à l'indice $\dfrac{1}{b}$ et l'autre à $\dfrac{1}{a}$. La vibration comprise dans le plan d'incidence n'est plus, il est vrai, normale à la section principale, mais elle est comprise dans un plan qui lui est normal. Eh bien, c'est elle qui forme la vibration ordinaire § 656. Ce sera donc la formule

$$- \frac{\tan (i - r)}{\tan (i + r)} = k$$

qui profitera de l'indice $\dfrac{1}{b}$. Cette vibration, qui, au début, sous l'incidence normale, est la plus forte, va donc être livrée à celui des deux facteurs

$$- \frac{\sin (i - r)}{\sin (i + r)}, \qquad - \frac{\tan (i - r)}{\tan (i + r)}$$

qui a une action plus affaiblissante. On conçoit donc qu'il y ait une incidence où son exagération primitive soit entièrement rachetée. En d'autres termes, que la vibration incidente soit dans l'azimut 45 degrés, ce qui met en jeu deux incidents égaux, l'un ordinaire, l'autre extraordinaire, cette incidence remarquable donnera $k = h$ et partant assignera à la vibration réfléchie reconstituée l'azimut 45 degrés. Avec un cristal positif, le plus grand affaiblissement porterait, au contraire, sur le rayon le plus faible, et pour mettre en lutte ces deux influences, arriver à leur curieux équilibre et échapper au changement du plan de polarisation, le plan d'incidence devrait se confondre avec le section principale (§ 436).

§ 433. — Incidence qui donne $h = - k$.

Ce n'est pas tout : des deux expressions k, h qui deviennent ainsi égales sous une certaine incidence, la première, après avoir décru jusqu'à zéro, va renaître au delà de l'incidence brewstérienne. Or, les mêmes motifs qui l'ont fait décroître si vite lui communiqueront alors des accroissements autrement rapides que ceux de $-\dfrac{\sin(i-r')}{\sin(i+r')}$. Quoique leur but commun, atteint pour $i = 90°$, soit en valeur absolue l'unité, on conçoit qu'elle puisse rattraper cette dernière fonction et offrir, avant de prendre les devants, un nouveau cas d'égalisation des deux composantes réfléchies correspondant cette fois, vu le changement de signe, à $k = - h$. Ainsi ce phénomène caractéristique des biréfringents offrirait deux solutions. On saura toutefois que si la première existe toujours, la deuxième manque souvent et n'a lieu qu'en amoindrissant par le contact d'un liquide les indices qui président aux réflexions. Ainsi le spath ne la réalise ni dans l'air, ni même dans l'eau, mais il la donne dans l'huile de faînes d'indice 1,47.

§ 434. — Calcul des valeurs de i qui donnent chez un négatif (le spath) $h = \pm k$.

Si nous remplaçons k par son expression immédiate (§ 239)

$$- \frac{\sin i \cos i - \sin r \cos r}{\sin i \cos i + \sin r \cos r},$$

$\sin r'$ par $a \sin i$, $\sin r$ par $b \sin i$, l'équation

$$h = + k$$

devient après des réductions nombreuses, d'abord

$$\sin r \cos r \cos r' = \sin r' \cos^2 i,$$

puis

$$(1) \qquad \cos^2 r \cos^2 r' = \frac{a^2}{b^2} \cos^4 i,$$

et enfin

$$(2) \qquad (1 - a^2 \sin^2 i)(1 - b^2 \sin^2 i) = \frac{a^2}{b^2} \cos^4 i.$$

Le mieux est d'introduire $\tang i$, on arrive ainsi à l'équation bicarrée

$$(1 + a^2 b^2 - a^2 - b^2)\, \tang^4 i + (2 - a^2 - b^2)\, \tang^2 i + 1 - \frac{a^2}{b^2} = 0$$

qui donne l'équation numérique

$$0,34618\, \tang^4 i + 1,1801\, \tang^2 i - 0,2439 = 0\,;$$

d'où l'on tire

$$i = 23° 51'.$$

M. de Senarmont opérant sur une face dont le parallélisme à l'axe n'était en défaut que de 7 minutes, a trouvé

$$i = 23° 47'.$$

Si le milieu ambiant avait pour indice L, il faudrait dans l'équation (2) remplacer a par aL et b par bL. En prenant pour L l'indice 1,336 de l'eau, on trouve

$$i = 33° 18' 20''.$$

M. de Senarmont obtient sur la même face 33 degrés ; enfin avec l'huile de faînes le calcul donne

$$i = 45° 40' 50'',$$

et le même observateur indique que l'incidence observée lui semble surpasser 45 degrés.

L'équation $h = -k$ formée des termes qui avaient disparu dans $h = +k$ est, dans l'air,

$$\cos r' \sin^2 i = \sin r \sin r' \cos r,$$

ou bien

$$\cos r' = ab \cos r,$$

ou enfin

$$(1 - a^2 \sin^2 i) = a^2 b^2 (1 - b^2 \sin^2 i)\,;$$

dans un liquide, elle sera

$$(1 - a^2 L^2 \sin^2 i) = L^4 a^2 b^2 (1 - b^2 L^2 \sin^2 i)\,:$$

on en tire

$$\sin^2 i = \frac{1 - L^4 a^2 b^2}{a^2 L^2 (1 - L^4 b^4)}.$$

Avec le spath et l'huile de faînes, la valeur de $\sin i$ cesse de surpasser l'unité, et l'on trouve

$$i = 51° 7',$$

valeur identique avec celle qu'a trouvée M. de Senarmont pour la face précitée.

§ 435. — Comment pour obtenir chez le spath $h = -k$ il faut le plonger dans un liquide convenable.

Si l'on voulait trouver à partir de quelle valeur de l'indice L on commence à avoir $\sin i$ moindre que l'unité, et, par conséquent, la réalisation de $h = -k$, il faudrait résoudre par rapport à L l'équation

$$a^2 L^2 (1 - L^4 b^4) = 1 - L^4 a^2 b^2,$$

ou bien

$$a^2 b^4 L^6 - a^2 b^2 L^4 - a^2 L^2 + 1 = 0,$$

en prenant les données du spath et posant $L^2 = z$, elle devient

$$0,06067 z^3 - 0,16608 z^2 - 0,4545 z + 1 = 0,$$

on trouve sans peine que $z = 1$, $z = 2$, puis $z = 1,7$, $z = 1,8$ donnent des résultats de signe contraire, qu'enfin $z = 1,79$ et $z = 1,8$ donnant l'un $+ 0,0022$ et l'autre $- 0,0024$ le polynôme prend pour $z = 1,795$ la valeur insignifiante $- 0,00005$. $1,795$ peut donc être accepté comme valeur de la racine utile à la question. On en déduit

$$L = \sqrt{1,795} = 1,3398,$$

ce qui justifie notre dire sur l'impuissance où est l'eau de donner avec le spath parallèle à l'axe la seconde solution.

§ 436. — Cas des cristaux positifs. — Calcul pour le calomel.

Dans le cas des cristaux positifs l'équation $h = k$ s'obtient en égalant à $-\dfrac{\sin (i - r)}{\sin (i + r)}$ la valeur de x donnée § **431** et se trouve être l'équation bicarrée

$$b^2 (b^2 - a^2) (b^2 + a) \sin^4 i$$
$$- [ab (1 - ab) + b (a + b) (b^2 - a^2)] \sin^2 i + a (b - a) = 0$$

pour le protochlorure de mercure; si l'on prend les chiffres qui ont été préférés (§ **428**), elle devient

$$0,03339 \sin^4 i - 0,22232 \sin^2 i + 0,05013 = 0$$

et donne

$$i = 29° 6'.$$

L'équation $h = - k$, beaucoup plus simple, donne

$$\sin^2 i = \frac{a\,(1 - ab)}{(b^2 - a^2)\,(a + b^3)},$$

ou bien, en passant aux chiffres, $\sin^2 i > 1$. De sorte qu'ici encore cette solution fait défaut dans l'air. Au contact d'un liquide la formule serait

$$\sin^2 i = \frac{1 - ab\,L^2}{L^2\,(b^2 - a^2)\,(a + L^2\,b^3)}$$

et l'indice *limite* dépendrait de l'équation

$$b^3\,(b^2 - a^2)\,L^4 + a\,(ab^2 + b^2 - a^2)\,L^2 - a = 0$$

qui, mise en chiffres, donne

$$L = 1{,}533.$$

§ 437. — Cas du cristal perpendiculaire à l'axe.

Quand le cristal est taillé perpendiculairement à l'axe, la solution $h = k$ répond à $i = 0$, que le cristal soit positif ou négatif. Tout plan d'incidence étant ici section principale, ce sera toujours la vibration ordinaire qui sera livrée au facteur moins rapide $-\dfrac{\sin(i - r)}{\sin(i + r)}$. Nous en concluons que la solution $h = - k$ obtenue au delà de l'angle de Brewster n'aura lieu que chez les positifs. Les expériences d'aucun physicien n'ayant embrassé jusqu'ici ce cas, il nous semble inutile d'y insister.

§ 438. — Cas des cristaux opaques et des biaxes.

Quand le cristal, devenant opaque, revêt les propriétés des métaux, une anomalie se déclare entre les composantes principales dès que l'incidence cesse d'être normale. Le rayon résultant est donc elliptique, et les égalités $h = \pm k$ indiquent simplement que les axes de l'ellipse sont dans les azimuts ± 45. La méthode expérimentale qui consistait à constater, dans l'un de ces azimuts, l'extinction d'une des images polariscopiques, cesse d'être applicable, et il faut chercher d'autres moyens de correspondre avec ces cas d'égalité de h et k. C'est ce qu'a fait M. de Senarmont, et

nous exposerons dans le chapitre XXIII la méthode intuitive à
l'aide de laquelle il décèle et le passage de $\frac{h}{k}$ par l'unité quel que
soit φ, et les autres particularités de ces phénomènes.

 Si le cristal est biaxe, et si sa surface contient, comme chez le
sulfure d'antimoine, deux des axes de la surface de l'onde, l'étude
des deux cas simples où le plan d'incidence passe par ces axes,
n'éprouve aucun changement sérieux. En effet, l'une des vibrations reste ordinaire et l'autre se réfracte encore en correspondance avec une ellipse. Il est vrai que cette ellipse cesse de toucher le cercle ; mais on prévoit que les valeurs de P, $\cos r'$, $\cos r'$,
ressembleront à celles qu'on vient de trouver. Nous laisserons au
lecteur le soin de poursuivre ces indications et nous nous conten-
terons de donner les incidences obtenues par M. de Senarmont.
Dans ses expériences, l'axe c (§ **428**) était parallèle au plan d'incidence comme s'il eût été l'axe optique d'un cristal positif.

Les incidences fournissant $h = k$ ont été

$$\text{dans l'air.....} \quad i = 18° \, 3o',$$
$$\text{dans l'eau...} \quad 24°,$$
$$\text{dans l'huile...} \quad 27°.$$

Ces déterminations comportent quelque incertitude , car en
mesurant (chapitre XXIII) le rapport $\frac{h}{k}$ sous diverses incidences ,
on voit qu'il varie assez lentement avec i autour de sa valeur égale
à l'unité.

§ 439. — Angles de polarisation. — Les cas simples.

Le cas le plus simple a lieu quand l'axe étant dans le plan de la
face, le plan d'incidence lui est perpendiculaire. Des deux rayons
soumis alors aux lois de Descartes, c'est l'ordinaire qui a sa vibration
dans le plan d'incidence et qui peut refuser réflexion. L'incidence
particulière qui amènera ce refus dépend visiblement de $\tan g \, i = \frac{1}{b}$
et vaut

$$i = 58° \, 5o' \, 5o''.$$

Si le plan d'incidence coïncide avec la section principale, c'est
pour la vibration extraordinaire que le refus devient possible.

Comme l'amplitude du rayon réfléchi s'exprime alors par une fraction dont le numérateur est $\cos i \cos r' - P \cos^2 r'_1$, l'angle de polarisation sera donné par l'équation

$$P \cos^2 r'_1 = \cos i \cos r'.$$

Il est deux autres cas qui conduisent à la même équation, à savoir quand l'axe étant normal à la face, le plan d'incidence est quelconque, et quand l'axe étant quelconque, le plan d'incidence se confond avec la section principale.

Nous avons mis en chiffres cette dernière formule pour le cas du § 431. L'équation amenée à ne contenir que $\sin i$ est du sixième degré, mais elle ne contient que les puissances paires de l'inconnue. Si donc on représente $\sin^2 i$ par z, on a à résoudre une équation du troisième degré. En y mettant les données numériques du spath, elle est

$$0,003221\, z^3 + 0,08926\, z^2 + 0,2686\, z - 0,24794 = 0.$$

Nous obtenons un changement de signe en passant de $z = 0,735$ à $z = 0,738$. Ces deux valeurs conduisant à $i = 59°1'$ et $i = 59°13'$, on peut admettre que leur moyenne $i \pm 59°7'$ est la valeur cherchée. Seebeck, dans des expériences faites avec le plus grand soin, trouve seulement $i = \pm 54°2'$. Arrêtons-nous sur ce désaccord (c'est le premier que nous rencontrons) qui sépare l'expérience et la théorie de Fresnel. Nous disons la théorie de Fresnel et non la théorie des ondes, attendu que cette dernière paraît être en dehors du débat. On saura, en effet, qu'en modifiant les idées de Fresnel, Mac-Cullagh et Neumann ramènent entre les limites des erreurs expérimentales, les différences qui séparent les résultats de Seebeck de leurs valeurs calculées.

§ 440. — La théorie de Neumann. — Expression qu'elle assigne à l'angle de polarisation dans une section principale.

Pour ces géomètres distingués : 1° la vibration extraordinaire reste perpendiculaire au rayon et devient oblique sur le plan de l'onde qui cesse de la contenir ; 2° les éthers diversement denses sont remplacés par des éthers diversement élastiques ; 3° le plan de polarisation contient la vibration. Expliquons-nous sur ces modifications. La troisième nous paraît joindre à l'inconvénient d'être combattue par les expériences du § 234 celui de ne rendre

aucun service réel au débat qui est en jeu. On ne saurait trop y
regarder quand il s'agit de déroger aux idées de Fresnel, et on ne
doit le faire que poussé par une impérieuse nécessité. L'exemple
de Cauchy confirmerait au besoin dans cette voie de prudence ; car,
après avoir placé comme eux la vibration dans le plan de polarisation, il n'a pas cru devoir persévérer dans cette opinion et n'a pas
tardé à revenir à l'idée qui les met à angle droit. La deuxième nous
paraît fondée, mais Fresnel était loin de l'ignorer : l'idée d'une élasticité variable et nécessairement variable chez les biréfringents et
la connaissance des ressources qui en découlent étaient choses parfaitement familières à ce grand homme, ainsi que le témoignera
suffisamment sa théorie physique de la double réfraction. Seulement il a eu le tort de ne pas traiter d'un point de vue unique la
réflexion et la double réfraction, ces deux moitiés d'un même phénomène. La première modification seule serait donc à la fois neuve
et importante (*). Elle permet de remplacer, dans la deuxième
équation du § 450, cos r, par cos r' et conduit ainsi à la formule

$$x = - \frac{\cos i - \mathrm{P} \cos r'}{\cos i + \mathrm{P} \cos r'}.$$

En y introduisant les valeurs de P et cos r', qui conviennent au
cristal perpendiculaire à l'axe, on trouve

$$x = - \frac{\cos i - b \sqrt{1 - a^2 \sin^2 i}}{\cos i + b \sqrt{}}.$$

S'agit-il du cristal parallèle à l'axe et du cas où le plan d'incidence
coïncide avec la section principale, ce sera au § 451 qu'on
prendra les valeurs de P et cos r', et l'on aura

$$x = - \frac{\cos i - a \sqrt{1 - b^2 \sin^2 i}}{\cos i + a \sqrt{}}.$$

(*) Rien ne prouve qu'une théorie de la réflexion fondée sur la considération des éthers diversement élastiques ne puisse être établie, sans abandonner sur aucun autre point les idées de Fresnel. Il ne s'agirait de rien
moins que d'un remaniement de sa théorie de la double réfraction, dans
lequel on tiendrait compte simultanément des mouvements réfractés et réfléchis ; peut-être trouverait-on comme conséquence cette orthogonalité de
la vibration sur le rayon qui constitue le premier principe de Neumann. Il
y a là de quoi tenter assurément les jeunes physiciens géomètres.

Veut-on enfin, comme meilleure preuve de l'extrême simplicité introduite dans les calculs, poursuivre le cas simplement indiqué à la fin du même paragraphe, comme alors l'angle compris entre le rayon vecteur et l'axe vaut $L-r'$, on aura

$$P^2 = \frac{a^2 b^2}{a^2 \cos^2 (L-r') + b^2 \sin^2 (L-r')}.$$

Développant et introduisant tang r', il vient

$$P^2 \cos^2 r' = \frac{a^2 b^2}{(a^2 \cos^2 L + b^2 \sin^2 L) + 2 \sin L \cos L \, (a^2 - b^2) \, \text{tang} \, r' + (a^2 \sin^2 L + b^2 \cos^2 L) \, \text{tang}^2 r'}$$

c'est-à-dire, en introduisant les quantités A, B, C du § 165,

$$P^2 \cos^2 r' = \frac{1}{-A \, \text{tang}^2 r' - 2 \, B \, \text{tang} \, r' - A''}.$$

Or le § 170 donne pour la section principale

$$\text{tang} \, r' = - \frac{\sin i}{Aab \sqrt{-A - \sin^2 i}} - \frac{B}{A}.$$

Substituant et opérant les réductions, on a

$$P^2 \cos^2 r' = \frac{1}{\dfrac{\sin^2 i}{A \, a^2 \, b^2 \, (A + \sin^2 i)} + \dfrac{B^2}{A} - A''},$$

et partant, une valeur de x qui ne contient plus avec i que les paramètres caractéristiques du cristal. Veut-on trouver l'angle de polarisation, on égalera cette valeur à $\cos^2 i$, ce qui donne l'équation

$$\cos^2 i = \frac{A \, a^2 b^2 \, (A + \sin^2 i)}{\sin^2 i + a^2 b^2 \, (B^2 - AA'') \, (A + \sin^2 i)};$$

mais on a

$$B^2 - AA'' = - \frac{1}{a^2 b^2},$$

donc

$$\cos^2 i = \frac{A \, a^2 b^2 \, (A + \sin^2 i)}{\sin^2 i - (A + \sin^2 i)} = - a^2 b^2 (A + \sin^2 i).$$

Résolvant par rapport à $\sin^2 i$, on trouve

$$\sin^2 i = \frac{1 + A \, a^2 b^2}{1 - a^2 b^2}.$$

remplaçant **A** par sa valeur, on obtient enfin

$$\sin^2 i = \frac{(1-a^2)\sin^2 L + (1-b^2)\cos^2 L}{1-a^2 b^2}.$$

Comme $\dfrac{1-a^2}{1-a^2 b^2}$ et $\dfrac{1-b^2}{1-a^2 b^2}$ donnent visiblement les angles de polarisation pour les cas particuliers où l'axe est, soit dans le plan de la face, soit normal à la face, il en résulte que la valeur quelconque se rattache à ces deux valeurs remarquables par un théorème élégant.

Avec le spath on a

$$1 - a^2 = 0,5455, \quad 1 - b^2 = 0,6346, \quad 1 - a^2 b^2 = 0,83392;$$

on en déduit pour ces deux cas particuliers

$$i_1 = 53^\circ 58' 40'', \quad i_2 = 60^\circ 44'.$$

Une face naturelle donnant

$$L = 44^\circ 36' 40'',$$

on obtient pour ce cas plus général

$$i = 57^\circ 18' 30''.$$

Les nombres trouvés par Seebeck pour les deux derniers cas sont $60^\circ 33'$ et $57^\circ 19',7$. Quand on possède un mode d'expérimentation suffisamment précis pour répondre des différences qui séparent deux théories, la méthode expérimentale peut décider celle qui est exacte. A ce point de vue, ce serait celle qui met la vibration hors du plan de l'onde et la fait normale au rayon qui serait la bonne. Il conviendrait assurément de voir jusqu'à quel point les principes de Fresnel repoussent l'orthogonalité de ces deux directions. On ne saurait trop regretter que l'illustre Cauchy, si compétent sur ces matières délicates, n'ait pas trouvé le moment de nous dire son dernier mot à cet égard, et de soumettre à une discussion critique les importants travaux de Mac-Cullagh et de Neumann.

Pour ceux qui voudraient savoir de combien l'angle compris entre la vibration et le rayon peut, chez le spath, s'éloigner de 90 degrés, nous dirons que cet angle δ, représenté dans les figures 214 et 215 par N a E, a pour cosinus le quotient $\dfrac{N a}{E a}$. En remplaçant N a et E a par leurs valeurs, on obtient, quand l'axe est dans le plan de la face,

$$\cos^2 \delta = \frac{a^2}{(1 + \Delta^2 \sin^2 i)\,(a^2 - b^2 \Delta^2 \sin^2 i)}.$$

Pour accommoder cette valeur au cas de l'axe normal, il suffit d'y changer $\begin{Bmatrix} a \\ b \end{Bmatrix}$ en $\begin{Bmatrix} b \\ a \end{Bmatrix}$. Il est facile de montrer que, dans l'un comme dans l'autre cas, le maximum δ_1 de δ répond à $i = 90$. On aura donc

$$\cos^2 \delta_1 = \frac{a^2}{(1 + \Delta^2)\,(a^2 - b^2 \Delta^2)}, \quad \cos^2 \delta_1 = \frac{b^2}{(1 - \Delta^2)\,(b^2 + a^2 \Delta^2)};$$

en passant aux chiffres, on arrive pour δ_1 aux deux valeurs

$$5^\circ\,58'\,40'', \quad 6^\circ\,12'\,50''.$$

§ 441. — Comment ici les deux définitions du plan de polarisation cessent d'être équivalentes. — De la déviation. — Moyens de la rendre considérable.

Pour les monoréfringents l'angle de polarisation peut être, ou l'incidence sous laquelle une vibration comprise dans le plan d'incidence cesse de se réfléchir, ou l'angle pour lequel la lumière naturelle donne une vibration réfléchie exclusivement normale au plan d'incidence. Quand il s'agit des biréfringents, à cause de la part de réflexion qui se lie à la réfraction extraordinaire, ces définitions cessent d'être applicables, à moins qu'on n'en étende le sens par une interprétation convenable. Il y a plus : elles cessent d'être équivalentes et fournissent par conséquent deux angles distincts de polarisation.

En effet, dès qu'on sort des azimuts pour lesquels l'ellipsoïde est symétrique à droite et à gauche, la vibration incidente comprise dans le plan d'incidence engendre une vibration réfléchie qui n'y est plus contenue, et qui dès lors fournit, outre une composante située dans ce plan, une composante normale. On conçoit qu'exiger l'annulation simultanée des deux soit impossible, et qu'il ne puisse plus être ici question d'une absence complète de lumière réfléchie. On se rapprochera le plus possible de ce qui a lieu chez les monoréfringents en exigeant que la composante située dans le plan s'éteigne, et ce *premier angle de polarisation sera l'incidence sous laquelle une vibration comprise dans le plan d'incidence ne fournit plus qu'une vibration normale à ce plan.*

II.

Dans la réflexion du rayon naturel sur un biréfringent, imaginons la vibration tournante dans une quelconque de ses positions, et résolvons-la en ses deux composantes, l'une située dans le plan d'incidence, et l'autre normale à ce plan. La réflexion de l'une aussi bien que de l'autre se fera sous l'influence combinée des ondes ordinaire et extraordinaire, et comme l'ellipsoïde auquel cette dernière est subordonnée se présente obliquement, chacune fournira deux vibrations réfléchies $c_1 c_2, c', c'_2$, à savoir c, c', comprises dans le plan d'incidence, et $c_1 c'_1$ normales à ce plan. En d'autres termes, on aura deux vibrations résultantes C, C′ obliques aux azimuts principaux. Pour que la vibration réfléchie fût exclusivement normale au plan d'incidence, il faudrait que, vu l'*incohérence* de C, C′, s'éteignissent et tout C′ et la composante c_1 de C. Or on conçoit qu'une incidence capable de tant de choses n'existe pas. Pour avoir un phénomène analogue à celui des monoréfringents, l'extinction de C′ suffit visiblement, et, à ce point de vue, *l'angle de polarisation sera celui qui donne un réfléchi constitué par une vibration unique qui ne soit plus nécessairement normale au plan d'incidence.*

Pour trouver les intensités des ondes réfléchie et réfractée on a deux sortes d'équations : l'une, issue du principe des forces vives, exige des évaluations de volume et se forme aisément, parce que ces volumes sont des prismes droits dont les hauteurs sont les normales aux ondes; les autres, empruntées au principe de Fresnel, peuvent au contraire se compliquer, et se compliquent en effet sitôt que, par le choix du plan d'incidence ou par la position de l'axe, les vibrations réfractée et réfléchie deviennent obliques sur le plan d'incidence et cessent d'aligner leurs composantes parallèles à la face du cristal dans le même sens que la composante de la vibration incidente. En pareil cas, l'équation

$$(1 + x)\cos i = y \cos r$$

devient insuffisante pour assurer l'*inséparabilité*. Neumann y a pourvu en étendant le principe de Fresnel, et cette extension consistait naturellement à écrire que les composantes de ces trois mouvements, prises suivant deux axes rectangulaires, sont individuellement en équilibre.

C'est au point de vue créé par la deuxième définition que se sont placés les observateurs qui ont étudié la polarisation par réflexion chez les biréfringents; et l'on conçoit cette préférence, car le phénomène ainsi envisagé présente deux particularités facilement accessibles aux mesures : l'une est l'angle de polarisation ; l'autre, connue sous le nom de *déviation du plan de polarisation*, est l'angle de la vibration réfléchie avec la normale au plan d'incidence, il a pour tangente $\frac{c_2}{c_1}$. Mac-Cullagh et Neumann ont donné les valeurs théoriques de ces deux quantités, et ont fait l'objet d'une double confrontation entre les faits et leur théorie. Bornons-nous à dire que dans l'air, même avec le spath, la déviation reste inférieure à 4 degrés, et que, quoique rencontrée d'abord par Brewster, elle n'a été reconnue que plus tard par Seebeck dans des expériences d'une précision supérieure. Ajoutons enfin que dès qu'on plonge le cristal dans l'huile de cassia ($n = 1{,}62$), la déviation, d'une part, n'a plus de limites et peut atteindre 90 degrés, et que, de l'autre, elle est accompagnée de vives colorations qui trahissent une dispersion d'un nouveau genre.

CHAPITRE XVI.

MESURE DES CARACTÉRISTIQUES DE LA POLARISATION MÉTALLIQUE.

Méthode proposée pour la mesure individuelle des phases. — Méthode adoptée pour la détermination individuelle des coefficients h, k. — Mesure de l'anomalie φ : 1° par le déplacement des franges ; — 2° par la méthode des multiples ; — 3° par le compensateur ; — 4° par les elliptiques à 45 degrés ; — 5° par la lame auxiliaire. — Mesure du rapport $\frac{k}{h}$ par la méthode des multiples, — du compensateur, — des elliptiques à 45 degrés. — Détermination des paramètres principaux d'un métal, — d'un corps vitreux non neutre. — Méthodes mêlées 1° de la variation du polarisateur ; — 2° de l'échange des axes ; 3° des deux réflecteurs non parallèles ; — 4° des paramètres principaux de l'elliptique ; — 5° des paramètres non principaux ou du compensateur tournant.

La mesure qui va nous occuper peut être relative ou absolue ; elle peut ne donner que la différence φ des phases ψ, ψ' et le rapport $\frac{k}{h}$ des coefficients d'altération des amplitudes principales, ou bien atteindre et les phases ψ, ψ', et les facteurs h, k. Si le problème *relatif* a été résolu le premier dans son entier et l'a été depuis par des procédés nombreux, l'on est en mesure aujourd'hui de résoudre les deux parties du problème *absolu*.

§ 442. -- Détermination des phases ψ, ψ'.

Imaginons avec M. de Senarmont deux miroirs mi-partie verre et mi-partie métal, et associons-les sous un angle très-obtus de manière à obtenir les franges de Fresnel. On pourra leur donner trois positions relatives (*fig.* 216) : 1° faire correspondre les deux moitiés de verre et les deux de métal ; 2° faire glisser l'un d'eux de manière à avoir trois correspondances, à savoir à un bout celle des deux verres, à l'autre celle des deux métaux, et intermédiairement celle du verre et du métal; 3° retourner l'un des miroirs de manière à amener au contact de l'autre le bord CD précédemment libre, et à obtenir et en haut et en bas la correspondance du métal avec le verre. Dans le premier cas, et ce sera la preuve que le travail des miroirs doubles a la perfection nécessaire, les franges du bas continueront celles d'en haut; dans le second, les franges de la région moyenne seront jetées à droite ou à gauche d'une quantité qui fera connaître le retard ou l'avance que présente par rapport à celui du verre le rayon du métal, et par suite le retard absolu de ce dernier rayon, puisqu'on sait que le verre retarde juste de $\frac{\lambda}{2}$; dans le troisième, la dislocation des franges sera double, attendu que si les moitiés supérieures les jettent à droite, les inférieures les jetteront à gauche de la même quantité. M. de Senarmont a été jusqu'ici arrêté dans la réalisation de ces expériences par la difficulté de construire ces doubles miroirs dont les surfaces contiguës doivent former rigoureusement un seul et même plan.

Si la construction de ces doubles miroirs doit être d'autant plus facile que leur étendue sera plus restreinte, l'emploi de nos demi-lentilles (§ 35) est de nature à hâter la réussite de l'ingénieuse conception de M. de Senarmont. Il suffirait en effet d'offrir aux sommets réels des deux demi-côues un seul miroir double microscopique en ayant soin, à l'aide d'un glissement de ces miroirs opéré dans leur plan commun, de faire tomber les deux sommets tantôt sur le verre, tantôt sur le métal, et tantôt enfin l'un sur le verre et l'autre sur le métal.

§ 443. — Détermination des facteurs h et k.

C'est avec un double miroir que M. Jamin a mené à bonne fin ce problème aussi important que délicat. Mais il s'agit ici d'expériences photométriques, de véritables mesures d'intensité : or, pour ces expériences, moins exigentes que celles des franges, il suffit que les deux miroirs soient plans: une légère saillie de l'un d'eux, telle que peut la produire, pendant le polissage, l'inégale compressibilité des matières, n'en compromet aucunement le succès. Installons donc ce miroir double mi-partie verre, mi-partie métal, sur la plate-forme de l'appareil (§ 398 et *fig.* 207), de telle sorte que la ligne verticale qui les délimite tombe au centre, et que le mince pinceau qui vient se réfléchir centralement tombe moitié sur l'un et moitié sur l'autre. Si nous regardons ce disque formé de deux moitiés inégalement éclairées, avec un prisme biréfringent, et si nous faisons tourner ce dernier, nous verrons une des images tourner autour de l'autre, l'extraordinaire par exemple, et en même temps leurs intensités se modifier, et il y aura des orientations de l'analyseur qui rendront également intenses les deux moitiés contiguës, à savoir, par exemple (*fig.* 217), l'extraordinaire E réfléchi sur verre et l'ordinaire O_1 réfléchi sur métal. Comme on connaît l'intensité de la lumière réfléchie sur le verre par les formules de Fresnel, il en résulte qu'on connaîtra celle du métal et par suite ou h, ou k, suivant que le rayon incident sera polarisé dans l'azimut o ou 90. Entrons dans quelques détails.

L'azimut étant zéro par exemple, le réfléchi (§ 404) garde aussi bien sur le verre que sur le métal son plan de polarisation. En tournant le prisme de l'angle s (compté avec la première vibration), on aura pour le verre les deux intensités

$$O = \frac{\sin^2(i-r)}{\sin^2(i+r)} \sin^2 s, \quad E = \frac{\sin^2(i-r)}{\sin^2(i+r)} \cos^2 s,$$

et pour le métal

$$O_1 = h^2 \sin^2 s, \quad E_1 = h^2 \cos^2 s.$$

L'accroissement de s augmente O_1 et diminue E. Arrêtons-nous à l'instant de l'égalité et nous aurons

$$\frac{\sin^2(i-r)}{\sin^2(i+r)} \cos^2 s = h^2 \sin^2 s,$$

ou bien

$$h^2 = \cot^2 s \, \frac{\sin^2 (i - r)}{\sin^2 (i + r)}.$$

Une autre orientation s' prise à gauche égalisera O et E,
et donnera

$$h^2 = \tan^2 s' \, \frac{\sin^2 (i - r)}{\sin^2 (i + r)} :$$

on vérifiera que les angles s, s' sont complémentaires.

Quand l'azimut initial est 90 degrés, l'intensité du faisceau réfléchi sur verre, qui sert d'intermédiaire pour arri-
ver à celui du métal, n'est plus $\dfrac{\sin^2 (i - r)}{\sin^2 (i + r)}$ mais $\dfrac{\tan^2 (i - r)}{\tan^2 (i + r)}$.
En opérant ce changement on aura deux angles égalisateurs
s_1, s'_1 qui donneront

$$h^2 = \tan^2 s_1 \, \frac{\tan^2 (i - r)}{\tan^2 (i + r)} = \cot^2 s'_1 \, \frac{\tan^2 (i - r)}{\tan^2 (i + r)}.$$

L'exactitude de cette méthode dépend de celle de la valeur
de l'indice n du verre pour la lumière employée (c'était
celle d'un verre rouge). Au lieu de le demander à la déviation d'un prisme, M. Jamin le déterminait par des expériences de réflexion, comme il a été dit (§ **242**).

Le tableau des intensités réfléchies dans l'azimut 90 degrés présente une lacune aux environs de l'angle de polarisation du verre, puisque là cette substance cesse de donner
un faisceau de comparaison. M. Jamin a réalisé ces mesures pour l'acier et pour le métal des miroirs. Nous renvoyons à la *fig.* 212 pour les résultats relatifs à l'acier.

<h3 style="text-align:center">§ 444. — Détermination de la différence φ. — Méthode du
déplacement des franges.</h3>

Remplaçons l'un des miroirs de Fresnel par un miroir
entièrement métallique, et quand les incidences ne seront
pas grandes, évitons la trop grande inégalité des faisceaux,
par l'artifice du § **411**, nous aurons de belles franges un
peu transportées à cause de l'inégalité des retards dus au
métal et au verre. Mais, faute de pouvoir connaître leur

position fondamentale, le transport passera inaperçu. Cependant, en tournant le polarisateur pour passer tour à tour des rayons polarisés dans l'azimut zéro à ceux polarisés dans l'azimut 90 degrés, ou, ce qui revient au même, en supprimant le polarisateur et le remplaçant par un polariscope auquel on donne successivement ces deux orientations, les franges se déplacent de la quantité due à la différence qui existe entre ψ' et ψ. C'est ainsi que M. de Senarmont a constaté le résultat énoncé (§ 403), à savoir que, chez les métaux, ψ' était $> \psi$ et que le second rayon était le plus retardé.

§ 445. — Mesure de φ. — Méthode des multiples.

Reportons-nous à ce qui a été dit (§ 409) sur les $m-1$ valeurs de i, capables de restaurer un rayon qui, ballotté entre deux miroirs parallèles, y subit m réflexions. Si l'on part de l'incidence nulle et qu'on observe dans leur ordre toutes les restaurations, il sera facile de connaître le multiple p de $\frac{\lambda}{2}$, auquel s'élèvera le retard pour une restauration déterminée ; d'autant mieux que la première restauration a lieu, que m soit pair ou impair, dans le quadrant des s négatifs et les autres alternativement dans le premier et le second quadrant. On aura donc

$$\varphi = \frac{1}{m} p\pi,$$

et cette valeur de φ formera, avec l'incidence i correspondante, deux termes de la table des valeurs que prend φ sous les diverses incidences. On en obtiendra ainsi, discontinûment il est vrai, autant qu'il plaira. Les vérifications ne manqueront pas, car, par exemple, suivant qu'on aura recours à 3, 6, 9,..., réflexions ; les deuxième, quatrième, sixième, etc., restaurations donneront pour l'anomalie due à une seule réflexion les quantités égales $\frac{2}{3}\pi, \frac{4}{6}\pi, \frac{6}{9}\pi,\ldots$, et par conséquent les incidences correspondantes ne devront

pas différer. Cette méthode est excellente, car l'anomalie
s'obtient sans mesures; α en effet peut être quelconque, et
le polariscope sert uniquement à constater la restauration.
M. Jamin a appliqué avec un soin extrême cette méthode,
due à Brewster, à l'argent (plaqué d'argent), à l'acier et au
zinc dans deux états différents de polissage. Les résultats
relatifs à l'acier et à l'argent sont construits dans la
fig. 211. En construisant pareillement les deux courbes du
zinc, on voit que si les valeurs de φ fournies par une même
incidence ont changé, leur mode de succession n'a guère
été altéré.

§ 446. — Mesure de $\frac{h}{k}$. — Méthode des multiples.

Quand on a ainsi atteint par tâtonnement une incidence
restauratrice, si l'on mesure l'azimut s de restauration, on
aura (§ 408)

$$\tan g\, s = \left(\frac{k}{h}\right)^{p} \tan g\, \alpha, \quad \text{d'où} \quad \frac{h}{k} = \left(\frac{\tan g\, \alpha}{\tan g\, s}\right)^{\frac{1}{p}};$$

$\frac{h}{k}$ est ainsi mesuré à part, mais il emploie deux données de
l'expérience, à savoir α et s.

§ 447. — Détermination des deux paramètres d'un métal.

Quand on se borne à deux réflexions, l'incidence capable de la
restauration intermédiaire, distincte de o et 90 et seule accessible,
devient l'incidence principale i_1. L'azimut de restauration A satisfait à l'équation

$$\tan g\, A = \frac{k_1^{2}}{h_1^{2}},$$

et la racine carrée de sa tangente se trouve être le second de nos
paramètres. M. Jamin a ainsi déterminé pour les principaux rayons
du spectre et pour sept corps, à savoir trois métaux, l'argent, le
zinc et le cuivre; trois alliages, celui des miroirs, le bronze des
cloches et le laiton, et enfin l'acier, les valeurs de ces paramètres i_1
et A (*). Son but était d'arriver, par la possession de ces para-

____

(*) En prenant $+\alpha$ et $-\alpha$ pour azimut du plan de polarisation et répé-

métres, à mettre en chiffres les formules théoriques par lesquelles Cauchy a exprimé sous toutes les incidences, et notamment sous l'incidence normale, l'intensité de la lumière réfléchie par un métal. Nous renvoyons au deuxième tableau du § 413.

§ 448. — Cas où le corps est vitreux.

Le rapport $\dfrac{h}{k}$ sera considérablement altéré par un faible écart entre l'incidence choisie pour i_1 et la véritable incidence principale quand, ainsi que cela a lieu chez les corps vitreux, $\dfrac{h}{k}$ variera rapidement autour de l'incidence principale. Dans ces cas difficiles, où ce rapport est en outre très-fort, M. Jamin, si bon juge en telle matière, donne la préférence au compensateur; il le met au retard $\pm \dfrac{\lambda}{4}$ et cherche l'incidence qui ramène la frange centrale entre les fils. On détermine ensuite, comme avec un métal, l'azimut qui donne à cette frange le maximum d'obscurité. On évite d'ailleurs les ellipses trop allongées en prenant, ainsi qu'on l'a dit § 410, α très-voisin de 90 degrés. C'est par cette méthode, qui ne met en jeu qu'une réflexion, qu'ont été obtenus les chiffres du cinquième tableau (page 144). Quand vous aurez ainsi trouvé l'incidence i_1, qui donne le retard $\pm \dfrac{\lambda}{4}$, et l'azimut α qui égalise les vibrations, si vous dérangez le polariscope de manière à pouvoir approcher l'œil, et si vous mettez en avant du miroir, derrière le tube qui amène le trait solaire, une lentille qui fasse fonction de disperseur, vous pourrez, à l'aide d'un spath aidé par un ou par deux quarts

---

tant les observations après avoir tourné de 180 degrés l'alidade du miroir, on avait quatre lectures dont la moyenne était déjà débarrassée des erreurs propres aux zéros des limbes et au défaut de verticalité du miroir. M. Jamin ne s'en tenait pas là : il cherchait ensuite, toujours à l'aide de quatre lectures, les azimuts χ', χ'' suivant lesquels le rayon réfléchi sous l'incidence i_1 était restauré, non plus après 2, mais après 4 et 6 incidences, et déduisait de nouveau A des équations

$$\text{tang } \chi' = \frac{h^4}{k^4} \text{ tang } \alpha = \text{tang}^2 \text{ A tang } \alpha, \qquad \text{tang } \chi'' = \frac{h^6}{k^6} \text{ tang } \alpha = \text{tang}^3 \text{ A tang } \alpha.$$

Ainsi les valeurs de A étaient les moyennes de douze expériences.

d'onde, constater la circularité par des expériences différentes de celles du § 412. Nous renvoyons sur ce point au chapitre XIX.

§ 449. — Mesure de φ par le compensateur et subséquemment de $\frac{h}{k}$.

Rétablissons entre le miroir et le polariscope, sur le trajet du rayon réfléchi, le compensateur, et donnons au nicol polarisateur une orientation quelconque α. La frange centrale se déplacera vers la gauche d'une quantité qui variera avec l'incidence. En la rappelant chaque fois entre les fils, le mouvement du micromètre donnera les anomalies introduites par la réflexion. Les composantes du rayon incident étant (*fig.* 207) suivant notre convention fondamentale $\cos \alpha$ et $\sin \alpha$, celles du réfléchi seront $h \cos \alpha$, $k \sin \alpha$. Or $k \sin \alpha$ est retardé (§ 444); donc leur ensemble constitue un sinistrorsum qui se rachète, on le sait, en tournant sinistrorsum le bouton du micromètre. C'est ainsi qu'on trouve que, nulle pour $i = $ o, l'anomalie converge, quand l'incidence devient rasante, vers π, après avoir pris dans l'intervalle toutes les valeurs intermédiaires et notamment la valeur $\frac{\pi}{2}$ sous l'incidence principale i_1, que le compensateur peut ainsi mesurer avec une grande précision.

Avec la lumière de l'alcool salé on obtient des franges très-minces et tout à fait noires, et par suite, quand il s'agit des substances diaphanes, les limites d'incidence entre lesquelles la différence de marche est égale à o ou à π. Avec la lumière blanche la coloration des franges n'amoindrit guère la précision du pointé, et l'exactitude des déterminations reste considérable. Aussi est-ce avec cette méthode que M. Jamin a poursuivi l'étude des phénomènes qui ont réduit à néant la différence qui jusqu'alors avait séparé les miroirs métalliques et les vitreux.

Quand φ est quelconque, une fois que le compensateur a racheté ou complété le retard, on obtient ρ en amenant le polariscope dans l'azimut qui rendra les franges aussi noires

que possible, et on l'obtient à l'aide d'un seul angle qui
reste indépendant de la première lecture.

§ 450. — Mesure de $\frac{h}{k}$. — Méthode des elliptiques à 45 degrés.

Nous avons vu que la variation de a, a' pouvait donner aux
axes une orientation quelconque (§ 368); or ici les quantités a, a'
ayant les valeurs complexes $h \cos \alpha$, $k \sin \alpha$, nous en sommes
maîtres par les facteurs $\cos \alpha$ et $\sin \alpha$. En changeant α, l'elliptique constitué par une anomalie constante φ et deux axes variables
donnera tour à tour à ses axes toutes les orientations possibles.
On conçoit donc qu'on puisse, par un choix heureux de l'angle α,
obliger les axes ou, ce qui est tout un, les constituants, égaux, à se
placer constamment, quels que soient $\frac{h}{k}$ et φ, dans un azimut déterminé, et obtenir, comme équivalent de cette particularité géométrique, une importante simplification de l'équation aux deux
inconnues $\frac{h}{k}$, φ, telle que par exemple l'élimination d'une de ces
inconnues.

L'équation

$$\text{tang } 2\,\Omega_1 = -\frac{a^2 - a'^2}{2\,aa'\cos\varphi},$$

qu'on peut écrire ainsi

$$2 \text{ tang } 2\,\Omega_1 \cos\varphi = -\frac{\dfrac{h^2}{k^2} - \text{tang}^2 \alpha}{\dfrac{h}{k}\,\text{tang } \alpha},$$

doit être considérée comme une première équation entre les deux
inconnues $\frac{h}{k}$ et φ. En prenant pour α une seconde valeur α' et
mesurant le nouvel azimut Ω', du prisme biréfringent, on aurait
une seconde équation. Leur ensemble est le point de départ d'une
des méthodes *mêlées* que nous passerons bientôt en revue. Mais
puisqu'il n'y a pas de valeur qui, α variant, ne puisse convenir
pour Ω_1, direction d'une des bissectrices axiales, $\Omega_1 = 90$ est donc
une valeur qui aura son tour, et si l'on y place la section principale du polariscope biréfringent, on pourra guetter l'instant où

cette réalisation aura lieu, et le reconnaître à ce que l'analyseur donne alors deux images égales. La méthode consistera donc à faire d'autorité $\Omega_1 = 90$, c'est-à-dire à placer la section principale de l'analyseur perpendiculairement au plan de réflexion, et à chercher la valeur de α qui accepte comme bissectrice cette orientation. Or une telle convention annule le premier membre, fait disparaître $\cos\varphi$, et donne pour l'autre inconnue

$$\frac{h}{k} = \text{tang } \alpha.$$

Le rapport $\frac{h}{k}$ se trouve ainsi déterminé *isolément* et à l'aide d'un seul angle, qui d'ailleurs, se détermine avantageusement par la condition de fournir au polariscope immobile deux images égales. Cette méthode s'accommode parfaitement de l'emploi de la lumière blanche. M. Jamin y a recours pour déterminer, de deux en deux degrés, entre 30 et 86 degrés, le rapport $\frac{h}{k}$ pour le métal des miroirs.

§ 451. — Mesure subséquente de φ.

Une fois $\frac{h}{k}$ connu, on peut visiblement, sans changer l'incidence, déranger le polarisateur d'un certain angle θ et lui donner ainsi un nouvel azimut $\alpha + \theta$, qui sera aussi correct que α; puis chercher dans des conditions également favorables l'angle Ω'_1 propre à la nouvelle ellipse. Ces deux angles mis dans l'équation générale avec $\frac{h}{k}$ donneront pour φ une valeur qui nous semble offrir des garanties d'exactitude.

§ 452. — Mesure de φ. — Méthode de la lame auxiliaire.

Donnons à l'analyseur une orientation α et cherchons l'azimut Ω_1 qui donne des images égales, ou, ce qui est tout un, l'azimut $\Omega = \Omega_1 + 45$ qui caractérise un des axes de l'ellipse (dans la méthode de M. de Senarmont, chapitre XXIII, ce sera l'azimut d'uniformisation d'une image), nous aurons l'équation des axes

$$\text{tang } 2\,\Omega = \frac{2\,aa'\cos\varphi}{a^2 - a'^2} = \frac{2\,hk\sin\alpha\cos\alpha\cos\varphi}{h^2\cos^2\alpha - k^2\sin^2\alpha} = \frac{2\,\rho\cot\alpha}{\rho^2\cot^2\alpha - 1}\cos\varphi$$

$$= \text{tang } 2\,\sigma\cos\varphi,$$

en posant

$$\rho \cot x = \tang \sigma.$$

Qu'on répète la même opération après avoir placé sur le trajet du rayon incident ou réfléchi, et par conséquent soit en avant, soit en arrière du miroir, qui engendre l'ellipticité, une lame mince, ou un parallélipipède capable de l'anomalie ε et dont la section principale soit parallèle ou perpendiculaire au plan de réflexion, le rapport ρ et par conséquent l'angle σ n'auront pas changé, l'anomalie φ seule aura été accrue ou diminuée de ε. On aura donc

$$\tang 2\,\Omega' = \tang 2\,\sigma \cos(\varphi \pm \varepsilon).$$

Ces deux équations donnent

$$\frac{\cos(\varphi \pm \varepsilon)}{\cos \varphi} = \frac{\tang 2\,\Omega'}{\tang 2\,\Omega},$$

et, par une transformation bien connue,

$$\frac{\cos(\varphi \pm \varepsilon) - \cos \varphi}{\cos(\varphi \pm \varepsilon) + \cos \varphi} = \frac{\tang 2\,\Omega' - \tang 2\,\Omega}{\tang 2\,\Omega' + \tang 2\,\Omega}.$$

Or le premier membre vaut

$$\frac{2 \sin\left(\varphi \pm \frac{\varepsilon}{2}\right) \sin \frac{\varepsilon}{2}}{2 \cos\left(\varphi \pm \frac{\varepsilon}{2}\right) \cos \frac{\varepsilon}{2}}$$

et le second

$$\frac{\sin 2\,(\Omega' - \Omega)}{\sin 2\,(\Omega' + \Omega)},$$

il en résulte

$$\tang\left(\varphi \pm \frac{\varepsilon}{2}\right) = \cot \frac{\varepsilon}{2} \frac{\sin 2\,(\Omega' - \Omega)}{\sin 2\,(\Omega' + \Omega)},$$

de là $\varphi \pm \frac{\varepsilon}{2}$. Or $\frac{\varepsilon}{2}$ est connu; donc on a φ en fonction de deux angles dont l'un, en sa qualité de différence, est d'une grande exactitude. M. de Senarmont, auquel on doit cette méthode, l'a trouvée assez satisfaisante.

Méthodes mêlées. — Nous appelons ainsi celles qui, au lieu de donner, pour mesurer individuellement φ et $\frac{h}{k}$, certains résultats de l'observation, donnent pour résoudre les équations qui contiennent ces inconnues un nombre suffisant de résultats numériques. Elles sont assez nombreuses : la préférence est due à celles qui emploient les données les plus exactes, et qui en emploient le plus petit nombre.

§ 453. — Mesure de $\frac{h}{\lambda} = \rho$ et φ. — Méthode de la variation du polarisateur.

Ainsi qu'on vient de le dire, on aura les deux équations

$$2 \tang 2 \Omega_1 \cos \varphi = - \frac{\rho^2 - \tang^2 \alpha}{\rho \tang \alpha},$$

$$2 \tang 2 \Omega'_1 \cos \varphi = - \frac{\rho^2 - \tang^2 \alpha'}{\rho \tang \alpha'}.$$

En les divisant membre à membre, on obtient pour déterminer ρ une équation qui donne

$$\rho^2 = \frac{\tang \alpha' \tang 2 \Omega_1 - \tang \alpha \tang 2 \Omega'_1}{\tang \alpha \tang 2 \Omega_1 - \tang \alpha' \tang 2 \Omega'_1}.$$

En reportant dans l'une d'elles cette expression, on aurait φ. Cette méthode est compliquée et peu sûre parce qu'elle emploie quatre données ; mais sa complication peut s'amoindrir si, au lieu de prendre α' quelconque, on le choisit convenablement.

§ 454. — Méthode de l'échange des axes.

En effet, quand par la variation de α on promène ainsi les axes dans toute la circonférence, on rencontre nécessairement une valeur α' qui déplaçant les premiers axes, quels qu'ils soient, de 90 degrés, en amène en quelque sorte l'échange et livre ainsi au polariscope, qui n'a pas bougé, des images encore égales. La relation de ces azimuts conjugés α, α' s'obtient sans peine. Partons de l'équation

$$\tang 2 \Omega = \frac{2 \rho \cos \varphi}{1 - \rho^2}.$$

Pour y obtenir l'échange des axes, il faut que la nouvelle valeur donne

$$\Omega' = \Omega + 90, \quad \text{ou} \quad \tang 2 \Omega' = \tang 2 \Omega.$$

On a donc à résoudre par rapport à ρ l'équation

$$1 - \rho^2 = \frac{2 \cos \varphi}{\tang 2\,\Omega}\,\rho,$$

elle est du second degré, ses valeurs sont toujours réelles, ce qui montre qu'il existe bien réellement deux valeurs de ρ et par conséquent de α capables de donner les mêmes directions aux axes de l'elliptique. Le produit de ces valeurs conjuguées ρ', ρ'' est -1; mais on a

$$\rho' = \frac{k \sin \alpha}{h \cos \alpha}, \qquad \rho'' = \frac{k \sin \alpha'}{h \cos \alpha'};$$

on en déduit

$$\frac{k^2}{h^2} = -\cot \alpha \cot \alpha'.$$

La méthode consiste donc à placer l'alidade de l'analyseur dans un azimut quelconque et après avoir obtenu, pour une première valeur de α, l'égalité des deux images, à la produire encore par une nouvelle valeur α'. Quant à φ, on l'obtient en reportant pour ρ dans l'équation

$$\tang 2\,\Omega = \frac{2\,\rho \cos \varphi}{1 - \rho^2}$$

l'une des valeurs ρ' ou ρ''; elle donne

$$\cos \varphi = \frac{1 - \dfrac{k^2}{h^2} \tang^2 \alpha}{2\,\dfrac{k}{h} \tang \alpha}\, \tang 2\,\Omega,$$

en y remplaçant $\dfrac{k}{h}$ pour sa valeur et opérant quelques réductions faciles, on trouve

$$\cos \varphi = \frac{\sin (\alpha + \alpha')\, \tang 2\,\Omega}{\sqrt{-\sin 2\,\alpha \sin 2\,\alpha'}}.$$

Par cette méthode il n'entre dans ρ que deux des trois données de l'expérience. Mais φ les contient toutes trois et sa précision en est compromise. C'est pour échapper à ces causes d'erreur que M. de Senarmont, en employant les mêmes formules, issues il est vrai d'une méthode expérimentale bien différente, et après s'être assuré que dans cette méthode les erreurs sur ρ rejaillissaient très-énergiquement sur φ, a imaginé la méthode individuelle décrite § 482.

§ **455.** — **Méthode des deux réflecteurs non parallèles** (*).

Quand un elliptique est constitué par le systéme a, a', φ, c'est-à-dire ici $h \cos \alpha$, $k \sin \alpha$, φ, il y a une manière de l'attaquer qui le fait paraître par les constituants a, a', $\pi - \varphi$ (§§ **354** et **360**). Si donc on fait tourner le second miroir (il doit recevoir le rayon sous le même angle d'incidence, et de plus pouvoir tourner coniquement et en emportant le polariscope) autour du rayon déjà réfléchi, jusqu'à ce que ses deux plans principaux aient ces nouvelles directions, les rayons subiront dans la deuxième réflexion les fractionnements déjà subis h et k et vaudront $h^2 \cos \alpha$, $k^2 \sin \alpha$; leur anomalie, devenue $\pi - \varphi$ par la manière de se présenter du second miroir, s'accroîtra de φ et deviendra

$$\pi - \varphi + \varphi = \pi ;$$

il y aura donc restauration dans un azimut s_1 qui, compté à partir de la première direction du second miroir, dépendra de l'équation

$$\tang s_1 = \frac{k^2}{h^2} \tang \alpha .$$

Or pour amener ce résultat le miroir aura dû tourner de l'angle ω' déduit de l'équation du § **360** et donné par

$$\tang \omega' = \frac{2\,aa'}{a^2 - a'^2} \cos \varphi = \frac{2\,\rho \cot \alpha \cos \varphi}{\rho^2 \cot^2 \alpha - 1}.$$

Voilà donc deux équations entre les inconnues ρ, φ et les données ω', s_1 et α; elles donnent

$$\frac{h}{k} = \rho = \sqrt{\frac{\tang \alpha}{\tang s_1}}$$

$$\cos \varphi = \frac{\tang \omega' \left(\dfrac{\tang \alpha}{\tang s_1} \cot^2 \alpha - 1 \right)}{2 \sqrt{\dfrac{\tang \alpha}{\tang s_1}} \cot \alpha} = \tang \omega' \frac{\cos (s_1 + \alpha)}{\sqrt{\sin 2 s_1 \sin 2 \alpha}}.$$

(*) Deux polarisateurs elliptiques quelconques mais identiques, tels que les deux moitiés d'un même mica, peuvent évidemment remplacer les deux miroirs. Mais alors la méthode se particularise, puisque avec des micas, $\frac{k}{h}$ vaut toujours 1.

On tournera donc tour à tour le second miroir et le polariscope jusqu'à ce que par un double tâtonnement on soit arrivé à la restauration. Si le zéro de la division du miroir répond au parallélisme, on lira sur son limbe l'angle ω' et sur celui du polariscope l'angle z_i.

Si on faisait tourner le second miroir de 90 degrés, le retard γ atteindrait celui des deux rayons qui avait été mis en avance par la première réflexion. Les fractionnements h, k seraient échangés et les composantes du rayon restauré étant devenues $hk \cos \alpha$, $kh \sin \alpha$, l'azimut de restauration aurait pour tangente $\dfrac{hk \sin \alpha}{hk \cos \alpha}$ et ne différerait pas de α. On n'obtient donc ainsi qu'une équation privée des paramètres inconnus et pouvant seulement servir à vérifier des principes évidents.

Dans cette dernière méthode le second miroir intervient comme restaurateur; si on le met à angle droit, il restaure avec une grande perfection, vu la parfaite équivalence des deux dispersions antagonistes successives, mais d'une manière inféconde. Si au lieu d'annuler le retard on le porte à valoir π, les effets de dispersion ne sont plus, ce semble, aussi bien éliminés, mais on arrive à déterminer ρ et φ. Les restaurateurs considérés dans le chapitre XI étaient des quarts d'onde; il suffirait visiblement d'incliner le second miroir sous l'incidence principale pour le rendre également quart d'onde. Si l'on avait préalablement déterminé la valeur $\dfrac{h_i}{k_i}$ du rapport ρ propre à l'incidence principale, il rendrait les mêmes services qu'un quart d'onde quelconque, et par exemple conduirait à la connaissance de la grandeur et de la direction des axes, mais d'une manière plus compliquée que les micas ou parallélipipèdes, car ces derniers maintiennent entre les composantes principales du rayon restauré le rapport antérieur.

§ 456. — Méthode des paramètres principaux de l'elliptique.

Dans les méthodes précédentes les angles dont la connaissance conduit à celle de $\dfrac{k}{h}$, φ se rattachent bien aux axes. Ainsi la méthode du § 450 force les axes à se mettre dans les azimuts ± 45 et celle du § 454 les oblige à être deux fois de suite dans la même direction. Mais si les directions successives des axes font les frais de ces méthodes, leur rapport de grandeur n'y joue aucun rôle. La méthode qui va être exposée tient compte et de ce rapport et de ces directions; seulement la connaissance du rapport fournissant une équation, on y est dispensé de changer l'elliptique, et le problème consiste alors dans une solution retournée de celui qui a été traité § 355 : là en effet il s'agissait de passer d'un système donné de constituants $\frac{a}{a'}$, φ au système principal $\frac{A_1}{A'_1}$, Ω; ici au contraire, ayant $\frac{A_1}{A'_1}$, Ω, il faut en déduire $\frac{a}{a'}$, φ.

La connaissance de $\frac{A_1}{A'_1}$ suppose une restauration, un quart d'onde est donc un auxiliaire indispensable de la méthode. Elle consistera à déterminer comme précédemment Ω par la recherche des images égales; puis, insérant le quart d'onde dans la direction que cette première détermination assigne aux axes, à mouvoir le polariscope qui doit être alors à une seule image, et à déterminer par le phénomène d'extinction l'angle s dont la tangente vaut

$$\frac{A'_1}{A_1} = \frac{1}{R}.$$

Les équations des §§ 358 et 359 ne conviendraient que dans un cas très-particulier. De la manière dont les choses se présentent, c'est à ces équations transformées et devenues ce qu'elles sont au § 360 qu'il faut recourir. Une troisième inconnue σ s'y glisse, il est vrai, mais, purement auxiliaire, elle fournit la condition

$$\tan \sigma = \frac{k}{h} \tan \alpha,$$

par laquelle on l'a rattachée aux données essentielles du problème.

Les équations à traiter sont donc

$$(1) \qquad \tan \sigma = \frac{k}{h} \tan \alpha,$$

$$(2) \qquad \tan 2\,\Omega = \cos \varphi \tan 2\,\sigma,$$

$$R^2 = \frac{1 \pm \cos 2\,\sigma \sec 2\,\Omega}{1 \mp \cos 2\,\sigma \sec 2\,\Omega},$$

qui devient sans peine

$$\cos 2\,\sigma \sec 2\,\Omega = \pm \frac{R^2 - 1}{R^2 + 1},$$

13.

ou encore, en introduisant à la place de R l'angle s issu de l'expérience,

$$(3) \qquad \cos 2\,\sigma = \pm \cos 2\,\Omega \cos 2\,s.$$

Des six quantités σ, $\dfrac{h}{k}$, α, Ω, φ, s, trois sont connues, α, Ω, s; les trois équations suffiront pour déterminer les autres.

Si l'on n'avait pas intérêt à éliminer σ qui n'est qu'une auxiliaire, on pourrait, de proche en proche, tirer σ de (3), puis φ et $\dfrac{h}{k}$ de (2) et (1); mais il vaut mieux atteindre, comme il suit, des formules débarrassées de σ et cependant explicites.

Remplaçons dans (3) $\cos 2\,\sigma$ par $\cos^2 \sigma - \sin^2 \sigma$ et nous obtiendrons tour à tour et $\cos^2 \sigma$ et $\sin^2 \sigma$ et enfin

$$\tan^2 \sigma = \frac{1 - \cos 2\,\Omega \cos 2\,s}{1 + \cos 2\,\Omega \cos 2\,s},$$

d'où

$$(4) \qquad \frac{h^2}{k^2} = \tan^2 \alpha \, \frac{1 + \cos 2\,\Omega \cos 2\,s}{1 - \cos 2\,\Omega \cos 2\,s}.$$

Tirons de (3) $\sin^2 2\,\sigma$, cela nous donnera $\tan^2 2\,\sigma$, et en le remplaçant dans (2) nous aurons pour deuxième formule explicite

$$\cos^2 \varphi = \frac{\sin^2 2\,\Omega \cos^2 2\,s}{1 - \cos^2 2\,\Omega \cos^2 2\,s},$$

ou bien, en passant au sinus puis à la tangente,

$$\tan^2 \varphi = \frac{\tan^2 2\,s}{\sin^2 2\,\Omega}.$$

L'observation apprendra si l'elliptique étudié est dextrorsum ou sinistrorsum. Nous savons même § 401 qu'avec une disposition convenable des appareils ces deux gyrations seront en correspondance avec le signe de l'angle s, et comme en considérant exclusivement le grand axe, s ne dépassera pas 45, on peut dire que le rayon sera $\begin{cases} \text{dextrorsum} \\ \text{sinistrorsum} \end{cases}$ selon qu'on aura $\tan 2\,s \gtrless 0$; il en résulte qu'en prenant, dans la formule

$$\tan \varphi = \frac{\tan 2\,s}{\sin 2\,\Omega},$$

φ positif ou négatif suivant le signe connu du quotient, on aura pourvu au sens de gyration du rayon.

§ 457. — Méthode des paramètres non principaux.

Un compensateur tournant reproduirait, mais dans des conditions tout à fait générales, la méthode qui précède. On lui ferait marquer un retard φ quelconque, compris toutefois entre les deux limites $2\sigma, \pi - \sigma$ (§ 543) qui comprennent les valeurs revêtues par φ dans les diverses représentations équivalentes de l'elliptique qu'il s'agit de mesurer ; puis on le tournerait azimutalement jusqu'à ce que la frange centrale fût revenue entre les fils. On aurait ainsi un premier angle ω. On tournerait ensuite le polariscope jusqu'à ce que la frange centrale eût son maximum d'obscurité et l'on aurait

$$\rho = \frac{a}{a'} = \frac{1}{\tang s}.$$

En partant d'un autre retard φ on aurait deux autres valeurs ω', s' et l'on pourrait voir si les diverses valeurs ainsi trouvées satisfont aux relations du § 534, vérifiant ainsi des formules théoriques qui sont le fondement de la polarisation elliptique.

Au soin que nous avons mis à exposer ces méthodes, qu'on n'aille pas croire que nous leur accordons une égale faveur. En matière expérimentale, c'est la précision qui fait surtout la supériorité des méthodes. Sous ce rapport, quand les inconnues $\frac{h}{k}$, γ sont dans une dépendance connexe des quantités observées, ces quantités sont plus nombreuses, et les incorrections inévitables et souvent notables de ces quantités jettent dans les valeurs de ces inconnues des incertitudes plus grandes que si la méthode rattachait exclusivement, chacune d'elles par exemple, à une seule des données de l'expérience. Les *méthodes mêlées* ont donc une infériorité manifeste ; cependant comme elles devaient être essayées et qu'une place leur était dès lors acquise au moins dans l'histoire de la science, il ne nous était pas permis de les passer sous silence. Au surplus, quelque grand que puisse paraître le nombre de celles comprises dans ce chapitre, nous prévenons qu'il y sera ajouté, et que le chapitre XXIII sera consacré tout entier à l'étude d'une méthode qui se recommande par l'extrême variété de ses ressources et qui, tout en se prêtant à des mesures précises, permet de montrer par projection les traits les plus saillants des phénomènes

CHAPITRE XVII.

DOUBLE RÉFRACTION CIRCULAIRE.

ARTICLE Ier.

DÉTERMINATION DES CONSTANTES DE LA DOUBLE RÉFRACTION CIRCULAIRE PAR LES PRISMES ET PAR LES ROTATIONS.

Comment on peut tirer d'un rectiligne, soit un système unique de circulaires égaux, soit une infinité de systèmes d'elliptiques, égaux ou inégaux, rectangulaires, symétriques ou même quelconques. — Équations de ces constituants. — Leur forme varie avec l'azimut de la vibration rectiligne. — Cas des elliptiques inégaux rectangulaires semblables. — Comment un retard empêche, s'il s'agit d'elliptiques, la reconstitution du rectiligne et en change seulement l'azimut s'il s'agit de circulaires. — Calculs de la déviation d'un triprisme et d'un biprisme circulaires. — A égale longueur ces déviations sont égales. — Aspects multiples du paramètre δ. — Faiblesse de la double réfraction circulaire du quartz. — Grandeur de la dispersion. — La rotation du plan de polarisation reconnaît trois causes. — On doit éliminer la rotation due à une altération dans la période et on y arrive en rendant cette altération commune aux deux circulaires. — Rotation par inégalité de vitesses. — Substances dextrogyres et lévogyres. — Formule qui lie la rotation tabulaire a au paramètre δ. — Loi de M. Biot et son interprétation. — Mesure rationnelle, de la réfringence, de la dispersion et de la double réfraction.

Parmi les nombreux moyens de produire la polarisation circulaire ou elliptique, il en est un dont nous avons jusqu'ici simplement signalé l'existence. Il s'agit de la *double réfraction circulaire* qui, par un dédoublement analogue à celui réalisé en double réfraction ordinaire, fournit d'un seul coup, au lieu de deux rectilignes rectangulaires, deux circulaires inverses. Il nous faut actuellement établir les équivalences sur lesquelles repose ce curieux dédoublement, étudier à fond les appareils qu'on y emploie, les ap-

parences variées qu'elle peut revêtir et mesurer enfin les
constantes numériques qui la caractérisent. Le chapitre XVII est consacré à cette importante étude.

§ 458. — Décomposition d'un rectiligne en deux circulaires inverses.

Soit une vibration rectiligne située, par exemple, dans
l'azimut 45 degrés, décomposons-la en deux autres douées
des mêmes nœuds, situées respectivement dans les plans
ZOX, ZOY, et conséquemment égales. Chacun de ces mouvements pourra être remplacé dans son plan par deux autres qui différeront de $\frac{\lambda}{4}$ et qui seront égaux si le retard de
l'un comme l'avance de l'autre valent $\frac{\lambda}{8}$ (§ 52). En conjuguant le rayon retardé d'un des plans avec le rayon
avancé de l'autre, on obtiendra deux circulaires, à savoir,
un *dextrorsum* avec la combinaison qui contient la vibration avancée du plan ZOX et un *sinistrorsum* avec l'autre
système. Donc *un rectiligne équivaut à deux circulaires
égaux, d'intensité moitié et de gyrations contraires.*

§ 459. — D'un rectiligne en deux elliptiques inverses. — Elle est indéterminée.

Au lieu de partager par moitié l'intervalle $\frac{\lambda}{4}$, prenons ψ
pour l'avance et $\frac{\pi}{2} - \psi$ pour le retard; alors les composants
des deux systèmes, tout en gardant l'anomalie $\frac{\pi}{2}$, cessent
d'offrir la condition d'égalité. Ils formeront donc deux elliptiques dont ils seront les composantes principales. Donc
*un rectiligne peut se décomposer en deux elliptiques
égaux, d'intensité $\frac{1}{2}$ et de gyration contraire.*

Si l'intervalle cessait d'être $\frac{\lambda}{4}$, et s'il était partagé également, les rayons des deux systèmes seraient seulement égaux et rectangulaires et les deux elliptiques apparaîtraient sous leur seconde forme simple (§ 356). Si, cessant d'être $\frac{\lambda}{4}$, il était partagé différemment dans les deux plans ZOX, ZOY, ou bien si on lui donnait une valeur différente dans chacun de ces plans, ou enfin si l'azimut du rayon primitif n'était plus 45 degrés, on obtiendrait une infinité d'autres couples d'elliptiques également équivalents au rectiligne.

§ 460. — Calcul des elliptiques d'un rectiligne.

Traduisons ce qui précède par le calcul :

$$\text{Rayon primitif}\ldots\ldots \quad X = a \cos 2\pi\,\frac{t}{T} = a \cos\xi,$$

$$\text{Ses deux composants.} \quad x = \frac{a}{\sqrt{2}}\cos\xi, \quad y = \frac{a}{\sqrt{2}}\cos\xi.$$

Le premier composant donne

$$x_1 = \frac{a}{\sqrt{2}}\cos\psi\cos(\xi+\psi),$$

$$x_2 = \frac{a}{\sqrt{2}}\sin\psi\cos\left(\xi+\psi-\frac{\pi}{2}\right).$$

Le dernier

$$y_1 = \frac{a}{\sqrt{2}}\cos\psi\cos(\xi+\psi),$$

$$y_2 = \frac{a}{\sqrt{2}}\sin\psi\cos\left(\xi+\psi-\frac{\pi}{2}\right).$$

Le système $x_1\,y_2$ donne l'elliptique dextrorsum, et le système $x_2\,y_1$ l'elliptique sinistrorsum. L'intensité de chacun de ces elliptiques est

$$\frac{a^2}{2}\left(\cos^2\psi + \sin^2\psi\right) = \frac{a^2}{2}.$$

La *fig.* 218 montre ces deux elliptiques dont les axes homologues sont rectangulaires. Les points correspondants que la particule éthérée occuperait sur chaque courbe, si elle était seule, sont placés comme p, p', et symétriques par rapport à l'azimut de la vibration primitive.

§ 461. — Cas des circulaires.

Si l'on pose $\psi = \dfrac{\pi}{4}$, les équations deviennent celles des deux circulaires d'un rectiligne. Parmi les diverses manières de les écrire nous signalons celle-ci :

$$\left. \begin{aligned} x_1 &= \frac{a}{2}\cos\left(\xi + \frac{\pi}{4}\right) \\ y_2 &= \frac{a}{2}\cos\left(\xi - \frac{\pi}{4}\right) = \frac{a}{2}\sin\left(\xi + \frac{\pi}{4}\right) \end{aligned} \right\},$$

$$\left. \begin{aligned} x_2 &= \frac{a}{2}\cos\left(\xi - \frac{\pi}{4}\right) \\ y_1 &= \frac{a}{2}\cos\left(\xi + \frac{\pi}{4}\right) = -\frac{a}{2}\sin\left(\xi - \frac{\pi}{4}\right) \end{aligned} \right\}.$$

Ces équations répondent au cas où l'azimut du rectiligne transformé est $+ 45°$. Quand ce plan coïncide avec le premier azimut **ZOX**, elles prennent la forme plus simple

$$\left. \begin{aligned} x_1 &= \frac{a}{2}\cos\xi \\ y_1 &= \frac{a}{2}\sin\xi \end{aligned} \right\}, \qquad \left. \begin{aligned} x_2 &= \frac{a}{2}\cos\xi \\ y_1 &= -\frac{a}{2}\sin\xi \end{aligned} \right\}.$$

Justifions ces dernières équations des deux circulaires d'un rectiligne par la synthèse suivante qui forme un mnémonisme facile pour les retrouver.

Soit le rectiligne $X = a\cos\xi$; en le dédoublant dans son plan *sans changement de nœuds*, il donne

$$x_1 = \frac{a}{2}\cos\xi, \quad x_2 = \frac{a}{2}\cos\xi ;$$

prenons dans le plan **ZOY** les deux vibrations égales et contraires

$$y_1 = \frac{a}{2}\cos\left(\xi - \frac{\pi}{2}\right) = \frac{a}{2}\sin\xi, \quad y_1 = -\frac{a}{2}\sin\xi,$$

x_1, y_1, donneront le dextrorsum et x_2, y_1 le sinistrorsum.

On peut évidemment chercher par la même synthèse les deux elliptiques d'un rectiligne situé dans l'azimut zéro, on trouve

$$\dot{x}_1 = \frac{a}{2}\cos\xi \left.\vphantom{\frac{a'}{2}}\right\} \qquad \left. \begin{aligned} &x_2 = \frac{a}{2}\cos\xi \end{aligned} \right|$$

$$\cdot = \frac{a'}{2}\cos(\xi-\psi) \left.\vphantom{\frac{a'}{2}}\right\} \qquad y_1 = -\frac{a'}{2}\cos(\xi-\psi) = \frac{a'}{2}\cos(\xi-\psi+\pi) \left.\vphantom{\frac{a'}{2}}\right|$$

équations de deux elliptiques symétriques inverses (*fig.* 219) qui deviennent rectangulaires quand on prend $a' = a$.

Si l'on veut avoir un système d'elliptiques simplement rectangulaires, on prendra $\psi = \frac{\pi}{2}$ et l'on donnera aux rayons situés dans le plan ZOY une amplitude $a' = ka$ distincte de celle des premiers rayons. Alors en posant $\frac{a}{2} = 1$, cas auquel le rayon donné devient

$$X = 2\cos\xi,$$

on a les expressions très-simples

$$\left. \begin{aligned} x_1 &= \cos\xi \\ y_2 &= k\sin\xi \end{aligned} \right\}, \qquad \left. \begin{aligned} x_2 &= \cos\xi \\ y_1 &= -k\sin\xi \end{aligned} \right\}.$$

§ 462.   Équation des elliptiques qu'on sait réaliser.

Les cas de dédoublement qui précèdent nous fournissent des elliptiques égaux. Eh bien, il ressort des travaux de MM. Airy et Jamin que dans les circonstances bien rares où l'on assiste à cette sorte de dédoublement, les elliptiques nés du rectiligne ne sont que semblables et rectangulaires, ainsi que le montre la *fig.* 220. Préparons-nous à l'exposition de leurs beaux travaux, en donnant encore les formules qui résolvent ce cas.

La vibration donnée étant dans le plan ZOX, si le premier elliptique est

$$\left. \begin{aligned} x_1 &= \cos\xi \\ y_1 &= k\cos\left(\xi - \frac{\pi}{2}\right) \end{aligned} \right\},$$

le deuxième aura d'abord pour deuxième vibration

$$y_1 = - k \cos \left(\xi - \frac{\pi}{2} \right) = k \cos \left(\xi + \frac{\pi}{2} \right).$$

Pour avoir une ellipse semblable à la première, il faut que sa première vibration soit

$$x_2 = k^2 \cos \xi,$$

de sorte que la vibration donnée aura été décomposée en deux autres dont les coefficients sont 1 et k^2, ce qui lui assigne pour amplitude $1 + k^2$. Voulons-nous lui donner l'amplitude 1 et l'équation

$$x = \cos \xi,$$

alors ses composantes seront

$$x_1 = \frac{1}{1 + k^2} \cos \xi, \quad x_2 = \frac{1}{1 + k^2} \cos \xi;$$

les deux vibrations égales et contraires introduites dans le plan ZOY seront

$$y_2 = \frac{k}{1 + k^2} \cos \left(\xi - \frac{\pi}{2} \right), \quad y_1 = - \frac{k}{1 + k^2} \cos \left(\xi - \frac{\pi}{2} \right),$$

et les deux elliptiques

$$x_1 = \frac{1}{1 + k^2} \cos \xi, \quad \left. \begin{array}{l} \end{array} \right\} \qquad x_2 = \frac{k^2}{1 + k^2} \cos \xi$$

$$y_2 = \frac{k}{1 + k^2} \cos \left(\xi - \frac{\pi}{2} \right) \quad \left. \begin{array}{l} \end{array} \right\}, \qquad y_1 = - \frac{k}{1 + k^2} \cos \left(\xi - \frac{\pi}{2} \right) \left. \begin{array}{l} \end{array} \right\},$$

convenons de les désigner par le nom d'*elliptiques réciproques*.

§ 463. — Comment un retard change les points correspondants.

On saura que quand, soit le système des circulaires, soit l'un quelconque des systèmes compris virtuellement dans un rectiligne passent de l'état possible à l'état de réalité, il y a toujours entre ces deux rayons et par le fait même des circonstances qui produisent une telle transformation, introduction d'un retard. Alors les points correspon-

dants p, p' (*fig.* 218, 219, 220) changent et cessent d'être
symétriques par rapport à l'azimut primitif. Le retard
atteint-il le sinistrorsum, par exemple, au point p correspondra un autre point plus ou moins reculé suivant le retard, tel que p''. On prévoit que quand il s'agira d'elliptiques, ce changement de correspondance rende impossible
la reconstitution du rectiligne primitif, et qu'avec les circulaires égaux elle n'ait plus lieu dans l'azimut primordial.
Qu'il nous suffise de signaler ces conséquences remarquables
du retard, sur lesquelles on reviendra bientôt.

Ce qui vient d'être dit nous montre que la double réfraction circulaire peut se manifester diversement et produire,
outre des déviations (§ 322), une rotation du plan de polarisation. Nous pouvons ajouter qu'elle apparaîtra sous un troisième aspect en produisant dans les franges de Young ou dans
les anneaux colorés des lames minces des phénomènes de
transport. Nous allons l'étudier tour à tour à ces trois points
de vue, en commençant par celui de la transformation d'un
incident en deux rayons distincts, point de vue auquel
d'ailleurs a déjà été consacré le § 322.

§ 464. — Calcul de la déviation du triprisme (*fig.* 221).

Grâce à l'étude déjà faite, nous connaissons l'appareil,
la marche qu'y suivent les rayons, et il ne nous reste qu'à
trouver l'expression de la séparation angulaire des deux
faisceaux. Soient v, n la vitesse et l'indice du rayon ordinaire, tels qu'ils s'obtiennent inaltérés à travers une
lame de quartz parallèle à l'axe ; on doit admettre, et les
mesures ne démentent pas ce dire, que les deux circulaires
se partagent également, l'un par excès, l'autre par défaut,
la très-petite différence qui sépare soit leurs deux vitesses,
soit leurs deux indices, et qu'ainsi on a pour le plus rapide

$$v\left(1+\frac{\delta}{2}\right), \quad n\left(1-\frac{\delta}{2}\right),$$

et pour le plus lent

$$\nu\left(1-\frac{\delta}{2}\right), \quad n\left(1+\frac{\delta}{2}\right) \; (^*).$$

Cela posé, si nous raisonnons sur le rayon qui traverse le moins rapidement le prisme intermédiaire, l'incidence en a étant A, l'angle de réfraction $A - y$ dépendra de l'équation

$$\sin(A - y) = \frac{n\left(1-\frac{\delta}{2}\right)}{n\left(1+\frac{\delta}{2}\right)}\sin A,$$

en b l'incidence est

$$2A - (A - y) = A + y,$$

(*) Soit en effet V la vitesse dans le vide, on a

$$n = \frac{V}{\nu}, \quad n' = \frac{V}{\nu\left(1+\frac{\delta}{2}\right)} = n\,\frac{1}{1+\frac{\delta}{2}},$$

et approximativement (vu la petitesse de δ)

$$n' = n\left(1-\frac{\delta}{2}\right).$$

On a de même

$$n'' = \frac{V}{\nu\left(1-\frac{\delta}{2}\right)} = n\left(1+\frac{\delta}{2}\right),$$

de sorte que la partie aliquote δ est bien la même pour les vitesses et pour les indices. Elle serait encore la même pour les longueurs d'onde Ainsi soient, λ la longueur d'onde tabulaire, $l = \frac{\lambda}{n}$ celle du rayon ordinaire dans le quartz, l', l'' celles des deux circulaires, on a

$$\frac{\lambda}{l} = n, \quad \frac{\lambda}{l'} = n' = \frac{n}{1+\frac{\delta}{2}}, \quad \text{d'où} \quad l' = \frac{\lambda}{n}\left(1+\frac{\delta}{2}\right) = l\left(1+\frac{\delta}{2}\right),$$

on aurait de même

$$l'' = l\left(1-\frac{\delta}{2}\right),$$

en d'autres termes on a indistinctement

$$\delta = \frac{\nu' - \nu''}{\nu} = \frac{n'' - n'}{n} = \frac{l' - l''}{l}.$$

et l'angle de réfraction $A + y + z$ sera donné par

$$\sin (A + y + z) = \frac{1 + \dfrac{\delta}{2}}{1 - \dfrac{\delta}{2}} \sin (A + y).$$

En c enfin l'incidence est $y + z$ et l'angle extérieur $y + z + t$ sera donné par

$$\sin (y + z + t) = n \left(1 - \frac{\delta}{2} \right) \sin (y + z),$$

et cet angle $y + z + t$ exprime la déviation subie par ce circulaire.

Pour en calculer les diverses parties, nous remarquons que si dans la formule

$$\sin A = n \sin B,$$

B diffère de A d'une très-petite quantité $\mp \varepsilon$, on peut échanger la relation rigoureuse

$$\sin A = n \sin (A \mp \varepsilon)$$

contre la formule approximative

$$\sin A = n (\sin A \mp \varepsilon \cos A)$$

laquelle donne

$$\varepsilon = \pm \frac{n - 1}{n} \tang A.$$

Pour en tirer y, il faut y faire

$$n = \frac{1 + \dfrac{\delta}{2}}{1 - \dfrac{\delta}{2}},$$

ou bien

$$\frac{n - 1}{n} = \frac{\delta}{1 + \dfrac{\delta}{2}},$$

ce qui donne

$$y = \frac{\delta}{1 + \dfrac{\delta}{2}} \tang A = \delta \tang A.$$

Pour en tirer z, n vaut

$$\frac{1-\frac{\delta}{2}}{1+\frac{\delta}{2}} \quad \text{et l'on a} \quad \frac{n-1}{n} = -\frac{\delta}{1-\frac{\delta}{2}},$$

ce qui donne, puisqu'on est dans le cas du signe moins,

$$z = \delta \tang \mathrm{A}.$$

La troisième formule enfin porte sur deux angles très-petits; si donc on y remplace les sinus par les angles, elle devient

$$y + z + t = n\left(1 - \frac{\delta}{2}\right)(y + z) = n(y + z).$$

Il en résulterait

$$t = (n-1)(y + z);$$

mais il nous suffit d'en tirer l'expression de la déviation

$$n(y + z) = 2n\delta \tang \mathrm{A}.$$

On trouverait pour la déviation subie par l'autre circulaire la même valeur. Comme elle se fait en sens contraire, l'angle Δ séparateur des deux circulaires en est le double et vaut

$$\Delta = 4n\delta \tang \mathrm{A}.$$

Un biprisme de dimensions égales dévie autant. — Au lieu d'un triprisme, il est plus économique de ne faire qu'un biprisme (*fig.* 222) formé de deux quartz d'espèce contraire dont les faces externes soient perpendiculaires à l'axe cristallographique. En effet, à égales dimensions ce biprisme donnera par ses deux réfractions, grâce à l'obliquité plus grande de la surface de séparation des deux quartz, le même angle de duplication que le triprisme avec ses trois réfractions. Soient en effet L et H la longueur PQ et la hauteur PR du triprisme, auquel cas l'angle A est donné par

$$\tang \mathrm{A} = \frac{1}{2}\frac{\mathrm{L}}{\mathrm{H}}.$$

Ici l'angle A', et par conséquent l'incidence en a, dépendra de

$$\tang A' = \frac{L}{H} = 2 \tang A.$$

La réfraction fournit en a l'équation

$$\sin A' = \frac{1 + \frac{\delta}{2}}{1 - \frac{\delta}{2}} \sin (A' - z),$$

d'où

$$z = \delta \tang A' ;$$

en b on aura

$$z + t = nz = n\delta \tang A' = 2 n \delta \tang A.$$

En doublant il vient, comme avec le triprisme,

$$\Delta = 4 n \delta \tang A.$$

Dans le triprisme de Fresnel A valait 76 degrés, ce qui assigne à l'angle A′ du biprisme équivalent la valeur 82° 54′. En prenant les valeurs de n propres aux divers rayons (§ 144) et celles de δ obtenues par une aûtre méthode (§ 468), on trouve les nombres du tableau suivant. Nous avons placé en regard les angles de duplication que donnerait un biprisme de Wollaston d'un angle réfringent, tel (2° 59′ 51″) que la double réfraction du rouge y fût la même que dans le biprisme circulaire. Le contraste des angles 2° 59′ et 83 degrés d'une part, et des angles correspondants du tableau de l'autre, montre combien la double réfraction ordinaire surpasse la circulaire, et combien au contraire la dispersion circulaire surpasse l'autre. Nous y reviendrons, surtout sur le dernier contraste.

Raie.	$\Delta = 4 n \delta \tang 76°$.	Duplication du biprisme de Wollaston.
B	3′,22	3′,22
C	3,46	3,23
D	3,91	3,25
E	4,44	3,29
F	4,82	3,30
G	5,54	3,37

§ 465. — Rotation du plan de polarisation : 1° par altération de T.

Nous connaissons trois manières de changer le plan de polarisation du rectiligne contenu dans l'ensemble de deux circulaires égaux et contraires. La première, dont nous ne savons pas régulariser l'emploi, mais qui nous domine et nous impose certaines obligations, consisterait à altérer une fois pour toutes la durée d'une des révolutions de l'un de ces circulaires. Si l'abrévation représentée par un certain angle α porte sur le dextrorsum (*fig.* 223), la particule oscillante qui, partant de q, y reviendrait, sous l'influence de chaque mouvement, après la durée T de la période, ne sera plus portée qu'en r par le sinistrorsum. La résultante des deux vitesses simultanées, tangentes au cercle commun décrit, l'une en q et l'autre en r, sera donc dirigée suivant la bissectrice de l'angle qOr; de sorte que la résultante rectiligne des deux circulaires se trouvera, à la suite d'une telle perturbation, déplacée de l'angle $\frac{\alpha}{2}$ dans le sens dextrorsum.

On évitera ces rotations dont l'intervention désordonnée transformerait en un rayon naturel le rectiligne promis, si on a soin que les deux circulaires soient toujours extraits d'un même rayon primitif naturel ou polarisé.

§ 466. — 2° par inégalité de vitesse. — Plan de croisement.

Nous sommes maîtres des deux autres moyens de faire tourner le plan de polarisation, ils se ressemblent en ce que tous deux proviennent d'un retard introduit entre les deux circulaires; mais tandis que dans l'un ce retard est géométrique et dû à une différence absolue de route, dans l'autre il est physique et dû à une différence dans les vitesses avec lesquelles se meuvent les rayons, entre deux certains plans normaux à leur direction commune. Le premier met en jeu des différences absolues de route qui ne peuvent, du moins avec la lumière blanche, dépasser une limite très-petite, si bien qu'il n'est pas aisé de rendre constant le retard dans

toute l'étendue d'un faisceau un peu large; aussi donne-t-il
surtout des franges. Il n'aurait rien à démêler avec la
double réfraction circulaire s'il ne se mariait en quelque
sorte avec le second et ne se prêtait par l'interposition des
biréfringents circulaires à des déplacements de franges
essentiellement dépendants de cette double réfraction et
faciles à mesurer. Dans le second, au contraire, le retard
étant différentiel répond à des épaisseurs beaucoup plus
grandes et dans le cas actuel tellement grandes, que son uniformisation, et partant celle de la teinte, y deviennent
extrêmement faciles. Nous retrouvons ici une différence
analogue à celle que nous avons déjà rencontrée entre les
phénomènes d'interférence proprement dits et ceux de la
polarisation chromatique. Notre intention ne saurait être
de traiter *in extenso* dans ce chapitre ni de l'interférence
des circulaires, ni surtout des phénomènes si nombreux
qui constituent le chapitre considérable de la polarisation
chromatique circulaire. Nous nous bornerons à les étudier
au point de vue de la rotation du plan de polarisation, et en
tant qu'auxiliaires de la double réfraction circulaire.

Si nous avons envisagé tout à l'heure la rotation du plan
de polarisation dans le plan de la particule oscillante, on
peut encore la considérer dans les couches du milieu propagateur où s'échelonnent les diverses phases du mouvement vibratoire. La *fig.* 224 représente une spire de chacune
des deux hélices subordonnées aux deux circulaires d'un
rectiligne situé dans l'azimut + 45. Les points d'intersections *e*, *f* de ces hélices correspondent aux époques où la
particule oscillante atteint ses positions extrêmes et sont
tous compris dans un même plan qui n'est autre que l'azimut de la vibration : à ce point de vue on l'appelle *plan de
croisement*. Or ces points de croisement cessent d'être alignés dans un même plan quand les deux circulaires n'ont
plus la même vitesse de propagation. Si, ainsi que le
montre la *fig.* 225 construite pour le cas où l'azimut primitif est ZOX, si le dextrorsum, par exemple, allait plus vite,

son hélice $X geh$, prenant un pas plus grand, deviendrait $X g'e'h'k$, et après un certain trajet que la figure suppose égal à l'épaisseur de l'onde la plus courte, les positions simultanées, au lieu de se confondre en X_1, seraient X_1 et A, de sorte que si, à partir de ce moment, l'inégalité de vitesse cessait, ce serait dans l'azimut intermédiaire OB que vibrerait désormais la particule. Comme on va du premier azimut au second par une rotation dextrorsum, les milieux qui réalisent l'hypothèse adoptée sont dits *dextrogyres*. Les *lévogyres* sont ceux qui accordent au contraire la plus grande vitesse au circulaire sinistrorsum.

§ 467. — **Expression théorique de la rotation.**

Le calcul de l'angle $X_1 OB = \dfrac{\alpha}{2}$ est facile. Gardons les données du § 464, et raisonnons d'abord sur une épaisseur du milieu égale au chemin que le rayon le moins rapide parcourt pendant la durée d'une révolution. Pendant ce temps T, le plus rapide se sera avancé de $l' = v'T$, et, comme il faut tout ce trajet pour fournir une spire entière de son hélice, la fraction de spire développée à la distance $v''T = l''$, ou, ce qui est tout un, le mouvement rotatoire de la particule, au lieu d'atteindre 360 degrés, ne vaudra qu'un angle x dépendant de l'équation

$$\frac{x}{360} = \frac{v''T}{v'T} = \frac{v''}{v'}.$$

L'angle $360 - x = \alpha$, dont il sera en retard sur le mouvement de l'autre circulaire, sera donc $360\left(1 - \dfrac{v''}{v'}\right)$, et enfin le déplacement du plan de polarisation qui est moitié moindre sera

$$180° \frac{v' - v''}{v'} = \frac{\alpha}{2}.$$

Dans la pratique, on mesurera cette rotation sur des épaisseurs bien supérieures à celle pour laquelle est établi le précédent calcul. Mais, comme les propriétés de l'hélice circulaire rendent la rotation proportionnelle à l'épaisseur du milieu, on passera aisément de l'une à l'autre, et on pourra, comme il suit, introduire en place de $\frac{1}{2}\alpha$ la rotation a dite *tabulaire*, qui répond à l'épaisseur convenue de 1 millimètre. On a, en effet,

$$\frac{1}{2}\frac{\alpha}{a} = \frac{l''}{l} = \frac{\lambda}{n\left(1+\frac{\delta}{2}\right)} = \frac{\lambda}{n''},$$

d'où

$$a = 180^0 \frac{n''}{\lambda} \cdot \frac{v'-v''}{v'}.$$

Veut-on introduire les indices, on a

$$a = 180 \frac{n''}{\lambda} \cdot \frac{n''-n'}{n''} = 180^0 \frac{n''-n'}{\lambda};$$

veut-on, enfin, introduire le coefficient δ, il vient

$$a = 180 \frac{\delta\, n}{\lambda}.$$

§ 468. — Comment les rotations donnent exactement les paramètres δ.

Comme en se plaçant dans les conditions expérimentales recommandées par M. Jamin (§ 411), les angles de rotation dus à des quartz d'épaisseur bien connue et à des rayons simples dont la position dans le spectre est bien définie, se déterminent avec une grande précision; la formule précédente, résolue par rapport à δ, permet d'obtenir avec exactitude ce dernier paramètre. Le tableau suivant contient et les rotations ramenées à l'épaisseur de 1 millimètre, telles que les ont données MM. Biot et Broch, et les valeurs de δ déduites des chiffres de ce dernier physicien et des indices n de Rudberg (§ 144) :

Raie.	Rotations a d'après		Coefficients $\delta = \dfrac{v'-v''}{v} = \dfrac{n''-n'}{n} = \dfrac{a\lambda}{n\,.\,180^o}$.
	Biot.	Broch.	
B	$15^o,37$	$15^o,30$	0,0000379
C	16,88	17,24	0,0000407
D	20,98	21,67	0,0000459
E	26,29	27,46	0,0000519
F	31,02	32,50	0,0000564
G	29,51	42,20	0,0000647
H	47,15		

La petitesse de ces fractions, dont les plus grandes sont inférieures à $\dfrac{1}{10000}$, montre qu'elles échapperaient aux méthodes qui donnent directement les indices, et qu'il a fallu pour les obtenir l'exquise sensibilité de la méthode indirecte que nous venons de suivre.

Nous verrons plus loin comment M. Biot a obtenu ses chiffres; quant à M. Broch, c'est par la méthode de MM. Fizeau et Foucault (§ 37) qu'il a obtenu les siens. Cette méthode consiste ici à soumettre le rayon polarisé qui a traversé le quartz dans le sens de l'axe, à l'action d'un prisme et à observer le spectre, l'œil armé d'un nicol. On y aperçoit des bandes obscures qui se déplacent quand on tourne le polariscope, ce qui montre bien que les rayons diversicolores sont polarisés dans des plans différents. Pour laisser en ligne droite les deux nicols polarisateur et polariscopique, M. Broch plaçait le prisme après ce dernier. La fente étroite qui donnait passage à la lumière solaire était en avant du premier, à une distance convenable. Pour voir nettement les raies, le quartz n'interceptait que moitié du faisceau qui formait le spectre. Si l'épaisseur du cristal n'excède pas $\dfrac{180^o}{47^o}$, c'est-à-dire environ 4 millimètres, on n'a qu'une bande noire. Amenons-en le milieu, tour à tour dans le prolongement de chaque raie, et lisons sur le limbe du nicol mobile, l'angle qui sépare cette pièce de sa position initiale (à savoir celle de l'extinction sans le quartz); cet angle est sans ambiguïté la rotation cherchée. Quoique M. Broch ne se soit pas aidé d'une lunette, il estime cependant que l'erreur ne dépasse pas 2′ ou 3′ pour les rayons les plus vifs du spectre, et 3o′ pour les rayons les plus pâles. Les chiffres du tableau conviennent également aux échantillons de *quartz dextrogyres* et aux *lévogyres*.

§ 469. — Le pouvoir rotatoire chez d'autres substances. — Caractères distinctifs de leur pouvoir.

Beaucoup de substances jouissent, comme le quartz, de la double réfraction circulaire, ou, comme on dit ordinairement, de la propriété rotatoire ; mais ce corps s'en distingue sous de nombreux aspects, dont le moindre est assurément son énergie supérieure. Ainsi elles appartiennent, pour ainsi dire, toutes au règne organique, et doivent sans doute à cette origine d'éprouver dans leur pouvoir rotatoire, sous des influences nombreuses, des altérations passagères ou permanentes qui vont chez quelques-unes jusqu'à l'annulation et même jusqu'à l'intervertissement. Ainsi encore, et c'est là la différence la plus considérable, tandis que chez lui la rotation disparaît après la fusion et est, par conséquent, un effet de l'agrégation des molécules, chez elles la rotation est moléculaire et se retrouve, souvent au même degré, après la fusion, la dissolution et même la volatilisation (chap. **XXI**). L'étude minutieuse de ces différences est encore un de ces sujets qu'il faut renvoyer à un autre chapitre; mais nous ne pouvons nous dispenser, dans celui-ci, de citer l'existence de ces autres corps et de donner même, au moins pour l'un d'eux, les angles de rotation. Nous choisirons l'essence de térébenthine, parce qu'elle a été employée par Fresnel dans quelques expériences qui seront bientôt citées, et aussi parce que M. **Wiedemann** a déterminé son action rotatoire sur des rayons définis et l'a déterminée par la méthode de précision qu'a suivie M. Broch dans son étude sur le quartz.

	Rotations tabulaires a de l'essence pour l'épaisseur de 1 millimètre.	Valeurs de $\partial = \dfrac{a\,\lambda}{n.180}.$
C	$0,109 = 6',54$	$0,000\,000\,27$
D	$0,145$	$0,000\,000\,32$
E	$0,187$	$0,000\,000\,37$
F	$0,232$	$0,000\,000\,42$
G	$0,327 = 19'\,6$	$0,000\,000\,53$

Comme on n'a pas, à notre connaissance, déterminé les indices des rayons principaux chez l'essence de térébenthine, au lieu d'employer, dans le calcul des valeurs de ∂, des valeurs de n croissantes de C en G, nous avons dû nous contenter de la valeur invariable $n = 1,48$. On voit aisément que les valeurs de ∂ en sont peu dénaturées. Nous ne citons d'ailleurs ces chiffres que pour donner une idée du peu de développement qu'a reçu chez certains corps le pouvoir biréfringent circulaire, et rehausser la valeur d'une méthode qui cependant atteint d'aussi faibles différences. L'essence employée par Fresnel était plus forte, car il évalue à près de 1 millionième la différence des deux vitesses (*). Il y a plus, l'essence de M. Wiedemann tournait à droite, c'est-à-dire en sens contraire de celle de Fresnel.

§ 470. — Loi de M. Biot sur la dispersion circulaire.

Les rotations sont, en général, plus grandes chez les rayons à ondes courtes. M. Biot a trouvé que chez le quartz,

---

(*) Réduites à l'épaisseur de 1 millimètre, ses rotations étaient

Rayons orangés...	$0^o,307,$	d'où	$c = 0,000\,000\,76$
jaunes....	$0,342$		
verts......	$0,391$		
bleus.....	$0,444$		
indigos....	$0,48\overline{7}$		
violets.....	$0,535$		$= 0,000\,000\,86$

le sirop de sucre et d'autres substances encore, les rotations
dues à une même épaisseur étaient en raison inverse de λ^2.
Ses angles de la page 213 ne donnent qu'une vérification illusoire de cette relation, parce qu'au lieu d'être les produits
immédiats de l'expérience, ils ont été élaborés à l'aide de
cette loi elle-même (§ 499). Ceux de M. Broch, au contraire,
en infirmeraient la rigoureuse exactitude, car les produits
$a\lambda^2$, auxquels ils conduisent, croissent continûment du
rouge au violet, et présentent des différences telles, qu'il
faudrait supposer, pour les détruire, dans les angles de cet
observateur, des erreurs supérieures à 1 degré, et dépassant beaucoup, par conséquent, la limite des erreurs que
ses mesures lui ont paru comporter.

Quoiqu'elle n'atteigne pas les rotations de certaines substances (chap. XXI) et eût-elle d'ailleurs le sort de tant
d'autres lois que le progrès des mesures n'a laissées vraies
que dans certaines conditions, la loi de M. Biot n'en reste
pas moins pleine d'intérêt. Sa signification théorique a été
formulée il y a longtemps par Fresnel lui-même. Puisqu'on
a, d'une part,

$$a = \frac{n \cdot \delta \cdot 180}{\lambda},$$

et que de l'autre elle donne

$$a = \frac{k}{\lambda^2},$$

on voit qu'elle exige que δ soit de la forme $\frac{k'}{\lambda}$. Le retard
d'une lame biréfringente traversée normalement est la dif-
férence de ses deux équivalents optiques. En double réfraction ordinaire, cette différence $(n_o - n_e)\,\varepsilon$ est, ainsi que le
témoigne le tableau du § 144, sensiblement la même pour
toutes les couleurs, et, comme, dans le trajet commun $n_o\varepsilon$,
il y a d'autant moins d'ondes qu'elles sont plus longues, on
voit que le retard est pour chaque onde proportionnel à sa
longueur. En double réfraction circulaire au contraire, le
retard $(n'' - n')\,\varepsilon = n\,\delta\varepsilon$ est double quand l'onde devient

moitié moindre, et comme, dans le trajet commun $n\varepsilon$, ces dernières ondes sont deux fois plus nombreuses, il en résulte que, pour chaque onde, grande ou petite, le retard a une même valeur absolue.

La diversité des angles de rotation des divers rayons constitue une manifestation détournée de ce qu'on peut appeler avec Fresnel la *dispersion* de double réfraction circulaire. Si, habituellement, la dispersion, phénomène accessoire, est peu de chose auprès du phénomène principal qui en amène le développement, cela n'a plus lieu en général pour la double réfraction circulaire; mais pour mettre en lumière ce point délicat, il nous faut établir sur des bases rationnelles les mesures de la réfraction, de la dispersion et de la double réfraction.

Sur une mesure rationnelle de la réfraction, de la dispersion et de la double réfraction, soit ordinaire, soit circulaire.

§ 471. — Mesure de la réfringence.

La réfraction a pour résultat une déviation Δ; plus cette déviation, toutes choses égales d'ailleurs, est grande, plus la réfraction est énergique. La dispersion a de même pour manifestation géométrique soit un angle $\Delta_v - \Delta_r$, soit plusieurs angles, suivant qu'il est question de la dispersion des rayons extrêmes ou des dispersions partielles des rayons intermédiaires. Enfin la double réfraction, qu'elle soit ordinaire ou circulaire, peut également aboutir à un angle.

Quand, dans des conditions pareilles, l'angle du spectre ou l'angle de *duplication* sera plus grand, la dispersion et la double réfraction seront à bon droit réputées plus énergiques. Mais est-il possible d'organiser, pour ces phénomènes, dans les divers corps, des conditions telles, que les angles engendrés aient avec les puissances, *réfringente, dispersive ou biréfringente* de ces corps, la relation de proportionnalité? C'est ce que nous allons étudier.

Réfraction. Une seule réfraction donne $\Delta = i - r$.

Quoique l'introduction du paramètre n donne une forme algébrique compliquée, supposons-la effectuée de manière à ne laisser qu'un angle, i par exemple; en donnant à cet angle une valeur invariable, nous aurons des déviations qui croîtront, il est vrai, avec la réfringence, mais qui offriront entre elles des rapports variables avec l'angle i arbitrairement choisi.

Cependant, si l'angle i est petit, Δ devient $\frac{n-1}{n}$: l'expression $\frac{n-1}{n}$ exprime alors la déviation produite par chaque degré d'incidence et convient très-bien comme *mesureur* de la propriété. S'il plaisait d'établir l'identité des circonstances sur l'angle r et non plus sur i, on tomberait sur l'expression $n-1$ également admissible : enfin, on aurait un troisième coefficient de réfraction si l'on prenait la demi-somme des précédents. Auquel donner la préférence ?

On sait qu'habituellement les réfractions se présentent par couples, et que le phénomène élémentaire est de fait celui du prisme et nullement celui d'une seule surface. On peut donc désirer fonder une mesure de la réfraction sur le *quantum* de la déviation produite par un certain prisme de chaque substance.

La déviation d'un prisme est, on le sait, $i + i' - \alpha$. L'élimination de i est très-compliquée dans le cas général, mais s'il s'agit de prismes de petits angles (ce sont les plus importants) et d'incidences peu obliques, on a

$$\Delta = (n-1)\,\alpha,$$

quel que soit i : de sorte que, d'une part, les réfractions des prismes divers d'une même substance sont proportionnelles à leurs angles, et que, de l'autre, pour des prismes de même angle et de diverses substances, elles sont proportionnelles aux différences $(n-1)$, $(n'-1)$, ..., qui expriment la déviation due à un prisme de 1 degré. Nous retrouvons ainsi le deuxième des trois précédents coefficients, et cette coïncidence nous le fera préférer.

Il est vrai que, dès que les déviations sont grandes, les différences $(n-1)$, $(n'-1)$, ..., cessent de leur être proportionnelles. Mais ce défaut de généralité, fréquent dans la représentation algébrique des phénomènes, n'aura d'autre effet que de nous faire diviser en deux l'étude qui nous occupe. On aura le degré *élémentaire* où le signe algébrique sera simple, et le degré transcendant où ce signe sera compliqué et variable avec l'incidence i. On sait que dans la pratique le premier degré est presque exclusivement utile.

§ 472. — Dispersion.

En nous plaçant tout de suite sur le terrain avantageux des petits prismes, la dispersion sera mesurée par la différence

$$(n_v - 1)\,\alpha - (n_r - 1)\,\alpha = (n_v - n_r)\,\alpha,$$

et $n_v - n_r$, valeur de l'angle donné au spectre par chaque degré de l'angle du prisme, servira, sous le nom de *coefficient de dispersion*, de mesureur à cette propriété.

Si le coefficient de dispersion mesure la dispersion produite, il ne mesure pas la *puissance dispersive* des substances. On voit en effet que si deux substances inégalement réfringentes donnent deux dispersions égales, la moins réfringente devra être considérée comme plus dispersive; car la dispersion se développant accessoirement avec la réfraction, elle aura produit la même dispersion avec une réfraction moindre; elle sera donc plus énergique. La vraie mesure de la puissance dispersive serait l'angle du spectre qui répond à une déviation constante, celle de

1 degré, par exemple, c'est-à-dire $\dfrac{n_v - n_r}{n_r - 1}$. Cette expression qu'on introduit ordinairement d'autorité dans les traités, au lieu de l'amener rationnellement ainsi que nous venons de le faire, est en effet connue sous le nom de *pouvoir dispersif*.

On pourrait aussi bien prendre $\dfrac{n_v - n_r}{n_r - 1}$, ou même la demi-somme; mais tant que la dispersion sera faible vis-à-vis de la réfraction, ces diverses expressions différeront trop peu entre elles pour que leur multiplicité ait des inconvénients.

§ 473. — Double réfraction.

La double réfraction est, comme la dispersion, le résultat d'une action différentielle qui s'exerce, non plus sur deux rayons simples distincts, mais sur deux portions du même rayon. Considérons-la dans les uniaxes, et supposons ces substances taillées en prismes de petits angles dont l'arête soit parallèle à l'axe optique. Si l'on reste dans les conditions restrictives précédentes, l'angle de bifurcation vaudra $(n_o - n_e)\,\alpha$ et $n_o - n_e$ conviendra comme mesureur de la double réfraction.

§ 474. — Dispersion de double réfraction. — Sa double expression.

Soient les deux spectres ordinaire et extraordinaire fournis par un pareil prisme de 1 degré. Les deux rayons extrêmes A, H différeront, dans le premier, d'un certain angle $n_{oH} - n_{oA}$, et, dans le dernier, de l'angle $n_{eH} - n_{eA}$. Si ces angles sont égaux, les deux spectres auront même ouverture. Sont-ils inégaux, et le dernier, par exemple, l'emporte-t-il sur l'autre, il y a *dispersion* de double réfraction, et on peut lui donner pour mesure la différence

$$n_{eH} - n_{eA} - (n_{oH} - n_{oA});$$

mais cette différence peut s'écrire encore comme il suit :

$$(n_{eH} - n_{oH}) - (n_{eA} - n_{oA}).$$

On voit donc que la dispersion de double réfraction n'est autre chose que la différence entre les pouvoirs biréfrigents du corps pour les rayons extrêmes violet et rouge.

A la rigueur, ce ne serait pas les coefficients de dispersion, mais les pouvoirs dispersifs qu'il faudrait considérer. Ainsi, le spath ayant un indice ordinaire beaucoup plus fort que l'extraordinaire a droit à un spectre ordinaire plus ouvert, et pour lui, l'absence de dispersion de double réfraction consisterait à avoir des angles $n_o - n_e$ décroissant du rouge au violet ; or c'est le contraire qui a lieu, quoique à un faible degré, il est vrai. Donc ce corps n'est pas dépourvu de dispersion de double réfraction.

Cette obligation de mettre en jeu les pouvoirs dispersifs dans la différence précitée la complique singulièrement et rend inexacte la seconde expression de cette dispersion ; mais comme, en général, et surtout en double réfraction circulaire, les deux indices diffèrent très-peu, on peut s'en tenir aux coefficients de dispersion et prendre, pour mesure de la dispersion de double réfraction circulaire, la différence

$$(n''_H - n'_H) - (n''_A - n'_A)$$

qui prend, quand on y remplace $n''_H, n'_H, n''_A, \ldots$, par

$$n_H\left(1 + \frac{\delta_H}{2}\right), \quad n_H\left(1 - \frac{\delta_H}{2}\right), \quad n_A\left(1 + \frac{\delta_A}{2}\right), \ldots ;$$

la forme $n_H\,\delta_H - n_A\,\delta_A$; ou bien approximativement en négligeant la différence de n_H et n_A,

$$n\,(\delta_H - \delta_A).$$

Quant à la double réfraction, en introduisant dans son expression $n_o - n_e$ les coefficients δ, on a, s'il s'agit du rouge, $n_A\,\delta_A$, et s'il s'agit du violet, $n_H\,\delta_H$. Il est donc facile d'avoir le rapport de la dispersion à la double réfraction. Le tableau suivant contient ces résultats pour quelques biréfringents, soit ordinaires, soit circulaires.

Les angles de rotation a ayant un caractère manifestement différentiel, il devait sembler impossible que leur connaissance pût remplacer la détermination absolue des deux indices propres aux diverses couleurs ; et l'on devait considérer comme très-utile qu'on mesurât exactement sur le triprisme les indices $n''\,n'$. Nous venons de voir à quelles circonstances il tient que la connaissance de ces angles suffise de fait à la détermination de la dispersion de double réfraction.

	Double réfraction de la raie		Dispersion de double réfraction $n_H\, \delta_H - n_A\, \delta_A$, ou bien $n\,(\delta_H - \delta_A)$.	Rapport de la dispersion à la double réfraction de la raie A.
	H	A		
	$(n_o - n_e)_H$ ou bien $n_H\, \delta_H$,	$(n_o - n_e)_A$, ou bien $n_A\, \delta_A$,		
Spath..........	0,185	0,169	0,016	0, 1
Quartz ordinaire.	0,009 55	0,009	0,000 55	0,06
Quartz circulaire.	0,000 102	0,000 059	0,000 043	0,73
Térébenthine....	{ 0,000 000 78 } Raie G	{ 0,000 000 40 } Raie C	0,000 000 38	0,95

Ce tableau montre que, tandis que la dispersion n'est, pour le quartz en double réfraction ordinaire, que le $\frac{1}{17}$ de l'énergie biréfringente, elle en est les 0,7 en double réfraction circulaire. Pour la térébenthine de M. Widemann, elle est presque égale (0,95) à la puissance biréfringente du rouge, et, par conséquent, s'élève à la moitié de la puissance biréfringente des rayons G.

ARTICLE II.

INTERFÉRENCE DES CIRCULAIRES. — DÉTERMINATION DES CON-
STANTES DE LA DOUBLE RÉFRACTION CIRCULAIRE PAR LA MÉ-
THODE DES DÉPLACEMENTS.

Deux circulaires de même sens engendrent un circulaire résultant qui se
rattache à ses deux constituants par la règle de Fresnel. — Deux circulaires
inverses donnent en général un elliptique. — Mais, quand les deux rayons
sont égaux, l'elliptique dégénère en un rectiligne dont l'azimut varie avec
l'anomalie des constituants. — Comment un polariscope fait naître des
franges dans le lieu de superposition des circulaires contraires. — Si
toutefois la lumière qui les engendre a été préalablement polarisée. —
Franges de première et de deuxième espèce. — Caractères distinctifs de
ces dernières. — Les franges des rectilignes sont aussi de deux sortes. —
Déplacement des franges de deuxième espèce par l'interposition d'un biréfringent circulaire. — Expérience de M. Babinet. — Autre expérience
qui ne donne plus tour à tour, mais simultanément, le système central et les
systèmes latéraux. — Toutes les expériences de franges ou d'anneaux se
prêtent au déplacement des franges de deuxième espèce. — Quelles proviennent des circulaires ou des rectilignes. — Comment l'apparition, même
confuse, de la *couronne* est un indice certain de biréfringence dans le corps
interposé. — Les franges des circulaires et l'expérience de MM. Fizeau et
Foucault. — La méthode des déplacements, si sûre en double réfraction
ordinaire, conduit à une double réfraction circulaire plus que double de
la véritable. — Expériences variées qui attestent également cette exagération. — Elle a pour cause la dispersion de double réfraction circulaire.

---

§ 475. — **Composition de deux circulaires de même gyration.**

Soient les deux dextrorsum

$$x = a \cos \xi, \qquad x_1 = a_1 \cos (\xi - \varphi),$$
$$y = a \sin \xi, \qquad y_1 = a_1 \sin (\xi - \varphi),$$

issus d'un même rayon primitif et séparés par l'anomalie
φ. x et x_1, donneront la vibration unique

$$X = A \cos (\xi - \psi),$$

avec les équations de condition connues

$$A^2 = a^2 + a_1^2 + 2 a a_1 \cos \varphi, \qquad \operatorname{tang} \psi = \frac{a_1 \sin \varphi}{a + a_1 \cos \varphi}.$$

On aura de même

$$Y = y + y_1 = A' \sin (\xi - \psi').$$

Or, les deux équations de condition en A', ψ' sont identiques aux précédentes, et donnent par conséquent

$$A' = A, \quad \psi' = \psi.$$

Ces deux rayons résultants sont donc

$$X = A \cos(\xi - \psi),$$
$$Y = A \sin(\xi - \psi),$$

et constituent un dextrorsum. On trouverait avec deux sinistrorsum un résultat analogue, et on en conclut que : *Deux circulaires de même sens ont pour résultante un troisième circulaire de même gyration, dont l'amplitude et l'anomalie sont liées aux caractéristiques* a, a_1, φ *par la relation du parallélogramme, tout comme s'il s'agissait de deux rectilignes.*

L'intensité $2A^2$ du circulaire résultant varie depuis un maximum $2(a + a_1)^2$ qui répond à

$$\varphi = 2k\pi,$$

jusqu'à un minimum $2(a - a_1)^2$ donné par

$$\varphi = (2k + 1)\pi.$$

Si les deux circulaires sont égaux, ces deux valeurs extrêmes sont $8a^2$ et zéro, et le rayon résultant a pour équations

$$X = 2a \cos\frac{\varphi}{2} \cos\left(\xi - \frac{\varphi}{2}\right),$$
$$Y = 2a \cos\frac{\varphi}{2} \sin\left(\xi - \frac{\varphi}{2}\right).$$

Un coup d'œil synthétique jeté sur la question montre que, retarder de φ le deuxième dextrorsum, c'est reporter de p en p' (*fig.* 226) le mouvement que la particule oscillante reçoit de ce deuxième rayon ; et, si les rayons sont égaux, lui imprimer un mouvement dirigé suivant la bissectrice qr des deux tangentes menées au cercle commun par les positions simultanées p, p'. Or, cette bissectrice qu'il faut reculer ou rapprocher en Q pour satisfaire à la nouvelle amplitude, est perpendiculaire à la bissectrice de l'angle φ, ce qui constitue pour le rayon résultant le retard $\frac{\varphi}{2}$. Avec deux sinistrorsum (*fig.* 227), c'est de l'autre côté de **OX** que doit se compter l'anomalie $\frac{\varphi}{2}$ du rayon résultant.

§ 476. — Comment se font les expériences d'interférences des circulaires.

Placez sur un verre un mica quart d'onde dont les sections principales soient connues. Sur un tel support, à l'aide d'un canif, vous en tirerez sans peine, sans altérer la pureté des bords, deux portions présentant chacune trois des côtés d'un octogone régulier, et ayant leur axe dirigé suivant l'un de ces côtés (*fig.* 228). Collez chacun de ces micas sur un petit carton circulaire sur lequel vous déterminerez le centre du cercle inscrit à l'octogone, avec la précaution de laisser libres les trois bords rectilignes du cristal ; appliquez enfin, à l'aide d'une épingle enfoncée au centre, chaque carton sur un troisième carton plus grand, percé d'une petite ouverture, de manière que les deux côtés voisins des deux octogones soient presque en coïncidence. Si les micas parallèles sont situés dans des plans légèrement différents, on pourra les faire tourner et échanger la rectangularité des axes contre toute autre orientation, et notamment contre leur parallélisme (*fig.* 229), et contre le cas intermédiaire d'une inclinaison mutuelle s'élevant à 45 degrés (*fig.* 230). En lançant sur eux un rayon polarisé dont la vibration soit verticale, la *fig.* 228 vous donnera en juxtaposition deux circulaires égaux et contraires, la configuration 229 deux circulaires de même sens, et la dernière enfin l'ensemble d'un circulaire et d'un rectiligne.

Pour échanger cette juxtaposition en superposition et se donner ainsi les conditions d'interférence, le moyen le plus simple, parce qu'il s'accommode de micas très-petits, consiste à se donner à l'aide des deux demi-lentilles L, L' (*fig.* 231) exposées aux rayons d'une petite image I du soleil, fournie par une première lentille, deux points lumineux distants de quelques millimètres, et à les faire tomber sur les deux micas voisins m, m'. En plaçant la loupe F de Fresnel dans la région commune aux deux faisceaux divergents, on y découvrira de belles franges qui seront celles que nous venons d'étudier si les axes des micas sont parallèles. Dans ce cas, on peut se dispenser de polariser la lumière et se donner des franges dues au concours de deux circulaires issus d'un rayon naturel.

§ 477. — Composition de deux circulaires inverses — Cas des rayons égaux.

Soient le dextrorsum

$$x = a \cos \xi,$$
$$y = a \sin \xi,$$

et le sinistrorsum

$$x_1 = a_1 \cos (\xi - \varphi)$$
$$y_1 = -\, a_1 \sin (\xi - \psi),$$

on obtient sans peine pour les paramètres A, ψ; A', ψ' des deux rayons résultants

$$X = x + x_1 = A \cos(\xi - \psi), \quad Y = y + y_1 = A' \sin (\xi + \psi').$$

les valeurs

$$A^2 = a^2 + a_1^2 + 2 a a_1 \cos \varphi, \quad \operatorname{tang} \psi = \frac{a_1 \sin \varphi}{a + a_1 \cos \varphi},$$

$$A'^2 = a^2 + a_1^2 - 2 a a_1 \cos \varphi, \quad \operatorname{tang} \psi' = \frac{a_1 \sin \varphi}{a - a_1 \cos \varphi}.$$

En mettant Y sous la forme

$$Y = A' \cos \left(\xi - \psi + \psi + \psi' - \frac{\pi}{2} \right),$$

on voit que les *deux circulaires contraires donnent en général un elliptique* qui a pour paramètres A, A' et

$$\frac{\pi}{2} - \psi - \psi'.$$

Quand $a = a_1$ ces valeurs deviennent

$$A = 2a \cos \frac{\varphi}{2}, \qquad \operatorname{tang} \psi = \operatorname{tang} \frac{\varphi}{2},$$

$$A' = 2a \sin \frac{\varphi}{2}, \qquad \operatorname{tang} \psi' = \cot \frac{\varphi}{2},$$

et les deux rayons résultants sont

$$X = 2a \cos \frac{\varphi}{2} \cos \left(\xi - \frac{\varphi}{2} \right),$$

$$Y = 2a \sin \frac{\varphi}{2} \cos \left(\xi + \frac{\pi}{2} - \frac{\varphi}{2} - \frac{\pi}{2} \right) = 2a \sin \frac{\varphi}{2} \cos \left(\xi - \frac{\varphi}{2} \right).$$

Y ayant même phase que X, la résultante des deux cesse d'être un elliptique et devient une vibration rectiligne dont l'azimut Ω, compté avec les X, est donné par l'équation

$$\operatorname{tang} \Omega = \frac{A'}{A} = \operatorname{tang} \frac{\varphi}{2},$$

et dont l'amplitude, car il s'agit de rayons polarisés dans deux azimuts rectangulaires, est

$$\sqrt{4a^2 \left(\cos^2 \frac{\varphi}{2} + \sin^2 \frac{\varphi}{2} \right)} = 2a,$$

c'est-à-dire que le rectiligne résultant est

$$R = 2a \cos \left(\xi - \frac{\varphi}{2} \right).$$

Comme nos deux circulaires proviennent visiblement d'une vibration première située dans l'azimut ZOX, on voit que *le phénomène de l'interférence de deux circulaires égaux et contraires consiste dans une rotation du plan de polarisation qui s'élève à la moitié du retard.*

Quand l'avance appartient au sinistrorsum, et que les deux rayons sont

$$x = a \cos(\xi - \varphi), \qquad x_1 = a_1 \cos \xi,$$
$$y = a \sin(\xi - \varphi), \qquad y_1 = - a_1 \sin \xi,$$

on trouve encore, dans le cas général, un elliptique, et dans

15.

le cas particulier de $a = a_1$ un rectiligne dont l'équation

$$R_1 = 2a \cos\left(\xi - \frac{\varphi}{2}\right)$$

est la même que précédemment, et dont l'azimut Ω a également la même valeur absolue. Mais, ainsi qu'on le constate en considérant directement ces circulaires, l'angle Ω, qui était d'abord compté dans l'angle XOY (*fig.* 232), doit maintenant l'être dans l'angle XO$\overline{\text{Y}}$ (*fig.* 233), c'est-à-dire qu'on a

$$\Omega_1 = -\Omega = -\frac{\varphi}{2}.$$

Dans la réalisation expérimentale de l'expérience qui vient d'être décrite (*fig.* 228 et 231), les deux circulaires ont pour équations

$$x = \frac{1}{\sqrt{2}}\cos\xi \quad \left|\quad x_1 = \frac{1}{\sqrt{2}}\cos\left(\xi - \frac{\pi}{2}\right),\right.$$
$$y = \frac{1}{\sqrt{2}}\cos\left(\xi - \frac{\pi}{2}\right) \quad \left|\quad y_1 = \frac{1}{\sqrt{2}}\cos\xi,\right.$$

et peuvent être censés provenir, comme on le reconnaîtra sans peine, d'un rayon primitif

$$R = \sqrt{2}\cos\left(\xi - \frac{\pi}{4}\right),$$

polarisé dans l'azimut 45 degrés. Le rectiligne résultant

$$R_1 = \sqrt{2}\cos\left(\xi - \frac{\pi}{4} - \frac{\varphi}{2}\right)$$

sera polarisé dans un azimut Ω fourni par l'équation

$$\tan\Omega = \sqrt{\frac{1 + \sin\varphi}{1 - \sin\varphi}} = \tan\left(45 + \frac{\varphi}{2}\right).$$

La rotation sera donc toujours la même (*).

____

(*) Le lecteur qui, continuant l'étude du cas général, cherchera, par les formules du § 588, l'azimut Ω du grand axe de l'ellipse engendrée par deux circulaires contraires et inégaux et les valeurs des axes, trouvera sans

§ 478. — Comment avec un polariscope on peut avoir des franges.

L'amplitude étant indépendante de φ, l'intensité du rayon résultant est constante, et le tableau qui recevra ces circulaires contraires doués d'une anomalie continûment variable, n'offrira aucune frange. L'azimut Ω du rayon résultant dépendant au contraire de φ, et prenant toutes les orientations possibles, si l'on arme l'œil d'un nicol, il y aura extinction des vibrations résultantes normales à sa section principale, et des franges apparaîtront dans cette région uniformément éclairée.

§ 479. — Si toutefois on use de lumière polarisée.

Ici l'on ne peut pas, comme avec les circulaires de même sens, supprimer le polarisateur et user de lumière naturelle ; remarquons en effet que l'angle Ω, qui se compte à partir de la vibration que les deux micas circularisent inversement, détermine des directions essentiellement dépendantes de cette direction primitive et variables avec elle. Si donc il faut voir (§ 245) dans un rayon naturel un véritable polarisé rectiligne dont la vibration parcourt avec impartialité tous les azimuts, dans un temps très-court, il est vrai, mais comprenant cependant des milliers de périodes, il est manifeste que cet angle Ω déterminé par la valeur seule du retard se comptera, pendant la durée nécessaire à la production de la sensation, tour à tour avec toutes les directions imaginables, et répercutera dès lors fidèlement la diversité d'orientation propre à l'excitation primordiale. Un polariscope offert à ces vibrations désorien-

---

peine

$$\Omega = \frac{\varphi}{2}, \quad \Lambda_1 = a + a_1, \quad \Lambda'_1 = a - a_1.$$

Ainsi le phénomène consiste encore dans une rotation qui garde de plus la même valeur. Seulement c'est sur le grand axe de l'ellipse que porte cette rotation $\frac{\varphi}{2}$.

tées ne saurait donc y faire éclore de franges, tandis qu'il y réussit parfaitement si la vibration originelle, et partant celles qui en dérivent, n'ont qu'une seule direction.

§ 480. — Franges de première et de deuxième espèce. — Le mouvement du polariscope dérange ces dernières.

Arrêtons-nous sur les différences qui séparent les franges des circulaires pareils et celles des circulaires inverses. Tandis que les premiers, livrés à un véritable antagonisme attesté par la présence du retard φ dans le coefficient du circulaire résultant, échappent à l'influence des variations de direction de la vibration première pour se produire spontanément et sans conditions, les autres exigent le concours d'un polarisateur et d'un polariscope. Il y a plus : si nous remarquons que l'emploi de ces auxiliaires, quoique inutile aux premières franges, n'en compromet pas la production, et si nous introduisons dans la réalisation des deux sortes de franges une même manière de faire, passant des unes aux autres en tournant simplement de 90 degrés l'un des micas, la rotation du polariscope manifestera dans leur constitution une différence radicale. En effet, tandis qu'avec celles des circulaires pareils il y a conservation d'une frange blanche centrale et persévérance des franges brillantes ou obscures aux mêmes lieux, il y a, dans l'autre cas, transformation de la centrale et échange progressif de leurs positions respectives. Ces dernières n'ont la frange centrale blanche et n'occupent la place des premières que si les deux sections principales des nicols polarisateur et polariscopique sont parallèles. Tourne-t-on le dernier, l'ensemble des franges se déplace et se transforme, et quand la rotation est de 90 degrés, on a une centrale noire là où on avait d'abord la centrale blanche; de sorte que, par suite d'un déplacement qui atteint une demi-frange, les franges noires des circulaires inverses occupent les places des blanches des circulaires de même sens. L'expérience est facile, en prenant dans la *fig.* 231 1ᵐ, 1. o. 7 et 2ᵐ.1, pour

les distances PL, L*m* et *m*F, on a des franges d'environ
0^{mm},5. Si donc on les reçoit sur un micromètre divisé en
dixièmes de millimètre, le déplacement et sa quantité s'ap-
précieront sans peine. Nous trouverons plus loin d'autres
phénomènes qui dépendent encore et de l'invariabilité des
premières franges et du changement des dernières (§ 485).
En présence de différences aussi considérables, nous
proposons d'appeler les premières, *franges de première
espèce,* et les dernières, *franges de deuxième espèce ou
d'orientation.*

Remarquons d'ailleurs qu'un contraste analogue nous a
été offert par les polarisés rectilignes, et qu'eux aussi
donnent des franges de première et de deuxième espèce. Si
deux rectilignes de même sens donnent en effet des franges
sans le concours d'un polariscope, et si, quand on emploie
le polariscope, ces franges restent constamment à centre
blanc, il n'en est plus de même de deux rectilignes rectangulaires. A ceux-ci, comme aux circulaires inverses, il
faut, quoique pour un motif différent, l'action fécondante
d'un polariscope. Leurs franges peuvent encore, quoique
toujours pour des motifs différents, devenir, suivant l'o-
rientation du polariscope, à centre blanc ou à centre noir.
Il est vrai que le passage d'un de ces états extrêmes à l'autre,
passage qui a lieu avec les circulaires contraires par un
transport de l'ensemble des franges sans changement d'intensité, se fait maintenant par un affaiblissement graduel
d'intensité qui va jusqu'à l'extinction, et substitue au delà,
aux franges immobiles, le système renaissant des franges
complémentaires. Mais néanmoins, en s'en tenant au gros
des phénomènes, on trouvera peut-être opportun d'étendre
aux deux sortes de franges des rectilignes, les dénominations
que nous venons de proposer pour les circulaires.

§ 481. — Elles se déplacent encore quand on interpose un biréfringent.

Les franges de première et de deuxième espèce diffèrent
encore par la manière dont elles se comportent, quand on

met sur la route des deux faisceaux qui doivent les former, un corps capable de les propager inégalement vite. Les premières, en effet, n'en éprouvent aucune modification, parce que l'accélération ou le retard porte également sur les deux rayons. Les dernières, au contraire, sont jetées à droite ou à gauche, suivant que le faisceau retardé est celui de droite ou de gauche, et leur déplacement, au lieu d'être limité à une demi-frange, comme dans le précédent phénomène, varie proportionnellement à l'épaisseur du biréfringent interposé et n'a pour ainsi dire plus de limites. Le chapitre X, article Ier, contient l'étude de ces déplacements, quand il s'agit des biréfringents ordinaires et des polarisés rectangulaires. Il faut actuellement montrer comment les biréfringents circulaires et les circulaires inverses produisent des phénomènes analogues, et surtout voir si ces déplacements peuvent, aussi bien que la rotation du plan de polarisation, conduire à la détermination des pouvoirs biréfringents circulaires. Voyons comment M. Babinet dispose l'expérience fondamentale qu'il destine à la réalisation de ces mesures.

§ 482. — Expérience de M. Babinet.

Mettons (*fig.* 231) entre les micas et l'œil un bloc de quartz (épaisseur e), dont les faces terminales soient perpendiculaires à l'axe, et supposons-le *dextrogyre*. Admettons encore que le circulaire de droite soit, comme l'indique la figure, dextrorsum. Le retard du sinistrorsum s'élève à un nombre d'ondes M marquées par

$$\frac{e}{l''} - \frac{e}{l'} = e\,\frac{l'-l''}{l'\,l''}.$$

En remplaçant (§ 464) l' et l'' par $\dfrac{\lambda}{n\left(1-\dfrac{\delta}{2}\right)}$, $\dfrac{\lambda}{n\left(1+\dfrac{\delta}{2}\right)}$,

il vient approximativement

$$M = e\,\frac{\dfrac{\lambda\delta}{n}}{\dfrac{\lambda^{2}}{n^{2}}} = e\,\frac{\delta n}{\lambda}.$$

Comme M s'obtient sans peine, on en déduit

$$\delta = \frac{M\lambda}{en}.$$

Au lieu d'établir la relation entre M et le coefficient δ de double réfraction circulaire, on peut l'établir entre M et la rotation tabulaire a. On a (§ 467)

$$a = 180 \frac{\delta n}{\lambda}.$$

En égalant ces deux valeurs de δ, il vient

$$\frac{M\lambda}{en} = \frac{a\lambda}{n.180},$$

c'est-à-dire

$$\frac{M}{e} = \frac{a}{180}.$$

Que les rayons superposés ne suivent pas rigoureusement l'axe du quartz, que les faces de ce cristal ne soient pas parfaitement parallèles, que son épaisseur ne soit pas négligeable par rapport aux distances employées dans l'expérience, le déplacement en éprouvera autant d'altérations qui rendront illusoire la formule précédente. La première cause d'erreur est grave, puisque dès que l'on s'écarte de l'axe, on a affaire à cette double réfraction elliptique qui sert de transition entre la circulaire et la rectiligne, mais elle ne peut plus exister dès qu'il s'agit d'un de ces corps, térébenthine, sirop de sucre, qui n'ont pas la double réfraction ordinaire. On échappe aux deux autres en échangeant l'un contre l'autre les deux faisceaux circulaires, de manière à rendre le plus lent celui qui dans la première expérience allait le plus vite. Le déplacement se fait alors de l'autre côté du zéro dont la connaissance devient inutile, et l'on a l'avantage, en mesurant la distance des centres de ces deux systèmes successifs, d'obtenir le double du déplacement cherché. Dans son expérience, c'était au biprisme et non pas à nos deux demi-lentilles que M. Babinet démandait les deux centres d'émanation des rayons interférents. A sa suite venaient deux micas suffisamment larges pour en couvrir les deux moitiés. L'échange des circulaires s'obtenait d'abord en échangeant l'un contre l'autre les deux micas. Mais il trouva ensuite plus simple et plus sûr de tourner de 90 degrés le plan de polarisation du rayon incident (§ 325).

§ 483. — Autre expérience qui donne quatre systèmes de franges dont deux superposés.

On peut, tout en simplifiant l'appareil, se donner à la fois et les deux systèmes latéraux et le système intermédiaire central, tel qu'il se produirait si les rayons n'étaient pas soumis à une inégalité de vitesse. Il suffit pour cela de supprimer les deux micas. En effet, chacun des rectilignes issus des deux points lumineux valant deux circulaires égaux et contraires, on aura, au centre, deux systèmes de première espèce superposés et formant ainsi un système unique d'intensité double, dus l'un à l'interférence des deux dextrorsum, et l'autre à celle des deux sinistrorsum. Maintenant, à droite et à gauche, à des distances où deux rayons semblables cessent de donner des franges par excès de retard, il se trouve deux rayons dissemblables soumis à deux retards égaux, géométrique pour l'un et physique pour l'autre, lesquels par conséquent forment une nouvelle frange centrale, centre d'un système latéral. Ces nouveaux systèmes sont de deuxième espèce : dans la configuration adoptée *fig.* 231. celui de gauche proviendra de l'interférence du rayon dextrorsum de la fente droite avec le rayon sinistrorsum de fente gauche. La coexistence des systèmes latéraux rend plus sûre la mesure de leur distance. Mais le principal avantage qui résulte de la suppression des micas consiste dans la possibilité de substituer, aux deux fentes de Young, au biprisme préféré par M. Babinet ou à nos demi-lentilles, les miroirs de Fresnel. Avec eux, en effet, on obtient aisément, par la variation de leur angle, un accroissement souvent utile, soit du champ commun aux deux faisceaux, soit de l'épaisseur des franges, et l'on peut se passer du polariscope si l'on y reçoit la lumière sous l'incidence brewstérienne.

§ 484. — Calcul de ces systèmes.

Le calcul de ces quatre systèmes de franges n'offre aucune difficulté. Soient, en effet,

$$R_D = \cos\xi, \quad R_G = \cos\xi,$$

les deux rayons primitifs répondant l'un au miroir de droite et l'autre au miroir de gauche; φ le retard géométrique, variable à partir de zéro, subi par R_D, et φ' le retard physique, invariable et ordinairement grand, subi par les circulaires sinistrorsum issus de l'un et de l'autre. R_D donnera (§ 461) les deux circulaires D_d, D_s,

$$D_d \begin{cases} x_1 = \dfrac{1}{2}\cos\left(\xi + \dfrac{\pi}{4} - \varphi\right), \\[2mm] y_2 = \dfrac{1}{2}\cos\left(\xi - \dfrac{\pi}{4} - \varphi\right). \end{cases}$$

$$D_s \begin{cases} x_2 = \dfrac{1}{2}\cos\left(\xi - \dfrac{\pi}{4} - \varphi - \varphi'\right), \\[2mm] y_1 = \dfrac{1}{2}\cos\left(\xi + \dfrac{\pi}{4} - \varphi - \varphi'\right), \end{cases}$$

les indices d, s indiquant les qualités dextrorsum ou sinistrorsum. On aura de même pour les deux circulaires G_d, G_s de la fente de gauche

$$G_d \begin{cases} x' = \dfrac{1}{2}\cos\left(\xi + \dfrac{\pi}{4}\right), \\[2mm] y'' = \dfrac{1}{2}\cos\left(\xi - \dfrac{\pi}{4}\right), \end{cases}$$

$$G_s \begin{cases} x'' = \dfrac{1}{2}\cos\left(\xi - \dfrac{\pi}{4} - \varphi'\right), \\[2mm] y' = \dfrac{1}{2}\cos\left(\xi + \dfrac{\pi}{4} - \varphi'\right). \end{cases}$$

Dans la région centrale, ce sont les combinaisons $\left(\begin{smallmatrix} D_d \\ G_d \end{smallmatrix}\right)$, $\left(\begin{smallmatrix} D_s \\ G_s \end{smallmatrix}\right)$ qui prévalent pour l'interférence, fournissant, à savoir la première (§ 475) le dextrorsum résultant

$$X'_1 = \cos \frac{\varphi}{2} \cos \left(\xi + \frac{\pi}{4} - \frac{\varphi}{2} \right),$$

$$Y''_2 = \cos \frac{\varphi}{2} \sin \left(\xi + \frac{\pi}{4} - \frac{\varphi}{2} \right),$$

et la seconde, le sinistrorsum résultant

$$X''_2 = \quad \cos \frac{\varphi}{2} \cos \left(\xi - \frac{\pi}{4} - \varphi' - \frac{\varphi}{2} \right),$$

$$Y'_1 = - \cos \frac{\varphi}{2} \sin \left(\xi - \frac{\pi}{4} - \varphi' - \frac{\varphi}{2} \right).$$

Ces deux circulaires contraires étant égaux engendrent (page 227) un rectiligne résultant

$$R = 2 \cos \frac{\varphi}{2} \cos \left(\xi - \frac{\varphi}{2} - \frac{\pi}{4} - \frac{\varphi'}{2} \right)$$

dont la vibration est orientée dans un azimut $\frac{\varphi'}{2} + \frac{\pi}{4}$ distinct de l'azimut primitif et essentiellement variable avec la couleur.

Dans les régions latérales, là où l'on a $\varphi = \varphi'$, ce sont les combinaisons $\left(\begin{smallmatrix} D_d \\ G_s \end{smallmatrix}\right)$, $\left(\begin{smallmatrix} D_s \\ G_d \end{smallmatrix}\right)$ qui prévalent, donnant, la première, le rectiligne

$$R_1 = \cos \left(\xi - \varphi - \frac{\varphi' - \varphi}{2} \right) = \cos \left(\xi - \frac{\varphi' + \varphi}{2} \right)$$

polarisé dans l'azimut $\frac{\pi}{4} + \frac{\varphi' - \varphi}{2}$, et la seconde, le rectiligne

$$R_2 = \cos \left(\xi - \frac{\varphi + \varphi'}{2} \right)$$

polarisé dans l'azimut $-\left(\frac{\pi}{4} + \frac{\varphi + \varphi'}{2} \right).$

§ 485. — Nombreuses formes que peut recevoir l'expérience des trois systèmes de franges.

On peut varier extrêmement l'expérience de la production simultanée des trois systèmes de franges. Outre les fentes, les prismes aigus du biprisme, les miroirs obliques de Fresnel, les miroirs parallèles (note du § 40), et nos demi-lentilles, on peut y employer avec un égal succès les franges des plaques épaisses, soit juxtaposées à la manière de Breswter (§ 89), soit éloignées l'une de l'autre ainsi que l'a récemment conseillé M. Jamin, soit encore un spath perpendiculaire à l'axe qu'on place avec le quartz épais sur le support de l'appareil d'Amici, ou bien entre le disperseur et le collecteur de l'appareil de M. Soleil (§ 227), soit enfin avec Fresnel, qui a eu souvent recours à ce dernier moyen, les anneaux transmis ou réfléchis des lames minces. Le difficile est pour ainsi dire de ne pas les réussir. Il suffit, par exemple, de viser aux anneaux réfléchis sous l'angle de la polarisation en interposant entre les anneaux et l'œil un quartz épais d'une quarantaine de millimètres, puis un nicol et au besoin enfin une loupe peu grossissante, pour donner naissance, autour des anneaux de Newton, à une couronne concentrique d'anneaux plus minces, séparés d'eux, si la lumière n'est pas simple, par un espace qui en est privé. L'emploi des plaques épaisses et des anneaux a pour avantage : 1° que chaque rayon incident, contribuant par dédoublement à la formation des deux faisceaux interférents, on y est exonéré des complications propres aux expériences où il s'agit de faisceaux distincts, telles que, par exemple, la nécessité d'une origine commune et l'exiguïté du luminaire; 2° que la difficulté d'avoir un champ commun assez vaste pour recevoir les systèmes latéraux s'y évanouit, puisque les rayons interférents ont la même direction et sont superposés; qu'enfin les anneaux, même enrichis de la couronne concentrique d'anneaux de deuxième espèce, étant compris dans un angle faible, on peut éloigner l'œil (sauf à l'armer d'une petite lunette) et l'éloigner assez pour interposer de longs tubes. Il est vrai qu'en compensation de ces avantages on perd la possibilité de pouvoir agir individuellement sur chaque rayon pour les soumettre, par exemple, soit à la fois, soit isolément, aux actions circularisantes des lames de mica, et répéter ainsi l'expérience de M. Babinet. Mais on ne saurait le regretter beaucoup, puisque l'expérience des trois systèmes est à la fois plus simple et plus générale que celle des deux systèmes successifs. Il est vrai enfin que, quoiqu'on y subisse à la fois les quatre circulaires des deux rectilignes interférents, un des deux systèmes latéraux fait défaut, ne laissant que le système central d'intensité double et l'autre latéral. Mais la seule présence du système concentrique suffit largement pour attester l'existence d'une double réfraction dans le corps interposé (*), tellement que quand ce corps est trop court ou trop peu biréfringent pour séparer la couronne des anneaux de première espèce, on peut trouver, ainsi que l'a souvent fait Fresnel, soit dans le simple accroissement du nombre des anneaux, soit dans la confusion que semble y jeter, dans certaines positions du polariscope, l'interposition de nouveaux anneaux, des indices sûrs de cette biréfringence.

§ 486. — Comment un des systèmes latéraux peut manquer. Couronnes des anneaux.

Cette absence d'un des systèmes latéraux tient visiblement à ce que les anneaux colorés, ayant pour point de départ un point central où le retard peut être supposé nul, n'ont

---

(*) On obtient également la couronne en plaçant sur la route des faisceaux interférents une lame de gypse, de mica ou encore un quartz mince parallèle à l'axe. Et elle est encore donnée également par les anneaux de Newton ou les anneaux d'un uniaxe perpendiculaire à l'axe. Arago, par exemple, l'obtenait en mettant dans la pince à tourmalines, concurremment avec le spath, une lame de gypse ou de quartz de 1 à 2 millimètres d'épaisseur. Si ce gypse et ce quartz n'ont qu'un peu plus d'un demi-millimètre, la couronne ne différera guère de celle d'un quartz normal d'environ 40 millimètres. Mais ces couronnes sont dues alors à la double réfraction ordinaire, beaucoup plus énergique, on le sait, que la circulaire. En inclinant convena-

pas, comme les franges des deux fentes, pour recevoir les deux systèmes d'anneaux de seconde espèce, une droite et une gauche. Considérons en effet la combinaison de circulaires contraires empruntés l'un, le dextrorsum par exemple, au rayon avancé, et l'autre au rayon qui a traversé deux fois la lame mince : si le milieu est lévogyre, ce dernier éprouvera en le traversant une avance qui viendra en déduction de son retard et rendra les franges possibles à des distances du centre où la lumière blanche n'en donne plus. Cette avance est-elle de 15 λ, la région de la quinzième frange sera, pour les deux circulaires inverses, le lieu géométrique du retard nul, et au delà aussi bien qu'en deçà le polariscope fera éclore un système de franges qui s'éteindra avant de venir rejoindre les anneaux du système central. Dans l'autre combinaison des deux circulaires inverses, le retard du milieu s'ajoutera au retard de la lame mince, et s'il est, par exemple, de 5 λ, le centre recevra du deuxième système latéral la coloration d'un cinquième anneau. Cet enchevêtrement d'anneaux, qui peuvent (§ 480) n'être pas superposés à ceux du système central, ne saurait sans doute effacer ceux plus vifs de première espèce, mais il leur enlèvera de la netteté.

§ 487. — Influence de l'orientation du polariscope sur la séparation des trois systèmes.

La confusion des trois systèmes peut s'obtenir, même avec des corps suffisamment épais pour donner, avec la lumière blanche, des franges parfaitement isolées. On opère inévitablement leur réunion en prenant une lumière convenablement simplifiée, en armant, par exemple, la loupe de Fresnel de son verre rouge. Mais même alors on reconnaît à certains caractères que ce système, en apparence unique,

---

blement un quartz oblique trop épais, on peut la faire apparaître, tout comme en inclinant le quartz épais normal à l'axe, on ne cesse pas de la voir. Mais dans ces deux derniers cas encore elle n'est plus due à l'interférence de deux circulaires et se rattache aux phénomènes intermédiaires de la double réfraction elliptique.

est triple. Si vous rendez d'abord parallèles les sections principales des deux nicols, le système semble unique, parce que les franges de deuxième espèce, occupant les mêmes places que celles de première, s'y superposent, et donnent ainsi de la force à celles que leur éloignement rendait pâles et peu visibles. Tournez de 90 degrés le nicol oculaire, les franges latérales brillantes tomberont sur les centrales affaiblies, et comme ces franges enchevêtrées se trouveront d'égale force en deux certaines régions intermédiaires, il se fera dans le tout deux scissions qui montreront trois systèmes. Les trois systèmes de franges dues aux biréfringents ordinaires peuvent, quand elles sont entremêlées, se reconnaître d'une manière analogue.

§ 488. — Divers moyens d'isoler les divers systèmes et de constater leur état.

L'expérience de M. Babinet donne tour à tour, soit les deux systèmes latéraux, soit en faisant tomber les points lumineux sur un même mica, chacun des systèmes centraux. On peut même obtenir à la fois l'un des systèmes latéraux et l'un des centraux en mettant la section principale d'un des micas dans l'azimut zéro, de manière à livrer à l'interférence un rectiligne (soit deux circulaires) et un circulaire. Mais pour que le rectiligne apparaisse par ses deux circulaires, et pour avoir autre chose que le résultat de l'interférence d'un rectiligne et d'un circulaire, il faut empêcher les deux systèmes de se confondre, et recourir, pour cela, à l'interposition d'un milieu rotateur. Il faudrait, de plus, pour égaliser les trois circulaires, donner au rectiligne deux fois plus de lumière, ce qui s'obtiendrait en ayant recours aux fentes et en faisant sa fente étroite deux fois plus large que celle du circulaire. En ôtant le polariscope, il ne restera que le système central. Mais on peut encore n'opérer qu'après coup la séparation des deux systèmes centraux en recourant au triprisme. On rend leur état circulaire manifeste à l'aide des analyseurs d'Airy (§ 329).

L'état rectiligne des systèmes latéraux ou du système central complexe et non dédoublé est moins facile à constater. En effet, pour peu que la lumière ne soit pas simple, les plans de polarisation des divers rayons sont séparés, et le sont tellement avec les épaisseurs des biréfringents circulaires employés, que le polariscope n'amène en tournant que d'insignifiantes variations d'intensité. Pour réussir, il faut recourir au procédé de MM. Fizeau et Foucault. On lancera sur les miroirs et sous l'angle de polarisation le trait solaire. Immédiatement après les miroirs, viendra le quartz épais ou le tube plein de sirop ; à une distance un peu grande, telle qu'on y obtienne et les trois systèmes de franges et des franges un peu larges, on placera la fente étroite. Au delà, à une distance qui dépendra de la lunette employée, viendra le prisme, qui recevra les deux pinceaux légèrement écartés. Enfin viendra une lunette ayant assez de tirage pour montrer nettement l'ensemble des deux spectres virtuels superposés. Si l'œil est armé d'une tourmaline, il apercevra, dans la partie du spectre que la lunette embrasse, une ou plusieurs grosses franges qui se déplacent quand on tourne sur lui-même le polariscope, ce qui établit nettement le changement d'orientation du plan de polarisation avec la couleur. On peut, sans cesser d'avoir le même résultat, amener la fente tour à tour dans chacun des trois systèmes.

Nous sommes encore parvenus à montrer, comme il suit, la polarisation des trois systèmes. La lentille cylindrique, qui assurait aux rayons interférents la communauté d'origine, était placée dans un spectre polarisé où elle puisait une lumière d'autant moins hétérogène, qu'elle était plus étroite. Après elle venaient les deux fentes, les micas, et enfin l'œil armé de la loupe de Fresnel et du polariscope. On obtient ainsi de très-nombreuses franges. Eh bien, quand elles étaient de deuxième espèce, leur intensité subissait, par la rotation du polariscope, des variations d'autant plus marquées, qu'on réduisait davantage, par un dia-

II.   16

phragme, l'ouverture de la lentille. Quand, au contraire, les deux fentes tombant sur un même mica, on avait affaire à un système de franges de première espèce, il n'y avait pas de variations appréciables dans l'intensité.

§ 489. — Franges de MM. Fizeau et Foucault tirées de la frange centrale. — Accord de la théorie avec l'expérience.

Si les nombreuses expériences qualitatives que nous avons faites sur les quatre systèmes de franges des circulaires ont toujours répondu aux prévisions de la théorie, il n'en a pas toujours été de même des expériences quantitatives. Consacrons quelques lignes à ces expériences et aux causes qui, dans certains cas, peuvent faire dévier les chiffres de la valeur qui leur est assignée.

Avec le quartz de 42 millimètres, on compte dans le spectre de MM. Fizeau et Foucault six grosses franges. En effet, ce quartz donne au rayon rouge une rotation de $42 \times 17 = 714$, et au violet $42 \times 44 = 1848$, différence, 1134; or 1134 degrés contient 6,3 fois 180 degrés. Donc, si le polariscope est orienté de manière à épargner le rouge, il arrêtera les rayons dont la vibration sera dirigée dans les azimuts 90, 270, 450,..., 990, c'est-à-dire six rayons dans toute l'étendue du spectre. Ici l'expérience et la théorie s'accordent parfaitement.

§ 490. — Les mesures des déplacements sont au contraire trop fortes dès qu'elles sont possibles.

Ce quartz fait tourner le rayon moyen du spectre d'environ $42 \times 23° = 966$ degrés. Cela donne, à raison de 180 degrés pour une onde de retard, un retard total d'environ 5,5 ondes. Ce devrait donc être sur la cinquième frange noire, là où le retard géométrique vaut cinq ondes et demie, que devrait s'installer la frange centrale d'un système latéral, et la distance des centres des deux systèmes latéraux devrait être, par conséquent, de 22 franges simples ou de 11 fois l'intervalle qui sépare deux franges semblables.

deux noires, par exemple. Il n'en est rien : cette distance dépasse le double de cette valeur théorique et atteint le chiffre
de 24. De même, un long tube de sirop concentré me
donne 9,2 franges pour la distance des deux systèmes latéraux, c'est-à-dire 4,6 pour le déplacement : j'en remplis
aussitôt un tube plus court dont je mesure la rotation.
Celle que j'en conclus pour le grand tube, divisée par 180,
ne donne que 2,09 λ au lieu de 4,6.

La forme de l'expérience ne fait pas disparaître ce désaccord. Ainsi, je le retrouve en produisant autour des anneaux de Newton, à l'aide de ce gros quartz, la couronne
décrite (§ 485). Les anneaux n'étant pas complétement in-
visibles, dans les régions qui séparent la couronne du système central, on peut, à l'aide d'une loupe, et avec de l'attention, compter combien il s'en trouve entre le centre
commun des deux systèmes et l'anneau que sa netteté et sa
vivacité signalent comme anneau central de la couronne :
eh bien, ce nombre, compté à diverses reprises et à ma prière
par divers observateurs, a été de 12. M. Babinet, qui évalue
comme nous à environ 8 millimètres l'épaisseur de quartz capable de produire un retard d'une onde, a dû rencontrer le
même désarroi ; mais son Mémoire n'ayant jamais paru *in
extenso*, et l'extrait qui en a été donné ne contenant pas
l'épaisseur de son quartz, nous n'avons pu nous édifier sur
ce point. L'emploi de la lumière grossièrement homogène
(son homogénéité suffit cependant dans certains cas) que
donne le verre rouge, ne ramène pas le déplacement à la
valeur théorique. Celui d'une lumière bien homogène,
telle que la flamme de l'alcool salé, ou bien un filet de
lumière, puisée dans le spectre, rendent les franges si nombreuses, qu'il devient impossible non-seulement de distinguer les uns des autres les trois systèmes, mais même de
reconnaître la frange centrale d'un système, et qu'ainsi il
ne peut plus y être question de mesure de déplacement.

L'épaisseur e, souvent considérable, des corps qu'on interpose dans ces expériences, ne permet plus assurément de

les calculer par la formule

$$\frac{f}{d} = \frac{\lambda}{2\,b} \quad (\S\ 20).$$

On verrait sans peine que, des deux quantités b, d, d seul est altéré et devient

$$d - e\,\frac{n-1}{n},$$

de sorte que la formule devient, pour ces expériences,

$$\frac{F}{d - e\,\frac{n-1}{n}} = \frac{\lambda}{2\,b},$$

et que les épaisseurs des franges obtenues avant et après l'interposition des longs tubes remplis de sirop ou de térébenthine ont entre elles le rapport

$$\frac{f}{F} = \frac{d - \frac{n-1}{n}\,e}{d};$$

mais il n'y a rien de commun entre le désaccord qui nous arrête (*) et cette cause, puisque les mesures n'ont rien d'absolu et sont purement relatives, puisque les divers systèmes produits simultanément sont soumis aux mêmes in-

---

(*) Quand il s'agit au contraire des déplacements dus à des biréfringents ordinaires, l'expérience et le calcul n'ont plus de désaccord. Je prends une lame de quartz parallèle à l'axe épaisse de $0^{mm},887$ et, dirigeant son axe à 45 degrés du plan de polarisation, je la mets sur le trajet des deux faisceaux fournis par le biprisme ; ce qui me donne, quand j'use d'un polariscope, les trois systèmes de franges Je trouve pour l'épaisseur d'une frange $0^{mm},117$ et pour le déplacement $1^{mm},7$, soit $14,5$ franges. Pour 1 millimètre on aurait $\dfrac{14,5}{0,887} = 16,4$. Le § **199** donne $15,4$.

Autre expérience : je remplace le quartz par une lame de gypse de $0^{mm},331$, les franges gardent l'épaisseur $0,117$. Je sépare nettement le système central d'un latéral, en orientant le nicol à 90 degrés du polarisateur, et je trouve pour déplacement $0,65$, ou bien 5.56 franges. Ce qui donne bien pour 1 millimètre $16,8$.

fluences, et qu'enfin c'est en franges et non en millimètres que s'évalue le déplacement (*).

§ 491. — Causes de cette exagération.

La cause de ce désaccord nous paraît résider dans cette dispersion de double réfraction que nous avons déjà signalée, ou, en d'autres termes, dans l'irrationnalité des quantités φ, φ' du § 484, ou des retards ρ, ρ' correspondants, et rentrer, par conséquent, dans celles que Fresnel assignait à un autre désaccord, non moins formel entre la théorie et l'expérience, contre lequel il s'est heurté dans une expérience qui appartient au chapitre de la polarisation chromatique circulaire, et sera exposée dans le chapitre XX.

Nous savons qu'un cas simple entre tous est celui où le retard absolu est le même pour toutes les couleurs. Ce cas est réalisé, rigoureusement par les retards purement géométriques, et très-approximativement par les retards physiques dus à la double réfraction ordinaire. Ceux analogues, amenés par la double réfraction circulaire, s'en écartent au

---

(*) Parmi les nombreuses expériences que nous avons faites sur ces franges, nous citerons encore la suivante. J'ai fait faire une caisse étroite de 1 mètre, fermée aux deux bouts par deux plans de verre parallèles. Je fais tomber sur le verre antérieur les deux points lumineux de mes demi-lentilles et j'installe en dehors de la caisse, contre ce verre, les micas circularisants. Il en résulte, sur le verre postérieur, des franges de première ou de deuxième espèce dont on opère le déplacement en remplissant la caisse du liquide rotateur, essence de térébenthine ou sirop. Ici, le rapport des franges primitives, telles que les donne la caisse vide, aux franges subséquentes est très-simple parce que l'épaisseur traversée, depuis les points lumineux jusqu'au tableau, est la même pour l'air et le liquide. Les largeurs des franges avant qu'on ait versé et après qu'on a eu versé le liquide sont proportionnelles aux vitesses de la lumière dans l'air et dans le liquide. Comme épreuve, je remplis la caisse d'eau et je mesure les franges, par simple lecture sur la face extérieure du verre postérieur qui dans ce but a été divisée en dixièmes de millimètre. Elles sont plus courtes que dans l'air, juste dans le rapport inverse des indices, c'est-à-dire dans le rapport de 1 à l'indice de l'eau. Cette caisse permettrait donc de varier l'expérience de Young d'une manière instructive. En disposant entre les deux verres les fiches du banc de diffraction, on peut également répéter, comparativement dans l'air et dans un liquide, les principales expériences de diffraction.

contraire considérablement (§ 470). On doit donc s'attendre
à des anomalies, chaque fois que les retards des biréfringents
circulaires seront mis aux prises avec les retards géométriques ou avec ceux des biréfringents ordinaires.

Dans une génération de franges, celles des rayons à
ondes courtes sont laissées en arrière de quantités croissantes avec le numéro de la frange. Après 7 ou 8 franges,
elles le sont assez pour uniformiser la lumière, et voilà
comment le phénomène s'efface. On le fait revivre, si on
exerce sur les franges violettes une action absolue ou différentielle qui accroisse leur distance au centre. Et c'est ainsi
qu'a agi, sur une partie des anneaux de Newton, le prisme
du § 74. Ils revivent surtout si l'on rachète les retards par
un procédé équivalent à celui qui a engendré ces franges
et les a distancées. Considérons, par exemple, un point de
la huitième frange engendrée dans une expérience de Young
par un allongement géométrique. Si j'interpose un gypse
capable de produire, sur le rayon rouge qui est en avance,
un retard de 8 ondes rouges, et de ramener ainsi à l'égalité
les phases des deux rayons interférents, il détruira en même
temps, d'une manière à peu près rigoureuse, le retard des
autres rayons simples. Donc, en ce point où tous les rayons
ont reconquis l'accord, une frange blanche apparaîtra,
escortée à droite et à gauche par des franges qui se co-
loreront de plus en plus comme les premières et pour les
mêmes motifs.

Que les premiers retards soient dus à l'action d'un biréfringent circulaire, les franges à ondes courtes seront laissées bien mieux en arrière. Est-il soumis à la loi de Biot
(§ 470), une onde deux fois moindre y aura acquis, au lieu
d'un retard moitié moindre, un retard quatre fois plus
faible, et ses franges seront deux fois plus en arrière.
Quand donc vous introduirez une avance géométrique qui
annule le retard de la huitième frange rouge, vous n'aurez
racheté que moitié du retard du rayon à onde sous-double,
et au lieu d'une frange brillante blanche, il vous restera à

peu près la même confusion que celle présentée par la huitième frange d'un système issu de retards géométriques. Pour détruire l'autre moitié du retard, il faudra se transporter à la huitième frange du nouveau système, là où les différences géométriques qui agissent seules pour engendrer les franges de ce nouveau système latéral, auront accumulé sur le rayon violet seize fois l'avance qui se produit dans l'épaisseur d'une frange. Telle serait, *grosso modo*, l'origine de l'exagération que présentent en double réfraction circulaire les déplacements des franges de deuxième espèce. Nous concluons de tout ceci, que les franges dues aux retards des biréfringents circulaires doivent se brouiller plus vite que celles dues aux biréfringents ordinaires; que les franges dues au conflit d'un retard géométrique et d'un retard de double réfraction circulaire doivent être moins nombreuses d'un côté de la frange centrale du système que de l'autre; qu'enfin, tant qu'on n'aura pas soumis au calcul l'interprétation qui vient d'être esquissée et appris à démêler sans erreur cette frange centrale dissymétriquement située, la méthode des déplacements que nous posions (§ 481) comme rivale de celle des rotations, méthode si sûre en double réfraction ordinaire, sera vaine en double réfraction circulaire (*), et qu'il n'y aura, pour déterminer les constantes de cette dernière double réfraction, qu'une méthode précise, à savoir la mesure des rotations.

(*) Il résulte cependant de ce qu'on vient de lire que, tant que la dispersion du corps rotateur acceptera la loi de Biot, les déplacements seront à peu près doublés, et qu'en n'en prenant que la moitié, la méthode donnera des résultats sensiblement exacts.

CHAPITRE XVIII.

POLARISATION ROTATOIRE CHROMATIQUE.

ARTICLE IER.

TRAVAUX DE M. BIOT.

Solution graphique donnée par Newton du problème de la composition des couleurs. — Division du spectre en sept régions. — Loi qui donne les limites de ces régions.—Les intensités des sept groupes newtoniens évaluées numériquement. — Traduction analytique de la solution graphique. — Calcul de la teinte complémentaire. — Le phénomène d'Arago. — Ses ressemblances et ses différences avec celui de la polarisation chromatique ordinaire. — Ce qu'il devient quand la lumière est simple. — Comment il peut être alors dissimulé. — D'où vient l'état complémentaire des deux images. — Intégrales définies qui expriment approximativement l'intensité de chaque image. — Un exemple de leur mise en chiffres pour obtenir la teinte d'un quartz. — Les rotations tabulaires déduites d'une seule pour ces calculs. — Courbes des teintes E et O. — Elles dispensent des calculs quand le polariscope est dans l'un des azimuts 0 ou 90. — Discussion synthétique des teintes et de leur intensité. — Discussion analytique. — Formules approximatives. — Succession des teintes dans les faibles épaisseurs. — Pour de moindres épaisseurs la teinte ne varie pas et est un bleu pâle. — Teintes sensibles fournies par le mouvement du polariscope. Elles subissent les mêmes déviations que le jaune moyen et reproduisent la loi des épaisseurs. — Épaisseurs qui donnent les teintes sensibles quand le polariscope est immobile. — Variations de la teinte sensible. — Cas où la teinte résultante s'écarte de la règle de Newton.

---

§ 492. — Caractère complexe des phénomènes issus de la lumière blanche.

Après avoir consacré le chapitre précédent à l'étude théorique des phénomènes variés dont l'ensemble constitue le chapitre de la double réfraction circulaire, et en avoir déduit comme corollaire considérable celui qui est le point de départ de la polarisation dite rotatoire, nous croyons utile de nous placer maintenant à un point de vue purement expérimental, et d'exposer à peu près dans l'ordre de leur apparition historique les faits, les méthodes et les applications qui forment le riche domaine de cette partie de l'optique moderne.

Le physicien qui a le plus contribué à son développement est sans contredit M. Biot, mais à l'époque où il s'engagea dans cette voie que sa persévérance devait rendre si féconde, Fraunhofer n'avait par encore réinstallé dans la science les raies aperçues dès 1802 par Wollaston dans le spectre, et ne leur avait pas donné, par ses admirables mesures, cette mission de précision qui leur est aujourd'hui acquise. M. Biot a donc dû, dans ses travaux, se placer sur le terrain un peu vague des divisions newtoniennes du spectre, et faire une large part à ce genre de vérifications indirectes, qui consiste, une fois les constantes fondamentales acquises, à en déduire les effets chromatiques qui résulteraient de l'emploi de la lumière blanche pour les comparer aux teintes avouées par l'expérience. Cette méthode a sans doute l'inconvénient de reposer sur une et même sur deux lois empiriques formulées par Newton et restées jusqu'ici toutes deux complétement en dehors de la théorie ondulatoire : mais comme elle constitue un point de vue bien légitime, que la science, même moins imparfaite, devrait cependant consulter encore, ne fût-ce qu'à titre de confirmation des méthodes directes ; comme d'ailleurs l'emploi fréquent qui en a été fait, surtout par M. Biot, lui donne, au point de vue historique, une importance considérable, nous nous proposons de lui accorder dans ce chapitre la place qu'elle mérite.

§ 493. — Première loi de Newton. — Son véritable rôle.

La première des deux lois empiriques qui jouent un rôle dans les travaux de M. Biot est celle exposée § 26 : on pourrait croire que son intervention n'y est pas indispensable ; mais, en y réfléchissant, on s'aperçoit que c'est elle

qui de fait opère dans le spectre la subdivision adoptée par
Newton, et qu'à ce titre elle est comme une condition de
la seconde. Quoi qu'il en soit, elle permet de se borner à la
mesure directe d'une seule caractéristique. La deuxième,
autrement connue, donne la teinte engendrée par le mélange d'un assortiment quelconque des rayons simples du
spectre ; nous allons la développer avec détail.

§ 494. — Composition des couleurs. — Caractère de la méthode adoptée par Newton.

Composer les couleurs hétérogènes, c'est-à-dire les réduire à une commune mesure, est un problème moins
désespéré qu'il ne le semble au premier abord. On peut
croire en effet qu'il n'est pas au-dessus des ressources de
la photométrie pratique, et qu'on peut en donner plusieurs solutions toutes plausibles. Quant au point de vue
théorique, si les impressions lumineuses correspondent à
de la force vive éteinte (§ 12), rien de plus homogène et de
plus comparable que les forces vives issues de certains
rayons, si disparates qu'en soient les teintes. Newton le
premier, et longtemps après lui Fraunhofer, ont également
compris la nécessité d'obtenir et ont obtenu des chiffres
proportionnels à la puissance éclairante des diverses couleurs simples. Newton a fait plus, car il les a subordonnées
à une règle pratique qui se prête admirablement à la solution de nombreuses questions, et qui ne laisserait rien à
désirer s'il n'avait pas délaissé aux deux extrémités du
spectre deux portions dont l'influence, pour l'extrémité
rouge surtout, est sensible dans certains phénomènes
(§ 507), et si des vérifications directes douées de la précision que la science actuelle est en droit d'exiger, venaient
se joindre au cortége imposant des vérifications indirectes
qu'elle a si souvent reçues.

Une dose de *travail mécanique* est exprimée par un certain effort exercé le long d'un certain chemin. Supposez le
chemin constant, alors les doses de travail seront représentées par certains efforts ou bien par certains poids. On

conçoit donc que la composition de certaines quantités de lumière puisse se réduire à celles de certaines forces parallèles, ou autrement à la recherche d'un certain centre de gravité. Mais ce ne sera pas sur un axe des X rectiligne qu'on devra prendre les longueurs uniformément chargées de poids, qui représenteront en grandeur et en succession les diverses couleurs simples; car une telle construction ne saurait satisfaire aux cas bien réels, avoués par l'expérience, où les teintes sont lavées d'une quantité de blanc variable, et où le blanc lui-même parfaitement incolore est le résultat du mélange. Newton a su donner place à tous les cas en partageant entre les diverses couleurs la totalité d'une circonférence de cercle; on voit en effet que si les arcs attribués à chaque couleur simple sont uniformément chargés de poids, le centre de gravité d'un assortiment quelconque de ces arcs, au lieu de rester, comme dans une construction rectiligne, constamment sur les lignes caractéristiques des couleurs, pourra prendre à l'intérieur du cercle toutes les positions imaginables; de sorte que si l'on attribue le centre au blanc incolore, et les secteurs sous-tendus par les arcs, à tous les états de dilution des couleurs simples, il n'y aura pas de cas exclu de la construction graphique, pourvu toutefois que les innombrables teintes composées soient assimilables, ainsi que le voulait Newton, à des mélanges de blanc et de l'une quelconque des couleurs simples. Le difficile était d'établir entre ces diverses couleurs la répartition de la circonférence.

§ 495.—**Répartition de la circonférence entre les sept couleurs.**

Nous avons vu § 26 que, d'après Newton, les huit rayons qui délimitent les couleurs simples avaient des longueurs d'onde proportionnelles aux puissances $\frac{2}{3}$ des nombres d'une certaine série très-simple. Or suivant la remarque d'un élève de M. Biot, M. Blanc, cette série, et, par conséquent, la série des longueurs d'onde correspondantes, sont telles, que le produit de deux termes équidistants des extrêmes y possède, quand on prend pour unité la longueur d'onde du rouge extrême, une valeur constante, à savoir $\frac{1}{2}$ pour la première et $\left(\frac{1}{2}\right)^{\frac{2}{3}} = 0,63$ pour la seconde. Si nous étendons avec M. Blanc cette propriété aux rayons intermédiaires, il faudra que les longueurs d'ondes, λ_n, λ_{360-n}, des deux rayons, qui sur la circonférence se trouvent l'un à n degrés de l'origine, l'autre à $360 - n$, aient également pour produit $\left(\frac{1}{2}\right)^{\frac{2}{3}}$, relation qui est visiblement satisfaite en prenant pour expression générale de la longueur d'onde

$$\lambda_n = \frac{1}{2}^{\frac{2}{3}\frac{n}{360}}.$$

Cela posé, prenons pour origine des arcs qui appartiendront aux diverses couleurs, le rouge extrême de Newton. Pour avoir les limites n_0, n_j... de ces arcs, il suffira de résoudre les équations

$$\left(\frac{1}{2}\right)^{\frac{2}{3}\frac{n_0}{360}} = \left(\frac{8}{9}\right)^{\frac{2}{3}}, \quad \left(\frac{1}{2}\right)^{\frac{2}{3}\frac{n_j}{360}} = \left(\frac{5}{6}\right)^{\frac{2}{3}},\dots,$$

réductibles à ces autres équations

$$\left(\frac{1}{2}\right)^{\frac{n_0}{360}} = \frac{8}{9}, \quad \left(\frac{1}{2}\right)^{\frac{n_j}{360}} = \frac{5}{6},\dots$$

On trouve ainsi pour expression de ces arcs des nombres de degrés très-peu différents de ceux qu'a obtenus Newton, peut-être parce qu'il a suivi pour y arriver la même route que M. Blanc. Ces nombres (nous ne donnons que ceux de Newton) sont :

	Amplitude des arcs $n_r, n_o, n_j \ldots n_u$ occupés par chaque couleur.	Nombre de degrés dont les limites des couleurs sont éloignées du commencement du rouge.	Nombres, proportionnels à ces arcs, qui mesurent également l'intensité des sept couleurs.
Rouge.	$60° \, 45' \, 34''$	$0° \; 0' \; 0''$	$\dfrac{1000}{9} = 111\dfrac{1}{9} = I_r$
Orangé	$34 . 10 . 38$	$94 . 10 . 38$	$\dfrac{1000}{16} = 62\dfrac{1}{2} = I_o$
Jaune..	$54 . 41 . 1$	$149 . 37 . 13$	$\dfrac{1000}{10} = 100 = I_j$
Vert. .	$60 . 45 . 34$	$210 . 22 . 47$	$\dfrac{1000}{9} = 111\dfrac{1}{9} = I_v$
Bleu. .	$54 . 41 . 1$	$265 . \; 3 . 48$	$\dfrac{1000}{10} = 100 = I_b$
Indigo.	$34 . 10 . 38$	$299 . 14 . 26$	$\dfrac{1000}{16} = 62\dfrac{1}{2} = I_i$
Violet.	$60 . 45 . 34$	$360 . \; 0 . \; 0$	$\dfrac{1000}{9} = 111\dfrac{1}{9} = I_u$

Ces nombres de degrés proportionnels aux intensités sont indispensables pour construire le cercle de Newton (*fig.* 234), mais dans le calcul des teintes composées dues au concours de plusieurs couleurs simples, on peut les remplacer par des chiffres abstraits qui aient entre eux les mêmes rapports. Les chiffres de la dernière colonne, pris surtout sous leur première forme, sont très-commodes : leur emploi suppose que l'intensité totale de la lumière blanche qui, avec les arcs, se trouve représentée par la circonférence, l'est ici par leur somme $658\frac{1}{3}$.

Quelque remarquable qu'elle soit et malgré ses allures théoriques, l'interprétation due à M. Blanc ne s'élève pas au-dessus des régions de l'empirisme. Nous n'en voulons d'autres preuves que son impuissance radicale à remanier la construction de Newton, de manière à y faire entrer ces

nombreux rayons rouges délaissés par lui et qui précèdent
son rouge extrême. Cette exclusion et cette impuissance
sont regrettables, puisque les quelques échecs tardifs apportés par les derniers travaux de M. Biot à la construction de
Newton, si longtemps couronnée de succès, n'ont évidemment pas d'autre origine.

§ 496. — Formules de la composition des couleurs.

Si nous revenons aux idées du § 494, le travail de la
composition des couleurs va consister dans le calcul de la
résultante de certaines forces parallèles connues en grandeur
et appliquées exclusivement en sept points (*) r, o, j,..., légèrement intérieurs au cercle de rayon 1, lesquels ne sont
autres que les centres de gravité des sept arcs précédents.
Prend-on la totalité des couleurs, les sept poids que nous
représenterons par les lettres I_r, I_o, I_j,..., I_u, sont proportionnels aux sept arcs, ou, ce qui revient au même, aux sept
chiffres de la dernière colonne du tableau précédent, et la
résultante, qui est celle de la circonférence entière, tombe
au centre, de sorte qu'on a du blanc. Cesse-t-on de prendre
la totalité de certaines couleurs, prend-on par exemple
moitié du vert, le poids qu'il faudra appliquer au centre de
gravité de l'arc VB sera proportionnel à la moitié de cet
arc et vaudra $\frac{1}{2}I_r$. Pour traduire cette construction en calcul, rapportons, et les sept centres de gravité fixes, et le
centre de gravité variable de la résultante cherchée, à deux
axes rectangulaires, dont l'un CX passe par la droite doublement limite où le rouge et le violet se rejoignent. Les
sept centres de gravité sont d'abord sur les bissectrices caractérisées par les angles suivants :

$$
\begin{array}{ll}
\text{Rouge et violet.....} & w = \pm\ 30^\text{o}\,22'\,47'', \\
\text{Orangé et indigo....} & w = \pm\ 77^\circ\,50'\,53'', \\
\text{Jaune et bleu......} & w = \pm\,122^\circ\,16'\,42'', \\
\text{Vert ....} & w = \pm\,180^\circ\ 0'\ 0'',
\end{array}
$$

(*) Ces mêmes lettres représentent un peu plus loin des intensités lumineuses, mais il ne peut résulter aucune confusion de ce double emploi.

et ils s'y trouvent, on le sait, à une distance ∂ du centre exprimée par le quotient $\dfrac{360° \sin \frac{1}{2} a}{\pi a°}$ de la corde $2 \sin \frac{1}{2} a$ par l'arc $\dfrac{\pi a}{180}$. En passant de ces coordonnées polaires w, ∂ aux caractéristiques x, y, à l'aide des relations

$$x = \partial \cos w, \quad y = \partial \sin w.$$

On trouve pour les centres de gravité des sept couleurs simples :

Rouge et violet.... $x = + 0,822\,840$, $y = \pm 0,482\,350$.
Orangé et indigo... $x = + 0,207\,398$, $y = \pm 0,963\,163$.
Jaune bleu........ $x = - 0,513\,992$, $y = \pm 0,813\,763$.
Vert.............. $x = - 0,953\,796$, $y = \quad 0$.

Quant au centre de gravité résultant, désignons par les initiales r, o, j,..., u, les intensités absolues des sept groupes colorés de Newton qui entrent dans la composition d'une teinte (*), et par X, Y, Δ, W ses coordonnées rectangulaires et polaires, on aura, par des formules bien connues,

$$X = \frac{(r+u)\,0,822\,840 + (o+i)\,0,207\,398 - (j+b)\,0,513\,992 - v\,0,953\,796}{r + o + j + v + b + i + u}$$

$$Y = \frac{(r-u)\,0,482\,350 + (o-i)\,0,963\,163 + (j-b)\,0,813\,763}{r + o + j + v + b + i + u}$$

$$\operatorname{tang} W = \frac{Y}{X}, \quad \Delta = \frac{X}{\cos W} = \frac{Y}{\sin W},$$

et si, conformément à l'hypothèse fondamentale de Newton, nous admettons que Δ et $1 - \Delta$ expriment, l'un la proportion de la couleur dont le secteur contient le centre de gravité, et l'autre celle du blanc qui s'y trouve associé, le

____

*) Dans la pratique (§ 500), ce qu'on atteint d'abord, ce sont les parties aliquotes $f_r, f_o, \ldots, f_u$ des quantités totales $I_r, I_o, \ldots, I_u$; il en résulte que r, o, j,..., u sont égales à $f_r \cdot I_r$, $f_o \cdot I_o$, ..., $f_u \cdot I_u$.

résultat du mélange sera nettement défini. Car Δ étant essentiellement positif, $\cos W$ et $\sin W$ auront les signes de X et Y, et feront connaître le quadrant et la couleur où tombera W; car l'intensité absolue est donnée par la somme $r \pm o + \ldots + u = N$, et l'intensité relative par $\dfrac{N}{658,33}$.

La couleur complémentaire, formée par les résidus $I_r(1 - f_r) = I_r - r$, $I_o(1 - f_o) = I_o - o, \ldots$ exclus du mélange, est d'autant plus intéressante à considérer, que le plus souvent elle apparaît simultanément dans les phénomènes. On l'obtiendrait en introduisant ces intensités nouvelles dans les formules générales, et tenant compte, pour opérer les simplifications, soit de ce que X et Y sont nuls quand $r, o, j, \ldots$, deviennent égaux à $I_r, I_o, I_j, \ldots$, soit de la composition des valeurs que nous venons de trouver pour X, Y, W, Δ; mais on y arrive plus simplement en remarquant que cette nouvelle teinte, dont l'intensité sera $658,33 - N = N'$ étant complémentaire de l'autre et devant donner du blanc avec elle, la résultante des deux poids N, N' devra tomber au centre. Ces poids tomberont donc de part et d'autre du centre sur un même diamètre, et l'on aura

$$W' = 180 + W.$$

Leurs moments statiques $N\Delta$, $N'\Delta'$ seront de plus égaux et l'on aura

$$\Delta' = \frac{N\Delta}{N'}.$$

Nous verrons plus loin une application numérique de ces formules.

La construction de Newton se trouve en dehors de la théorie des ondes; mais elle n'est pas moins étrangère à celle de l'émission. Peut-on espérer l'asservir au point de vue ondulatoire avec le succès obtenu pour les phénomènes si variés qui se sont succédé jusqu'ici dans ce Traité, et qui doivent se produire encore dans les chapitres suivants?

son caractère physiologique, à défaut de la lacune signalée plus haut (§ 494), permettent d'en douter. Les remarques suivantes ne paraîtront pas de nature à atténuer ces doutes. 1° Quand vous prenez toute une couleur, le vert par exemple, la résultante tombe en dehors de l'arc, de sorte que l'addition des rayons verts engendre un peu de blanc. 2° Quand on ne prend que la moitié du vert qui avoisine le jaune, la résultante est la même qu'avec l'autre moitié. Cette construction méconnaît donc la dégradation des teintes dites élémentaires. On échapperait à cet inconvénient en appliquant la résultante des portions $r, o, j, \ldots, u$ au milieu des arcs partiels qui leur correspondent; mais alors l'impossibilité expérimentale, signalée par Newton, d'obtenir du blanc à l'aide de deux seules couleurs simples cesserait d'exister. 3° Newton lui-même a reconnu que quand la résultante tombait près de CX, la teinte, au lieu d'être franchement rouge ou franchement violette, était un pourpre tirant sur le rouge ou sur le violet, suivant que l'azimut W tombait dans le compartiment rouge ou dans le compartiment violet.

Nous devons faire en photométrie des remarques sur la mobilité des impressions qui proviennent des couleurs, et sur la dépendance où l'appréciation d'une teinte est de l'intensité de la lumière. Ces difficultés et les illusions qu'elles entraînent font qu'aujourd'hui encore les vérifications expérimentales de la construction de Newton constituent des opérations très-délicates. Quoi qu'il en soit, quand on tentera ces épreuves intéressantes, le procédé direct dû à M. Foucault et décrit (§ 212) aura, pour conduire au but, des avantages manifestes.

§ 497. — Le phénomène d'Arago.

Le premier phénomène de *polarisation circulaire chromatique* a été rencontré, en 1811, par Arago.

On sait qu'une lame biréfringente interposée entre un polarisateur et un polariscope croisés restitue la lumière

II.   17

et donne des couleurs, quand son épaisseur n'est pas trop grande; que cependant cette restitution de lumière, ou, comme on le dit, cette *dépolarisation* manque quand la lame, tournant dans son plan, prend deux certaines orientations rectangulaires. On sait encore que si le cristal (on le suppose uniaxe) est taillé perpendiculairement à l'axe, et si la lumière, bien parallélisée, le traverse exclusivement dans cette direction axiale, l'interposition de la lame cesse de modifier les phénomènes dus au conflit du polarisateur et du polariscope.

Seul parmi les uniaxes, le quartz perpendiculaire à l'axe conserve dans ces conditions une puissance *dépolarisatrice* spéciale. Non-seulement il restitue la lumière, mais encore si l'épaisseur est moindre qu'une certaine limite très-élevée (30 millimètres environ), il la restitue avec coloration. Facile à observer avec un appareil quelconque de polarisation, ce phénomène fondamental s'obtient surtout avec un appareil dû à Arago (*fig.* 235), qui comprend à son extrémité antérieure un polarisateur, à son extrémité oculaire un polariscope biréfringent, et intermédiairement, 1° près du polarisateur un quartz perpendiculaire à l'axe: 2° à peu près au milieu, une lentille, véritable loupe, qui rend la vision distincte, détruit les reflets, grossit les images, diminue leur écart, et les amenant ainsi en superposition partielle, permet de vérifier que les deux teintes uniformes revêtues par les deux images sont ici, comme toujours, complémentaires. Cette même lentille (on peut, grâce à un tirage, l'éloigner du quartz) permet d'obtenir, de l'appareil seul, une projection très-nette et plus ou moins amplifiée des images. Enfin, qu'elles soient reçues sur la rétine ou bien sur un tableau, on peut, en profitant d'un mouvement de bascule laissé au spath S, changer leur écart angulaire et rendre plus ou moins étendue la portion incolore issue de leur superposition.

Si distinctes, par leur origine, des couleurs de la polarisation chromatique ordinaire, ces images n'en diffèrent pas

moins par leurs caractères intrinsèques. Ainsi, tandis que
les premières ne prennent, pendant un tour complet du
polariscope, et pendant un tour complet de la lame, que
deux teintes complémentaires qui s'échangent l'une contre
l'autre, quatre fois dans le premier cas et huit fois dans le
second (§ 275), au passage de certains azimuts où elles
dégénèrent en lumière blanche, celles-ci ne sauraient
éprouver d'une part et n'éprouvent en effet aucun changement de nature ou d'intensité pendant la rotation de la
lame; de l'autre elles revêtent pendant celle du polariscope
une série nombreuse de teintes qui se succèdent dans un
certain ordre (§ 502), semblent également intenses et ne
manquent dans aucun azimut.

Les deux sortes de phénomènes ne restent pas moins
séparés, quand au lieu de lumière parallèle on emploie la
lumière convergente. Met-on, par exemple, entre deux tourmalines, un quartz normal à l'axe d'une épaisseur suffisante, les cercles qui, en pareil cas, forment avec une croix
noire le phénomène chromatique des uniaxes ordinaires,
se trouvent débarrassés de la partie centrale de cette croix
que remplace une vive couleur, variable par la rotation de
chaque tourmaline.

Le phénomène d'Arago est un phénomène complexe
réductible à des phénomènes plus simples.

Si on lance dans l'appareil une lumière monochromatique, et que, s'attachant à l'image ordinaire, on la suppose
éteinte par la disposition donnée au spath. Le quartz (à
moins que son épaisseur n'ait fortuitement, comme on va
le voir, certaines valeurs réservées) lui rendra de l'éclat.
Mais cette restitution cessera quand, tournant graduellement le polariscope, la rotation s'élèvera à un certain
angle. L'action du quartz, bien distincte de celle d'une
lame biréfringente ordinaire, ne consiste donc plus comme
alors dans une elliptisation du rectiligne incident, mais
dans une pure rotation du plan de polarisation.

Nous retrouvons donc, comme phénomène élémentaire

de celui d'Arago, celui que nous avons étudié et dont nous avons posé les lois fondamentales dans le chapitre XVII.

La connaissance de la loi de proportionnalité avec l'épaisseur, et de la rotation propre à une épaisseur donnée, permet de prévoir les épaisseurs pour lesquelles le phénomène propre au quartz s'évanouirait. Ainsi, un quartz dont l'épaisseur vaudrait $\frac{180}{18} = 10^{mm}$, ou un multiple quelconque de cette quantité, ferait tourner le plan de polarisation du rouge, d'une demi, de deux demi... circonférences, le ramènerait ainsi dans son azimut primitif, et par conséquent ne restituerait pas cette lumière. Mais si la lumière est blanche, la diversité des rotations propres aux divers rayons simples rend évidemment impossible cette dissimulation du phénomène. L'épaisseur qui maintient l'extinction d'une ou plusieurs couleurs laisse passer les autres, et c'est à la réunion de ces couleurs diversement épargnées que sont dues les vives couleurs, variables avec l'azimut, observées par Arago. On voit également comment, sous de grandes épaisseurs, chacune des sept couleurs newtoniennes étant éparpillée sur une ou plusieurs circonférences, elles sont partout en superposition et donnent du blanc.

Quant à la cause des couleurs complémentaires données successivement dans deux azimuts rectangulaires par un polariscope simple, ou simultanément par un polariscope biréfringent, nous la trouvons dans le partage inégal et complémentaire de chaque rayon simple entre les deux images, circonstance bien plus simple que les deux cas d'interférence qui engendrent le même phénomène en polarisation chromatique ordinaire.

Enfin, si la lumière ordinaire est ici encore incapable d'engendrer les couleurs, cela tient comme d'ordinaire à ce que les deux rayons rectangulaires assimilables à un rayon naturel mettent en superposition deux images de coloration complémentaire.

§ 498. — Formules de M. Biot.

Pour appliquer la méthode de composition des couleurs due à Newton, il faut évaluer en chiffres les quantités des diverses couleurs qui concourront à former la teinte composée. Faute de connaître la voie qu'a suivie ce grand physicien quand il a résolu ce problème difficile, par rapport à la totalité des couleurs contenues dans le blanc, nos déterminations s'appuieront essentiellement sur les chiffres qu'il a obtenus et consisteront à trouver quelles fractions de chacune des sept couleurs entreront dans le mélange étudié.

En polarisation rotatoire, quand même on emploierait la totalité de chaque couleur, les chiffres de leurs intensités ne seraient pas ceux de Newton, parce que le polariscope en appelle à lui des portions variables qui dépendent, et de l'arc plus ou moins grand dans lequel ont été éparpillées les vibrations de chaque groupe unicolore, et de l'orientation du polariscope, et de la loi de Malus qui règle les emprunts faits par lui à chaque vibration. Mais le caractère précis de cette loi d'une part, et de l'autre la connaissance exacte des rotations propres à chaque rayon, rendent l'évaluation de l'intensité résultante parfaitement accessible au calcul.

Soient a, a' ($fig.$ 236) les deux arcs extrêmes entre lesquels sont comprises, après l'action du corps rotatoire, les vibrations contenues dans un des groupes newtoniens, le rouge par exemple, et soit I_r l'intensité de ce groupe. L'œil permettant d'y considérer l'intensité comme uniforme, un élément dx de l'arc $a' - a$ aura pour intensité $I_r \dfrac{dx}{a' - a}$. Si α, compté avec OY, est l'azimut de la section principale du polariscope, je prétends que le contingent d'intensité apporté par cet élément de la radiation rouge dans cette section principale, et, partant, au profit de l'image extraordinaire, sera

$$I_r \frac{dx}{a' - a} \cos^2(90 + \alpha - x) = I_r \frac{dx}{a' - a} \sin^2(x - \alpha),$$

et qu'ainsi l'intensité totale de cette image sera

$$F_e = \int_a^{a'} \frac{dx}{a' - a} \sin^2(x - \alpha).$$

En thèse générale, dans la composition des rayons, c'est de la vibration, c'est-à-dire ici de $\sqrt{\dfrac{dx}{a'-a}}\sin(x-\alpha)$, et non de l'intensité qu'il faut partir, et c'est sur les vibrations que l'addition qui mènera à la résultante doit s'effectuer. Il est cependant des cas où l'addition des intensités devient légitime, par exemple quand les divers rayons sont indépendants ou encore quand, ayant des longueurs d'ondes différentes, ils ne peuvent plus avoir de réaction permanente. Eh bien, nous pouvons invoquer, à l'appui de la manière dont est posée la précédente intégrale, et l'un et l'autre cas, prétendre, par exemple, que ces rayons qui se présentent à l'œil avec une si parfaite conformité diffèrent trop peu dans leur λ pour n'être pas assimilables aux diverses parties indépendantes d'un faisceau homogène, ou nous rejeter sur ce que, quoique homogènes pour l'œil, ces rayons ont de fait des λ différents

Dans ce groupe newtonien, l'éparpillement est plus actif à la fin de l'arc $a'-a$ qu'au début. Il semblerait donc que, pour répondre à d'égales portions de l'intensité totale I_a, les arcs élémentaires dx dussent grandir de a en a'. Cela est vrai en rigueur. Mais tant qu'on ne dépassera pas certaines épaisseurs, celles qui donnent des teintes assez vives pour qu'on s'intéresse à leur calcul, cet éparpillement croissant d'une même couleur sera négligeable dans l'étendue d'un des groupes newtoniens. Il n'y a pas d'ailleurs à le considérer d'une couleur à l'autre, puisque les chiffres de Newton détruisent toute solidarité entre les sept régions du spectre et limitent à chacune d'elles le développement d'une telle cause d'erreur.

L'intégrale précédente représente donc, avec une approximation d'autant meilleure que les rotations seront moindres, l'image extraordinaire; on aurait de même pour l'intensité de l'image ordinaire

$$F_{\mathfrak{o}} = \int_{a}^{a'} \frac{dx}{a'-a}\cos^2(x-\alpha).$$

L'intégration par parties donne sans peine pour la valeur générale de la première intégrale

$$\int dx \sin^2(x-\alpha) = \frac{x}{2} - \frac{1}{2}\sin(x-\alpha)\cos(x-\alpha) + C,$$

et pour l'intégrale définie

$$\int_a^{a'} I\frac{dx}{a'-a}\sin^2(x-\alpha)$$

$$=\frac{1}{2}\left[1+\frac{1}{2}\frac{\sin 2(a-\alpha)-\sin 2(a'-\alpha)}{a'-a}\right].$$

En transformant en produit la différence des sinus, on obtient

$$\frac{1}{2}\left[1-\frac{\sin(a'-a)}{a'-a}\cos(a'+a-2\alpha)\right].$$

Si enfin, dans le rapport $\dfrac{\sin(a'-a)}{a'-a}$ de deux lignes, l'une droite, l'autre circulaire, on remplace l'arc $a'-a$ par l'expression $\pi\dfrac{a'-a}{180}$, dans laquelle $a'-a$ exprimera l'arc, non plus linéairement, mais en degrés, on aura

$$F_e=\frac{1}{2}\left[1-\frac{180}{\pi}\frac{\sin(a'-a)}{a'-a}\cos(a'+a-2\alpha)\right].$$

Introduisons dans cette formule trois modifications.

1°. L'angle $a+a'$, proportionnel à l'épaisseur, prendra de grandes valeurs qui rendront le cosinus tantôt positif et tantôt négatif. On évitera les erreurs que pourra produire ce changement de signe, si on exprime ce cosinus en fonction du sinus de l'arc moitié. 2°. $\dfrac{180}{\pi}$ est l'expression en degrés de l'arc égal au rayon et vaut $57°,296$: représentons-le par R. 3°. Désignons par les lettres ρ, ρ' la demi-somme et la différence des arcs extrêmes a, a', fournis par l'épaisseur tabulaire 1, de manière à avoir ρe, $\rho'e$ pour les valeurs correspondantes à l'épaisseur quelconque e, et nous aurons alors

$$F_e=\frac{1}{2}\left(1-R\frac{\sin\rho'e}{\rho'e}\right)+I\,R\,\frac{\sin\rho'e}{\rho'e}\sin^2(\rho e-\alpha).$$

On trouverait de même pour F_o la valeur complémentaire

$$F_o=\frac{1}{2}\left(1+R\frac{\sin\rho'e}{\rho'c}\right)-I\,R\,\frac{\sin\rho'e}{\rho'e}\sin^2(\rho e-\alpha).$$

§ 499. — Rotations tabulaires. — Arcs moyens de rotation. — Amplitudes des rotations tabulaires.

On trouvera dans le tableau suivant et les rotations tabulaires propres aux limites des sept divisions établies par Newton dans le spectre et les valeurs de ρ, ρ'. Aux deux extrémités du tableau on a donné de plus, ces éléments, pour ces portions du spectre qu'a négligées Newton, quoique leur influence devienne appréciable dans certains phénomènes.

	Rotations tabulaires ou valeurs de a, a'.	Arcs de rotations moyens, ou valeurs de $\dfrac{a'+a}{2} = \rho$.	Amplitude des rotations tabulaires pour les divisions de Newton ou $a'-a = \rho'$.
Raie B....................	15,3740°		
Rouge extrême de Newton..	17,4964	16,4352°	2,1224°
Limite du R et de l'orangé..	20,4716	18,9840	2,9752
Limite de l'O et du jaune...	22,3113	21,3915	1,8397
Limite du J et du vert.... ..	25,6764	23,9939	3,3651
Limite du V et du bleu.....	30,0426	27,8595	4,3662
Limite du B et de l'indigo..	34,5738	32,3082	4,5312
Limite de l'I et du violet...	37,6807	36,1272	3,1069
Violet extrème de Newton...	44,0882	40,8844	6,4075
Raie H....................	47,1478	45,6180	3,0596

Pour peu qu'on ait manié le spectre, on sait qu'il est impossible d'y retrouver par l'expérience, et d'après les indications de l'œil, les limites des divisions newtoniennes. Quelques mots sur la marche qu'a suivie M. Biot pour former ce tableau, ne seront donc pas hors de propos. Les limites de ces divisions, ainsi qu'on l'a annoncé, sont définies de fait par leur correspondance avec certains chiffres qu'a mesurés et que nous a transmis Newton, et qui ne sont autres que le quart de nos longueurs d'onde. Cela posé, M. Biot, après avoir constaté par de nombreuses expériences, l'exactitude chez le quartz, de la loi du (§ 470), s'y est confié pour déduire d'une seule rotation, observée avec le plus grand soin, celles de ces rayons délimitateurs. Cette rotation fondamentale fut celle d'un certain verre rouge dont il obtenait le λ en l'interposant dans le spectre et notant, par rapport aux raies B, C, la position du maximum de la radiation qu'il laissait passer. Ce λ, un peu inférieur à celui (0,000 6448) du rouge extrême de Newton, fut 0,000 6285 et la rotation correspondante 18°,414.

On en déduit d'abord, pour la rotation a_r du rouge extrême de Newton,

$$a_r = 18°,414 \left(\frac{0,000\,6285}{0,000\,6448}\right)^2 = 17°,4964.$$

Pour le rayon qui termine le rouge et commence l'orangé, la loi (§ 498) donne

$$\lambda'_r = 0,000\,6448 \left(\frac{8}{9}\right)^{\frac{2}{3}},$$

la rotation a'_r de ce rayon sera donc

$$a'_r = 18°,414 \left(\frac{0,000\,6285}{\lambda'_r}\right)^2$$

$$= 18°,414 \left(\frac{0,000\,6285}{0,000\,6448}\right)^2 \left(\frac{9}{8}\right)^{\frac{4}{3}} = 20°,4716,$$

et ainsi de suite.

§ 500. — Une application numérique.

Nous allons esquisser à grands traits, pour le cas où la section principale du polariscope coïncide avec le plan de polarisation et rend α nul, le calcul des deux teintes extraordinaire et ordinaire fournies par une lame de quartz dont l'épaisseur serait 11^{mm},047. Nous nous y sommes tenus à un nombre exact de dizaines de secondes.

On calcule d'abord, pour chacun des sept groupes de Newton, $\rho'e$, $\sin \rho'e$, et enfin $R \dfrac{\sin \rho'e}{\rho'e}$, de manière à obtenir le coefficient $\dfrac{1}{2}\left(1 - R \dfrac{\sin \rho'e}{\rho'e}\right)$. On forme ensuite ρe, on cherche le logarithme de $\sin^2 \rho e$, on y ajoute celui précédemment trouvé de $R \dfrac{\sin \rho'e}{\rho'e}$, et l'on obtient ainsi le coefficient de I dans le dernier terme de F_e. Si l'on prend, dans le Mémoire de M. Biot, les logarithmes des nombreuses constantes R, ρ, ρ' contenues dans la formule, il suffira d'une heure pour arriver aux chiffres groupés dans le tableau ci-joint:

	Premier coefficient $\frac{1}{2}\left(1 - R\frac{\sin p'e}{p'e}\right).$	Deuxième coefficient $R\,\frac{\sin p'e}{p'e}\sin^2 pc.$	Sommes des deux coefficients, qui sont les quantités $f_r f_o \ldots f_u$ du § **496**.
Division rouge..	0,026 98	0,232 47	0,259 45
» orangée.	0,010 38	0,677 96	0,688 34
» jaune...	0,034 34	0,924 41	0,958 70
» verte...	0,057 00	0,553 63	0,610 60
» bleue...	0,061 22	0,002 55	0,063 70
» indigo..	0,029 36	0,374 21	0,043 57
» violette.	0,117 82	0,117 82	0,881 54

Pour passer de ces parties aliquotes du poids total aux poids ou intensités $r, o, \ldots, u$, qui représenteront l'intensité de chaque couleur, il faut multiplier les chiffres de la dernière colonne par ceux du § **495**. Au lieu des degrés, il est préférable de prendre, comme nous l'avons annoncé, les fractions $\frac{100^e}{9}$, $\frac{100^e}{16}$, ...; leur simplicité donne en effet, sans l'emploi des logarithmes, pour les quantités r, o, j, v, b, i, u aptes à entrer dans les formules du § **496**, les chiffres suivants :

$$r = 28,83,$$
$$o = 43,02,$$
$$j = 95,87,$$
$$v = 67,85,$$
$$b = 6,37,$$
$$i = 25,22,$$
$$u = 97,95.$$

ce qui rend $N = r + o + j + \ldots, + u$ égal à 365,06.

Si l'on emprunte encore à M. Biot les logarithmes des constantes numériques de ces nouvelles formules, une demi-heure suffira pour obtenir les valeurs de X, Y, U, Δ, U', Δ'. Elles sont

$$U = 88° 47' 10'', \qquad U' = 268° 47' 10'',$$
$$\Delta = 0,1554, \qquad \Delta' = 0,19344,$$
$$1 - \Delta = 0,8446, \qquad 1 - \Delta' = 0,80656.$$

En se reportant à la *fig.* 234, ou au tableau des degrés proportionnels formé (§ 495), on voit que l'image extraordinaire est théoriquement un orangé tirant vers le jaune, tel qu'on le formerait en mêlant 15,5 parties d'orangé avec 84,5 parties de blanc, et que l'image ordinaire est un indigo confinant presque à la fin du bleu tel qu'on le formerait en mêlant 19 ½ parties d'indigo avec 80,5 de blanc.

§ 501. — Les courbes en cœur de M. Biot.

M. Biot, qui a répété ces calculs pour un très-grand nombre de plaques d'épaisseurs très-diverses, et en a trouvé les indications conformes, en général, à la réalité, les a résumés dans les deux courbes des *fig.* 237 et 238. On y a marqué les points (leur nombre est 22) qui ont servi à les construire, et on a écrit vers la circonférence les épaisseurs des 22 plaques qui ont fourni ces divers points. Ces courbes rendues ainsi dépositaires de nombreux résultats calculés, et, par suite, grâce à la loi de continuité, de tous les résultats intermédiaires, sont très-commodes et permettent de résoudre, presque à la simple vue, *quand toutefois la section principale du polariscope coïncide avec le plan de polarisation*, de nombreuses questions de polarisation rotatoire (§§ 502 et 503).

§ 502. — Discussion synthétique des phénomènes d'intensité.

Les courbes de M. Biot ne nous disent rien sur l'intensité des images, aussi est-ce là un ordre de questions dont la solution réclame d'autres considérations. On peut obtenir dans cette direction quelques résultats généraux, soit à l'aide du calcul, soit par la seule inspection des relations angulaires qui existent entre la section principale du polariscope et les plans diversicolores éparpillés par la rotation. Ainsi, à ce dernier point de vue on voit que, quand l'épaisseur croît à partir de zéro, toutes les vibrations primitivement confondues suivent la ligne OX se rapprochent de la section principale du polariscope, que nous supposons (*fig.* 236) dans l'azimut OY, y donnent des composantes croissantes, et que par suite l'intensité de l'image extraordinaire, insensible au début, doit grandir continûment; que cet accroissement durera encore quelque temps, même après que la rotation du violet dépassant 90 degrés $\left(\text{elle atteint cette valeur pour l'épaisseur } \dfrac{90}{44} = 2^{\text{mm}},045\right)$, cette couleur sera portée dans le quadrant $\text{YO}\overline{\text{X}}$. On voit encore que les couleurs les plus réfrangibles domineront dans les premières teintes qui devront offrir à l'œil quelque chose comme du bleu; qu'à des épaisseurs plus grandes, dont la limite, donnée par le calcul aussi bien que par l'expérience, serait d'environ 3 millimètres, le progrès des rotations ayant convenablement rapproché de OY les vibrations les moins réfrangibles, de manière à les rendre aussi influentes que les plus réfrangibles qui s'en sont éloignées, on aurait une période où la teinte dominante serait le blanc; qu'enfin les épaisseurs suivantes amenant tour à tour sur la ligne OY les couleurs à ondes courtes, elles prédomineraient tour à tour dans l'image ordinaire, et qu'ainsi le blanc bleuâtre passerait au vert, puis au jaune, à l'orangé et enfin au rouge, qui n'arriverait que le dernier et se maintiendrait pendant quelque temps. La courbe 237 montre en effet que le vert commence à être appréciable vers 3 millimètres et dure jusqu'à environ 4; que le jaune dure de 4 à 5; qu'enfin vers 6, épaisseur peu supérieure à $\dfrac{90^\circ}{17^\circ}$, après le règne de l'orangé, a lieu l'avénement du rouge, qui ne cesse de dominer dans l'image que vers 7 millimètres. On pourrait appliquer à l'image ordinaire le même mode de discussion synthétique, mais l'analyse garde, pour pénétrer tous ces secrets, ses avantages habituels. Et quoique notre intention ne soit pas de suivre M. Biot dans les larges développements qu'il a su lui donner, nous en dirons cependant assez pour que le lecteur puisse juger de la précision qui s'attache à ce genre d'étude.

§ 503. — Discussion analytique.

On a

$$\frac{\sin(a'-a)}{a'-a} = 1 - \frac{(a'-a)^2}{1.2.3} + \ldots = 1 - \omega,$$

ω restant très-petit tant que l'arc $a - a'$ n'a pas reçu un grand développement. Cette expression, introduite dans la valeur de L, prise sous sa forme primitive, donne

$$I_e = \frac{1}{2}\left[1 - (1 - \omega)\cos(2\alpha + a + a') \right]$$

$$= I\sin^2\left(\alpha + \frac{a + a'}{2}\right) + \frac{I\omega}{2}\cos(2\alpha + a + a'),$$

ou bien, quand α est nul,

$$I_e = I\sin^2\rho e + \frac{I\omega}{2}\cos 2\rho e.$$

À l'épaisseur de 3^{mm}, $\frac{\omega}{2}$ n'atteint pas $0,01$, même pour le violet chez qui $a' - a$ est le plus grand, et M. Biot en conclut qu'en général jusqu'à cette épaisseur on pourra se borner aux formules approximatives

$$I_e = I\sin^2\rho e, \qquad I_o = I\cos^2\rho e.$$

Or ces formules, rapprochées de celles du § **77**, montrent que les teintes doivent avoir, dans ces limites, le même ordre de succession que celles des anneaux des lames minces.

Il y aura même une série d'épaisseurs pour lesquelles on pourra simplifier encore ces formules, et y remplacer le sinus par l'arc de manière à avoir

$$I_o = I\rho^2 e^2,$$

ou mieux, puisque l'arc ρe nous est donné en degrés et non pas linéairement,

$$I_o = I\frac{\rho^2 e^2}{R^2}.$$

Or, en réunissant par la règle de Newton les sept expressions de ce genre propres aux sept groupes de rayons, on voit 1° que $\frac{\rho}{R}$ étant, pour chaque groupe, une constante indépendante de l'épaisseur, la proportion de chaque couleur dans les mélanges correspondants aux diverses épaisseurs, et par suite la coloration de l'image extraordinaire, resteront les mêmes; 2° que l'accroissement d'intensité dont il a été question aura lieu suivant la loi commune qui régit l'accroissement de chaque couleur élémentaire, et sera dès lors proportionnel au carré de l'épaisseur. D'ailleurs, cette teinte invariable, calculée par la règle de Newton, se trouve être, ainsi que nous l'avions prévu, un bleu pâle très-mêlé de blanc.

Enfin, la comparaison des valeurs numériques de $\sin^2 \rho e$ et de $\dfrac{\rho'^2 e'}{R'^2}$ montre à M. Biot, qu'en s'arrêtant à l'instant où l'évaluation de la couleur la moins favorable sera altérée d'un centième, ces résultats seront applicables jusqu'à ce que ρe atteigne chez elle 25 degrés, ce qui donne pour limite d'épaisseur

$$e = \frac{25}{40,9} = 0^{\mathrm{mm}},61.$$

§ 504. — Teinte sensible.

Construites pour l'hypothèse $\alpha = 0$, les *fig.* 237|, 238, ne peuvent plus nous renseigner sur les particularités que les teintes des deux images présenteront pendant le mouvement du polariscope. Recourons encore pour cette étude aux procédés synthétiques du § 502.

En tournant ce polariscope dans le sens de la rotation on voit de suite que si l'on amène sa section principale à 90 degrés des rayons les plus vifs, c'est-à-dire (*fig.* 239), sur la ligne OJ', il en résultera dans l'image extraordinaire un minimum d'intensité accompagné d'une coloration due surtout aux rayons extrêmes du spectre. Comme, au fur et à mesure que l'épaisseur croît, ces rayons extrêmes s'éloignent en sens inverse de ce jaune, que le polariscope, par un déplacement convenable, continue d'éteindre, on conçoit que la teinte résultante, qui a d'ailleurs l'avantage de rester appréciable alors que le minimum ne peut plus l'être avec précision, ait pour l'œil un caractère peu variable. Or, les calculs de M. Biot et surtout l'expérience confirment ces prévisions et montrent qu'on obtient alors un violet bleuâtre. Ils montrent aussi que cette teinte, fort bien désignée par les noms de *teinte sensible* ou de *teinte de passage*, éminemment instable, prend une nuance dominante de bleu pour peu que la section principale du polariscope n'ait pas encore atteint le plan de polarisation du jaune moyen, et une nuance dominante de rouge dès qu'elle l'a dépassé. Si l'on mesure enfin chez des quartz diversement épais les rotations de cette teinte de passage : 1° on les trouve, jusqu'à $e = 8^{\mathrm{mm}}$, aussi exactement proportionnelles à l'épaisseur que s'il s'agissait d'une couleur simple; 2° l'arc tabulaire a pour valeur 24 degrés, et ne diffère pas de celui qui caractérise le jaune moyen. Les conséquences pratiques de ces derniers résultats qui font de la teinte sensible ce que l'on pourrait appeler l'*obscurité du blanc*, ont de l'importance, car, depuis que M. Biot les a établis, on a pu, dans la mesure des rotations envisagées comme caractéristiques des substances, et dans les applications qui ont été faites des phénomènes rotatoires, substituer à la lumière du verre rouge, la lumière blanche, à la fois plus commode et plus vive, et nous ajouterons plus exacte, puisque le double virement de la teinte sensible permet de diriger l'alidade du polariscope avec moins d'hésitation que s'il s'agissait de retrouver l'obscurité primitive. Entre $18°,414$ et $23°,994$, rotation du jaune moyen, le rapport est $\dfrac{23}{30}$: telle est donc la fraction par laquelle on multipliera les rotations obtenues avec la lumière blanche, quand on voudra en déduire celles qu'eût données le verre rouge.

La teinte sensible, quand le polariscope est biréfringent, peut s'obtenir également dans l'image ordinaire. Il suffit visiblement pour cela d'en amener la section principale dans la direction du jaune moyen. Entre $0°$ et 360 il y a en général quatre angles qui disposent les deux plans principaux du polariscope de la même manière par rapport aux vibrations désorientées et qui donnent par conséquent les mêmes teintes, ce sont les angles

$$\alpha, \quad \alpha + 90, \quad \alpha + 180, \quad \alpha + 270 ;$$

le premier et le troisième laissent à chaque image sa teinte, les deux autres échangent entre elles les teintes des deux images.

§ 505. — Comment on l'obtient sans mouvoir le polariscope.

On peut obtenir l'apparition de la teinte sensible et de la teinte complémentaire qui lui est invariablement associée, en ne touchant pas au polariscope et en le laissant dans l'azimut zéro : il faut pour cela que le jaune moyen subisse une déviation de 180 ou d'un multiple de 180 degrés, si on veut la voir apparaître dans l'image extraordinaire. Veut-on l'obtenir dans l'image ordinaire, la rotation sera 90 degrés ou un multiple impair de 90. Dans le premier cas, le quartz aura l'une des épaisseurs

$$\frac{180}{24} = 7^{mm}, 5 . 15^{mm}, \ldots,$$

dans le deuxième l'une des épaisseurs

$$\frac{90}{24} = 3^{mm},75. \; 11^{mm},25, \ldots.$$

En cherchant dans les *fig.* 237, 238, la teinte qui répond à ces épaisseurs, on trouve qu'elle est bien la teinte intermédiaire au rouge et au violet, c'est-à-dire l'indigo, et qu'elle virerait, par accroissement ou diminution d'épaisseur, au bleu ou au rouge tout comme si, l'épaisseur restant constante, l'azimut diminuait ou grandissait On voit de plus que là la courbe en cœur s'éloigne beaucoup du centre, ce qui indique une teinte très-peu lavée de blanc, et enfin que là la courbe traverse les secteurs bien en travers, ce qui confirme son échange si brusque contre les deux teintes qui la délimitent. Pour mieux voir la vitesse avec laquelle les secteurs sont ainsi traversés, il conviendrait peut-être de marquer sur ces courbes, en place des épaisseurs inéquidistantes qu'ont offertes à M. Biot les plaques de quartz dont il a pu disposer, les épaisseurs équidistantes de 1, 2, 3, ..., millimètres.

Cherchez dans les *fig.* 238, 237 la teinte qui répond ainsi à l'épaisseur $\left\{ \begin{matrix} 7,5 \\ 3,75 \end{matrix} \right.$, vous trouverez un jaune confinant dans le premier cas à l'orangé et assez lavé de blanc. On trouverait également le caractère de cette teinte, associée comme complémentaire à la teinte sensible, en s'en référant à la *fig.* 234.

§ 506. — Variations de la teinte sensible.

Quand il s'agit d'épaisseurs faibles, égales au plus à 1 millimètre, et que l'angle α croît proportionnellement à l'épaisseur, ou, ce qui revient au même, que la section principale du polariscope se met à angle droit sur une même vibration, les autres couleurs qui s'écartent en sens contraire de la vibration éteinte, donnent des composantes dont l'accroissement se fait sensiblement dans le même rapport, et qui, par conséquent, tout en donnant aux teintes plus de vivacité, n'en changent pas la nature. Mais quand l'épaisseur devient plus grande, les écarts des couleurs les plus réfrangibles l'emportent trop sur ceux des moins réfrangibles pour que les carrés de leur sinus gardent ce rapport et la teinte se dénature. Si cette vibration constamment éteinte est le jaune moyen, l'image extraordinaire revêt la teinte sensible, et c'est cette teinte qui, sensiblement identique pour de faibles épaisseurs, s'altère aux épaisseurs plus grandes. La différence tabulaire des rotations du jaune et du rouge moyen est $24 - 19 = 5$, celle du violet et du jaune moyen $41 - 24 = 17$. Vers 5 millimètres d'épaisseur, la rotation relative vaut $5 \times 5 = 25°$ pour le rouge, $5 \times 17 = 85$ pour le violet, et cette dernière couleur entre presque en entier dans l'image ordinaire; mais au delà, pour $e = 10$, ces rotations deviennent 50 et 170, le violet est en décroissance et le rouge continue de grandir. Il faudrait plus de $\dfrac{100^{mm}}{5} = 20$ pour assister à une décroissance appréciable du rouge : on voit donc que l'altération de la teinte sensible aux épaisseurs croissantes, consistera dans une prédominance du rouge. On peut seulement s'étonner que jusqu'à 6 millimètres cette invasion de rouge soit comme inappréciable. Mais cela tient sans doute à l'absence des rayons les plus vifs, et la même cause maintiendrait, même après 6 millimètres, ces deux virements rapides qui la font mieux reconnaître encore que sa nature. En correspondance avec ces altérations, la teinte complémentaire jaune-verdâtre tend à se verdir de plus en plus.

§ 507. — Exceptions à la formule de composition des teintes. — Les teintes sensibles peuvent surtout les offrir.

Le calcul nous a donné (§ 500), pour les teintes E et O d'une lame épaisse de $11^{mm},047$, un orangé tirant vers le jaune et un indigo confinant au bleu; or l'expérience donne un orangé un peu rougeâtre et un bleu très-bon. En laissant à x la valeur zéro, et surtout en lui donnant d'autres valeurs, on trouve aisément d'autres désaccords analogues. Ainsi, les teintes sensibles des plaques d'épaisseur $1^{mm}.6^{mm}.8^{mm}$ sont dans ce cas. Pour la dernière, par exemple, tandis que la théorie donne pour E un indigo franc et pour O un bon jaune, l'expérience dit violet vif et jaune verdâtre. Ces discordances viennent de l'omission des deux groupes extrêmes signalée (§ 494). La *fig.* 240, construite à l'instar des figures coloriées si instructives que M. Biot a jointes à son Mémoire, avec toutefois cette différence que dans notre figure ce sont les vibrations des 9 groupes (*) et non les plans de polarisa-

---

(*) Au lieu de s'estimer par rapport à la verticale PP', la rotation des vibrations se compte à partir de l'horizontale; il a donc suffi d'avancer chaque groupe de 90 degrés. Les groupes extrêmes omis par Newton sont désignés par les lettres R', U' et rejetés en dedans du cercle.

tion qui sont indiquées, nous montre qu'à 11,047 le jaune manque dans l'image ordinaire et que le rouge et le violet omis par Newton, le premier surtout, s'y portent presque tout entiers. En général, toutes les fois que les deux divisions omises ne se répartiront pas à peu près en même proportion dans les deux images et que ces images n'auront pas une teinte vive et décidée, on doit s'attendre à ce que ces divisions aient un influence marquée qui rendra inexacte la règle de Newton. Or, la condition de vivacité manque aux teintes sensibles ; de plus, le rouge omis, dont la déviation *relative* ne dépasse guère 90 degrés (§ 506), est, parmi les couleurs moins réfrangibles que le jaune, celle qui donne dans la section principale du polariscope, quand elle est orientée à angle droit sur ce jaune, la meilleure composante. Il n'est donc pas étonnant que cette composante, quoique prise sur un groupe peu énergique, trouble le mélange incomplet de Newton et y jette une nuance de rouge.

ARTICLE II.

APPLICATIONS DE LA POLARISATION ROTATOIRE A LA POLARISCOPIE ET A LA SACCHARIMÉTRIE.

On peut rétablir la teinte d'un quartz par le simple mouvement du polariscope, quand sa modification est due au mouvement du plan de polarisation. — Comment cette restitution reste possible chez un biquartz. — Appropriation de cette restitution à la détermination du plan de polarisation. — Comment, quand la teinte a été modifiée par un changement d'épaisseur, elle cesse d'être restituable. — Cas où elle l'est sensiblement. — Comment, chez un biquartz, la teinte commune n'est plus la primitive. — Cette dernière ne pouvant se rétablir que tour à tour dans chaque moitié. — Épaisseurs privilégiées qui identifient ces deux phénomènes et font que la teinte commune se confond avec la primitive. — Même ces derniers biquartz devront s'abstenir de mesurer les rotations intervenues. — Franges des prismes biréfringents circulaires. — Leur analogie avec celle du compensateur. — Association de quatre prismes biréfringents circulaires réalisée dans le polariscope de M. de Senarmont. — Saccharimètre primitif à division circulaire. — Saccharimètre par antagonisme. — Compensateur circulaire. — Comment, avec un biquartz, la lecture se fait en appréciant que la même teinte règne dans les deux moitiés d'un disque, vues simultanément. — Saccharimètre de M. Soleil. — L'inversion. — Variation du pouvoir rotatoire avec la température. — Tables de correction.

---

§ 508. — Le biquartz. — Comment il détermine le plan de polarisation.

Nous savons qu'on peut modifier de deux manières la

teinte fournie par un quartz : 1° en tournant d'un angle α
la section principale, soit du polariscope, soit du polarisateur; 2° en modifiant l'épaisseur E du quartz par l'introduction d'une substance rotatoire additionnelle équivalente à $\pm e$.

Dans le premier cas, quand il y a eu rotation du polarisateur, les vibrations diversicolores tournent toutes de
l'angle α et conservent par conséquent leurs relations mutuelles. Si donc on entraîne le polariscope à son tour de
l'angle α, il se retrouvera dans les conditions premières et
la teinte sera rigoureusement rétablie.

Dans le second, l'angle dont la rotation est accrue ou
diminuée varie avec la couleur, il en résulte dans la distribution des vibrations, des différences qui ne permettent
plus au polariscope de reprendre, par rapport à toutes, sa
première position, et partant de leur emprunter des composantes qui aient les mêmes rapports qu'avant l'interposition : de sorte qu'il n'est plus possible de rétablir
rigoureusement par son mouvement la teinte première.
Cependant nous avons vu (§ 506) que cette réintégration
avait sensiblement lieu dans deux cas, à savoir, quand l'é-
paisseur e était faible, et quand E était tel, que la teinte
primitive fût la teinte sensible.

Quand au lieu d'un seul quartz on en prend deux, de gyration contraire et d'égale épaisseur, accolés suivant un
plan de jonction parallèle à leurs axes, chacun subira, sous
les deux influences précitées, la modification de sa teinte:
et pour chacun d'eux encore il y aura possibilité de la restituer, soit rigoureusement, soit approximativement. Mais
la simultanéité des deux altérations donne à la question un
aspect nouveau. Ainsi, en supposant que la teinte primitive soit la même dans ces deux quartz, en sera-t-il de
même de la teinte altérée? pourra-t-on les restituer à la
fois dans les deux quartz? Quand cette restitution simultanée ne sera pas possible, y aura-t-il quelque autre teinte
qui puisse appartenir aux deux moitiés du *biquartz* et y

18.

rétablir l'uniformité? Comme le biquartz a une grande
utilité pratique, qu'il est héroïque pour déterminer et les
plans de polarisation et l'existence du pouvoir rotatoire là
où il n'est que faiblement développé, on conçoit l'intérêt
qui s'attache aux questions précédentes.

Dans la *fig.* 241, l'ensemble des deux quartz forme un
cylindre droit dont chacun d'eux est la moitié, leur plan de
séparation, qui pourrait être quelconque, est vertical, et
c'est le quartz lévogyre qui est en avant ou à gauche de
l'observateur. Le plan de polarisation des rayons incidents
est vertical, le polariscope est supposé à une seule image,
c'est un nicol dont la section principale est également verticale et qui, par conséquent, en l'absence du biquartz,
éteint la lumière. Met-on le biquartz, les vibrations diversicolores qui se présentent toutes à lui avec la direction
horizontale R, R', subiront, pendant le trajet, dans ses
deux moitiés, des rotations égales et contraires et seront, à
la sortie, telles que le montre la *fig.* 242. Il y aura donc
lumière rendue; et comme la section principale du polariscope a l'une des deux orientations rectangulaires qui
seules sont placées symétriquement par rapport aux deux
groupes de vibrations, les composantes, et partant les teintes
revêtues, seront les mêmes dans les deux moitiés de l'image.

Mais cette identité cessera pour peu qu'on tourne, soit
le polariscope, soit le polarisateur. Est-ce le premier, sa
section principale A, A' se sera rapprochée de l'un des
groupes a', j', r' et se sera éloignée de l'autre : double motif
pour que les composantes appelées à former les deux moitiés de l'image cessent d'offrir les mêmes rapports. Aussi le
disque image présente-t-il, de part et d'autre du diamètre
vertical, une coloration différente. Est-ce le polarisateur,
c'est le diamètre par rapport auquel les deux groupes
étaient disposés symétriquement, qui change et devient SS'
(*fig.* 243), ce qui amène évidemment les mêmes résultats.
Dans ce dernier cas on peut rétablir la teinte uniforme en
ramenant la section principale du polariscope suivant l'une

des deux bissectrices SS′, TT′, et cette teinte sera bien la
même que d'abord, puisque l'organisation des deux groupes
n'a pas changé.

Un biquartz possède donc, pour constater et mesurer le
changement du plan de polarisation, un caractère différentiel bien net, à savoir, un *dénivellement* dans la teinte
des deux moitiés d'une image. Que le nicol polariscope soit
placé au centre d'un limbe et armé d'une alidade qui
marque zéro (*fig.* 241) quand, en l'absence du biquartz, il
éteint; alors les plans de polarisation des faisceaux successivement lancés dans l'appareil, seront définis sur ce limbe
par l'angle que marquera l'alidade à l'instant où l'uniformité sera rendue. Telle est dans l'horloge polaire décrite
(§ 313) la disposition qui donne l'azimut du plan de polarisation des rayons disséminés parallèlement à l'axe de la
terre (*).

§ 509. — Comment il décèle l'interposition d'un milieu rotateur.

L'identité de teinte cesse encore si l'on interpose un milieu rotateur. Car, s'il est dextrogyre, le demi-disque de
droite donnera la teinte propre à l'épaisseur $E + e$, et celui
de gauche la teinte de l'épaisseur $E - e$. Au lieu des deux
groupes $(u.j.r)E$, $(u'.j'.r')\overline{E}$, on aura (*fig.* 244) les groupes
inégalement ouverts

$$(u_1.j_1.r_1)(E+e), \quad (u'_1.j'_1.r'_1)(\overline{E}+e),$$

chez lesquels les vibrations diversicolores n'admettront
plus, ainsi que cela avait lieu dans les groupes primitifs,
les deux mêmes bissectrices. En effet, pour chaque couleur
la bissectrice aura tourné de la rotation $\Delta_r.\Delta_j.\Delta_u$ propre

---

(*) Arago enlevait le polarisateur de l'appareil décrit (§ **497**) et en faisait ainsi un polariscope précieux pour étudier la polarisation des faisceaux
limités, celle des halos, des parhélies, du cercle parhélique, etc. En remplaçant le quartz par un biquartz, le polariscope d'Arago gagne en sensibilité
et devient le polariscope de Soleil.

à la lame additionnelle, et comme ces quantités sont inégales, il sera impossible de replacer la section principale du
polariscope à égale distance des vibrations de tous les systèmes binaires. Les colorations des deux demi-disques seront donc dissemblables, mais on conçoit qu'en dirigeant
cette section principale dans l'un des deux azimuts bissecteurs moyens, la dissemblance soit la moins formelle, et
puisse, dans les deux cas précités, devenir inappréciable à
l'œil. Mais même alors que les teintes s'approchent le
mieux de l'identité, il y a entre ce retour et celui du paragraphe précédent cette différence que cette teinte sensiblement commune aux deux demi-disques n'est plus la même
que celle rigoureusement uniforme qui précédait l'interposition du milieu rotateur. Si l'on visait à réobtenir cette
teinte première, les positions du polariscope qui la rétabliraient dans chaque moitié du disque seraient généralement différentes.

§ 510. — Avantages des biquartz à teintes sensibles.

Il est cependant certaines épaisseurs du biquartz pour
lesquelles la restitution de la teinte première peut avoir
lieu simultanément dans ses deux moitiés. Ce sont celles du
§ 505 qui impriment au rayon jaune l'une des rotations
90 degrés, 180 degrés, ..., et qui donnent ainsi, au début, la
teinte sensible; mais c'est à la condition toutefois, que s'il
s'agit des rotations 90 degrés, 270 degrés,..., le nicol polariscope tournera de 90 degrés. Pour de tels biquartz en effet la
direction prise à leur sortie par la vibration caractéristique
jaune est la même pour l'une et l'autre moitié. Étant la
même, le milieu rotateur surajouté, avec sa manière d'agir
qui consiste à accroître et à diminuer d'une même quantité $\pm \Delta_j$, deux rotations égales et contraires, la laissera
encore la même. C'est ce que montrent les *fig.* 245 et 246
construites, la première pour le cas où l'épaisseur est
$3^{mm},75$, et la seconde pour l'épaisseur double 7.5. Qu'on
fasse, dans la première, tourner de $90^\circ + \Delta_j$ le polaris-

cope, de manière à ramener sa section principale à 90 degrés de ce rayon jaune j, j'_1, on en réobtiendra l'extinction,
et par conséquent la réapparition, dans l'une et l'autre
moitié, de la teinte primordiale qui est, ne l'oublions pas,
la teinte sensible. Dans la deuxième, ce ne sont plus bout
à bout, mais en superposition, suivant la ligne $O\begin{Bmatrix} j_1 \\ j'_1 \end{Bmatrix}$ que
sont mises les vibrations jaunes des deux moitiés; l'extinc-
tion du jaune y persévère donc, quand le biquartz est seul,
et s'y rétablit par une rotation égale à $+\Delta_j$ quand on a
inséré le milieu additionnel.

Entre ces deux réapparitions, à savoir, celle de l'extinction du jaune et celle de la teinte sensible, il faut cependant distinguer, car l'une est rigoureuse et l'autre seulement
approchée. Il y a plus : avec le jaune seul, l'identification
des deux demi-disques n'est pas bornée à une position du
polariscope; si ce dernier rend l'obscurité première quand
on le met dans l'azimut $90 + \Delta_j$ (*fig.* 245), et donne deux
demi-disques également noirs; dans tout autre azimut, il
leur donne un égal éclairement. Avec la lumière blanche :
1° l'azimut $90 + \Delta_j$ ne rend aux deux moitiés qu'à peu
près leur teinte sensible, et ne la rend qu'à cause de la to-
lérance propre à ces teintes; 2° toute autre orientation du
polariscope donne deux demi-disques discordants. Etayons
ces deux assertions de quelques développements.

Dans la *fig.* 247, on a rétabli au delà et en deçà de Oj et
Oj' les vibrations Ou, Or et Ou', Or', telles que les a disposées le biquartz. Oj_1, Oj'_1, sont les vibrations jaunes: après l'ac-
tion du rotateur, elles sont encore alignées. $\begin{Bmatrix} Ou_1 \\ Or_1 \end{Bmatrix}$ s'obtiennent
en s'éloignant des droites $\begin{Bmatrix} Ou \\ Or \end{Bmatrix}$ d'angles $\begin{Bmatrix} u_1 Ou \\ r_1 Or \end{Bmatrix}$ généralement
petits et $\begin{cases} \text{supérieur l'un} \\ \text{inférieur l'autre} \end{cases}$ à jOj_1. De même, on obtiendra
$\begin{Bmatrix} Ou'_1 \\ Or'_1 \end{Bmatrix}$ en s'éloignant des droites $\begin{Bmatrix} Ou' \\ Or' \end{Bmatrix}$ d'angles $\begin{Bmatrix} u'_1 Ou' \\ r'_1 Or' \end{Bmatrix}$ égaux
aux précédents. A cause de la différence des points de

départ, on verra sans peine que Ou'_1 sera en deçà du prolongement de Ou_1 de deux fois l'angle jOu, et ira tomber de l'autre côté de Oj'_1, plus près de lui que Ou_1 ne l'est de Oj_1; pour les mêmes motifs, Or'_1 tombera au delà du prolongement de Or_1 de deux fois l'angle rOj et dépassera Oj_1 d'un angle $r'_1Oj'_1$ moindre que r_1Oj_1. Les deux spectres obtenus après l'action du milieu rotateur sont donc inverses et irrationnels. Quand le polariscope sera aligné suivant $j_1j'_1$, il aura, pour l'une comme pour l'autre moitié, le rouge d'un côté et le violet de l'autre, et quoiqu'il ne les ait pas aux mêmes distances, il ne saurait donner des teintes bien différentes. Mais s'il quitte cet azimut pour gagner une position quelconque PP', il sera plus près du rouge pour l'un des spectres et plus près du violet pour l'autre, produisant les mêmes résultats que quand il précède ou qu'il suit, à l'égard d'un quartz unique, la direction qui donne la teinte sensible. Ainsi dans de tels biquartz, la teinte uniforme n'est rendue, si l'on emploie la lumière blanche, que pour une certaine orientation; en deçà comme au delà, on a deux demi-disques diversement nuancés, les teintes d'en deçà étant disposées inversement de celles d'au delà.

Quand il y a eu ainsi rétablissement de l'homogénéité primitive, il ne reste donc plus aux deux demi-disques que cette différence de nuance et d'intensité, habituellement légères, qui dérive de l'éparpillement à la fois inégal et inégalement ouvert dans les deux moitiés. Si faible que puisse être dans la pratique cette double différence, elle peut rendre, ainsi que l'a observé M. Biot, un peu différent de $90 + \Delta_j$, l'azimut ρ dont aura tourné le polariscope quand l'œil affirmera que l'homogénéité est la moins imparfaite. Est donc incorrecte, au moins en théorie, la méthode qui consisterait à déduire de cet angle ρ la rotation intervenue, et la deuxième application du biquartz devrait être bornée à dire qu'il y a eu rotation, sans prétention d'en déterminer le quantum.

M. Biot a étudié avec beaucoup de soin la limite des

rotations additionnelles qui produisaient ainsi entre les deux moitiés du disque une différence appréciable. Il usait dans ce but d'une dissolution sucrée très-étendue et en interposait une colonne très-mince. Il est résulté de ces épreuves que le biquartz de $3^{mm},75$ commencerait à parler quand la rotation est $\pm 0^\circ,147$ et le suivant quand elle s'élève à $0^\circ,75$. Le premier chiffre répond à une épaisseur de quartz égale à $0^{mm},006$ et le second à $0,03$.

Dans cette seconde application, le biquartz à teinte sensible est, en double réfraction circulaire, l'analogue de la bilame de M. Bravais (§ 301) : seulement cette dernière ne semble offrir aucun avantage pour dire le plan de polarisation.

§ 511. — Franges du prisme biréfringent circulaire.

Soit le biprisme biréfringent circulaire du § 464 formé d'un dextrogyre antérieur D et d'un lévogyre L (*fig.* 248). Distinguons dans le faisceau cylindrique qui envahit la surface d'entrée, trois rayons, l'un central P, le deuxième P′ supérieur et le dernier P″ inférieur. Pour chacun d'eux, il y aura pendant les trajets $O\mu$, $O'\mu'$, $O''\mu''$ accomplis dans le premier prisme, avance du rayon dextrorsum, et, par conséquent, rotation dextrorsum du plan de polarisation (§ 466); rotation faible pour P″, forte pour P′ et intermédiaire pour P. Pendant les trajets μO_1, $\mu'O'_1$, $\mu''O''_1$ dans le second prisme, ce même plan subira, dans le sens sinistrorsum, une rotation qui rachètera, pour P, complétement la première, et qui, par conséquent, rétablira la vibration dans son orientation primitive que nous supposerons horizontale. Pour P′, le rachat ne sera que partiel et laissera la vibration déviée à droite d'une quantité proportionnelle à l'excès de $O'\mu'$ sur $\mu'O'_1$. Pour P″, il sera surabondant et la vibration déviée à gauche. Si donc nous rabattons (*fig.* 249) le cercle de sortie pour y figurer ces directions, elles seront telles que $O_1\xi$, $O'_1\xi'$, $O''_1\xi''$. Ces rotations, qui se développent graduellement à partir du centre O, atteignent leur maximum à la circonférence et sont dues là à l'épaisseur totale $OO_1 = E$ du biprisme. S'il s'agit de lumière rouge (rotation $18°,5$) et si cette épaisseur vaut $\frac{90}{18,5} = 4^{mm}.85$, la rotation maxima sera $+ 90°$ et $- 90$. En un point intermédiaire quelconque caractérisé par sa distance Δ au centre, on verra sans peine que la rotation s'élève à $90\frac{\Delta}{R}$, R exprimant le rayon du cercle.

Si le nicol polariscope est à l'extinction, ou, ce qui revient au même, s'il a sa section principale verticale, la vibration continuera d'être éteinte sur le diamètre horizontal. A partir de cette ligne, qui sera le centre d'une frange noire, la lumière passera en quantité croissante jusqu'aux bords, qui seront le centre d'une frange brillante. Donnez au prisme une épaisseur plus grande, portez-la par exemple à 44 millimètres, ainsi qu'il arrive dans le biprisme que nous possédons ; la rotation totale du plan s'élèvera à 814 degrés, et la vibration reprenant quatre fois sa direction première, à savoir aux distances

$$\Delta_1 = R\,\frac{180}{814} = 0,22\,R\,.\,\Delta_2 = 2\,\Delta_1 .\,..,$$

on aura de chaque côté de la frange centrale quatre autres franges, c'est-à-dire en tout neuf. C'est ce qu'on observe, en effet, quand on le place sur le support de l'appareil d'Amici disposé pour la lumière parallèle, et qu'on interpose un verre rouge.

Dès que l'on tourne le polariscope, la frange noire quitte le centre pour se transporter parallèlement à elle-même, soit au-dessus, soit en dessous : au-dessus quand on le tourne à droite, et au-dessous quand on le tourne à gauche. Comme dans le cas général la rotation vaut, à la distance Δ du centre, $90\,\frac{E}{4,85}\,\frac{\Delta}{R}$, et que pour amener la frange noire en Δ il faut précisément tourner le polariscope de cet angle, en le désignant par A, la formule

$$A = 9^o \frac{E}{4,85}\ \frac{\Delta}{R}$$

donnera le rapport qui unit l'angle de rotation du polariscope au déplacement linéaire de la frange. On reconnaît
sans peine, soit directement, soit par la formule, que le
déplacement peut s'élever en dessus ou en dessous à l'épaisseur d'une frange.

§ 512. — Polariscope de M. de Senarmont.

Si les deux prismes associés dans le biprisme échangeaient leurs
positions, il y aurait également échange des rotations offertes par
le plan de polarisation dans les moitiés supérieures et inférieures.
Il en résulte que la rotation du polariscope qui transportait la
noire centrale en haut, en opérera maintenant le transport en bas.
Si donc vous juxtaposez deux pareils biprismes, la moindre rotation du polariscope, ou encore du polarisateur, se manifestera
par une dislocation de la noire centrale dont les deux moitiés
s'éloigneront l'une de l'autre par un mouvement contraire. Cette
association de quatre prismes biréfringents circulaires opérée
dans un but pratique constitue précisément le polariscope de
M. de Senarmont (*fig.* 250). On y reconnaît qu'un rayon est
polarisé, à l'apparition des franges; on y reconnaît la direction du
plan de polarisation à la parfaite continuité de la noire centrale.
Il comprend essentiellement un tube armé à un bout des deux
biprismes et à l'autre d'un nicol. Si ce tube traverse centralement
un limbe et s'il est muni d'une alidade, en le faisant tourner tout
d'une pièce jusqu'à la destruction des dernières traces de dislocation, l'azimut actuel de la section principale du nicol ne sera autre
que le plan de polarisation du rayon étudié.

La sensibilité de l'appareil dépend de son épaisseur : trop mince
il donne des franges larges et un peu vagues, trop épais il les
donne très-minces, et la dislocation réclame, pour s'apprécier avec
la même précision, un appareil grossissant. M. de Senarmont
ayant essayé des biprismes dont l'hypoténuse faisait avec l'axe
optique des angles de 45°,22° et 12°, a reconnu que les plus sensibles étaient les derniers. En donnant à chaque prisme 18 millimètres de large, ils fournissent avec la lumière blanche, de part

et d'autre du centre, environ $\frac{1}{2}$ frange. Même dans ces conditions favorables, nous n'oserions affirmer qu'il atteigne, pour constater la polarisation, la sensibilité du polariscope Savart ou du biquartz de M. Soleil. Mais, et c'est là où il excelle, la deuxième détermination, d'une part y est autrement précise que quand il s'agit de saisir le moment où la noire centrale du premier de ces appareils atteint son maximum d'obscurité; et, d'autre part, elle continue d'y être possible alors que la lumière cessant d'être blanche, et la teinte sensible et l'azimut qu'on en déduit font défaut dans le dernier.

Au lieu d'échanger dans le deuxième biprisme les deux prismes, on peut laisser en avant le dextrorsum et se borner par une rotation de 90 degrés à amener en bas sa partie épaisse. La *fig.* 251 représente cette deuxième disposition parfaitement équivalente à la première.

Le biprisme circulaire et les franges du § 511 nous redonnent en double réfraction circulaire ce que le compensateur nous a donné en double réfraction ordinaire, et les nouveaux phénomènes ne semblent différer des anciens que par le contraste des angles que doivent avoir les prismes pour donner, de part et d'autre, d'égales franges. Cependant, en y regardant de plus près, on aperçoit entre les deux phénomènes des différences plus profondes, qui proviennent encore de ce que les franges de seconde espèce éprouvent, par la rotation du polariscope, des effets bien différents suivant qu'elles sont données par des circulaires contraires ou par des rectilignes rectangulaires; en effet, puisque ces dernières passent à l'état complémentaire sans déplacement et par voie d'évanouissement, on en conclura qu'une association de deux compensateurs capable d'opérer la dislocation de la frange centrale, et de reproduire ainsi le phénomène caractéristique du polariscope de M. de Senarmont, est une chose impossible en double réfraction ordinaire (*).

____

(*) En tendant à la surface supérieure du biprisme circulaire de Fresnel et parallèlement aux franges un fil fin, on constate aisément, sur le microscope d'Amici, qu'une rotation du polariscope égale à 180, déplace le fil d'une frange entière, et qu'en continuant la rotation, le mouvement des franges continue dans le même sens. La même expérience ne donne avec le com-

Saccharimétrie optique.

§ 513. — Point de départ et première réalisation du saccharimètre optique.

La proportionnalité qui existe entre la rotation et l'épaisseur, ou bien, quand il s'agit de substances dissoutes, entre la rotation et le poids de la substance qui occupe un volume constant, a conduit naturellement à user des rotations pour déterminer soit l'épaisseur des corps rotateurs, soit surtout la richesse de leurs dissolutions. Ces derniers essais ont été particulièrement tentés pour le sucre : on en voit aisément le motif.

Le sucre doit à son origine organique, à sa composition atomique complexe, d'éprouver au contact de certains corps et dans certaines conditions qui ne se réalisent que trop aisément dans le cours de sa préparation, des altérations qui entraînent un déchet plus ou moins grand. La principale consiste dans une production de la variété de sucre dite *sucre incristallisable*, produit peu sucrant et privé en outre de ce double cachet d'identité et de pureté qu'une matière tire de sa cristallisation. Pour saisir dans la longue série des opérations à l'aide desquelles on prépare et on raffine le sucre, celles qui lui font subir cette transformation et les remplacer par d'autres équivalentes, mais inoffensives, il fallait un mode d'essai aussi rapide que le sont, dans leur succession, les diverses phases de cette fabrication. Les méthodes saccharimétriques de la chimie sont loin d'avoir la précision et surtout la prestesse nécessaires. La maladie diabétique provoquerait des remarques analogues : il semble qu'on aurait fait un pas sérieux vers sa guérison si l'on était en mesure de doser le sucre des urines à tout instant, à jeun et après le repas, après l'ingestion de chaque remède, etc.

----

pensateur de Babinet qu'une demi-frange de déplacement. Ce déplacement s'y accomplit brusquement dans l'azimut 45 ; au delà de 90 il y a retour au centre de la même frange centrale.

Pour un appareil donné par la science, comme guide au praticien, la perfection consiste à fournir l'indication qu'on attend de lui par une simple lecture. Cet idéal, dont la physique approche quelquefois, se trouve cependant généralement compromis, même là où il semble le mieux atteint, par quelques causes perturbatrices (variations du zéro dans les thermomètres, dilatation du mercure dans les baromètres, etc.) qu'on néglige quand elles sont faibles et que l'on corrige à l'aide de tables si elles ne sont pas négligeables. Quand on doit recourir, ainsi qu'il arrive quelquefois en physique et presque toujours en chimie, à des opérations, il faut que la manipulation soit simple. On lui donne ce caractère en convenant minutieusement de tous les faits et de tous les gestes ; des poids à prendre, de la durée, de la température, etc., et quelquefois même du volume et de la forme des vases. Convenons donc de dissoudre un certain poids de sucre chimiquement pur, $16^{gr},471$, dans un volume d'eau tel, que la dissolution occupe 100 centimètres cubes, et d'en remplir un tube dont la longueur, comptée entre les faces internes des deux obturateurs, soit de 200 millimètres. Si nous en mesurons la rotation en interposant le verre rouge de M. Biot, nous trouverons $18°,414$ ↖. Inscrivons en ce point sur le cadran du polariscope le chiffre 100, et divisons cet arc en 100 parties égales, nous aurons ainsi un appareil qui satisfera déjà à la condition fondamentale d'un saccharimètre ; car si l'on refait les mêmes opérations sur un sucre quelconque et que l'alidade n'arrive qu'à la division $D = 70$, on en conclura que le titre du sucre est $0,70$, ou que sur 100 de cette matière il n'y a que 70 de sucre. En opérant avec la lumière blanche, la déviation fondamentale désignée par 100 et fournie par la dissolution normale, eût été $21°,48$, et l'appareil plus sensible ; mais, qu'on opère sur l'une ou sur l'autre lumière, les soins qu'il faut prendre pour obtenir ces déviations avec exactitude, l'obligation d'une obscurité complète, d'un certain état du ciel quand on opère avec la teinte sensible, etc., rendent l'opération trop délicate pour qu'on puisse la mettre entre les mains du vulgaire.

§ 514. — Principe de la saccharimétrie par antagonisme.

Plaçons sur le trajet de la lumière, concurremment avec le tube de sirop, un certain quartz de rotation contraire à celle du sucre, et par conséquent lévogyre. La rotation du plus faible des deux corps venant en déduction de celle du plus fort, on n'aura que la différence des deux effets. Or, on peut annuler cette différence et retrouver l'extinction primitive. Il suffit en effet de modifier avec continuité l'épaisseur de l'un de ces corps de manière à rendre leurs longueurs inverses de leurs rotations tabulaires pour la couleur employée. Cela fait, l'épaisseur donnera le titre comme le donnait précédemment l'arc ; mais la nature de l'échelle, devenue rectiligne, de circulaire qu'elle était dans le premier mode, dépendra de celui des deux corps qu'on fera varier. Est-ce le sirop, elle sera inverse, et une longueur double répondra au titre $\frac{1}{2}$. Est-ce le quartz, elle sera directe ; mais cette considération ne saurait être un motif de préférence, puisque la numérotation se fera en conséquence.

On peut changer la longueur d'une colonne liquide si simplement, par voie d'écoulement, qu'il semblerait naturel de s'attacher au premier cas. Cependant, comme ce choix imposerait au tube une situation peu commode, à savoir la verticalité ; comme ce tube devrait prendre avec les sirops faibles des longueurs considérables qui donneraient une fâcheuse influence aux moindres traces de coloration ; comme enfin le pointé serait incessamment dérangé par les variations de l'épaisseur du liquide interposé, on a préféré faire porter ces variations sur le quartz.

§ 515. — Compensateur de M. Soleil père.

Il s'agit de décrire un appareil qui soit en double réfraction circulaire ce qu'est en double réfraction ordinaire celui du § 341.

L'étude faite alors nous permet de dire sans détours qu'il comprend, antérieurement (*fig.* 252), un quartz dont la gyration et l'épaisseur peuvent être quelconques (le nôtre est dextrogyre et a pour épaisseur $6^{mm}, 5$), et du côté de l'œil deux coins de quartz q, q', juxtaposés, du même angle, tous deux lévogyres, et dont les faces externes sont perpendiculaires à l'axe, de sorte que leur ensemble agisse comme un seul quartz normal à l'axe et d'épaisseur variable. Pour la faire varier, ces quartz, allongés et fragiles, sont collés sur deux verres v, v' munis chacun d'une crémaillère qu'un même pignon commande. La rotation de ce pignon chasse les quartz maintenus dans une coulisse, l'un à droite et l'autre à gauche, de manière à modifier l'épaisseur de la partie où la superposition continue d'exister. L'un d'eux porte une échelle sur laquelle courent des divisions équidistantes, et l'autre un vernier ou même un simple trait. Quand le trait répond au zéro de l'échelle, leur ensemble présente, dans toute l'étendue où ils se recouvrent, l'épaisseur 6, 5 du premier quartz, et le système des trois quartz est sans pouvoir rotatoire. Fait-on tourner le bouton du pignon, sinistrorsum, l'épaisseur des quartz mobiles augmente, le système acquiert des degrés croissants d'énergie lévogyre, et devient capable d'équilibrer les corps dextrorsum. Le mouvement contraire laisse au quartz fixe un excédant d'épaisseur, et rend le système dextrogyre. L'échelle est donc double; les divisions qui s'éloignent dans les deux sens à partir de leur zéro commun sont au nombre de 100. Leur grandeur, variable avec l'angle des quartz, est telle que le déplacement 100 mette en jeu une épaisseur active lévogyre ou dextrogyre qui vaille juste 1 millimètre. Dans le nôtre, la longueur des 100 divisions est de $48^{mm}, 87$; on en déduit sans peine pour l'angle des prismes $1^u 10' 20''$. Avec des prismes aussi aigus, le peu de sensibilité qui semblait devoir découler du choix d'un corps aussi énergique que le quartz, pour équilibrer la rotation du sucre, se trouve amplement racheté.

§ 516. — Choix du phénomène dont la restitution sera le criterium de l'équilibre.

Quand les deux corps antagonistes ont la même loi de dispersion, que, par exemple, et cela a lieu pour le sucre, les rotations suivent, comme chez le quartz, la loi du § 470, on peut renoncer au verre rouge, user de lumière blanche et se donner pour criterium de reconstituer avec cette lumière l'extinction primitive. Mais on peut également ment prendre pour chose à reconstituer, au lieu d'une extinction, une illumination due, soit à un rayon simple, soit à l'ensemble normal de toutes les radiations représenté par le blanc, soit encore à une association colorée d'un certain nombre des rayons du spectre, telle que la fournira, par exemple, une lame de gypse ou préférablement une plaque de quartz normale à l'axe. Que cette plaque donne la teinte sensible, si reconnaissable et si instable, et l'on prévoit que la sensibilité pourrait l'emporter sur les autres restitutions, même sur celle de l'obscurité.

§ 517. — Avantages de l'emploi d'un biquartz.

Qu'il s'agisse de déterminer une extinction ou de restituer une teinte, on a à faire un choix entre des phénomènes successifs. Je sais bien que le souvenir de la teinte sensible avec ses deux écueils, le rouge et le vert, se grave aisément dans la mémoire; néanmoins il y aura progrès si l'on s'exonère de l'absolu. M. Soleil y est arrivé en remplaçant le quartz sensible par son biquartz sensible. En effet, si le polariscope oculaire est orienté de manière à donner la teinte sensible à tout le disque de l'image conservée, quand il n'y a pas de sirop et que le compensateur est au zéro, on reconnaîtra que l'équilibre a lieu, ou, ce qui revient au même, que la mesure saccharimétrique est faite quand cette teinte, qui fait place à deux demi-disques

$$\left\{\begin{array}{l}\text{rougeâtre et bleu} \\ \text{bleu et rougeâtre}\end{array}\right. \text{suivant que} \left\{\begin{array}{l}\text{le sirop} \\ \text{le quartz}\end{array}\right. \text{l'emporte,}$$

demi-disques vus d'un même regard singulièrement assuré

par l'emploi d'une lunette, se sera réinstallée dans tout le
disque (*).

§ 518. — Teintes plus sensibles que la teinte sensible. — Reproducteur des teintes sensibles.

Ce n'est pas tout : le saccharimètre actuel comprend
encore un organe, à l'introduction duquel M. Soleil a été
conduit comme il suit. Pour soustraire l'observateur aux
changements de la lumière du jour, il eut l'idée de recourir à une lampe, et comme la lumière des lampes, même les
meilleures, possède un ton jaunâtre qui compromettait la
teinte sensible du biquartz, il corrigea cette nuance par un
verre bleuâtre. Ce verre devenant insuffisant quand les
sirops étaient colorés, il lui fallut, pour chaque coloration,
recourir à un verre spécial. Or, en interposant tour à tour
dans une même expérience chacun de ces verres, il se
trouva que parmi les teintes ainsi substituées à la teinte
sensible il en était qui la primaient en sensibilité. Il
importait donc de pouvoir introduire dans l'expérience non
plus certaines teintes, complémentaires de certaines colorations accidentelles, mais une série aussi nombreuse que
possible de colorations (**) parmi lesquelles chaque observateur irait choisir celle qui lui permettrait d'affirmer avec
le moins d'erreur qu'une même teinte règne dans tout le
disque du biquartz. Les verres colorés grossiers furent alors
remplacés par un véritable appareil d'Arago (§ 497) dont

(*) La teinte qui nous donne et qui donne à presque tout le monde le
maximum de sensibilité, peut-être parce qu'elle est la moins vive, est une
espèce de gris verdâtre qui vire au vert ou au rose et nous offre, dans les
demi-cercles de gauche et de droite du biquartz,

avant l'équilibre : le rose et le vert
après l'équilibre : le vert et le rose. (Voir le paragraphe suivant)

(**) Un gypse ne saurait ainsi fournir que deux teintes complémentaires.
Le quartz normal seul en fournit une nombreuse série. Au § 516 on faisait
intervenir un quartz normal pour donner une seule teinte, maintenant c'est
pour les donner toutes.

le quartz donne, quand on imprime une rotation à l'un des deux organes extrêmes, le polarisateur ou le polariscope, et la teinte sensible et beaucoup d'autres, et qui est appelé par son inventeur *le reproducteur des teintes sensibles*. Quand ce reproducteur précède le saccharimètre, ainsi qu'on le suppose d'abord, c'est son polarisateur qui tourne ; quant à son polariscope, il a comme seconde fonction de ramener dans un plan commun, au profit du biquartz qu'il précède, les vibrations que le quartz du reproducteur laissait éparpillées et de jouer ainsi, vis-à-vis du reste de l'appareil, le rôle de polarisateur.

Ajoutez à toutes les pièces déjà signalées un verre convergent qui sert à paralléliser les rayons et à éliminer les faux reflets, et vous arriverez à un total de treize pièces. Comment sont-elles reliées entre elles ? Quels sont les polariscopes adoptés ? Comment imprime-t-on au polarisateur du reproducteur le mouvement rotatoire ? C'est ce qu'une description méthodique de l'appareil va nous apprendre.

§ 519. — Description du saccharimètre.

Le saccharimètre que nous allons décrire est l'un de ceux que le gouvernement a fait construire pour l'exécution de la loi sitôt rapportée qui substituait cet appareil, dans la perception de l'impôt des sucres, aux moyens usités jusqu'alors. Il comprend (*fig.* 253) :

1°. Un verre bleu b que les remarques faites au § 516 permettraient de supprimer. Il occupe l'ouverture de l'appareil.

2°. Un nicol polarisateur N.

3°. Un quartz normal à l'axe Q, épais de $5^{mm},525$.

4°. Une lentille plan-convexe L qui transporte très-loin du biquartz Q'' les sommets des cônes fournis par l'ouverture. Dans notre appareil, la distance de l'ouverture, même après la réduction que lui font éprouver le nicol N et le quartz Q interposés, restant un peu supérieure au foyer de

cette lentille, c'est en avant et à plus d'un demi-mètre
que sont reportés ces sommets.

5°. Un biprisme Q' en quartz, polariscope et polarisateur
à la fois, qui jette contre les parois l'image extraordinaire
et ne transmet au biquartz que l'image ordinaire. Sa section
principale est verticale.

2°, 3° et 5° forment le reproducteur de la teinte sensible.
Au lieu de communiquer le mouvement générateur des
diverses teintes à (5°), il est plus commode et il revient au
même de le communiquer à (2°). Comme il n'y a aucun,
inconvénient à faire partager ce mouvement par (1°) et
(3°), le tube qui contient ces trois pièces est armé d'une
roue dentée commandée par un pignon p, dont la tige se
prolonge et se termine par un bouton vertical V qui est à
portée de l'observateur. Quoique dans cette figure, qui est
une coupe horizontale, cette tringle soit cachée par l'appareil, nous l'avons représentée à côté de lui.

6°. Le biquartz Q'', épais de $7^{mm},267$, ayant pour ouverture 5 millimètres seulement, et sa ligne de séparation
verticale. Comme il sera reporté par une lunette à la distance de la vision distincte, les cônes convergents incidents
s'y trouvent remaniés et sont remplacés par d'autres cônes
divergents dont les sommets sont en Q''. Les premiers
cônes dus à l'action de la lentille sont si allongés, que ces
derniers sont très-peu ouverts (§ **211**) et que chaque rayon
suit sensiblement l'axe. On remarquera sans doute que ce
biquartz s'éloigne beaucoup de l'épaisseur 7,5 du § **505**,
mais ce qui a été dit § **506** montre comment il peut sans
inconvénient s'éloigner notablement des épaisseurs théoriques.

7°. Le tube représenté par ses deux obturateurs O, O; il
est supporté par deux cylindres tronqués entre lesquels on
l'introduit aisément, parce que l'un d'eux, bridé par un
ressort, peut reculer de plusieurs centimètres.

8°. Le quartz parallèle du compensateur.

9° et 10°. Les deux quartz prismatiques armés l'un de

l'échelle E et l'autre du repère ρ (*fig.* 254); leur glissement simultané s'opère à l'aide du bouton horizontal B qui se trouve sous ces quartz et est caché par eux; mais on le voit dans la *fig.* 254 qui est une coupe faite par un plan vertical.

11°. Prisme biréfringent Q_i, en quartz (*), à section principale horizontale, qui garde et qui achromatise encore l'image ordinaire. Une vis d'ajustement permet de rendre sa section principale strictement normale à celle de Q'. Dans ce but, on ôte les pièces 8, 9, 10 et on tourne jusqu'à ce que le biquartz Q'' revête sa couleur uniforme extraordinaire. On ne doit plus toucher ensuite au bouton vertical 6 de cette vis. On vérifie le zéro du compensateur en le remettant sur le trajet des rayons et voyant si, quand il marque zéro, la couleur uniforme est conservée. On interpose pour ces épreuves un tube plein d'eau qui élimine les rayons étrangers et permet de mettre la lunette au point.

12°. L'objectif de la lunette de Galilée.

13°. L'oculaire, porté par un tube qu'on peut tirer et qui est armé, contrairement à l'usage, d'un œilleton dont la présence favorise l'élimination de l'image non conservée.

On conçoit qu'on pourrait intervertir l'ordre de certaines pièces; que, par exemple, on pourrait reporter de l'avant à l'arrière de l'appareil le reproducteur des teintes sensibles. L'expérience ayant prouvé qu'avec ce dispositif on perd moins de lumière, surtout quand le sirop est coloré; il a été adopté par certains constructeurs. La *fig.* 254, où les diverses pièces sont désignées par les mêmes lettres que dans la précédente, montre un de ces saccharimètres. C'est alors le prisme biréfringent Q_i qui joue les deux rôles, celui de polariscope pour le saccharimètre, qui pourrait se terminer là, et de polarisateur pour le reproducteur. Le

---

(*) Les constructeurs obtiennent mieux l'achromatisme et la ligne droite en associant aux deux prismes principaux d'un prisme biréfringent un troisième petit prisme.

nicol de ce dernier organe, reporté exprès au delà de la lunette, étant la dernière pièce, c'est à lui qu'est confié le mouvement rotatoire générateur des teintes : comme il est sous la main, la tringle de renvoi et les deux roues dentées deviennent inutiles. En donnant à la surface antérieure du prisme biréfringent Q' une convexité convenable, on lui confère les attributions de la lentille. Dans ce modèle, le prisme Q_1, qui doit conserver, par rapport à Q', une orientation stricte, l'a reçue, une fois pour toutes, du constructeur. Il n'est donc plus armé du bouton 6. Pour éviter les petits dérangements que pourrait entraîner la rotation du polariscope N ou de l'oculaire, leur tube est dirigé par une cheville, et le tirage de la lunette a lieu par glissement et sans rotation.

§ 520. — De l'inversion. — Variations du pouvoir chez le sucre interverti. — Tables de M. Clerget.

Si le sucre incristallisable associé au sucre cristallisable était privé de pouvoir rotatoire, sa présence serait sans influence sur le dosage du dernier ; mais tel n'est pas le cas : il est doué d'un pouvoir spécial, moindre que celui du sucre de canne et s'exerçant en sens contraire, c'est-à-dire à gauche. Sa présence aura pour effet habituel un abaissement du titre ; il pourra même, s'il est en proportion suffisante, donner une rotation résultante à gauche, ou bien, en d'autres termes, un titre négatif.

On s'est tiré de cette difficulté sérieuse en profitant de la facilité avec laquelle les acides non oxydants, tels que chlorhydrique, par exemple, transforment et le sucre de canne et les variétés qui peuvent lui être associées, en un certain sucre incristallisable qui paraît constant, au moins sous le rapport du pouvoir rotatoire. Après avoir déterminé le degré D, on procède comme il suit à l'opération dite *inversion*. A 5o centimètres cubes de la dissolution normale on ajoute 5 centimètres cubes d'acide chlorhydrique concentré et on élève, au bain-marie, jusqu'à 68 degrés la température du mélange, en s'arrangeant pour que l'échauffement dure 15 minutes. L'expérience a prouvé d'une part que, même dans les cas les plus défavorables, l'inversion était complète, et de l'autre qu'aucune altération ultérieure du sucre incristallisable n'avait le

temps de s'introduire. Le liquide interverti est, après refroidisse-
ment, placé dans un tube dont la longueur est de 220 millimètres
pour compenser la dilution due à l'acide. On le porte dans le saccharimètre, et l'on obtient un degré D′ à gauche.

Pour tirer parti des deux lectures D et D′, on saura qu'à 10 degrés, température à laquelle nous supposons ramené le sirop interverti, la dissolution normale, au lieu de marquer 100 à droite, n'en
marque que 39 à gauche. Cela posé, soient x le nombre de degrés
qu'aurait donné la première opération s'il n'y avait eu que du
sucre de canne, et y le degré correspondant à la quantité de ce
sucre qu'on peut supposer avoir été interverti ; on a l'équation

$$x - 0,39\,y = D :$$

après l'inversion on a

$$0,39\,x + 0,39\,y = D′,$$

d'où

$$x = \frac{D + D′}{1,39}.$$

M. Clerget a épargné à l'opérateur ce petit calcul d'interprétation en calculant une table à deux entrées, dont l'une contient la
somme $D + D′$, et l'autre le vrai titre $\dfrac{D + D′}{1,39}$.

Un autre incident est venu compromettre la saccharimétrie
optique. Il s'agit des changements considérables que la température fait éprouver au pouvoir rotatoire du sucre interverti. En
d'autres termes, le paramètre f, qui à 10 degrés vaut 0,39, éprouve
aux températures atmosphériques des variations qui ne sauraient
être négligées. Pour se tirer de cet embarras, il suffit évidemment
d'introduire dans la formule

$$x = \frac{D + D′}{1 + f}$$

la valeur de f qui conviendra à la température. La détermination
de ces valeurs de f a montré qu'à 11 degrés, il valait 0,385 à
12° 0,38, et qu'il baissait ainsi, proportionnellement à la température, d'un demi-centième par chaque degré du thermomètre
centigrade, de sorte qu'à 35 degrés, limite des températures qu'on
peut rencontrer dans un laboratoire, même aux colonies, il ne valait plus que 0,265. M. Clerget a construit autant de tables qu'il

y avait de degrés entre 10 et 35, c'est-à-dire 26, et les a réunies
dans une seule table à 27 entrées.

Nous sommes bien loin d'avoir épuisé tous les détails qui intéressent la pratique de la saccharimétrie optique. Ainsi, il n'a été
question ici ni de la clarification des liqueurs, ni de la décoloration
de celles qui sont trop foncées, ni de la direction qu'il faut donner
aux opérations quand, au lieu d'une analyse de sucre concret, on
veut obtenir la quantité relative ou totale du sucre contenu dans
des cannes, des betteraves ou des mélasses. Il n'y sera pas davantage question de quelques autres applications que l'on a tentées du
saccharimètre optique, telles que la détermination de la richesse
alcoolique future des vins, quoique cette application offre comme
particularités instructives l'association, au *glucose du raisin*, de
certains acides doués du pouvoir rotatoire dextrorsum, et l'obligation de les éliminer avant tout. Quiconque se rendra possesseur
de cet appareil et se vouera aux recherches qu'il permet d'entreprendre, trouvera sans peine les Instructions et les Mémoires où
tous ces détails secondaires et faciles sont amplement développés.
Nous devions nous borner ici à mettre en relief les idées générales
et les principes, et surtout insister sur l'appropriation inespérée
des principes les plus délicats de la double réfraction circulaire à
la solution pratique d'une question de chimie.

Le genre sucre, en chimie, comprend : 1° le sucre de canne;
2° au-dessous de ce type, sous le nom de *glucoses*, certains sucres
qui ne cristallisent qu'imparfaitement, tels que le sucre de raisin, le
sucre de diabètes, celui d'amidon, celui de la gomme,..., etc.;
3° au bas de l'échelle, des sucres incristallisables, qu'on peut considérer comme les produits de certaines altérations subies par les
précédents. Les glucoses et les sucres incristallisables tournent
presque tous à gauche, mais à un degré inégal. Il est curieux que
les quatre glucoses précités, quoique considérés en chimie comme
corps distincts, aient tous le même pouvoir rotatoire, à savoir les
$\frac{73}{100}$ de celui du sucre de canne. Cependant, comme il existe et des
glucoses dont l'énergie rotatoire n'a plus cette valeur, et des glucoses dextrogyres, et enfin des glucoses que les acides n'intervertissent qu'avec peine; comme les sucres incristallisables soulèvent
bien des questions qu'on n'a pas résolues, il y aurait imprudence

à affirmer qu'on n'imaginera pas des mélanges capables de mettre
en défaut le saccharimètre optique. Mais, que la fraude ou l'emploi
d'autres matières premières doive produire ou non de tels cas, la
saccharimétrie ne pouvait pas se donner pour mission de prévoir
des exceptions que la chimie n'est pas en mesure de formuler.
C'est beaucoup assurément que d'avoir pu doter la fabrication et
le raffinage actuels, industries si considérables, d'un mode d'essai
aussi rapide et aussi sûr.

CHAPITRE XIX.

POLARISATION CHROMATIQUE DES RAYONS CIRCU-LAIRES ET ELLIPTIQUES AVEC LA LUMIÈRE PARAL-LÈLE OU CONVERGENTE.

Un elliptique reste elliptique au sortir d'une lame mince. — Diversité des teintes que lui imprime une même lame. — On calcule les teintes d'un rectiligne, d'un circulaire et d'un elliptique par la *méthode des remaniements*. — Désiderata de cette méthode. — Méthode des deux lames successives. — Discussion. — On tire de la formule générale le cas usuel où les elliptiques sont engendrés par des quarts d'onde. — Analogies et différences qui existent entre les teintes d'une même lame traversée par un rectiligne et par un circulaire. — Comment, avec un elliptique et dans le cas général, le mouvement du polariscope peut seul donner la teinte complémentaire. — Comment dans un cas particulier le mouvement du polarisateur peut échanger les elliptiques diversicolores contre leurs inverses et donner au polariscope immobile la teinte complémentaire. — Cas où la lumière devient convergente. — Anneaux des circulaires. — Courbes isochromatiques des elliptiques. — Calcul des trois lames successives. — En tirer les cas d'un circulaire et d'un elliptique lancés à travers un cristal et remaniés par un quart d'onde. — Discussion des formules pour les deux cas où, la lumière étant convergente, la lame intermédiaire est un cristal uniaxe taillé soit normalement, soit parallèlement à l'axe.

§ 521. — Comment les elliptiques ne se bornent pas à deux teintes complémentaires.

Nous nous proposons dans cette leçon d'étudier les phénomènes de coloration que les circulaires et les elliptiques engendrent en traversant les lames biréfringentes, et de faire ainsi pour eux ce qui a été fait pour les polarisés rectilignes dans le chapitre X.

Un rectiligne unicolore éprouve à son entrée dans un biréfringent une bifurcation : ses deux portions généralement inégales contractent en le traversant une différence de route O — E, et l'ensemble des deux faisceaux forme à la sortie un elliptique. Si on les reçoit sur un polariscope, cet auxiliaire en tire, pour former chaque image, deux composantes qui interfèrent et donnent ainsi une lumière dont l'énergie dépend et du rapport de leurs intensités et de leur anomalie $2\pi \dfrac{O - E}{\lambda} = \rho$.

Au lieu d'un rectiligne considérons un elliptique monochromatique, et envisageons-le par ceux de ses constituants rectangulaires qui sont dirigés suivant les plans principaux du cristal. Ces deux rayons a, a' (anomalie φ) contracteront, en traversant le cristal, le même retard que les deux composantes $\cos\alpha$, $\sin\alpha$ du rectiligne, et ils auront à leur sortie l'anomalie $\rho \pm \varphi$. Or, $\rho \pm \varphi$ n'étant pas plus que ρ, en général, un multiple exact de $\dfrac{\pi}{2}$, l'elliptique incident aboutira, comme le rectiligne, à un elliptique.

En accroissant ou diminuant l'épaisseur de la lame d'une quantité marquée par le rapport de φ à ρ, l'anomalie qui séparera les deux composantes finales du rectiligne deviendra $\rho \pm \varphi$: on peut donc dire qu'un elliptique donne le même résultat d'interférence que si le rayon était rectiligne et la lame plus ou moins épaisse. Si la lame vient à tourner, l'elliptique la regardera par deux nouveaux constituants séparés par une nouvelle anomalie φ'. On voit donc que l'interférence d'un elliptique soumis à l'action d'une seule lame reproduit, quant à la phase, toutes les conditions d'interférence qu'offrirait un rectiligne soumis à l'action d'une foule de lames ayant la série des épaisseurs comprises entre deux certaines limites, et l'on prévoit que, si la lumière incidente n'est plus simple, mais composée, l'on obtiendra, au lieu des deux teintes d'un seul système, toutes celles d'une foule de systèmes de couleurs complémentaires.

La constance des teintes d'un rectiligne vient de ce que tous les rectilignes diversicolores associés dans la lumière blanche, ayant le même plan de polarisation, chacun d'eux se partage de la même manière dans la lame biréfringente. Il en résulte, comme particularité algébrique, dans l'ex-

pression d'intensité, qu'un seul terme s'y trouve affecté de
l'anomalie, de sorte que les variations qu'apportent à son
coefficient les changements d'orientation de la lame ou du
polariscope n'altèrent que la grandeur du facteur caractéristique de la teinte et n'en changent pas la composition.
Avec les elliptiques diversicolores, au contraire, quand
bien même la cause qui les rend elliptiques laisserait à
leurs constituants un rapport constant, il ne s'ensuit pas
que cette constance doive se retrouver dans les constituants
adoptés par la lame. On obtient en effet ces derniers en
remaniant les premiers de manière à passer des caractéristiques a, a', φ, particulières à l'action du polarisateur elliptique employé, à d'autres a_1, a'_1, φ' propres à l'orientation actuelle de la lame. Or a_1, a'_1, φ' étant des fonctions
mêlées de a, a', φ, il suffit que l'anomalie primitive φ diffère dans les elliptiques diversicolores pour qu'on ait des
quotients $\dfrac{a_j}{a'_j}$, $\dfrac{a_r}{a'_r}$... inégaux. L'interférence dépendra donc,
de la quantité $\rho + \varphi$ doublement variable avec la couleur, à
savoir par ρ et par φ, et du rapport $\dfrac{a_1}{a'_1}$, également variable.
L'analyse manifestera cette variabilité de la teinte en ame-
nant dans l'expression des intensités plusieurs termes qui
contiendront soit ρ, soit φ, soit enfin ρ et φ à la fois.

§ 522. — La teinte d'un rectiligne calculée par une nouvelle méthode.

Au § 275, nous avons promis de revenir sur le calcul
des couleurs fournies par un rectiligne. Nous le ferons d'autant plus volontiers, qu'ici nous changerons un peu, et la
configuration type, et surtout les données littérales alors
usitées. Ainsi ce sera avec la vibration initiale que se comp-
teront les angles qui fixent la position des sections principales des diverses lames qui peuvent se succéder ; on les
appellera α, β, γ, ..., en affectant la dernière de ces lettres
au polariscope, qui, après tout, n'a d'autre action que celle
d'une dernière lame, assez épaisse toutefois pour détruire

toute solidarité entre les deux faisceaux qu'elle fournit. Les différences $\beta - \alpha$, $\gamma - \beta$,..., se représenteront abréviativement par les lettres b, c,...; enfin les signes — fournis par l'algèbre aux composantes qui tomberont sur les prolongements des directions positives dispenseront de chercher directement s'il faut ou non ajouter à l'anomalie le π du § 272.

Cas du rectiligne. — La vibration incidente $OX = 1$ (*fig.* 255) donne, à son entrée dans la lame, les deux composantes

$$E = \cos\alpha, \quad O = -\sin\alpha;$$

à leur sortie, on a l'elliptique $\cos\alpha$, $-\sin\alpha$, ρ. Remanions-le pour avoir les constituants qui le représentent dans les azimuts β et $\beta + 90$. Nous obtiendrons, en remplaçant, dans les formules du § 354, a, a', φ, ω, par $\cos\alpha$, $-\sin\alpha$, ρ, b,

$$A^2 = I_e = \cos^2\alpha \cos^2 b + \sin^2\alpha \sin^2 b - 2\cos\alpha \sin\alpha \cos b \sin b \cos\rho,$$

$$= (\cos\alpha \cos b - \sin\alpha \sin b)^2 + \sin 2\alpha \sin 2b \, \sin^2 \tfrac{1}{2}\rho,$$

$$= \cos^2\beta + \sin 2\alpha \sin 2b \, \sin^2 \tfrac{1}{2}\rho,$$

$$A'^2 = I_o = \sin^2\beta - \sin 2\alpha \sin 2b \, \sin^2 \tfrac{1}{2}\rho,$$

$$\tan\Phi = \frac{\sin 2\alpha \sin\rho}{\sin 2\alpha \cos 2b \cos\rho + \cos 2\alpha \sin 2b}.$$

Qu'au lieu du polariscope épais l'on ait, dans l'azimut β, une deuxième lame mince capable du retard ρ, en en sortant, l'elliptique aura pour caractéristiques A, A', $\Phi + \rho'$. Pour l'accommoder au polariscope placé ultérieurement dans l'azimut γ, il faudrait le remanier et en chercher les constituants pour les deux azimuts γ et $\gamma + 90$. Nous reviendrons sur ce point (§ 535).

§ 523. — Cas du circulaire.

Appliquons cette méthode des remaniements au circulaire

$$x' = \cos \xi \\ y' = \cos\left(\xi - \frac{\pi}{2}\right) \quad (\textit{fig. } 256);$$

il a d'abord, conformément à une remarque du § 365, pour équations dans les deux azimuts α et $90 + \alpha$, distants de $45 + \alpha$ des premiers OX', OY',

$$x'_1 = \cos(\xi - 45 - \alpha) \\ y'_1 = \cos\left(\xi - 45 - \alpha - \frac{\pi}{2}\right);$$

au sortir de la lame, il est devenu l'elliptique

$$x'' = \cos(\xi - 45 - \alpha),$$
$$y'' = \cos\left(\xi - 45 - \alpha - \frac{\pi}{2} - \rho\right).$$

Or cet elliptique donne, dans les azimuts 6, $6 + 90$, les constituants

$$A' = I_e = \cos^2(6 - \alpha) + \sin^2(6 - \alpha)$$
$$+ 2\sin(6 - \alpha)\cos(6 - \alpha)\cos\left(\frac{\pi}{2} + \rho\right)$$
$$= 1 - \sin 2b \sin \rho,$$
$$A'^2 = I_e = 1 + \sin 2b \sin \rho.$$

§ 524. — Cas de l'elliptique.

Avec l'elliptique $\begin{cases} x' = \cos \xi \\ y' = \cos(\xi - \varphi) \end{cases}$, les formules du § 354, appropriées au cas de $a = a' = 1$ et de $\omega = 45 + \alpha$, donneront pour les constituants dirigés dans les azimuts α et $90 + \alpha$,

$$A' = 1 + \cos 2\alpha \cos \varphi,$$
$$A'^2 = 1 - \cos 2\alpha \cos \varphi,$$
$$\tan \Phi = - \frac{\tan \varphi}{\sin 2\alpha},$$

d'où

$$\sin \Phi = \left\{ \begin{array}{l} \dfrac{- \operatorname{tang} \varphi}{- \sqrt{\sin^2 2\alpha + \operatorname{tang}^2 \varphi}} \\[2ex] \dfrac{\sin 2\alpha}{- \sqrt{\phantom{\sin^2 2\alpha + \operatorname{tang}^2 \varphi}}} \end{array} \right. \qquad (*)$$

$$\cos \Phi = $$

Ces deux rayons contracteront, en traversant la lame, l'anomalie ρ, et l'elliptique offert au polariscope aura pour caractéristiques A, A', $\Phi + \rho$; l'image extraordinaire sera donc formée par les deux vibrations

$$A \cos(6 - \alpha) + A' \sin(6 - \alpha),$$

et son intensité vaudra

$$I_e = A^2 \cos^2 b + A'^2 \sin^2 b + 2 AA' \sin b \cos b \cos(\Phi + \rho).$$

Si l'on développe $\cos(\Phi + \rho)$ et si l'on remplace A, A', $\cos\Phi$, $\sin\Phi$ par leurs valeurs, on trouve

$$I_e = 1 + \cos 2\alpha \cos 2b \cos \varphi + \sin 2b \sqrt{1 - \cos^2 2\alpha \cos^2 \varphi}$$
$$\times \frac{- \sin 2\alpha \cos \rho - \operatorname{tang} \varphi \sin \rho}{\sqrt{\sin^2 2\alpha + \operatorname{tang}^2 \varphi}};$$

or

$$\frac{\sqrt{1 - \cos^2 2\alpha \cos^2 \varphi}}{\sqrt{\sin^2 2\alpha + \operatorname{tang}^2 \varphi}} = - \frac{\sqrt{}}{\sqrt{1 - \cos^2 2\alpha + \dfrac{\sin^2 \varphi}{\cos^2 \varphi}}} = - \cos \varphi,$$

(*) On sait, et on le retrouve aisément en partant de l'expression de tang Φ qui convient au cas des rayons égaux, à savoir

$$\operatorname{tang} \Phi = \frac{\operatorname{tang} \varphi}{\cos 2\omega},$$

on sait, dis-je, que l'anomalie φ des rayons égaux est ou maxima ou minima. Suppose-t-on, comme ici, $\varphi < \frac{\pi}{2}$, alors, quel que soit ω, Φ l'emporte sur φ et cette dernière anomalie est la minima. Or, dans sa marche croissante, Φ devient égal à $\frac{\pi}{2}$ pour $\omega = 45$, au delà Φ surpasse $\frac{\pi}{2}$ et son cosinus devient négatif. Comme, ici, l'on a d'une part sin 2α positif et de l'autre

$$\omega = 45 + \alpha > 45,$$

il faut pour assurer à cos Φ le signe — prendre le radical avec ce signe.

donc on a

$$I_d = 1 + \cos 2\alpha \cos 2b \cos \varphi$$
$$- \sin 2b \cos \varphi \, (\sin 2\alpha \cos \rho + \operatorname{tang} \varphi \sin \rho);$$

on trouverait de même

$$I_o = 1 - \cos 2\alpha \cos 2b \cos \varphi$$
$$+ \sin 2b \cos \varphi \, (\sin 2\alpha \cos \rho + \operatorname{tang} \varphi \sin \rho).$$

Le cas du rectiligne s'obtient en posant $\varphi = 0$, et donne

$$I_e = 1 + \cos 2\alpha \cos 2b - \sin 2\alpha \sin 2b \cos \rho$$
$$= 1 + \cos 2\alpha \cos 2b - \sin 2\alpha \sin 2b \left(1 - 2\sin^2 \frac{\rho}{2}\right)$$
$$= 1 + \cos 2(\alpha + b) + 2\sin 2\alpha \sin 2b \sin^2 \frac{\rho}{2}$$
$$= 2\left[\cos^2(\alpha + b) + \sin 2\alpha \sin 2b \sin^2 \frac{\rho}{2}\right]$$
$$= 2\left[\cos^2 6 + \sin 2\alpha \sin 2b \sin^2 \frac{\rho}{2}\right],$$

c'est juste le double de ce qu'on a trouvé § **522**. On devait s'y attendre, puisque le circulaire ici employé a une intensité double du rectiligne.

Le cas des circulaires s'obtient en posant $\varphi = \pm \dfrac{\pi}{2}$ et donne immédiatement

$$I_e = 1 \mp \sin 2b \sin \rho.$$

§ 525. — Calcul où entrent les paramètres du polarisateur elliptique.

Comme on peut constituer tous les elliptiques avec des rayons égaux et par la seule variation de la phase, les calculs précédents peuvent être considérés comme doués d'une généralité suffisante. Cependant, si la méthode s'applique à tous les elliptiques, elle a le tort de ne pas nous dire d'où ils viennent, et, ne contenant pas les paramètres caractéristiques du polarisateur elliptique qui leur a donné naissance, de ne pas se prêter à la discussion des modifications expérimentales que ce polarisateur peut subir. Ce résultat s'obtiendrait si, prenant pour les x', y' deux azimuts rectangulaires quelconques, on partait de l'elliptique

$$x' = a \cos \xi,$$
$$y' = a' \cos(\xi - \varphi).$$

C'est précisément ce qu'a fait implicitement Fresnel, quand il a traité le cas de deux lames successives interposées entre un polarisateur et un polariscope rectilignes. Nous allons reproduire sa solution.

$OX = 1$ étant la vibration primitive ($fig.$ 257), α sera l'azimut de la première lame, β celui de la seconde, γ celui du polariscope. La première donne les deux composantes

$$\left\{ \begin{array}{c} \cos\alpha \\[4pt] -\sin\alpha \end{array} \right. \quad \text{phases} \quad \left\{ \begin{array}{c} 2\pi\dfrac{e}{\lambda} \\[8pt] 2\pi\dfrac{o}{\lambda} \end{array} \right. .$$

La deuxième donne pour l'image extraordinaire

$$\left\{ \begin{array}{c} \cos\alpha\cos b \\ -\sin\alpha\sin b \end{array} \right. \quad \text{et pour l'image ordinaire} \quad \left\{ \begin{array}{c} -\cos\alpha\sin b \\ -\sin\alpha\cos b \end{array} \right. ,$$

et de plus ajoute $2\pi\dfrac{o' - e'}{\lambda} = \rho'$ à l'anomalie des deux dernières composantes. Enfin le polariscope forme son image extraordinaire à l'aide des quatre composantes qui suivent. [Nous sommes convenus de poser $(\gamma - \beta) = c$.]

	Coefficient k.	Phase φ.	Anomalies $\varphi - \xi - \dfrac{2\pi}{\lambda}(e + e') = \Phi.$
E_e	$\cos\alpha\cos b\cos c$	$\xi + 2\pi\dfrac{e}{\lambda} + 2\pi\dfrac{e'}{\lambda}$	zéro
O_e	$-\sin\alpha\sin b\cos c$	$\xi + 2\pi\dfrac{o}{\lambda} + 2\pi\dfrac{e'}{\lambda}$	ρ
E_o	$-\cos\alpha\sin b\sin c$	$\xi + 2\pi\dfrac{e}{\lambda} + 2\pi\dfrac{o'}{\lambda}$	ρ'
O_o	$-\sin\alpha\cos b\sin c$	$\xi + 2\pi\dfrac{o}{\lambda} + 2\pi\dfrac{o'}{\lambda}$	$\rho + \rho'$

L'intensité est

$$I_e = \left(\sum k \cos \Phi\right)^2 + \left(\sum k \sin \Phi\right)^2.$$

Fresnel comptait les anomalies à partir de la phase $\xi + 2\pi \dfrac{e - e'}{\lambda}$.

En les comptant à partir de $\xi + 2\pi \dfrac{e + e'}{\lambda}$, nous y gagnerons,

qu'au lieu d'être un quadrinôme, $\sum k \sin \Phi$ soit un trinôme. On a donc

$$I_e = \begin{bmatrix} \cos\alpha \cos b \cos c - \sin\alpha \sin b \cos c \cos\rho \\ -\cos\alpha \sin b \sin c \cos\rho' -- \sin\alpha \cos b \sin c \cos(\rho + \rho') \end{bmatrix}$$
$$+ \begin{bmatrix} -\sin\alpha \sin b \cos c \sin\rho -- \cos\alpha \sin b \sin c \sin\rho' \\ -\sin\alpha \cos b \sin c \sin(\rho + \rho') \end{bmatrix}^2.$$

Les seize termes issus du développement des deux carrés donnent : 1° sept carrés réductibles à quatre indépendants des anomalies ρ, ρ'; 2° neuf doubles produits dont six se réduisent à trois par la formule

$$\cos(m \pm n) = \cos m \cos n \mp \sin m \sin n;$$

3° des six restants quatre se réduisent à deux par la formule

$$\cos 2m = \cos^2 m - \sin^2 m;$$

4° en remplaçant dans les quatre doubles produits restants les cosinus des anomalies A par $1 - 2\sin^2 \dfrac{1}{2}A$, on se trouve avoir pour le terme constant huit termes, et comme on voit sans peine qu'ils se réduisent au terme unique

$$\cos^2(\alpha + b + c) = \cos^2 \gamma \; (*),$$

(*) Rétablissons, dans les deux termes affectés de $\cos 2c$ et $\cos 2\alpha$, ces cosinus par $\cos^2 c - \sin^2 c$, $\cos^2 \alpha - \sin^2 \alpha$, nous aurons le décanôme symétrique suivant, dont les termes sont numérotés:

(1) $\cos^2 \alpha \cos^2 b \cos^2 c$

(2) $+ \sin^2 \alpha \sin^2 b \cos^2 c$

(3) $+ \cos^2 \alpha \sin^2 b \sin^2 c$

(4) $+ \sin^2 \alpha \cos^2 b \sin^2 c$

il en résulte l'expression simplifiée

$$I_e = \cos^2\gamma + \sin 2\alpha \sin 2b \cos 2c \sin^2\tfrac{1}{2}\rho$$

$$+ \cos 2\alpha \sin 2b \sin 2c \sin^2\tfrac{1}{2}\rho'$$

$$+ \sin 2\alpha \cos^2 b \sin 2c \sin^2\tfrac{1}{2}(\rho + \rho')$$

$$- \sin 2\alpha \sin^2 b \sin 2c \sin^2\frac{\rho - \rho'}{2}.$$

§ 526. — On retrouve les formules du rectiligne et du circulaire. — Discussion.

La formule précédente peut redonner celle d'une seule lame et cela de quatre manières. Il suffit, en effet, d'annuler tour à tour trois des quatre derniers termes. Ainsi $\sin 2c = 0$, c'est-à-dire, $c = \gamma - \delta = 0 = 90$ ne laisse que les deux premiers termes

$$\cos^2\gamma + \sin 2\alpha \sin 2b \sin^2\tfrac{1}{2}\rho,$$

et donne, ainsi qu'on s'en rend aisément compte, la teinte de la première lame. L'hypothèse précédente annihilait la deuxième lame, l'hypothèse $\sin 2\alpha = 0$ va annihiler la première : elle donne,

---

$$
\begin{aligned}
(5) &\qquad - 2\sin\alpha\cos\alpha\sin b\cos b\cos^2 c \\
(6) &\qquad + 2\sin\alpha\cos\alpha\sin b\cos b\sin^2 c \\
(7) &\qquad - 2\sin b\cos b\sin c\cos c\cos^2\alpha \\
(8) &\qquad + 2\sin b\cos b\sin c\cos c\sin^2\alpha \\
(9) &\qquad - 2\sin\alpha\cos\alpha\cos^2 b\sin c\cos c \\
(10) &\qquad + 2\sin\alpha\cos\alpha\sin^2 b\sin c\cos c.
\end{aligned}
$$

$$
\begin{aligned}
\text{Or } (1)(3)(7) \quad \text{donnent} \quad &(R)\quad \cos^2\alpha\cos^2(b+c), \\
(2)(4)(8) \qquad &(S)\quad \sin^4\alpha\sin^2(b+c), \\
(5)(6) \qquad &(T)\quad -\sin\alpha\cos\alpha\sin 2b\cos 2c, \\
(9)(10) \qquad &(U)\quad -\sin\alpha\cos\alpha\sin 2c\cos 2b, \\
(T)(U) \qquad &(V)\quad -2\sin\alpha\cos\alpha\sin(b+c)\cos(b+c), \\
(R)(S)(V) \qquad &\quad\ \, [\cos\alpha\cos(b+c) - \sin\alpha\sin(b+c)]^2 \\
&\quad\ \, = \cos^2(\alpha + b + c). \qquad\text{C. Q. F. D.}
\end{aligned}
$$

en effet ,

$$I_e = \cos^2 \gamma + \sin 2\,b \sin 2\,c \sin^2 \tfrac{1}{2}\rho',$$

c'est-à-dire le même résultat que si la deuxième lame était seule.
$\sin b = 0$, c'est-à-dire $\delta = \alpha$ donne

$$I_e = \cos^2 \gamma + \sin 2\,\alpha \sin 2\,c \sin^2 \frac{\rho + \rho'}{2},$$

ou bien, la teinte d'une lame formée par l'ensemble des deux associées parallèlement. Enfin l'hypothèse

$$b = \delta - \alpha = 90,$$

qui donne à la fois

$$\sin 2\,b = 0, \quad \cos b = 0,$$

constitue les deux lames à l'état de duplication croisée et donne

$$I_e = \cos^2 \gamma - \sin 2\,\alpha \sin 2\,c \sin^2 \frac{\rho - \rho'}{2}.$$

La formule générale devient celle d'un circulaire lancé à travers
une seule lame, si l'on y pose

$$\alpha = 45, \quad \rho = \frac{\pi}{2},$$

et, par suite,

$$b = \delta - 45, \quad \cos 2\,b = \sin 2\,\delta, \quad \sin 2\,b = -\cos 2\,\delta.$$

C'est ce qu'établit le calcul suivant :

$$I_e = \cos^2 \gamma - \frac{1}{2} \cos 2\,\delta \cos 2\,(\gamma - \delta)$$
$$+ \cos^2 (\delta - 45) \sin 2\,(\gamma - \delta) \sin^2 \left(45 + \frac{\rho'}{2}\right)$$
$$- \sin^2 (\delta - 45) \sin 2\,(\gamma - \delta) \sin^2 \left(45 - \frac{\rho'}{2}\right);$$

mais

$$\cos^2 (m \pm 45) = \frac{1}{2}(1 \mp \sin 2\,m),$$
$$\sin^2 (m \pm 45) = \frac{1}{2}(1 \pm \sin 2\,m).$$

En faisant les substitutions autorisées par ces formules et réduisant, on trouve

$$I_r = \cos^2 \gamma - \frac{1}{2} \cos 2\vartheta \cos 2(\gamma - \vartheta) + \frac{1}{2} \sin 2\vartheta \sin 2(\gamma - \vartheta)$$

$$+ \frac{1}{2} \sin 2(\gamma - \vartheta) \sin \rho' = \cos^2 \gamma - \frac{1}{2} \cos 2\gamma + \frac{1}{2} \sin 2c \sin \rho'$$

$$= \frac{1}{2} (1 + \sin 2c \sin \rho');$$

le signe + du second terme provient du changement de configuration. Ici, à cause de O > E, nous avons affaire à un sinistrorsum. Et, en effet, les équations primitives

$$\begin{cases} x' = \cos 45 \cos \xi, \\ y' = -\sin 45 \cos \left(\xi - \frac{\pi}{2} \right), \end{cases}$$

fournies par les hypothèses $\alpha = 45$, $\rho = \frac{\pi}{2}$, reviennent à ces autres

$$\begin{cases} x' = \frac{1}{\sqrt{2}} \cos \xi, \\ y' = \frac{1}{\sqrt{2}} \cos \left(\xi + \frac{\pi}{2} \right). \end{cases}$$

Si donc on réalise les conditions du § 323 avec les micas quart d'onde, ici il faut recourir aux parallélipipèdes, ou bien tourner les micas de 90 degrés.

§ 527. — Cas où le polarisateur elliptique est un quart d'onde.

Les elliptiques s'obtiennent ordinairement, à l'aide des quarts d'onde, orientés de manière à donner des composantes inégales, et apparaissent dès lors par leurs constituants principaux. Ce sera donc répondre aux conditions expérimentales usuelles que de tirer encore des formules générales ce cas intéressant. Il suffit pour cela d'y poser $\rho = \pm \frac{\pi}{2}$. La réduction du terme constant, tel que le fait l'introduction de $\cos \rho'$ en place de $\sin^2 \frac{\rho'}{2}$, réclame seule

quelques jalons; elle s'opère en remplaçant $\cos^2 \gamma$ par $\dfrac{1 + \cos 2\gamma}{2}$,
puis $\cos 2\gamma$ par $\cos 2(\alpha + b + c)$ et développant. Les cinq termes
qui le constituaient d'abord se réduisent ainsi à deux, et l'on a

$$I_e = \frac{1}{2}\left(1 + \cos 2\alpha \cos 2b \cos 2c\right.$$

$$\left. - \frac{1}{2}\cos 2\alpha \sin 2b \sin 2c \cos\rho' \pm \frac{1}{2}\sin 2\alpha \sin 2c \sin\rho'.\right.$$

On passe au cas des dextrorsum en prenant le signe moins de
$\rho = -\frac{\pi}{2}$. Le signe du terme en $\sin\rho'$ en est seul changé.

§ 528.   La teinte d'un elliptique ne passe pas par le blanc.

L'expression élémentaire de la teinte d'un elliptique, qu'on la
prenne § 524, § 525, ou bien § 527, comprend plusieurs termes
(trois dans le premier cas, quatre dans le second et deux dans le
dernier) qui dépendent des anomalies φ, ρ ou ρ, ρ' variables avec
la nature du rayon. On passe au cas du rayon blanc en sommant
chacun des termes de l'expression élémentaire. Si les termes constants donnent ainsi du blanc, les autres donnent une certaine teinte
résultante; et comme il n'y a pas de facteur qui leur soit commun,
et en permette l'annulation simultanée, on peut dire qu'en général chaque image est colorée et ne présente pas ces passages par
le blanc obtenus avec une seule lame. Mais la teinte du circulaire
représentée par deux seuls termes continue de les offrir.

§ 529. Variations de la teinte issue d'un elliptique.

Quand on n'a qu'un terme variable avec la couleur et qu'il ne
contient qu'un facteur affecté des anomalies. Les changements
introduits dans les autres facteurs, fonctions de α, ϵ, γ seuls, n'altèrent pas le rapport des rayons diversicolores générateurs de la
teinte. La teinte est donc invariable et prend seulement, suivant
l'état de ces derniers facteurs, des intensités plus ou moins grandes.
C'est le cas d'un rectiligne et d'un circulaire. Mais dès qu'il y a
plus d'un terme affecté des anomalies, deux par exemple

$$m \sin^2 \frac{k}{i} + n \sin^2 \frac{k'}{i},$$

le rapport des intensités propres à deux couleurs sera

$$\frac{m \sin^2 \dfrac{k}{\lambda} + n \sin^2 \dfrac{k'}{\lambda}}{m \sin^2 \dfrac{k}{\lambda'} + n \sin^2 \dfrac{k'}{\lambda'}},$$

et changera visiblement quand m et n prendront deux nouvelles valeurs m', n'. Ces considérations générales permettent de vider sans peine, ainsi qu'on va le voir, toute question de ce genre.

M. Biot pensait qu'en prenant deux lames de même nature et de même épaisseur, si l'on assemblait leurs axes sous l'angle de 45 degrés, et si de plus on rendait la section principale du polariscope parallèle ou perpendiculaire à la vibration primitive, on devait obtenir l'invariabilité des teintes. Or, en introduisant les conditions

$$\rho' = \rho, \quad b = 45, \quad \gamma = \left\{ \begin{array}{l} 0 \\ 90 \end{array} \right.,$$

et partant $c = \mp 45 - \alpha$, on trouve pour l'expression de la teinte I_e l'une des quatre expressions

$$\cos^2 \frac{\rho}{2} \mp \frac{1}{4} \sin 4\alpha \sin^2 \rho,$$

$$\sin^2 \frac{\rho}{2} \mp \frac{1}{4} \sin 4\alpha \sin^2 \rho,$$

qui contiennent chacune deux termes variables avec λ. La teinte doit donc changer quand, tournant l'ensemble des deux lames, on fait varier le paramètre commun α seul conservé. Mais, ainsi que l'a fait remarquer Fresnel, cette condition expérimentale ne donne que de faibles changements de teinte. En effet, si nous prenons pour point de départ la teinte $\sum \cos^2 \dfrac{\rho}{2}$ qui répond aux valeurs de α tirées de $\sin 4\alpha = 0$ (elle est la même que pour une seule des deux lames), les variations de cette teinte découleront des variations de $\dfrac{1}{4} \sin 4\alpha \sin^2 \rho$ et atteindront leur maximum quand on aura $\sin 4\alpha = 1$. Or, d'une part, ce maximum ne dépasse pas $\dfrac{1}{4}$; et, de l'autre, les rayons qui, satisfaisant à $\rho = n \dfrac{\pi}{2}$, dominent ou manquent dans le premier terme $\left(\cos^2\frac{\rho}{2}\text{ ou }\sin^2\frac{\rho}{2}\right)$, et par conséquent déterminent plus particulièrement la nature de la teinte, se trouvent rendre nul $\sin\rho$, sont dès lors absents de la teinte additionnelle et n'éprouvent ainsi aucun changement d'intensité lors des variations de α. Les variations de teinte sont donc dues exclusivement aux autres rayons. Il importe de remarquer que, suivant la configuration, le deuxième terme agira vis-à-vis du premier additivement ou soustractivement. Le premier cas donne manifestement plus de blanc, une image plus éclairée et une couleur moins pure ; la soustraction, au contraire, amoindrit les sept valeurs du binôme propres aux sept couleurs et partant leur partie commune, ce qui donne une teinte plus pure. L'expérience vérifie tous ces détails.

Dans les formules du § 523 les quantités ρ, ρ' sont analogues entre elles. Dans celles du § 524, φ peut provenir d'une quelconque des actions elliptisantes connues, et peut être une fonction de λ bien différente de ρ. Ainsi, tandis que ρ est sensiblement inverse de λ ; φ, s'il provient d'un parallélipipède, est presque constant pour les diverses couleurs. On conçoit donc un idéal où φ serait rigoureusement constant, chaque rayon subissant un retard marqué par une même partie aliquote de son ondulation, et il n'est pas sans intérêt de voir ce que deviennent les formules dans ce cas relativement simple. Bornons-nous à remarquer que l'expression élémentaire I_r du § 524 garde deux termes fonctions de la variable ρ, et que même, dans ces conditions, la teinte fournie par un elliptique continue d'être multiple.

§ 530. — Nature de la teinte. — Cas du circulaire. — Différences avec le cas du rectiligne.

La teinte d'un rectiligne est

$$I_c = \cos^2\mathcal{E} + \sin 2\alpha \sin 2b \sin^2\frac{\rho}{2}.$$

Puisqu'elle ne change pas, prenons-la dans les conditions

$$\alpha = 45, \quad \mathcal{E} = 90, \quad b = 45,$$

qui donnent

$$I_r = \frac{1 - \cos\rho}{2},$$

et lui assignent pour caractéristique $\sum\cos\rho$.

Celle d'un circulaire est

$$1 + \sin 2c \sin \rho',$$

ou bien

$$1 + \sin 2b \sin \rho,$$

et devient dans les conditions précédentes, à savoir $c = 45$,

$$1 + \sin \rho = 1 - \cos(\rho + 90).$$

Sa caractéristique $\sum \cos(\rho + 90)$ est donc bien celle du rectiligne pour une lame plus épaisse d'un quart d'onde, ainsi que cela ressort des considérations synthétiques du § **521**. Disposons sur le support de l'appareil d'Amici : 1° dans l'azimut — 45 un mica quart d'onde; 2° dans le même azimut — 45 la lame sensible de quartz. Si le polariscope est à l'extinction, on a du bleu verdâtre, c'est-à-dire (*voir* le tableau du § **292**) la teinte extraordinaire de l'épaisseur $1258 = \rho + \dfrac{\pi}{2}$. Si l'on fait tourner le mica de 90 degrés, de manière à mettre sa section principale dans l'azimut + 45, et à se donner un dextrorsum, la teinte est rouge-orangé, et répond à l'épaisseur $1258 - \dfrac{\pi}{2}$. En tournant maintenant de 90 le quartz sensible, on retombe sur l'épaisseur $\rho + \dfrac{\pi}{2}$, et l'on réobtient le bleu verdâtre.

Avec un circulaire, la teinte s'échange contre sa complémentaire quand, par la variation de δ ou de α, la différence $\delta - \alpha$ prend les valeurs 90, 180.... Comme le terme constant vaut 1 et ne peut devenir nul, c'est par le blanc qu'a lieu le passage d'une couleur à l'autre. Nous savons déjà qu'avec un rectiligne l'aspect des phénomènes peut être bien différent. Ainsi, comme il y a deux facteurs dans le terme fonction de l'anomalie, les changements de teinte ne sont plus limités à quatre, et chaque teinte dès lors peut durer moins d'un quadrant. En effet, si la variation de b n'en donne que 4, distants de 90° comme avec un circulaire, celle de α en donne en général 8, à savoir les 4 précédents et 4 nouveaux qui ont lieu pour les valeurs

$$\alpha = 0 = 90 = 180 = 270 = \delta = \delta + 90 = \delta + 180 = \delta + 270;$$

de sorte que si b diffère de $45°$ les 4 secteurs d'une des deux couleurs surpasseront ceux de sa complémentaire. Ainsi encore, la lumière qui ménage les changements de teinte, lumière représentée par $\cos^2 b$, n'est plus invariable et peut revêtir des intensités très-diverses et diminuer tellement, que le passage des teintes se ferait par le noir absolu, si nous n'avions pas vu, § 274, que l'hypothèse $\cos b = o$ ne laisse plus qu'une teinte par suite de l'annulation des quatre secteurs dévolus à l'autre.

§ 531. — Cas de l'elliptique. — Une seule manière d'avoir la teinte complémentaire.

Avec un elliptique, dans le cas général de φ variable (§ 524), le seul moyen d'échanger I_e contre I_o consiste à faire

$$b' = 90 + b.$$

Si donc on déplace le polariscope de $90°$, on développera, en le tournant à partir de ce nouvel azimut, les teintes complémentaires de toutes celles qui avaient apparu dans le précédent quadrant.

Mais quand φ est constant et vaut $\dfrac{\pi}{2}$, auquel cas c'est la formule finale du § 527 qui prévaut, on peut amener le changement de signe simultané des deux termes actifs en posant soit

$$\alpha' = 90 + \alpha, \quad \text{soit} \quad c' = c + 90°.$$

La dernière supposition répond, comme dans le cas général, à la rotation du polariscope. Mais la première répond à celle du polarisateur. Et comme varier α de $90°$ change sur la même ellipse la gyration du rayon elliptique, il en résulte que les elliptiques inverses, engagés tour à tour dans une même expérience, donnent des teintes complémentaires. La bilame de M. Bravais donnera du même coup ces teintes, et il ne serait pas difficile de les amener en superposition, de manière à voir jusqu'à quel point elles donnent du blanc.

§ 532. — Anneaux des lames biréfringentes perpendiculaires à l'axe obtenus avec la lumière polarisée circulairement.

Partons de l'expression finale du § 527 appropriée au cas d'un

circulaire par l'hypothèse $\alpha = 45$ et devenue ainsi

$$I_e = \frac{1}{2}\left[1 + \sin 2\,(\gamma - \delta) \sin \rho' \right].$$

Pour l'appliquer au phénomène qui nous occupe, il faut : 1° que l'azimut δ dè la section principale du cristal au lieu d'être le même pour tous les points de la lame varie tout autour de la normale et varie comme le plan d'incidence avec lequel elle se confond ; 2° que le retard ρ' naguère constant devienne une seconde variable dont les variations s'exercent en s'éloignant angulairement de la normale, c'est-à-dire dans un sens perpendiculaire à celui de δ. Or de ce que δ entre dans le coefficient du terme générateur de la teinte, on aura, au lieu d'une teinte plate, des dégradations d'intensité autour du point central. De ce que $\sin \rho'$, caractéristique de la teinte, change avec l'incidence, celle-ci changera en passant d'un des cônes concentriques à un autre. On voit donc qu'on aura des courbes isochromatiques à intensité variable. Pour les trouver dans le cas d'une lumière simple, on pourrait, comme au § **278**, partir des conditions qui déterminent la meilleure interférence, soit soustractive, soit additive ; elles seraient ici

$$\rho' + \frac{\pi}{2} = \pi = 2\,\pi = 3\,\pi \ \ldots.$$

Mais comme ces courbes sont visiblement les lieux géométriques des maxima et des minima de la lumière constitutive d'une même image, on les obtient encore en égalant à zéro la différentielle de I_e par rapport à ρ', ce qui donne

$$\sin 2\,(\gamma - \delta) \cos \rho' = 0,$$

ou bien, comme on devait s'y attendre, des cônes circulaires droits caractérisés par

$$\rho' = \frac{\pi}{2} = \frac{3\,\pi}{2} = \ldots$$

Un rectiligne donnerait

$$\sin 2\delta \ \sin 2\,(\gamma - \delta) \sin \rho' = 0.$$

Les anneaux des circulaires présentent avec ceux des rectilignes plus d'une différence. Ainsi l'intensité ne s'y dégrade que par les variations de $\gamma - \delta$ et nullement par celles de δ. Ainsi l'hypothèse $\gamma = 90^u$ qui, pour le rectiligne, rend carré parfait le coefficient de $\cos \rho'$, et partant empêche soit l'avénement de la teinte complémentaire, soit, si la lumière est simple, l'échange sur une même courbe d'un maximum contre un minimum, ne soustrait pas ici $\sin 2 (\gamma - \delta)$ aux variations de signe : d'où il résulte que, même pour cette configuration, les cercles se divisent en quadrants alternativement vifs et obscurs ; et comme l'œil rassemble plutôt les quarts de cercle de même intensité, l'apparence circulaire est perdue et remplacée par les courbes des *fig.* 168, 169. Enfin, dans cette configuration, au lieu de la croix noire on a dans les azimuts

$\delta = \gamma = \gamma + 90$, la lumière blanche $\frac{1}{2}$, intermédiaire par l'intensité entre les maxima et les minima, et dès lors trop peu contrastante pour que la croix grise qu'elle forme théoriquement saute aux yeux. Quant à la grandeur des cercles, elle dépend des paramètres a, b et de l'épaisseur ε du corps biréfringent, et s'obtiendrait comme au § **278**, en remplaçant dans les équations

$$\rho' = \frac{\pi}{2} = 3\frac{\pi}{2} \cdots \rho' \text{ par sa valeur } \frac{2\pi}{\lambda}\frac{a^2 - b^2}{2b}\varepsilon \sin^2 i \text{ prise en fonc-}$$

tion de i, et mettant à la place de i lui-même le quotient $\frac{r}{D}$ du rayon du cercle par la distance du tableau sur lequel s'opèrent les projections.

§ 533. — Cas de la lumière elliptique.

Ici encore on aura les maxima et les minima échelonnés dans un même azimut, en différentiant par rapport à ρ' l'expression finale I_e du § **527**. Ce qui donne l'équation

$$\tan \rho' = \mp \frac{\tan 2\alpha}{\sin 2(\delta - \alpha)}.$$

Les courbes ne sont plus des cercles, parce qu'au lieu d'être constant, ρ' varie d'azimut à azimut, à cause de δ. Quelles qu'elles soient, on peut les construire par points en cherchant pour divers azimuts δ, suffisamment rapprochés, les solutions de l'équation précédente, passant ensuite des valeurs de ρ' à celles des incidences i

correspondantes, et enfin de ces dernières aux longueurs des rayons vecteurs r. Ainsi pose-t-on

$$\alpha = 22^\circ,5, \qquad \gamma = 90,$$

auquel cas l'équation (bornons-nous au signe supérieur) devient

$$\tan\rho' = -\frac{1}{\sin(2\delta - 45)},$$

on voit que les valeurs

$$\delta = -\frac{\pi}{8} = 0 = \frac{\pi}{8} = 45^\circ = \frac{3}{8}\pi,$$

donnent pour $\tan\rho'$ les valeurs

$$+1, \quad +\sqrt{2}, \quad \infty, \quad -\sqrt{2}, \quad -1,$$

et assignent dès lors à ρ', et par suite à i, des valeurs croissantes. D'ailleurs en posant

$$\delta = \delta' - \frac{\pi}{8},$$

ce qui remplace les azimuts variables δ par d'autres comptés avec OX′, l'équation de condition devient

$$\tan\rho' = -\frac{1}{\sin(2\delta' - 90)} = \frac{1}{\cos 2\delta'},$$

et fournit des valeurs égales dans des azimuts équidistants de OX′, la courbe n'est donc plus circulaire. Elle a, quand son ordre n'est pas élevé, la forme décrite *fig.* 258. Airy, qui s'en est occupé, a de plus trouvé que son intensité variait beaucoup des maxima b, b' aux minima a, a'. Bornons-nous sur ce dernier point aux réflexions qui suivent.

La lumière totale, dans une direction quelconque, comprend du blanc représenté par deux termes dont l'un varie avec δ et une teinte résultante représentée par deux autres termes variables tous deux avec δ. L'intensité dépend de la quantité de blanc et aussi du signe de la somme analytique des deux derniers termes, puisque la partie colorée est, suivant son signe, tantôt additive et tantôt soustractive. A cause du facteur commun $\sin 2c$, cette partie disparaît là où la condition $\sin 2c = 0$ est satisfaite, c'est-à-dire dans les azimuts $\delta = \gamma = \gamma + 90$; et comme elle disparaît quel que soit ρ', les courbes sont coupées par une croix qui a pour intensité la valeur prise par les deux premiers termes pour $\delta = \gamma$, et se trouve plutôt grise que blanche. De part et d'autre des branches de cette croix le signe du *binôme colorigène* change, mais comme δ et ρ' changent de valeur, il ne s'ensuit pas que les teintes passent à l'état complémentaire. Avec une lumière simple les quatre termes concourent de la même manière pour former l'intensité. Introduisez-y les hypothèses

$$\alpha = 22°,5, \qquad \gamma = 90 \qquad \text{et} \qquad \tang \delta' = -\frac{1}{\sin(2\delta - 45)},$$

cette dernière indiquant qu'il s'agit d'une ligne isochromatique, vous obtiendrez l'expression

$$I_e = \frac{1}{2}\left[1 - \frac{1}{\sqrt{2}}\cos 2\delta \cos(2\delta - 45) \pm \frac{1}{\sqrt{2}}\sin 2\delta \sqrt{\sin^2(2\delta - 45) + 1} \right],$$

le signe + du radical étant assigné aux courbes des minima par la considération de la dérivée seconde. Eh bien, si prenant le signe — on cherche les deux valeurs de I_e correspondantes aux azimuts

$$\delta = -\frac{\pi}{8}, \qquad \delta = 90 + \frac{\pi}{8},$$

on trouve

$$I_r = \frac{1}{2}\left(1 + \frac{1}{\sqrt{2}}\right) = 0,707, \qquad I_e = \frac{1}{2}\left(1 - \frac{1}{\sqrt{2}}\right) = 0,146,$$

et l'on justifie le précédent dire d'**Airy** qui s'applique en effet à ces courbes; mais pour celles des minima, c'est en b, b' qu'a lieu le minimum.

Les expériences qui nous occupent ont été déjà signalées au § 348. Instruits, par le calcul, de leurs particularités, il s'agit d'y revenir et de constater leur concordance avec la théorie. Pour nous placer dans les conditions de la configuration type, rendons horizontal l'axe de la première tourmaline de la pince, et mettons l'autre à l'extinction, puis insérons entre elles : 1° un mica quart d'onde dont la section principale soit dirigée dans l'azimut — 67,5 et qui fournisse ainsi un elliptique sinistrorsum; 2° un spath d'Islande perpendiculaire à l'axe. Nous aurons bien la courbe en forme de semelle de la *fig.* 258, et son grand axe aura l'orientation que nous lui avons donnée. En recourant à l'alcool salé, on aperçoit des courbes innombrables dont la première seule a la forme décrite. En b, b' il y a bien les minima d'intensité signalés par Airy.

§ 534. — Calcul des trois lames successives.

Nous avons vu (§ 346) que cette dislocation des anneaux issus des circulaires pouvait, ainsi que les croix plus ou moins grises, disparaître quand on interposait convenablement un nouveau quart d'onde entre le cristal et le polariscope. Il s'agit de revenir ici par le calcul sur ce curieux phénomène et sur ceux analogues, mais plus compliqués, que présentent en pareil cas les elliptiques.

La marche à suivre est bien simple Adopte-t-on la méthode du § 325, il suffit d'étendre à une lame de plus le travail des décompositions successives. S'effraie-t-on de la complication des polynômes qu'il faut élever au carré, au lieu d'accumuler pour la fin tous les calculs, on pourra les effectuer de proche en proche comme au § 324, et alors il faudra remanier une fois de plus l'elliptique. Chaque méthode a ses avantages ; la première a une allure analytique plus nette, mais l'autre arrive quelquefois bien plus vite au but.

Reportons-nous au § 325 et à la *fig.* 257. S'il y a une lame de plus en jeu, les composantes qu'elle fournira ne seront autres que celles attribuées alors au polariscope Comme nous n'avons écrit que les extraordinaires, et qu'ici on n'a pas moins besoin des ordinaires, nous allons en donner le tableau complet avec l'indication de leurs retards respectifs.

Coefficient k.	Chemin décrit.	Anomalie Φ.
$\cos \alpha \cos b \cos c$	$e + e' + e''$	zéro
$- \sin \alpha \sin b \cos c$	$o + e' + e''$	o
$- \sin \alpha \cos b \sin c$	$o + o' + e''$	$o + o'$
$- \cos \alpha \sin b \sin c$	$e + o' + e''$	o'
$+ \sin \alpha \sin b \sin c$	$o + e' + o''$	$o + o''$
$- \cos \alpha \cos b \sin c$	$e + e' + o''$	o''
$- \sin \alpha \cos b \cos c$	$o + o' + o''$	$o + o' + o''$
$- \cos \alpha \sin b \cos c$	$e + o' + o''$	$o' + o''$

Pour avoir les huit composantes de l'image extraordinaire du polariscope actuel, il suffit de multiplier par $\cos d$ les quatre premières composantes du tableau, et par $\sin d$ les quatre dernières. Soient k_i ces nouveaux coefficients ; l'intensité I_e vaudra

$$\left(\sum k_i \cos \Phi\right)^2 + \left(\sum k_i \sin \Phi\right)^2,$$

chacun de ces carrés ayant huit termes, qui se réduiront à sept dans le dernier, si l'on rapporte les anomalies à la phase

$$\xi + \frac{2\pi}{\lambda}\left(e + e' + e''\right)$$

de l'une des composantes. Comme les réductions n'ont lieu que de polynôme à polynôme, il faut en effectuer les développements, ce qui donne trente-six termes pour le premier, et vingt-huit pour l'autre. Quoiqu'on arrive sans peine à réduire singulièrement ces soixante-quatre termes, nous ne poursuivrons pas ici l'étude du cas général, et nous nous rabattrons de suite sur le cas où les deux lames extrêmes étant des quarts d'onde, on a

$$\frac{2\pi\,(o - e)}{\lambda} = \rho = + \frac{\pi}{2}, \quad \rho'' = + \frac{\pi}{2}.$$

§ 535. — Cas où les lames extrêmes sont des quarts d'onde.

Ces hypothèses réduisent à six les termes de chacun de nos polynômes, à savoir deux termes constants, deux en $\sin \rho'$ et deux en $\cos \rho'$. De sorte qu'en représentant chacun de ces six binômes par une seule lettre on a

$$I_e = (M + N \sin \rho' + P \cos \rho')^2 + (R + S \sin \rho' + T \cos \rho')^2$$
$$= M^2 + R^2 + (N^2 + S^2) \sin^2 \rho' + (P^2 + T^2) \cos^2 \rho' + 2\,(MN + RS) \sin \rho'$$
$$+ 2\,(MP + RT) \cos \rho' + 2\,(NP + ST) \sin \rho' \cos \rho';$$

or on trouve

$$NP + ST = o, \quad N^2 + S^2 = P^2 + T^2,$$

et le terme constant se trouve être

$$M^2 + R^2 + N^2 + S^2 :$$

il s'agit de le réduire. Comme quatre de ses douze termes sont deux à deux égaux et de signes contraires, nous n'avons affaire qu'à un octonôme dont les termes sont tous un produit de quatre facteurs qui sont les carrés des cosinus et des sinus des divers angles qui entrent dans la question. Si en leur place on introduit les cosinus des angles doubles, d'énormes réductions conduisent à

$$\frac{1}{2}\left(1 + \cos 2\alpha \cos 2b \cos 2c \cos 2d\right).$$

Restent les deux termes en $\sin \rho'$ et $\cos \rho'$ que des réductions plus spontanées ramènent chacun à un binôme. Bref on aura

$$(\mathrm{A})\left\{ I_e = \frac{1}{2}\begin{bmatrix} 1 + \cos 2\alpha \cos 2b \cos 2c \cos 2d \\ +(\sin 2\alpha \sin 2c \cos 2d + \cos 2\alpha \sin 2b \sin 2d)\sin\rho' \\ +(\sin 2\alpha \sin 2d - \cos 2\alpha \sin 2b \sin 2c \cos 2d)\cos\rho'. \end{bmatrix}\right.$$

Si l'on remplaçait les parallélipipèdes par des micas sans en changer l'orientation, ou, ce qui revient au même, si, ayant accommodé les uns ou les autres à la configuration type, on les tournait de 90 degrés, il faudrait poser dans les expressions générales

$$\rho = -\frac{\pi}{2}, \quad \rho'' = -\frac{\pi}{2},$$

ou bien dans la formule particulière (A)

$$\alpha = \alpha + 90, \quad \gamma = \gamma + 90.$$

De quelque manière qu'on s'y prenne, on trouvera que le signe du coefficient de $\sin \rho'$ en est seul changé. Veut-on atteindre le cas de

$$\rho = -\frac{\pi}{2}, \quad \rho'' = +\frac{\pi}{2},$$

les deux angles 2α, $2b$ varieront de 180 degrés et le changement de signe atteindra les termes qui n'auront qu'un facteur issu de ces angles; or ces termes sont les deux premiers des deux binômes, coefficients de $\sin \rho'$ et $\cos \rho'$. Enfin la dernière combinaison

$$\rho = +\frac{\pi}{2}, \quad \rho'' = -\frac{\pi}{2}$$

amène dans ce dernier résultat, comme la deuxième hypothèse dans (A), le changement de signe du terme en $\sin \rho'$.

On peut prétendre que ces hypothèses sur ρ et ρ' ne restreignent en rien la question. Nous voulons en effet élaborer, par un

polarisateur elliptique, les rayons introduits dans le cristal, et
avant de les lui offrir et après leur traversée. Or nous savons que
les quarts d'onde, dès qu'on évite les deux orientations circularisantes, donnent, comme une lame quelconque, tous les elliptiques
possibles. Il n'en sera plus de même et la question revêtira un
caractère particulier si, aux précédentes hypothèses, nous ajoutons
soit $\alpha = 45$, soit $\gamma = 45$, soit enfin simultanément $\alpha = 45$,
$\gamma = 45$. Dans le premier cas, nous mettons en jeu un circulaire
et nous le remanions par un polarisateur elliptique; dans le
deuxième, nous opérons sur un elliptique et nous le remanions
par un polarisateur circulaire. Dans le dernier, les deux lames qui
cernent le cristal engendreraient toutes deux, si on les laissait
seules, un circulaire. Nous obtiendrons ainsi les formules des phénomènes à l'étude expérimentale desquels a été consacrée la fin du
chapitre XI.

$\alpha = 45$ donne pour la formule type,

$$(B) \qquad I_e = \frac{1}{2}\left[1 + \sin 2c \cos 2d \sin \rho' + \sin 2d \cos \rho' \right];$$

$\gamma = 45$ donne

$$(C) \left\{ I_e = \frac{1}{2}\left[\begin{array}{l} 1 + \cos 2\alpha \cos 2b \sin 2\delta \sin 2\delta \\ + (\sin 2\alpha \cos 2\delta \sin 2\delta - \cos 2\alpha \sin 2b \cos 2\delta)\sin \rho' \\ - (\sin 2\alpha \cos 2\delta + \cos 2\alpha \sin 2b \cos 2\delta \sin 2\delta)\cos \rho' \end{array} \right] \right.$$

$\alpha = 45$ et $\gamma = 45$ donnent enfin

$$(D) \qquad I_e = \frac{1}{2}\left[1 + \cos 2\delta \sin 2\delta \sin \rho' - \cos 2\delta \cos \rho' \right].$$

Avant d'aborder la discussion de ces formules, il ne sera pas
hors de propos de montrer comment la méthode des remaniements peut y conduire bien plus vite que la précédente. Bornons-
nous au cas où l'on a $\alpha = 45$. Notre point de départ sera le circulaire

$$x = \cos\left(\xi - \frac{\pi}{2}\right) \atop y = \cos\xi$$

Dans l'azimut ξ distant de l'angle b on aura

$$x = \cos\left(\xi - \frac{\pi}{2} + b\right) \atop y = \cos(\xi + b)$$

Au sortir de la lame, au lieu du circulaire on aura l'elliptique

$$x = \cos\left(\xi - \frac{\pi}{2} + b\right),$$
$$y = \cos(\xi + b - \rho').$$

Les constituants de cet elliptique dans les deux azimuts γ, $\gamma + 90$ auront pour caractéristiques

$$A^2 = 1 + \sin 2\,c \sin \rho',$$
$$A'^2 = 1 - \sin 2\,c \sin \rho',$$
$$\tang \Phi = - \frac{\cos \rho'}{\cos 2\,c \sin \rho'};$$

le passage par le deuxième mica quart d'onde élèvera l'anomalie à $\Phi + \frac{\pi}{2}$, et ce dernier elliptique, remanié dans les azimuts δ, $90 + \delta$, distants des précédents de l'angle d, donnera

$$A^2 = (1 + \sin 2\,c \sin \rho')\cos^2 d + (1 - \sin 2\,c \sin \rho')\sin^2 d$$
$$+ 2\sqrt{1 - \sin^2 2\,c \sin^2 \rho'}\,\sin^2 d \cos d \cos\left(\Phi + \frac{\pi}{2}\right);$$

or on a

$$\tang\left(\Phi + \frac{\pi}{2}\right) = - \frac{1}{\tang \Phi},$$
$$\cos\left(\Phi + \frac{\pi}{2}\right) = \frac{\cos \rho'}{\sqrt{\cos^2 \rho' + \cos^2 2\,c \sin^2 \rho'}} = \frac{\cos \rho'}{\sqrt{1 - \sin^2 2\,c \sin^2 \rho'}};$$

donc A^2, qui est notre image extraordinaire finale I_e, vaut bien

$$1 + \sin 2\,c \cos 2\,d \sin \rho' + \sin 2\,d \cos \rho',$$

résultat double du précédent.

On peut également appliquer cette méthode au cas de z quelconque : le calcul est moins simple qu'avec un circulaire ; néanmoins on y retrouve cette égalité si favorable des deux radicaux qui expriment, l'un le produit des amplitudes A, A' et l'autre le dénominateur des lignes trigonométriques de la phase $\Phi + \rho$.

§ 536. — Discussion. — Le cristal intermédiaire est normal à l'axe.

La présence de deux termes en ρ' dans les expressions (A), (B), (C), (D) nous montre qu'en teinte plate la teinte sera changeante.

Mais comme ces phénomènes de lumière parallèle doivent jouer un rôle important et être étudiés spécialement dans le chapitre suivant, nous insisterons seulement ici sur ceux que fournit la lumière convergente et nous supposerons d'abord que la lame intermédiaire est un uniaxe normal à l'axe.

La formule (B) donnera des cercles si l'on fait disparaître ou l'un ou l'autre des termes en ρ'. On a ainsi 1° l'hypothèse

$$\sin 2(\gamma - \delta)\cos 2(\delta - \gamma) = 0,$$

ou bien, puisque δ est variable et s'oppose à ce qu'on puisse annuler le premier facteur,

$$\delta - \gamma = \pm 45.$$

Ainsi, γ restant quelconque, il suffit de reporter le polariscope à 45 en deçà ou au delà. L'expression I_e devient $1 + \cos\rho'$, les cercles à intensité maxima répondent à

$$\rho' = 0 = 2\pi = \ldots,$$

ceux à intensité minima sont noirs et répondent aux valeurs intermédiaires $\rho' = \pi = 3\pi = \ldots$, les cercles de l'image ordinaire ou ceux de l'image extraordinaire fournis par les cas 3 et 4, à savoir 3 par

$$\rho = -\frac{\pi}{2}, \quad \rho'' = \frac{\pi}{2},$$

et 4 par

$$\rho = \frac{\pi}{2}, \qquad \rho'' = -\frac{\pi}{2},$$

auraient, au contraire, le centre noir. On a 2° l'hypothèse

$$\sin 2d = 0 = \pi, \quad \text{c'est-à-dire} \quad \delta = \gamma = \gamma + \frac{\pi}{2}.$$

Ainsi, γ restant quelconque, il suffit de donner au polariscope, par rapport au dernier quart d'onde, soit le parallélisme, soit la rectangularité. On a alors

$$I_e = 1 + \sin 2(\gamma - \delta)\sin\rho'.$$

Les maxima et les minima répondront, les premiers aux valeurs

$$\rho' = \frac{\pi}{2} = 5\frac{\pi}{2} = 9\frac{\pi}{2}\cdots,$$

et les derniers à

$$\rho' = 3\,\frac{\pi}{2} = 7\,\frac{\pi}{2}\cdots$$

Mais ces derniers n'offrent plus l'obscurité complète que dans l'azimut $\mathfrak{G} = \gamma - 45$. A cause du facteur variable $\sin 2\,(\gamma - \mathfrak{G})$ les maxima comme les minima se dégradent à partir des azimuts $\gamma \pm 45$ et finissent même par s'échanger les uns contre les autres dans les azimuts $\mathfrak{G} = \gamma = \gamma + 90$. Au lieu de cercles d'intensité uniforme, on a donc des associations de quarts de cercle alternativement obscurs et vifs, avec dégradation d'éclat ou d'obscurité.

En dehors de ces deux hypothèses, les deux termes restent et les lignes isochromatiques ne sont plus circulaires. Leur équation $\frac{d\,\mathrm{I}_s}{d\,\rho'} = 0$ est $\tan g\,\rho' = \frac{\sin 2\,c}{\tan g\,2\,d}$ et rappelle par la forme celle du § 533. On retrouve en effet dans certaines configurations les courbes en forme de semelle déjà rencontrées. Nous ne nous y arrêterons pas davantage.

Pour que la formule (C) donne des cercles, il faut annuler l'un des binômes coefficients des deux derniers termes. Cette annulation devant avoir lieu quel que soit $\mathfrak{G}$, il en résulte l'obligation d'annuler séparément chacun des deux termes de ces binômes. Or on ne peut y arriver par des hypothèses portant sur δ seul, et il faut admettre en même temps que α vaut 45, ce qui nous rejette dans le cas représenté par l'équation (D). On voit donc que le cas où γ seul vaut 45 degrés n'admet pas de cercles (*).

La formule (D) donne des cercles homogènes pour $\delta = 0 = 90$, et l'association ingrate de quarts de cercle obscurs et vifs pour $\delta = \pm 45$. Ces valeurs sont celles qu'exigent les conditions énoncées dans la discussion de (B), et ce cas n'offre rien de particulier. Posons $\delta = 22^{\circ}{,}5$. Les lignes isochromatiques auront pour équations

$$\tan g\,\rho' = -\cos 2\,\mathfrak{G};$$

(*) Avec des spaths épais, aux alentours de $\delta = \pm 90^{\circ}$, les courbes semblent circulaires. Mais en les étudiant avec une lumière simple dans la pince aux tourmalines ou encore en opérant sur de minces cristaux, on reconnaît dans la région centrale deux taches noires insuperposables formant comme deux foyers de ces courbes, qui dès lors ne sauraient être des cercles.

$\theta = o$ donne

$$\text{tang}\, \rho' = -1.$$

Supposons le numéro de la courbe tel, qu'on ait

$$\rho = (2n + 1)\pi - 45° ;$$

en suivant la valeur de ρ' dans les azimuts θ croissants, on trouve sans peine que ρ' décroît jusqu'à $\theta = 90°$ et reprend dans l'autre quadrant des valeurs égales et symétriques. La courbe aurait donc son grand axe suivant OX. En disposant toutes les pièces conformément à la configuration adoptée, on vérifie et ce dire et toutes les particularités des phénomènes produites dans cette discussion.

Quand on veut se livrer à ces vérifications, on peut recourir à l'appareil d'Amici, mais il faudrait le doter de graduations qui n'existent pas. En admettant que la graduation du cercle dans lequel s'enchâsse le disperseur serve au premier mica, il faudrait que le second reposât sur la base d'un cylindre à l'intérieur duquel seraient et le premier mica et le cristal, et que cette base fût divisée.

§ 537. — Hyperboles des circulaires et des elliptiques.

Soit maintenant le cristal en lames parallèles à l'axe. Il nous faut reprendre l'expression du § 532, mais à la condition d'y voir dans θ une constante et dans ρ une fonction combinée de l'incidence i et de l'azimut φ du plan d'incidence. La différentiation donne

$$\sin 2(\gamma - \theta)\cos\rho' = o ,$$

c'est-à-dire

$$\rho' = \frac{\pi}{2} = \frac{3\pi}{2} = 5\frac{\pi}{2},...,$$

les multiples 1, 5, 9 désignant les courbes des intensités maxima. Pour un rectiligne, c'était $\sin\rho'$ qu'il fallait égaler à zéro ; les courbes sont les mêmes dans les deux cas et diffèrent seulement par les lieux qu'elles occupent, les unes étant comme intercalées entre les autres. Quant à leur nature, la forme de la fonction qui exprime le retard (§ 281) nous a montré que, pour des lames parallèles à l'axe, c'étaient des hyperboles. Nous rappelons que, pour apparaître dans des lames qui ne sont pas très-minces, ces courbes ré-

clamaient une lumière simple, mais qu'il n'en était plus ainsi si le
cristal était formé par les deux moitiés croisées d'une même lame.
Le lecteur appropriera sans peine aux études actuelles les développements donnés pour les rectilignes dans le chapitre X, tout
comme il les étendra aux cristaux qui seraient compris entre deux
quarts d'onde. Nous lui laisserons également le soin de justifier les
règles relatives au signe des cristaux qui peuvent se déduire du
mouvement des hyperboles quand on passe graduellement du rectiligne au circulaire en faisant grandir α à partir de zéro.

CHAPITRE XX.

POLARISATION ROTATOIRE. — TRAVAUX SYNTHÉTIQUES.

ARTICLE Ier.

APPAREILS ET EXPÉRIENCES DE FRESNEL.

Comment une lame mince biréfringente, comprise entre deux quarts d'onde croisés et mise à 45 degrés de chacun, reproduit avec la lumière parallèle les phénomènes de la polarisation rotatoire. — Le plan de polarisation de chaque rayon simple a tourné de moitié du retard. — Cette relation peut encore se rattacher à l'inégalité des vitesses de deux circulaires. — Cas où le rotateur artificiel est dextrogyre; cas où il est lévogyre. — Appareils successifs; leurs rotations s'ajoutent quelle qu'en soit l'orientation. Comment un rotateur suivi d'un quart d'onde reproduit avec la lumière parallèle les phénomènes de la polarisation chromatique ordinaire. — Cas où la lame artificielle est positive; cas où elle est négative. — Règle qui donne la teinte. — Le rotateur employé peut être un rotateur artificiel. — Phénomènes communs aux deux sortes de rotateurs; — aux deux sortes de lames. — Divergences obtenues dès que la dispersion est mise en jeu. — Les teintes des lames artificielles où des rotateurs naturels répudient l'échelle chromatique de Newton. — Méthode d'antagonisme. — On l'applique aux deux sortes de lames et aux deux sortes de rotateurs. — Caractère des compensations qui restent possibles.

§ 538. — Premier appareil synthétique de Fresnel. — Comment il est efficace.

Soient deux quarts d'onde disposés rectangulairement, et entre eux une lame cristallisée dont la section principale soit à 45 degrés des leurs : Fresnel a trouvé que ce système, interposé entre un polarisateur et un polariscope, se colorait et jouissait de la propriété de pouvoir tourner sur lui-même entre les deux plans de polarisation extrêmes, comme une plaque de cristal de roche perpendiculaire à l'axe, sans qu'il en résultât de changement dans la nature ou dans l'intensité de la teinte : tandis qu'en faisant varier un de ces deux plans par rapport à l'autre on obtenait toutes ces teintes diverses offertes en pareil cas par les corps doués du pouvoir rotatoire.

Le premier quart d'onde, en effet, transmet à la lame deux vibrations distantes de $\frac{\lambda}{4}$ qui constituent un elliptique dont les axes sont dirigés dans ses deux sections principales et dont par conséquent les constituants égaux doués d'une anomalie Φ le sont dans celles de la lame cristallisée. Cette dernière, sans altérer leur rapport d'égalité, ajoute à l'anomalie, qui devient

$$\Phi + 2\pi\,\frac{o - e}{\lambda},$$

et elles continuent d'être les constituants égaux d'un elliptique qui aura ses composantes axiales à 45 degrés d'elles, c'est-à-dire dans les plans principaux du deuxième quart d'onde. Mais, en le traversant, le retard $\frac{\lambda}{4}$ caractéristique des composantes axiales sera accru ou diminué d'un retard égal, ce qui restaurera l'elliptique quel que soit $o - e$, et par conséquent pour tous les rayons compris dans la lumière blanche. La variation de $o - e$ avec la couleur influe seulement sur la valeur des dernières composantes axiales et, partant, sur l'azimut de restauration. Comme, dans une lame cristallisée, $\frac{o - e}{\lambda}$ croît avec continuité du rouge au violet, on conçoit qu'il en sera de même de ces azimuts et que les plans de polarisation des divers rayons soient disposés en éventail et puissent l'être de la même manière que cela arrive après la transmission d'un rayon blanc polarisé à travers un quartz normal à l'axe. Pour le voir et pour mieux pénétrer dans l'étude de cet appareil, faisons suivre cette interprétation purement qualitative du phénomène de son interprétation quantitative donnée par le calcul. Si cette étude est implicitement comprise dans celle du § 534 qui a mis également en jeu trois lames et un polariscope, il nous faut cependant y revenir, parce que ce n'est plus l'intensité des images fournies par le polariscope, mais le plan de polarisation reconstitué au sortir de la troisième lame qu'il faut calculer.

§ 539. — L'azimut de restauration vaut moitié de l'anomalie.

Pour la clarté des figures, nos quarts d'onde, au lieu d'être, comme dans les expériences de Fresnel, des parallélipipèdes, seront des micas qui, on le sait, retardent la vibration extraordinaire située dans la section principale. Les signes de ρ et ρ'' seront donc changés, au lieu de $+\frac{\pi}{2}$ ces anomalies vaudront $-\frac{\pi}{2}$. Nous changerons également le signe de ρ' parce que nos lames minces seront habituellement des quartz positifs ou des biaxes équivalents. Les calculs repris par la méthode algébrique du § 828 deviennent alors (*Pl. XII*, *fig.* 259)

$$\text{Vibration incidente.} \quad \cos \xi.$$

Composantes fournies par le premier mica

$$x = \cos \alpha \cos \left(\xi - \frac{\pi}{2} \right)$$

$$y = - \sin \alpha \cos \xi,$$

on aura, suivant OX, axe de la lame cristallisée et suivant OY, deuxième section principale de cette lame,

$$x_1 = \frac{1}{\sqrt{2}} \cos \alpha \cos \left(\xi - \frac{\pi}{2} - \rho' \right) - \frac{1}{\sqrt{2}} \sin \alpha \cos (\xi - \rho'),$$

$$y_1 = - \frac{1}{\sqrt{2}} \cos \alpha \cos \left(\xi - \frac{\pi}{2} \right) - \frac{1}{\sqrt{2}} \sin \alpha \cos \xi,$$

puis, suivant les sections principales du deuxième quart d'onde,

$$x' = \frac{1}{\sqrt{2}} x_1 + \frac{1}{\sqrt{2}} y_1, \qquad y' = - \frac{1}{\sqrt{2}} x_1 + \frac{1}{\sqrt{2}} y_1 ;$$

à la condition toutefois d'ajouter $\frac{\pi}{2}$ à l'anomalie de x'. Faisant les substitutions, il vient

$$x' = \frac{1}{2} \left[\begin{array}{l} \cos \alpha \cos (\xi - \pi - \rho') - \sin \alpha \cos \left(\xi - \frac{\pi}{2} - \rho' \right) \\[2mm] - \cos \alpha \cos (\xi - \pi) - \sin \alpha \cos \left(\xi - \frac{\pi}{2} \right) \end{array} \right],$$

$$y' = \frac{1}{2} \left[\begin{array}{l} - \cos \alpha \cos \left(\xi - \frac{\pi}{2} - \rho' \right) + \sin \alpha \cos (\xi - \rho') \\[2mm] - \cos \alpha \cos \left(\xi - \frac{\pi}{2} \right) - \sin \alpha \cos \xi \end{array} \right].$$

En cherchant maintenant les caractéristiques $1, \psi$; I', ψ' de x' et y', on aura huit composantes pour x' et autant pour y'. Le tableau suivant les donne telles que les font les réductions autorisées par la présence de π et $\frac{\pi}{2}$ dans quelques-unes d'entre elles. On a omis le facteur $\frac{1}{2}$.

Premières composantes dont la phase est ξ.		Deuxièmes composantes qui sont en retard de $\frac{\pi}{2}$.
Pour x'	$\begin{aligned} &- \cos\alpha\cos\rho' \\ &\sin\alpha\sin\rho' \\ &\cos\alpha \\ &0 \end{aligned}$	$\begin{aligned} &- \cos\alpha\sin\rho' \\ &- \sin\alpha\cos\rho' \\ &0 \\ &- \sin\alpha \end{aligned}$
Pour y'	$\begin{aligned} &\cos\alpha\sin\rho' \\ &\sin\alpha\cos\rho' \\ &0 \\ &- \sin\alpha \end{aligned}$	$\begin{aligned} &- \cos\alpha\cos\rho' \\ &\sin\alpha\sin\rho' \\ &- \cos\alpha \\ &0 \end{aligned}$

Pour x' on a donc

$$\mathrm{I} = [- \cos(\alpha - \rho') + \cos\alpha]^2 + [- \sin(\alpha + \rho') - \sin\alpha]^2$$
$$= 2\,[1 - \cos(2\alpha + \rho')] = 4\sin^2\left(\alpha + \frac{\rho'}{2}\right),$$

et en enlevant le facteur 4 à cause de l'omission de $\frac{1}{2}$ à la racine

$$\mathrm{I} = \sin^2\left(\alpha + \frac{\rho'}{2}\right),$$

$$\operatorname{tang}\psi = \frac{-\sin(\alpha + \rho') - \sin\alpha}{-\cos(\alpha + \rho') + \cos\alpha} = -\frac{\sin\left(\alpha + \frac{\rho'}{2}\right)\cos\frac{\rho'}{2}}{\sin\left(\alpha + \frac{\rho'}{2}\right)\sin\frac{\rho'}{2}} = -\cot\frac{\rho'}{2}.$$

Pour y' on a de même

$$\mathrm{I}' = [\sin(\alpha + \rho') - \sin\alpha]^2 + (-\cos(\alpha + \rho') - \cos\alpha)^2$$
$$= 2\,[1 + \cos(2\alpha + \rho')],$$

d'où

$$\mathrm{I}' = \cos^2\left(\alpha + \frac{\rho'}{2}\right),$$

$$\operatorname{tang}\psi' = \frac{-\cos(\alpha + \rho') - \cos\alpha}{\sin(\alpha + \rho') - \sin\alpha} = -\cot\frac{\rho'}{2}.$$

L'identité des valeurs de ψ, ψ' montre bien que les deux vibrations finales ont mêmes nœuds et qu'elles constituent une vibration résultante unique dont l'intensité est $I + I' = 1$ et dont l'azimut B, estimé par rapport à OX', dépend de

$$\operatorname{tang} B = \sqrt{\frac{I'}{I}} = \frac{\cos\left(\alpha + \frac{\rho'}{2}\right)}{\sin\left(\alpha + \frac{\rho'}{2}\right)},$$

d'où

$$B = 90 - \alpha - \frac{\rho'}{2}.$$

On en conclut, pour l'azimut absolu rapporté à la vibration primitive,

$$90 - \alpha - \frac{\rho'}{2} + 90 + \alpha = 180 - \frac{\rho}{2}, \quad \text{ou bien} \quad -\frac{\rho'}{2}.$$

§ 540. — Autre calcul fondé sur la considération des circulaires du polarisé primitif.

Dans les phénomènes que Fresnel prétend reproduire avec son appareil synthétique, la rotation du plan de polarisation était due à une inégalité de vitesse introduite entre deux circulaires égaux et inverses. On aimerait donc à retrouver dans l'appareil actuel ce point de vue ; rien n'est plus simple. Soient, en effet, les deux circulaires du rectiligne primitif, le premier quart d'onde les restaurera, l'un dans l'azimut $+ 45$ et l'autre dans l'azimut $- 45$. Ainsi résumés, ils traverseront la lame cristallisée, l'un comme ordinaire, l'autre comme extraordinaire, et y contracteront, par suite des vitesses inégales qui leur écherront, l'anomalie ρ'. Le dernier quart d'onde, avec ses sections principales disposées à 45 degrés de chacune des vibrations restaurées, leur rendra leur circularité primitive, de manière qu'à la sortie de l'appareil synthétique, ils vaudront ce que valent deux circulaires égaux et inverses, à savoir un certain rectiligne dont l'azimut dépendra de l'anomalie contractée dans la lame.

Le calcul de ces transformations n'a rien de difficile. Comme il nous fournit une nouvelle occasion d'appliquer les principes et les formules de la polarisation circulaire, nous allons le donner en nous conformant aux données de la *fig.* 259.

Le rayon primitif vaut les deux circulaires

$$x_a = \frac{1}{2}\cos\xi \left.\right\rangle \qquad\qquad x_b = \frac{1}{2}\cos\xi \left.\right\rangle$$
$$y_b = \frac{1}{2}\cos\left(\xi - \frac{\pi}{2}\right) \left.\right\rangle, \qquad y_a = -\frac{1}{2}\cos\left(\xi - \frac{\pi}{2}\right)\left.\right\rangle,$$

x_a, x_b étant situés dans l'azimut zéro et y_a, y_b dans l'azimut 90.

En échangeant ces composantes contre d'autres situées dans les azimuts α, $\alpha + 90$ et tenant compte des remarques faites § **365**, on a les nouvelles équations

$$x_a = \frac{1}{2}\cos(\xi - \alpha)\left.\right\rangle \qquad\qquad x_b = \frac{1}{2}\cos(\xi + \alpha)\left.\right\rangle$$
$$y_b = \frac{1}{2}\cos\left(\xi - \alpha - \frac{\pi}{2}\right)\left.\right\rangle, \qquad y_a = -\frac{1}{2}\cos\left(\xi + \alpha - \frac{\pi}{2}\right)\left.\right\rangle,$$

le premier quart d'onde retardant x_a et x_b de $\frac{\pi}{2}$, le dextrorsum devient

$$x_a = \frac{1}{2}\cos\left(\xi - \alpha - \frac{\pi}{2}\right),$$
$$y_b = \frac{1}{2}\cos\left(\xi - \alpha - \frac{\pi}{2}\right),$$

ou bien

$$X_1 = \frac{1}{\sqrt{2}}\cos\left(\xi - \alpha - \frac{\pi}{2}\right) \quad (\text{azimut } \alpha + 45);$$

le sinistrorsum devient de même

$$x_b = \frac{1}{2}\cos\left(\xi + \alpha - \frac{\pi}{2}\right),$$
$$y_a = -\frac{1}{2}\cos\left(\xi + \alpha - \frac{\pi}{2}\right),$$

ou bien

$$\overline{Y}_1 = \frac{1}{\sqrt{2}}\cos\left(\xi + \alpha - \frac{\pi}{2}\right) \quad [\text{azimut} - (45 - \alpha)];$$

dans la configuration adoptée, après l'action de la lame, la première vibration restaurée devient

$$\mathbf{X}_1 = \frac{1}{\sqrt{2}}\cos\left(\xi - \alpha - \frac{\pi}{2} - \rho'\right),$$

résoluble entre deux autres

$$\left\{\begin{array}{l} x_a = \dfrac{1}{2}\cos\left(\xi - \alpha - \dfrac{\pi}{2} - \rho'\right) \\[2ex] y_b = \dfrac{1}{2}\cos\left(\xi - \alpha - \dfrac{\pi}{2} - \rho'\right) \end{array}\right.$$

situées dans les azimuts α, $\alpha + 90$. La seconde $\mathbf{Y}_1$ devient de même

$$\left\{\begin{array}{l} x_b = \dfrac{1}{2}\cos\left(\xi + \alpha - \dfrac{\pi}{2}\right) \\[2ex] y_a = -\dfrac{1}{2}\cos\left(\xi + \alpha - \dfrac{\pi}{2}\right) \end{array}\right.$$

le deuxième quart d'onde ajoutant $\dfrac{\pi}{2}$ aux anomalies de y_a, y_b, on a les deux circulaires

$$x_a = \frac{1}{2}\cos\left(\xi - \alpha - \frac{\pi}{2} - \rho\right) = \frac{1}{2}\cos\left(\xi + \alpha - \frac{\pi}{2} - 2\alpha - \rho\right)$$

$$y_b = \frac{1}{2}\cos\left(\xi - \alpha - \frac{\pi}{2} - \rho - \frac{\pi}{2}\right)$$

$$x_b = \frac{1}{2}\cos\left(\xi + \alpha - \frac{\pi}{2}\right)$$

$$y_a = -\frac{1}{2}\cos\left(\xi + \alpha - \frac{\pi}{2} - \frac{\pi}{2}\right)$$

Le § **477** nous montre que leur ensemble vaut une vibration rectiligne

$$\mathbf{R} = \cos\left(\xi + \alpha - \frac{\pi}{2} - \alpha - \frac{\rho'}{2}\right) = \cos\left(\xi - \frac{\pi}{2} - \frac{\rho'}{2}\right)$$

située dans un azimut qui fait avec OX l'angle $-\left(\alpha + \dfrac{\rho'}{2}\right)$ et, par conséquent, avec la vibration l'angle $-\frac{\rho'}{2}$, de sorte que nous trouvons encore une rotation sinistrorsum et égale à $\frac{\rho'}{2}$.

§ 541. — Expression de la teinte. — Elle ne dépend pas de l'orientation du système.

Soit δ l'azimut de la section principale du polariscope, on aura pour les intensités des deux images

$$\text{Extraordinaire}\ldots\ldots \cos^2\left(\delta + \frac{\rho'}{2}\right),$$

$$\text{Ordinaire}\ldots\ldots\ldots \sin^2\left(\delta + \frac{\rho'}{2}\right).$$

Les intensités de chaque couleur et, par conséquent, la nature de la teinte revêtue par un faisceau blanc ne dépendent que de δ, et nullement de l'angle α qui détermine la position de l'ensemble des trois pièces formant l'appareil synthétique. Cette teinte se conservera donc si, laissant au polarisateur et au polariscope leur position relative, on les tourne d'un mouvement commun, ou, ce qui revient au même, si, les laissant immobiles, on fait tourner sur lui-même le système intermédiaire.

La formule (A) du § 535 peut donner ce dernier résultat. Il suffit d'y importer les hypothèses

$$b = 45, \quad c = 45,$$

et partant

$$d = \delta - \alpha - 90.$$

Elle devient alors

$$I_e = \frac{1}{2}\left(1 - \sin 2\,\delta \sin \rho' + \cos 2\,\delta \cos \rho'\right)$$

$$= \frac{1}{2}\left[1 + \cos\left(2\,\delta + \rho'\right)\right] = \cos^2\left(\delta + \frac{\rho'}{2}\right).$$

§ 542. — En tournant de 90 degrés la lame mince, les plans de polarisation tournent en sens contraire. — Règle pratique pour déterminer le sens de la rotation.

Si la section principale de la lame, au lieu d'être suivant OX_1, était suivant OY_1, on trouverait, en repassant par les mêmes calculs, des résultats analogues, toutefois avec cette différence que l'expression de l'azimut relatif B serait

$$90 - \alpha + \frac{\rho'}{2},$$

celle de l'azimut absolu,

$$90 + \alpha + 90 - \alpha + \frac{\rho'}{2}, \text{ ou bien } + \frac{\rho'}{2},$$

et qu'ainsi l'éparpillement des plans de polarisation aurait lieu, à partir de la vibration, dans l'autre sens. Pour distinguer avec netteté ces deux constitutions du système, l'observateur étant placé du côté du polariscope de manière à recevoir les rayons qui auront traversé le système, partons de la section principale du quart d'onde antérieur. Eh bien, dans le premier cas, on gagnera l'extrémité la plus voisine de l'axe de la lame cristallisée par une rotation dextrorsum, et, dans le second, par une rotation sinis-trorsum, sans qu'il cesse d'en être ainsi quand, ayant retourné l'appareil, on aura rendu antérieur le quart d'onde qui d'abord était postérieur. Le premier cas d'ailleurs éparpille les plans de polarisation dans le sens sinistrorsum comme un milieu lévogyre, et le second dans le sens dextrorsum. Inutile de dire que la règle serait inverse si, au lieu d'être positive, la lame cristallisée était négative.

Le croisement des deux micas est de rigueur. On enlèverait à l'appareil synthétique de Fresnel sa propriété fondamentale si on leur donnait le parallélisme. Dans ce cas, l'axe des X' coïnciderait avec OX et l'on aurait

$$x' = \frac{1}{\sqrt{2}}(x_1 - y_1), \quad y' = \frac{1}{\sqrt{2}}(x_1 + y_1),$$

et ce serait encore aux termes de x' que devrait s'ajouter l'ano-malie $\frac{\pi}{2}$. Il en résulte, pour Φ et Φ' la valeur commune $+\frac{\rho'}{2}$, pour les amplitudes des deux vibrations résultantes dirigées suivant OY' et OX' les valeurs

$$\sin\left(\alpha + \frac{\rho'}{2}\right), \quad \cos\left(\alpha + \frac{\rho'}{2}\right),$$

pour l'angle B, compté à partir de OX', l'expression $\alpha + \frac{\rho'}{2}$, et enfin pour l'angle absolu, compté avec la vibration initiale,

$2\,\alpha + \dfrac{\rho'}{2}$. Les images extraites par le polariscope seront donc

$$\cos^2\left(2\,\alpha + \frac{\rho'}{2} - \delta\right), \quad \sin^2\left(2\,\alpha + \frac{\rho'}{2} - \delta\right),$$

et elles varieront avec α. Disposez l'appareil d'Amici pour la lumière parallèle et déposez sur la plate-forme mobile les trois lames conformément aux conditions du calcul actuel ; vous ne pourrez plus tourner cette plate-forme sans assister à des altérations considérables de la teinte. On fera bien de réunir avec un mastic les trois lames dont se composent ces rotateurs artificiels. On les mettra sans peine à 45 degrés l'une de l'autre, si l'on procède comme il suit. Avec une équerre rectangulaire isocèle, établissez sur les lames de mica qui fourniront soit les quarts d'onde, soit la lame intermédiaire, trois réseaux de parallèles dirigées les unes parallèlement, les autres perpendiculairement à la section principale, et les dernières à 45 degrés de cette direction. Cela fait, à l'aide d'un octogone en métal dont vous alignerez les côtés suivant ces directions principales et leurs bissectrices, découpez dans ces grandes lames et vos quarts d'onde et votre lame ; les trois auront la forme de trois octogones égaux. En les amenant à superposition, on sera sûr qu'elles seront bien orientées. Dans un de nos systèmes, la lame intermédiaire a pour épaisseur 0,078 ; en admettant 0,032 pour le quart d'onde, cette lame donne l'anomalie $\frac{1}{4}\dfrac{78}{32}\,360 = 219$. La rotation doit donc être d'environ 110 ; je trouve 120 : ce léger désaccord vient sans doute de ce que j'attribue au quart d'onde une valeur exagérée.

§ 543. — Appareils successifs. — Lois de la rotation résultante.

Plaçons sur la route des rayons, à la suite du premier système, un second système dont la lame intermédiaire soit capable du retard $o_1 - e_1$, et soit m l'angle compris entre les sections principales OX, OZ des micas antérieurs de ces deux systèmes (*Pl. XI, fig.* 260). La vibration se présentera au second, dirigée dans l'azimut

$$m + \alpha + \frac{\rho'}{2},$$

et cet angle jouera le rôle dévolu à α dans les précédents calculs. On aura donc, pour l'angle qui séparera la vibration restaurée, de

II.   22

sa position initiale, $-\frac{p_1}{2}$, ce qui élèvera la rotation totale à

$-\frac{1}{2}(p'+p_1)$, c'est-à-dire que les actions des deux systèmes s'ajouteront, quelle que soit leur orientation relative. Comme ce résultat s'étend visiblement à un nombre quelconque de systèmes, on voit que leurs actions rotatoires s'ajoutent, et que la rotation totale est égale à celle qu'on observerait si, ne gardant de tous les systèmes qui suivent le premier que leurs lames cristallisées, on les empilait entre les deux premiers quarts d'onde avec la précaution d'en mettre les axes parallèles. Si, parmi ces systèmes successifs, il s'en trouvait des deux espèces, la rotation résultante totale serait la différence des rotations *résultantes partielles* dues à chaque espèce. Cette proportionnalité au nombre des éléments répond visiblement à celle qui, chez les substances rotatoires, unit la rotation et l'épaisseur. Nous verrons bientôt, et les cas nombreux où l'assimilation de ces rotateurs artificiels avec les vrais rotateurs se maintient complète, et les quelques expériences où elle est exceptionnellement en défaut. Mais avant d'aborder ces comparaisons, il convient de décrire un second appareil synthétique, inverse en quelque sorte du précédent, et dû comme lui au génie de Fresnel.

§ 544. — Deuxième appareil synthétique. — La teinte est une de celles du rotateur.

Ce second appareil, au rebours du précédent, communique à une substance rotatoire les propriétés d'une lame mince biréfringente; plus simple que lui, il ne comprend que deux pièces, à savoir la substance rotatoire, et à sa suite, sans condition d'orientation, un quart d'onde.

Un rayon blanc polarisé dans le plan vertical, offert au milieu rotateur que nous supposerons dextrogyre (*Pl. XII, fig.* 261), donne sur sa surface postérieure des vibrations diversicolores R..., J..., U éparpillées dans des azimuts différents Or..., Oj..., Ou caractérisés par les angles r...,j..., u. Le mica quart d'onde dont la section principale est orientée dans l'azimut quelconque α, échange chacune d'elles contre deux autres, l'une extraordinaire $\cos(r-\alpha)$, et l'autre ordinaire $\sin(r-\alpha)$, et comme la première y contracte un retard de $\frac{\lambda}{4}$, chaque vibration se trouve, à la sortie de l'ap-

pareil synthétique, transformée en un rayon elliptique sinistrorsum dont les axes, variables avec la nature du rayon simple, ont
pour directions invariables celles des azimuts principaux du quart
d'onde, ou autrement dont les constituants égaux, situés dans les
azimuts intermédiaires $\alpha \pm 45°$, ont entre eux un retard variable
avec la couleur. On obtient donc dans deux plans rectangulaires,
pour chaque rayon simple, deux constituants égaux diversement
retardés, précisément comme si, au lieu d'avoir traversé le système binaire, le rectiligne avait été reçu sur une lame cristallisée
dont les sections principales fissent avec son plan de polarisation
les angles $\pm 45°$.

Les composantes principales de l'elliptique étant

$$x' = \cos (r - \alpha) \cos \left(\xi - \frac{\pi}{2} \right),$$

$$\gamma' = \sin (r - \alpha) \cos \xi.$$

Ses constituants égaux donnés par les formules du chapitre XII,
seront

$$x_{\prime} = \frac{1}{\sqrt{2}} \cos \left(\xi - \frac{\pi}{2} - \pi + r - \alpha \right),$$

$$\gamma_{\prime} = \frac{1}{\sqrt{2}} \cos \left(\xi - \frac{\pi}{2} - r + \alpha \right),$$

et l'anomalie du second rayon sera

$$- \pi + 2 (r - \alpha).$$

Vienne alors un polariscope dont la section principale soit dirigée
dans l'azimut θ et l'on aura deux composantes pour former chacune des images. Composons-les en une seule, et nous trouverons,
pour l'intensité de l'image extraordinaire, soit l'expression

$$\cos^2 (r - \alpha) \cos^2 (\theta - \alpha) + \sin^2 (r - \alpha) \sin^2 (\theta - \alpha),$$

soit l'expression

$$\frac{1}{2} \left[1 + \cos 2 (\theta - \alpha) \cos 2 (r - \alpha) \right],$$

suivant que ces composantes seront extraites des rayons principaux
ou des constituants égaux de l'elliptique. Le lecteur s'assurera sans
peine de l'équivalence de ces deux expressions, et, si nous nous

attachons à la dernière, nous pourrons écrire

$$I_r = \frac{1}{2}\{ 1 + \cos 2\,(\delta - \alpha)\,\cos 2\,(r - \alpha)\},$$

$$I_a = -\frac{1}{2}\{ 1 - \cos 2\,(\delta - \alpha)\,\cos 2\,(r - \alpha)\}.$$

Ces formules n'ont qu'un même terme en r. Il offre, il est vrai, cette particularité qu'un autre angle s'y trouve associé à r. Mais comme cet angle n'est pas l'angle azimutal du polariscope, on voit que la rotation de cette pièce ne changera pas la teinte et qu'on n'aura là, comme nous l'avait montré l'analyse qualitative de l'appareil, qu'un seul système de teintes complémentaires.

Mais ce système dépend essentiellement de l'angle α, dont la variation change tous les rapports des cosinus propres aux divers rayons. Si nous ôtons le quart d'onde, la teinte fournie par le rotateur sera

$$\sum \cos^2 (r - \delta) = \sum \frac{1}{2}\left[1 + \cos 2\,(r - \delta)\right],$$

et se trouvera différente; cependant, si l'on rendait δ égal à α, la caractéristique, devenue

$$\sum \cos 2\,(r - \alpha),$$

aurait repris sa précédente valeur. On peut donc dire avec Fresnel que les teintes fournies par cette lame artificielle, pour une position du quart d'onde, sont précisément celles qu'on obtiendrait sans son interposition, si l'on dirigeait la section principale du polariscope dans le même azimut (*). Le nombre des lames que peut réaliser un même rotateur, ainsi associé à un quart d'onde, est donc considérable.

(*) Cette règle établit une différence considérable entre la lame artificielle et la naturelle. Car si, quand cette dernière tourne dans son plan, il n'en résulte que des variations d'intensité et l'avénement de la teinte complémentaire, ici la rotation de la lame (on l'obtient en tournant le quart d'onde seulement) change nécessairement la teinte. Donnons à l'expression précédente la forme

$$I_e = \cos^2 (\delta - \alpha) - \cos 2\,(\delta - \alpha) \sin^2 (r - \alpha),$$

analogue à celle

$$I = \cos^2 \delta + \sin 2\,\alpha \sin 2\,(\delta - \alpha) \sin^2 \tfrac{\gamma}{2}$$

§ 545. — Réalisation des cristaux positifs et négatifs.

Dans la configuration adoptée *fig.* 262, si les rotations sont assez faibles pour que π reste supérieur à $2(r - \alpha)$, l'anomalie de y_1 est négative et le retard appartient à la vibration OX_1 située dans l'azimut $\alpha + 45$. Notre lame artificielle est donc analogue à un cristal positif qui aurait sa section principale dans ce même azimut. Or, si α est moindre que la plus petite des valeurs de r, notre lame artificielle se sépare des lames cristallisées réelles par cette particularité que les anomalies

$$\alpha - 2(r - \alpha)\ldots \pi - 2(j - \alpha)\ldots \pi - 2(u - \alpha),$$

au lieu d'être croissantes du rouge au violet, sont décroissantes, ce qui promet un mode de succession de couleurs bien différent de celui que produirait un cristal positif. Pour d'autres épaisseurs du rotateur qui entre dans la formation du cristal artificiel, on peut, il est vrai, obtenir des anomalies croissantes du rouge au violet, et partant des cristaux artificiels moins différents de nos cristaux réels. Qu'en conclure, si ce n'est que dans la combinaison des cristaux artificiels et des cristaux réels, l'effet résultant pourra tantôt se rapprocher de ceux que fourniraient deux cristaux réels, et tantôt s'en éloigner beaucoup. Nous reviendrons sur ce point.

On passe d'une lame positive à une négative en tournant le mica de 90 degrés, ou bien en le remplaçant par un parallélipipède. On trouve, en effet, alors $\pi - 2(r - \alpha)$ pour l'anomalie de OY_1. Avec les angles r et α de la figure, le retard est donc bien pour ce rayon, et, si on dispose la section principale d'un gypse dans l'azimut $\alpha + 45$, ce sera en antagonisme, en duplication croisée, que se trouveront disposées la lame artificielle et la lame réelle.

Si le rotateur était lévogyre et le mica dans l'azimut α, on trouverait $\pi - 2(r + \alpha)$ pour le retard de OY_1 : si donc $2(r + \alpha)$ est

---

trouvée pour la lame naturelle. Cette dernière devient, quand $\varepsilon = 90$,

$$\frac{l_c}{} = \sin^2 2\alpha \sin^2 \frac{\rho}{2}$$

et la rotation de la lame cesse d'amener la teinte complémentaire. Ici rien de pareil puisqu'on ne peut pas toucher à la lame et qu'il faut se contenter de tourner le polariscope. Enfin $\sin^2(r - \alpha)$ n'étant dominé que par un facteur tandis que $\sin^2 \frac{\rho}{2}$ l'est par deux, les échanges de la teinte contre sa complémentaire sont moins nombreux avec la lame artificielle.

moindre que π, le rayon elliptique est dextrorsum et la lame agira en sens contraire d'un gypse dirigé dans l'azimut $\alpha + 45$. Le mica tourne-t-il de 90 degrés, l'anomalie, gardant sa valeur absolue, change de signe et les elliptiques fournis par ce mica deviennent sinistrorsum.

§ 546. — La lame artificielle constituée à l'aide d'un rotateur artificiel.

Une lame artificielle donne une teinte que nous avons pu classer, à l'aide d'une règle très-simple, parmi la série des teintes innombrables que fournit le rotateur qui entre dans la composition de cette lame. Or si ce rotateur devenait un rotateur artificiel, il se présente deux questions : 1° un tel rotateur suivi d'un quart d'onde, devient-il aussi l'équivalent d'une lame cristallisée? 2° si la réponse est affirmative, quel rapport y aura-t-il entre la teinte de cette lame composée et celle de la lame qui entre dans la composition du rotateur?

Dans le phénomène auquel se rapportent ces questions se trouvent en jeu cinq lames successives, à savoir trois quarts d'onde, la lame mince intermédiaire aux deux premiers et le polariscope qui suit le dernier. On peut donc y répondre en étendant à une cinquième lame les décompositions poussées jusqu'à quatre dans le § 534. On obtient ainsi seize composantes et partant deux polynômes de seize termes. Mais en y introduisant les hypothèses

$$\rho = \frac{\pi}{2}, \quad \rho'' = \frac{\pi}{2}, \quad \rho''' = \frac{\pi}{2}, \quad b = 45, \quad c = 45,$$

ils éprouvent de telles réductions, que l'expression des intensités $I_e\, I_o$ s'obtient sans trop de peine. Cependant on peut trouver à ces deux questions des réponses bien plus simples.

De ce que le rotateur artificiel fournit au dernier quart d'onde des vibrations éparpillées et de ce que le mode d'éparpillement est sans influence sur le rôle général qui est dévolu au mica du deuxième appareil synthétique, il s'ensuit que ce dernier mica formera de toutes ces vibrations deux groupes situés à ± 45 de ses azimuts principaux, tout comme si l'éparpillement était dû à un véritable rotateur. Voilà pour la première question.

Pour résoudre la seconde, prenons pour point de départ ce résultat des §§ 539, 540, à savoir, que la vibration se retrouve intacte, mais dans l'azimut $-\dfrac{\rho'}{2}$. Le nouveau mica ($fig.$ 263), orienté dans l'azimut δ, donnera les deux composantes

$$\left\{ \begin{array}{l} \cos\left(\delta + \frac{\rho'}{2}\right) \\[2ex] -\sin\left(\delta + \frac{\rho'}{2}\right) \end{array}\right.$$
avec un retard de $\frac{\lambda}{4}$ pour la première. L'image

extraordinaire sera donc formée du concours des deux composantes

$$\left.\begin{array}{l} \cos e \cos\left(\delta + \frac{\rho'}{2}\right) \\[2ex] -\sin e \sin\left(\delta + \frac{\rho'}{2}\right) \end{array}\right\}$$
affectées de la même anomalie $\frac{\pi}{2}$, c'est-à-dire qu'on aura

$$I_e = \cos^2 e \cos^2\left(\delta + \frac{\rho'}{2}\right) + \sin^2 e \sin^2\left(\delta + \frac{\rho'}{2}\right)$$

$$= \frac{1}{2}\left[1 + \cos 2e \cos\left(2\delta + \rho'\right)\right].$$

Si la lame ρ' était seule en jeu, sa teinte aurait pour caractéristique $\sum \cos \rho'$ (§ 522). On voit donc qu'en général la teinte fournie par cette lame artificielle n'est pas celle de la lame ρ', et il devait en être ainsi, puisque la position du dernier quart d'onde influe essentiellement sur cette teinte ainsi que le témoigne d'ailleurs la présence de 2δ dans le facteur colorigène. Mais si l'on prend $\delta = 0 = 90$, alors la caractéristique devient $\sum \cos \rho'$, et ce sont les teintes propres à la lame mince qui apparaissent. Prend-on $\delta = \pm 45$, la caractéristique devient $\sum \sin \rho'$, et l'on a une teinte qui diffère de la précédente de $\frac{\lambda}{4}$, tout comme si l'on avait substitué, avec la lame seule, un circulaire au rectiligne. Fresnel avait fait toutes ces remarques.

On pourrait de même introduire dans la composition d'un rotateur artificiel une lame artificielle et chercher alors les relations qui existeraient entre le mode de succession des teintes de ce rotateur et celles qu'offrirait le rotateur de la lame artificielle si on le débarrassait des trois micas qui l'entourent. Nous laissons au lecteur l'étude de cette question.

§ 547. — Un rotateur naturel ou artificiel n'est pas coloré par un circulaire.

Un quartz normal à l'axe cesse de se colorer quand on place.

sur le trajet du polarisé incident un quart d'onde orienté à 45 du plan de polarisation, ou en d'autres termes quand on lui offre un circulaire. En effet ce circulaire *unique* reste circulaire après la traversée du quartz, et chacun des circulaires diversicolores qu'il contient se partage également entre les deux images du polariscope biréfringent. Il en est de même des rotateurs artificiels, et on peut le justifier à chacun des points de vue que nous avons adoptés pour établir leurs propriétés. Bornons-nous à remarquer qu'au dernier, § 540, la lame intermédiaire de cet appareil synthétique ne reçoit qu'un rayon, soit l'ordinaire soit l'extraordinaire, qu'ainsi le quart d'onde terminal au lieu de reconstituer deux circulaires inverses n'en fournit plus qu'un qui ne saurait se teindre en traversant le polariscope.

Cette expérience, celle du paragraphe suivant et beaucoup d'autres, peuvent s'improviser avec les micas quart d'onde. Mais il vaut mieux y employer des parallélipipèdes, et surtout procéder comparativement, de manière à ce qu'ici, par exemple, le faisceau reste rectiligne pour une moitié du rotateur. L'appareil d'Amici convient alors parfaitement. On ne laisse dans la pièce décrite § 342 qu'un parallélipipède et on tire le verrou de manière que moitié du passage reste libre. Dans ces conditions contrastantes, les faibles teintes que l'imperfection des quarts d'onde peut introduire dans le phénomène sont tout à fait inappréciables.

§ 548. — Ni l'un ni l'autre ne gênent la restauration d'un circulaire par un quart d'onde.

Quand un rayon circularisé par un premier quart d'onde en rencontre un second, orienté dans n'importe quel azimut, nous savons qu'il est restauré et que l'interposition d'un rotateur n'empêche pas cette restauration. Eh bien, c'est encore là un phénomène où les rotateurs artificiels se comportent comme les naturels. On en verrait sans peine le motif.

Ainsi la ressemblance entre le rotateur artificiel de Fresnel et les substances spontanément rotatoires ne se borne pas au fait de la rotation. Elle se maintient quand on s'en prend aux phénomènes qui découlent de l'emploi d'un quart d'onde mis, soit antérieurement, § 547, soit postérieurement, § 546, ou encore de deux quarts d'onde simultanés, l'un antérieur et l'autre postérieur. Dans tous ces cas les rotateurs artificiels se comportent

comme les naturels, les différences qui peuvent se glisser dans les
phénomènes analogues étant secondaires et provenant unique-
ment de ce que la supposition d'un retard égal à $\frac{\lambda}{4}$ pour tous les
rayons n'est que très imparfaitement réalisée par nos quarts
d'onde, même dans le cas moins défavorable où l'on emploie de
bons parallélipipèdes. Il n'en est pas de même des phénomènes
qui vont suivre.

§ 549. — Les deux sortes d'appareils, rotateurs ou lames, mis en antagonisme.

Pour apprécier jusqu'à quel point l'équivalence se maintenait,
soit entre son premier appareil synthétique et un rotateur, soit
entre son deuxième et une lame biréfringente, Fresnel a eu l'idée
de les mettre en antagonisme.

Cette méthode, assurément bien légitime, repose sur ce qu'en
polarisation chromatique ordinaire aussi bien qu'en polarisation
chromatique rotatoire, il existe des substances douées d'actions
inverses telles, que l'une puisse détruire l'effet chromatique de
l'autre et ramener au point de départ que nous supposerons être
une extinction.

Ainsi, quand une lame d'un cristal positif a extrait d'un rayon
incident deux rayons distincts et, leur ayant communiqué une anomalie variable avec la couleur, constitue en état d'interférence les
composantes extraites de chacun d'eux par le polariscope; vienne
un cristal négatif équivalent et similairement orienté, ou, ce qui
revient au même, un second cristal semblable au premier, mais
orienté rectangulairement : les retards seront rachetés, l'ellipticité
communiquée aux rectilignes primordiaux sera détruite, et les
rayons se trouvant restaurés dans l'azimut primitif commun, toute
trace de coloration et de lumière aura disparu.

Ainsi, quand un milieu rotateur aura dispersé des vibrations
d'abord confondues, et rendu inégales les composantes qu'un polariscope leur emprunte, vienne à la suite de ce milieu une seconde substance capable de rotations égales et contraires, elle
ramènera les vibrations dans l'azimut commun et les livrera de
nouveau toutes à l'extinction primitive.

Si nette dans ces deux cas, l'idée d'antagonisme s'obscurcit
quand on oppose à un biréfringent ordinaire un corps rotateur;

quand on met aux prises en quelque sorte, des rayons elliptiques
dont les axes ont une certaine orientation et un rapport variable,
avec des rayons restés rectilignes et simplement diversement déviés.
Comment réduire l'un par l'autre ces phénomènes disparates? en
quoi consistera leur équivalence? Qu'il nous suffise d'avoir sou-
levé cette question délicate. En effet, sa solution n'intéresse pas
les expériences de Fresnel : ces dernières beaucoup plus simples
établissent l'antagonisme entre des actions analogues soumises à un
même mécanisme général et accessibles seulement à des différences
de détail.

S'agit-il du premier antagonisme, celui d'un rotateur artificiel et
d'un rotateur naturel ; si, sans produire, car c'est impossible, pour
chaque rayon des rotations égales en valeur absolue, chacun de
ces rotateurs à gyrations contraires donnait seulement aux couleurs
extrêmes rouge et violette le même écart angulaire, on conçoit que
l'effet chromatique de leur ensemble puisse être sensiblement nul.
Car, si l'inégale distribution des couleurs dans cet arc commun s'oppose à ce que la compensation soit parfaite, nous savons que les
teintes ont une certaine stabilité et qu'elles se maintiennent dans
des limites plus ou moins étendues quand on dérange soit la distribution des plans de polarisation, soit même l'arc total qui leur est
dévolu. La compensation s'effectuera donc au même titre que
l'achromatisme dont la réalisation n'a pas été compromise par
l'irrationnalité des spectres.

L'équation de la compensation s'obtient sans peine. Soit c
l'épaisseur de la lame supposée positive. L'anomalie du rayon
extraordinaire serait

$$2\,\pi\,c\,\frac{n_e - n_o}{\lambda}.$$

Est-elle engagée entre deux quarts d'onde de manière à former un
dextrogyre, on aura la rotation

$$\pi\,c\,\frac{n_e - n_o}{\lambda}.$$

La rotation différentielle sera donc

$$\pi\,c\,(n_e - n_o)\left(\frac{1}{\lambda_u} - \frac{1}{\lambda_r}\right),$$

si l'on admet, comme devait le faire Fresnel, que $n_e - n_o$ ne varie pas avec la couleur. Soit E l'épaisseur du lévogyre antagoniste; si c'est un quartz, il donnera la rotation différentielle

$$\mathrm{E}\,(40,88 - 18,98)\ (*),$$

ainsi E dépendra de l'équation

$$21,90\,\mathrm{E} = 180\,e\,(n_e - n_o)\left(\frac{1}{\lambda_u} - \frac{1}{\lambda_r}\right).$$

Emploie-t-on une térébenthine et lui accorde-t-on, comme l'a fait Fresnel, les qualités optiques de celle qu'a étudiée M. Biot, il faudra multiplier le premier membre par 68,55, rapport des épaisseurs équivalentes de ce liquide et du quartz.

S'agit-il du deuxième antagonisme et dispose-t on la lame artificielle avant la naturelle, les rayons en sortiront sous la forme de vibrations rectangulaires orientées dans les azimuts

$$\alpha + 45, \qquad \alpha + 135,$$

et affectées, si le rotateur employé est lévogyre, de l'anomalie $\pi - 2\,(r + \alpha)$ (§ 343). Le rôle du cristal naturel (on l'orientera dans ces mêmes azimuts), devrait être de donner aux mêmes vibrations, mais en sens contraire, les mêmes anomalies; mais comme ce serait exiger l'impossible, on devra se contenter de lui demander : 1° l'égalité de l'anomalie pour une couleur, le jaune par exemple; 2° pour les couleurs extrêmes, une même différence d'anomalies : il y a plus, comme les anomalies ne figurent dans les calculs que par leurs lignes trigonométriques, la première de ces deux égalités pourra n'avoir lieu qu'à une, deux, trois... demi-circonférences près. En appelant j, u les valeurs de l'angle r quand il s'agit du jaune et du violet, on aurait donc

$$\pi - 2\,(j + \alpha) = \rho_j{}^{**},$$
$$\pi - 2\,(u + \alpha) - [\pi - 2\,(r + \alpha)] = \rho_u - \rho_r.$$

On introduira les épaisseurs E, e du rotateur et de la lame en re-

---

(*) Ces rotations sont celles du rouge moyen et du violet moyen; on les a obtenues en prenant la moyenne arithmétique des rotations propres aux rayons qui terminent les divisions newtoniennes. Voir le tableau du § 499.

(**) Supposons $\pi < 2\,(r + \alpha)$; les retards de OY_1 seront négatifs, et par conséquent ce sera OX_1 qui aura le retard. S'ensuit-il que la section principale du cristal antagoniste positif doive être placée suivant OY_1? Nullement. (Voir plus loin le calcul numérique.)

marquant que si J, R, U, P_j, P_r, P_u sont les valeurs tabulaires de j, r, u, ρ_j, ρ_r, ρ_u, on a

$$J = je,\ldots,\qquad P_j = \rho_j e,\ldots.$$

Ainsi les équations de la compensation seraient

$$- \pi + 2\,(JE + \alpha) = P_j e - K\pi,$$
$$2\,(U - R)\,E = (P_u - P_r)\,e.$$

Pour le quartz cette dernière équation devient

$$21,9\,E = 180^\circ e\,(n_e - n_u)\left(\frac{1}{\lambda_u} - \frac{1}{\lambda_r}\right),$$

et ne diffère pas de l'équation unique qui préside à la première compensation. On s'explique ainsi pourquoi Fresnel, qui n'a expérimenté que sur le deuxième antagonisme, fait cependant appel aux conditions du premier. Toujours est-il qu'ayant ici deux équations, on devra pouvoir disposer de deux quantités. Fresnel fixait sur le parallélipipède et dans l'un des azimuts relatifs ± 45, sa lame de gypse, puis il cherchait par un double tâtonnement la longueur E du rotateur, c'était une colonne de térébenthine, et l'azimut α du quart d'onde qui amenait pour l'une des images la compensation. Ainsi pour lui les deux quantités disponibles étaient E, α. Ici donc comme dans le premier antagonisme les conditions d'équilibre sont bien distinctes de celles qu'entraînerait l'emploi de deux lames naturelles.

Fresnel donnait au calcul de ses expériences un tour particulier qui consistait à déduire de la compensation, les rotations subies par les divers rayons dans le milieu rotateur employé, pour les comparer à celles qui résultent des mesures de M. Biot; mais il nous semble qu'opérer ainsi, c'est méconnaître l'irrationnalité des phénomènes antagonistes et admettre pour chaque couleur la compensation individuelle que nous n'avons pas exigée; il est donc préférable de maintenir la comparaison des faits et de la théorie sur le terrain où nous l'avons placée.

Citons une de ses expériences. Soit un long tube vertical contenant une térébenthine lévogyre et recevant par sa base inférieure un faisceau polarisé. Installons sur sa base supérieure un parallélipipède dont la section principale soit perpendiculaire à la vibration incidente, ou bien, ce qui revient au même, un mica quart d'onde dont la section principale soit parallèle à cette direction. Sur ce mica et en avant du polariscope, disposons un gypse orienté dans l'azimut $+45$, et supposons-lui l'épaisseur $0,125$, mettons enfin le nicol à l'extinction. En faisant écouler la térébenthine, nous atteindrons une épaisseur telle, que l'extinction soit restituée, et qu'ainsi la compensation ait lieu. Dans nos expériences, cette épaisseur a été 480 millimètres. Avec une lame de $0,12$ Fresnel avait trouvé moins de 500 millimètres. Il s'agit de voir si cette compensation est d'accord avec la théorie.

Les tableaux des §§ 144, 499 conduisent simplement, par des proportionnelles, à la détermination chez le quartz, soit des deux indices propres aux rayons moyens des groupes newtoniens, soit, comme conséquence immédiate, au nombre d'ondes qui exprime le retard occasionné par un millimètre du cristal. Le tableau suivant contient ces divers résultats et, dans une dernière colonne, les retards peu différents qu'on obtiendrait, si on négligeait la dispersion du quartz. Maintenant si nous nous fondons sur l'égalité des effets que produisent, à épaisseur égale, le quartz et le gypse, ces données seront applicables aux lames qu'employait Fresnel dans ses expériences d'antagonisme.

	n_o	n_e	$n_e - n_o$	NOMBRE D'ONDES DONT RETARDE 1^{mm}	
				en tenant compte de la dispersion, ou $\dfrac{n_e - n_o}{\lambda}$	en négligeant la dispersion, ou $\dfrac{0,00919}{\lambda}$
Rouge moyen...	1,543 08	1,552 16	0,009 08	14,64	14,82
Orange moyen..	1,544 46	1,553 57	0,009 11	15,63	15,76
Jaune moyen...	1,546 83	1,556 02	0,009 19	16,68	16,68
Vert moyen....	1,547 41	1,556 62	0,009 21	17,68	17,64
Bleu moyen....	1,550 55	1,559 86	0,009 31	19,60	19,35
Indigo moyen...	1,552 45	1,561 80	0,009 35	20,82	20,47
Violet moyen...	1,554 90	1,564 31	0,009 43	22,32	21,73

La deuxième équation a pour premier membre

$$21,9 . 480 \frac{1}{68,55} = 153^\circ,4,$$

le second membre est

$$180.0,125.(21,73 - 14,82) = 155°,5,$$

il diffère à peine du premier.

La rotation tabulaire du jaune moyen s'élève dans le quartz à 24 degrés et dans la térébenthine à $\dfrac{24°}{68,55}$. Comme α est nul, on a pour premier membre de la première équation

$$2 \cdot \frac{24}{68,55} 480 - 180 = 156°,$$

le second membre vaut

$$360.16,68.0,125 = 751.$$

Otons deux circonférences, il restera 31. Le rayon jaune de l'azimut $+$ 45 est donc en retard de 31 degrés, qui ajoutés aux 156 de la lame artificielle font sensiblement 180. La résultante de OY_1 et de cette vibration $O\overline{\overline{X}}_1$ est alignée comme la primitive, et est éteinte par le polariscope. On voit qu'on fût mieux arrivé au but en donnant à α une valeur légèrement différente de zéro.

La térébenthine est un liquide si variable, celle de Fresnel nous est si peu connue, qu'on ne saurait attacher un grand prix au succès que semblent avoir eu les deux expériences qu'il décrit. Il serait aussi intéressant qu'utile, soit de reprendre ses expériences sur le deuxième antagonisme, soit d'en faire sur le premier en n'y employant que des térébenthines dont on aurait déterminé soi-même les rotations. Le physicien qui abordera ces recherches devra même voir s'il ne conviendrait pas de renoncer à la térébenthine, malgré les avantages manifestes qui résultent de la faiblesse de son pouvoir rotatoire, et de lui substituer ce quartz normal, à épaisseur continûment variable, que nous avons décrit lors du saccharimètre.

§ 550. — Comment les rotateurs soumis à la loi de Biot esquivent la teinte sensible.

A défaut et de la loi de Biot et des expériences qui viennent d'être analysées, la disparité des dispersions des lames cristallisées et des corps rotateurs ressortirait encore d'expériences plus simples dues également à Fresnel et qui consistent à observer la succession des teintes extraordinaires issues d'une colonne de térébenthine, continûment variable, qu'on interpose sans parallélipipède entre un polarisateur et un polariscope croisés. La première teinte sensible obtenue est avoisinée par celles qui, chez les lames minces, confinent à la teinte sensible du deuxième ordre, et possède ainsi tous les caractères physiques de cette dernière teinte. Comme confirmation, si on veut la détruire par la méthode d'antagonisme, le gypse qui y réussit est celui de $0^{mm},125$ qui répond à la deuxième teinte sensible. C'est-à-dire qu'avec un développement du phénomène qui, pour le jaune, ne va qu'à une ondulation, la dispersion, phénomène différentiel, est la même que quand ailleurs il allait à deux ondulations: nous sommes donc ramenés presque textuellement à l'interprétation donnée (§ 491) à propos de singularités analogues.

Nous consacrerons une deuxième section à une rotation du plan de polarisation qui, elle aussi, se présente avec un caractère synthétique. Il s'agit du fameux phénomène de Faraday, dont M. Verdet vient d'étendre encore la portée. Nous placerons à sa suite quelques détails sur la rotation du plan de polarisation de la chaleur.

ARTICLE II.

---

§ 551. — Phénomène de Faraday. — Appareil de Ruhmkorff.

Jusqu'en 1845 les essais entrepris pour faire réagir l'un
sur l'autre le magnétisme et la lumière avaient échoué.
Faraday, le premier, dans une expérience mémorable, a
réussi à mettre aux prises ces deux agents. Elle consiste à
faire passer près des pôles d'un aimant, dans une direction
qui ne soit pas normale à la ligne qui les joint, un rayon
polarisé. Si, dans ces parages (car l'action n'est pas immédiate et elle réclame cet auxiliaire) il se trouve une substance diaphane, le plan de polarisation tourne, dans un
sens qui paraît indépendant de la substance et d'une quantité qui varie au contraire singulièrement avec elle. Le
corps le plus énergique est jusqu'à présent un certain boro-
silicate de plomb très-dense et très-réfringent que ce grand
physicien avait découvert antérieurement.

Sans nous arrêter aux appareils plus ou moins avantageux à l'aide desquels a été d'abord faite puis répétée l'expérience de Faraday, nous décrirons de suite celui auquel
ont abouti des améliorations successives. Il comprend
(*fig.* 264) un puissant électro-aimant formé de deux cylindres de fer doux percés suivant leurs axes d'un canal

étroit qui livre passage à la lumière, et rendus magnéti-
quement solidaires par trois plaques de fer. Les deux premières QQ′, RR′ en forme d'équerre tiennent par leurs
branches verticales aux bases extérieures des cylindres et
par leurs branches horizontales à la troisième plaque SS′
qui est droite. Cette dernière jonction n'est pas immuable,
mais confiée à des écrous que l'on peut desserrer de manière à pouvoir établir, entre les pôles P, P′, telle distance
qu'il plaira. On peut visser contre les bases intérieures des
cylindres deux armatures également percées, dont la forme
a une influence considérable sur l'énergie et sur la distribution des forces magnétiques dans les régions polaires. C'est
entre elles que, porté par un support spécial, se place le
corps diaphane. On voit donc que dans cet appareil le rayon
chemine suivant la direction la plus avantageuse, à savoir la
ligne des pôles, et que les pôles de l'aimant, amenés par
les courbures des plaques, l'un vis-à-vis l'autre, concourent tous deux au phénomène. Comme le renversement
des pôles change le sens de la rotation (§ 552), on voit encore qu'on pourra s'affranchir du zéro et faire porter la
mesure sur le double de la rotation. Aussi l'appareil com-
prend-il un commutateur qui dans les expériences de précision doit renverser le courant sans en interrompre la circulation si l'on veut éviter dans la pile des variations qui
porteraient atteinte à l'égalité des deux rotations successives et contraires. Enfin l'appareil est complété par un
polarisateur p (c'est un nicol appliqué à l'extrémité antérieure de l'électro-aimant), et par un polariscope. Ce dernier consiste dans un prisme biréfringent achromatisé dont
on ne garde que l'image incolore et qui est installé avec une
petite lunette, et à une distance convenable de l'aimant, au
centre d'un limbe donnant la minute.

On saura que, même avec des piles énergiques, les rotations dépassent difficilement 10 à 15 degrés : il en résulte,
et la condamnation de l'emploi du verre rouge, et la possibilité d'employer avec avantage le trait solaire. En effet,

les rotations des diverses couleurs se trouvant ici distancées
à peu près comme dans le quartz, la rotation du rouge est
la moindre et serait trop faible; voilà pour le premier point.
Quant au second, le faible éparpillement que subissent,
pour des rotations aussi restreintes, les plans de polarisation des diverses couleurs rend très-obscur le minimum
fourni par la lumière blanche. Le seul moyen d'y discerner
la teinte sensible et de profiter de la précision qu'elle donne
au pointé consiste à prendre une lumière très-vive. Quoiqu'une dissolution de sulfate de cuivre dans le carbonate
d'ammoniaque ait le double avantage d'être monochromatique (elle donne un indigo très-voisin de la raie G) et de
donner des rotations presque doubles de celles de la teinte
de passage, cette dernière a cependant paru à M. Verdet
fournir des mesures plus précises.

§ 552. — Loi qui donne le sens de la rotation. — Amplification par les réflexions multiples.

La rotation est de même sens que le courant qui, suivant
Ampère, s'établirait sous l'action de l'électro-aimant dans
un fer doux mis à la place de la substance. Elle a donc lieu
dans un sens absolu qui ne dépend ni de la face par laquelle
entre la lumière, ni de la position de l'observateur qui regarde à l'autre bout, mais seulement du sens de ces courants.
Il en résulte que si l'on ramène, par une réflexion sur un miroir, le rayon à travers la substance, la rotation doublera, et
que si on l'y promène un plus grand nombre de fois, la rotation sera proportionnelle au nombre des trajets. Les travaux de M. Jamin ont rendu familier aux physiciens le
dispositif qui produira ce ballottement. Il suffira d'étamer
les deux faces du corps, en y réservant, aux bouts opposés,
deux places libres, l, l' (*fig.* 265), pour l'admission et la
sortie du faisceau. Le nombre des réflexions dépendra de
l'obliquité qu'on donnera à ces faces sur le trait solaire.
Seulement, comme les deux trajets de la lumière ne seront
plus dans le prolongement l'un de l'autre, il faudra, et la

rainure exigée pour le glissement des écrous le permet, déplacer un peu transversalement le deuxième cylindre.

L'accroissement d'épaisseur du corps est un moyen assez imparfait d'amplifier les rotations. En effet l'insertion d'un corps plus épais force à éloigner les pôles et à renoncer partiellement aux accroissements d'énergie qui résultent de leur réaction mutuelle. De plus, les distances qui existent entre les diverses parties d'un corps plus épais et au moins l'un des pôles sont moins avantageuses qu'avec un corps mince. Il faut donc voir dans le ballottement du rayon l'artifice amplificateur par excellence. Avec lui, la rotation grandit sans que les conditions dans lesquelles est parcouru le chemin plus long se détériorent. Il y a plus, si le corps est doué d'un pouvoir rotateur ordinaire, comme les effets d'allée et de retour se détruisent pour ce genre de rotations (§ 623), on les éliminera radicalement si le nombre des trajets est pair. Le seul inconvénient que peut offrir ce moyen consiste, quand on opère sur les liquides, dans l'affaiblissement du rayon transmis. Avec les solides, trop souvent accessibles à des effets de trempe, on garde en outre celui qui résulte des longs trajets. C'est peut-être là le motif qui a fait jusqu'ici délaisser cet artifice si simple; ainsi M. Verdet, dans d'importants travaux, s'est contenté de rotations médiocres et a seulement mis tous ses soins à les mesurer avec précision.

§ 553. — Loi de M. Verdet. — Champ magnétique d'intensité constante. — Méthode de M. Verdet.

Ici, comme en polarisation rotatoire ordinaire, la rotation observée est la somme des rotations dues aux diverses tranches du corps. Mais il y a cette différence que ces rotations élémentaires ne sont plus nécessairement égales. La rotation d'une tranche dépend et de sa distance aux pôles et de leur énergie magnétique. Or la distribution du magnétisme, si compliquée et si peu connue, rendrait la recherche de ces deux lois partielles singulièrement épineuse, si on avait à la tenter. M. Verdet a remarqué qu'il

était possible de se tirer d'affaire par une seule étude,
à savoir celle du rapport qui existe entre la rotation de
la tranche et l'action magnétique résultante exercée au
lieu qu'elle occupe. Car si l'on trouvait la relation de proportionnalité, les lois élémentaires qui régissent l'action
magnétique exercée par un centre magnétique sur un point
placé à une certaine distance de ce centre, lois parfaitement
connues on le sait, deviendraient applicables à la rotation.
Il fallait donc pouvoir mesurer cette action résultante en
un point déterminé du champ magnétique.

Les pôles de l'électro-aimant sont si puissants et les distances mises en jeu si petites, que la méthode ordinaire
fondée sur la mesure des oscillations d'une petite aiguille
ne peut plus inspirer de confiance. M. Verdet a fait appel
à l'induction, comme il suit :

Qu'on imagine une petite bobine susceptible de tourner
autour d'un de ses diamètres que nous supposerons perpendiculaire à la direction de l'action magnétique. Unissons
les extrémités du fil de la bobine à celles d'un galvanomètre,
de manière à nous donner un circuit fermé. En tournant
la bobine d'un certain angle, de 90 degrés par exemple, on
obtient un courant induit. Eh bien, ce courant total,
somme des courants partiels dus aux diverses portions du
mouvement total, est proportionnel à l'action magnétique.
Maintenant, si le mouvement de la bobine s'effectue très-
rapidement et si le galvanomètre satisfait à certaines conditions, on trouve que l'arc d'impulsion est proportionnel à ce courant induit, et, par conséquent, à l'action
magnétique.

Nous pouvons donc mesurer l'action magnétique par la
déviation initiale de l'aiguille galvanométrique. Mais si
nous ne rendons pas cette action constante pour les diverses
tranches du corps, nous n'aurons abouti qu'à une méthode
fastidieuse, car il faudra faire, en quelque sorte, autant de
mesures qu'il y aura de tranches, en transportant tour à tour
cette bobine, qui devra être très-petite, dans les régions

qu'elles occupent. Veut-on employer une bobine un peu
grande et se tirer d'affaire par une seule mesure, il faut, et
cette précaution complète la méthode suivie par M. Verdet,
il faut, dis-je, se procurer ce que Faraday appelle *un champ
magnétique d'égale intensité.*

On y arrive en donnant aux cylindres de fer doux qui
arment les pôles, de grandes dimensions. Avec deux cylindres de 50 millimètres de hauteur sur 140 de diamètre
(c'est le diamètre des bobines), tant que la distance des
faces terminales n'est ni trop petite ni trop grande, qu'elle
ne tombe pas au-dessous de 50 millimètres et n'excède pas
90 millimètres, une substance rotatoire, une bobine d'essai
placées dans l'espace intermédiaire y déterminent l'une la
même rotation, l'autre la même impulsion de l'aiguille,
quelle que soit leur position, pourvu qu'elles ne soient pas
extrêmement voisines de l'une ou de l'autre armature.

Les expériences auront donc le caractère suivant. S'étant
donné par le choix de la distance qui sépare les armatures,
et par l'emploi d'une pile plus ou moins énergique, un
champ magnétique doué d'une certaine intensité : 1° on
amène la bobine au centre du champ, on la tourne de
90 degrés, d'abord dans un sens, puis dans l'autre, et l'on
prend la moyenne des deux déviations généralement peu
différentes fournies par le galvanomètre; 2° on abaisse la
bobine de manière à lui substituer, sur le trajet du faisceau,
la substance, qui, dans ce but, repose au-dessus d'elle sur
le même support, et l'on détermine les deux azimuts qui
donnent la teinte sensible, et avec le courant direct et avec
le courant inverse; leur différence est le double de la rotation : 3° on soulève la bobine de manière à pouvoir répéter
les deux mesures de l'intensité et à s'assurer qu'elle n'a pas
varié pendant la durée de l'expérience (*). Si l'on répète ces

---

(*) Les deux précautions suivantes amenaient un rapide amortissement
du mouvement oscillatoire, et abrégeaient singulièrement la durée des expériences ; 1° à l'intérieur du cadre en laiton du galvanomètre se trouvait un
autre cadre en cuivre rouge épais de 1 centimètre ; 2° on avait creusé le bar-
reau de manière à diminuer beaucoup son moment d'inertie sans altérer
sensiblement son moment magnétique.

déterminations sur la même substance en variant par l'un des deux moyens précités l'intensité du champ, on trouve (les expériences ont été faites avec les trois corps suivants, le verre pesant, le flint ordinaire et le sulfure de carbone) que le quotient de la déviation par la rotation est constant. Ainsi *la rotation est proportionnelle à l'action magnétique*, et la loi élémentaire du phénomène peut se formuler comme il suit : *Le pouvoir rotatoire développé par l'action d'un centre magnétique, dans une tranche infiniment mince d'une substance monoréfringente, varie en raison directe de la quantité de magnétisme accumulé en ce centre, et en raison inverse du carré de la distance.*

§ 554. — Loi de la dégradation de la rotation avec l'obliquité du trajet.

La rotation est maxima quand le trait solaire et le trajet dans la substance ont la direction des forces magnétiques, elle devient nulle quand ces directions sont à angle droit. M. Verdet s'est proposé de trouver comment elle variait entre ces deux cas extrêmes.

Après avoir essayé sans succès de laisser la substance entre les surfaces polaires, il lui fallut revenir au dispositif adopté d'abord par Faraday, dans lequel on dispose la substance et l'on fait passer le rayon, un peu à côté ou un peu au-dessus des extrémités polaires de l'électro-aimant, dont les deux cylindres redeviennent verticaux. Il s'agissait alors d'obtenir un champ magnétique d'égale intensité, qui ne fût plus comme le précédent restreint à l'espace compris entre les armatures, mais qui les débordât assez pour s'étendre jusqu'au corps transparent. Deux certaines armatures rectangulaires convenablement espacées ont amené ce résultat, ainsi que l'ont attesté et les mesures de rotation et l'emploi de la bobine. Les autres modifications apportées au précédent appareil ont été les suivantes.

Devenu indépendant du polarisateur, l'électro-aimant pouvait tourner autour d'un axe vertical, entraînant avec lui deux limbes concentriques à cet axe. L'un d'eux, c'était l'extérieur, était divisé; l'autre portait les verniers et pouvait en outre, quand on le désirait, tourner dans son propre plan. C'était sur lui que, butée contre un talon, reposait la substance. On prenait pour point de départ la position où le trait solaire coïncidait avec l'axe de figure de l'aimant, on mesurait la rotation; puis on tournait ce dernier d'un angle quelconque. L'angle ainsi introduit entre l'axe de figure et le trait solaire était égal au nombre de divisions qui passaient le long d'un repère fixe. On ramenait alors la substance sur la direction du trait solaire en mouvant son limbe en sens contraire du précédent mouvement et d'une quantité qui lui était égale, et l'on procédait encore à la mesure de la rotation. Il est résulté de ces mesures que *la rotation du plan de polarisation était proportionnelle au cosinus de l'angle compris entre la direction du rayon de lumière et celle de l'action magnétique; ou, en d'autres termes, à la composante de l'action magnétique parallèle à la direction du faisceau lumineux*. On s'était d'ailleurs assuré, à l'aide d'une lumière simple, que le phénomène consistait toujours en une rotation.

La rotation du plan de polarisation est proportionnelle à l'épaisseur de la substance quand elle réside dans un champ magnétique d'intensité constante: il s'ensuit qu'on doit attribuer cette rotation à une inégalité de vitesse contractée au sein de la substance par les deux circulaires du rectiligne employé. Soient v, v' ces vitesses, les formules du chapitre XVII seront applicables, et l'on aura, entre ces vitesses ou leur différence $\partial \times V$ et la rotation a, la relation

$$a = 180\,\frac{n\,.\,\delta}{\lambda},$$

qu'on peut employer à déterminer ∂ et qui permet de substituer aux rotations dans les précédents théorèmes, les différences de vitesse survenues.

Deux mots encore sur cette rotation trouvée par Faraday et si bien étudiée par M. Verdet. Certaines substances dissoutes dans l'eau diminuent son pouvoir rotatoire. Si, dans certains cas, il faut n'y voir qu'un résultat du pouvoir relativement faible de la substance dissoute, qu'un effet de mélange de corps qui exercent des rotations inégales et de même sens, il paraît que dans d'autres il faut accorder à la substance un pouvoir rotatoire inverse ou *négatif*. Ainsi, d'après M. Verdet, 8 grammes de perchlorure de fer cristallisé dissous dans 3₂ d'éther donnent une solution qui dévie le plan de polarisation en sens inverse de l'éther seul, c'està-dire en sens contraire des courants d'Ampère. Depuis que ces lignes sont écrites, le remarquable travail de M. Verdet a paru *in extenso*. J'y vois qu'en substituant l'esprit de bois à l'éther, ce qui procure les avantages suivants : pouvoir positif insignifiant dans le menstrue; plus grande solubilité du sel et meilleure transparence de la dissolution; on obtient une action négative presque double de celle qu'exerce positivement le verre pesant, et par conséquent la plus énergique que l'on connaisse.

§ 555. — **La rotation du plan de polarisation de la chaleur établie et mesurée par la méthode des observations rectangulaires.**

Le fait de la rotation se constate aisément surtout avec la chaleur solaire. Disposez sur la route du trait solaire deux nicols et au delà du dernier la pile d'un appareil de Melloni. Nous savons que si l'on croise les nicols, l'aiguille du galvanomètre revient au zéro, l'obscurité calorifique se produisant en même temps que l'obscurité lumineuse. Interposons alors entre les nicols un quartz normal, un tube d'essence, de sirop,..., etc., et soudain l'aiguille se remet en mouvement; mais sa déviation disparaît encore si, par un mouvement convenable de l'alidade du polariscope, on revient à l'extinction de la lumière. Ainsi le plan de polarisation du flux calorifique a tourné, et sa rotation ne paraît pas différer de celle de la lumière.

Cependant cette dernière identité ne semblera pas suffisamment justifiée si l'on remarque qu'aux alentours de la position qui éteint, le faisceau calorifique renaissant s'adresse non plus à l'œil, organe éminemment sensible à la moindre illumination de l'obscurité, mais à un appareil relativement grossier, chez lequel la loi de

Malus n'introduit, même pour des écarts déjà grands de l'analyseur, que d'insignifiantes déviations de l'aiguille.

MM. de la Provostaye et Desains, qui, les premiers, ont tâché d'obtenir avec précision les rotations a des flux calorifiques polarisés, n'ont atteint ce but qu'en remplaçant l'observation directe des positions de l'alidade qui donnent, soit l'effet minimum, soit l'effet maximum, par l'une des méthodes indirectes que voici :

S'il n'est pas facile de trouver la position de l'analyseur qui donne la déviation maxima Δ, la grandeur de celle-ci s'obtient sans difficulté soit directement, soit encore, et cela confirme la loi de Malus, en faisant la somme des deux déviations D, D' (*) obtenues pour deux positions rectangulaires, quelconques d'ailleurs, α et $- (90 - \alpha)$ de l'analyseur. Or il n'est pas moins facile de déduire de ces deux observations l'azimut a de la vibration (*fig.* 266), c'est-à-dire la rotation subie; car elles donnent

$$\cos^2(a - \alpha) = k\,\mathrm{D}, \quad \cos^2(90 - a + \alpha) = \sin^2(a - \alpha) = k\,\mathrm{D}',$$

et, par conséquent,

$$\frac{\cos^2(a - \alpha)}{\cos^2 + \sin^2} = \cos^2(a - \alpha) = \frac{\mathrm{D}}{\mathrm{D} + \mathrm{D}'},$$

équation où tout est connu, excepté a.

Pour éviter les déviations trop faibles, on choisira α de manière que $a - \alpha$ ne soit trop voisin ni de zéro ni de 90 degrés. Quand a s'éloigne peu de 45, on peut faire $\alpha = 90$, et choisir pour azimuts rectangulaires les azimuts zéro et 90 degrés; a dépend alors de l'équation

$$\sin^2 a = \frac{\mathrm{D}}{\mathrm{D} + \mathrm{D}'}.$$

De nombreuses expériences faites par cette méthode, sur des rayons parfaitement définis empruntés à un spectre très-pur, ont donné pour les rotations subies, des nombres croissants proportionnellement à l'épaisseur, décroissants du violet au rouge, et même généralement identiques avec ceux des rayons lumineux congénères. Cependant, quand on arrive à l'extrémité rouge du spectre, les rotations calorifiques deviennent légèrement inférieures

---

(*) Il faut voir dans D, D', Δ les degrés proportionnels et non les degrés de l'expérience.

aux rotations des rayons lumineux. La possibilité de suivre à la fois les deux phénomènes ne laisse aucun doute sur le désaccord ; car quand le polariscope éteint la lumière, l'aiguille conserve une faible déviation, et quand on tourne l'alidade de manière à n'avoir plus de déviation, l'image lumineuse redevient visible.

§ 556. — Méthode différentielle.

Pour mesurer exactement cette différence, il convient de s'appuyer en quelque sorte sur le phénomène lumineux pris comme repère, et de modifier comme il suit le procédé : Ayant inséré le milieu rotateur et restitué à la fois la lumière et la chaleur, tournez le polarisateur de manière à rétablir l'obscurité, et soit a l'angle obtenu, ce sera la rotation subie par la lumière ; mettez alors tour à tour l'analyseur à $+45$ et à -45 de cet azimut. Si la chaleur a subi la même rotation que la lumière, les deux effets seront égaux ; mais si sa rotation a été moindre de l'angle x, les deux déviations galvanométriques seront inégales et proportionnelles l'une à $\cos^2(45+x)$, l'autre à $\cos^2(45-x)$; on aura donc

$$\cos^2(45+x) = k\,D, \quad \cos^2(45-x) = \sin^2(45+x) = k\,D',$$

et, par conséquent,

$$\cos^2(45+x) = \frac{D}{D+D'}.$$

Ayant x, la rotation de la chaleur sera $a - x$.

Dès que x n'est pas nul, le galvanomètre doit donner, quand l'analyseur est dans l'azimut a, une certaine déviation D_1 ; mais elle serait beaucoup plus faible que la variation $D' - D$. On va en juger : les physiciens précités ont trouvé dans une de leurs expériences $x = 5°$; on a donc

$$k\,D_1 = \sin^2 5 = 0,011,$$
$$k(D' - D) = \cos^2(45 - x) - \cos^2(45 + x)$$
$$= \frac{1}{2}\Big[\cos(90 - 2x) - \cos(90 + 2x)\Big]$$
$$= \sin 2x = \sin 10 = 0,174.$$

Ainsi $D' - D$ est près de 16 fois plus grand que D_1. Les avantages inhérents à la méthode indirecte des observations rectangulaires, qu'on la réalise d'une manière absolue ou d'une manière différentielle, sont donc considérables.

La différence des deux rotations s'interprète comme il suit : Le faisceau calorifique ayant une certaine largeur, à la limite rouge il comprendra et des rayons accompagnés de leurs congénères lumineux, et des rayons empruntés à la partie obscure du spectre ; ces derniers étant très-énergiques, la rotation observée est pour ainsi dire la leur ; pour la lumière, au contraire, on a seulement celle de la partie visible qui est plus grande d'après la loi de Biot.

§ 557.—Condition du maximum de sensibilité en chaleur.

La méthode générale prend encore un nouvel aspect quand on peut intervertir la rotation, ainsi que cela a lieu pour le phénomène de Faraday. Si nous donnons au polariscope l'orientation qui éteint, les trois effets galvanométriques obtenus, avant l'aimantation, après l'aimantation directe et après le renversement des pôles, seront 0, $\sin^2 a$, $\sin^2 a$; l'amène-t-on au contraire dans un azimut α différent de 90 degrés, ils seront $\cos^2 \alpha$, $\cos^2 (\alpha - a)$, $\cos^2 (\alpha + a)$, et la différence des deux effets qui répondent aux aimantations inverses sera $\sin 2\alpha \times \sin 2a$. Quel que soit a, cette expression est maxima pour $\alpha = 45$, et elle vaut alors, comme au paragraphe précédent, $\sin 2a$. Ainsi, tandis qu'en optique on doit faire $\alpha = 90$ et partir d'une lumière nulle parce que l'œil juge mal l'accroissement d'une lumière qui ne part pas de zéro, en chaleur il faut partir de l'effet moyen et faire $\alpha = 45$. C'est en recourant à la chaleur solaire si énergique, et en plaçant ainsi, à 45 degrés l'une de l'autre, les sections principales du polarisateur et du polariscope (c'étaient des prismes biréfringents achromatisés dont on ne gardait qu'une image) que MM. de la Provostaye et Desains ont pu, les premiers, mettre, entre le galvanomètre et les puissants électro-aimants que réclament ces expériences, des distances surabondantes, sans cependant cesser d'obtenir des déviations mesurables, et qu'ils ont ainsi mis à l'abri de toute contestation l'extension du phénomène de Faraday aux radiations calorifiques.

Malgré le grand nombre de pages qui ont été jusqu'ici consacrées à la polarisation rotatoire, nos lecteurs n'auraient qu'une idée bien imparfaite des ressources que ce phénomène met à la disposition de la chimie organique et des relations merveilleuses qu'il a avec la cristallographie, si nous nous taisions sur les travaux considérables accomplis dans ces deux directions par MM. Biot et Pasteur. Les chapitres XXI et XXII seront consacrés à ces deux études.

CHAPITRE XXI.

LA POLARISATION ROTATOIRE ET LA CHIMIE.

§ 558. — Les deux classes de substances actives. — Comment chez l'une d'elles les rotations s'accommodent des trois états.

Le quartz et l'essence de térébenthine doivent être considérés comme les types de deux classes de substances qui réalisent deux cas bien distincts de la polarisation rotatoire. En effet, tandis que chez l'essence l'état liquide exclut toute intervention du mode d'agrégation des molécules et oblige à attribuer à ces molécules elles-mêmes l'activité rotatoire, chez le quartz elle est un pur résultat de leur mode de juxtaposition, car on n'en retrouve aucune trace, ni chez les variétés amorphes de la silice, ni chez les aiguilles actives quand on vient à détruire l'édifice de leur cristallisation, soit en les fondant, soit en les engageant dans diverses combinaisons. A ceux qui pourraient craindre qu'à la température élevée où s'accomplit la fusion du quartz, et sous l'influence des réactions énergiques qu'il faut mettre en jeu pour le dissoudre, l'organisation de la molécule ne fût altérée, on peut opposer aujourd'hui l'exemple du chlorate de soude dont les cristaux actifs, solubles dans l'eau, et se prêtant ainsi, car il s'agit d'un sel neutre, à un mode de désagrégation éminemment inoffensif, n'en fournissent cependant pas moins des dissolutions inactives.

Si, chez le quartz et ses analogues, l'apparition de la propriété rotatoire exige, non-seulement l'état solide, mais encore habituellement la réalisation de certaines des formes du système cristallin auquel appartient la substance, chez l'essence et les nombreuses substances douées comme elle de l'*activité rotatoire moléculaire* l'état liquide est de beaucoup le plus favorable. Mais il faut bien se garder de croire que le phénomène y soit incompatible avec les deux autres états. Entrons à cet égard dans quelques développements.

L'état solide a contre lui de pouvoir recéler soit des traces d'organisation cristalline, soit, par suite d'inégales compressions, des effets de trempe capables, comme l'état cristallin, d'amener la biréfringence. Dans l'un et l'autre cas, il en résulte, concurremment avec les couleurs caractéristiques de la propriété rotatoire, d'autres couleurs issues de la polarisation chromatique ordinaire. Or la double réfraction circulaire qui engendre les premières, si faible déjà chez le quartz, l'est tellement chez la presque totalité des autres substances, qu'elle se trouve inévitablement masquée par l'autre double réfraction dès que l'amorphisme n'est pas absolu. C'est ainsi que le camphre, si actif en dissolution, n'a jamais pu montrer d'une manière sûre, à l'état solide, les propriétés rotatoires. Et comme la fusion et la dissolution sont des moyens héroïques pour produire l'indifférence et la désorientation des particules d'un solide, on conçoit qu'on y ait eu d'abord exclusivement recours, et que ce n'ait été que plus tard qu'on se soit attaché et qu'on ait réussi à produire, chez quelques corps moléculairement actifs, l'état solide parfaitement amorphe.

Dissolvez du sucre dans une très-petite quantité d'eau,
clarifiez et ajoutez un peu d'acide acétique. Rapprochez
cette solution de manière à lui donner la consistance d'un
sirop très-dense que vous verserez dans des cadres métalliques sur un marbre froid. Vous obtiendrez ainsi des plaques diaphanes et amorphes qui feront tourner, comme le
sucre dissous et sensiblement avec la même énergie, le plan
de polarisation (§ 560).

Soumettez dans une caisse de verre une térébenthine à
l'action d'un mélange réfrigérant, vous parviendrez à la
solidifier. M. Biot, à qui on doit également cette expérience, a pu, malgré des effets de trempe, s'assurer qu'elle
était restée active et que les rotations avaient lieu dans le
même sens.

On peut, à l'aide de lavages à l'alcool, débarrasser la
dextrine de l'acide employé dans sa préparation et l'obtenir,
sous la forme d'une poudre impalpable qui, par une dessic-
cation ménagée, se prend en plaques. Quand elles sont
transparentes, on y retrouve en entier le pouvoir énergique
de cette substance.

L'acide tartrique est, en polarisation rotatoire, un corps
à part dont il était intéressant, pour plusieurs motifs, d'obtenir le pouvoir rotateur hors de l'état de dissolution ou de
combinaison. A l'aide de quelques précautions signalées par
Laurent et utilisées par M. Biot, on peut le fondre, sans
perte d'eau, en grandes masses qui se solidifient sans cesser
d'être transparentes et amorphes, et se prêtent ainsi à
l'étude des changements que subit son pouvoir depuis les
températures élevées où il est liquide jusqu'à celles qui avoisinent zéro. Eh bien, dans sa période de solidité, non-seulement il se montre actif, mais encore, conformément à ce
qu'on avait conclu de la loi qui régit le pouvoir spécifique
de ses dissolutions plus ou moins étendues (§ 564), on
voit, à partir de 20 degrés, s'annuler, puis s'intervertir successivement, les rotations des divers rayons, de sorte qu'à
3 degrés l'acide est devenu un lévogyre qui, sous l'épaisseur

de 70 millimètres, dévie de 3°,3 le rouge et d'environ 5 degrés la teinte sensible.

On peut associer par voie de fusion et sans le concours de l'eau les acides tartrique et borique. Versé dans des caisses chaudes, ce liquide, dont les proportions peuvent être extrêmement variables, s'y prend en masses parfaitement limpides et beaucoup plus résistantes à l'envahissement de la cristallisation que celles fournies par l'acide tartrique seul. De telles masses sont actives, elles offrent même cette exagération de pouvoir qui s'était déjà rencontrée dans les solutions mixtes de ces deux acides (§ 564). Or s'il faut voir dans leur union, produite avec ou sans le concours de l'eau, une véritable combinaison, on peut dire avec M. Biot qu'ici nous rencontrons, non plus, comme dans chacun des cas précédents, un seul exemple, mais bien une infinité d'exemples de la conservation du pouvoir moléculaire dans l'état solide.

Tout essentielle qu'elle soit à l'égard des corps de la première classe, la cristallisation peut cependant aussi y devenir un obstacle à la reconnaissance des rotations. Il suffirait pour cela qu'au lieu d'apparaître, ou dans des substances qui, comme le chlorate de soude, appartiennent au système cubique, et pour lesquelles par conséquent la cristallisation n'entraîne pas la double réfraction, ou dans la direction unique qui chez les uniaxes s'en trouve exceptionnellement exonérée, l'activité rotatoire se produisît chez des cristaux des trois derniers systèmes, et, partant, en lutte inévitable avec leur double réfraction. Le fait est que jusqu'ici, quoiqu'on ait d'excellentes raisons de croire à l'existence de cette propriété chez le formiate de strontiane, on n'a pu l'y mettre en évidence, soit qu'on n'ait pas encore rencontré la direction où elle est le moins troublée par la double réfraction, soit plutôt que, même dans cette direction la plus avantageuse, la cause perturbatrice ait trop d'énergie. Autant la liste des corps doués du pouvoir moléculaire est étendue, autant celle des corps doués du pou-

voir par agrégation l'est peu; il n'est pas impossible que
ce contraste numérique ne provienne, au moins partiellement, de ce qu'il a été jusqu'ici impossible de constater la
rotation chez les cristaux des trois derniers systèmes.

L'état gazeux laissant aux particules, mieux encore que
l'état liquide, mobilité et indifférence, doit être compatible
avec l'exercice du pouvoir rotatoire. Les difficultés maté-
rielles d'une telle vérification ont été surmontées en 1818
par M. Biot dans une mémorable expérience. Qu'on se
figure un tube long de 30 mètres, entouré d'un second tube
formant manchon et fermé à ses deux bouts par des plaques
de verre; une chaudière contenant de l'essence de térébenthine et envoyant sa vapeur, d'abord au manchon protec-
teur, puis au tube central. Qu'on imagine encore, entre la
chaudière et les tubes, un réfrigérant qui reçoit pour les
condenser et les renvoyer à la chaudière, et les vapeurs
après leur circulation, et, grâce à une inclinaison convenable des tubes, les portions qui pendant ce double trajet
ont été ramenées à l'état liquide. Dans ces conditions, et
quoiqu'une explosion n'ait pas permis de procéder à la
partie quantitative de l'expérience, par la mesure de la température et du ressort de la vapeur, M. Biot a cependant
pu constater que la vapeur avait conservé, et dans le même
sens, un pouvoir rotatoire. Il est à désirer que quelque
physicien reprenne cette expérience en y employant des liquides bien définis et n'offrant pas, comme les essences du
commerce, des mélanges de corps actifs isomères (§ 566).

§ 559.—Le pouvoir moléculaire ou spécifique.—Son expression chez les corps homogènes.

Dans les conditions étroites où le quartz fait tourner le
plan de polarisation, on ne peut guère introduire dans son
pouvoir d'autre modification que celle due à un changement de température. Il en est autrement à l'égard des substances de la deuxième classe. Sont-elles liquides, outre
que la dilatation calorifique y est beaucoup plus développée
que chez le quartz, on peut les mêler à d'autres liquides

actifs ou inactifs. Sont-elles solubles, on peut varier le
menstrue auquel on les confie, étendre plus ou moins leurs
dissolutions et faire ainsi varier, dans des limites très-éten-
dues, la distance qui sépare les molécules actives. Solubles
ou non, on peut enfin, sans qu'elles cessent nécessairement
de se montrer actives, les engager dans diverses combinaisons. Que devient alors le pouvoir rotatoire? est-il altéré ou
simplement dilué? la molécule, en s'associant ainsi à d'autres, actives comme elle ou inactives, garde-t-elle ou perd-
elle son organisation primitive? Pour le reconnaître, il
faut ramener à des conditions constantes la mesure des
rotations. On y arrive, avec M. Biot, en déduisant des
expériences la rotation que produirait sur un rayon déterminé, son rayon rouge par exemple, une colonne du corps
actif de longueur constante, 100 millimètres par exemple,
et d'une densité idéale égale à l'unité. Ce chiffre fondamental, connu sous le nom de *pouvoir rotatoire moléculaire ou spécifique* et désigné par le signe $[\alpha]$, se déduit de
la rotation observée α ou de la rotation tabulaire a (§ 467)
et des données numériques introduites dans les expériences,
par les formules que voici.

Première formule. Corps ou liquides homogènes.

Quand la densité δ et la longueur l (estimée en millimètres), sous lesquelles a été obtenue la rotation α, deviennent
l'une 1 et l'autre 100, les molécules actives supposées inal-
térées deviennent moins nombreuses dans le rapport de 1 à δ
et de 100 à l; la rotation atténuée visiblement dans les
mêmes rapports, sera donc

$$\alpha \frac{100}{l} \frac{1}{\delta},$$

et l'on aura

$$[\alpha] = \frac{100\,\alpha}{l\delta},$$

ou bien, en introduisant la rotation tabulaire a,

$$[\alpha] = \frac{100\,a}{\delta}.$$

PREMIER EXEMPLE. L'essence de térébenthine s'obtient

II.   24

en soumettant à la distillation, des sucs visqueux extraits, à
l'aide d'incisions, des diverses variétés de pins et connus du
nom de térébenthines. La variété qui fournit l'essence française est le pin maritime. Si l'on a la précaution de saturer
les acides associés à l'essence et d'opérer la distillation dans
le vide, et à une température qui alors ne dépassera pas
100 degrés, on obtient un produit constant lévogyre qui, à
15 degrés et dans un tube de 200 millimètres, imprime au
rayon rouge une rotation de 56°,1. Comme, à cette température, sa densité vaut 0,864, on en déduit

$$[\alpha] = \frac{100\,\alpha}{l\delta} = \frac{56,1}{2.0,864} = -32°,4.$$

DEUXIÈME EXEMPLE. Quoique cette formule soit surtout
destinée aux corps de la seconde classe, on peut l'appliquer
à ceux de la première, ne fût-ce que pour voir comment
varie, quand on les chauffe, leur pouvoir rotatoire. La rotation tabulaire du quartz est pour le rayon rouge 18°,4 et sa
densité 2,653; on en tire

$$[\alpha] = \frac{100.18,4}{2,653} = 694°.$$

TROISIÈME EXEMPLE. Quand le corps, et c'est le cas presque
universel, disperse les plans des divers rayons comme le
quartz, l'observation peut se faire sur la teinte sensible, sauf
à réduire dans le rapport de 23 à 30 la déviation obtenue. Le
chlorate de soude en cristaux, sous l'épaisseur de 2^{mm},256,
donne à la teinte sensible une rotation de 8°,2: sa densité
est 2,467. Il en résulte

$$[\alpha] = \frac{23}{30} \times \frac{100.8,2}{2,256.2,467} = 113°.$$

QUATRIÈME EXEMPLE. M. Dubrunfaut chauffe au bain-
marie un quartz épais de 4^{mm},538. Pour une élévation de
température de 70 degrés, la déviation de la teinte sensible
monte de 108 degrés à 109°,5. En le chauffant fortement
avec une lampe à alcool, sans cependant le faire rougir, l'accroissement s'est élevé à 12 degrés. Un second quartz d'égale

épaisseur et de gyration contraire éprouve aux mêmes températures les mêmes accroissements. Faute de connaître le coefficient de dilatation du quartz, on ne peut pas calculer le nouveau pouvoir rotatoire. Mais le seul fait de l'accroissement de α prouve que l'agrégation cristalline a été modifiée et rendue plus énergique.

Cinquième exemple. Un tube d'essence donnant la teinte sensible dans l'azimut — 55°, on élève sa température d'environ 55 degrés. La teinte devient rouge et, pour lui rendre son aspect bleu-violacé, il faut ramener l'alidade du polariscope d'environ 2 degrés vers le zéro. On a, à la première température,

$$[\alpha] = \frac{\alpha}{l\,\delta},$$

à la seconde

$$[\alpha] = \frac{\alpha'}{l'\,\delta'},$$

et, par conséquent,

$$\frac{\alpha' - \alpha}{\alpha} = \frac{l'\,\delta' - l\delta}{l\,\delta}.$$

Soient Δ le coefficient linéaire du tube et D le coefficient cubique de l'essence, on a approximativement

$$l' = l(1 + 55\,\Delta), \quad \delta' = \delta(1 - 55\,D),$$

d'où, en négligeant le terme en ΔD,

$$l'\,\delta' = l\delta[1 - 55(D - \Delta)],$$

et enfin, si l'on néglige Δ vis-à-vis de D,

$$\frac{\alpha' - \alpha}{\alpha} = -55(D - \Delta) = -55\,D.$$

L'expérience a donné

$$\frac{\alpha' - \alpha}{\alpha} = -\frac{2}{55} = -\frac{1}{27,5}.$$

La dilatation de l'essence entre zéro et 100 vaut $\frac{1}{14}$; en la supposant uniforme, on a, pour 55 degrés,

$$\frac{55}{100} \cdot \frac{1}{14} = \frac{1}{26}.$$

24.

Il résulterait de cette expérience, faite avec peu de soins d'ailleurs, que le pouvoir spécifique n'a pas sensiblement changé et qu'il était légitime d'employer dans la deuxième équation au lieu de $[\alpha']$ le pouvoir $[\alpha]$ de l'essence froide.

§ 560. — Deuxième formule. Substance active dissoute dans un liquide inerte.

Soient P le poids de la substance, E celui du liquide, δ la densité de la dissolution. Le volume de l'ensemble sera $\dfrac{P+E}{\delta}$ et la densité du corps actif considéré seul $\dfrac{P\delta}{P+E} = \Delta$. Si donc l'action du menstrue consiste dans une pure dilution, la formule précédente sera applicable et donnera

$$[\alpha] = \frac{100\,\alpha}{l\Delta} = \frac{100\,\alpha\,(P+E)}{l\,P\,\delta}.$$

Il pourra paraître plus simple de mesurer le volume total V de la dissolution : si on l'a fait, cette donnée pourra remplacer les deux données E, δ, car la formule devient

$$[\alpha] = \frac{100\,.\,\alpha\,V}{l\,P}.$$

Enfin si l'on représentait par la lettre ε la proportion pondérale $\dfrac{P}{P+E}$ du corps actif, c'est-à-dire la partie aliquote contenue dans l'unité de poids du mélange, on aurait

$$[\alpha] = \frac{100\,\alpha}{l\,\varepsilon\,\delta}.$$

En posant dans ces formules $E = 0$ ou $\varepsilon = 1$, elles deviennent $[\alpha] = \dfrac{100\,\alpha}{l\,\delta}$ et la précédente formule est restituée comme cas particulier. En les résolvant par rapport à α, elles feront connaître la rotation que produirait dans des conditions déterminées une substance dont le pouvoir spécifique est connu.

Premier exemple. Nous avons vu en saccharimétrie que $16°,471$ de sucre de canne, dissous de manière à occuper 100 centimètres cubes, et mis dans un tube de 200 millimètres, équivalent à 1 millimètre de quartz et impriment ainsi au rayon rouge 18°,4 de rotation. On en déduit

$$[\alpha] = \frac{100.18,4.100}{200.16,471} = 55°,9,$$

au lieu de 54°,8 que donnent certains auteurs.

Le sucre solide amorphe du § 558 avait pour densité 1,5092. M. Biot, en mesurant α sur une plaque dont l'épaisseur l était déterminée, trouve par la formule $[\alpha] = \frac{\alpha}{l\delta}$ seulement 42°,6, et ce sucre, dissous dans l'eau, conduit à une valeur de $[\alpha]$ peu différente, 44°,3. Chacun de ces chiffres différant de 54,8, on doit en conclure que le sucre a été ou en totalité ou en partie moléculairement altéré. Le procédé de l'inversion (§ 520) montre que ce sucre était un mélange d'environ 0,92 de sucre inaltéré, et de 0,08 de sucre rendu inactif par la haute température nécessaire à sa préparation. On sait, en effet, d'après Mitscherlich, que chauffé à 160 degrés, le sucre de canne se transforme intégralement et sans perdre sa transparence en un corps inactif.

§ 561. — Mélange de deux liquides actifs, en supposant que chacun d'eux garde son activité.

Soient δ_1, δ_2, leurs densités, α_1, α_2, les rotations qu'ils produisent dans des tubes d'égale longueur l, de sorte qu'on ait

$$[\alpha_1] = \frac{\alpha_1}{l\delta_1}, \quad [\alpha_2] = \frac{\alpha_2}{l\delta_2}.$$

Si l'on en prend des poids P_1, P_2, et qu'on les mêle dans un tube de longueur L, on demande quelle sera la déviation α de leur ensemble. Soient δ la densité du mélange, $\varepsilon_1 = \frac{P_1}{P_1 + P_2}$, $\varepsilon_2 = \frac{P_2}{P_1 + P_2}$, les proportions pondérales des deux corps : puisque chaque liquide joue par rapport à l'autre le rôle d'un menstrue inerte, la formule précédente sera applicable. En la prenant sous sa dernière forme et la résolvant par rapport à α, elle donne

$$\alpha_1 = [\alpha_1]\,\mathrm{L}\,\varepsilon_1\,\delta, \quad \alpha_2 = [\alpha_1]\,\mathrm{L}\,\varepsilon_2\,\delta;$$

d'où l'on conclut

$$\alpha = \alpha_1 + \alpha_2 = \mathrm{L}\,\delta\,(\varepsilon_1[\alpha_1] + \varepsilon_2[\alpha_2]),$$

ou bien, en remplaçant $[\alpha_1]$, $[\alpha_2]$ par leurs expressions précédentes,

$$\alpha = \frac{\mathrm{L}\,\delta}{l}\left(\frac{\alpha_1\,\varepsilon_1}{\delta_1} + \frac{\alpha_2\,\varepsilon_2}{\delta_2}\right),$$

ou encore, en introduisant les poids P_1, P_2,

$$\alpha = \frac{\mathrm{L}\,\delta}{l\,(P_1 + P_2)}\left(\frac{\alpha_1\,P_1}{\delta_1} + \frac{\alpha_2\,P_2}{\delta_2}\right),$$

ou enfin, en appelant V_1, V_2 les volumes des deux liquides,

$$\alpha = \frac{\mathrm{L}\,\delta}{(l\,P_1 + P_2)}\,(\alpha_1 V_1 + \alpha_2 V_2).$$

Si les deux liquides ont des gyrations inverses, les deux termes de la parenthèse sont de signes contraires, et, si l'on veut que le mélange ait perdu tout pouvoir rotatoire, il faudra que ses éléments satisfassent à la condition $\alpha_1 V_1 = \alpha_2 V_2$, c'est-à-dire qu'*il faut mêler les liquides en proportions de volume réciproques aux déviations qu'ils impriment, dans des tubes d'égale longueur, au rayon type pour lequel on veut compenser leurs actions.* La formule générale et ce théorème particulier s'appliquent évidemment à deux dissolutions de deux corps actifs.

Premier exemple. L'essence de térébenthine française est lévogyre et a pour pouvoir spécifique $-32^{\circ},4$. Celle de citron est dextrogyre : distillée dans le vide par M. Berthelot, elle a eu pour densité à 15°, $0,8514$: sa rotation dans un tube de 100 millimètres a été de $56^{\circ},4$. On en tire

$$[\alpha] = \frac{23}{30}\,\frac{56,4}{0,8514} = +50^{\circ},8.$$

On en conclut que, dans des tubes d'une égale longueur, 100 millimètres par exemple, la première ferait tourner de

$\alpha = - \partial [\alpha] = 28^\circ$ et la seconde de $43^\circ,25$. Les volumes propres à former un mélange neutre auront donc pour rapport $\frac{43,25}{28} = 1,54$. M. Biot a fait l'expérience et a trouvé la neutralisation exacte pour le rayon rouge. Elle était moins parfaite pour les autres rayons, car, avec la lumière blanche, si l'alidade est au zéro, au lieu d'une image parfaitement nulle, on avait une lumière sensible qui se montrait faiblement colorée quand on sortait un peu, soit à droite, soit à gauche, de l'azimut primitif. Ce qui prouve que chez ces deux corps la loi des dispersions n'est pas rigoureusement la même.

DEUXIÈME EXEMPLE. M. Biot a mélangé, dans le rapport théorique, un premier sirop de sucre de canne, et un deuxième sirop de ce même sucre interverti par un acide, puis saturé par un excès de carbonate de chaux. Ici la neutralisation a été parfaite, parce que les deux dispersions étaient, comme on pouvait le prévoir, beaucoup plus semblables.

§ 562. — Cinq conditions possibles dans une dissolution. — Correspondance avec les phénomènes quand l'une des substances est active. — Courbe des $[\alpha]$ et des n.

Quand on dissout un corps, ses molécules disséminées par l'action du menstrue peuvent s'y répandre (a) sans avoir subi d'altération. Il peut se faire, au contraire, qu'en contractant cette union intime, et les molécules du corps et celles du liquide subissent dans leur organisation quelques modifications.

Dans ce second cas, la quantité E du liquide peut être ou surabondante ou insuffisante. Est-elle surabondante (b), E se divisera en deux parties E_1, E_2, dont l'une s'unira à la totalité du corps pour lui apporter et en recevoir toute l'altération possible, tandis que l'autre, à l'instar d'un menstrue, recevra par voie de diffusion et sans y introduire d'altération ultérieure, les molécules unies. Est-elle insuffisante, il pourra arriver (c) que le corps P se divise en deux parties P_1, P_2, telles, que l'une P_1, croissante au fur et à mesure qu'on accroîtra la dose du dissolvant, contracte union complète avec la totalité du liquide, l'autre P_2, décroissante, se dissolvant inaltérée dans la dissolution fournie par P_1. Mais il peut arriver encore (*d*) que P tout entier s'unisse au liquide insuffisant, par une union incomplète, et que l'addition du menstrue accroisse avec continuité non plus le nombre des particules soumises à la modification totale, mais l'énergie de l'altération qui les atteint. Enfin la loi des proportions définies oblige à prévoir dans ces phénomènes de dissolution ou de combinaison un cinquième cas (*e*), à savoir celui où les doses croissantes du liquide insuffisant, au lieu de procéder avec continuité, agiraient discontinûment, où, par exemple, en accroissant la dose du menstrue, le corps en totalité contracterait brusquement et aux instants où certaines doses liées entre elles par des rapports simples seraient réalisées, de nouveaux états de combinaison ou, ce qui revient au même, une série d'altérations moléculaires discontinues, les intervalles qui les séparent étant comblés par des phénomènes de pure dilution.

S'il est en général plus facile de poser que de résoudre ces questions, si la chimie, réduite à ses propres ressources, n'a guère pu constater, dans la série continue des réactions chimiques, que l'existence de combinaisons intermittentes qui, soit par une stabilité plus grande, soit par l'intervention d'un changement d'état, s'isolent des autres réactions : si, tant que l'ensemble des corps offerts à la combinaison garde l'état liquide, elle se trouve impuissante pour discerner sûrement laquelle des cinq constitutions précitées est réalisée ; il est un cas où, plus pénétrante que la chimie, la physique y réussit parfaitement. C'est celui où l'une des substances mises en présence possède l'activité rotatoire moléculaire. Dans ce cas, les pouvoirs rotatoires spécifiques ayant d'inévitables correspondances avec les altérations que subissent les molécules actives, une vive lumière ne peut manquer de jaillir de la comparaison de ces pouvoirs, mesurés et évalués sans préoccupation théorique, avec les expressions et le mode de variation que leur accorde chacune des cinq conditions précédentes.

On prévoit en effet que les deux cas (*a*), (*b*) offriront seuls, aux divers degrés de dilution, la constance du pouvoir [α], (*b*) se distinguant de (*a*) par la valeur numérique de [α] qui cessera d'être le pouvoir spécifique de la substance active, et de plus changera si l'on vient à changer le menstrue. Que le dernier cas (*e*) sera caractérisé par un pouvoir [α] qui, constant malgré la dilution, tant qu'elle restera dans certaines limites, variera brusque-

ment dès qu'on les dépassera. Qu'enfin aux deux autres cas (*c*) et
(*d*) écherra une variation continue de ce pouvoir, avec cette différence que dans le cas (*d*) qui réalise les pouvoirs rotatoires
d'une série continue de combinaisons distinctes, la loi de ces pouvoirs et la courbe qui les résumera ne sauraient se prévoir et seront probablement très-compliquées. Tandis que dans le cas (*e*) où
l'altération des molécules reste la même et s'étend seulement à un
nombre de plus en plus grand, le pouvoir rotatoire devra croître
proportionnellement au nombre des particules admises ainsi à la
modification unique, en d'autres termes à la quantité du liquide
surajouté. Ce qui assigne au phénomène pour courbe représenta-
trice une droite.

Quoique cet aperçu synthétique sur les particularités caractéristiques de ces divers cas puisse sembler suffisant, nous croyons
utile d'y ajouter, au moins pour l'un des cas, le calcul en règle.
Ainsi seront précisées les quantités simultanément variables qui
servent d'abscisses et d'ordonnées aux courbes du phénomène.

Calcul du cas (*c*). Soit P_1 la portion du corps qui a contracté
combinaison avec E tout entier, et $P_2 = P - P_1$ celle qui n'est que
dissoute. Prenons $[\alpha']$ pour le pouvoir spécifique de cette dernière et représentons par $[\alpha]_1$ celui de la portion combinée. En
continuant d'appeler E, L, α, δ le poids du liquide, la longueur du
tube, la rotation observée et la densité du liquide complexe, la
rotation résultante α, somme des *rotations* dues à la combinaison
$P_1 + E$ et à la partie libre P_2, aura pour expression symbolique

$$[\alpha]_1\frac{P_1+E}{P+E}\,l\,\delta + [\alpha']\frac{P_2}{P+E}\,l\,\delta.$$

Soit ν le rapport constant $\dfrac{E}{P_1}$ caractéristique de la combinaison,
on aura

$$P_1 = \frac{E}{\nu}, \qquad P_2 = P - \frac{E}{\nu},$$

et l'on pourra éliminer P_1, P_2. Si de plus on met en évidence le
rapport $\dfrac{E}{P}$ caractéristique de l'état plus ou moins grand de dilution,
l'expression symbolique deviendra

$$\frac{l\,\delta\,P}{P+E}\left[[\alpha]_1\frac{\nu+1}{\nu}\frac{E}{P}+[\alpha']-[\alpha']\frac{1}{\nu}\frac{E}{P}\right];$$

en l'égalant à z et changeant de membre les facteurs hors de la parenthèse, on obtient l'équation

$$\alpha \frac{P+E}{7\,\delta\,P} = [\alpha'] + \left[\frac{(\nu+1)[\alpha] - [\alpha']}{\nu} \right] \frac{E}{P}.$$

Or le premier membre pris en bloc est l'expression du pouvoir spécifique effectif $[\alpha]$ calculé sans préoccupation théorique. Le second est un binôme formé par des paramètres constants $[\alpha]$, $[\alpha']$, ν associés à la variable $\frac{E}{P} = n$; l'équation lie donc les deux variables $\alpha \frac{P+E}{7\,\delta\,P}$, $\frac{E}{P}$. Comme elle les contient au premier degré seulement, il en résulte qu'en construisant une courbe dont les abscisses seront les coefficients de dilution $\frac{E}{P} = n$, et les ordonnées les pouvoirs spécifiques observés, *si les choses se passent conformément au cas* (c), cette courbe sera bien une droite.

§ 563. Courbes des $[\alpha]$ et des c. — Elles peuvent être préférables.

Au lieu du coefficient $\frac{E}{P} = n$ qui exprime le rapport des poids du corps inactif et du corps actif, on pourrait tout aussi bien prendre pour abscisses le coefficient $\frac{E}{P+E} = c$, qui, analogue à i, représente la proportion du corps inactif dans le mélange. On continuerait d'avoir les cinq cas et en correspondance avec eux autant de particularités des phénomènes rotatoires. Mais les correspondances à l'égard des cas (c) et (d) ne seraient plus les mêmes, car, ainsi que nous allons le voir, la ligne droite serait remplacée par une hyperbole équilatère, et, par une curieuse réciprocité, quand, dans le cas (d), la courbe des $[\alpha]$ et des n devra être une hyperbole équilatère, celle des $[\alpha]$ et des c sera une ligne droite. Or l'hyperbole équilatère devant de fait apparaître fréquemment, ce dernier échange sera avantageux.

En représentant par D la parenthèse comprise dans l'équation précédente, la droite relative au cas (c) devient

$$[\alpha] = [\alpha'] + D \frac{E}{P},$$

d'où

$$\frac{P}{E} = \frac{D}{[\alpha]-[\alpha']}, \qquad \frac{P+E}{E} = \frac{D}{[\alpha]-[\alpha']} + 1,$$

et enfin

$$\frac{E}{E+P} = e = \frac{[\alpha]-[\alpha']}{D+[\alpha]-[\alpha']}.$$

La droite des $[\alpha]$ et des n est donc bien remplacée par une hyperbole quand il s'agit des $[\alpha]$ et des e. Si maintenant on avait entre les $[\alpha]$ et les e l'équation

$$[\alpha] = A + Be,$$

la relation

$$e = \frac{E}{E+P}$$

donnerait

$$e = \frac{n}{n+1},$$

d'où

$$[\alpha] = A + B\frac{n}{n+1}.$$

Or cette équation est celle d'une hyperbole équilatère dont les asymptotes sont parallèles, l'une aux n et à la distance $A + B$, l'autre aux $[\alpha]$ et à la distance -1. Notre deuxième échange est donc justifié (*). On prévoit, et ce n'en sera pas le moindre avantage, que les coefficients de la droite se prêtent à des généralités plus simples que ceux de l'hyberbole équivalente.

§ 564. — Réalisation des divers cas.

Premier cas (a). Quand on n'introduit pas dans les expériences une extrême précision, on trouve que les sucres, les gommes, les camphres et les huiles essentielles, dissous dans des milieux inactifs tels que l'eau, l'alcool, l'éther et les huiles grasses, gardent

-----

(*) Si la ligne droite répond à l'hyperbole équilatère, d'autres courbes entre les $[\alpha]$ et les e offrent la même correspondance. Cela a lieu par exemple quand la courbe des $[\alpha]$ et des e est elle-même une hyperbole équilatère telle que

$$[\alpha] = A + \frac{Be}{e+C},$$

comme le lecteur le reconnaîtra sans peine en y posant toujours

$$e = \frac{n}{n+1}.$$

et leur pouvoir spécifique [α] et leur mode de dispersion : et l'on est amené à cette conclusion, que dans ces cas les molécules actives se répandent dans le menstrue comme dans un espace indifférent, sans que leur organisation rotatoire se soit ni altérée ni communiquée aux particules inactives.

Réalisation du cas (c). Comme une telle conclusion suppose un pouvoir rigoureusement invariable, que les moindres variations de [α] suffiraient pour jeter dans des cas moins simples, on conçoit que M. Biot, après avoir d'ailleurs rencontré d'une manière très-nette les cas (c) et (d), soit revenu sur ses anciennes observations pour y apporter plus de précision. Dans ce but, ayant fait choix d'un certain nombre de tubes dont les longueurs très-différentes étaient, par exemple, comme les nombres 1, 2, 3,..., il les remplissait de dissolutions d'un dosage tel, qu'en admettant l'inaltération du pouvoir rotatoire, elles dussent toutes produire les mêmes déviations. D'autres fois, quand la substance ne comportait pas des états de dilution aussi différents, il en formait les dissolutions les plus contrastantes possibles et les enfermait dans des tubes à obturateurs mobiles qui donnaient avec continuité toute une série de longueurs et permettaient de réaliser celles qui plaçaient, sur le trajet des rayons, une quantité constante de substance active. Cela fait, procédant comparativement, il amenait l'un des tubes à fournir soit l'extinction du rouge, soit la teinte sensible, et voyait si, substitués au premier, les autres tubes acceptaient les azimuts obtenus.

Dans ces conditions éminemment favorables, M. Biot a trouvé que, conformément à ce qu'il avait cru apercevoir dans d'anciennes expériences, le pouvoir rotatoire du sucre de canne dissous dans l'eau était sensiblement accru par la dilution. Il a vu qu'il en était de même des solutions alcooliques de l'essence de térébenthine; qu'en prenant pour menstrue l'huile d'olive (*), dissolvant plus généreux que l'alcool, l'accroissement devenait plus marqué, que, pour le camphre, l'effet produit par la dilution était inverse et consistait dans une diminution du pouvoir rotatoire : qu'assez faible dans les dissolutions alcooliques, ce décroissement l'était davantage si l'on mettait en jeu un dissolvant plus

---

(*) C'était de l'huile décolorée par une longue exposition au soleil, car les moindres colorations nuisent à ces comparaisons délicates.

énergique, l'acide acétique par exemple; à tel point qu'avec un
acide très-concentré il put obtenir, par la méthode ordinaire, les
pouvoirs spécifiques correspondants à divers états de dilution, et
constater que la courbe des $[\alpha]$ et des c était une droite. Ces expériences ont de plus révélé une influence, aussi curieuse qu'inat-
tendue, du temps sur ces phénomènes. Nulle au début, la variation
due à la dilution grandit progressivement; et cet effet s'est continué pendant des mois entiers dans les deux solutions précitées
d'essence.

Antérieurement à ces expériences, M. Biot avait déjà reconnu,
mais sur l'acide tartrique, corps exceptionnel, et les variations
de $[\alpha]$ avec la dilution et l'intervention de la ligne droite (*). Ses
expériences avaient porté sur les solutions de cet acide dans l'eau,
l'alcool et l'esprit de bois. Pour chacune, la relation entre les
proportions c du liquide et les pouvoirs $[\alpha]$ était de la forme
$[\alpha] = A + B\,c$, A étant une constante commune aux trois dissolutions, et B variant au contraire de l'une à l'autre. Il avait vu que
dans toutes trois, tandis que B gardait aux diverses températures
la même valeur ($14,315$ pour les dissolutions aqueuses), la constante A, qui exprime visiblement le pouvoir normal de l'acide
séparé de tout dissolvant, variait considérablement avec cet élément, ainsi que le montre le tableau suivant, obtenu sur une dissolution aqueuse :

Température.	Valeurs de A.
+ 6	—2,239
+ 9	1,729
12	1,276
15	0,869
18	0,503
21	0,171
22	—0,068
23	+0,033
24	0,131
27	0,406

(*) Voici quelques chiffres obtenus à la température d'environ 13 degrés.

Proportion d'eau c.	Pouvoir spécifique $[\alpha]$.
0,404	4,60
0,604	7,57
0,804	10,10
0,95	12,37

Enfin des pouvoirs croissant proportionnellement à la proportion pondérale du corps inactif associé à l'acide tartrique ont encore été offerts par les produits binaires résultant de la fusion de cet acide avec le borique, produits dont il a été déjà question dans un autre but (§ 858). Chez eux, et cela les distingue des combinaisons précédentes, l'accroissement de pouvoir est extrêmement rapide, et partant la droite qui le rend sensible aux yeux, très-voisine de l'axe des [z]. En effet, à 4 degrés, si l'on a trouvé pour la valeur numérique du coefficient A, le chiffre — 2,877, parfaitement conforme au tableau précédent, la valeur de B est devenue 185,3.

Anciennes et nouvelles, ces expériences prouvent que les particules du corps actif s'y dénaturent, ou, en d'autres termes, y contractent avec le menstrue de véritables combinaisons, variables dans certains cas avec la température et réclamant dans d'autres le concours du temps. Puisqu'au point de vue où nous nous sommes placé la ligne droite répond au cas (d), nous devons ajouter qu'au lieu d'être définies, les combinaisons réalisées par ces dissolutions sont indéfinies, chaque degré de dilution représentant une association spéciale et incomplète du menstrue avec la totalité du corps actif.

Le lieu des [z] n'est pas toujours une ligne droite. M. Biot ayant étudié les solutions ternaires fournies par l'acide tartrique, l'acide borique et l'eau, et y ayant laissé entre les poids du premier acide et de l'eau un rapport constant, de manière à se rapprocher de ce qui a lieu dans les solutions binaires, a trouvé, pour le lieu des [z] et des proportions β d'acide borique, des courbes; mais ces courbes, quel que fût le rapport constant $\frac{c}{e}$ introduit, ont toujours été des hyperboles équilatères. En se reportant à la note du § 865, on doit en conclure que jusqu'ici c'est l'hyperbole équilatère qui a fait les frais des cas (d) observés.

Pour mettre le lecteur à même d'apprécier le rapide accroissement de pouvoir dû à l'acide borique, nous donnons dans le tableau suivant des résultats obtenus par M. Biot, à la température d'environ 24 degrés, sur deux séries de dissolutions tartro-boriques.

Proportion $\frac{b}{c}$ d'acide borique.	Pouvoir spécifique $[\alpha]$.

	Proportion	Pouvoir spécifique
1re série. $\frac{c}{z} = 1,0367$	0,000 0	7,63
	0,003 5	9,07
	0,034 4	22,91
	0,094 0	42,43
2e série. $\frac{c}{z} = 3$	0,000 0	9,87
	0,001 8	11,05
	0,012 2	19,41
	0,049 2	37,35

§ 565. — Le pouvoir moléculaire et les combinaisons énergiques. — Cas d'interversion.

Dès que l'on quitte les dissolutions ou les combinaisons soumises à de faibles affinités, pour entrer dans le domaine des combinaisons énergiques et à proportions définies, on doit s'attendre à de tout autres altérations du pouvoir rotatoire. On en jugera par ce qui suit.

Cas où la combinaison n'altère pas le pouvoir. — Dissoute dans l'alcool et les acides chlorhydrique ou nitrique, la morphine se montre douée d'un pouvoir spécifique sensiblement constant et égal à — 88°. Le pouvoir de son sulfate n'atteint que — 67,3; mais si l'on rapporte le pouvoir à la morphine seule du sulfate, on retrouve le chiffre — 88 des autres solutions. Il s'agissait là d'un sulfate pur à proportions bien définies; on peut donc en conclure qu'aucune atteinte n'est portée à l'organisation moléculaire de la morphine dans sa combinaison avec les acides.

Le camphre artificiel d'essence de térébenthine a été considéré comme offrant également un exemple d'inaltération. Mais les travaux si précis de M. Berthelot montrent qu'il y a chez lui un léger abaissement de pouvoir. Seulement, pour avoir un camphre bien défini et à pouvoir rotatoire constant, il faut partir de son essence type; dans ce cas, cet habile observateur trouve pour le pouvoir spécifique du camphre, — 23°,8. Rapporté à l'essence seule, il devient — 30°,78 au lieu de — 32,4 (§ 559).

Cas où la combinaison altère. — Le pouvoir peut être accru ou diminué. La diminution peut aller jusqu'à l'annulation et même l'intervertissement. Enfin l'altération, quelle qu'elle soit, peut être irrémissible et provenir d'une altération permanente du corps actif, ou tenir uniquement à l'état de la combinaison dans laquelle est engagée la substance et disparaître sitôt que cette dernière redevient libre.

La brucine cristallisée montre en dissolution alcoolique un pouvoir égal à — 61. Ajoutons à la dissolution un excès de chlorhydrique, le pouvoir tombera progressivement et s'arrêtera après une heure et demie à environ — 11,3. Saturons par l'ammoniaque en léger excès, le pouvoir primitif est immédiatement rétabli. On attend vingt-quatre heures, le pouvoir est devenu — 73,5. Introduisons de l'acide chlorhydrique en léger excès de manière à saturer l'ammoniaque, nous retrouverons à très-peu près — 11,3. On voit donc : 1° que les acides font subir à cette base une altération subordonnée à la combinaison ; 2° que l'ammoniaque, par une altération inverse, introduit dans le pouvoir un accroissement qui disparaît également avec la combinaison.

Pour rendre soluble la narcotine, on peut recourir, soit à des mélanges d'alcool et d'éther, soit à des acides. M. Bouchardat ayant dissous des cristaux de cette base dans le mélange neutre, a obtenu un pouvoir négatif d'environ — 140. Quand il a eu recours à un acide chlorhydrique très-étendu, il a trouvé + 34. En introduisant un excès de cet acide dans la première dissolution, la rotation passe à droite. La saturation par l'ammoniaque détermine un dépôt qui témoigne d'une altération due à l'acide, mais la rotation de la partie non précipitée reste à droite et ne revient pas au sens de la dissolution primitive. En admettant que cette dissolution donne le véritable pouvoir de la narcotine inaltérée, nous tirons de ces expériences les conclusions suivantes : 1° les acides changent le groupement moléculaire de la narcotine ; 2° ce changement est permanent.

Les acides laissent donc inaltéré le pouvoir de la morphine ; ils intervertissent celui de la narcotine et dépriment seulement celui de la brucine. M. Bouchardat a vu que chez les autres alcaloïdes tels que la quinine, les acides produisaient comme chez la brucine une altération purement temporaire, mais qui consistait dans un accroissement. Nous n'y insisterons pas, car nous verrons qu'à en juger par la quinine (§ 579), la constitution des alcaloïdes peut être bien plus compliquée que ne l'avait fait prévoir leur étude purement chimique; et qu'ainsi, jusqu'à ce que cette constitution ait été débrouillée, on peut contester et l'interprétation et la portée des expériences où on les met en jeu. Hâtons-nous donc d'en chercher d'autres.

Peu soluble dans l'eau, le tartrate de chaux y devient soluble, au moins pendant quelque temps, soit par le concours d'une base, soit par celui d'un acide. Eh bien, M. Pasteur a vu que sa dissolution chlorhydrique tournait à gauche, mais qu'en la saturant par l'ammoniaque, on obtenait, comme cela a lieu chez les autres tartrates, un pouvoir à droite.

L'acide malique est un corps lévogyre qui n'est pas sans analogie avec l'acide tartrique. Comme lui il reçoit de l'acide borique, quoique à un moindre degré, un accroissement de pouvoir. Ses dissolutions aqueuses offrent une énergie rotatoire qui augmente aussi, et avec la proportion d'eau et avec la température. Pour l'un comme pour l'autre, les acides autres que borique diminuent le pouvoir de ses dissolutions aqueuses et tendent à l'intervertir. Enfin il est un de ses sels qui, dissous dans deux menstrues différents, présente aussi des rotations contraires. Mais ce sel n'est plus celui de chaux dont les dissolutions acides et ammoniacales sont toutes deux, quoique inégalement, rendues dextrogyres. Le tableau suivant montre que c'est le bimalate d'ammoniaque.

Pouvoir $[\alpha]$.

Acide malique dissous dans l'eau $c = 0,67$, $t = 10°$..	— $3,83$
Bimalate d'ammoniaque { dissous dans l'eau.... ...	— $5,53$
{ dissous dans l'ac. nitrique..	+ $4,29$
Malate de chaux dissous dans l'acide chlorhydrique...	+ $8,34$
Le précédent saturé par l'ammoniaque.............	+ $3,29$
Malate double d'ammoniaque et d'antimoine........	+$88, 5$

Décomposez ce dernier produit de manière à chasser le métal et à regénérer le bimalate d'ammoniaque, vous retrouverez une rotation à gauche. L'altération moléculaire y tient donc à l'état de combinaison.

Le sucre de canne interverti par l'acide chlorhydrique fournit des cristaux dont les dissolutions sont dextrogyres; à une certaine

II.

époque, on avait cru tenir là une interversion produite par l'acte de la cristallisation. Les travaux de M. Dubrunfaut rattachent ce phénomène à une cause beaucoup moins extraordinaire. L'étude attentive des fermentations lui a montré que ce sucre interverti n'était pas un produit simple, mais une association de divers produits doués de rotations antagonistes. L'un d'eux est le glucose. La cristallisation l'élimine et le fait apparaître avec son pouvoir propre ; et la preuve qu'il n'y a là que l'isolement d'un corps préexistant, c'est que le sirop incristallisable qu'on en sépare par la presse, gagne, en énergie lévogyre, tout ce que le glucose montre de rotation à droite.

566. — Isomères à rotations contraires et inégales.

Nous pouvons citer comme premier exemple le glucose et les diverses variétés de sucre incristallisable dont l'ensemble constitue le sucre interverti. Nous emprunterons le second aux carbures d'hydrogène.

L'essence de citron $C^{20}H^{16}$ est un carbure isomère de l'essence de térébenthine, qui en diffère et par le sens et par la grandeur du pouvoir rotatoire. Préparée avec soin et par distillation dans le vide, elle donne à 15 degrés $[\alpha] = 50°,8$. L'élaboration par des végétaux aussi différents que le sont le pin maritime et le citronnier, n'est même pas nécessaire pour fournir des isomères à rotations contraires : ainsi, les essences anglaises extraites du pin austral tournent à droite ; ainsi, les essences du commerce extraites sans saturation d'acides et sans ménager la température, ont subi des altérations moléculaires qui en font de vrais mélanges d'isomères, comme le prouvent du reste d'autres caractères tels que la variation incessante du point d'ébullition et l'inégale densité des produits successivement condensés.

En traitant l'essence de térébenthine par l'acide chlorhydrique gazeux, outre le camphre artificiel dont nous avons eu occasion de parler, on obtient un second chlorhydrate liquide et isomère du premier, mais impur à cause du camphre qu'il retient en dissolution. Comme il est le moins stable des deux, c'est à lui que s'en prennent les réactions énergiques, et il peut sembler difficile de l'obtenir pur. L'acide nitrique fumant par exemple le détruit seul et laisse sensiblement inaltérée la combinaison solide qui y était dissoute. Heureusement que M. Berthelot a trouvé qu'il était possible de le produire seul et qu'il suffisait pour cela de faire agir l'acide à 100 degrés. Cet habile observateur a trouvé alors que, concurremment avec cette diversité d'états, cette différence de stabilité en présence de l'acide nitrique et cette inégale aptitude à se former aux diverses températures, ces deux produits offraient encore l'inégalité des pouvoirs rotatoires, le composé solide lui a

donné $[\alpha] = -23^\circ,8$ et le liquide $-36^\circ,9$. Avec l'essence anglaise on obtient un camphre dextrogyre.

Il est d'autres isomères chez lesquels, au lieu d'être simplement contraires, les pouvoirs rotatoires ont de plus l'égalité parfaite de leurs valeurs absolues. Mais chez ces corps curieux, la propriété rotatoire est en relation intime avec des particularités cristallographiques, et à ce titre nous devons en renvoyer l'étude au chapitre prochain.

Notre but n'est pas d'exposer dans tous leurs détails les observations si variées et si nombreuses dont M. Biot, et à sa suite d'autres observateurs, ont enrichi la polarisation rotatoire moléculaire. Pour quiconque connaît la verve et l'abondance que cet illustre physicien met au service des questions qui le captivent, une pareille tâche ne saurait s'accorder avec le caractère du Traité que nous publions. Nous avons simplement voulu en dire assez pour donner au lecteur une idée du vaste champ qu'il a exploré, des curieuses conséquences qu'il y a rencontrées, et par-dessus tout l'amener à faire connaissance avec les Mémoires originaux qu'il a publiés sur cette riche matière. Toutefois, en raison de l'importance du sujet, nous ajouterons à ce qui précède, en les choisissant parmi les plus curieux et en les classant sous divers titres, certains faits et certains résultats qui n'ont pu prendre place dans le courant de l'exposition précédente.

567.— Quelques dispersions bizarres.

L'acide tartrique en dissolution aqueuse ne se borne pas à donner, pour le rapport des deux rotations propres au rouge et à la teinte de passage, un chiffre, $\frac{26}{30}$ (*), notablement supérieur à $\frac{23}{30}$.

(*) Un tel chiffre n'a rien d'absolu : M. Biot l'a trouvé, dans certaines dis-

Chez lui c'est le vert qui est le plus dévié et le violet qui l'est le moins. M. Biot, qui n'a opéré qu'avec des verres colorés, conseille de reprendre cette étude sur des rayons mieux définis. A défaut de telles observations nous citerons ses résultats. Les conditions de dilution et de température étaient

$$e = 0{,}66, \quad t = 24^\circ{,}5.$$

Rotations avec un verre violet. . . . . $18^\circ{,}0$
    »   » rouge. . . . . $19^\circ{,}0$
    »   avec la lumière blanche. . . . . $22^\circ{,}0$
    »   avec un verre vert. . . . . $23^\circ{,}3$

Notons de suite que la dispersion de cet acide rentre dans la loi commune quand on ajoute à ces dissolutions de l'acide borique et que sa proportion s'y élève à $\dfrac{1}{500}$.

Si ces dispersions anormales tiennent avant tout à la nature de la substance active, le caractère particulier de l'anomalie est, la plupart du temps, intimement liée à la température et à la dilution. En thèse générale, un mode de dispersion quel qu'il soit, régulier ou irrégulier, ne peut se conserver, à toutes les températures et à tous les degrés de dilution, que si le pouvoir spécifique de la substance est indépendant de ces deux influences. Dès que dans la fonction $[\alpha] = A + Be$, B n'est plus nul et que A cesse d'être invariable, la distribution des couleurs peut varier singulièrement.

Influence de la dilution sur la dispersion. — Une première couleur donnera, entre le pouvoir $[\alpha]$, la rotation effective α, les coefficients ε, e, la densité δ. . .; les relations

$$[\alpha]_r = \frac{\alpha_r}{l\,\varepsilon\,\delta} = A_r + B_r\,e,$$

en passant à une seconde couleur. l, ε, e, δ resteront les mêmes et l'on aura

$$[\alpha]_u = \frac{\alpha_u}{l\,\varepsilon\,\delta} = A_u + B_u\,e,$$

---

solutions, supérieur à $\dfrac{28}{30}$. On verra dans ce même paragraphe les causes qui le font ainsi varier.

on en déduit

$$\frac{\alpha_r}{\alpha_u} = \frac{A_r + B_r c}{A_u + B_u e}.$$

Pour l'acide tartrique dissous dans l'eau les coefficients B_r B_u sont indépendants de la dilution, il en est de même de A_r A_u si la température ne change pas; e seul changera donc, mais cela suffit visiblement pour changer le rapport des deux binômes. La répartition des couleurs dans l'arc total qui leur est accordé changera donc avec la dilution. En d'autres termes, *les spectres de rotation engendrés par des dissolutions tartriques aqueuses plus ou moins étendues sont irrationnels.*

On peut raisonner encore comme il suit. On a

$$\alpha_r - \alpha_u = l \varepsilon \delta \left[A_r - A_u + (B_r - B_u) e \right],$$

quand, et cela a lieu au-dessus de 22 degrés pour tartrique, $A_r - A_u$ et $B_r - B_u$ sont de signes contraires, il y aura une valeur de e qui annulera la parenthèse et détruira la dispersion des deux rayons considérés : *premier résultat.* Soit E cette valeur, tout autre degré de dilution pourra s'exprimer par $E + x$, et la différence précédente deviendra

$$\alpha_r - \alpha_u = l \varepsilon \delta (B_r - B_u) x,$$

c'est-à-dire que suivant le signe de x, suivant qu'on réalisera des états de dilution supérieurs ou inférieurs à E, les dispersions des deux rayons considérés se feront en sens inverse. Dans la dissolution précédente la valeur de e s'éloigne peu de celle qui achromatiserait ainsi les deux rayons extrêmes violet et rouge.

Influence de la température. — En général, quand B est nul, **A** varie très-peu avec la température. Cependant l'exemple du sucre interverti nous montre que déjà cette règle se prête à des exceptions. On doit donc prévoir le cas de A seul et variable. Comme il est peu probable qu'alors la différence $A_r - A_u$ reste constante, on voit que les variations de température peuvent à elles seules amener le changement de la dispersion : c'est ce qui arrive à fortiori quand A varie sans que B soit nul.

§ 568. — L'influence du temps s'étendant jusqu'au rapport de dispersion.

L'acide tartrique peut être fondu avec et sans perte d'eau. Dans le premier cas on peut en arrêter la perte à l'une quelconque des époques qui séparent l'acide cristallisé $C^8H^4O^{10} + 2HO$ de l'acide anhydre $C^8H^4O^{10}$. Or, la fusion seule et à plus forte raison quand elle est accompagnée d'une perte d'eau modifie moléculairement l'acide, mais cette altération ne réagit pas sur le pouvoir rotatoire de ses dissolutions aqueuses qu'on trouve être le même que s'il n'y avait pas eu fusion. Pour obtenir des différences, il faut faire intervenir l'acide borique. Alors en effet les accroissements introduits dans les rotations sont bien inférieurs à ceux que présentent des dissolutions ternaires de même dosage fournies par l'acide cristallisé. Cependant, peu à peu, on voit ces rotations grandir, et atteindre au bout d'un certain temps qui, pour un acide privé de beaucoup d'eau, peut dépasser six mois, et qui dans tous les cas sera abrégé par l'ébullition, les chiffres normaux. Si l'on ne doit voir dans ces derniers faits qu'un nouvel exemple d'altération temporaire de pouvoir moléculaire, à ajouter à ceux du § 565, voici une particularité qui ne s'y rencontrait pas. Nous avons dit que l'acide borique, même à de très-faibles doses, ramenait la dispersion aux allures ordinaires et au coefficient $\frac{23}{30}$. Eh bien, ici le coefficient ne quitte que peu à peu sa valeur anomale, et n'est ramené au chiffre $\frac{23}{30}$ que quand tout le pouvoir est reconquis. On n'observe plus rien de pareil dès qu'on met en jeu des affinités plus énergiques, celle de la soude par exemple. Une dissolution de tartrate de soude montre de suite, quel que soit l'état de l'acide dont on l'ait formée, et le même pouvoir et le rapport $\frac{23}{30}$.

§ 569. — Combinaisons achromatiques.

Si la température et la dilution ont de telles influences sur la dispersion d'une même substance active, que ne doit-on pas attendre du concours de plusieurs substances actives? M. Biot, auquel sont dus des travaux du plus grand intérêt sur cette matière, s'est surtout attaché à tirer d'associations de ce genre des déviations sans coloration. Les formules qui expriment dans le cas de deux substances, et la condition de ce nouvel achromatisme, et la déviation commune aux deux rayons réunis, écrivent, comme en achromatisme ordinaire, que, pour ces rayons (c'était le rouge et le jaune moyen), l'écart angulaire propre aux deux substances a des valeurs égales et contraires, elles sont des plus simples parce qu'il s'agit ici d'actions similaires, et non plus comme au § 549, de rotations engendrées dans des conditions disparates. Le lecteur les trouvera sans peine d'après cette seule indication; il verra que la réunion ne s'étend aux autres rayons que quand les deux substances, à l'instar du sucre de canne et du sucre interverti, suivent rigoureusement la même loi de dispersion. Hors de là persistent des colorations d'autant plus prononcées, que les deux dispersions sont plus *irrationnelles*. Mais l'expérience montre que, si, mettant de côté l'acide tartrique, on ne conjugue que des substances chez lesquelles les rotations croissent continûment avec la réfrangibilité, les couleurs obtenues autour de l'azimut d'extinction sont très-faibles. Néanmoins, dès qu'elles existent, elles dénotent une différence entre les deux dispersions, et c'est là un moyen extrêmement délicat de se convaincre que, généralement, les dispersions des substances douées du pouvoir rotatoire moléculaire sont différentes et ne peuvent dès lors reconnaître qu'approximativement, ainsi qu'on l'a établi directement pour le quartz (§ 470), la loi de M. Biot.

Ce physicien éminent a ainsi compensé l'essence de térébenthine par des dissolutions acétiques de camphre. Il va sans dire qu'il lui fallait tenir compte des altérations de pouvoir introduites par le dissolvant sur ce dernier corps (§ 564) et que les quantités qui amenaient la compensation n'étaient pas ce qu'elles eussent été avec le camphre liquéfié. Enfin il remarque avec justesse que le problème se complique quand, au lieu de placer les deux liquides en succession et dans des tubes séparés, on en opère le mélange. Car il faut tenir compte des altérations de pouvoir que chaque substance active peut éprouver de la modification du menstrue complexe issu de ce mélange.

§ 570. — Antagonisme dans les dissolutions ternaires.

D'après ce qui a été dit dans ce chapitre, on conçoit qu'une large part ait été faite dans les travaux de M. Biot à l'étude des dissolutions ternaires fournies par l'eau et les acides tartrique et borique, et que pour n'avoir pas à se placer constamment dans les quelques cas réalisés il ait cherché la loi qui régit leur pouvoir spécifique. Quoique la solution qu'il ait donnée de ce problème difficile soit extrêmement simple, nous ne nous y arrêterons pas, nous bornant à dire ici, qu'une fois cette loi connue, il lui a été facile de mettre en évidence un antagonisme qui peut introduire, dans le pouvoir rotatoire des dissolutions ternaires, de curieuses particularités. Ainsi, quoique ici les doses croissantes de chacun des deux corps inactifs, considérés dans leur association binaire avec tartrique, augmentent son pouvoir, il n'y a plus nécessairement accroissement s'ils interviennent simultanément. A la température d'environ 22 degrés, quand le rapport $\frac{a}{\beta} = \rho$ de tartrique à borique atteint $1\,1\frac{1}{3}$, $[\alpha]$ reste constant quelle que soit la proportion d'eau e; et, pour des valeurs de ρ plus faibles, c'est une diminution de $[\alpha]$ qu'amènent les additions d'eau. Ces résultats sont évidemment dus à l'action divellente de l'eau, qui en s'unissant à l'acide borique rend moins intime l'union de cet acide avec le tartrique et entraîne par là une diminution de pouvoir, d'abord égale, puis, pour d'autres dosages ρ moins avantageux, supérieure à l'accroissement qu'elle-même occasionne.

Au lieu d'un acide capable comme borique d'exalter le pouvoir de tartrique, prenons-en un tel que sulfurique qui n'ait sur lui aucune action de ce genre, et qui soit en même temps très-avide d'eau. Alors l'action divellente de cet acide rendra moins intime l'union de l'eau avec tartrique, et cela sans aucune compensation. Sa présence devra donc affaiblir le pouvoir de la dissolution aqueuse à laquelle on l'a associé. C'est en effet ce que M. Biot a observé.

Deux mots encore. On admet en chimie que, dans un liquide, une part est faite à toutes les combinaisons possibles, et que les affinités les plus faibles ne s'effacent devant les plus fortes, qu'autant qu'interviennent certaines causes secondaires, telles que la volatilité et la précipitation. Les phénomènes rotatoires sont en mesure d'en donner la preuve. Car en ajoutant au tartrate de soude dissous une dissolution inactive de borate de soude, il y a un accroissement de pouvoir qui atteste que de l'acide borique a dû se séparer de la soude pour se porter sur l'acide tartrique.

CHAPITRE XXII.

LA POLARISATION ROTATOIRE ET LA CRISTALLOGRAPHIE.
— TRAVAUX DE M. PASTEUR.

Exposé des principes fondamentaux de la cristallographie. — On insiste sur l'hémiédrie. — Comment et quand l'hémiédrie *peut* accompagner comme caractère extérieur l'activité rotatoire. — Hémiédries efficaces des systèmes 4 et 5. — Coexistence de plusieurs hémiédries. — Cas où cette coïncidence tient à la forme limite. — Cas où elle confère à la forme *bi-hémiédrique* le caractère d'efficacité. — Hémiédries efficaces du système cubique. — On ne peut pas, dans tous les cas, relier par une règle constante les deux sens de la rotation aux particularités géométriques des deux hémiédries correspondantes. — Relation de l'acide racémique avec deux acides de pouvoirs égaux et contraires. — Loi des combinaisons qui résultent de l'union de chaque acide droit et gauche avec un corps inactif. — Cas où la combinaison a lieu avec un corps actif. — Dédoublement spontané de certains racémates. — Dédoublement fondé sur la dissimilitude des deux tartrates de certaines bases actives. — Transformation d'un des acides $\overline{T}$ actifs en son inverse; — en son inactif. — Réalisation partielle de ces résultats par les acides camphorique, aspartique, malique et sulfamylique. — Comment des cristaux hémiédriques peuvent donner des solutions inactives. — Préférence accidentelle ou constante des hémièdres par cristallisation, pour l'une ou l'autre forme. — Absence de l'hémiédrie chez les sulfamylates actifs. — Superposition des deux sortes de pouvoirs chez le tartrate d'ammoniaque. — Tétartoédries du quatrième système.

§ 571. — Diversité des formes cristallines. — Les six systèmes.

On sait que les cristaux sont le résultat d'une orientation commune imprimée par les forces moléculaires, quand elles ne sont pas troublées dans leur jeu, aux dernières particules des corps; que la diversité des formes cristallines chez une même substance tient à la possibilité de grouper de bien des manières différentes, quoique toujours régulièrement, les mêmes particules intégrantes; que la réalisation de telle ou telle forme tient, soit aux modifications introduites par la température dans l'énergie relative des forces moléculaires de diverses espèces, soit à l'intervention des forces moléculaires accessoires qui émanent du menstrue. De telle sorte que le mélange de ces formes dans un même cristal et l'apparition d'une forme nouvelle sur le polyèdre parvenu déjà à un certain développement ne sont que les manifestations des divers équilibres stables rendus successivement et discontinûment possibles par ces incessantes altérations des forces moléculaires.

Soit, par exemple, un cristal ayant pour forme le prisme à base carrée. Cette forme s'accroîtra sans s'altérer si les nouvelles assises restent égales aux anciennes; elle se modifiera, au contraire, si chaque assise successive perd sur ses quatre côtés une file de particules. A partir de ce moment, une pyramide qui, d'abord tronquée, peut à la longue devenir complète, s'installera sur le prisme. Une autre pyramide également quadrangulaire aurait apparu si les nouvelles conditions d'équilibre avaient amené la suppression de deux, trois, etc., files de particules.

Soit encore un cristal octaédrique; il grossira sans cesser d'être un octaèdre tant que les nouvelles assises auront le degré d'accroissement nécessaire pour que le nouveau solide enveloppe entièrement le solide semblable qui l'a précédé. Ces assises restent-elles stationnaires, perdent-elles surtout une ou plusieurs files, des pyramides triangulaires surmonteront les 8 faces de l'octaèdre, et conduiront, si ce nouvel ordre de choses dure assez longtemps, à un solide compris sous 24 faces triangulaires isocèles égales. Quand les pyramides ne s'achèveront pas, on aura une combinaison des deux formes, à savoir, suivant le degré de développement des faces secondaires, un octaèdre armé d'un biseau sur chacune de ses 12 arêtes, ou bien un octa-trièdre dont les 8 angles solides trièdres seront tronqués par les faces de l'octaèdre. Enfin, si, après un certain développement de la pyramide tronquée, la soustraction était brusquement portée à deux files, une pyramide plus surbaissée, conduisant à un second octaèdre pyramidé, succéderait à la prenière, et le cristal offrirait la combinaison de l'octaèdre primitif avec deux octaèdres pyramidés.

Cette manière d'envisager la filiation des formes dérivées ou secondaires et de les rattacher à l'une des formes du cristal prise pour type ou pour forme primitive, constitue, sous le nom de *Méthode des décroissements*, la méthode cristallographique vraiment naturelle. Cette méthode excelle par sa pénétration ; donnons-en un exemple.

Les diverses formes que peut revêtir un cristal mettent en défaut la loi de continuité consacrée par ce vieil adage : *Natura non facit saltus*. Cette loi voudrait que les angles ASB, AS'B' qui relient les faces secondaires aux primitives (*fig*. 267) prissent toutes les valeurs possibles, et qu'en conséquence un même minéral pût revêtir une infinité de formes distinctes. Or, en réalité, ces angles passent brusquement d'une valeur à la suivante, de $50°11'$ à $67°22'$, s'il s'agit, par exemple, du tartrate double de soude et d'ammoniaque, de sorte que le nombre des formes secondaires est limité. Mais il est facile de voir qu'ici, la loi de continuité n'est pas plus violée que cela n'arrive en chimie à propos des sauts brusques qui forment la loi des proportions multiples. Admettons, en effet, $1°$ qu'il existe des dernières particules entrant tout d'une pièce dans l'édification du cristal ; et $2°$ que les décroissements les plus simples se réalisent seuls dans les cristaux, comme produisant sans doute les équilibres les plus stables. Alors, après avoir enlevé une file de particules A a, et obtenu une face parallèle à la diagonale ∂, on ne peut pas moins faire que d'en enlever soit deux, soit trois... et l'on passe brusquement de l'angle dont la tangente est $\frac{A\,b}{A\,d}$ à celui dont la tangente $\frac{A\,b'}{A\,d}$ est double. De sorte que, si l'on pouvait mesurer les dimensions linéaires des prismes déficients, la loi de succession des formes secondaires aurait le même énoncé que celles des proportions définies. En réalité, les angles seuls sont accessibles à la mesure, et il en résulte pour la cristallographie un aspect indirect et plus compliqué que celui des études de chimie correspondantes.

Quelques avantages qu'elle présente pour résoudre les difficultés, la méthode naturelle a cependant l'inconvénient de devenir difficile à suivre et de réclamer des figures compliquées quand on veut reconnaître et relier entre eux tous les décroissements possibles. On conçoit donc qu'on ait été conduit à lui substituer d'autres méthodes artificielles équivalentes, à savoir celle des troncatures et celle des axes, et à formuler, de ces nouveaux points de vue, et la *loi de symétrie* qui règle le nombre des faces de chaque forme, et la *loi des sauts brusques* qui règle la succession des diverses formes.

La première de ces méthodes, s'attaquant après coup à l'une des formes du système qu'elle suppose complète, installe sur ses arêtes ou sur ses angles, sous le nom de troncatures, des faces supplémentaires qui réduisent et peuvent même annihiler celles de la forme qui sert de point de départ. Ces faces doivent porter à la fois sur toutes les choses identiques, arêtes ou angles, et se rattacher similairement aux arêtes ou aux faces identiques. La dernière, actuellement préférée, repose sur la considération de certaines lignes autour desquelles les faces constitutives de toutes les formes se groupent avec symétrie. Les faces possibles y sont déterminées par la condition de passer par certains points pris sur ces lignes fondamentales dites *axes*, et à des distances de leur point de croisement qui varient comme les nombres les plus simples 1, 2, 3..... La loi des sauts brusques consiste précisément dans ces conditions numériques restrictives. Quant à la loi de symétrie, elle réside dans l'obligation de prendre à la fois des faces qui, dans chacun des 8 angles trièdres formés par les axes, déterminent des pyramides triangulaires identiques. En y réfléchissant, on verra qu'ici, au lieu d'envisager le cristal débarrassé des biseaux et des pyramides déficientes, on s'attache exclusivement à ces biseaux et à ces pyramides.

A la rigueur, 3 axes suffisent dans tous les cas, et il en résulte, comme conséquence des plus utiles, que la méthode des coordonnées s'applique avec une extrême simplicité à la désignation symbolique des diverses formes.

Si les diverses formes secondaires sont des conséquences obligées de la forme primitive, la minéralogie n'aura à considérer en dernière analyse qu'un nombre de formes égal à celui des espèces minérales, c'est-à-dire quelque chose comme trois à quatre cents. Eh bien, en examinant ces formes, si on a eu le soin de les choisir analogues, de prendre toujours soit un parallélipipède, soit un octaèdre, on reconnaît sans peine qu'elles n'ont que six allures distinctes, et se classent dans ce qu'on appelle les six systèmes cristallins. Si l'un d'eux, appelé régulier ou cubique, donne à tous les minéraux du système identiquement les mêmes formes, chez les cinq autres, les dimensions relatives du type changent avec la nature de la substance, et cette diversité imprime en s'y répercutant, aux formes de chaque espèce minérale, un caractère numérique distinctif.

En cristallographie, la constance des angles est seule assurée dans les divers cristaux d'un même corps. Le développement des faces varie sans aucune règle. Il est visible en effet qu'à part le cas où le cristal sera, soit suspendu dans un milieu boueux, soit retourné avec intelligence à de courts intervalles, la nourriture ne saurait être apportée similairement à toutes les faces, que, par exemple, celles auxquelles le support fait obstacle ne pourront s'accroître et resteront comme atrophiées. Il en résulte que les cubes, les prismes droits à base carrée et les parallélipipèdes droits à base rectangle ont la même physionomie. Mais une telle confusion ne saurait continuer dès que le cristal présente des troncatures sur ses arêtes ou sur ses angles solides. En effet, pour le cube seul, les troncatures devront apparaître à la fois sur les douze arêtes. S'agit-il d'un prisme à base carrée, on devra trouver des échantillons où les troncatures affecteront exclusivement soit les arêtes latérales, soit les huit des bases. Enfin dans le système rectangulaire il devra arriver que des douze arêtes quatre seules formant entre elles un système parallèle soient modifiées. Ainsi donc la seule inspection d'échantillons un peu nombreux d'une même espèce minérale peut conduire à discerner celui de ces trois systèmes qui lui convient. Mais si l'on consent à prendre des mesures, on peut arriver plus vite et plus sûrement à reconnaître le système et échapper à l'indécision dans laquelle on continuerait d'être plongé si, dans les échantillons que l'on possède, la surabondance des conditions avait fait éclore les troncatures sur toutes les arêtes des deux derniers solides. Car, dans le cube seul, la troncature fera avec les deux faces SP, B'M des angles égaux. Dans le second système la particule intégrante ayant une hauteur différente de ses deux autres dimensions, dès qu'il s'agira d'une arête comprise entre une base et les pans, le triangle déficient A*db* ne sera plus isocèle. Enfin, en s'attachant à une troncature installée sur un des huit angles solides et mesurant les dièdres qui la relient aux trois faces de la forme primitive, on reconnaîtra le troisième cas à l'inégalité de ces angles.

Mais de telles mesures ont une tout autre portée que de renseigner sur le système, on peut encore en déduire les paramètres qui, dans chacun des cinq derniers, particularisent les formes primitives. Ainsi, dans le prisme à base carrée, où l'on n'a qu'un paramètre, à savoir le rapport des deux dimensions de la particule intégrante dont la forme primitive n'est qu'une représentation agrandie, ce rapport n'est autre que la tangente de A*db*. Dans le dernier de ces trois systèmes, où l'on a deux rapports analogues, il suffira de déduire des trois dièdres mesurés, les rapports des trois côtés de la pyramide déficiente.

Dans la méthode naturelle, les systèmes cristallins sont caractérisés par la forme des petits noyaux dont l'assemblage engendre le cristal. Dans celle des axes, ils le seront par les rapports de grandeur et de situation des trois axes.

Trois axes rectangulaires donnent le premier système quand ils sont tous égaux, le deuxième quand il y en a seulement deux d'égaux, et le quatrième quand ils sont tous trois inégaux. Le troisième système est constitué par trois axes égaux que séparent l'un de l'autre des angles égaux, mais différents d'un droit. Cet angle, variable d'espèce à espèce, constitue le paramètre unique qui caractérise le cristal. Trois axes inégaux, dont l'un fait avec les deux autres des angles droits, donnent le cinquième système. Le sixième enfin a lieu quand les axes sont inégaux et séparés par des angles inégaux. Dans le cas le plus compliqué, il y a cinq paramètres, deux rapports d'axes et trois angles d'assemblage.

§ 572. — Notations cristallographiques.

Rapportée aux trois axes rectangulaires ou obliques du système, l'équation d'une face est

$$\frac{x}{a} + \frac{y}{b} + \frac{z}{c} = 1,$$

a, b, c étant les distances comprises entre l'origine et les points où la face rencontre les axes. D'après la loi des proportions multiples les distances a', b', c', a'', b'', c'', caractéristiques des autres faces, ont respectivement avec a, b, c les rapports les plus simples, de sorte que si on les exprime à l'aide de ces paramètres, elles vaudront μa, νb, ρc, μ, ν, ρ ne s'éloignant guère des valeurs $2, 3, 4, \ldots, \frac{1}{2}, \frac{1}{3}, \frac{1}{4}, \ldots$ On passera donc de l'équation adoptée comme fondamentale

$$\frac{x}{a} + \frac{y}{b} + \frac{z}{c} = 1$$

à celles des autres faces en multipliant chaque terme du premier membre par des coefficients m, n, r, respectivement égaux à $\frac{1}{\mu}$, $\frac{1}{\nu}$, $\frac{1}{\rho}$, lesquels ne recevront encore que les valeurs numériques les plus simples $\frac{1}{2}$, $\frac{1}{3}, \ldots, 2, 3, \ldots$

Parmi ces valeurs, il faut comprendre zéro pour parer au
cas si fréquemment réalisé d'une face parallèle à un ou à
deux des trois axes.

Une fois que par une étude préalable on a reconnu dans
chaque système les faces qu'une similitude parfaite appelle
à coexister, on peut dire que l'équation d'une face représente encore la forme complète, ouverte ou fermée, dont
elle fait partie, puisqu'il suffira pour obtenir les autres faces
d'introduire dans les termes du premier membre les divers
changements de signe que comporte la symétrie. Ainsi,
que l'on ait les trois longueurs a, b, c, ou mieux, car il
ne s'agit que de rapports, les deux valeurs $\frac{a}{b}$, $\frac{c}{a}$, et toutes
les formes réalisées ou réalisables se trouveront représentées
par un ensemble de deux chiffres habituellement très-
simples. On en jugera par les quelques exemples qui
suivent.

Dans les systèmes 1, 2, 4, quand aucune des trois valeurs
a, b, c, n'est infinie, le nombre des faces identiques que la
symétrie appelle à la coexistence s'élève à huit et leur assemblage donne un octaèdre. L'octaèdre étant une forme fermée,
on conçoit qu'on l'ait souvent préféré pour forme primitive
aux formes simples ouvertes. Ainsi, dans ces systèmes, la
forme primitive sera (111): (112) représente un octaèdre
obtus qui avec les mêmes axes a, b possède un axe c sous-
double: $\left(11\,\frac{1}{2}\right)$ au contraire est le symbole d'un octaèdre
plus aigu : (123), (132),..., sont autant d'octaèdres qui
n'ont de commun avec le primitif que l'axe a. Dans le quatrième système, la face (110) sera accompagnée des trois autres
faces $(\bar{1}10)$, $(\bar{1}\bar{1}0)$, $(1\bar{1}0)$, et représentera le premier
prisme rhomboïdal parallèle aux c; (011), (012),..., seront
des prismes parallèles aux a. (101), (201), représente la
troisième série de prismes rhomboïdaux, à savoir ceux qui
sont parallèles aux b. Enfin, dans ce même système, (100)
n'est accompagnée que de la face $(\bar{1}00)$ et constitue une

forme ouverte dans deux sens. En associant à ce système de deux faces parallèles les deux autres systèmes analogues (o1o) et (oo1), on obtient ce parallélipipède rectangle qui sert de forme primitive dans certains ouvrages.

La *fig.* 268 représente la forme du bimalate de chaux actif, telle qu'on l'obtient en le faisant cristalliser avec une addition suffisante d'acide nitrique. L'octaèdre primitif h (111) n'y est représenté que par quatre de ses huit faces. Les autres formes associées à l'octaèdre sont ouvertes et complètes. Ce sont le prisme rhomboïdal vertical M (110), les deux faces parallèles P (o1o) et deux prismes rhomboïdaux parallèles aux a, à savoir R (o11) et L (o21). Les faces R et h étant toutes deux parallèles à la droite qui, contenue dans le plan des bc, coupe ces deux axes aux distances b et c, leur intersection est parallèle à cette droite, et est, par conséquent, contenue dans le plan vertical que déterminent ces axes, ou, ce qui revient au même, dans le plan vertical qui passe par l'une des diagonales de la base du prisme rhomboïdal M. Comme on a

$$a = 1, \quad b = 1,897, \quad c = 0,898,$$

cette diagonale est la plus longue des deux. Avec le bimalate inactif, la forme est la même, mais on a toujours les huit faces de l'octaèdre.

Le bimalate d'ammoniaque présente la même forme, mais les paramètres et, partant, les divers dièdres y sont différents. Ainsi l'on a

$$a = 1, \quad b = 1,387, \quad c = 1,076.$$

S'il s'agit du bimalate actif et si la dissolution conserve quelques traces des produits étrangers qu'y fait naître un commencement de décomposition provoquée par une évaporation trop prolongée, l'octaèdre s'y réduit également à quatre faces. Seulement c'est l'intersection des faces L et h qui est contenue dans le plan des grandes diagonales des bases du prisme M. La face L la plus rapprochée de P y est donc l'analogue de la face R chez le bimalate de chaux

II.   26

et a pour symbole (011). Quant au prisme R, il est représenté par (012).

§ 573. — De l'hémiédrie et de ses causes.

Toute méthode cristallographique, la naturelle aussi bien que les artificielles, aboutit à un travail de pure géométrie. Il en est résulté qu'à certaines époques on a comme oublié qu'au fond cette étude devait conserver un caractère essentiellement physique et que la possibilité d'engendrer *géométriquement* les formes secondaires, en partant d'une quelconque des formes du système, a rendu indifférent sur le choix de la forme primitive ou des particules intégrantes, et a fait méconnaitre les particularités que ce choix pouvait introduire dans l'organisation du cristal. Et cependant les faits parlaient assez haut. Non-seulement on rencontrait, sur des faces géométriquement pareilles, des différences d'aspect, de dureté,..., mais on en rencontrait encore le long de lignes homologues appartenant à une seule et même face. Bien plus, ce divorce entre les conséquences géométriques et les réalités physiques, entre la structure intime et la forme, s'en prenait quelquefois chez des cristaux, dits *hémiédriques*, à la forme elle-même.

L'hémiédrie est une dérogation aux lois de symétrie, consistant en ce qu'on n'obtient que moitié des faces promises par la symétrie géométrique. Longtemps, malgré sa constante apparition dans certaines espèces, on n'y voyait qu'un accident de la cristallisation, qu'une particularité du même ordre que la production de telle ou telle des formes secondaires possibles. On doit à M. Delafosse de l'avoir rattaché à des causes plus profondes en y voyant une conséquence de la structure intime des particules et un reflet de leur organisation dissymétrique. On lui doit d'avoir montré comment, en accordant certaines formes aux particules intégrantes et en les disposant de certaines manières, il pouvait y avoir dissimilitude physique entre des choses géométriquement semblables, et d'avoir ainsi établi la nécessité d'élargir le cadre des lois de la cristallographie, en associant dans leur énoncé, à la symétrie géométrique, une autre symétrie plus secrète, mais non moins influente, à savoir celle des particules intégrantes. Un exemple emprunté au premier système va nous faire apprécier les ressources contenues dans son précieux travail.

Le volume d'un cristal cubique peut être considéré comme le résultat de la juxtaposition d'une foule de petits cubes (*fig.* 269). Si la particule intégrante a la forme d'un de ces cubes élémentaires, on peut admettre que les relations dynamiques des particules avec les espaces adjacents seront les mêmes dans tous les sens, et qu'ici les symétries géométrique et physique seront concordantes. Mais si la particule intégrante avait la forme d'un tétraèdre *npqm* ayant pour arêtes six des douze diagonales du cube, les particules, dont l'agglomération continuerait d'engendrer un cube, tourneraient leurs faces vers les quatre sommets MNPQ et leurs angles solides trièdres vers les autres sommets, ce qui donnerait deux espèces de sommets, tout comme il y aurait sur les faces du cube deux espèces de diagonales. Il n'y aurait donc rien d'étonnant que certaines propriétés physiques, telles que la dureté, la pyro-électricité, etc., eussent, en ces régions et dans ces directions physiquement dissemblables, un développement différent et que, s'il survenait des troncatures, elles apparussent seulement sur quatre d'entre eux. C'est, en effet, ce qui arrive chez certains cristaux, et nous devons en conclure que leur particule intégrante a la forme d'un tétraèdre. Mais il importe de remarquer que l'hémiédrie est un caractère fragile qui n'accompagne pas plus nécessairement l'hémiédrie physique et intestine, que telle ou telle forme secondaire la forme dominante sous laquelle apparaît le cristal. Car il peut d'une part se faire que les circonstances nécessaires à la production des troncatures fassent défaut, et de l'autre qu'étant surabondamment énergiques, elles déterminent leur formation, même sur le système des quatre sommets les moins faciles. Mais, en pareil cas, mal-

26.

gré leur apparente identité, les huit troncatures seraient de deux sortes, elles pourraient continuer d'offrir des différences observables sous d'autres aspects physiques, et, comme dernier trait, l'octaèdre auquel conduirait leur ensemble, au lieu d'être un véritable octaèdre, serait l'association de deux tétraèdres.

Les considérations précédentes s'appliquent aux autres systèmes et même elles s'appliquent sans changements essentiels à ceux d'entre eux qui comprennent un octaèdre parmi leurs formes simples. Considérons, par exemple, le quatrième système. De même que nous composions le cube avec de petits cubes, de même, ici, nous pourrons engendrer les cristaux prismatiques rectangulaires par l'empilement de petits prismes rectangulaires égaux entre eux et semblables au solide résultant. Mais nous pourrons encore, sans dénaturer ce solide, nous borner à loger dans chacun de ces espaces, au lieu d'une particule intégrante parallélipipédique, une particule tétraédrique, et cette dernière supposition continuera (*fig.* 270) de diviser les huit sommets, géométriquement identiques, en deux groupes, à savoir, les sommets m, n, p, q constitutifs d'un premier tétraèdre et les sommets M, N, P, Q constitutifs d'un second tétraèdre, qui pourrait, aussi bien que le premier, servir à engendrer le solide résultant. Or voici ce qu'offrent de particulier ces solides. Tandis que dans le système cubique, et même dans le système du prisme à base carrée, ces deux tétraèdres sont identiques et peuvent être amenés en superposition, ici ils ne sont que symétriques. Insistons sur cette différence considérable qui donne naissance à deux sortes d'hémiédries.

§ 574. De l'hémiédrie non superposable.

Soient a, b, c, les trois arêtes du prisme, les douze diagonales de ses faces auront les trois valeurs

$$\sqrt{a^2 + b^2} = r, \quad \sqrt{a^2 + c^2} = s, \quad \sqrt{b^2 + c^2} = t.$$

Chaque face de nos deux tétraèdres est un triangle formé

de ces côtés assemblés sous des angles ρ, σ, τ. Enfin leurs angles solides trièdres, étant formés tous des mêmes faces ρ, σ, τ, auront les mêmes dièdres R, S, T, de sorte qu'ils ne pourront être qu'égaux ou symétriques. Nous avons noté (*fig.* 271, 272) les côtés et les angles plans des triangles égaux qui forment, soit le premier, soit le second tétraèdre; et leur seule inspection montre, 1° que les angles R, S, T sont installés sur les arêtes homonymes r, s, t; 2° que les quatre angles solides de chaque tétraèdre sont égaux entre eux. Montrons maintenant que les uns sont symétriques des autres. On sait que pour voir si deux angles trièdres, égaux dans toutes leurs parties, sont superposables ou seulement symétriques, il faut les regarder de la même manière, diriger, par exemple, s'il s'agit des angles n, q de la *fig.* 271, le sommet n ou q, vers l'observateur, le faire regarder du côté de l'arête S opposée à la face σ, et voir si l'une des deux autres faces, telle que ρ, tombe ou non du même côté. Quand les arêtes homonymes sont, ainsi que cela a lieu pour un angle trièdre et pour son image, l'une supérieure et l'autre inférieure à la face σ, il n'est pas indispensable de retourner, soit l'un des trièdres, soit l'observateur qui le regarde, on peut encore se borner à comparer les positions de la face ρ, mais alors les conclusions sont interverties, et c'est le cas où les faces homologues ρ tombent du même côté, qui est celui de la symétrie. Cela posé, n (*fig.* 271) et Q (*fig.* 272) sont symétriques, parce qu'ils mettent tous deux ρ à droite de l'observateur, alors que leurs arêtes homologues qn, QN sont, l'une supérieure et l'autre inférieure à la même face σ. La comparaison des angles trièdres m et P, q et N, p et M donne le même résultat. Donc les deux tétraèdres sont symétriques et non superposables. Le lecteur s'assurera sans peine qu'il en sera de même de toute forme composée telle que *fig.* 268, dont ces tétraèdres feront partie à titre de modifications hémiédriques.

Valeur optique de l'hémiédrie non superposable.—L'ac-

tivité rotatoire est manifestement liée à une structure dissymétrique des corps. Suivant qu'il s'agira des substances
du premier ou du second groupe, la dissymétrie portera sur
les particules intégrantes du cristal ou sur les molécules
chimiques du milieu; mais dans l'un comme dans l'autre
cas elle devra satisfaire aux deux conditions suivantes :
1° être latérale; 2° garder son caractère quand, par un
retournement des éléments actifs, on rendra antérieures
les extrémités qui n'étaient rencontrées que les dernières
par le rayon lumineux. Le premier appareil synthétique de
Fresnel est un exemple d'une organisation dissymétrique
efficace. En voici un second qui, tout grossier qu'il puisse
paraitre, est cependant de nature à rendre les idées plus
précises. On sait qu'une vis, dextrorsum par exemple,
reste dextrorsum par quelque bout qu'on l'envisage : il en
résulte que si l'on suppose disséminés dans un certain espace,
d'innombrables petits canaux hélicoïdaux de même gyration,
et qu'on lance au travers d'eux des petites billes, toutes
en traverseront le même nombre pris d'ailleurs dans tous
les états possibles d'inclinaison, et toutes, par conséquent,
après ce trajet, auront tourné dans le même sens et de la
même quantité. Eh bien, les éléments actifs des corps rotateurs font tourner le plan de polarisation, parce qu'à
l'instar de ces canaux ils agissent de gauche à droite ou de
droite à gauche, sans que la manière dont ils se présentent
puisse convertir le dextrorsum en sinistrorsum. Or, on
conçoit que ces deux organisations inverses, surtout quand
elles appartiennent à la molécule chimique, puissent se
refléter dans les cristaux par quelque trait extérieur et
qu'elles le fassent par des hémiédries qui soient elles-mêmes
latérales et indépendantes du retournement. Si donc nous
prouvons par quelques exemples que les hémiédries non
superposables présentent ce double caractère, on comprendra que M. Pasteur, étendant aux substances moléculairement actives une corrélation qui n'avait été aperçue (*)

____

(*) Par J. Herschel

jusque-là que sur le quartz, ait pu établir la loi suivante : *Toute substance moléculairement active cristallisable, peut être amenée à fournir des cristaux doués d'une hémiédrie non superposable, dont le sens ait avec celui de sa rotation une correspondance invariable.*

§ 575. Hémiédries non superposables des systèmes 4 et 5.

Nous nous renfermons dans ces deux systèmes, parce que jusqu'à ces derniers temps ils comprenaient tous les cristaux observés des substances moléculairement actives. La double réfraction met chez les biaxes de tels obstacles à l'étude du pouvoir rotatoire, qu'une étude comparative de cette propriété dans des cristaux et dans leurs dissolutions n'avait pu jusqu'ici aboutir. C'était donc chose bien désirable que la découverte d'une substance active donnant des cristaux uniaxes : on pouvait prévoir que les particules actives, au lieu d'offrir, comme dans la dissolution, toutes les orientations, depuis la plus avantageuse jusqu'à la plus ingrate, y seraient ramenées toutes à la même et peut-être à la plus efficace, de sorte que le pouvoir moléculaire y fût grandement supérieur à celui de la dissolution. Ce progrès si désirable vient d'être accompli par M. Des Cloiseaux, quand il a obtenu le sulfate de strychnine en prismes à base carrée; leur rotation s'est élevée aux $\frac{2}{3}$ de celle d'une plaque de quartz de même épaisseur, et leur pouvoir surpasse ainsi considérablement (trente fois environ) celui du sulfate dissous.

Dans le système 4, ce sont jusqu'ici les tétraèdres du § 574 qui ont fait les frais des hémiédries efficaces obtenues. Mais ils ne sont jamais seuls, et il importe de montrer par quelques exemples quelles sont les formes auxquelles ils sont habituellement associés. La *fig.* 273 est celle de l'asparagine active; elle comprend quatre formes simples, à savoir un prisme rhomboïdal M (1 10), un prisme rhomboïdal O (101), les faces terminales T (001) et enfin l'hémioctaèdre *h* dont la nota-

tion est $\frac{1}{2}$ (111) (*). Les *fig.* 274 et 275, qui représentent l'é-
métique ammoniacal, comprennent aussi quatre formes, à sa-
voir trois des quatre précédentes et les faces terminales P (010).
Ces exemples, et d'autres plus compliqués (voir la *fig.* 268),
ont montré : 1° que les facettes tétraédriques étaient toujours associées au moins à un prisme rhomboïdal avec lequel
elles avaient deux paramètres communs, a, b, par exemple,
de manière à apparaître, quand ce prisme est dominant,
comme faces de troncatures des arêtes de ses bases ; 2° qu'assez souvent, elles étaient liées par les mêmes relations
avec un second prisme rhomboïdal qui, parallèle aux b par
exemple (voir la *fig.* 268), forme troncatures sur quatre
des huit angles solides, les aigus ou les obtus du premier
prisme rhomboïdal ; 3° qu'enfin les mêmes relations d'égalité de deux paramètres pouvaient se retrouver encore par
rapport à un troisième prisme rhomboïdal, parallèle alors au
premier axe a et formant dès lors troncatures sur les quatre
angles solides inemployés. De sorte que si l'on prend pour
forme primitive l'octaèdre hémiédrique, ces prismes associés ont pour notation (110), (101), (011). Ce qui a été dit
(§ 574) montre que les intersections des faces hémiédriques
avec deux de ces prismes, les derniers, par exemple, sont
parallèles aux plans diagonaux du troisième. Quand, ainsi
que cela arrive avec les bimalates de chaux et d'ammoniaque,
il y a deux prismes parallèles à un même axe, le second
prisme a toujours une notation des plus simples, telle que
(012), (021), et il peut se produire (tartrate double de soude
et d'ammoniaque) un deuxième système de facettes hémiédriques qui sera lié à ce nouveau prisme comme le premier
tétraèdre l'est à l'autre, et dont la notation sera dès lors,

soit $\frac{1}{2}$ (112), soit $\frac{1}{2}$ (121).

(*) On désigne une forme hémiédrique en affectant du coefficient $\frac{1}{2}$ le
symbole de la forme homoédrique correspondante.

Le cinquième système n'a plus de formes simples fermées, les quatre faces (111), $(\bar{1}11)$, $(1\bar{1}\bar{1})$, $(\bar{1}\bar{1}\bar{1})$ cessent d'être semblables aux quatre $(1\bar{1}1)$, $(\bar{1}\bar{1}1)$, $(11\bar{1})$, $(\bar{1}1\bar{1})$ et l'octaèdre (111) s'y résout en deux prismes rhomboïdaux distincts qui s'ajoutent aux séries de prismes rhomboïdaux qui restent les analogues de ceux du système précédent. Ces prismes conservés sont (110) ou mieux (mno) et (mor). Quant aux prismes parallèles à l'axe principal a, ils se résolvent en deux systèmes distincts de faces parallèles. Cela posé, les formes hémiédriques n'ont plus droit qu'à deux faces au plus, et sont essentiellement ouvertes. Or, si l'on prend pour les deux faces conservées d'un de ces prismes rhomboïdaux, deux faces parallèles, on voit sans peine que les formes composées auxquelles elles s'associeraient comme faces hémiédriques, n'auraient pas la dissymétrie latérale et ne seraient pas indifférentes au retournement; ou encore, car c'est tout un, que les deux solides analogues qui, se partageant les quatre faces du prisme, réalisent les deux cas d'hémiédrie, seraient superposables. Aussi les hémiédries rencontrées dans les cristaux peu nombreux qui appartiennent à ce système, procèdent-elles toutes par conservation de deux faces situées du même côté. Et, en effet, les deux solides hémiédriques ainsi obtenus ont bien la symétrie non superposable.

La *fig.* 276 représente un cristal d'acide tartrique. L'angle γ (*fig.* 277) vaut 100° 32', les faces hémiédriques h forment troncatures sur deux des quatre arêtes oo' parallèles aux b. On y trouve les faces P (010), les faces R (011), les bases T (001) et le prisme rhomboïdal oblique S (110). Dans la *fig.* 278, les faces h sont encore d'un même côté, mais à gauche; elles forment la seconde moitié du prisme rhomboïdal (101). Ces deux solides ont visiblement la relation d'un objet et de son image. On aurait encore hémiédrie non superposable en ne tronquant que deux des quatre angles obtus o, ou deux des quatre aigus o' et les prenant toujours du même côté, ou encore deux des quatre arêtes oo', parallèles aux c. Le tartrate neutre de potasse (*fig.* 279) nous montre associés les pans P et T du prisme oblique, les faces de modification R des arêtes obtuses latérales, et les faces distinctes R' des arêtes aiguës. Les faces hémiédriques h, installées sur les intersections des faces R avec le pan M de droite, ne sont autres que les faces de troncature des angles obtus o de droite. Il y a hémiédrie parce qu'au lieu de les avoir à gauche, on n'a de ce côté que le pan ($\bar{1}$oo) du prisme oblique. Le tartrate double de potasse et d'ammoniaque (*fig.* 280) est du même système, l'angle γ des faces P, T s'éloigne également très-peu d'un droit, et le prisme oblique diffère à peine d'un prisme droit. On voit qu'outre l'hémiédrie h, h', il présente à gauche l'hémiédrie k, k' par troncature des angles aigus, de sorte que les deux hémiédries mènent à un tétraèdre et sont ce qu'elles seraient si le prisme n'était pas oblique. La même coïncidence est encore offerte par le bitartrate d'ammoniaque, pour lequel également l'obliquité du prisme est très-peu prononcée. On pourrait sans doute ne voir là qu'une réalisation de deux hémiédries complétement analogue à celle déjà signalée dans le système précédent. Mais comme un tel concours n'a jamais été offert par des cristaux franchement obliques, tels que l'acide tartrique et le sucre candi, on doit croire qu'il tient au fait de la forme limite. Complétons donc les notions précédentes de cristallographie par quelques détails sur les faits importants qui se rattachent aux formes limites.

§ 576. — Les formes limites et le dimorphisme.

Quand, avec MM Delafosse et Pasteur, on établit la comparaison des deux sortes de cristaux d'une substance dimorphe, sur une même forme, si l'une est droite et l'autre oblique, on trouve que cette dernière n'est que faiblement oblique. Les troncatures analogues sont d'ailleurs assises sous des angles peu différents, et conduisent par conséquent à des rapports d'axes presque numériquement égaux. On peut croire que c'est là une condition fondamentale du dimorphisme, et que toujours l'une des formes sera par rapport à l'autre, *forme limite*; et l'on trouve à cette croyance

de nouveaux motifs dans la facilité avec laquelle les idées mo-
dernes sur la constitution des corps s'adaptent à la précédente loi.
Ces idées, on le sait, consistent essentiellement à admettre des
particules, séparées par des intervalles incomparablement plus
grands que leurs dimensions propres, maintenues en équilibre par
deux sortes de forces, et qui, au lieu d'entrer chacune pour leur
compte dans l'équilibre général, forment de proche en proche des
groupes de plus en plus composés, qui participent de toutes
pièces à des équilibres successifs dans lesquels ils n'interviennent
que par une résultante issue des groupes d'ordre inférieur par lesquels ils sont constitués. Ainsi, on aura la molécule chimique
formant un premier polyèdre aux sommets duquel siégeront, par
exemple, les atomes élémentaires, et au-dessus d'elle la molécule
physique ou intégrante sous forme d'un nouveau polyèdre dont
les sommets seront occupés par autant de molécules chimiques.
Cela posé, comme la chaleur joue un rôle manifeste dans l'équilibre des corps, on voit qu'un changement de température peut
suffire pour échanger l'équilibre actuel contre un autre par lequel une certaine atteinte sera portée aux deux ordres de polyèdres ; de telle sorte que si les polyèdres intégrants se trouvent
placés près des limites par lesquelles leur système cristallin con-
fine à un système voisin, ils pourront, à la suite de cette atteinte,
quoique légère, avoir acquis la symétrie de ce dernier système.
Avec cette nouvelle forme apparaîtra, en général, le cortége des
formes secondaires qui lui sont propres, et par suite un nouvel
aspect qui pourra s'éloigner extrêmement de l'ancien. Mais, et
nous rentrons ainsi dans notre sujet, les forces nouvelles différant
très-peu des anciennes pourront maintenir, quoique la loi de symétrie cesse de les appeler, certaines faces; et c'est à ce titre que
dans le tartrate double de la *fig.* 280 on aurait, en coexistence
avec h, h', les faces k, k'.

Ces considérations dynamiques sont précieuses, car elles établissent entre les divers systèmes cristallins des rapprochements
auxquels la cristallographie géométrique, nécessairement tranchée
et inflexible, ne pouvait pas conduire. Ainsi, quand M. Pasteur
trouve que les divers tartrates et paratartrates (ils cristallisent
dans les systèmes 4 et 5) présentent tous, qu'ils soient droits ou
obliques, au milieu d'une assez grande diversité de formes, comme
caractères constants, les pans M et P et surtout (*fig.* 281) sur leur

intersection, une face S formant avec P un angle peu variable
dont la valeur oscille autour de 130 degrés, ce qui assigne au
rapport des deux axes b, a une valeur sensiblement constante et
peu différente de tang 40 = 0,84, on voit dans ces traits communs la part d'un groupement moléculaire constant importé par
l'acide et qui n'éprouve, quand la base change, que de faibles
modifications. Laurent, de son côté, avait été aussi conduit à
réunir dans un même groupe, formant au point de vue chimique
une famille très-naturelle, des cristaux profondément séparés au
point de vue cristallographique, puisqu'ils appartenaient à divers
systèmes.

§ 577. — Hémiédries non superposables du système cubique.

Quand les hémiédries coexistantes sont toutes deux efficaces, la seconde n'ajoute rien d'essentiel au phénomène,
et à ce titre leur coïncidence a peu d'importance. Il n'en
est plus ainsi quand chacune d'elles étant privée de la non-
superposabilité, leur ensemble se trouve investi de cette
qualité. Le système cubique offre de telles associations, et
il est extrêmement curieux de les voir accompagnées de la
propriété rotatoire quoique ce ne soit plus, comme dans les
exemples précédents, la propriété rotatoire moléculaire. La
corrélation de l'hémiédrie non superposable avec la rotation, tout empirique qu'elle soit pour nous, doit avoir des
motifs bien sérieux pour se retrouver dans ces circonstances.
Avec de tels cristaux, en effet, ce ne sera plus dans une direction privilégiée, mais dans toutes, que le champ sera
laissé libre à l'activité rotatoire. Remarquées d'abord par
M. Rammelsberg, ces doubles hémiédries n'ont acquis toute
leur importance qu'entre les mains de M. Marbach, qui leur
a reconnu la non-superposabilité, et, par suite, se fiant à la
loi de corrélation, le pouvoir rotatoire. Entrons, à leur
égard, dans quelques développements.

L'hexaèdre pyramidé, ou hexatétraèdre, est une forme
simple comprise sous vingt-quatre faces triangulaires et dont
le symbole est (01 n). Dans la pyrite, n vaut 2 et le symbole
devient (012). Si l'on supprime dans chacune des pyramides

quadrangulaires qui surmontent les faces du cube deux faces opposées, en ayant soin, quand on passe d'une face à l'autre, de croiser les faces supprimées, on obtient une forme hémiédrique (*fig.* 282) à laquelle la nature de ses faces a valu le nom de *dodécaèdre pentagonal.* Le pentagone qui forme les faces comprend (*fig.* 283) une base B associée à quatre autres côtés tous égaux et trois sortes d'angles. Les valeurs inscrites sur la figure conviennent au solide $\frac{1}{2}$ (012). Les angles solides sont tous trièdres et au nombre de vingt. Huit d'entre eux seulement, correspondant aux angles solides du cube, résultent de l'assemblage de trois faces égales et sont réguliers. En tronquant les quatre marqués o, le dodécaèdre pentagonal se trouve combiné avec un premier tétraèdre. En tronquant les quatre autres o', on lui associe un second tétraèdre. Eh bien, ces deux solides bihémiédriques ne sont pas superposables, quoique égaux dans toutes leurs parties. Si l'on place parallèlement à la ligne des yeux l'une quelconque des six lignes l qui servent de bases aux pentagones et surmontent les faces du cube, la face tétraédrique visible dans la partie supérieure du solide, est à la droite de l'observateur dans le premier cas et à sa gauche dans le second. Les premiers cristaux sont dextrogyres et les derniers lévogyres. Nous avons donné (§ 559) la valeur du pouvoir rotatoire des cristaux de chlorate de soude, il est le même dans toutes les lames, quelle que soit leur direction par rapport aux axes cristallographiques.

On peut, avec M. Marbach, asseoir sur d'autres considérations la reconnaissance pratique du sens de la rotation. Qu'un observateur ayant les pieds au centre du polyèdre et la tête au sommet o, par exemple, se tourne successivement vers les trois perpendiculaires p, abaissées des sommets s sur les bases des trois pentagones qui forment cet angle trièdre régulier, ces perpendiculaires, prises du sommet vers la base, iront de gauche à droite, et il en sera de même pour les trois autres sommets générateurs du tétraèdre qui fournit la combinaison dextrogyre; mais si l'observateur place sa tête aux sommets o' générateurs de l'autre tétraèdre, ces perpendiculaires iront de droite à gauche. On peut procéder encore comme il suit :

Dans le chlorate de soude, la forme dominante est ordinairement le cube, et, lui sont habituellement associés le dodécaèdre rhomboïdal (011), le dodécaèdre pentagonal $\frac{1}{2}$ (012), et l'un des deux tétraèdres $\frac{1}{2}$ (111), les faces $\frac{1}{2}$ (012) empiétant plus sur les carrés du cube que les faces (011). Ces deux sortes de faces transformeraient les carrés du cube en rectangles, et comme ces derniers sont tronqués à deux de leurs angles, par les faces du tétraèdre, somme toute, les faces réduites du cube sont devenues des hexagones (*fig.* 284). Qu'on se place vis-à-vis un des grands côtés, l'intersection tétraédrique la plus voisine t sera à droite dans les cristaux dextrogyres, et à gauche dans les lévogyres.

Dans les systèmes 2 et 3 les hémiédries efficaces ont entre elles une vive analogie. Dans le système 2, par exemple, ce sont des hémidioctaèdres $\frac{1}{2}$ ($1nm$) qui, combinés avec le prisme rectangulaire à base carrée, apparaissent, si ce dernier est dominant, comme troncatures asymétriques installées sur les huit angles solides. En mettant l'axe inégal vertical, celles de ces facettes qui, dans la moitié supérieure, regardent l'observateur, se trouvent pencher vers la droite dans les dextrogyres et vers la gauche dans les lévogyres, de sorte qu'ici encore on peut distinguer les deux cas par une règle absolue. Mais il n'en est plus de même dans les autres systèmes.

S'il s'agissait d'une définition purement géométrique qui n'eût pas à se préoccuper de la réalité des phénomènes, on ne serait certes pas embarrassé pour arriver à une distinction plausible des cristaux droits et gauches. Dans le système 4, par exemple, on partirait du prisme rhomboïdal, on conviendrait de tourner constamment l'angle obtus vers l'observateur, et l'on s'en référerait à la facette hémiédrique antéro-supérieure pour voir si elle tombe à droite ou à gauche. Mais ici les cristaux réalisés n'ont plus accepté cette uniformisation, et à côté d'hémiédries (celles de la tartramide…..) conformes à la règle, il s'en trouve (les bimalates de la *fig.* 268) qui ne donnent la face convenue à droite dans leurs échantillons dextrogyres que quand on dirige vers l'observateur l'angle aigu au lieu de l'angle obtus; il faut donc, dans ces systèmes, organiser pour chaque famille de cristaux une règle qui lui est personnelle.

§ 578. — Les deux acides $\overline{T}$ et leur extraction de certains racémates doubles.

Nous avons vu dans le chapitre précédent que l'état de combinaison pouvait modifier considérablement le pouvoir rotatoire des substances actives et que de tels changements atteignaient encore la substance libre, dont le pouvoir dépendait pour la grandeur et pour le sens, soit du végétal au sein duquel elle avait été élaborée, soit d'influences exercées sur elle après coup, par la chaleur par exemple. Les faits qui vont nous occuper nous montreront, comme ceux que nous rappelons, des isomères diversement actifs. Ils s'en distingueront, parce que 1° il s'agira d'isomères doués de pouvoirs rigoureusement égaux et contraires; parce que 2° cette égalité rigoureuse s'étendra à toutes les combinaisons contractées par ces isomères avec les substances inactives: 3° par d'autres particularités isomériques non moins remarquables qu'on ne tardera pas à connaître.

L'acide tartrique $\overline{T}$ est un acide organique, doué de la rotation dextrorsum, qui s'élabore dans le grain de raisin et se dépose dans le vin à l'état de $\overline{T}^2$KaO, au fur et à mesure que l'apparition croissante de l'alcool amoindrit sa solubilité. L'acide racémique $\overline{R}$ est un isomère de $\overline{T}$ qui s'en éloigne et par la forme de ses cristaux et par la moindre solubilité de ses sels. On sait aujourd'hui que cet acide,

loin d'être dû, comme on l'avait d'abord cru, à quelque
perturbation introduite dans la préparation de $\overline{T}$, est un
produit également normal de la fructification de la vigne,
mais qu'il n'apparaît que dans certaines conditions de cli-
mat et de cépage, et qu'il n'avait été obtenu par M. Kœtsner,
dans sa fabrique de Thann, qu'à la suite du traitement de
tartres bruts tirés de l'Italie.

L'acide $\overline{R}$ est inactif, mais M. Pasteur a montré qu'au
lieu d'être absolue, son activité tenait seulement à ce qu'en
lui se trouvaient réunis, nous devrions dire combinés,
des quantités égales de l'acide $\overline{T}$ droit connu, et d'un acide $\overline{T}$
gauche qu'il s'agit de faire connaître.

Si les divers racémates, livrés à la cristallisation, donnent en général des cristaux distincts de ceux que donnent
les tartrates correspondants et parfaitement homoèdres, il
en est deux, à savoir les racémates doubles, de soude et d'ammoniaque, de soude et de potasse, qui se résolvent en deux
séries de cristaux pondéralement égales, dont la composition
est la même et dont les formes, identiques d'ailleurs, ne diffèrent que par l'existence des faces hémiédriques. Placées à
droite dans une série, et à gauche dans l'autre, ces faces
donnent aux cristaux des deux séries le caractère de non-superposabilité. Les premiers ne sont autres que les tartrates
doubles des deux bases, les derniers sont constitués par un
isomère de $\overline{T}$ qui possède, mais à gauche, le même pouvoir
rotatoire, et qui communique à ses sels, même dans les cas
si curieux d'interversion, un pouvoir constamment égal et
contraire à celui du tartrate correspondant. Nous conve-
nous de distinguer les deux acides et leurs sels par les épi-
thètes de droit et de gauche.

La séparation des deux sortes de cristaux et, par suite,
l'isolement de leurs acides reposent sur un triage que les
particularités cristallographiques suivantes rendent faciles.
Nous supposerons qu'on opère sur le racémate de soude et
d'ammoniaque, parce que les cristaux inversement hémiè-

dres issus de son dédoublement conservent, quand ou les
soumet, après cet isolement, à d'autres cristallisations, leur
spécialité hémiédrique, et ne revêtent pas, comme ceux
issus du double racémate de potasse, soit une homoédrie
mensongère, soit même des hémiédries extraordinaires et
bizarres. Ses cristaux appartiennent au quatrième système
et présentent, ainsi que l'indique la *fig.* 285, dix faces additionnelles à chaque sommet et douze latérales. Ces dernières
se projettent sur le pourtour polygonal extérieur $\alpha\beta\gamma\delta\varepsilon\zeta\eta\vartheta$...
et forment soit des systèmes binaires de faces parallèles, soit
des prismes rhomboïdaux, dont l'un $\beta\gamma$ constitue précisément
ces faces, inclinées d'environ 130 degrés sur le pau antérieur
P, dont il a été question § 576. Les dix premières, obliques
sur la face T, se projettent suivant huit quadrilatères et deux
pentagones, et constituent autant de troncatures qui reposent sur les arêtes d'intersection de T avec les pans latéraux.
Ce sont des prismes rhomboïdaux s_1, s_2, m et deux hémioc-
taèdres h, h'. Les facettes s_1, s_2 permettent d'orienter les cristaux et d'y reconnaître, sans mesure et sans qu'on soit
obligé d'y rechercher cet angle de 130 degrés, les cristaux
droits et les gauches. Une fois le triage opéré, on élimine
les traces de cristaux contraires qu'ont pu laisser l'eau
mère et l'imperfection du triage, en soumettant chaque
sorte de cristaux à une nouvelle cristallisation. Il reste à
transformer ces sels solubles en sels insolubles de plomb et
à traiter par l'acide sulfurique. M. Pasteur n'a rien négligé
pour établir : 1° la parfaite identité de l'acide droit ainsi
obtenu avec $\overline{T}$; 2° la parfaite identité des deux acides et
de leurs sels dans toutes leurs propriétés chimiques on physiques autres que la rotation et l'hémiédrie (*). Qu'il nous

---

(*) L'hémiédrie, ne l'oublions pas, n'est ni une manifestation constante
de la structure intestine, ni un reflet obligé de la propriété optique; elle est
seulement possible, et, à part une exception sur laquelle on reviendra, on
a toujours pu, en variant le menstrue, la faire apparaître. Nous nous dis-
penserons d'ajouter d'autres exemples aux deux que nous ont offert les bi-

suffise de dire, quant au premier point, qu'on retrouve
dans l'acide gauche libre toutes les singularités de pouvoir
qu'amènent dans l'acide droit, la variation de température,
la dilution et l'addition d'acide borique ; et, quant au second, que chaque sel gauche, et plus généralement chaque
dérivé de cet acide, tels que la tartramide, l'acide tartra-
mique..., offre non-seulement la même densité, la même
solubilité..., que le composé droit correspondant, mais encore reproduit dans sa cristallisation tous les détails de
stries, de groupements de cristaux..., que ce composé droit
avait pu présenter.

L'emploi des doubles racémates pour dédoubler le racémique et arriver au $\overline{T}$ gauche, ne constitue pas une méthode générale qui puisse, au besoin, s'appliquer à d'autres
corps qui, comme lui, ne devraient leur inactivité qu'à l'antagonisme exact de deux principes actifs ; c'est un moyen
tout particulier dont le succès tient à ce que, pour des motifs qui nous échappent, ces doubles racémates ne peuvent
exister. Quand on sait que la reconstitution de $\overline{R}$, par le
mélange de poids égaux des deux acides, s'opère, à l'instar
d'une combinaison, avec un dégagement marqué de chaleur, on a droit de s'étonner que les forces de cristallisation,
si faibles et capables au plus de débrouiller des mélanges,
réussissent ici à séparer les deux sels possibles, et l'on est
tenté de désespérer que les analogues de $\overline{R}$, s'il en existe,
se prêtent à un dédoublement aussi fortuit. Il était donc à
désirer qu'on pût trouver un procédé plus général soit pour
dédoubler de tels inactifs, soit plutôt pour transformer un
corps $\begin{cases} \text{droit} \\ \text{gauche} \end{cases}$ en son $\begin{cases} \text{gauche} \\ \text{droit} \end{cases}$. M. Pasteur a non-seule-

---

malates du § 372, lesquels deviennent hémièdres, l'un par l'addition de
quantités considérables d'acide azotique, et l'autre par des traces de substances étrangères peu connues. Ces exemples prennent une force toute particulière de ce qu'il existe des sels de même formule obtenus avec un acide
malique isomère du précédent, mais inactif, et fournissant les mêmes cristaux
à cela près que pour eux on n'a jamais réussi à dissiper l'homoédrie.

ment réalisé ces importants progrès, mais il a, de plus, trouvé une quatrième variété de T isomère des trois précédentes, et s'en distinguant, à savoir des deux actives par l'inactivité, et du racémique par le caractère de cette inactivité qui est absolue et ne se laisse pas résoudre en deux moitiés actives.

§ 579. — Les bases du quinquina.

Son procédé repose sur ce que les composés fournis par les deux acides actifs inverses cessent de présenter les ressemblances dont il vient d'être question, dès que le corps qui leur est associé n'est plus inactif. On conçoit, en effet, qu'en pareil cas il y ait, en quelque sorte, addition des pouvoirs dans l'une des deux combinaisons et soustraction dans l'autre (*), de sorte que la constitution des deux molécules chimiques composées et, par suite, tout l'ensemble des propriétés des corps contractent de grandes différences. Le fait est que M. Pasteur trouve que les composés correspondants diffèrent alors en général par la forme, l'hygrométricité, la solubilité, la résistance à l'action destructive de la chaleur, ..., etc. C'est pour abréger que nous nous dispensons d'en donner ici des preuves et que nous nous contentons de renvoyer aux exemples qui seront cités dans le reste du chapitre. Faisons maintenant connaissance avec les sels qui ont permis à M. Pasteur d'atteindre son double but.

L'écorce des quinquinas fournit quatre alcaloïdes, à savoir la quinine et la quinidine, la cinchonine et la cinchonidine. Les deux premiers sont des isomères doués de rotations énergiques, mais contraires et légèrement inégales. Il en est de même des derniers; à côté de la relation d'isomérie elles offrent également le contraste de deux pouvoirs inverses considérables et peu différents. Les bases qui, dans chaque groupe, offrent le plus grand pouvoir (il est

---

(*) D'après les mesures de M. Pasteur, il semble même que, dans certains composés, il faille prendre ces mots à la lettre, et que la combinaison laisse leur intégrité aux deux groupements moléculaires actifs, comme dans un mélange.

dextrogyre), qui, par conséquent, sont les analogues et qui auraient dès lors reçu les mêmes désinences si, en l'absence du point de vue qui nous guide, on n'avait dû distribuer les noms les plus simples aux bases trouvées les premières, sont la quinidine et la cinchonine. Soumis à l'action de la chaleur, les deux corps de chacun de ces groupes se transforment en un troisième isomère, faiblement dextrogyre, à savoir la quinicine et la cinchonicine.

L'étude comparative des propriétés, surtout optiques, de chaque trio d'isomères a conduit M. Pasteur à cette idée que les deux corps très-actifs étaient une combinaison du troisième avec deux groupements moléculaires, doués de deux fortes rotations contraires et rigoureusement égales, qui seraient l'un à l'autre ce que sont les acides tartriques droit et gauche. Ces groupements seraient plus altérables que le groupement faiblement rotateur qui leur est associé. La chaleur, par exemple, les rendrait inactifs de manière à laisser le champ libre à la quinicine s'il s'agit du premier trio, et à la cinchonicine s'il s'agit du second.

Les quatre alcalis primordiaux du quinquina ont peu de stabilité; aussi subissent-ils, à la température ordinaire et surtout sous l'influence de la lumière, une altération spontanée qui, vu la faible différence de leur composition, les fait aboutir à un même produit : ce septième corps est une base résinoïde appelée *quinoïdine*. Voyons maintenant quelles ressources présentent ces divers corps pour réaliser les transformations que nous avons annoncées.

§ 580. — Nouveaux modes de dédoublement de l'acide racémique.

Quand on livre à la cristallisation le racémate de cinchonicine, il est un certain état de concentration de la liqueur qui donne des premiers cristaux presque entièrement formés de tartrate gauche et qui laisse dans l'eau mère le tartrate droit. Mêmes résultats avec la quinicine; seulement, dans ce cas, c'est le tartrate droit qui se dépose d'abord.

Le moyen suivant, très-commode pour obtenir T gauche, n'est pas, à proprement parler, un dédoublement, puisque l'isolement d'un des deux acides n'a lieu que par la destruction de l'autre. M. Pasteur, après avoir régularisé sur le tartrate d'ammoniaque, la fermentation spéciale observée antérieurement sur le tartrate de chaux, a répété l'opération sur le racémate de la même base. Eh bien, la fermentation a porté exclusivement sur le sel droit, et quand elle a été terminée, l'évaporation et l'alcool ont fourni une abondante cristallisation du sel gauche.

§ 581.—Transformation de l'un des deux acides T en l'autre.

Le tartrate de cinchonine chauffé graduellement devient tartrate de cinchonicine. Si l'on continue d'élever la température, la base éprouvant une nouvelle altération se transforme, avec perte d'eau et coloration, en quinoïdine. De son côté l'acide éprouve d'importantes modifications, et après cinq à six heures d'une température d'environ 170 degrés, il est partiellement transformé en racémique. Brisons la fiole, traitons à l'eau bouillante la masse résineuse noire qu'elle renferme, ajoutons enfin à la liqueur filtrée et refroidie un excès de chlorure de calcium, il se formera aussitôt un précipité de racémate de chaux qu'on isolera par une nouvelle filtration et duquel on retirera l'acide racémique. Comme cet acide peut, à l'aide de chacune des deux méthodes qu'on vient de donner, se dédoubler en ses deux isomères actifs, il s'ensuit que le tartrique primitif aura fourni une certaine quantité de son inverse. L'acide dont on part peut être indifféremment le droit ou le gauche : quel qu'il soit, les opérations décrites le changent en racémate et par conséquent en son inverse.

Ici ce n'est plus, comme au paragraphe précédent, par ses facultés rotatoires qu'agit la base associée au T. Son principal rôle est de communiquer à l'acide un peu de stabilité et de lui permettre d'atteindre une température qui le détruirait s'il était isolé. En effet, l'éther tartrique est une combinaison de l'acide $\overline{\text{T}}$ avec un corps inactif, qui supporte

également, sans se détruire, une température élevée, eh bien,
il donne comme les précédents sels, par surchauffe, de
notables quantités de racémique.

§ 582. — Transformation de racémique en tartrique inactif.

La préparation du racémique par le tartrate de cinchonine laisse un dernier liquide qui contient, avec l'excès du
chlorure employé, les portions de l'acide qui ne sont pas
représentées par le racémique obtenu. En le livrant à lui-
même, il fournit des cristaux d'un sel de chaux complète-
ment inactif, dont l'acide, également inactif, est un isomère
de l'acide tartrique qu'on ne parvient pas à dédoubler quand
on lui applique les divers moyens qui réussissent si bien
sur le racémique. Ce quatrième isomère, dont les sels sont
très-beaux, mais dépourvus et des facettes hémiédriques et
de toute propriété rotatoire, est l'acide inactif. Pour ceux
qui voudraient s'en faire une idée au point de vue grossier
du § 574, nous dirons qu'il correspond à des canaux dé-
tordus et ramenés à l'état de cylindres droits. Le racémique,
lui, serait constitué par des doubles canaux hélicoïdaux
dont une moitié tournerait à droite et l'autre à gauche.

C'est parce que cet acide inactif s'obtient également par
la surchauffe du racémate de cinchonine qu'on doit le considérer comme le résultat d'une action non pas immédiate et
exercée sur le tartrate de quinoïdine, mais ultérieure et
subie par le racémate déjà formé.

On doit voir dans l'acide tartrique un type auprès duquel
viendront se ranger d'autres corps accompagnés comme lui
de trois variétés, à savoir l'inverse, l'inactive résoluble et
l'inactive absolue. Un tel plan se trouve en effet déjà partiellement reproduit par diverses substances.

§ 583. - Les trois acides camphoriques.

Le camphre est une huile volatile concrète élaborée par
certaines plantes. Le camphre ordinaire provient d'un
arbre appartenant à la famille des Laurinées. Mais il est

d'autres plantes appartenant à d'autres familles, la matricaire par exemple, qui donnent également du camphre.

En traitant le camphre ordinaire par l'acide azotique, on obtient l'acide camphorique doué du pouvoir rotatoire dextrorsum. En traitant celui de la matricaire par le même acide, M. Chautard a obtenu un acide camphorique isomère de l'ancien, et montrant, mais à gauche, la même énergie rotatoire. En les réunissant, ils se combinent pour donner naissance à un nouvel acide, qu'on peut appeler *racémocamphorique*, qui forme des sels distincts et d'où l'on peut retirer les deux acides actifs. L'acide camphorique réalise donc trois des quatre variétés.

§ 584. — Les acides aspartique actif et inactif.

L'asparagine est un produit organique actif qui, soumise à l'action prolongée des bases ou des acides, se transforme en un corps également actif qui est l'acide aspartique. Dérivés l'un de l'autre, ces deux corps se ressemblent par l'extrême mobilité de la partie dissymétrique de leur groupement moléculaire. Car tous deux, reproduisant des inversions déjà signalées, se montrent tour à tour dextrogyres et lévogyres: le premier mode de rotation appartenant à leurs dissolutions aqueuses ou alcalines, et le dernier à leurs dissolutions acides.

Il est un second acide aspartique obtenu d'abord par M. Dessaignes à l'aide du bimalate d'ammoniaque et un peu plus tard à l'aide du fumarate acide de la même base. Comme ce dernier sel est inactif et que jusqu'à présent il ne nous a pas été donné de créer l'activité rotatoire moléculaire là où elle n'existait pas, M. Pasteur en a conclu que ce dernier acide devait être l'inactif de l'autre, et en effet jusqu'à présent cet acide aussi bien que ses sels sont restés indédoublables. L'étude comparative des deux acides a montré que s'ils avaient de grandes ressemblances, cependant leur différence ne se bornait pas à la rotation, qu'ainsi ils offraient des solubilités légèrement différentes et des formes incompatibles : mêmes résultats pour leurs deux séries de sels qui ont constamment la même composition et les mêmes propriétés chimiques, et ne se distinguent encore que par des solubilités faiblement inégales, par la propriété rotatoire et par la forme cristalline. Mais, hâtons-nous de le dire, quoique les formes des sels correspondants appartiennent à des systèmes différents, à savoir les systèmes 4 et 5, l'obliquité des derniers est si peu prononcée, qu'il semble qu'on ait affaire, comme dans le dimorphisme, à une forme limite. Entre les racémates et les tartrates, les différences sont autrement profondes, car l'on n'y rencontre ni l'identité de composition ni celle des propriétés chimiques. On serait donc tenté d'ériger en règle générale qu'un actif et son inactif absolu se rapprochent beaucoup plus l'un de l'autre qu'un actif et son racémique, et de voir avec M. Pasteur dans ce qui précède un nouveau motif de conclure que ce nouvel aspartique est bien l'inactif.

§ 585.   Les acides malique actif et inactif.

Par une réciprocité curieuse on peut transformer l'acide aspartique en malique. Il suffit pour cela de le soumettre à l'action oxydante de l'acide hypoazotique. Si l'on part de l'acide actif, le malique obtenu n'est autre que celui du sorbier, et il jouit de la propriété rotatoire. L'aspartique inactif, au contraire, conduit à un malique inactif qui se distingue en outre de l'autre par une moindre tendance à l'absorption de l'humidité atmosphérique, par un point de fusion plus élevé et une plus grande résistance à la décomposition par la chaleur. Entre les deux séries de malates la ressemblance est plus grande encore qu'entre les deux d'aspartates (*) ; car les sels correspondants cristallisent dans

---

(*) En soumettant le bimalate ammoniacal inactif aux mêmes opérations qui ont transformé le bimalate actif en aspartique inactif, on obtient les mêmes produits intermédiaires et finalement l'aspartique inactif. Comme le bimalate actif aurait pu conduire à l'aspartique actif, il faut voir dans cette similitude des résultats, une confirmation de l'identité parfaite qui règne entre les propriétés chimiques des deux séries de sels.

le même système et leurs formes présentent les mêmes angles. En dehors de la rotation, et de l'hémiédrie qui fait constamment défaut dans une des séries, il ne reste donc que des traits légèrement différentiels, tels qu'une limpidité plus ou moins parfaite, la présence ou l'absence de stries, une inégale facilité à former certains sels d'une composition spéciale. Aussi doit-on conclure encore que cet inactif n'est pas le racémo-malique.

M. Pasteur a reconnu que dans la surchauffe du bimalate d'ammoniaque en vase clos, une partie de l'acide malique se dérobait à la réaction principale qui fournit l'acide aspartique et se retrouvait dans la liqueur à l'état de malique inactif. Il faut donc, au procédé détourné qui vient de donner cet acide, ajouter une transformation directe analogue à celle que nous ont déjà offerte les tartrates de cinchonine et les éthers tartriques.

Si tout corps actif peut fournir des cristaux doués de l'hémiédrie non superposable, on doit considérer comme possibles d'autres cristaux revêtus de l'hémiédrie complémentaire et partant d'un pouvoir rotateur moléculaire inverse, égal en valeur absolue. On peut donc espérer voir se réaliser les inverses des corps actifs droits ou gauches que nous possédons. Une étude de leurs divers composés, faite à ce point de vue, récompensera largement sans doute les soins de ceux qui s'y dévoueront.

Nous allons consacrer le reste du chapitre à quelques généralités et à certains faits importants qui n'ont pu trouver place dans l'exposition précédente.

§ 586. — Solutions inactives de cristaux hémiédriques.

Si l'activité rotatoire moléculaire appelle en général l'hémiédrie non superposable, la réciproque n'est pas vraie, et il s'en faut que les cristaux doués de cette hémiédrie donnent nécessairement des dissolutions actives. On en voit plusieurs motifs.

Le glucosate de sel marin, dont les cristaux habilement débrouillés par M. Pasteur appartiennent, malgré leur apparence rhomboédrique, au quatrième système, et ont l'hémiédrie efficace, est un beau sel où l'on retrouve cette singularité, qui appartient également au glucose, d'un pouvoir qui, lentement à froid et rapidement à chaud, s'altère avec le temps, et s'arrête à une valeur sous-double de celle qu'il avait immédiatement après l'acte de sa dissolution. D'ailleurs, ce pouvoir définitif n'est autre que celui du glucose qui entre dans la combinaison. Il résulte de ces observations : 1° que le groupement moléculaire asymétrique auquel le glucose doit son pouvoir rotatoire persiste sans altération dans une dissolution qui n'est plus récente; 2° que dans le corps cristallisé il existe un groupement moléculaire tout différent et deux fois plus actif; 3° que ce groupement, incompatible avec l'état de dissolution, disparaît alors plus ou moins rapidement. Or, pourquoi n'existerait-il pas des corps chez lesquels, par suite d'une incompatibilité beaucoup plus radicale, l'acte de la dissolution détruirait non plus lentement, mais instantanément, non plus partiellement, mais totalement, ce qu'il y a de dissymétrique dans la molécule. Ce serait là un premier motif qui empêcherait la réciproque d'aboutir pour des corps moléculairement actifs.

Un second, qui paraît se rapporter au plus grand nombre des cas où la réciprocité fait défaut, tiendrait à ce que l'hémiédrie n'existe pas dans la molécule chimique, mais seulement dans les groupes plus complexes qui servent à édifier le cristal et disparaissent avec lui. Ce serait le cas du quartz, des sels de M. Marbach, etc. Insistons ici sur certains contrastes qui séparent ces hémiédries de pure cristallisation de celles qui préexistent dans la molécule chimique.

Si, quand les racémates doubles du § 378 engendrent par dédoublement les deux sortes de cristaux hémièdres, il y a pondéralement autant des uns que des autres, on conçoit qu'un tel rapport d'égalité n'ait plus sa raison d'être quand il s'agit de solides hémiédriques, obtenus par l'arrangement dissymétrique de matériaux symétriques. C'est ce qui arrive en effet; ainsi l'on ne trouve jamais avec les dissolutions de sulfate de magnésie et de bisulfate de potasse qu'une sorte de cristaux hémièdres, et si celles de formiate de strontiane et les géodes de quartz en donnent les deux sortes, leur rapport diffère de l'unité et est d'ailleurs variable dans les diverses cristallisations. Première différence. En voici une seconde.

Quand on redissout une des deux sortes de cristaux fournis par le racémate, les droits par exemple, on n'en obtient jamais, par de nouvelles cristallisations, que des cristaux droits. Les dissolutions des sels de M. Marbach, au contraire, quoiqu'on ait eu le soin de les former exclusivement de cristaux d'une seule sorte, engendrent des droits et des gauches. Ainsi, dans ces derniers, les mêmes matériaux qui faisaient d'abord tourner à droite le plan de polarisation, le font maintenant tourner à gauche. Le formiate de strontiane soumis aux mêmes épreuves reproduit également les deux hémiédries; on n'en peut dire davantage sur ce dernier sel, parce que, malgré les efforts de MM. Pasteur et Violette, sa double réfraction biaxe (il appartient au quatrième système), s'est opposée à ce qu'on pût constater dans ses cristaux l'activité rotatoire.

§ 587. — La loi de corrélation sérieusement en défaut dans certains corps moléculairement actifs.

L'alcool amylique ordinaire est un mélange de deux isomères, l'un actif et l'autre inactif, qui, comme les deux acides maliques, possèdent et portent dans leurs composés la similitude la plus profonde, et dont la séparation laborieuse repose sur une pure différence de solubilité de certains sulfamylates, et notamment des sulfamylates actif et inactif de baryte.

M. Pasteur a constamment échoué dans les tentatives qu'il a faites pour déterminer sur les sulfamylates actifs les facettes hémiédriques. L'identité de forme des sels correspondants, au lieu d'être tempérée comme chez les malates par ce discord géométrique, a toujours été absolue. Il y a plus : il a reconnu aux deux traits suivants que si l'hémiédrie manquait aux composés actifs, ce n'était pas par hasard, mais nécessairement, et qu'ainsi il était inutile de continuer à varier les conditions de la cristallisation.

C'est un fait que deux composés correspondants, l'un actif, l'autre inactif, même quand ils ont les mêmes formes cristallines, ne concourent jamais, comme on le voit pour deux isomorphes, à la formation d'un même cristal. L'expérience a montré que leurs cristaux, qu'ils se déposent simultanément ou tour à tour, sont toujours séparés. En voyant une eau mère qui a donné une première sorte de cristaux et qui livrerait rapidement ceux du second corps si on la décantait, rester sursaturée tant qu'on n'a pas ainsi éloigné l'un de l'autre les deux corps, on serait tenté de croire que ces corps actifs et inactifs se repoussent. Eh bien, rien de pareil avec deux composés amyliques correspondants ; ils se montrent toujours doués de l'isomorphisme le plus absolu, et se trouvent en toutes proportions dans les cristaux issus d'un mélange de leurs dissolutions.

Un moyen héroïque de manifester la moindre dissemblance de constitution et de mettre en évidence la différence de structure qui sépare habituellement un actif de son inactif, consiste à les unir à un corps actif. Le caractère hémiédrique du corps auxiliaire rend, il est vrai, hémiédriques les deux séries de composés, mais avec le corps actif seul on a affaire à une hémiédrie résultante provenant de deux structures hémiédriques préexistantes (*). En tentant sur les deux sulfamylates de cinchonine, sels d'une grande beauté, ce dernier genre d'épreuve, M. Pasteur a constamment vu en ressortir des sels identiques qui se combinaient en toutes proportions, et chez lesquels, par conséquent, l'hémiédrie était le fait de la cinchonine seule. De tout ceci, il a légitimement conclu que si dans le quartz, le chlorate de soude, etc., des matériaux symétriques engendraient par leur mode de groupement un édifice dissymétrique, les composés amyliques réalisaient le cas inverse de molécules individuellement dissymétriques qui se disposent, au moment de la cristallisation, en groupes d'ordre supérieur, doués d'une parfaite symétrie.

§ 588. — Les deux sortes de pouvoirs cumulés par le tartrate d'ammoniaque. — Rôle de la tétartoédrie.

Les particules d'un corps moléculairement actif peuvent-elles, comme celles du quartz, du chlorate de soude, etc., se prêter à la dissymétrie de l'arrangement cristallin? Au cas où il y aurait ainsi superposition des deux pouvoirs rotatoires, quel sera le rapport des quatre formes issues de ces deux groupements cristallins, à savoir D_d, D_g pour la variété droite moléculaire, et G_d, G_g pour

---

(*) C'est au même ordre d'idées que se rattachent : 1° la possibilité de reconnaître le pouvoir rotatoire moléculaire des corps opaques tels que les matières colorantes : on les combinera avec deux actifs inverses, et l'on verra si les composés ont d'autres différences que l'hémiédrie; 2° le soupçon d'une constitution dissymétrique et analogue à celle des corps rotatoires, chez les ferments, soupçon énoncé par M. Pasteur à la suite de ses études sur la fermentation tartrique.

la variété gauche? Ce sont là des questions que s'est posées M. Pasteur, et sur lesquelles il a su jeter quelque lumière.

On conçoit sans peine que l'hémiédrie ne suffise plus à un tel phénomène. Les quatre formes obtenues devront, à côté de vives analogies, conserver chacune quelque trait différentiel. En effet, entre les cristaux D_d, G_d soumis au même arrangement cristallin, il reste la différence d'organisation de la molécule chimique; et la loi de corrélation montre assez qu'une telle différence peut réagir sur la forme extérieure : ces deux formes seront donc distinctes. A plus forte raison en sera-t-il de même de D_d, G_g que séparent les deux différences, irrachetables l'une par l'autre, de constitution intime et d'agrégation cristalline. Une tétartoédrie, au contraire, s'adapterait naturellement au phénomène; telle est, en effet, la ressource cristallographique qui s'est produite dans le seul cas de ce genre observé jusqu'ici.

Il y a tétartoédrie quand on n'obtient que le quart des faces promises par la loi de symétrie. Qu'on les considère à ce point de vue immédiat, ou qu'on les regarde comme des hémiédries d'hémiédries, les tétartoédries sont de deux sortes. Celles-là seules nous intéressent, qui sont asymétriques et indifférentes au retournement. Il s'en trouve de telles dans plusieurs des six systèmes cristallins; mais, préoccupés avant tout de ce qui a été réalisé, nous nous bornerons à celles du quatrième système cristallin. Nous prévenons qu'à leur égard le caractère d'insuperposabilité continuera d'être l'équivalent des deux conditions exigées.

Soit la combinaison du prisme rhomboïdal (110) avec l'octaèdre (111), il y aura tétartoédrie si l'on ne prend que deux des huit faces de cette dernière forme. La tétartoédrie sera efficace si l'on évite et les couples de faces parallèles et celles qui se présenteraient autrement quand on retourne le cristal. Conjugons d'abord la face supérieure (111) avec chacune des quatre inférieures.

La combinaison $\begin{bmatrix} 1 & 1 & 1 \\ \bar{1} & \bar{1} & \bar{1} \end{bmatrix}$ péchera par parallélisme, la combinaison $\begin{bmatrix} 1 & 1 & 1 \\ 1 & \bar{1} & 1 \end{bmatrix}$ sera sensible au retournement, et l'on n'aura de bonnes, que les tétartoédries $\begin{bmatrix} 1 & 1 & 1 \\ \bar{1} & 1 & \bar{1} \end{bmatrix}$, $\begin{bmatrix} 1 & 1 & 1 \\ \bar{1} & 1 & \bar{1} \end{bmatrix}$. Nommons-les α et ε.

En conjuguant maintenant la face $(\bar{1}\,1\,1)$ avec les inférieures, il se trouvera encore deux combinaisons inefficaces et deux efficaces γ, δ ayant pour symboles $\begin{bmatrix} \bar{1} & 1 & \bar{1} \\ & \bar{~} & \\ 1 & 1 & 1 \end{bmatrix}$, $\begin{bmatrix} \bar{1} & 1 & 1 \\ \bar{~}\bar{~}\bar{~} \\ 1 & 1 & 1 \end{bmatrix}$. Le lecteur verra sans peine que la combinaison des deux dernières faces du demi-octaèdre supérieur avec celles du demi-octaèdre inférieur ne ferait que restituer les combinaisons efficaces déjà trouvées α, β, γ, δ. Ainsi les seize combinaisons possibles n'aboutissent qu'à quatre bonnes tétartoédries. On les a représentées *fig.* 286, 287, 288, 289. α et δ sont symétriques : il en est de même de β, γ ; mais quoique constituées par les mêmes faces et par les mêmes angles et identiques en un mot dans toutes leurs parties, chacune reste insuperposable aux trois autres.

Le tartrate d'ammoniaque cristallise dans le 5ᵉ système, sous deux formes hémiédriques D, G non superposables, réalisant les variétés droite et gauche : ce sont là deux formes qui répondent à l'hémiédrie de la molécule chimique s'exerçant seule avec une structure cristalline régulière. Puisque de telles formes, asservies à la dualité, ne sauraient convenir dans le cas complexe qui nous occupe, M. Pasteur a prévu que s'il devait se réaliser chez ce sel, ce serait avec une autre forme, et qu'ainsi il y aurait *dimorphisme* au profit des formes D_g, D_d, G_d, G_g empreintes des deux dissymétries.

Quand on a ajouté à la dissolution d'un de ces deux tartrates une petite quantité de malate neutre d'ammoniaque (*), le tartrate, tout en restant anhydre, se présente en cristaux qui appartiennent au 4ᵉ système, sont un peu plus efflorescents que les précédents, et, chose remarquable, sont affectés de tétartoédrie. Mais M. Pasteur n'a pas réussi à réaliser les quatre formes : le sel droit n'a jamais donné que α et le sel gauche que δ. Les formes β, γ n'ont pas été réalisées ; cette exclusion est toute particulière au sel et analogue à ce que nous a montré le sulfate de magnésie qui ne réalise jamais que l'une de ses deux hémiédries.

—————————

(*) Avec le malate inactif, les deux tartrates manifestent leur propriété dimorphique avec une égale facilité. Le malate actif, en conformité avec les principes du § 579, favorise au contraire le dimorphisme d'un des tartrates, et c'est le gauche. Le jour où l'on aura le malique actif droit, on prévoit que son malate neutre sera favorable à l'autre tartrate.

Ces nouveaux cristaux dissous ne gardent rien de ce qui a converti l'hémiédrie en tétartoédrie, car en les dissolvant, on a le même pouvoir rotatoire qu'avec des cristaux de la première forme. Quand on aura obtenu d'assez beaux cristaux tétartoèdres, pour étudier sans les dissoudre leur pouvoir rotatoire, ce sera assurément une étude bien curieuse que celle de phénomènes qui, analogues à la polarisation rotatoire, en différeront par l'obligation de réaliser les allures distinctes correspondantes aux quatre formes tétartoédriques. Espérons que la double réfraction biaxe n'en rendra pas l'étude impossible.

CHAPITRE XXIII.

LA MÉTHODE EXPÉRIMENTALE DE M. DE SENARMONT.

Calcul des intensités des deux images finales produites par l'action successive d'un biquartz, d'un polarisateur elliptique et d'un polariscope, qui doit être biréfringent, sur un rayon polarisé. — Comment l'uniformisation est toujours possible, au moins dans une des images. — Pour une orientation du polarisateur, il y en a deux du polariscope qui uniformisent une même image. Comment la connaissance de ces trois azimuts donne $\frac{k}{h}$ et φ. — Possibilité d'uniformiser à la fois les deux disques. — Comment les particularités que présente cette double uniformisation ont, avec les cas particuliers de l'elliptisation, une correspondance assez précise pour leur servir de signalement. — Caractères d'un angle de polarisation totale; — d'une incidence principale; — de deux composantes égales; d'un renversement de l'une des vibrations. — Contraste des variations de teinte provoquées par un même mouvement de l'analyseur, avant et après le renversement de l'une des vibrations; — avant et après le passage par une incidence principale. — On procède aux diverses expériences qui précèdent, ou à d'autres équivalentes; — mesure des paramètres $\frac{k}{h}$, φ. — Quand ces formules cessent-elles d'être applicables? — Caractères auxquels on reconnaît la double réfraction des corps opaques.

§ 589. — Calcul de l'action d'un biquartz, d'un polarisateur elliptique et d'un polariscope sur un rayon polarisé.

Un rayon polarisé, destiné à un miroir vertical MM' (*fig.* 290), traverse, avant de venir s'y réfléchir, un quartz Q perpendiculaire à l'axe; après avoir subi tour à tour, l'action du quartz, celle du réflecteur, et enfin celle du polariscope, il arrive à l'œil, doué d'une certaine intensité qu'il s'agit de calculer.

La direction de la vibration primitive est donnée par l'angle α qu'elle fait avec la verticale OV; l'action du quartz consiste dans une certaine anomalie θ (*) apportée à l'un des deux circulaires

---

(*) Soit e l'épaisseur du quartz, il exercera la rotation ae (§ 467) et l'on aurait $\theta = 2ae$.

qu'équivaut le rectiligne. Celle du réflecteur, s'il n'est pas biréfringent, ou si, l'étant, ses sections principales sont, l'une horizontale, l'autre verticale, consiste, 1° à fractionner dans des rapports différents, h et k, la vibration verticale constitutive du rayon polarisé dans le premier azimut et la deuxième vibration; 2° à introduire entre elles une anomalie φ; enfin, le polariscope qui sera un prisme biréfringent dont la section principale fera l'angle ε avec la verticale, forme chacune de ses images en empruntant à chacune des deux vibrations finales une composante, et c'est l'interférence de ces composantes ramenées ainsi au même plan de polarisation qui fait l'intensité de l'une et de l'autre image.

Soit $X = 2\cos\xi$, le polarisé primitif, il équivaut (§ **461**) aux deux circulaires égaux et inverses

$$x = \cos\xi, \quad x = \cos\xi,$$
$$y = \sin\xi, \quad y = -\sin\xi;$$

après le trajet dans le quartz, que nous supposerons lévogyre, si nous reportons sur le dernier rayon toute l'action, le premier sera resté $\begin{aligned} x &= \cos\xi \\ y &= \sin\xi \end{aligned}$, et le second sera devenu $\begin{aligned} x &= \cos(\xi - \theta) \\ y &= -\sin(\xi - \theta) \end{aligned}$; ces deux circulaires donnent, suivant la verticale, quatre vibrations dont la somme algébrique est

$$\cos\xi\,\cos\alpha - \sin\xi\,\sin\alpha + \cos(\xi - \theta)\cos\alpha + \sin(\xi - \theta)\sin\alpha,$$

et suivant l'horizontale OH,

$$\cos\xi\,\sin\alpha + \sin\xi\,\cos\alpha + \cos(\xi - \theta)\sin\alpha - \sin(\xi - \theta)\cos\alpha.$$

En développant $\cos(\xi - \theta)$, $\sin(\xi - \theta)$, on obtient sans peine, pour la première somme, d'abord

$$\cos\xi\,[\cos\alpha + \cos(\theta + \alpha)] + \sin\xi\,[-\sin\alpha + \sin(\theta + \alpha)];$$

puis, en remplaçant par des produits la somme des deux cosinus et la différence des deux sinus,

$$2\cos\xi\,\cos\left(\alpha + \frac{\theta}{2}\right)\cos\frac{\theta}{2} + 2\sin\xi\,\sin\frac{\theta}{2}\cos\left(\alpha + \frac{\theta}{2}\right)$$
$$= 2\cos\left(\alpha + \frac{\theta}{2}\right)\cos\left(\xi - \frac{\theta}{2}\right).$$

II.

En élaborant de la même manière la deuxième somme, on trouve pour la vibration horizontale

$$2\sin\left(\alpha+\frac{\theta}{2}\right)\cos\left(\xi-\frac{\theta}{2}\right).$$

Reçues par le miroir comme vibrations principales, elles deviennent, après la réflexion,

$$2\,h\cos\left(\alpha+\frac{\theta}{2}\right)\cos\left(\xi-\frac{\theta}{2}\right) \quad\text{et}\quad 2\,k\sin\left(\alpha+\frac{\theta}{2}\right)\cos\left(\xi-\frac{\theta}{2}-\varphi\right).$$

Le polariscope prend dans sa section principale, pour former l'image extraordinaire, les deux composantes

$$(1)\quad \begin{cases} 2\,h\cos\theta\cos\left(\alpha+\dfrac{\theta}{2}\right)\cos\left(\xi-\dfrac{\theta}{2}\right)\\[2mm] +2\,k\sin\theta\sin\left(\alpha+\dfrac{\theta}{2}\right)\cos\left(\xi-\dfrac{\theta}{2}-\varphi\right), \end{cases}$$

et dans son deuxième azimut, pour former l'image ordinaire, deux composantes dont la somme algébrique est

$$(2)\quad \begin{cases} 2\,h\sin\theta\cos\left(\alpha+\dfrac{\theta}{2}\right)\cos\left(\xi-\dfrac{\theta}{2}\right)\\[2mm] -2\,k\cos\theta\sin\left(\alpha+\dfrac{\theta}{2}\right)\cos\left(\xi-\dfrac{\theta}{2}-\varphi\right). \end{cases}$$

On arriverait aux mêmes expressions en envisageant autrement l'action du quartz. En effet, au point de vue rotatoire, cette action consiste : 1° dans une déviation du plan de polarisation qui, après le quartz, est dans l'azimut $\alpha+\dfrac{\theta}{2}$; 2° dans une variation de phase qui s'élève à $\dfrac{\theta}{2}$ (§ **365**). C'est donc comme si, le quartz n'existant pas, on offrait au miroir le rayon $X=2\cos\left(\xi-\dfrac{\theta}{2}\right)$, ou les deux composants

$$2\cos\left(\alpha+\frac{\theta}{2}\right)\cos\left(\xi-\frac{\theta}{2}\right), \qquad 2\sin\left(\alpha+\frac{\theta}{2}\right)\cos\left(\xi-\frac{\theta}{2}\right).$$

Après l'action du miroir, ils seront devenus

$$2\,h\cos\left(\alpha+\frac{\theta}{2}\right)\cos\left(\xi-\frac{\theta}{2}\right), \qquad 2\,k\sin\left(\alpha+\frac{\theta}{2}\right)\cos\left(\xi-\frac{\theta}{2}-\varphi\right).$$

expressions identiques avec celles déjà trouvées. La mise en équation des phénomènes est si importante et si délicate, qu'on nous pardonnera d'avoir ainsi donné une deuxième manière d'obtenir les rayons définitifs.

§ 590.— Expression des intensités des deux images.

Si l'on ne visait qu'à obtenir, sous leurs formes les plus simples, les intensités B^2, A^2 de ces rayons définitifs, on recourrait à la formule

$$A^2 = a^2 + a'^2 + 2\,a\,a'\cos\varphi,$$

qui donnerait, après remplacement de $\cos\varphi$ par $1 - 2\sin^2\frac{1}{2}\varphi$,

$$B^2 = R_e = 4\left[h\cos\varepsilon\cos\left(\alpha+\frac{\theta}{2}\right) + k\sin\varepsilon\sin\left(\alpha+\frac{\theta}{2}\right)\right]^2$$
$$- 4\,hk\sin 2\varepsilon\sin(2\alpha+\theta)\sin^2\frac{\varphi}{2},$$

$$A^2 = R_o = 4\left[h\sin\varepsilon\cos\left(\alpha+\frac{\theta}{2}\right) - k\cos\varepsilon\sin\left(\alpha+\frac{\theta}{2}\right)\right]^2$$
$$+ 4\,hk\sin 2\varepsilon\sin(2\alpha+\theta)\sin^2\frac{\varphi}{2}.$$

Or, σ étant un angle auxiliaire, on peut toujours poser les équations

$$h\sin\varepsilon = Q\sin\sigma, \quad k\cos\varepsilon = Q\cos\sigma,$$

qui conduisent à

$$Q = \sqrt{h^2\sin^2\varepsilon + k^2\cos^2\varepsilon}, \qquad \tan\sigma = \frac{h}{k}\tan\varepsilon,$$

et par suite donnent à A^2 la forme

$$A^2 = 4Q^2\left[\sin^2\left(\sigma - \alpha - \frac{\theta}{2}\right) + \sin 2\sigma\sin(2\alpha+\theta)\sin^2\frac{\varphi}{2}\right].$$

Pour obtenir dans B^2, par l'emploi d'autres auxiliaires, des simplifications analogues, il semblerait naturel de les déterminer par les relations

$$h\cos\varepsilon = Q'\cos\sigma', \quad k\sin\varepsilon = Q'\sin\sigma',$$

de manière à avoir

$$B^2 = 4Q'^2\left[\cos^2\left(\sigma' - \alpha - \frac{\theta}{2}\right) - \sin 2\sigma'\sin(2\alpha+\theta)\sin^2\frac{\varphi}{2}\right];$$

mais en posant, avec M. de Senarmont, les équations

$$h \cos \theta = Q' \sin \sigma', \quad k \sin \theta = - Q' \cos \sigma',$$

qui conduisent à

$$Q'^2 = h^2 \cos^2 \theta + k^2 \sin^2 \theta, \quad \mathrm{tang}\, \sigma' = - \frac{h}{k} \cot \theta.$$

et donnent

$$B^2 = 4 Q'^2 \left[\sin^2 \left(\sigma' - \alpha - \frac{\theta}{2} \right) + \sin 2 \sigma' \sin (2 \alpha + \theta) \sin^2 \frac{\theta}{2} \right].$$

il y a cet avantage, que A^2 et B^2 ont une composition identique, l'un en σ, Q, l'autre en σ', Q'.

Dans la méthode de M. de Senarmont, le quartz interposé sera un biquartz. Pour passer du calcul précédent qui conviendra à l'une des moitiés du faisceau, au calcul de l'intensité pour l'autre moitié, il suffira d'y changer le signe de θ. On est donc conduit à mettre en évidence dans A^2, B^2 et $\cos\theta$ et $\sin\theta$. On y arriverait en développant dans ces expressions les sinus et cosinus d'arcs multiples, mais il est peut-être plus simple d'exécuter *ab ovo* cette mise en évidence sur les expressions (1), (2) du § 589. Suivons le détail des calculs sur la dernière.

Elle devient, en isolant d'abord l'angle variable ξ et en omettant 2,

$$\left[h \sin \theta \cos \left(\alpha + \frac{\theta}{2} \right) \cos \frac{\theta}{2} - k \cos \theta \sin \left(\alpha + \frac{\theta}{2} \right) \cos \left(\frac{\theta}{2} + \varphi \right) \right] \cos \xi,$$
$$+ \left[h \sin \theta \cos \left(\alpha + \frac{\theta}{2} \right) \sin \frac{\theta}{2} - k \cos \theta \sin \left(\alpha + \frac{\theta}{2} \right) \sin \left(\frac{\theta}{2} + \varphi \right) \right] \sin \xi.$$

En général, quand on a ramené un ensemble de mouvements vibratoires, dont la direction est la même, à la forme

$$M \cos \xi + N \sin \xi = M \cos \xi + N \cos \left(\xi - \frac{\pi}{2} \right),$$

on les a échangés contre deux systèmes des rayons qui diffèrent de $\frac{\lambda}{4}$, et dont l'intensité résultante s'obtient par la formule particulière

$$A^2 = a^2 + a'^2.$$

Il s'agit donc ici de former les carrés des deux parenthèses et de les ajouter.

Si nous continuons d'introduire les auxiliaires σ, Q, les six termes issus de ces carrés se réduiront à trois et donneront

$$A^2 = Q^2 \left[\sin^2\sigma \cos^2\left(\alpha + \frac{\theta}{2}\right) + \cos^2\sigma \sin^2\left(\alpha + \frac{\theta}{2}\right) - \frac{1}{2}\sin 2\sigma \sin(2\alpha + \theta)\cos\varphi \right].$$

Si nous remplaçons $\cos^2\left(\alpha + \frac{\theta}{2}\right)$, $\sin^2\left(\alpha + \frac{\theta}{2}\right)$ par $\frac{1 + \cos(2\alpha + \theta)}{2}$, $\frac{1 - \cos(2\alpha + \theta)}{2}$, et si nous développons, dans l'expression réduite, et $\cos(2\alpha + \theta)$ et $\sin(2\alpha + \theta)$, il vient, après la restitution du facteur 4,

$$A^2 = R_o = 2\left(h^2\sin^2\theta + k^2\cos^2\theta\right)$$
$$\times \left[\begin{array}{l} 1 - \cos\theta\left(\cos 2\sigma \cos 2\alpha + \sin 2\sigma \sin 2\alpha \cos\varphi\right) \\ + \sin\theta\left(\cos 2\sigma \sin 2\alpha - \sin 2\sigma \cos 2\alpha \cos\varphi\right) \end{array} \right];$$

par un travail analogue, on arriverait à l'expression

$$B^2 = R_e = 2\left(h^2\cos^2\theta + k^2\sin^2\theta\right)$$
$$\times \left[\begin{array}{l} 1 - \cos\theta\left(\cos 2\sigma' \cos 2\alpha + \sin 2\sigma' \sin 2\alpha \cos\varphi\right) \\ + \sin\theta\left(\cos 2\sigma' \sin 2\alpha - \sin 2\sigma' \cos 2\alpha \cos\varphi\right) \end{array} \right].$$

§ 591. — Comment les azimuts uniformisants donnent $\frac{k}{h}$ et φ.

Des paramètres α, θ, θ, $\frac{k}{h}$, φ qui entrent dans ces expressions, les deux premiers α, θ sont les seuls qui soient, dans tous les cas, communs à toutes les couleurs. Les teintes sont donc sous la dépendance des termes et des facteurs qui contiennent, soit un ou plusieurs des trois derniers, soit les paramètres secondaires σ, σ' qui reviennent visiblement à h et k. Et comme ces termes et ces facteurs sont nombreux, on conçoit qu'elles soient singulièrement changeantes. Cependant comme les variations que h, k et φ subissent, de couleur à couleur, sont en général faibles, il s'ensuit que le paramètre essentiellement *colorigène* est θ et qu'en tenant compte de ses seules variations les phénomènes indiqués par la discussion des formules formeront une première esquisse de la réalité, suffisamment fidèle et à peine troublée dans certains cas par de légères perturbations.

Or, dans une même image, on passe d'une moitié à l'autre en changeant le signe de θ, et, par suite, celui du terme en $\sin\theta$. Le contingent que ce terme apporte dans l'intensité totale devient donc soustractif d'additif qu'il était, c'est-à-dire qu'en général les deux moitiés de chaque image sont de couleur différente. Cependant s'il arrivait que pour certaines valeurs, et des paramètres α, ϵ, dont on est maître, et des paramètres h, k, φ, dont la valeur commune varie incessamment au gré des phénomènes, avec l'incidence, par exemple, s'il arrivait, dis-je, que le coefficient de $\sin\theta$ s'annulât, l'image correspondante revêtirait exceptionnellement une teinte uniforme. Or on conçoit que ces apparitions de teintes uniformes puissent avoir des correspondances précieuses avec les états remarquables de γ, $\dfrac{k}{h}$, ou même avec les valeurs numériques de ces paramètres et puissent servir à les déceler. C'est ce qu'il s'agit d'étudier.

Quels que soient $\dfrac{k}{h}$ et φ, il existe toujours pour α et ϵ des systèmes de valeurs capables d'uniformiser une des images, et leur nombre est infini. S'agit-il de l'ordinaire, il suffit que α, σ, φ satisfassent à la relation

$$\tan 2\alpha = \tan 2\sigma\cos\varphi,$$

et comme σ est une fonction de $\dfrac{k}{h}$ et ϵ, cette équation unique se trouve porter sur quatre des cinq quantités qui sont en jeu dans la question. On pourra donc choisir l'une des deux quantités disponibles $\begin{pmatrix}\alpha\\\epsilon\end{pmatrix}$, et déduire de l'équation, pour l'autre $\begin{pmatrix}\epsilon\\\alpha\end{pmatrix}$, des valeurs uniformisantes. Or on en obtiendra deux. En effet, quoique $\dfrac{k}{h}$ et φ soient inconnues, le quotient $\dfrac{\tan 2\alpha}{\cos\varphi}$ et le produit $\tan 2\sigma\cos\varphi$ n'en ont pas moins, dès que α et ϵ sont choisis, une valeur bien déterminée. Ainsi ce choix impose à la tangente de l'angle double une certaine valeur numérique, et, partant, donne à cet angle double 2α ou 2σ, dans les limites de la question, deux valeurs qui diffèrent de π. L'angle simple aura donc bien deux valeurs, à savoir σ_1 et $\sigma_1 + \dfrac{\pi}{2}$ dans le premier cas, α_1 et $\alpha_1 + \dfrac{\pi}{2}$ dans le second.

La connaissance de l'azimut choisi α ou β et des deux azimuts uniformisants pouvant, comme on va le voir, conduire aux valeurs actuelles des inconnues $\dfrac{k}{h}$, φ, il convient de décider d'abord s'il y a deux méthodes équivalentes, et si le choix de l'azimut dont on disposera est indifférent. Au point de vue expérimental, s'il ne s'agissait que de réaliser ces deux manières d'uniformiser, chacune pourrait avoir ses avantages. Pour celui qui mettrait l'œil à l'analyseur, cette pièce se trouvant mieux sous sa main que le polarisateur, il serait plus commode de fixer au début de l'expérience l'alidade du polarisateur et d'arriver à l'uniformité par le mouvement de l'analyseur. Procède-t-on au contraire par projection, il est tout aussi commode, si ce n'est plus, de disposer de β et de laisser à α la variabilité. Ainsi de ce côté les avantages seraient partagés. Que dit maintenant le calcul?

Le choix de a entraîne pour σ deux valeurs rectangulaires σ_1, $\sigma_1 + \dfrac{\pi}{2}$, et par conséquent pour β, deux valeurs β_1, β_2 dépendantes des équations

$$\operatorname{tang}\beta_1 = \frac{k}{h}\operatorname{tang}\sigma_1, \qquad \operatorname{tang}\beta_2 = -\frac{k}{h}\cot\sigma_1.$$

Les valeurs trouvées β_1, β_2 satisferont donc à la relation

$$\operatorname{tang}\beta_1 \operatorname{tang}\beta_2 = -\frac{k^2}{h^2}$$

qui déjà donne, pour l'inconnue $\dfrac{k}{h}$, la valeur $\sqrt{-\operatorname{tang}\beta_1 \operatorname{tang}\beta_2}$ dépendante des deux seules données β_1, β_2. De

$$\operatorname{tang}\tau_1 = \frac{h}{k}\operatorname{tang}\beta_1$$

on tire

$$\operatorname{tang} 2\sigma_1 = \frac{2\dfrac{h}{k}\operatorname{tang}\beta_1}{1-\dfrac{h^2}{k^2}\operatorname{tang}^2\beta_1},$$

et en remplaçant $\frac{h}{k}$ par sa valeur,

$$\text{tang } 2\sigma_1 = \frac{2\sqrt{-\cot\mathscr{C}_2\,\text{tang }\mathscr{C}_1}}{1 + \cot\mathscr{C}_2\,\text{tang }\mathscr{C}_1} = \frac{\sqrt{-\sin 2\mathscr{C}_1\,\sin 2\mathscr{C}_2}}{\sin(\mathscr{C}_1 + \mathscr{C}_2)}.$$

En reportant cette valeur dans l'équation d'uniformisation, elle conduit pour la seconde inconnue à l'expression

$$\cos\varphi = \frac{\text{tang } 2\alpha\,\sin(\mathscr{C}_1 + \mathscr{C}_2)}{\sqrt{-\sin 2\mathscr{C}_1\,\sin 2\mathscr{C}_2}},$$

qui dépend des trois données de l'expérience.

Il est digne de remarque que cette détermination de $\frac{k}{h}$, φ ait lieu par des formules qui ne diffèrent pas de celles auxquelles nous a déjà conduits une méthode bien différente (§ 454). Le lecteur s'assurera que cette identité tient à ce qu'au fond l'uniformisation du disque met en jeu, dans ses moitiés, les deux elliptiques qui se succédaient dans cette autre méthode.

Le lecteur verra également sans peine que le choix de $\mathscr{C}$, suivi de la détermination des deux azimuts $\alpha_1, \alpha_2 = \alpha_1 + \frac{\pi}{2}$ n'offre plus les mêmes ressources. Qu'ainsi l'unique méthode consiste à disposer du polarisateur. Il verra aussi que s'il lui plaisait de s'en référer à l'uniformisation de l'image extraordinaire, les azimuts $\alpha, \mathscr{C}'_1, \mathscr{C}'_2$ conduiraient aux inconnues φ, $\frac{k}{h}$ par les mêmes formules que $\alpha, \mathscr{C}_1, \mathscr{C}_2$.

§ 592. Ressources spéciales pour atteindre directement les cas particuliers.

La méthode expérimentale de M. de Senarmont est donc quantitative; elle détermine, à l'instar des meilleures méthodes, les caractéristiques $\frac{k}{h}$ et φ. Elle fera donc connaître, par l'issue des calculs, les incidences particulières qui donneront par exemple

$$k = 0, \quad \varphi = \frac{\pi}{2}, \quad k = h,$$

et, on pourrait considérer comme superflu tout autre détail.

Cependant, si ces cas particuliers pouvaient être mis en correspondance avec autant de particularités phénoménales spontanément saisissables, on irait droit à eux sans passer par les lenteurs du calcul et sans être obligé de les cerner entre des expériences de plus en plus rapprochées. La méthode acquerrait alors une tout autre valeur.

Pour atteindre un tel but, voici quelles sont ses ressources. L'uniformité peut apparaître à la fois dans les deux disques. Quand cette simultanéité a lieu, les deux teintes uniformes peuvent être différentes quelconques, différentes complémentaires ou pareilles. Dans chacun de ces trois cas leur intensité peut être égale ou inégale de manière à donner par leur superposition, dans le cas des teintes complémentaires, ou du blanc ou un résidu de la couleur dominante. Quant aux correspondances algébriques de ces divers cas, il nous suffira d'ajouter aux détails déjà donnés, chap. XIX, sur les teintes complémentaires : que de telles teintes sont inégales quand le terme N, qui les engendre en contractant avec M les deux associations positive et négative, se trouve dominé dans les deux cas par un facteur différent : que l'identité du signe de N dans le binôme $M + N$ indique des teintes pareilles : qu'enfin on a du blanc, ou pour mieux dire une faible coloration, correspondante à la dispersion des paramètres h, k, φ, lorsque le coefficient de $\cos\theta$ devient nul en même temps que celui de $\sin\theta$.

Si les chapitres précédents ne nous avaient rendu familiers les cas particuliers peu nombreux qu'il nous faut doter d'une manifestation caractéristique, il nous faudrait sans doute, conformément aux habitudes de l'algèbre, partir des expressions générales R_o, R_e et chercher toutes les manières possibles d'y annuler à la fois le terme en $\sin\theta$, voir comment, par surcroît, on peut, dans l'une ou dans l'autre, annuler le coefficient de $\cos\theta$; comment on peut rendre égal de part et d'autre le coefficient du facteur colorigène, etc. ; mais cette marche méthodique a peut-être l'inconvénient d'isoler les caractères dont le faisceau formera comme le signalement de nos cas particuliers, et il nous a semblé qu'on se rendrait mieux maître de ces correspondances en suivant la marche inverse, c'est-à-dire en introduisant tour à tour dans les formules les hypothèses constitutives de ces divers cas, et en cherchant au besoin par quelles conditions supplémentaires portant sur z et θ, on arrive à un ensemble de caractères net et tranché.

§ 593. — Caractères d'un angle de polarisation totale.

$k = 0$ donne

$$R_o = 2\,h^2 \sin^2 \mathcal{E}\,(1 + \cos\theta\cos 2\alpha - \sin\theta\sin 2\alpha),$$

$$R_e = 2\,h^2 \cos^2 \mathcal{E}\,(1 + \cos\theta\cos 2\alpha - \sin\theta\sin 2\alpha),$$

et n'uniformise aucun des disques. Cependant, si l'on prend $\alpha = 0 = 90$, de manière à annuler $\sin 2\alpha$, il vient

$$R_o = 2\,h^2 \sin^2 \mathcal{E}\,(1 + \cos\theta),$$

$$R_e = 2\,h^2 \cos^2 \mathcal{E}\,(1 + \cos\theta),$$

et les deux disques sont *uniformisés à la fois quel que soit $\mathcal{E}$*. Le facteur colorigène étant, de part et d'autre, $+ \cos\theta$, *leurs teintes sont pareilles*, mais les facteurs $\sin^2 \mathcal{E}$, $\cos^2 \mathcal{E}$ qui dominent ce facteur étant inégaux, *ces teintes sont en général d'inégale intensité*; toutefois *elles deviennent égales pour les deux valeurs de $\mathcal{E}$ qui rendent égaux* $\sin \mathcal{E}$ et $\cos \mathcal{E}$, à savoir pour $\mathcal{E} = \pm 45$. L'inégalité devient au contraire la plus grande pour les azimuts $\mathcal{E} = 0 = 90$, qui annulent une de ces images.

§ 594. — Caractères d'une incidence principale.

$\varphi = \dfrac{\pi}{2}$ débarrasse seulement de son dernier terme le binôme qui sert de coefficient à $\sin\theta$, soit dans R_o, soit dans R_e : aucun disque n'est donc uniformisé. Ainsi réduit, ce coefficient de $\sin\theta$ devient $\cos 2\sigma \sin 2\alpha$ dans R_o, et $\cos 2\sigma' \sin 2\alpha$ dans R_e. On obtiendra donc l'uniformité, 1° dans les deux disques, si l'on pose $\alpha = 0 = 90$; 2° dans l'un ou dans l'autre cas, si l'on pose, soit $\cos 2\sigma = 0$, soit $\cos 2\sigma' = 0$ (*).

(*) Les équations

$$\operatorname{tang}\sigma = \frac{h}{k}\operatorname{tang}\mathcal{E}, \qquad Q^2 = h^2\sin^2\mathcal{E} + k^2\cos^2\mathcal{E},$$

donnent

$$\sin\sigma = \frac{h\sin\mathcal{E}}{Q}, \qquad \cos\sigma = \frac{k\cos\mathcal{E}}{Q},$$

et par suite

$$\sin 2\sigma = \frac{2hk\sin\mathcal{E}\cos\mathcal{E}}{k^2\cos^2\mathcal{E} + h^2\sin^2\mathcal{E}}, \qquad \cos 2\sigma = \frac{k^2\cos^2\mathcal{E} - h^2\sin^2\mathcal{E}}{k^2\cos^2\mathcal{E} + h^2\sin^2\mathcal{E}};$$

de même, les équations analogues qui définissent σ' et Q' donnent

Quand ils le deviennent tous deux, on a

$$R_o = 2(h^2\sin^2\theta + k^2\cos^2\theta)(1 \mp \cos\theta\cos 2\sigma),$$
$$R_e = 2(h^2\cos^2\theta + k^2\sin^2\theta)(1 \mp \cos\theta\cos 2\sigma'),$$

et les teintes sont à la fois différentes et d'inégale intensité, sauf toutefois, 1° pour $\theta = \begin{cases} 0 \\ 90 \end{cases}$ qui donne

$$\cos 2\sigma = \pm 1, \quad R_o = 2k^2(1 \mp \cos\theta),$$
$$\cos 2\sigma' = \mp 1, \quad R_e = 2h^2(1 \pm \cos\theta),$$

et fournit ainsi des teintes complémentaires, et 2° pour $\theta = \pm 45$, qui donne $\cos 2\sigma = \cos 2\sigma' = \dfrac{k^2 - h^2}{k^2 + h^2}$,

$$R_o = 2(k^2 + h^2)\left(1 \mp \frac{k^2 - h^2}{k^2 + h^2}\cos\theta\right),$$
$$R_e = 2(k^2 + h^2)\left(1 \pm \frac{k^2 - h^2}{k^2 + h^2}\cos\theta\right),$$

et partant des teintes complémentaires égales.

Quand ils le deviennent tour à tour, on a, pour la teinte uniformisée, que ce soit R_o ou que ce soit R_e, $\dfrac{4 h^2 k^2}{h^2 + k^2}$, c'est-à-dire que la teinte uniforme est blanche. *On reconnaîtra donc une incidence principale à ce que si l'alidade du polarisateur est dans l'azimut 0 ou 90, les deux disques revétiront des teintes uniformes qui n'auront aucun rapport l'une avec l'autre, hormis pour les azimuts*

$$\sin \sigma' = \frac{-h\cos\theta}{Q'}, \qquad \cos\sigma' = \frac{k\sin\theta}{Q'},$$
$$\sin 2\sigma' = \frac{-2hk\sin\theta\cos\theta}{k^2\sin^2\theta + h^2\cos^2\theta}, \qquad \cos 2\sigma' = \frac{k^2\sin^2\theta - h^2\cos^2\theta}{k^2\sin^2\theta + h^2\cos^2\theta}.$$

La discussion actuelle fait un appel perpétuel à ces formules. Ainsi l'on voit ici que $\cos 2\sigma = 0$ revient à

$$\operatorname{tang}\theta = \pm\frac{k}{h},$$

d'où

$$\sin^2\theta = \frac{k^2}{h^2 + k^2}, \quad \cos^2\theta = \frac{h^2}{h^2 + k^2},$$

et le facteur $h^2\sin^2\theta + k^2\cos^2\theta$, à

$$\frac{2 h^2 k^2}{h^2 + k^2}.$$

$$\varepsilon = \begin{cases} 0 \\ 90 \end{cases}$$ qui les donnent complémentaires inégales, et pour $\alpha = \pm 45$ qui, tout en les laissant complémentaires, les rendent de même intensité : et à ce que, si α est quelconque, il se trouvera pour chaque image deux orientations symétriques du polariscope, capables de lui communiquer une teinte uniforme qui sera le blanc.

§ 595. — Caractères des incidences qui donnent $h = -h$.

$h = \pm h$ donne

$$\sigma = \pm \varepsilon, \quad \sigma' = \mp (90 - \varepsilon).$$

et rend égal à $2h^2$ le premier facteur de R_o et de R_e, mais n'annule pas les binômes par lesquels $\sin \theta$ s'y trouve multiplié. Seulement ces binômes généralement distincts y deviennent égaux et de signes contraires et ont la valeur absolue

$$\cos 2\varepsilon \sin 2\alpha \mp \sin 2\varepsilon \cos 2\alpha \cos \varphi.$$

Cette valeur accidentellement commune va permettre d'annuler à la fois ces deux binômes et d'introduire l'uniformité dans les deux disques. C'est ce qui aura lieu pour les systèmes de valeurs α et ε qui satisferont à l'équation unique

$$\tan 2\alpha = \pm \tan 2\varepsilon \cos \varphi.$$

Pour voir les rapports de ces deux teintes, il faut introduire cette relation dans les expressions de I_o et de I_e qui sont devenues

$$R_o = 2h^2 \left[1 - \cos \theta \left(\cos 2\varepsilon \cos 2\alpha \pm \sin 2\varepsilon \sin 2\alpha \cos \varphi \right) \right],$$
$$R_e = 2h^2 \left[1 - \cos \theta \left(- \cos 2\varepsilon \cos 2\alpha \mp \sin 2\varepsilon \sin 2\alpha \cos \varphi \right) \right],$$

si on élimine ε, on a

$$\sin 2\varepsilon = \frac{\pm \tan 2\alpha}{\sqrt{\cos^2 \varphi + \tan^2 2\alpha}}, \quad \cos 2\varepsilon = -\frac{\cos \varphi}{\sqrt{}} :$$

d'où, après réductions,

$$R_o = 2h^2 \left(1 - \frac{\cos \theta \cos \varphi}{\sqrt{\sin^2 2\alpha + \cos^2 2\alpha \cos^2 \varphi}} \right),$$
$$R_e = 2h^2 \left(1 + \frac{\cos \theta \cos \varphi}{\sqrt{}} \right),$$

Ces teintes simultanément uniformes sont donc, pour tous les systèmes de valeurs α et β, complémentaires égales.

Élimine-t-on α, on a

$$\sin 2\alpha = \frac{\pm \sin 2\beta \cos \varphi}{\sqrt{\cos^2 2\beta + \sin^2 2\beta \cos^2 \varphi}}, \qquad \cos 2\alpha = \frac{\cos 2\beta}{\sqrt{\quad}} \,?$$

d'où

$$R_o = 2 h^2 \left(1 - \cos \theta \,\frac{\cos^2 2\beta + \sin^2 2\beta \cos^2 \varphi}{\sqrt{\quad}} \right)$$

$$= 2 h^2 \left(1 - \cos \theta \sqrt{\quad} \right),$$

$$R_e = 2 h^2 \left(1 + \cos \theta \sqrt{\quad} \right),$$

et les conclusions sont les mêmes.

On peut encore faire porter l'élimination sur φ et laisser dans la formule les azimuts α, β. On trouve ainsi les expressions simples

$$R_o = 2 h^2 \left(1 - \cos \theta \,\frac{\cos 2\beta}{\cos 2\alpha} \right),$$

$$R_e = 2 h^2 \left(1 + \cos \theta \,\frac{\cos 2\beta}{\cos 2\alpha} \right).$$

L'équation d'uniformité donnant (§ 591), pour une valeur de $\left\{\begin{matrix}\alpha\\\beta\end{matrix}\right.$, deux valeurs de $\left\{\begin{matrix}\beta\\\alpha\end{matrix}\right.$ distantes de 90, nous résumerons en disant *qu'on reconnaît l'une des égalités* $h = \pm k$ *à ce que si, donnant à α ou à β une valeur quelconque, on fait varier β ou α, on trouvera deux positions rectangulaires qui uniformiseront à la fois les deux images et leur donneront des teintes complémentaires égales.*

§ 596. — L'uniformisation insuffisante pour dire si k ou cos φ changent de signe.

$\varphi = 0 = \pi = 2\pi$. Pour ces valeurs, le miroir cesse de donner des elliptiques. La deuxième s'improvise quelquefois brusquement (§ 239), et il est bon de savoir si la méthode actuelle peut en signaler l'avénement. En posant dans les formules $\varphi = \left\{\begin{matrix}0.2\pi,\\\pi\end{matrix}\right.$, elles donnent $\cos \varphi = \pm 1$. Le coefficient de $\sin \theta$ devient $\sin 2(\alpha \mp \sigma)$ dans I_o et $\sin 2(\alpha \mp \sigma')$ dans I_e. Ainsi les disques restent discolores et ne revêtent la teinte uniforme, le premier que pour $\alpha = \pm\, \sigma$ et le second que pour $\alpha = \pm\, \sigma'$. Mais ces relations n'ont rien de saisissant, parce que σ et σ' ne sont pas des résultats immédiats de l'expérience. Reportées sur α, ϵ, elles deviennent, en effet,

$$\operatorname{tang}\alpha = \pm\frac{h}{k}\operatorname{tang}\epsilon, \quad \operatorname{tang}\alpha = \mp\frac{h}{k}\cot\epsilon.$$

Reste à voir si l'uniformisation offre quelque chose de particulier. On a dans ce cas

$$R_o = 2\,(h^2\sin^2\epsilon + k^2\cos\epsilon)\,(1 - \cos\theta),$$

de sorte qu'en négligeant l'influence *dispersive* du facteur $k^2\sin^2\epsilon + k^2\cos^2\epsilon$, la teinte aurait pour caractéristique $\sum\cos\theta$, et serait la même que celle du quartz, quand on l'engage d'une certaine manière dans une expérience de pure polarisation rotatoire. Mais comme le souvenir d'une teinte ne constitue qu'une donnée fragile, un tel caractère est encore inadmissible et il faut en trouver un autre.

597. — Calcul de la dislocation des teintes dans un cas particulier toujours admissible.

M. de Senarmont l'a trouvé dans l'étude des altérations que subissent les teintes et notamment les teintes uniformes, quand on provoque leur dislocation par un dérangement du polarisateur ou mieux de l'analyseur. L'expérience montre, en effet, et le calcul va confirmer que, suivant que le retard est inférieur à $\frac{\lambda}{4}$, ou le surpasse, ou encore, quand une de ces deux choses équivalentes, à savoir un renversement de la vibration, ou une perte brusque de $\frac{\lambda}{2}$, s'introduit dans le mouvement vibratoire, les teintes qui envahissent une même moitié de l'image naguère uniforme contrastent fortement et sont en quelque sorte complémentaires. S'il en est ainsi, on découvrira les incidences où s'effectuent, soit le passage par $\frac{\lambda}{4}$, soit l'improvisation d'une anomalie égale à π, en resserrant de plus en plus les incidences qui donnent ainsi, pour des dérangements semblables de l'analyseur, des virements inverses, dans une même moitié d'une image.

Si nous nous bornons à détruire l'uniformité par la variation de ε, il nous faut former les expressions $\dfrac{d\,\mathrm{R}_o}{d\varepsilon}$, $\dfrac{d\,\mathrm{R}_e}{d\varepsilon}$ des variations subies alors par les intensités. Ces expressions, dans la formation desquelles il ne faut pas oublier de considérer σ, σ' comme des fonctions de ε, sont faciles à former et cessent d'être très-compliquées quand on y introduit, car nous nous bornons aux altérations des teintes uniformes, la condition d'uniformisation propre à l'image considérée, c'est-à-dire

$$\sin 2\alpha \cos 2\sigma = \sin 2\sigma \cos 2\alpha \cos \varphi,$$

s'il s'agit de l'ordinaire. Elles deviennent enfin très-simples, si l'on convient de n'étudier ces altérations qu'à partir des azimuts d'élite $\varepsilon = \begin{cases} 0 \\ 90^\circ \end{cases}$ qui donnent

$$\sigma = \begin{cases} 0 \\ 90^\circ \end{cases}, \quad \sigma' = \begin{cases} 90^\circ \\ 0 \end{cases}.$$

Car, en remplaçant $\sin 2\alpha$ et $\cos 2\alpha$ par leurs valeurs en σ, φ,

$$\sin 2\alpha = \frac{\sin 2\sigma \cos \varphi}{\sqrt{\cos^2 2\sigma + \sin^2 2\sigma \cos^2 \varphi}}, \quad \cos 2\alpha = \frac{\cos 2\sigma}{\sqrt{}},$$

trois des quatre termes restants sont dominés par l'un des facteurs $\sin 2\varepsilon$, $\sin 2\sigma$, et ils disparaissent, laissant seulement

$$\frac{d\,\mathrm{R}_o}{d\varepsilon} = \mp\, 4\,hk \sin \theta \cos \varphi$$

ou simplement

$$- 4\,hk \sin \theta \cos \varphi,$$

si nous choisissons pour point de départ l'azimut zéro.

Mais peut-on avoir dans tous les cas uniformité avec $\varepsilon = 0$? Oui, si en même temps l'on a $\alpha = \begin{cases} 0 \\ 90^\circ \end{cases}$. En introduisant, en effet, ces conditions (bornons-nous à la deuxième $\alpha = 90^\circ$) dans les expressions générales des intensités, elles deviennent

$$\mathrm{R}_o = 2\,h^2 (1 - \cos \theta),$$
$$\mathrm{R}_e = 2\,k^2 (1 + \cos \theta),$$

et prennent des teintes uniformes et complémentaires quelles que soient les valeurs particulières de h, k, φ. Ainsi, il arrive que cette manière d'uniformiser simultanément les deux disques qui semblait devoir être stérile, puisque, produite sans le concours des paramètres étudiés, elle ne pouvait rejaillir sur eux, joue un rôle important dans la méthode de M. de Senarmont.

Le signe de $d\mathrm{R}_o = - 4\,hk \sin\theta \cos\varphi\, d\theta$ changera : 1° avec celui de θ, c'est-à-dire d'une moitié d'un disque à l'autre ; 2° dans une même moitié avec celui de $d\theta$, c'est-à-dire pour des rotations inverses de l'analyseur ; 3° en deçà et au delà de $\varphi = \dfrac{\pi}{2}$; 4° quand k, qui dans un cas simple s'exprime par $-\dfrac{\tan(i-r)}{\tan(i+r)}$, change de signe, ou ce qui revient au même quand φ croît brusquement de π. Or, comme l'altération de teinte est représentée symboliquement par $\Sigma\,(-hk \sin\theta \cos\varphi)$, la teinte ajoutée dans un cas est retranchée dans l'autre, et voilà comment il y aura virement vers deux états complémentaires.

On possédait sans doute des expériences capables de signaler par un phénomène saillant les unes le cas de $k = 0$, les autres celui de $\varphi = \dfrac{\pi}{2}$. A l'égard de $h = k$, rien de pareil n'était connu et il fallait pénétrer dans les mesures. Que dire dès lors d'une méthode qui, par un dispositif unique, par des expériences simples et des phénomènes doués à la fois de netteté et de délicatesse, donne réponse à tous les cas. Il nous reste à la voir à l'œuvre en entrant dans le détail des expériences.

§ 598. — On règle l'appareil.

On peut mettre l'œil contre l'analyseur ou projeter les phénomènes. Un papier, un verre dépoli, vivement éclairés par le soleil ou par une bonne lampe armée d'un réflecteur, suffisent dans le premier cas. Il faut au second le trait solaire. Dans le premier cas il convient d'adapter à l'analyseur, comme dans l'horloge polaire, une petite lunette ou simplement une loupe d'un long foyer qui rende distincte la vision du disque. Dans le dernier, il est indispensable de placer derrière le polariscope une lentille d'un foyer tel, que les images soient projetées avec netteté sur l'écran. Il convient encore que le prisme biréfringent soit assez peu ouvert pour que les disques partiellement superposés laissent apprécier par la production du blanc le cas des teintes complémentaires égales.

A défaut d'un appareil spécial, prenez un goniomètre de Babinet, débarrassez les tubes de leurs lentilles, munissez-les d'un
limbe normal à leur axe. Que le tube fixe reçoive, au bout extérieur un nicol, et au bout intérieur le biquartz. Aux deux ouver-
tures du tube mobile adaptez de même intérieurement un dia-
phragme et extérieurement l'analyseur. Armez le polarisateur et
le polariscope de petites alidades, dirigées suivant leurs sections
principales, qui atteignent les divisions, et vous aurez ainsi impro-
visé un appareil capable et de montrer les phénomènes et même
d'opérer quelques déterminations numériques tolérables.

Le biquartz et l'analyseur étant ôtés et remplacés par deux
diaphragmes, alignez les tubes et vous aurez le zéro du limbe
horizontal. Quand il s'agira de mesures, on sait qu'on peut souvent s'émanciper de ce zéro en opérant deux fois, d'abord à droite,
puis à gauche.

Disposez sur la plate-forme un miroir de verre et tournez le
polarisateur jusqu'à ce qu'il donne, pour une incidence quelconque, le minimum d'intensité et, pour un certain angle que vous
chercherez par tâtonnement, absence sensible de lumière ; cela vous
donnera la position pour laquelle le polarisateur met la vibration
incidente horizontale, et par conséquent le zéro des angles α qui
est à 90 degrés de là.

Otez le polarisateur et remettez le polariscope, vous lui trouverez, pour cette dernière incidence, une orientation qui ne laissera que l'image extraordinaire ; ce sera le zéro du polariscope.
Nous rappelons que ces deux manières de trouver l'angle de polarisation, équivalentes avec le verre, cessent de l'être chez les
biréfringents.

Otez le miroir et remettez le polarisateur en ayant soin qu'il
soit au zéro. Alignez les tubes, vous ne devrez avoir qu'une image,
à savoir l'extraordinaire. Dans notre appareil, c'est l'image inférieure.

Remettez le biquartz, en ayant soin de rendre vertical le diamètre séparateur, vous aurez deux disques uniformes de teintes
complémentaires égales (§ 397). Le nôtre, emprunté à un saccharimètre, a pour épaisseur $7^{mm},267$ et donne par conséquent pour
l'image O un violet rougeâtre et pour E un vert-pomme. Tournez
un peu le polariscope dans le sens dextrorsum, la moitié de gauche de l'image supérieure virera au bleu.

II.   29

Pour que ces énoncés conviennent indistinctement aux deux
manières d'opérer, il faut, quand on procède par projection, supposer l'observateur en avant du tableau et non pas derrière. On
change ainsi sa droite de côté et l'on neutralise l'effet de renversement que les images subissent dans les projections.

§ 599. — Expériences sur la perte de π et sur $k = 0$.

Ramenez le polariscope au zéro du limbe horizontal et placez le
miroir vitreux sur la plate-forme. En tournant à peine l'alidade
qui porte l'analyseur, vous verrez quatre images ($fig.$ 391), deux
directes $D_o D_e$ et deux réfléchies $R_o R_e$. Tournez le polariscope,
l'invasion du bleu aura lieu dans les deux moitiés en regard marquées m. Or l'une est l'image de l'autre, il semble donc que la
réflexion rasante n'introduise aucun retard entre les deux composantes ; il n'en est rien : cela tient à ce qu'il y a en jeu deux retards chacun égaux à π, celui géométrique du § 388 et le retard π
propres aux incidences ultra-brewstériennes.

Reprenez $\varepsilon = 0$. En tournant à la fois, d'une main, l'alidade
du limbe horizontal et de l'autre le support du miroir, on peut
suivre avec continuité le rayon réfléchi sous diverses incidences.
Les deux disques restent uniformes et même gardent sensiblement
leur couleur (*). Seulement le supérieur devient de moins en moins
vif. Arrêtez-vous de temps en temps pour imprimer à l'analyseur
la légère rotation **dextrorsum** et vous verrez la droite de R_o continuer de virer au bleu.

Quand vous aurez ainsi marché sur le limbe horizontal d'environ $6\frac{-}{7}$ degrés, l'image R_o aura disparu. La rotation du polariscope la faisant renaître cessera de communiquer à ses deux moitiés
les virements vers deux nuances opposées, et vous aurez deux
disques constamment unicolores. Si leur uniformité laisse à désirer, vous la parferez par tâtonnement en changeant un peu l'incidence. Ces teintes sont de même nuance : elles revêtent la même
intensité pour $\varepsilon = \pm 45$. Ce sont bien là les caractères trouvés
(§ 393) pour $k = 0$.

Continuez le double mouvement de l'alidade horizontale et du
support du miroir, et bientôt ce sera dans la moitié gauche de R_o

____

(*) On voit par les expressions du § 397 que les seuls changements que
ces couleurs pourraient subir viendraient de la dispersion des facteurs h et k.

que, par la rotation dextrorsum de l'analyseur remis chaque fois au zéro, le bleu s'introduira d'abord à l'état de soupçon et plus tard à l'état de teinte franche. Vous aurez donc assisté à ce qu'on peut appeler soit le changement de signe de k, soit la disparition du π brewstérien. Le π géométrique restera seul en jeu.

Cette uniformité des disques, obtenue quel que soit δ quand $k = 0$, est bien un peu compromise par la dispersion des paramétres h, k. Mais, même avec le trait solaire, ces perturbations sont faibles, et, en prenant la meilleure position, on obtient l'angle moyen de polarisation tout aussi exactement que si l'on avait recours aux méthodes fondées sur l'extinction.

Si la lumière était simple, ce trait si frappant de l'identité de teinte des deux disques s'effacerait. Il ne resterait, pour atteindre l'angle de polarisation, que l'uniformisation des disques dans tous les azimuts; la disparition d'une image pour $\delta = 0$, la disparition de l'autre pour $\delta = 90$, et enfin leur égalité pour $\delta = \pm 45$.

§ 600. — Expériences sur l'incidence principale et sur celles qui la précèdent et qui la suivent.

Disposez sur la plate-forme un miroir métallique. En partant de l'incidence rasante, vous obtiendrez encore, par le mouvement dextrorsum de l'analyseur, le bleu à droite et, partant, les deux pertes égales chacune à π. Après avoir marché d'environ 35 degrés, vous reconnaîtrez que le mouvement de l'analyseur ne détruira plus l'uniformité et changera seulement les teintes de chaque disque. Comme confirmation que vous avez atteint une incidence principale, faites quatre choses : 1° rendez $\delta = \begin{cases} 0 \\ 90 \end{cases}$ et constatez que les teintes, généralement quelconques, prennent alors, caractère délicat à saisir il est vrai, l'état complémentaire inégal; 2° rendez δ égal à ± 45 et constatez que les teintes ont même intensité et sont capables d'engendrer du blanc par leur superposition; 3° rendez α quelconque et cherchez pour δ une valeur positive qui introduise l'uniformité dans R_o, cette teinte sera un blanc plus ou moins teinté de bleuâtre par la dispersion; 4° constatez que, pour ce même α, il est, dans le quadrant des δ négatifs, une valeur égale à la précédente capable comme elle de donner à R_o une teinte uniforme blanche. Dans une expérience, avec $\alpha = -69°$, j'obtiens les valeurs sensiblement symétriques $\delta_1 = 34°$,

$\theta_2 = -33°$, et j'en déduis pour $\dfrac{k_1}{h_1}$ la valeur

$$\sqrt{-\ \tang 34° \tang -33°} = 0,662.$$

Dépassons enfin l'incidence principale et nous verrons le virement au bleu s'installer dans la moitié de gauche avec une vivacité croissante.

§ 601. — Expériences sur $h = k$.

Nous savons que ce cas intéressant s'obtient en usant de miroirs cristallisés et choisissant certains azimuts et certaines incidences. Quand on opère dans l'air, ces incidences sont trop faibles pour que nos limbes se prêtent à leur réalisation. Ne pouvant y arriver par réflexion, nous avons imaginé l'expérience équivalente qui suit : elle procède par transmission, et les limbes verticaux ne peuvent s'y gêner en aucune manière. Ayant ôté le miroir, j'installe sur la plate-forme, normalement aux rayons, un mica très-mince en ayant soin que sa section principale soit verticale, et je donne à α une valeur quelconque. Les deux composantes de la vibration incidente vont passer tout entières en contractant seulement une anomalie φ dépendante de l'épaisseur du mica, et ce sera bien le cas de $h = k$. Il me faudra donc trouver pour θ deux valeurs rectangulaires, capables d'uniformiser à la fois les deux disques et de leur communiquer des teintes complémentaires égales. Eh bien, pour $\alpha = -69°$, je trouve $\theta_1 = 28°$, $\theta_2 = -62°$ (leurs valeurs absolues sont bien complémentaires). L'équation d'uniformisation, devenant dans ce cas

$$\tang 2\alpha = \tang 2\theta \cos\varphi,$$

donne pour la seule inconnue φ,

$$\cos\varphi = \frac{\tang -138°}{\tang 56} = \frac{\tang 42}{\tang 56}, \quad \text{d'où} \quad \varphi = 52° 26',$$

le sphéromètre m'ayant donné pour l'épaisseur du mica $0^{mm},018$. Si l'on prend $0^{mm},032$ pour l'épaisseur du mica quart d'onde, notre mica serait capable d'une anomalie

$$\varphi = 90° \frac{0,018}{0,032} = 50°,2$$

bien voisine de celle qu'a donnée la méthode qui nous occupe (*).

§ 602. — Une détermination de $\frac{k}{h}$, φ sous une incidence quelconque.

Il s'agit du miroir métallique. L'alidade du limbe horizontal est à 67° 18′ ce qui donne pour l'incidence i,

$$\frac{180 - 67°18'}{2} = 56°\,21'.$$

Je prends $\alpha = -53°\,30'$ et j'obtiens l'uniformité pour les deux valeurs $\theta_1 = 43°\,30'$, $\theta_2 = -30°\,42'$. Les formules du § 591 donnent alors

$$\frac{k}{h} = \sqrt{-\tan 43°{,}5 \, \tan -30°{,}7} = 0{,}696,$$

$$\cos\varphi = \frac{\tan -107° \sin 12°\,48'}{\sqrt{-\sin 87° \sin -61°24'}}, \quad \text{d'où} \quad \varphi = 82°\,58'.$$

Si l'on prenait $\alpha = \pm 45$, le numérateur de $\cos\varphi$ se présenterait sous la forme $\infty \times 0$. On évitera donc ces valeurs.

Au § 591 nous avons dit qu'à chaque valeur de θ répondaient pour chaque image deux valeurs α_1, α_2 uniformisantes rectangulaires, l'expérience vérifie parfaitement ce dire. Ainsi, dans l'expérience précédente, laissons $\theta = 43°\,30'$ et tournons α jusqu'à rétablissement de l'uniformité ; nous trouverons $\alpha_2 = 38$, valeur sensiblement complémentaire de celle 53° 30′ prise pour α_1. Nous nous bornerons à cette vérification, parce que la connaissance des trois valeurs θ, α_1, α_2 ne conduit plus, comme celle des trois valeurs α, θ_1, θ_2, à une élimination simple de l'une ou de l'autre des inconnues $\frac{k}{h}$, φ.

§ 603. — Expériences sur les biréfringents.

Je dispose un spath parallèle à l'axe, de telle sorte que l'axe soit dans le plan d'incidence : α vaut zéro, θ est quelconque.

(*) Cette expérience se projette admirablement ; en mettant au delà du polariscope une lentille de 5 à 6 centimètres de foyer on obtient une parfaite superposition des deux disques sur un tableau placé à environ 2 mètres. En approchant ou reculant la lentille, deux auréoles colorées se manifestent de part et d'autre de la partie commune blanche.

J'arrive par tâtonnement à une incidence qui donne aux deux disques l'uniformité ; elle est d'environ 54°,5, je tourne le spath dans son propre plan ; l'uniformité des disques en est aussitôt troublée ; quand l'axe est devenu vertical il me faut arriver, pour la rétablir, à l'incidence [58°,5. Ces nombres diffèrent bien peu de ceux du § 459.

En général, quand pour une incidence quelconque on a trouvé un système de valeurs de α, 6 qui uniformise l'un des disques, il suffit de tourner le cristal sur lui-même pour détruire cette uniformité. Cette rotation change le rapport des composantes horizontale et verticale, et partant les systèmes des valeurs uniformisantes.

Le biréfringent est opaque. M. de Senarmont a bien voulu nous rendre témoin des expériences suivantes. Le cristal était une lame de sulfure d'antimoine ; on mettait d'abord l'axe c horizontal (§ 428) et l'on cherchait encore l'incidence capable d'uniformiser à la fois les deux disques. C'était environ 78° 30′ ; seulement, comme il ne s'agissait plus ici de $k = o$, mais bien de $\varphi = \dfrac{\pi}{2}$, les teintes uniformes n'étaient plus semblables. Quand le cristal avait tourné dans son plan, de 90 degrés, c'était sous l'incidence de 76° 40′ qu'on avait la double uniformisation. L'incidence principale n'était donc pas la même dans les deux azimuts principaux du cristal. Sous l'incidence de 18° 30′, si l'axe c est parallèle au plan d'incidence, on obtient, quel que soit α, pour deux certaines valeurs rectangulaires de 6, deux disques uniformes et complémentaires ; c'est-à-dire qu'avec cette incidence et dans cet azimut, on a $h = k$. Sous l'incidence normale on n'obtient pas cette double uniformisation, ce qui prouve que là h diffère de k.

Quand la réflexion s'opère sur des cristaux, on ne peut plus appliquer qu'exceptionnellement les formules de ce chapitre au calcul de $\dfrac{k}{h}$, φ. En effet, elles reposent sur cette supposition que les composantes verticale et horizontale du rayon incident restent verticale et horizontale après la réflexion, et nous avons vu (§ 441) qu'à part les cas où le plan d'incidence coupait symétriquement la surface de l'onde, chacune de ces vibrations principales incidentes fournissait deux composantes réfléchies. On peut, au reste, établir catégoriquement, comme il suit, que dans ces conditions plus

générales les formules et les phénomènes sont étrangers les uns
aux autres.

Nous avons vu que les hypothèses $\alpha = 0$, $\epsilon = 0$ uniformisaient
à la fois les deux disques, quelle que fût l'incidence. Ce résultat
du calcul étant, comme tous les autres, subordonné à l'hypothèse
fondamentale de l'isolement des composantes, peut fort bien manquer quand ces composantes se mêlent dans la réflexion. Or, c'est
ce qui arrive. Ayant pris $\alpha = 0$, $\epsilon = 0$ et disposé horizontalement
l'axe optique d'un spath parallèle à l'axe, j'obtiens deux disques
uniformes; je fais tourner le spath dans son plan, et chaque disque
prend aussitôt, dans ses deux moitiés, une coloration différente.
L'uniformité primitive n'était donc due qu'à l'orientation exceptionnelle du cristal.

CHAPITRE XXIV.

DOUBLE RÉFRACTION ELLIPTIQUE DU QUARTZ.

Comment le quartz, biréfringent circulaire suivant l'axe et biréfringent ordinaire à 90 degrés de l'axe, est, dans toute direction intermédiaire, *biréfringent elliptique*. — Les ellipses caractéristiques de ces deux rayons sont semblables et ont leurs axes coïncidents. — Équations de ces deux elliptiques. — Comment leur ensemble forme au delà du quartz un troisième elliptique autrement orienté, dont les paramètres mesurables sont liés au retard ρ qu'a subi l'un des elliptiques et au rapport k de leurs axes. — Deuxième méthode fondée sur l'existence de certains *maxima* et *minima* qui remplacent la partie centrale de la croix noire. — Ses avantages sont de ne faire dépendre ρ et k chacun que d'une donnée expérimentale. — Tableau des valeurs tabulaires de ρ ; — des valeurs de k. — Idée théorique d'Airy sur la loi des valeurs de ρ et k. — Calcul des anneaux du quartz. — Comment, quand $\theta = 90$, leur position reste ce qu'elle serait pour un uniaxe ordinaire. — Les deux règles de Délezenne pour arriver à la rotation d'un quartz sont justifiées par la théorie. — La rotation de la croix est moitié de celle du polariscope. — Étude expérimentale et calcul des spirales fournies, par un circulaire droit ou gauche, dans un quartz normal à l'axe. — Comment, faire suivre le quartz par le mica, revient à changer dans la précédente expérience l'espèce du quartz. — Calcul des effets dus à un quartz placé entre deux quarts d'onde, établi pour le cas de $\theta = 90$. — Spirales d'Airy. — Spirales et cercles dus à l'intervention d'un ou deux quarts d'onde. — L'appareil de Norremberg et la polarisation elliptique. — Mesure de l'inclinaison des bras de la croix. — Discussion des formules.

§ 604. — Équations des deux elliptiques réciproques d'Airy.

Reportons-nous au § 462, et remarquons que la décomposition qu'il nous offre est indéterminée. En effet, les deux elliptiques, issus du primitif $x = \cos \xi$, dépendent essentiellement de la valeur donnée à k. k est-il égal à 1, on retombe sur les deux circulaires du rectiligne ; est-il nul, un des elliptiques s'évanouit et l'autre se réduit à un rectiligne, de sorte que le rectiligne n'a subi aucune transformation.

Or ces deux cas extrêmes sont réalisés par le quartz, selon qu'un rayon polarisé le traverse le long de l'axe ou perpendicu-

lairement à l'axe. Dans le premier trajet on a les deux circulaires :
dans le deuxième, le rayon, que nous supposons polarisé dans l'un
des deux azimuts principaux, garde son caractère comme chez tout
autre biréfringent. Il était probable que la transition entre deux
extrêmes aussi contrastants serait ménagée par quelque phénomène intermédiaire. Airy a supposé que ce passage s'opérait par
une transformation du rayon incident en deux elliptiques réciproques, caractérisés par des valeurs de k graduellement variables
entre 1 et 0, et doués, comme les deux circulaires, de vitesses différentes. Voyons d'abord comment seraient dirigés leurs axes.

La *fig.* 292 (*Pl. XIII*) représente un quartz dont la face OXY est
perpendiculaire à l'axe optique OZ. Le rayon incident, caractérisé
par un certain angle d'incidence ROZ$= i$ et par une direction intérieure correspondante OR' (*) est compris dans le plan ZOY, qui est
en même temps son plan de polarisation, de sorte que sa vibration
sera constamment dirigée suivant OX. L'elliptique qui doit fournir
à la limite, pour Z'OR'$= 90$ degrés, le rectiligne seul obtenu
alors, a son grand axe suivant OX, et son petit axe suivant OY;
pour l'elliptique inverse, qui s'évanouira à cette même limite, les
directions sont échangées. Si donc on appelle ρ l'anomalie contractée, et si on l'attribue au dernier rayon, supposant ainsi le
quartz dextrogyre, ils auront pour équations, le premier,

$$x_1 = \frac{1}{1 + k^2} \cos \xi ,$$

$$y_1 = \frac{k}{1 + k^2} \cos \left(\xi - \frac{\pi}{2} \right),$$

et le second

$$x_2 = \frac{k^2}{1 + k^2} \cos (\xi - \rho) ,$$

$$y_1 = - \frac{k}{1 + k^2} \cos \left(\xi - \frac{\pi}{2} - \rho \right) = \frac{k}{1 + k^2} \cos \left(\xi - \frac{\pi}{2} - \rho + \pi \right).$$

Quant à la fonction de l'angle Z'OR', par laquelle s'exprimera la
variable k, on peut la demander soit à la théorie, soit à l'expé-

---

(*) À la rigueur, il y a deux routes intérieures distinctes, puisque les elliptiques ont des vitesses différentes. Mais elles diffèrent si peu chez le
quartz, qu'il n'y a aucun inconvénient à les supposer confondues.

rience. Attachons-nous d'abord, avec M. Jamin, au second mode, puisqu'il permettra de juger les théories qui se produiraient sur ce point capital.

§ 605. — Expression des composantes qu'en extrait un polariscope biréfringent convenablement orienté.

Si nous recevions la lumière transmise sur un polariscope biréfringent dont la section principale coïncidât avec le plan de polarisation **ZOY**, nous aurions, pour l'image ordinaire

$$x_1 + x_2 = \frac{1}{1 + k^2} \left[\cos \xi + k^2 \cos (\xi - \rho) = \frac{A}{1 + k^2} \cos (\xi - \varphi) \right].$$

A et φ dépendant des équations

$$A^2 = 1 + k^4 + 2 k^2 \cos \rho, \qquad \tan \varphi = \frac{k^2 \sin \rho}{1 + k^2 \cos \rho},$$

et pour l'image extraordinaire

$$y_1 + y_2 = \frac{k B}{1 + k^2} \cos \left(\xi - \frac{\pi}{2} - \varphi' \right),$$

avec les équations de condition

$$B^2 = 2 \left[1 + \cos (\rho - \pi) \right] = 2 (1 - \cos \rho) = 4 \sin^2 \tfrac{1}{2} \rho,$$

$$\tan \varphi' = \frac{\sin (\rho - \pi)}{1 + \cos (\rho - \pi)} = - \frac{\sin \rho}{1 - \cos \rho} = - \cot \tfrac{1}{2} \rho.$$

Comme ce sont, et le rapport $\dfrac{A}{k B}$ et l'anomalie $\varphi' - \varphi + \dfrac{\pi}{2}$ que l'expérience peut atteindre, nous tirons des calculs précédents, d'abord

$$\frac{A^2}{k^2 B^2} = \frac{1 + k^4 + 2 k^2 \cos \rho}{4 k^2 \sin^2 \tfrac{1}{2} \rho} = \frac{(1 + k^2)^2}{4 k^2 \sin^2 \tfrac{1}{2} \rho} - 1,$$

puis, en introduisant exclusivement les lignes trigonométriques de $\dfrac{1}{2} \rho$,

$$\tan \left(\varphi' - \varphi + \frac{\pi}{2} \right) = - \cot (\varphi' - \varphi) = \frac{1 - k^2}{1 + k^2} \tan \tfrac{1}{2} \rho;$$

n'ayant que les deux inconnues k, ρ, ces équations suffiront à leur détermination.

§ **606.** — **Cas où l'on use du compensateur. On a un elliptique résultant mesurable. Passer de ses paramètres non principaux aux caractéristiques ρ et k de la double réfraction elliptique.**

Un polariscope ordinaire communiquerait aux deux résultantes partielles A,φ, B k,φ' une énorme anomalie et détruirait ainsi leur solidarité. Aussi est-ce sur le compensateur, pris en guise de polariscope biréfringent et amené à avoir (§ 540) ses plans principaux coïncidents avec les plans ZOX, ZOY, que ces résultantes sont reçues. Leur ensemble constitue ainsi un nouvel elliptique caractérisé par le rapport $\dfrac{A}{k\,B}$ et par l'anomalie $\varphi' - \varphi + \dfrac{\pi}{2}$. Que l'œil intervienne armé d'un nicol, il constatera que la frange centrale a quitté les fils, on l'y ramènera en introduisant par le jeu du bouton une anomalie ψ égale et contraire à l'anomalie $\varphi' - \varphi + \dfrac{\pi}{2}$ qui se trouvera dès lors mesurée. Une fois le rayon restauré dans la région que comprennent les fils, on porte la frange centrale au maximum d'obscurité par la rotation du nicol et on lit l'azimut s de la section principale. Comme elle est à angle droit sur la vibration restaurée, on a

$$\frac{A}{k\,B} = \cot s.$$

Si nous représentons $\cot s$ par m et $\tan\psi$ par n, nos équations seront

$$(1) \qquad m^2 + 1 = \frac{(1 + k^2)^2}{4\,k^2 \sin^2 \dfrac{\rho}{2}},$$

$$(2) \qquad n = \frac{1 - k^2}{1 + k^2}\,\tan \tfrac{1}{2}\rho \,.$$

Leur résolution n'offre aucune difficulté. L'élimination de k s'obtient en tirant de (2) $k^2 = -\dfrac{\tan \dfrac{1}{2}\rho - n}{\tan \dfrac{1}{2}\rho + n}$ et en reportant cette valeur dans (1) qui fournit, si l'on ne garde que $\tan \tfrac{1}{2}\rho$.

$$\tan^2 \tfrac{1}{2}\rho = n^2 + \frac{n^2 + 1}{m^2},$$

et, par suite,

$$\cos^2 \tfrac{1}{2} \rho = \frac{m^2}{(n^2 + 1)(m^2 + 1)}.$$

k s'obtiendrait avec une égale facilité en remplaçant, dans l'expression de k^2, $\operatorname{tang} \tfrac{1}{2}\rho$ par sa valeur en m, n. On arrive ainsi à une équation bicarrée qui donne un double radical que l'on peut faire disparaître, parce que ce qui est sous le radical extérieur se trouve former un carré parfait. Or, cette réduction se saisit mieux en prenant d'abord pour inconnue auxiliaire l'expression $k - \tfrac{1}{k}$: car (1) et (2) deviennent

$$m^2 + 1 = \frac{\left(\tfrac{1}{k} + k\right)^2}{4 \sin^2 \tfrac{\rho}{2}}, \qquad \frac{n}{\operatorname{tang} \tfrac{1}{2}\rho} = \frac{\tfrac{1}{k} - k}{\tfrac{1}{k} + k},$$

d'où

$$\frac{1}{k} - k = \frac{n}{\operatorname{tang} \tfrac{1}{2}\rho} \, 2 \sin \tfrac{1}{2}\rho \sqrt{m^2 + 1}$$

$$= 2\, n \cos \tfrac{1}{2} \rho \sqrt{m^2 + 1} = \pm \frac{2\, nm}{\sqrt{n^2 + 1}};$$

l'équation qui donnera k est alors du second degré, et l'on a

$$k = \pm \left(\frac{nm}{\sqrt{1 + n^2}} \pm \sqrt{1 + \frac{n^2 m^2}{1 + n^2}} \right).$$

L'étude des elliptiques réciproques montre aisément, et nous y reviendrons § 611, que si, ρ conservant son signe, k devient négatif, ils restent les mêmes et changent simplement de gyration, de manière à devenir les elliptiques d'un quartz lévogyre. Nous en concluons que le double signe extérieur de k répond aux deux variétés des substances rotatoires. Quant au signe $-$ du dernier terme, il fournit une valeur qui n'est autre que

$$\frac{1}{\dfrac{nm}{\sqrt{1 + n^2}} + \sqrt{1 + \dfrac{n^2 m^2}{1 + n^2}}} = \frac{1}{k}.$$

Ainsi, pour un quartz donné, les équations ne fournissent réellement qu'une valeur de k pour chaque direction.

Pour peu que le quartz soit épais, l'angle ρ dépassera facilement un quadrant et pourra même atteindre une ou plusieurs circonférences. Pour passer sans erreur de la tangente à l'angle $\frac{\rho}{2}$ convenable, il faut n'arriver aux grandes incidences que graduellement et en partant de l'incidence normale. Là, en effet, d'après l'épaisseur et d'après la couleur de la lumière employée, on connaîtra la rotation et par conséquent l'anomalie ρ_0 qui en est le double. L'analyse actuelle confirme d'ailleurs ce rapport de 2 à 1 établi (§ 467), puisqu'en posant $k = 1$, on trouve

$$\frac{A}{k\,B} = \frac{2\,(1 + \cos\rho)}{4\,k^2 \sin^2 \frac{1}{2}\rho} = \cot \frac{1}{2}\rho_0 = \cot s,$$

c'est-à-dire

$$\rho_0 = 2\,s.$$

§ 607.—Détails sur les expériences de M. Jamin.

La plaque, d'épaisseur connue e, était installée sur la plate-forme de l'appareil, d'abord normalement au rayon, et l'on constatait que le compensateur, disposé d'avance pour donner une anomalie double de la rotation, rendait noire entre les deux fils la frange centrale. En tournant le bouton dans le même sens, on se donnait un anomalie ψ plus grande que ψ_0, et l'on cherchait : 1° l'incidence i restauratrice; 2° l'angle azimutal s. En mettant dans les formules $\tan\psi$ et $\cot s$ à la place de n, m, on en tirait, pour cette incidence, k et ρ. En divisant ρ par $2\pi e$, on obtenait le retard pour une plaque d'un millimètre; c'est lui qui figure dans les tableaux de M. Jamin. Mais la dispersion du quartz, déjà sensible sous de faibles épaisseurs, rend indispensable l'emploi d'une lumière homogène. Or, si l'on prétend à quelque précision, il faut répudier et les verres rouges et même, à cause du blanc qui s'y mêle inévitablement, les couleurs du spectre fournies par un prisme. La flamme de l'alcool salé, brûlé dans une lampe à double courant d'air et à mèches concentriques, donne seule des résultats satisfaisants.

En voyant réussir ici la lumière homogène, si rebelle aux expériences quantitatives de l'article 2 du chapitre XVII, on se demande naturellement à quoi tient ce succès. Il s'agissait alors de mesurer un déplacement de franges, et par conséquent de reconnaître la frange centrale; or elle devient indiscernable sitôt que la lumière approche de l'homogénéité. Avec le compensateur, si les diverses franges prennent également, dès qu'on recourt à cette sorte de lumière, un aspect identique, on peut cependant obtenir la frange centrale, puisqu'il suffit de connaître approximativement le retard qui a pu être introduit dans l'expérience et de le racheter par le jeu de l'instrument.

§ 608. — Avortement de la croix noire chez le quartz. Il s'y produit des maxima et des minima spéciaux.

La méthode précédente, en introduisant dans le calcul de p et k chacune des quantités m, u, issues de l'expérience, y introduit en même temps les deux erreurs commises dans leur détermination. Or il arrive que cette combinaison d'erreurs peut altérer profondément les valeurs de k. La méthode suivante, due également à M. Jamin, et fondée sur l'interprétation d'un phénomène aussi facile à observer qu'à mesurer, échappe à cet inconvénient.

Les anneaux étudiés § **278** étant le résultat d'interférences provoquées par des trajets de plus en plus obliques à la direction de l'axe, il doit s'y glisser ici des particularités corrélatives à la bifurcation elliptique imaginée par Airy. En effet, tandis qu'avec un uniaxe ordinaire et des tourmalines croisées, les anneaux viennent s'éteindre sur les deux bras d'une croix noire, l'expérience montre que chez le quartz, à moins d'une grande minceur, cette croix n'apparaît qu'assez loin du centre, les premiers anneaux y conservant ainsi leur intégrité.

La cause de cette dérogation au phénomène usuel est facile à saisir. La croix tient à ce que le plan ZOY de la *fig.* 292, ayant à la fois les qualités d'une section principale et d'un plan normal à la vibration, cette dernière y reste indécomposée et continue de s'offrir à la tourmaline oculaire, dont l'axe est dans le plan ZOY, dans les conditions d'extinction. Mais ici, grâce aux deux elliptiques, ce polariscope reçoit l'ensemble des deux vibrations y_1, y_2, parfaitement transmissibles. Pour un uniaxe non rotateur, la considération de ces deux elliptiques, quoique légitime, reste stérile, attendu que, ante d'un retard, y_1 et y_2 sont constamment égales et opposées. Mais, chez le quartz, ce ne sera qu'accidentellement que y_1 et y_2.

s'annihileront Leur concours donne, en général, sur le bras de la croix une certaine lumière, et l'on doit s'attendre à obtenir, au lieu d'une obscurité constante, une série de maxima et de minima qui relieront entre eux les quarts d'anneaux que la croix sépare habituellement.

$\gamma_1 + \gamma_2$ donne un rayon résultant dont l'amplitude est

$$\frac{k\,\mathrm{B}}{1 + k^2} = \frac{2\,k\,\sin\frac{1}{2}\rho}{1 + k^2} \quad (\S\,608).$$

Cette expression admet des minima correspondant à

$$\rho = 0 = 2\pi = 4\pi\ldots,$$

et des maxima donnés par

$$\rho = \pi = 3\pi = 5\pi = \ldots$$

Les premiers sont nuls : quant aux seconds, dominés par le facteur k, ils s'affaiblissent rapidement, de manière à ne plus différer bientôt sensiblement des minima, et c'est ainsi que la croix renaît à une certaine distance de l'axe.

§ 609. — Usage de ces maxima et minima pour obtenir insolidairement ρ et k.

Si donc on installe un quartz normal à l'axe sur la plate-forme centrale d'un limbe, et si, pour mieux apprécier les angles d'incidence, on remplace la lumière convergente par un faisceau parallèle dirigé dans le plan ZOY et donnant simplement les tronçons d'anneaux qui remplacent la croix, on déterminera, en visant et aux maxima et intermédiairement aux minima, la série des incidences pour lesquelles l'anomalie ρ atteint les valeurs

$$\pi, \quad 2\pi, \quad 3\pi\ldots,$$

et l'on pourra, aussi bien que des valeurs de ρ quelconques fournies par la méthode précédente, en tirer, soit par interpolation, la courbe continue du phénomène, soit, et c'était le but poursuivi par M. Jamin, des confrontations entre la théorie et l'expérience.

Puisqu'on ne met en jeu, dans ces déterminations, ni compensateur ni restauration, il s'ensuit que la quantité m leur reste étrangère et qu'ainsi les valeurs de ρ sont, dans ces cas particuliers, dépendantes de n seul. En se reportant au calcul général, on voit que $\rho = 0 = 2\pi = 4\pi \ldots$ entraîne $\varphi = 0$, $\varphi' = -\dfrac{\pi}{2}$, et par-

tant, $\psi = \varphi' - \varphi + \dfrac{\pi}{2} = 0$, d'où $n = 0$. La relation

$$\tan^2 \tfrac{1}{2}\rho = n^2 + \frac{n^2 + 1}{m^2}$$

exige alors $m = \infty$, comme on le voit directement, puisque l'angle s devient manifestement nul en même temps que $y_1 + y_2$. Aux maxima, au contraire, c'est n qui devient ∞, et m prend une valeur distincte de 0 et variable suivant le maximum.

Le concours des maxima et des minima détermine donc des systèmes de valeurs correspondantes de i et ρ. Pour obtenir des systèmes analogues de i et k, il faut s'adresser aux maxima seuls et employer le compensateur.

Puisqu'en ces points les plus vifs ρ prend l'une des valeurs π, 3π, $5\pi \ldots$ on aura $\varphi = 0$, $\varphi' = 0$; la résultante des deux composantes y_1, y_2 sera donc en retard de $\dfrac{\pi}{2}$ sur la résultante $x_1 + x_2$, et l'elliptique résultant, issu des deux elliptiques primitifs, apparaîtra par ses constituants principaux. On en opérera la restauration en disposant invariablement le compensateur de manière qu'il donne le retard $\dfrac{\lambda}{4}$. Comme alors on a

$$A^2 = (1 - k^2)^2, \quad B^2 k^2 = 4\,k^2,$$

l'azimut de restauration sera donné par

$$\cot s = m = \frac{A}{k\,B} = \pm \frac{1 - k^2}{2\,k} :$$

k dépendra donc de m seul et lui sera lié par l'équation

$$2\,k\,m = \pm 1 \mp k^2,$$

qui revient à

$$k^2 \pm 2\,m\,k - 1 = 0$$

et donne, en se bornant au signe supérieur ou, en d'autres termes, à la considération d'un dextrogyre,

$$k = -m \pm \sqrt{m^2 + 1}.$$

L'expression générale de k donne la même valeur quand on y introduit pour $n = \tang \psi$, la valeur ∞.

610. — Valeurs tabulaires de ρ. Tableaux des valeurs de ρ et k.

Puisque les résultats de ces dernières expériences sont moins troublés par les erreurs d'observation, ce sont eux que nous donnerons. Si les valeurs de k sont indépendantes de l'épaisseur des quartz sur lesquels on expérimente, il n'en est pas de même de celles de ρ, qui sont visiblement proportionnelles aux chemins parcourus. Il convient donc de réduire ces dernières à un chemin constant, celui de 1 millimètre par exemple. On n'atteint pas suffisamment ce but en les divisant par e, puisque, pour les trajets obliques, le chemin croît et vaut $\dfrac{e}{\cos r}$. Le vrai diviseur devrait être $\dfrac{e}{\cos r}$: il est vrai que, jusqu'à l'incidence de 25 degrés à laquelle se sont arrêtées les mesures de M. Jamin, et passé laquelle le phénomène ne peut guère être suivi, r est inférieur à 17 degrés, et $\cos r$ supérieur à 0,95. Néanmoins, pour avoir les vrais paramètres de la biréfringence elliptique du quartz, nous compliquerons le tableau d'une colonne où les chiffres de M. Jamin auront subi cette rectification. Comme lui, nous les diviserons par 2π, de manière à caractériser le retard par des parties aliquotes de λ. Enfin, des deux valeurs de k, c'est à la plus petite que nous nous attacherons; elle exprime, puisqu'elle est réciproque de l'autre (§ 606), le rapport du petit au grand axe de l'ellipse.

Tableau des résultats obtenus avec un quartz lévogyre épais de 7^mm,180.

| ANGLES | | DIFFÉRENCE DE MARCHE | | |
d'incidence *i.*	de réfraction *r.*	pour une lame de 1^{mm}, ou bien $\dfrac{p}{2\pi e}$.		pour une épaisseur de 1^{mm}, ou bien $\dfrac{p \cos r}{2\pi e}$.
0. 0	0. 0	0,117		0,117
1re min. 5 25	3.30	0,135		0,1327
max. 9.15	5.57	0,205	70	0,2089
min. 11. 8	7.10	0,273	68	0,
12.40	8. 8	0,341	68	0.3386
14. 5	9. 3	0,383	42	0,
15.20	9.50	0,478	95	0,4749
16.30	10.34	0,546	68	0,
17.40	11.18	0,614	68	0,
18.39	11.55	0,682	68	0,6781
19.42	12.35	0,751	69	0,
20.27	13. 3	0,819	68	0,
21.30	13.41	0,887	68	0,8793
22. 6	14. 4	0,955	68	0,
22.55	14.34	1,026	71	1,
23.43	15. 3	1,092	66	1,051
24.30	15.32	1,160	68	1.
25.17	16. 1	1.231	71	1,
25.40	16.15	1,296	65	1.
26. 7	16.31	1,365	69	1,251
. . . .	. . . .	. . . . .		. . . . . .
	90°	15,5		

On se rend aisément compte des chiffres de la troisième colonne
et de leur succession en progression arithmétique. L'arc de la
rotation exercée par un quartz de 1 millimètre sur les rayons de
l'alcool salé étant d'environ 21 degrés, le double 42 exprime
l'anomalie propre à l'incidence normale. Notre premier chiffre

sera donc

$$\frac{42}{360} = 0,117.$$

Avec $7^{mm},18$ d'épaisseur, l'anomalie effective vaut

$$42 \times 7,18 = 301°,6$$

et est comprise entre π et 2π. La première observation (elle a lieu sous l'incidence 5°,25) saute par-dessus π et répond à 2π : c'est donc un minimum. Viennent ensuite, sans autre omission, les chiffres $\frac{3\pi}{7,18}$, $\frac{4\pi}{7,18}$..., qui grandissent chacun de la moitié du premier 0,135, c'est-à-dire de $\frac{\pi}{7,18} = 0,068$. L'incidence 14°,5 ne fait exception à cette loi de succession qu'à la condition de racheter le chiffre trop faible 42 par un trop fort 95, ce qui indique une erreur de transcription ou d'expérience. Quoique cette incorrection soit presque la seule, nous avons substitué, dans le calcul de la quatrième colonne, aux valeurs données pour $\frac{\rho}{2\pi c}$ par l'expérience, celles théoriques calculées par M. Jamin.

Une autre lame d'épaisseur c' ne peut donner les retards π, 2π, 3π, ..., que sous d'autres incidences, d'autant moindres que la lame est plus épaisse et conduit dès lors à d'autres systèmes de ρ et i. Aussi, quoique particulière, cette méthode possède-t-elle en réalité une certaine généralité quand on consent à l'appliquer à diverses lames.

Deux mots pour justifier le chiffre 15,5 qui termine la troisième colonne du tableau. Si la vibration incidente était dirigée dans le plan ZOY, l'elliptique prépondérant, qui fournit à la limite la vibration rectiligne conservée, aurait son grand axe suivant OY et deviendrait l'elliptique retardé. On conçoit donc que la valeur maxima de ρ ne soit autre que celle fournie par une lame parallèle à l'axe épaisse de 1 millimètre, et calculée déjà au § **199**. Nous reviendrons sur ce point.

Tableau des expériences qui donnent k.

ANGLES		Azimuts observés s.	Rapport des axes k.
d'incidence i.	de réfraction r.		
9.15′	5.57′	36.48′	0,332
12.52	8.16	19.40	0,173
15.28	9.55	14.40	0,128
17.45	11.21	11.30	0,100
19.12	12.35	8.40	0,077
21.30	13.41	7.47	0,068
24.31	15.32	5. 8	0,047

On retrouve sensiblement pour incidences celles qui dans le tableau précédent répondent aux maxima. Les différences donnent une idée des incertitudes que comporte ce genre d'observations. On voit que le rapport des axes converge rapidement vers zéro, et que, bien avant d'arriver à $r = 90°$, l'ellipticité doit devenir inappréciable.

A côté des deux méthodes précédentes, on peut citer comme digne d'être essayée une méthode directe qui consisterait à isoler par le biprisme du § **464** chacun des elliptiques issus du dédoublement du rayon incident. On aurait, par exemple, une série de biprismes dont les faces parallèles feraient avec l'axe, des angles s'éloignant de plus en plus de 90. Les mesures porteraient sur les paramètres caractéristiques de l'ellipse décrite par l'un ou par l'autre rayon : on en déduirait ρ et k. Qu'il nous suffise de recommander cette étude.

Deux savants éminents, MM. Airy et Cauchy, ont essayé de rattacher les valeurs de ρ et k à quelque concept théorique. Le premier, guidé par des analogies assurément spécieuses, mais qui cependant devaient recevoir un démenti des mesures de M. Jamin, supposa que la sphère et l'ellipsoïde d'Huyghens étaient remplacés chez le quartz par deux ellipsoïdes qui coupaient l'axe en des points légèrement différents. Le dernier avait cet avantage qu'il ne s'agissait pas pour lui d'expliquer isolément et par des ressources spéciales imaginées *ad hoc* la double réfraction elliptique

du quartz, et qu'il lui suffisait d'étendre à ce phénomène une
théorie qui prend les choses de loin et de haut, et qui de plus
avait rencontré le succès dans d'autres circonstances non moins
délicates. Mais, sur ce terrain difficile, nous devons nous borner à
dire que les valeurs trouvées par M. Jamin cadrent remarquablement avec les formules de M. Cauchy, et à appeler de tous nos
vœux le jour où ce grand géomètre, réalisant des promesses qu'aucun ami des sciences n'a oubliées, coordonnera enfin ses travaux
considérables sur l'optique moderne.

§ 611. — **Équations des quatre elliptiques mis en jeu par un
quartz qu'un rayon polarisé traverse dans une direction
voisine de l'axe.**

En voyant la double réfraction elliptique modifier aussi profondément les bras de la croix, on prévoit que son influence s'é-
tendra aux anneaux eux-mêmes pour en changer soit la position,
soit l'intensité. Il convient donc de reprendre pour le quartz le
calcul des phénomènes étudiés § **278**.

Quand le plan d'incidence étant ZOY, la vibration du rayon incident est dirigée suivant OX, si le quartz est dextrogyre, les deux
ellipses d'Airy (§ **604**) ont les positions 1, 2 (*Pl. XII, fig.* 293).
La vibration, supposée de même amplitude, passe-t-elle dans le
plan d'incidence, on aura les ellipses 3 et 4 égales aux précédentes, et nous avons annoncé § **610** que la grande ellipse devenait sinistrorsum. Cela résulte de ce que d'une part, l'elliptique
correspondant devient à la limite le rectiligne extraordinaire, et
que de l'autre, dans le quartz, cristal positif, c'est ce rayon qui
est retardé. En d'autres termes, tandis que pour le rayon ordinaire l'ellipse conservée dérive du circulaire dextrorsum; pour
l'extraordinaire, c'est cette ellipse qui devient évanouissante, ce
rayon devant être considéré comme la limite des altérations subies par le circulaire sinistrorsum. Pour un quartz lévogyre la
correspondance des rayons rectilignes avec les circulaires est
intervertie.

Les deux cas précédents conduisent sans peine au cas général
où la vibration n'est ni normale au plan d'incidence, ni contenue
par lui, cas qui se réalise quand, pour produire les anneaux du
quartz, on lance au travers d'une plaque normale à l'axe un cône
plein de rayons incidents. Si (*Pl. XIII, fig.* 294) la vibration du

faisceau convergent a pour direction OX, on aura, dans un azimut quelconque OY, caractérisé par l'angle α, $\sin \alpha$ pour la vibration normale et $\cos \alpha$ pour la vibration comprise dans la section principale, la première donnera (nous négligeons le diviseur $1 + k^2$) les deux elliptiques

$$
\begin{aligned}
x_1 &= \sin \alpha \cos \xi \\
y_2 &= k \sin \alpha \cos \left(\xi - \frac{\pi}{2} \right)
\end{aligned} \Bigg\}
\qquad
\begin{aligned}
x_2 &= k^2 \sin \alpha \cos (\xi - \rho) \\
y_1 &= - k \sin \alpha \cos \left(\xi - \rho - \frac{\pi}{2} \right)
\end{aligned} \Bigg\}
$$

la deuxième donnera les deux elliptiques représentés en points.

Pour ne pas se fourvoyer dans l'écriture de leurs équations quelques remarques ne seront pas inutiles. Au lieu de nous donner, dans ce cas général, tour à tour et insolidairement chaque vibration principale, nous les recevons comme résultat de la décomposition d'une vibration primitive. Cette commune origine établit entre elles un lien qui doit se retrouver dans les équations. Il faut que les vibrations x_1, y_1, seules indépendantes de k et seules conservées à la limite, reconstituent, quand on abolira le retard ρ, la vibration primitive. Or cette obligation nous signale, comme portions de leurs ellipses simultanément décrites, les arcs mn, pq, et mène aux équations qui suivent

$$
\begin{aligned}
y' &= \cos \alpha \cos (\xi - \rho) \\
x'_2 &= k \cos \alpha \cos \left(\xi - \rho - \frac{\pi}{2} \right)
\end{aligned} \Bigg\}
\qquad
\begin{aligned}
y'_2 &= k^2 \cos \alpha \cos \xi \\
x'_1 &= - k \cos \alpha \cos \left(\xi - \frac{\pi}{2} \right)
\end{aligned} \Bigg\} \ (^*)
$$

L'intensité proviendra du concours de ces quatre elliptiques qui ne reproduiront les ellipses, égales deux à deux, de la *fig.* 293 que pour les azimuts $\alpha = \pm 45$.

§ 612. Calcul des anneaux quand le polariscope est à l'extinction.

Si nous orientons d'abord le nicol polariscopique à 90 degrés de la vibration, les 8 vibrations projetées donneront pour l'image

---

(*) Dans l'intérêt du § 621, nous allons donner et la représentation graphique et les équations des quatre elliptiques issus, avec un quartz lévogyre, de la même vibration OX.

Les ellipses 1, 2 (*fig.* 293) tracées d'un trait plein, représentent les el-

extraordinaire

$$\sin\alpha\,(y_2 + y_1 + y'_1 + y'_2) - \cos\alpha\,(x_1 + x_2 + x'_2 + x'_1),$$

on a d'abord, en modifiant les cosinus qui contiennent $\dfrac{\pi}{2}$,

$$\sin\alpha\begin{bmatrix} k\sin\alpha\sin\xi - k\sin\alpha\sin(\xi-\rho) \\ + \cos\alpha\cos(\xi-\rho) + k^2\cos\alpha\cos\xi \end{bmatrix}$$
$$- \cos\alpha\begin{bmatrix} \sin\alpha\cos\xi + k^2\sin\alpha\cos(\xi-\rho) \\ + k\cos\alpha\sin(\xi-\rho) - k\cos\alpha\sin\xi \end{bmatrix}$$

c'est-à-dire un polynôme à huit termes qui se ramène sans peine
au quadrinôme suivant

$$k\,[\sin\xi - \sin(\xi-\rho)] + (1 - k^2)\sin\alpha\cos\alpha\,[\cos(\xi-\rho) - \cos\xi]$$

qui devient, quand on échange contre des produits les différences
comprises entre crochets,

$$2k\sin\frac{\rho}{2}\cos\left(\xi-\frac{\rho}{2}\right) + (1 - k^2)\sin 2\alpha\sin\frac{\rho}{2}\sin\left(\xi-\frac{\rho}{2}\right),$$

---

liptiques de la vibration ordinaire $\sin\alpha$. Les autres 3, 4 proviennent de
l'extraordinaire $\cos\alpha$. mn, pq sont encore, sur les elliptiques principaux 1,
3, arcs simultanés. Les équations, nous n'y introduisons pas le retard ρ qui
appartiendrait alors aux elliptiques 2, 3, seront, pour le rayon ordinaire,

$$(1)\qquad \left\{ \begin{aligned} x_1 &= \sin\alpha\cos\xi, \\ y_2 &= k\sin\alpha\cos\left(\xi-\frac{\pi}{2}\right), \end{aligned} \right\}$$

$$(2)\qquad \left\{ \begin{aligned} x_2 &= k^2\sin\alpha\cos\xi, \\ y_1 &= -k\sin\alpha\cos\left(\xi+\frac{\pi}{2}\right), \end{aligned} \right\}$$

et pour l'extraordinaire

$$(3)\qquad \left\{ \begin{aligned} y'_1 &= \cos\alpha\cos\xi, \\ x'_2 &= -k\cos\alpha\cos\left(\xi-\frac{\pi}{2}\right), \end{aligned} \right\}$$

$$(4)\qquad \left\{ \begin{aligned} y'_2 &= k^2\cos\alpha\cos\xi, \\ x'_1 &= k\cos\alpha\cos\left(\xi-\frac{\pi}{2}\right). \end{aligned} \right\}$$

Le lecteur constatera sans peine qu'elles se déduisent des huit équations analogues écrites, dans le paragraphe, pour le cas d'un dextrogyre, en y changeant
le signe de k.

tel est le mouvement vibratoire résultant. La forme des facteurs $\sin\left(\xi - \dfrac{\rho}{2}\right)$, $\cos\left(\xi - \dfrac{\rho}{2}\right)$ seuls dépendants du temps, montre que l'intensité I vaut la somme des carrés des coefficients de ces facteurs; qu'ainsi, en rétablissant le diviseur $(1 + k^2)^2$, l'on a

$$I = \frac{4\,k^2}{(1 + k^2)^2}\sin^2\frac{\rho}{2} + \frac{(1 - k^2)^2}{(1 + k')^2}\sin^2 2\,\alpha \sin^2\frac{\rho}{2}.$$

Discussion. — En faisant $h = 1$, $k = 0$, on réalise les deux cas extrêmes des rayons très-voisins ou des rayons très-éloignés de l'axe. La première hypothèse donne

$$I = \sin^2\frac{\rho}{2},$$

c'est-à-dire une teinte indépendante de α et partant uniforme. La deuxième conduit à l'expression

$$\sin^2 2\,\alpha \sin^2\frac{\rho}{2},$$

qui admet visiblement : 1° le long de chaque rayon vecteur des maxima et des minima dépendants de ρ; 2° sur chaque cercle concentrique à l'axe, à cause du facteur $\sin 2\,\alpha$, ~~une~~ dégradation de lumière allant jusqu'à zéro : expression qu'on aurait d'ailleurs trouvée au § **278**, si on y avait fait découler comme ici la recherche des lignes isochromatiques de la discussion de l'intensité. Ainsi, quand on est assez loin de l'axe pour que k soit sensiblement nul, on réobtient les cercles des autres uniaxes avec les quatre bras de la croix noire. Plus près du centre on voit encore des anneaux et on les voit aux mêmes distances du centre, car les valeurs de ρ qui annulent le dernier terme annulent en même temps le premier. Mais il n'y a plus de croix noire, parce que ce premier terme conserve une certaine lumière, quel que soit α, aux régions qui ne donnent pas $\sin\frac{1}{2}\rho = 0$.

§ 613. — Le cas général. — Les deux règles de Délezenne.

Quand l'azimut θ du polariscope, au lieu d'être 90 degrés, devient quelconque, on a, pour constituer l'image extraordinaire,

$$\cos(\theta - \alpha)(y_1 + y_1 + y'_1 + y'_2) - \sin(\theta - \alpha)(x_1 + x_1 + x'_2 + x'_1)$$

remplaçant les y et les x par leurs valeurs et opérant des réductions faciles, cette expression devient

$$2\,k\,\sin\theta\,\sin\frac{\rho}{2}\cos\left(\xi-\frac{\rho}{2}\right)$$
$$+\left[\cos\alpha\cos(\theta-\alpha)-k^2\sin\alpha\sin(\theta-\alpha)\right]\cos(\xi-\rho)$$
$$+\left[k^2\cos\alpha\cos(\theta-\alpha)-\sin\alpha\sin(\theta-\alpha)\right]\cos\xi,$$

ou bien, si l'on représente par M et N les deux parenthèses,

$$2\,k\,\sin\frac{\theta}{2}\,\sin\frac{\rho}{2}\cos\left(\xi-\frac{\rho}{2}\right)+\mathrm{M}\cos(\xi-\rho)+\mathrm{N}\cos\xi,$$

tel est le mouvement vibratoire, l'intensité vaudra donc

$$\mathrm{I}=\left[2\,k\,\sin\theta\,\sin\frac{\rho}{2}\cos\frac{\rho}{2}+\mathrm{M}\cos\rho+\mathrm{N}\right]^2$$
$$+\left[2\,k\,\sin\theta\,\sin\frac{\rho}{2}\,\sin\frac{\rho}{2}+\mathrm{M}\sin\rho\right]^2.$$

Les neuf termes qu'on obtient en effectuant les deux carrés se réduisent immédiatement aux six suivants :

$$\mathrm{I}=4\,k^2\sin^2\theta\,\sin^2\frac{\rho}{2}+\mathrm{M}^2+\mathrm{N}^2+4\,k\,\mathrm{M}\sin\theta\,\sin\frac{\rho}{2}\cos\frac{\rho}{2}$$
$$+2\,k\,\mathrm{N}\sin\theta\,\sin\rho+2\,\mathrm{MN}\cos\rho.$$

Si l'on remplace dans le dernier, $\cos\rho$ par $1-2\sin^2\frac{1}{2}\rho$, et si l'on combine le terme $2\,\mathrm{MN}$ avec $\mathrm{M}^2+\mathrm{N}^2$, ces trois termes se prêtent à d'énormes réductions et deviennent $\cos^2\theta\,(k^2+1)^2$. Les deux termes qui suivent $\mathrm{M}^2+\mathrm{N}^2$ donnent

$$2\,k\,\sin\theta\,\sin\rho\,\cos\theta\,(1+k^2)=k\,(1+k^2)\sin 2\theta\,\sin\rho.$$

Enfin si, ayant effectué le produit MN, on y ajoute et on en retranche $2\,k^2\sin\alpha\cos\alpha\sin(\theta-\alpha)\cos(\theta-\alpha)$, ces six termes deviennent, après le rétablissement du facteur $-4\sin^2\frac{1}{2}\rho$,

$$(1-k^2)^2\sin 2\alpha\,\sin 2(\theta-\alpha)\sin^2\frac{\rho}{2}-4\,k^2\cos^2\theta\,\sin^2\frac{1}{2}\rho,$$

de sorte que, tout compte fait, en rétablissant le diviseur $(1+k^2)^2$ et remplaçant $\sin^2\theta-\cos^2\theta$ par $-\cos 2\theta$, l'expression de l'intensité devient

$$I = \cos^2 \varepsilon - 4\,\frac{k^2}{(1+k^2)^2}\cos 2\varepsilon \sin^2\tfrac{1}{2}\rho$$

$$+ \frac{k}{1+k^2}\sin 2\varepsilon \sin\rho + \frac{(1-k^2)^2}{(1+k^2)^2}\sin 2\alpha \sin 2(\varepsilon - \alpha)\sin^2\tfrac{\rho}{2},$$

Discussion. — En y posant $\varepsilon = 90$, elle redonne bien l'expression du paragraphe précédent. En y posant $k = 1$, elle donne

$$I = -\cos 2\varepsilon \sin^2\tfrac{\varepsilon}{2} + \cos^2\varepsilon + \tfrac{1}{2}\sin 2\varepsilon \sin\rho.$$

Si, dans cette dernière expression, on introduit en place des angles 2ε, ρ les angles ε, $\tfrac{\rho}{2}$, on arrive à trois termes qui forment un carré parfait, à savoir

$$I = \cos^2\left(\tfrac{1}{2}\rho - \varepsilon\right),$$

formule qui reproduirait la formule élémentaire du § 498 si l'angle α y était compté, comme alors, de l'axe O,X_1.

Pour déterminer l'espèce d'un quartz, Délezenne recourt à l'un des phénomènes suivants :

1°. Le quartz normal étant placé entre le polarisateur et le polariscope, si l'on vient à tourner ce dernier, les anneaux subissent dans l'une comme dans l'autre image, soit une expansion qui leur fait atteindre un numéro de plus en plus élevé, remplacés qu'ils sont par d'autres anneaux éclos incessamment du centre; soit un resserrement qui les amène à se résumer en une tache centrale pour disparaître ensuite. Eh bien, *si la rotation du polariscope est dextrorsum, l'expansion caractérise les dextrogyres et le resserrement les lévogyres.* La correspondance deviendrait inverse si l'on convenait d'imprimer au polariscope une rotation sinistrorsum. Quoique moins net chez les quartz minces, ce caractère leur appartient encore, pourvu qu'à défaut d'un cercle complet, on s'en prenne, pour observer le caractère centrifuge ou centripète du mouvement, aux quatre taches qui forment l'origine de la croix.

2°. Dans le précédent phénomène, l'orientation initiale du polariscope peut être quelconque. Convenons maintenant de le mettre à l'extinction et tournons le soit à droite, soit à gauche. Si

l'épaisseur du quartz ne dépasse pas 5 millimètres, l'une des deux rotations amènera, avant que le phénomène précédemment décrit se déclare, une croix bleue qui, si le mouvement continue, virera au violet. Chez les quartz minces le bleu est très-sombre et le moindre mouvement de la tourmaline le fait passer au jaune sale, par un violet peu appréciable. Eh bien, *la rotation qui amène cette succession est de même espèce que la rotation du quartz.* Le mouvement contraire du quartz montre aussi les croix bleue et violette, mais dans un ordre différent. Dans l'image ordinaire, c'est également la croix violette qui précède la bleue, mais les azimuts où elles apparaissent sont à 90 degrés de ceux obtenus pour l'image extraordinaire, de sorte que, si ces derniers angles sont moindres qu'un droit, c'est par une rotation contraire qu'on y arrive. Ce phénomène des croix, au rebours du précédent, s'observe mieux chez les quartz minces.

L'étude du phénomène m'a montré deux choses. La première consiste en ce que la rotation qui amène la croix violette ou noire est sensiblement égale à celle *ae* du quartz. La deuxième est que les bras de la croix sont orientés dans un azimut $\frac{ae}{2}$, égal à la moitié de celui dont on a tourné. Avec la lumière blanche, quoique les observations comportent peu de précision, ce rapport de 1 à 2 s'accuse cependant avec une certaine netteté. Passe-t-on au verre rouge et surtout à la flamme de l'alcool salé, alors, s'il reste encore une certaine incertitude sur la détermination absolue des azimuts du polariscope, il n'en est plus de même du rapport. Nous allons voir que ces deux remarques sont parfaitement justifiées par la théorie. Quant à la manière de mesurer commodément l'orientation des bras de la croix, nous renvoyons à la fin de la note du § **625**.

Bornons la discussion de la formule générale à la justification des règles pratiques de Délezenne et à la recherche de la loi que semble receler le dernier phénomène.

1°. Puisque dans leur expansion ou leur resserrement les anneaux partent du centre ou viennent s'y absorber, pour retrouver ces phénomènes dans la formule, on peut y poser $k = \pm 1$, ce qui la réduit à

$$1 = \cos^2\left(\frac{1}{2}\rho \mp \varepsilon\right).$$

les courbes isochromatiques sont donc des anneaux dont les diamètres sont donnés, quand k est positif, par les équations

$$\rho = 2\delta = 2\delta + \pi = 2\delta + 2\pi = \ldots;$$

or, dans la configuration type, δ croît par une rotation dextrorsum; on voit donc que les anneaux s'ouvrent quand on augmente δ et diminuent par le mouvement contraire. Si k est négatif, on a

$$\rho = -2\delta = \pi - 2\delta = 2\pi - 2\delta = \ldots,$$

et les variations de δ produisent un effet inverse. La première règle pratique de Délezenne se trouve donc justifiée.

2°. Posons $k = 1 - \delta$, et cherchons, par la division, ce que valent les coefficients $-4\dfrac{k^2}{(1+k^2)^2}$, $\dfrac{k}{1+k^2}$, $\dfrac{(1-k^2)^2}{(1+k^2)^2}$, quand on y néglige les puissances supérieures à δ^2. On trouve sans peine $-(1-\delta^2)$, $\dfrac{1}{2}\left(1-\dfrac{1}{2}\delta^2\right)$ et δ^2, de sorte que l'expression de I se compose de deux parties, l'une indépendante de δ qui n'est autre que $\cos^2\left(\dfrac{1}{2}\rho - \delta\right)$, et la deuxième formée du produit de δ^2 par le trinôme suivant

$$\cos 2\delta \sin^2 \frac{1}{2}\rho - \frac{1}{4}\sin 2\delta \sin\rho + \sin 2\alpha \sin 2(\delta - \alpha)\sin^2\frac{\rho}{2}.$$

Dans les expériences qu'il s'agit d'interpréter, le polariscope est placé d'abord à l'extinction et c'est à partir de là qu'on le tourne soit à droite, soit à gauche. Pour répondre à cette manière d'opérer, il faut changer δ en $90 \mp \delta'$. On a donc

$$I = \sin^2\left(\frac{1}{2}\rho \mp \delta'\right) + \delta^2 \sin\frac{1}{2}\rho$$

$$\left[-\cos 2\delta' \sin\frac{1}{2}\rho \pm \frac{1}{2}\sin 2\delta' \cos\frac{1}{2}\rho + \sin 2\alpha \sin(2\alpha \pm 2\delta')\sin\frac{1}{2}\rho\right],$$

on rendra le centre obscur en tournant le polariscope, dextrorsum et d'une quantité donnée par

$$\sin\left(\frac{1}{2}\rho - \delta'\right) = 0,$$

c'est-à-dire de

$$\delta' = \frac{\rho}{2} = \textit{arc}.$$

L'obscurité centrale se continuera dans les azimuts α qui annuleront la parenthèse. Or l'hypothèse $\theta' = \frac{\rho}{2}$ donne à cette parenthèse, après des réductions faciles, la forme

$$\sin \frac{1}{2} \rho \left[\sin^2 \frac{1}{2} \rho + \sin 2\alpha \sin (2\alpha + \rho) \right],$$

mais on a

$$\sin 2\alpha \sin (2\alpha + \rho) = \frac{1}{2} \cos \rho - \frac{1}{2} \cos (4\alpha + \rho).$$

L'équation de condition sera donc

$$\sin^2 \frac{1}{2} \rho + \frac{1}{2} \cos \rho - \frac{1}{2} \cos (4\alpha + \rho) = 0,$$

mais

$$\frac{1}{2} \cos \rho = \frac{1}{2} - \sin^2 \frac{\rho}{2},$$

on a donc

$$\frac{1}{2} - \frac{1}{2} \cos (4\alpha + \rho) = 0,$$

c'est-à-dire

$$4\alpha + \rho = 0 = 2\pi,$$

ou bien

$$\alpha = -\frac{\rho}{4} = -\frac{\rho}{4} + \frac{\pi}{2};$$

on aura donc une croix noire qui perdra de sa netteté quand l'éloignement de l'axe cessera de rendre négligeables les termes non annulés qui suivent celui en θ^2.

D'après la manière dont α est compté, $\frac{\pi}{2} - \frac{\rho}{4}$ exprime un angle compté dans le sens de θ', et à partir de la même origine, le rapport de 2 à 1 doit donc bien exister entre la rotation du polariscope et l'azimut de la croix noire.

Pour l'image ordinaire, le premier terme de I serait

$$\cos^2 \left(\frac{1}{2} \rho \mp \theta' \right),$$

pour amener la croix noire, il faudrait poser, dans le cas où $\frac{1}{2} \rho$

est moindre que $\dfrac{\pi}{2}$,

$$\tfrac{1}{2}\rho + \theta' = \frac{\pi}{2},$$

on devra donc tourner sinistrorsum d'un angle $\theta' = \dfrac{\pi}{2} - \dfrac{1}{2}\rho$,

qui est bien complémentaire du précédent.

§ 614. — Cas où le faisceau convergent lancé à travers le quartz est polarisé circulairement.

Pour obtenir ce cas, il suffit 1° de supposer égales entre elles et à l'unité par exemple, les composantes $\cos \alpha$, $\sin \alpha$ du précédent problème; 2° d'attribuer à l'une d'elles, et par conséquent aux deux elliptiques qui la remplacent, une anomalie égale à $\dfrac{\pi}{2}$: 3° d'introduire chez les deux (§ 368) une anomalie spéciale égale à l'angle azimutal α. On aura donc les quatre elliptiques suivants :

$$
\begin{aligned}
x_1 &= \cos(\xi - \alpha), & x_2 &= k^2\cos(\xi - \alpha - \rho),\\
y_2 &= k\cos\left(\xi - \alpha - \frac{\pi}{2}\right), & y_1 &= -k\cos\left(\xi - \alpha - \rho - \frac{\pi}{2}\right),
\end{aligned}
$$

$$
\begin{aligned}
y'_1 &= \cos\left(\xi - \alpha - \frac{\pi}{2} - \rho\right), & y'_2 &= k^2\cos\left(\xi - \alpha - \frac{\pi}{2}\right),\\
x'_2 &= k\cos(\xi - \alpha - \pi - \rho), & x'_1 &= -k\cos(\xi - \alpha - \pi),
\end{aligned}
$$

ils fourniront dans le polariscope, pour la vibration extraordinaire,

$$\cos(\theta - \alpha)(y_2 + y_1 + y'_1 + y'_2) - \sin(\theta - \alpha)(x_1 + x_2 + x'_2 + x'_1),$$

c'est-à-dire, après substitution des valeurs des y et des x,

$$
\begin{aligned}
&\cos(\theta - \alpha)\left[k(k+1)\sin(\xi - \alpha) + (1 - k)\sin(\xi - \alpha + \rho)\right]\\
&- \sin(\theta - \alpha)\left[(k+1)\cos(\xi - \alpha) - k(1 - k)\cos(\xi - \alpha - \rho)\right].
\end{aligned}
$$

Si l'on prend ξ pour phase fondamentale, l'intensité sera

$$
\begin{aligned}
I =\;& \begin{bmatrix} -k(k+1)\cos(\theta - \alpha)\sin\alpha - (1 - k)\cos(\theta - \alpha)\sin(\alpha + \rho)\\ -(k+1)\sin(\theta - \alpha)\cos\alpha + k(1 + k)\sin(\theta - \alpha)\cos(\alpha + \rho) \end{bmatrix}^2\\
&+ \begin{bmatrix} k(k+1)\cos(\theta - \alpha)\cos\alpha + (1 - k)\cos(\theta - \alpha)\cos(\alpha + \rho)\\ -(k+1)\sin(\theta - \alpha)\sin\alpha + k(1 - k)\sin(\theta - \alpha)\sin(\alpha + \rho) \end{bmatrix}^2,
\end{aligned}
$$

on obtient vingt termes, à savoir huit carrés et douze doubles produits. Les huit carrés se réduisent à

$$(k^2 + 1)^2 - 2k(1 - k^2)\cos 2(\theta - \alpha).$$

Quatre des doubles produits se détruisent deux à deux, les huit autres se réduisent à quatre par les formules

$$\cos(a + b) = \ldots, \quad \sin(a + b) = \ldots;$$

enfin ces quatre termes deviennent

$$+ 2k(1 - k^2)\cos 2(\theta - \alpha)\cos\rho + (1 - k^4)\sin 2(\theta - \alpha)\sin\rho,$$

de sorte qu'en rétablissant le diviseur $(1 + k^2)^2$, il vient

$$I = 1 - 2k\frac{1 - k^2}{(k^2 + 1)^2}\cos 2(\theta - \alpha)$$

$$+ 2k\frac{1 - k^2}{(k^2 + 1)^2}\cos 2(\theta - \alpha)\cos\rho + \frac{1 - k^4}{(k^2 + 1)^2}\sin 2(\theta - \alpha)\sin\rho.$$

formule qui accepte encore des réductions, et devient enfin

$$I = 1 - 4k\frac{1 - k^2}{(k^2 + 1)^2}\cos 2(\theta - \alpha)\sin^2\frac{\rho}{2} + \frac{1 - k^2}{k^2 + 1}\sin 2(\theta - \alpha)\sin\rho$$

$$= 1 - 2\frac{1 - k^2}{(1 + k^2)^2}\sin\frac{\rho}{2}\left[\begin{array}{c} 2k\cos 2(\theta - \alpha)\sin\frac{\rho}{2} \\[2mm] - (k^2 + 1)\sin 2(\theta - \alpha)\cos\frac{\rho}{2} \end{array}\right].$$

Nous faciliterons la discussion si nous transformons la parenthèse en une seule ligne trigonométrique par l'introduction d'un angle auxiliaire χ défini par l'équation de condition

$$\tan 2(\theta - \alpha) = \frac{2k}{1 + k^2}\tan\chi.$$

Cette équation donne

$$\sin 2(\theta - \alpha) = \frac{2k\sin\chi}{\sqrt{(1 + k^2)^2\cos^2\chi + 4k^2\sin^2\chi}},$$

$$\cos 2(\theta - \alpha) = \frac{(1 + k^2)\cos\chi}{\sqrt{}},$$

la parenthèse vaut donc

$$\frac{2k(1 + k^2)}{\sqrt{}}\left(\sin\frac{\rho}{2}\cos\chi - \sin\chi\cos\frac{\rho}{2}\right) = \frac{2k(1 + k^2)\sin\left(\frac{\rho}{2} - \chi\right)}{\sqrt{}},$$

on peut d'ailleurs chasser l'angle auxiliaire du radical, car la même
équation de condition donne

$$\sin\chi = \frac{(1+k^2)\sin 2(\theta-\alpha)}{\sqrt{4\,k^2\cos^2 2(\theta-\alpha)+(1+k^2)^2\sin^2 2(\theta-\alpha)}},$$

$$\cos\chi = \frac{2\,k\cos 2(\theta-\alpha)}{\sqrt{\qquad\qquad}},$$

et par conséquent

$$(1+k^2)^2\cos^2\chi + 4\,k^2\sin^2\chi$$
$$= 4\,k^2(1+k^2)^2\,\frac{\cos^2 2(\theta-\alpha)+\sin^2 2(\theta-\alpha)}{4\,k^2\cos^2 2(\theta-\alpha)+(1+k^2)^2\sin^2 2(\theta-\alpha)},$$

de sorte qu'on a

$$I = 1 - 2\,\frac{1-k^2}{(1+k^2)^2}\sin\frac{\rho}{2}$$

$$\times\,\frac{2k(1+k^2)\sin\left(\frac{\rho}{2}-\chi\right)}{2k(1+k^2)}\sqrt{4\,k^2\cos^2 2(\theta-\alpha)+(1+k^2)^2\sin^2 2(\theta-\alpha)}$$

$$= 1 - 2\,\frac{1-k^2}{(1+k^2)^2}\sqrt{4\,k^2\cos^2 2(\theta-\alpha)+(1+k^2)^2\sin^2 2(\theta-\alpha)}$$

$$\times\,\sin\frac{\rho}{2}\sin\left(\frac{\rho}{2}-\chi\right).$$

Si l'on voulait se borner au cas de $\theta = 90^\circ$, il faudrait, à
cause de l'équation de condition, reprendre les calculs. On trouverait ainsi l'ensemble des équations

$$\tan 2\alpha = -\,\frac{2k}{1+k^2}\tan\chi,$$

$$I = 1 + 2\,\frac{1-k^2}{(1+k^2)^2}\sqrt{4\,k^2\cos^2 2\alpha+(1+k^2)^2\sin^2 2\alpha}\,\sin\frac{\rho}{2}\sin\left(\frac{\rho}{2}-\chi\right),$$

et si l'on gardait la même équation de condition

$$\tan 2\alpha = \frac{2k}{1+k^2}\tan\chi,$$

$$(A\qquad I = 1 + 2\,\frac{1-k^2}{(1+k^2)^2}\sqrt{\qquad\qquad}\,\sin\frac{\rho}{2}\sin\left(\frac{\rho}{2}+\chi\right).$$

Cette dernière formule est celle que nous discuterons (§ **624**). Sa
discussion sera conduite parallèlement avec celle d'une autre for-

...mule dominée comme celle-ci par l'équation de condition

$$\operatorname{tang} 2\alpha = + \frac{2k}{1+k^2}\operatorname{tang}\chi.$$

Grâce à cette équation commune, les deux sortes de spirales répondront aux-mêmes signes de χ dans le facteur $\sin\left(\frac{\rho}{2}\pm\chi\right)$.

§ 615. — Autre manière de faire le calcul.

Pour se rapprocher de l'expérience, on aimerait à introduire dans le calcul l'angle de position du mica circularisant. Supposons sa section principale à $+45$ de la vibration (*fig.* 296), il fournira dans l'azimut $+45$ la vibration $\frac{1}{\sqrt{2}}$ affectée de l'anomalie $\frac{\pi}{2}$, et dans l'azimut -45, la vibration non retardée $\frac{1}{\sqrt{2}}$.

Il suit de là que pour un azimut quelconque OY_1, on aura, suivant O_1X_1

$$\frac{1}{\sqrt{2}}\left[\cos(45-\alpha)\cos\xi-\sin(45-\alpha)\cos\left(\xi-\frac{\pi}{2}\right)\right]$$
$$=\frac{1}{\sqrt{2}}\cos(\xi+45-\alpha),$$

et suivant O_1Y

$$\frac{1}{\sqrt{2}}\left[\cos(45-\alpha)\cos\left(\xi-\frac{\pi}{2}\right)+\sin(45-\alpha)\cos\xi\right]$$
$$=\frac{1}{\sqrt{2}}\sin(\xi+45-\alpha);$$

O_1X_1 donnera les deux elliptiques

$$x_1=\cos(\xi+45-\alpha)$$
$$y_2=k\cos\left(\xi+45-\alpha-\frac{\pi}{2}\right)$$

$$x_2=k^2\cos(\xi+45-\alpha-\rho)$$
$$y_1=-k\cos\left(\xi+45-\alpha-\frac{\pi}{2}-\rho\right)$$

II.   31

et $O_1 Y_1$ les elliptiques

$$y'_2 = \cos\left(\xi + 45 - \alpha - \frac{\pi}{2} - \rho\right)$$
$$x'_2 = k \cos\left(\xi + 45 - \alpha - \pi - \rho\right)$$

$$y'_1 = k^2 \cos\left(\xi + 45 - \alpha - \frac{\pi}{2}\right)$$
$$x'_1 = -k \cos\left(\xi + 45 - \alpha - \pi\right)$$

expressions qui ne diffèrent, et pour un motif facile à saisir, de celles du calcul précédent que par l'anomalie $-\alpha$. Si donc, dans la formation de l'intensité, on part de l'anomalie $\xi - \alpha$, les calculs seront identiquement ceux déjà faits; mais on n'aura que moitié de l'intensité précédente, parce qu'alors le rayon incident valait 2.

§ 616. — Cas où le quartz étant encore dextrogyre, le circulaire convergent devient sinistrorsum.

La section principale du mica est alors dirigée dans l'azimut -45, et l'anomalie $\frac{\pi}{2}$ appartient à la vibration correspondante. On a, suivant $O_1 X_1$,

$$\frac{1}{\sqrt{2}}\left[\cos\left(45 - \alpha\right)\cos\left(\xi - \frac{\pi}{2}\right) - \sin\left(45 - \alpha\right)\cos\xi\right]$$
$$= \frac{1}{\sqrt{2}}\sin\left(\xi - 45 + \alpha\right),$$

suivant $O_1 Y_1$ on a

$$\frac{1}{\sqrt{2}}\cos\left(\xi - 45 + \alpha\right).$$

Le lecteur qui reprendra, sur les quatre elliptiques issus de ces deux rayons, les calculs précédents trouvera, en négligeant le facteur $\frac{1}{2}$,

$$I = 1 + \frac{4k\left(1 - k^2\right)}{\left(1 + k^2\right)^2}\cos 2\left(\xi - \alpha\right)\sin^2 \frac{1}{2}\rho$$
$$- \frac{\left(1 - k^2\right)}{1 + k^2}\sin 2\left(\xi - \alpha\right)\sin\rho.$$

Si donc le circulaire dextrorsum donnait un maximum, le sinistrorsum donnera un minimum, et ce changement de rayon aura tout simplement amené un changement d'image.

§ 617. — Expériences sur les spirales des circulaires lancés à travers les deux sortes de quartz.

Quand on observe les courbes isochromatiques données par des faisceaux convergents de lumière polarisée circulaire, lancées à travers un quartz normal, on trouve qu'elles comprennent des spirales qui, prises à partir de leur origine se déroulent tantôt dextrorsum et tantôt sinistrorsum. Nous croyons devoir préluder à la discussion des formules par la description de ces courbes. Leur étude se fera, à moins qu'on n'en prévienne, avec le microscope d'Amici, et nous nous bornerons presque exclusivement aux deux configurations que présentent les deux images quand l'analyseur biréfringent possède son orientation fondamentale, ou, ce qui revient au même, aux deux configurations déterminées dans une même image par $\varepsilon = 90 = 0$.

Ces spirales sont au nombre de deux ; leurs origines sont séparées, équidistantes du centre et disposées sensiblement sur un diamètre qui n'a que deux positions, à savoir l'orientation antéro-postérieure et l'orientation transversale.

1°. Si le circulaire est *dextrorsum* et le quartz *dextrogyre*, les spirales se déroulent dans l'image extraordinaire de droite à gauche, et le diamètre qui relie leurs origines est l'antéro-postérieur ; c'est le cas de la *fig.* 297.

2°. Déplacez l'œilleton et donnez-vous l'image ordinaire O, les spirales gardent leur gyration, mais elles débutent sur le diamètre transversal (*fig.* 298).

3°. Tournez le mica quart d'onde de 90 degrés de manière à avoir un circulaire sinistrorsum ; la spirale reste lévogyre, mais c'est alors pour l'image O que le diamètre des origines est l'antéro-postérieur.

4° Prenez un quartz lévogyre ; les spirales deviennent dextrogyres (*fig.* 299), quel que soit le sens du circulaire : avec un dextrorsum et dans l'image E, les origines occupent le diamètre transversal.

Forme des spirales. Ces courbes ont des *ressauts* situés sur les deux diamètres précités et sont comme formées intermittemment de quarts de cercle qui s'éloignent brusquement à chaque nouveau quart. De plus, en ces points, l'obscurité est moins vive, de telle sorte que les spirales sont comme coupées par une sorte de croix blanche. Nous retrouvons ces particularités, avec, il est vrai, plus ou moins de netteté sur des quartz d'épaisseurs très-différentes. On les discerne surtout avec la flamme de l'alcool salé. Avec la lumière blanche, il y a une dispersion très-prononcée qui met le rouge à l'intérieur des courbes, ainsi que le témoigne la lettre *r* dans la *fig.* 267.

§ 618. — Spirales obtenues quand le faisceau convergent ne traverse le quart d'onde qu'après le quartz.

Partons de la première expérience et faisons passer le mica par-dessus le quartz dextrogyre *sans le désorienter*. Les spirales deviennent alors dextrogyres et leurs origines passent sur le diamètre transversal, tout comme si dans la précédente expérience on changeait l'espèce du quartz.

Tournons le mica de 90 degrés, de manière à ce que, si l'on ôtait le quartz, il produise un circulaire sinistrorsum ; la position des spirales en sera encore seule affectée; elles débuteront sur le diamètre antéro-postérieur ; avec un quartz lévogyre, les spirales sont lévogyres et elles naissent sur le diamètre $\left\{\begin{array}{l} \text{antéro-postérieur,} \\ \text{transversal} \end{array}\right.$ suivant que le circulaire qui apparaîtrait par l'ablation du quartz est $\left\{\begin{array}{l} \text{dextrorsum} \\ \text{sinistrorsum.} \end{array}\right.$ Le paragraphe suivant contient le calcul de ce phénomène.

Le microscope d'Amici ne permet pas de voir l'influence qu'aurait sur les spirales le changement du plan de polarisation. Pour y arriver, prenons la pince à tourmalines et interposons entre elles un quart d'onde à $+45$ degrés, puis un quartz dextrogyre. Si elles sont à l'extinction, et si l'axe de la première est horizontal, suppositions qui reproduisent les conditions de la première des expériences faites avec l'appareil d'Amici, on a des spirales gauches qui naissent sur le diamètre vertical. Eh bien, tournons de 90 degrés la première tourmaline, les spirales restent gauches, ainsi qu'on pouvait le deviner, et leurs origines passent sur le diamètre horizontal. Mêmes effets quand ce changement du plan de polarisation s'adresse aux dernières spirales décrites, à savoir celles qu'on obtient après l'échange des positions du quartz et du mica.

Enfin ayant rendu l'horizontalité à l'axe de la première tourmaline et remis le quartz dextrogyre en avant du mica, retournons tout le système de manière à mettre contre l'œil la tourmaline qui était antérieure, les spirales deviennent dextrogyres, mais leurs origines restent sur le diamètre vertical. En effet, par ce retournement on produit quatre changements : 1° celui du plan de polarisation qui n'influe pas sur les spirales et change seulement leurs origines ; 2° l'échange des positions du quartz et du mica qui renverse et les spirales et leurs origines ; 3° la désorientation du mica qui donnerait maintenant un sinistrorsum, ce qui n'influe que sur les origines ; 4° la rotation du polariscope qui n'a prise également que sur les origines. Somme toute, les origines changées quatre fois sont restées les mêmes, mais les spirales sont renversées. Si en même temps on changeait l'espèce du quartz, les origines auraient subi cinq changements et envahiraient le diamètre horizontal : ce serait aux spirales qu'écherrait le nombre pair de renversements, à savoir deux, et partant la conservation de la disposition primitive.

Nous terminerons ces descriptions par une allusion très-écourtée à ce qui arrive soit quand le polariscope quitte la position d'élite où nous l'avons confiné, soit quand le quart d'onde, quittant les azimuts $\pm$ 45 degrés, fournit des elliptiques. Dans le premier cas, les spirales n'éprouvent pas d'altérations bien tranchées, et tout se borne pour ainsi dire à une rotation du diamètre des origines qui suit le mouvement du polariscope, et le suit avec une vitesse angulaire égale. Dans le dernier, les spirales s'altèrent et leurs origines se rapprochent ou s'éloignent suivant le sens de la rotation du mica.

Il est superflu de s'appesantir sur l'importance pratique qu'ont les phénomènes décrits dans les deux paragraphes précédents, ils servent manifestement à déterminer le sens de la rotation d'un quartz.

§ 619. — **Calcul des courbes fournies par un faisceau convergent rectiligne qui traverse d'abord, un quartz dextrogyre normal à l'axe, puis un quart d'onde orienté dans celui des deux azimuts $\pm$ 45 degrés qui donnerait un dextrorsum si l'on enlevait le quartz.**

Au sortir du quartz on a dans l'azimut $O_1 X_1$, (*fig.* 294 et § 611 :

$$O_1 X_1 = x_1 + x_2 + x'_2 + x'_1,$$

et dans l'azimut $O_1 Y_1$,

$$O_1 Y_1 = y_2 + y_1 + y'_1 + y'_2;$$

la traversée du mica donne pour vibration extraordinaire

$$S = \cos(45 - \alpha)(y_2 + y_1 + y'_1 + y'_2)$$
$$- \sin(45 - \alpha)(x_1 + x_2 + x'_2 + x'_1),$$

et pour vibration ordinaire

$$R = \sin(45 - \alpha)(y_2 + y_1 + y'_1 + y'_2)$$
$$+ \cos(45 - \alpha)(x_1 + x_2 + x'_2 + x'_1),$$

et tous les termes de S sont frappés de l'anomalie $\frac{\pi}{2}$. Vienne alors le polariscope orienté dans l'azimut ε, et il se constituera pour vibration extraordinaire

$$S \cos(\varepsilon - 45) - R \sin(\varepsilon - 45),$$

ou bien si nous nous bornons au cas de $\varepsilon = 90$,

$$\frac{1}{\sqrt{2}}(S - R).$$

Le calcul de $S - R$ n'offre aucune difficulté, et conduit pour l'intensité à l'expression

$$I = 1 - \frac{2k(1 - k^2)}{(1 + k^2)^2}\cos 2\alpha + 2k\frac{1 - k^2}{(1 + k^2)^2}\cos 2\alpha \cos \rho$$
$$+ \frac{1 - k^2}{1 + k^2}\sin 2\alpha \sin \rho;$$

or si l'on pose $\varepsilon = 90$ dans l'expression du § 614, on obtient les quatre mêmes termes avec un changement de signe pour les termes 2 et 3, qui seuls contiennent k à une puissance impaire. Donc, au moins dans ce cas particulier, cela revient bien, ainsi que le témoignent les expériences des §§ 617 et 618, à laisser le mica antérieur au quartz, et à changer l'espèce de ce dernier.

§ 620. — Calcul d'un quartz dextrogyre placé, dans un faisceau polarisé convergent, entre deux micas quart d'onde.

Le § 614 nous donne, au delà du quartz, dans les azimuts $O_1 X_1$, $O_1 Y_1$ les vibrations

$$X_1 = x_2 + x_1 + x'_1 + x'_1, \quad Y_1 = y_2 + y_1 + y'_1 + y'_2,$$

au lieu de les recevoir sur le polariscope, nous leur offrons un nouveau mica que nous supposerons d'abord orienté à 90 degrés du premier. Il en résulte une vibration ordinaire non retardée O égale à

$$Y_1 \cos (45 - \alpha) - X_1 \sin (45 - \alpha),$$

et une vibration extraordinaire E , retardée de $\dfrac{\pi}{2}$, égale à

$$Y_1 \sin (45 - \alpha) + X_1 \cos (45 - \alpha).$$

Un polariscope orienté dans l'azimut 90 degrés aura pour image extraordinaire $\dfrac{1}{\sqrt{2}} (O - E)$. Passons au détail du calcul, et posons

$$\xi + 45 = \xi_1$$

$$O = \cos(45-\alpha) \left[\begin{array}{l} k \cos\left(\xi_1 - \alpha - \dfrac{\pi}{2} \right) - k \cos\left(\xi_1 - \alpha - \rho - \dfrac{\pi}{2} \right) \\ + \cos\left(\xi_1 - \alpha - \rho - \dfrac{\pi}{2} \right) + k^2 \cos\left(\xi_1 - \alpha - \dfrac{\pi}{2} \right) \end{array} \right]$$

$$- \sin (45 - \alpha) \left[\begin{array}{l} \cos (\xi_1 - \alpha) + k^2 \cos (\xi_1 - \alpha - \rho) \\ - k \cos (\xi_1 - \alpha - \rho) + k \cos (\xi_1 - \alpha) \end{array} \right],$$

$$E = \sin (45 - \alpha) \left[\begin{array}{l} k \cos (\xi_1 - \alpha - \pi) - k \cos (\xi_1 - \alpha - \rho - \pi) \\ + \cos (\xi_1 - \alpha - \rho - \pi) + k^2 \cos (\xi_1 - \alpha - \pi) \end{array} \right]$$

$$+ \cos (45 - \alpha) \left[\begin{array}{l} \cos\left(\xi_1 - \alpha - \dfrac{\pi}{2} \right) + k^2 \cos\left(\xi_1 - \alpha - \rho - \dfrac{\pi}{2} \right) \\ - k \cos\left(\xi_1 - \alpha - \rho - \dfrac{\pi}{2} \right) + k \cos\left(\xi_1 - \alpha - \dfrac{\pi}{2} \right) \end{array} \right];$$

la différence O — E ne présentera que quatre sortes de termes, caractérisés par les sinus et les cosinus des arcs $\xi_1 - \alpha$ et $\xi_1 - \alpha - \rho$. Or, les polynômes coefficients se prêtent à des réductions telles, qu'on arrive à

$$O - E = - (1 - k^2) \cos (45 - \alpha) [\sin (\xi_1 - \alpha) - \sin (\xi_1 - \alpha - \rho)]$$

$$+ (1 - k^2) \sin (45 - \alpha) [\cos (\xi_1 - \alpha - \rho) - \cos (\xi_1 - \alpha)]$$

$$= 2 (1 - k^2) \sin \dfrac{\rho}{2} \left[\begin{array}{l} - \cos (45 - \alpha) \cos\left(\xi_1 - \alpha - \dfrac{\rho}{2} \right) \\ + \sin (45 - \alpha) \sin\left(\xi_1 - \alpha - \dfrac{\rho}{2} \right) \end{array} \right]$$

$$= - 2 (1 - k^2) \sin \dfrac{\rho}{2} \cos\left(\xi_1 + 45 - 2\alpha - \dfrac{\rho}{2} \right),$$

et, en remplaçant ξ_i par $\xi + 45$,

$$O - E = 2(1 - k^2)\sin\frac{\rho}{2}\sin\left(\xi - 2\alpha - \frac{\rho}{2}\right):$$

n'ayant qu'un terme, on obtient l'intensité en carrant le coefficient du facteur seul périodique et seul fonction de ξ. En rétablissant le diviseur $(1 + k^2)^2$, on a donc

$$I = 4\frac{(1 - k^2)^2}{(1 + k^2)^2}\sin^2\frac{\rho}{2}:$$

de sorte que les courbes isochromatiques sont des cercles dont les positions sont déterminées par la manière dont grandit ρ en s'éloignant de l'axe. Nous renvoyons sur ce point au premier tableau du § 610.

Si le deuxième mica avait la même orientation que le premier, on aurait, dans l'azimut $+45$ degrés, pour vibration extraordinaire retardée de $\frac{\pi}{2}$, l'ancienne ordinaire, c'est-à-dire

$$E = Y_1\cos(45 - \alpha) - X_1\sin(45 - \alpha)$$

et pour vibration ordinaire non retardée,

$$O = Y_1\sin(45 - \alpha) + X_1\cos(45 - \alpha).$$

Pour éviter une petite complication de calcul, tournons le nicol polariscopique de 90 degrés, et cherchons l'autre image, sa vibration sera $\frac{1}{\sqrt{2}}(O + E)$. Or les calculs, tout à fait semblables aux précédents, donnent

$$O + E = (1 - k^2)[\cos(\xi_1 + 45 - 2\alpha) - \cos(\xi_1 + 45 - 2\alpha - \rho)]$$

$$= 2(1 - k^2)\sin\frac{\rho}{2}\sin\left(\xi_1 + 45 - 2\alpha - \frac{\rho}{2}\right)$$

$$= -2(1 - k^2)\sin\frac{\rho}{2}\cos\left(\xi - 2\alpha - \frac{\rho}{2}\right);$$

l'intensité est donc encore

$$I = 4\frac{(1 - k^2)^2}{(1 + k^2)^2}\sin^2\frac{\rho}{2}.$$

Ainsi le phénomène reste le même, mais avec échange des deux images. Précisons-en le caractère.

Je place sur le disperseur du microscope d'Amici :

1°. Un mica qui donne un dextrorsum ;

2°. Un quartz dextrogyre d'environ 2 millimètres ;

3°. Un mica croisé avec le premier ;

et j'obtiens, soit avec la lumière blanche, soit avec l'alcool salé, dans l'image E, des cercles à centre noir. Avec la première lumière, le centre de l'image O est blanc et entouré d'un cercle bleu. Un quartz plus épais n'a plus son centre noir dans E. Déplace-t-on le polariscope, les cercles se déforment et aboutissent à des spirales.

§ 621. — Calcul des spirales, dites d'Airy, obtenues quand un faisceau polarisé convergent traverse l'ensemble de deux quartz normaux à l'axe, égaux d'épaisseur et de gyrations contraires.

Le § 612 nous donne, à la sortie du premier quartz, supposé dextrogyre et avant l'action du polariscope, pour les deux composantes principales du rayon considéré,

$$X_1 = \sin \alpha \cos \xi + k^2 \sin \alpha \cos (\xi - \rho)$$
$$+ k \cos \alpha \sin (\xi - \rho) - k \cos \alpha \sin \xi,$$
$$Y_1 = k \sin \alpha \sin \xi - k \sin \alpha \sin (\xi - \rho)$$
$$+ \cos \alpha \cos (\xi - \rho) + k^2 \cos \alpha \cos \xi,$$

et comme chaque azimut est pour les deux quartz une section principale, X_1 Y_1 resteront, pour le cristal lévogyre qui vient ensuite, composantes principales. Appliquons à chacune de leurs parties la transformation en deux elliptiques, et alors le second quartz se trouvera recevoir 16 elliptiques, à savoir 8 sinistrorsum non retardés et 8 dextrorsum auxquels il faudra appliquer l'anomalie ρ qui était dévolue aux sinistrorsum pendant la traversée du premier quartz. Voici leurs équations d'abord pour X_1 :

$$\sin \alpha \cos \xi, \qquad k^2 \sin \alpha \cos (\xi - \rho),$$
$$- k \sin \alpha \sin \xi, \qquad k \sin \alpha \sin (\xi - \rho),$$

$$k \cos \alpha \sin (\xi - \rho), \qquad k^2 \cos \alpha \sin^2 (\xi - 2\rho),$$
$$k^2 \cos \alpha \cos (\xi - \rho), \qquad - k^2 \cos \alpha \cos (\xi - 2\rho),$$

$$k^2 \sin \alpha \cos (\xi - \rho), \qquad k^2 \sin \alpha \cos (\xi - 2\rho),$$
$$- k^3 \sin \alpha \sin (\xi - \rho), \qquad k^2 \sin \alpha \sin (\xi - 2\rho),$$

$$- k \cos \alpha \sin \xi, \qquad - k^2 \cos \alpha \sin (\xi - \rho),$$
$$- k^2 \cos \alpha \cos \xi, \qquad + k^2 \cos \alpha \cos (\xi - \rho) ;$$

puis pour Y_1

$$k \sin \alpha \sin (\xi - \rho), \qquad k^3 \sin \alpha \sin \xi,$$
$$k^2 \sin \alpha \cos (\xi - \rho), \qquad - k^2 \sin \alpha \cos \xi.$$

$$\cos \alpha \cos (\xi - 2\rho), \qquad k^2 \cos \alpha \cos (\xi - \rho),$$
$$- k \cos \alpha \sin (\xi - 2\rho), \qquad k \cos \alpha \sin (\xi - \rho),$$

$$- k \sin \alpha \sin (\xi - 2\rho), \qquad - k^3 \sin \alpha \sin (\xi - \rho),$$
$$- k^2 \sin \alpha \cos (\xi - 2\rho), \qquad k^2 \sin \alpha \cos (\xi - \rho),$$

$$k^2 \cos \alpha \cos (\xi - \rho), \qquad k^4 \cos \alpha \cos \xi,$$
$$- k^3 \cos \alpha \sin (\xi - \rho), \qquad k^3 \cos \alpha \sin \xi,$$

On aura les deux composantes X, Y, issues du deuxième cristal, en prenant parmi ces 32 composantes, les 16 parallèles aux X_1, et les 16 parallèles aux Y_1. On obtient ainsi (*), après quelques réductions manifestes,

$$X = \sin \alpha (1 - k^2) \cos \xi - k (1 - k^2) \cos \alpha \sin \xi$$
$$+ 4 k^2 \sin \alpha \cos (\xi - \rho) + 2 k (1 - k^2) \cos \alpha \sin (\xi - \rho)$$
$$- k^2 (1 - k^2) \sin \alpha \cos (\xi - 2\rho) - k (1 - k^2) \cos \alpha \sin (\xi - 2\rho),$$
$$Y = - k^2 (1 - k^2) \cos \alpha \cos \xi - k (1 - k^2) \sin \alpha \sin \xi$$
$$+ 4 k^2 \cos \alpha \cos (\xi - \rho) + 2 k (1 - k^2) \sin \alpha \sin (\xi - \rho)$$
$$+ (1 - k^2) \cos \alpha \cos (\xi - 2\rho) - k (1 - k^2) \sin \alpha \sin (\xi - 2\rho).$$

Vienne alors le polariscope et bornons-nous au cas de $\theta = 90$. La vibration constitutive de l'image extraordinaire sera

$$X \sin \alpha - Y \cos \alpha,$$

c'est-à-dire, après réductions,

$$- (1 - k^4) \sin \alpha \cos \alpha \cos \xi + k (1 - k^2) \cos 2\alpha \sin \xi$$
$$- 2 k (1 - k^2) \cos 2\alpha \sin (\xi - \rho)$$
$$+ (1 - k^4) \sin \alpha \cos \alpha \cos (\xi - 2\rho) + k (1 - k^2) \cos 2\alpha \sin (\xi - 2\rho),$$

ou enfin

$$(1 - k^4) \sin 2\alpha \sin \rho \sin (\xi - \rho) + 2 k (1 - k^2) \cos 2\alpha \cos \rho \sin (\xi - \rho)$$
$$- 2 k (1 - k^2) \cos 2\alpha \sin (\xi - \rho).$$

N'ayant plus de variable avec le temps que le facteur $\sin (\xi - \rho)$,

---

(*) N'oublions pas que pour les huit derniers elliptiques les vibrations parallèles aux X sont écrites les dernières.

on aura l'intensité en formant le carré du trinôme qui lui sert de coefficient, de sorte qu'en rétablissant le diviseur $(1 + k^2)^2$ omis à deux reprises, il vient

$$I = \frac{(1 - k^2)^2}{(1 + k^2)^4} \left[(1 + k^2) \sin 2\alpha \sin \rho + 2k \cos 2\alpha \cos \rho - 2k \cos 2\alpha \right]^2$$

$$= \frac{(1 - k^2)^2}{(1 + k^2)^4} \left[(1 + k^2) \sin 2\alpha \sin \rho - 4k \cos 2\alpha \sin^2 \frac{1}{2} \rho \right]^2$$

$$= 4 \frac{(1 - k^2)^2}{(1 + k^2)^4} \sin^2 \frac{1}{2} \rho \left[(1 + k^2) \sin 2\alpha \cos \frac{1}{2} \rho - 2k \cos 2\alpha \sin \frac{1}{2} \rho \right]^2.$$

Si nous posons, comme au § **614**,

$$\tang 2\alpha = \frac{2k}{1 + k^2} \tang \chi,$$

les mêmes calculs donneront, pour la quantité qui est entre les crochets,

$$- \sqrt{4 k^2 \cos^2 2\alpha + (1 + k^2)^2 \sin^2 2\alpha} \, \sin \left(\frac{\rho}{2} - \chi \right),$$

et l'on aura

$$I = 4 \frac{(1 - k^2)^2}{(1 + k^2)^4} \left[4 k^2 \cos^2 2\alpha + (1 + k^2)^2 \sin^2 2\alpha \right] \sin^2 \frac{\rho}{2} \sin^2 \left(\frac{\rho}{2} - \chi \right).$$

Les spirales d'Airy (la *fig.* 300 les donne pour le cas où le quartz dextrogyre précède l'autre) partent du centre même, et au nombre de quatre, y formant d'abord un rudiment de croix noire dont les bras rectangulaires ont une orientation variable avec l'épaisseur commune aux deux quartz. Elles tournent dans le même sens que le premier des deux quartz et ont le rouge en dedans comme les spirales des §§ **617** et **618**; mais elles les priment par la vivacité de leurs couleurs. Elles coupent obliquement les cercles qui leur restent associés et en des points situés sur les diamètres antéro-postérieur et transversal, de manière à venir s'éteindre dans les bras renaissants de la croix noire ordinaire. En ces points de rencontre s'observent les ressauts déjà signalés. Deux quartz inégaux continuent de donner, au moins dans certaines limites, des spirales qui ont encore le caractère de celui des deux quartz que le faisceau rencontre d'abord.

Les spirales d'Airy constituent pour deux quartz égaux, un phénomène résiduel analogue aux hyperboles issues de deux uniaxes égaux et parallèles à l'axe, qu'on dispose en duplication croisée (§ **289**). Il y a toutefois à leur égard plus de difficulté à voir synthétiquement pourquoi, au lieu de s'annihiler, les deux actions contradictoires aboutissent à une action différentielle.

L'Optique offre assurément de précieux exemples des artifices qui constituent nos méthodes et des détours auxquels il nous faut souvent recourir pour concevoir et calculer les phénomènes. Ici par exemple, le succès s'obtient en remplaçant le rayon donné par 32 rayons. Plus loin (§ 669) ce sera en une infinité de rayons qu'il sera décomposé.

§ 622. — Phénomènes obtenus en associant aux quartz d'Airy un ou deux quarts d'onde.

On peut varier à l'infini les expériences. Nous citerons encore les suivantes sans en aborder le calcul. Nos deux quartz avaient environ 2 millimètres d'épaisseur.

1°. Je place par-dessous les quartz un quart d'onde donnant un circulaire dextrorsum, et j'obtiens, si le premier quartz est dextrogyre, dans l'image $\begin{cases} E \\ O \end{cases}$ deux spirales dextrorsum, dont les origines séparées résident sur le diamètre $\begin{cases} \text{transversal} \\ \text{antéro-postérieur} \end{cases}$. Si j'échange les positions des quartz, les spirales deviennent sinistrorsum, et c'est dans l'image O que le diamètre des origines est transversal. Le circulaire devient-il sinistrorsum, les spirales gardent leur caractère, mais le diamètre des origines tourne de 90 degrés.

2°. Je fais passer le quart d'onde par-dessus les quartz, et dans chaque image le phénomène continue d'être ce qu'il était quand le quart d'onde précédait les quartz. Ainsi, avec un premier quartz dextrogyre et un quart d'onde orienté dextrorsum on a dans l'image E deux spirales droites qui débutent sur le diamètre transversal.

3°. J'insère le mica entre les deux quartz, il en résulte des courbes dont la forme spiraloïde s'apprécie mieux sur l'image O. Bornons-nous donc à cette image. Eh bien, si le premier quartz est dextrogyre, et le mica orienté dextrorsum, les spirales sont droites et débutent sur le diamètre antéro-postérieur, ainsi qu'on le voit (*fig.* 301). L'échange des quartz change encore et les spirales et le diamètre des origines. L'orientation sinistrorsum du mica se borne encore à ce dernier changement.

4°. Je dispose les quartz (ceux de 2 millimètres) entre deux micas croisés ou parallèles. Les courbes deviennent circulaires, ainsi qu'on pouvait le prévoir. Si l'on a

Premier mica dextrorsum,
Premier quartz dextrogyre,
Deuxième quartz lévogyre,
Deuxième mica sinistrorsum,

l'image E est à centre noir, et le centre blanc de l'image O est entouré d'un cercle noir. En faisant tourner de 90 degrés l'ensemble des quatre pièces, ce qui échange les micas, on ne change rien aux images; il en est de même quand, laissant les micas croisés, on change de place les deux quartz. Pour amener le centre blanc dans l'image E, il faut donner aux micas la même orientation.

§ 623. — Avantages qu'offre l'appareil de Norremberg pour certaines expériences de polarisation elliptique.

L'appareil de Norremberg permet de reprendre avec élégance et rigueur quelques-unes des expériences qui précèdent.

Quand, à l'aide d'une réflexion normale, on ramène dans un quartz un rayon qui vient de le traverser suivant l'axe, ce deuxième trajet détermine une rotation égale et contraire à celle de l'allée, et ramène ainsi le plan de la polarisation dans l'azimut primitif tout comme si le rayon, continuant sa route, avait rencontré un quartz inverse d'épaisseur rigoureusement égale. En effet, pour apprécier cette deuxième rotation, l'observateur doit (*fig.* 302; elle est établie pour un dextrogyre) passer de A en B. Or, dans cet échange de position, sa droite, qui était d'abord du côté P r, passe du côté P s.

Cela posé, pour reproduire les spirales d'Airy, il suffit de déposer sur la glace horizontale un quartz et de mettre au-dessus de lui, à une distance convenable, la lentille aux deux rôles (§ **229**): on se soustrait ainsi à l'obligation coûteuse d'avoir en double les quartz destinés à ces études. Il est facile d'improviser une mesure de l'angle que fait avec la vibration primitive l'un des bras de la croix centrale rudimentaire. Nous trouvons ainsi pour un quartz épais de $0^{mm},63$, environ 7 degrés, et pour un quartz de 2,05, environ 23 degrés, c'est-à-dire pour chacun sensiblement moitié de la rotation qu'il ferait subir au rayon moyen D (*).

(*) Cette loi, qu'accusera nettement la formule, est assez importante pour que nous disions comment l'appareil de M. Soleil (§ **227**) se prête à la me-

Quand un rayon est rendu, par une reflexion normale, à un polarisateur circulaire, si ce quart d'onde est orienté pour produire sur le rayon allant la rotation dextrorsum, il sollicite le rayon revenant à tourner sinistrorsum. Si donc nous déposons sur le miroir horizontal d'abord un quartz et par-dessus lui un mica quart d'onde orienté à 45 degrés, au retour (*fig.* 3o3) ils traiteront le rayon l'un comme un quartz inverse et l'autre comme un mica croisé, et l'on retrouvera l'un des phénomènes du paragraphe précédent. Je constate ainsi avec un quartz épais de 6^{mm},o3 que dans la quatrième expérience le centre noir tenait à l'épaisseur particulière du quartz, car celui-ci donne un centre rougeâtre. L'appareil de Norremberg ne peut évidemment pas s'adapter au cas où les deux micas sont parallèles. Pour rendre la figure plus nette, nous avons séparé du mica d'allée le mica qui agit au retour, et nous en avons de plus montré l'autre face. Si l'on déposait d'abord le mica, puis le quartz, on aurait un autre phénomène que nous étudierons et dont nous tirerons parti au § 683.

On pourrait répéter encore d'autres expériences, par exemple la deuxième du paragraphe précédent. On disposerait alors le mica sur la plate-forme supérieure, de manière qu'il ne fût traversé qu'une fois par les rayons. Mais il faudrait alors remanier l'appareil de Norremberg et le doter d'un disperseur et d'un collecteur indépendants l'un de l'autre.

---

sure exacte de ces angles, quand toutefois on possède le système des deux quartz égaux et contraires.

Ayant confié à la pince l'ensemble des deux quartz, je tourne le micromètre jusqu'à ce que l'un des fils coïncide avec un des bras de la croix, et comme l'autre fil épouse alors la direction du second bras, j'en conclus déjà que cette croix est bien *orthogonale.* Quoi qu'il en soit, je marque sur le tambour fixe où s'engage le micromètre et sur la douille de ce micromètre deux points correspondants. Je tourne maintenant la pince de 18o degrés de manière à renverser les spirales, et j'amène le même fil à se confondre avec le même bras de la nouvelle croix. Ce dont a tourné le micromètre est visiblement le double de l'angle cherché. Si cette extrémité du tambour était divisée, on aurait cet angle par simple lecture. Faute de cela, il faut relever au compas la distance des deux points et la reporter sur la graduation dont ce même tambour est muni du côté du polariscope. Outre l'avantage de mesurer le double de l'angle, on a celui d'opérer l'élimination du zéro.

Les mêmes fils ont servi à relever les bras de la croix de Délezenne (§ 615). Seulement cette mesure ne se prête pas à l'élimination du zéro.

§ 624. — Discussion des formules.

Parmi les formules de ce chapitre qui n'ont pas été discutées se trouvent celles des §§ **614, 619, 621**, qui conduisent à des spirales. Nous allons réparer ici cette omission, et comme les deux premières ne diffèrent pas, nous n'aurons à nous occuper que des deux formules

$$(A)\quad I = 1 + \frac{2(1-k^2)}{(1+k^2)^2}\sqrt{4\,k^2\cos^2 2\alpha + (1+k^2)^2\sin^2 2\alpha}\,\sin\frac{\rho}{2}\sin\left(\frac{\rho}{2}+\chi\right),$$

$$(B)\quad I = 4\,\frac{(1-k^2)^2}{(1+k^2)^4}\left[4\,k^2\cos^2 2\alpha + (1+k^2)^2\sin^2 2\alpha\right]\sin^2\frac{\rho}{2}\sin^2\left(\frac{\rho}{2}-\chi\right),$$

dans lesquelles l'angle χ est défini par la même équation de condition

$$\operatorname{tang}\chi = \frac{1-k^2}{2\,k}\operatorname{tang} 2\alpha.$$

Douées d'une vive analogie, ces expressions présentent cependant deux différences : 1° si le terme colorigène y est formé des mêmes facteurs, ces facteurs sont élevés dans la dernière au carré ; 2° ce terme colorigène, qui forme à lui seul toute la dernière, se trouve associé dans sa première au terme constant 1.

Cette seconde différence est considérable. Elle établit entre les valeurs de ρ et χ, qui donneront aux deux expressions (A) et (B) leur minima et leur maxima, leur minima surtout, un grand désaccord. En effet, tandis que les minima dérivent pour (B) de toutes les manières possibles d'annuler le terme colorigène et sont des minima absolus entièrement privés de lumière, et donnant au phénomène une grande vivacité; pour (A) l'annulation de ce terme n'aboutit qu'à l'éclairement moyen, marqué par le terme constant. C'est aux valeurs de ρ et χ qui rendent maximum ce terme variable et le laissent négatif, valeurs auxquelles sont dus moitié des maxima de (B), qu'il faut demander les minima de A, et ces minima purement relatifs gardent un éclairement marqué par l'excès du terme constant sur le terme variable. Si donc la discussion de (B) repose sur la recherche des valeurs qui rendent nul et maximum le terme colorigène sans qu'à l'égard des dernières on ait à se préoccuper, puisque ce terme y est seul et y est au carré, de distinguer si la valeur absolue est positive ou négative, la discussion de (A) n'a besoin que des maxima et doit s'attacher à cette distinction.

Discussion de (B). *Recherche des minima.* Des quatre facteurs qui entrent dans (B), le premier s'annule là où $k = 1$, c'est-à-dire au centre, quels que soient ρ et α. Le centre est donc noir. Loin du centre, quand k devient sensiblement nul, le deuxième se réduit à un monôme et s'annule, quel que soit ρ, dans les azimuts $\alpha = 0$ et $\alpha = 90$, c'est-à-dire que la croix noire est restituée dès que la double réfraction elliptique n'est plus appréciable. Aux deux derniers facteurs appartiennent les phénomènes intermédiaires.

Courbes du troisième facteur. Nous savons que la rotation du plan de polarisation s'élève à la moitié de l'anomalie. Il en résulte que l'anomalie $\dfrac{\rho}{2}$ dont le sinus forme le troisième facteur, n'est autre, au début, que la rotation de chacune des plaques. S'éloigne-t-on du centre, ρ prend des valeurs croissantes, et ce facteur donne visiblement des minima circulaires déterminés par

$$\frac{\rho}{2} = n\pi = (n+1)\pi = (n+2)\pi = \dots (^*),$$

et partant situés comme ceux que donnerait, avec une lumière rectiligne, l'une des deux plaques (§ 642). L'appareil de M. Soleil avec son micromètre permet encore de constater cette identité.

Courbes du quatrième facteur. Si ρ n'est pas un rayon vecteur des courbes isochromatiques, il détermine, dans le plan de la face de sortie, un rayon vecteur R qui croît en même temps que lui. L'arc χ associé à $\dfrac{\rho}{2}$ est également variable, mais tandis que les variations de ρ sont causées par l'incidence i et indépendantes de l'azimut α, celles de χ dépendent et de l'azimut et, à cause de la présence de $\dfrac{1+k^2}{2\,k}$ dans l'équation de condition, de l'incidence.

(*) La valeur de n, et par conséquent la fixation du multiple de π qui commence la série, dépend de l'épaisseur. Si minces que soient les plaques, n ne peut être nul ; si les quartz ont 2 millimètres, la rotation αe du rayon moyen vaut 44 degrés, et l'on a $n = 1$. Il faut prendre $n = 2$ dès que la rotation $22^0 \times e$ surpasse π, c'est-à-dire quand e surpasse $8^{mm},18$.

Mais, dans le voisinage du centre, $\frac{1+k^2}{2k}$ différant peu de l'unité, on peut dire que χ n'y dépend que de l'azimut et en vaut le double. Cela posé, il est facile de voir que le facteur $\sin\left(\frac{\rho}{2}-\chi\right)$ donne quatre spirales dextrorsum partant du centre. Plaçons-nous en effet dans le premier quadrant, et supposons la valeur initiale de $\frac{\rho}{2}=\frac{\rho_0}{2}$ moindre que π (*). Puisque $\chi=2\alpha$ peut grandir dans ce quadrant jusqu'à π, chaque valeur $\frac{\rho}{2}-\chi$ trouvera un azimut α qui la rendra égale à zéro, et les valeurs de ρ, et par conséquent de R, croîtront avec l'azimut annulateur α; ce qui est bien le propre d'une spirale dextrorsum. Chaque point de cette courbe se répète d'ailleurs à la même distance du centre dans les azimuts $\alpha'=\alpha+90$, $\alpha''=\alpha+180$, $\alpha'''=\alpha+270$, car en ces trois points l'arc $\frac{\rho}{2}-\chi$, au lieu d'être nul, vaut $-\pi$, -2π, -3π, et a encore un sinus nul. On a donc trois autres spirales qui ne sont que la première déplacée par une rotation de 90, 180, 270 degrés. Chacune d'ailleurs n'est pas bornée à son quadrant et continue de se dérouler dans les autres quadrants, puisque $\frac{\rho}{2}$ peut prendre telle valeur supérieure à π qu'il plaira, sans cesser de rencontrer une valeur de χ, également supérieur à π, qui lui soit égale. Seulement, en s'éloignant du centre, χ surpasse de plus en plus 2α, et l'angle d'annulation s'en trouve amoindri. Mais cela n'influe que sur la forme de la spirale, qui ne dépend pas moins de la loi compliquée qui relie R à ρ.

Dans quelle direction la spirale débute-t-elle? Évidemment dans la direction α_0 qui donne $\chi_0=2\alpha_0=\frac{\rho_0}{2}=ac$. L'azimut α, direction d'un des bras de la croix centrale, vaut donc bien $\frac{ac}{2}$.

Où ces spirales coupent-elles les cercles noirs? Il ressort de ce qui précède que ce serait sur la direction de la vibration primitive

---

(*) Cette supposition acceptée par les quartz qu'on rencontre ordinairement, n'est pas indispensable. Car tout repose sur la possibilité de trouver une valeur de χ égale en valeur absolue à $\frac{\rho}{2}$.

et sur le diamètre qui lui est rectangulaire. On retrouve cette conclusion en annulant simultanément les facteurs 3 et 4. Il en résulte les équations

$$\chi = \pi = 2\pi \ldots ,$$

c'est-à-dire, tant que χ ne diffère pas de 2α,

$$\alpha = \frac{\pi}{2} = \pi \ldots .$$

Mais le décroissement si rapide de k (§ 610) doit éloigner de ces diamètres les points d'intersection.

On obtient le cas où le quartz lévogyre précède l'autre en changeant le signe de k, et par conséquent celui de χ. Le facteur générateur des spirales devient alors $\sin\left(\dfrac{\rho}{2} + \chi\right)$, et c'est pour des valeurs négatives de χ et de α que $\dfrac{\rho}{2} + \chi$ peut devenir nul. La première spirale réside donc (*fig.* 304) dans le quadrant $XO\bar{Y}$, et son premier élément a pour direction la droite OS', symétrique de OS, ce qui justifie la marche suivie (§ 623, la note) pour déterminer l'angle XOS.

Recherche des maxima. Les minima étant nuls, chaque facteur produit les siens sans que les autres puissent y avoir une part d'influence. A l'égard des maxima, il en est autrement. Les valeurs maxima d'un facteur peuvent correspondre aux plus petites d'un autre facteur et être compromises par cette correspondance. Ainsi les maxima circulaires fournis par $\sin\dfrac{\rho}{2} = \dfrac{\pi}{2} = 3\dfrac{\pi}{2} = \dfrac{5\pi}{2} = \ldots ,$ sont nuancés, et par le facteur binôme, qui devient variable avec α dès que k diffère de 1, et par le facteur $\sin^2\left(\dfrac{\rho}{2} - \chi\right)$ qui, pour une même valeur de k, varie tant avec α. Pour les maxima spiraloïdes, l'effet se complique également de l'action du facteur$(1 - k^2)^2$, qui y grandit en même temps que le rayon vecteur. Nous avons donc en raison de mettre les minima sur le premier plan. C'est d'eux surtout que le phénomène reçoit sa physionomie.

Discussion de (A). Ici les minima si catégoriques du terme colorigène sont sans valeur, et il faut asseoir la discussion sur la considération de ces maxima, dont l'appréciation est rendue si délicate par la réaction mutuelle des divers facteurs.

Quand on aura trouvé un azimut α capable de rendre maximum le produit des quatre facteurs, cette même valeur, à une même distance du centre, se reproduira dans les azimuts

$$\alpha' = \alpha + 90, \quad \alpha'' = \alpha + 180, \quad \alpha''' = \alpha + 270,$$

car, pour eux, le radical garde visiblement sa valeur, et le facteur $\sin\left(\dfrac{\rho}{2} + \chi\right)$ devient (il s'agit d'abord des directions très-voisines du centre)

$$\sin\left[\frac{\rho}{2} + 2\,(\alpha + 90)\right] = -\sin\left(\frac{\rho}{2} + 2\,\alpha\right),$$

$$\sin\left[\frac{\rho}{2} + 2\,(\alpha + 180)\right] = \sin\left[\frac{\rho}{2} + 2\,\alpha\right],$$

$$\sin\left[\frac{\rho}{2} + 2\,(\alpha + 270)\right] = -\sin\left(\frac{\rho}{2} + 2\,\alpha\right);$$

mais, à cause du signe — qui appartient à deux de ces valeurs, ces quatre points similaires donneront, au lieu de quatre courbes pareilles, deux maxima et deux minima. On n'a donc ici que deux spirales sombres identiques, situées dans deux quadrants opposés : première différence entre ce phénomène et celui des deux quartz.

Près du centre, la faiblesse du facteur $1 - k^2$ rend les minima inappréciables, il faut s'en éloigner assez pour que et ce facteur et les trois autres aient de bonnes valeurs. Parmi ces derniers facteurs, il faut surtout s'attacher à $\sin\dfrac{\rho}{2}$ puisque $\sin\left(\dfrac{\rho}{2} + \chi\right)$ peut toujours revêtir la même valeur que $\sin\dfrac{\rho}{2}$ dans l'azimut $\alpha = 90$. D'ailleurs le produit $\sin\dfrac{\rho}{2} \times \sin\left(\dfrac{\rho}{2} + 180\right)$ est négatif quelle que soit l'épaisseur du quartz, puisque ses deux facteurs sont toujours de signe contraire, et il en sera de même du produit des quatre facteurs qui forme le second terme de I. On voit donc que, réserve faite d'une légère perturbation qui pourra provenir du facteur $\sqrt{}$, ce sera sensiblement sur le diamètre antéro-postérieur que poindront, dans la configuration qui nous sert de type, les origines des spirales obscures. Pour donner $\sin\dfrac{\rho}{2} = 1$, il leur faudra, en général, poindre loin du centre. Avec un quartz de 1 millimètre, le premier tableau du § **610** montre que ce serait à un peu moins de $5°\,25'$.

32.

Ainsi les spirales naissent loin du centre (*), deuxième différence avec le phénomène des deux quartz.

Le cas du quartz dextrogyre ayant amené $\sin\left(\frac{\rho}{2} + \chi\right)$, ces spirales sont sinistrorsum, conformément à ce qui a été observé § 617.

Quand on renverse le sens du circulaire, le signe du terme colorigène change (§ 616) et les maxima s'échangent contre les minima. Ces derniers poindront donc alors, ainsi qu'on l'a observé, sur le diamètre transversal. Les spirales d'ailleurs garderont leur gyration.

Pour renverser les spirales, il faut de toute nécessité amener $\frac{\rho}{2} - \chi$ dans le dernier facteur. Or, pour changer le signe de χ, il faut changer celui de k.

(*) Si le cristal était assez épais pour donner

$$\sin \frac{\rho}{2} = 1,$$

soit au centre, soit trop près du centre, les spirales ne seraient appréciables qu'aux distances angulaires capables de donner

$$\sin \frac{\rho}{2} = 1$$

CHAPITRE XXV.

THÉORIE DE LA DOUBLE RÉFRACTION.

ARTICLE 1ᴱᴿ.

THÉORÈMES GÉNÉRAUX SUR L'ÉLASTICITÉ DE CERTAINS MILIEUX.

Épisode de physique moléculaire. — Axes d'élasticité. — Les milieux cristallisés en ont trois. — Surfaces d'élasticité. — Surface des vitesses. — Ellipsoïde inverse des vitesses. — Nécessité de considérer les ondes. — Décomposition d'une onde en deux ondes parallèles ; — 1° quand elle coïncide avec un des trois plans principaux ; — 2° quand elle est quelconque intérieure. — Ce sont les axes de la courbe d'intersection donnée par le plan de l'onde dans l'ellipsoïde inverse. — Comment ces axes mesurent la vitesse de propagation des ondes. — Calcul de leur longueur. — Surface d'élasticité à deux nappes. — Sa génération par l'ellipsoïde inverse. — Comment son équation n'est autre que celle qui donne les deux axes.

§ 625. — **Calcul de la réaction développée dans un milieu élastique sur une particule qui abandonne sa position d'équilibre.**

L'action d'un point B sur un point A vaut $f(\rho)$, ρ étant la distance qui les sépare (*fig.* 3o5). Comme elle est manifestement dirigée suivant la ligne AB, si l'on appelle ξ, η, ζ, x, y, z leurs coordonnées par rapport à trois axes rectangulaires, quelconques d'ailleurs, elle aura pour composantes, suivant ces axes,

$$f(\rho)\frac{\xi - x}{\rho}, \quad f(\rho)\frac{\eta - y}{\rho}, \quad f(\rho)\frac{\zeta - z}{\rho}.$$

L'action de tous les points B, B'..., qui sont dans la sphère d'activité de A, donne une force totale qui a pour composantes

$$\sum f(\rho)\frac{\xi - x}{\rho}, \quad \sum f(\rho)\frac{\eta - y}{\rho}, \quad \sum f(\rho)\frac{\zeta - z}{\rho}.$$

La sommation porte sur les variables

$$(\xi - x), \quad (\eta - y), \quad (\zeta - z)$$

et sur la variable subordonnée ρ, et est dépositaire de la constitution plus ou moins hétérogène du milieu autour du point A. On a d'ailleurs évidemment

$$\sum f(\rho)\frac{\xi - x}{\rho} = 0, \quad \sum f(\rho)\frac{\eta - y}{\rho} = 0, \quad \sum f(\rho)\frac{\zeta - z}{\rho} = 0.$$

Que A soit déplacé, ses coordonnées deviennent $x + \Delta x$, $y + \Delta y$, $z + \Delta z$, et sa distance au point B, $\rho + \Delta\rho$. L'action actuelle de B sur A, déduite par la formule de Taylor de son action primordiale, aura pour composantes

$$f(\rho)\frac{\xi - x}{\rho} + \frac{\xi - x}{\rho}\frac{df(\rho)}{d\rho}\Delta\rho + f(\rho)\frac{-\rho\,\Delta x - (\xi - x)\,\Delta\rho}{\rho^2},$$

$$f(\rho)\frac{\eta - y}{\rho} + \frac{\eta - y}{\rho}\frac{df(\rho)}{d\rho}\Delta\rho + f(\rho)\frac{-\rho\,\Delta y - (\eta - y)\,\Delta\rho}{\rho^2},$$

$$f(\rho)\frac{\zeta - z}{\rho} + \frac{\zeta - z}{\rho}\frac{df(\rho)}{d\rho}\Delta\rho + f(\rho)\frac{-\rho\,\Delta z - (\zeta - z)\,\Delta\rho}{\rho^2},$$

et l'ensemble des points agissant sur A donnera, en omettant les premières sommes qui sont nulles,

$$\sum\frac{\xi - x}{\rho}\frac{df(\rho)}{d\rho}\Delta\rho + \sum f(\rho)\frac{-\rho\,\Delta x - (\xi - x)\,\Delta\rho}{\rho^2} = X,$$

$$\sum\frac{\eta - y}{\rho}\frac{df(\rho)}{d\rho}\Delta\rho + \sum f(\rho)\frac{-\rho\,\Delta y - (\eta - y)\,\Delta\rho}{\rho^2} = Y,$$

$$\sum\frac{\zeta - z}{\rho}\frac{df(\rho)}{d\rho}\Delta\rho + \sum f(\rho)\frac{-\rho\,\Delta z - (\zeta - z)\,\Delta\rho}{\rho^2} = Z,$$

et cette manière d'user de la formule de Taylor implique que les variations Δx, Δy, Δz, $\Delta\rho$ sont petites, ou, en d'autres termes, que le déplacement est très-peu de chose vis-à-vis les distances mutuelles des particules.

Pour lire dans ces expressions, il faut y introduire la liaison qui existe entre les variables ρ, x, y, z. On a

$$\rho^2 = (\xi - x)^2 + (\eta - y)^2 + (\zeta - z)^2$$

et

$$\rho\,\Delta\rho = -(\xi - x)\,\Delta x - (\eta - y)\,\Delta y - (\zeta - z)\,\Delta z.$$

Usons de cette relation pour éliminer $\Delta \rho$ et nous aurons

$$X = \sum \frac{df(\rho)}{d\rho}\left[\frac{-(\xi-x)^2\Delta x-(\xi-x)(\eta-y)\Delta y-(\xi-x)(\zeta-z)\Delta z}{\rho^2}\right]$$
$$+ \sum \frac{f(\rho)}{\rho}\left[-\Delta x+\frac{(\xi-x)^2\Delta x+(\xi-x)(\eta-y)\Delta y+(\xi-x)(\zeta-z)\Delta z}{\rho^2}\right],$$

$$Y = \sum \frac{df(\rho)}{d\rho}\left[\frac{-(\eta-y)(\xi-x)\Delta x-(\eta-y)^2\Delta y-(\eta-y)(\zeta-z)\Delta z}{\rho^2}\right]$$
$$+ \sum \frac{f(\rho)}{\rho}\left[-\Delta y+\frac{(\eta-y)(\xi-x)\Delta x+(\eta-y)^2\Delta y+(\eta-y)(\zeta-z)\Delta z}{\rho^2}\right],$$

$$Z = \sum \frac{df(\rho)}{d\rho}\left[\frac{-(\zeta-z)(\xi-x)\Delta x-(\zeta-z)(\eta-y)\Delta y-(\zeta-z)^2\Delta z}{\rho^2}\right]$$
$$+ \sum \frac{f(\rho)}{\rho}\left[-\Delta z+\frac{(\zeta-z)(\xi-x)\Delta x+(\xi-z)(\eta-y)\Delta y+(\zeta-z)^2\Delta z}{\rho^2}\right].$$

§ 626. — Déplacements suivant les axes. — Premier théorème.

Quand le déplacement vaut Δx et qu'il a lieu suivant l'axe des x, la force totale développée a pour composantes, suivant les trois axes,

$$X_1 = \sum -\frac{df(\rho)}{d\rho}\frac{(\xi-x)^2}{\rho^2}\Delta x + \sum \frac{f(\rho)}{\rho}\left[-1+\frac{(\xi-x)^2}{\rho^2}\right]\Delta x,$$

$$Y_1 = \sum -\frac{df(\rho)}{d\rho}\frac{(\eta-y)(\xi-x)}{\rho^2}\Delta x + \sum \frac{f(\rho)}{\rho}\frac{(\eta-y)(\xi-x)}{\rho^2}\Delta x,$$

$$Z_1 = \sum -\frac{df(\rho)}{d\rho}\frac{(\zeta-z)(\xi-x)}{\rho^2}\Delta x + \sum \frac{f(\rho)}{\rho}\frac{(\zeta-z)(\xi-x)}{\rho^2}\Delta x,$$

et l'on reconnaît que la force totale $\sqrt{X_1^2+Y_1^2+Z_1^2}$ est, proportionnelle au déplacement actuel Δx. Comme la direction de l'axe des x est quelconque, on peut dire qu'en général la force totale $\sqrt{X^2+Y^2+Z^2}$ est proportionnelle au déplacement général $\sqrt{\Delta x^2+\Delta y^2+\Delta z^2}$. Continuons l'examen des cas particuliers.

Quand le déplacement vaut Δy et qu'il a lieu suivant les y, la force totale a pour composantes

$$X_2 = \sum - \frac{df(\rho)}{d\rho} \frac{(\xi - x)(\eta - y)}{\rho^2} \Delta y + \sum \frac{f(\rho)}{\rho} \frac{(\xi - x)(\eta - y)}{\rho^2} \Delta y,$$

$$Y_2 = \sum - \frac{df(\rho)}{d\rho} \frac{(\eta - y)^2}{\rho^2} \Delta y + \sum \frac{f(\rho)}{\rho} \left[-1 + \frac{(\eta - y)^2}{\rho^2} \right] \Delta y,$$

$$Z_2 = \sum - \frac{df(\rho)}{d\rho} \frac{(\zeta - z)(\eta - y)}{\rho^2} \Delta y + \sum \frac{f(\rho)}{\rho} \frac{(\zeta - z)(\eta - y)}{\rho^2} \Delta y.$$

Qu'il ait lieu enfin suivant l'axe des Z et qu'il vaille Δz, on aura

$$X_3 = \sum - \frac{df(\rho)}{\rho} \frac{(\xi - x)(\zeta - z)}{\rho^2} \Delta z + \sum \frac{f(\rho)}{\rho} \frac{(\xi - x)(\zeta - z)}{\rho^2} \Delta z,$$

$$Y_3 = \sum - \frac{df(\rho)}{d\rho} \frac{(\eta - y)(\zeta - z)}{\rho^2} \Delta z + \sum \frac{f(\rho)}{\rho} \frac{(\eta - y)(\zeta - z)}{\rho^2} \Delta z,$$

$$Z_3 = \sum - \frac{df(\rho)}{\rho} \frac{(\zeta - z)^2}{\rho^2} \Delta z + \sum \frac{f(\rho)}{\rho} \left[-1 + \frac{(\zeta - z)^2}{\rho^2} \right] \Delta z.$$

Un premier théorème qui ressemble à d'autres théorèmes connus et qui est dû ici à ce que les valeurs générales de X, Y, Z, sont linéaires, consiste en ce qu'on a

$$X = X_1 + X_2 + X_3 ;$$
$$Y = Y_1 + Y_2 + Y_3 ,$$
$$Z = Z_1 + Z_2 + Z_3 .$$

c'est-à-dire que *la composante, suivant un axe, produite par un déplacement quelconque* $\sqrt{\Delta x^2 + \Delta y^2 + \Delta z^2}$, *est la somme des trois composantes que donnent suivant cet axe trois déplacements successifs dirigés suivant les trois axes et ayant pour valeurs respectives les trois projections* Δx, Δy, Δz *du premier déplacement sur les trois axes.*

§ 627. — Les neuf coefficients réductibles à six. · · Deuxième théorème.

Les neuf polynômes qui, dans $X_1 Y_1 Z_1$, $X_2 Y_2 Z_2$, $X_3 Y_3 Z_3$, multiplient Δx, Δy, Δz, une fois les sommations effectuées, ne contiendraient plus de variables; ils constituent donc de véritables paramètres caractéristiques de la constitution générale du milieu : générale tant que, comme cela arrive dans les cristaux, elle est la même autour de chacun de ses points. Représentons-les par des lettres et ne nous préoccupons pas pour le moment des moyens indirects par lesquels (à défaut d'une réalisation directe que l'ignorance où nous sommes sur ρ et $f(\rho)$ rend impossible), on parviendra peut-être à les obtenir.

Six de ces coefficients étant visiblement égaux deux à deux, nous n'aurons que les six coefficients

$$A = \sum \left\{ -\frac{df(\rho)}{d\rho}\frac{(\xi-x)^2}{\rho^2} + \frac{f(\rho)}{\rho}\left[-1 + \frac{(\xi-x)^2}{\rho^2} \right] \right\},$$

$$E = \sum \left[-\frac{df(\rho)}{d\rho}\frac{(\eta-y)(\xi-x)}{\rho^2} + \frac{f(\rho)}{\rho}\frac{(\eta-y)(\xi-x)}{\rho^2} \right],$$

$$F = \sum \left[-\frac{df(\rho)}{d\rho}\frac{(\zeta-z)(\xi-x)}{\rho^2} + \frac{f(\rho)}{\rho}\frac{(\zeta-z)(\xi-x)}{\rho^2} \right],$$

$$E =$$

$$B = \sum \left\{ -\frac{df(\rho)}{d\rho}\frac{(\eta-y)^2}{\rho^2} + \frac{f(\rho)}{\rho}\left[-1 + \frac{(\eta-y)^2}{\rho^2} \right] \right\},$$

$$D = \sum \left[-\frac{df(\rho)}{d\rho}\frac{(\zeta-z)(\eta-y)}{\rho^2} + \frac{f(\rho)}{\rho}\frac{(\zeta-z)(\eta-y)}{\rho^2} \right],$$

$$F =$$

$$D =$$

$$C = \sum \left\{ -\frac{df(\rho)}{d\rho}\frac{(\zeta-z)^2}{\rho^2} + \frac{f(\rho)}{\rho}\left[-1 + \frac{(\zeta-z)^2}{\rho^2} \right] \right\}.$$

Nous avons désigné par A, B, C les trois essentiels qu'on retrouve toujours, quels que soient les axes choisis. D, E, F disparaîtront avec un certain choix d'axes coordonnés, et ils sont loin d'avoir la même importance, puisque c'est moins le milieu, que sa position par rapport aux trois axes, qu'ils caractérisent.

Les composantes générales de la force totale peuvent donc s'écrire

$$(1) \qquad X = A\Delta x + E\Delta y + F\Delta z,$$
$$(2) \qquad Y = E\Delta x + B\Delta y + D\Delta z,$$
$$(3) \qquad X = F\Delta x + D\Delta y + C\Delta z;$$

or, cette réduction de neuf coefficients à six, ou, en d'autres termes, cette égalité entre certains coefficients, constitue un deuxième théorème qui peut s'énoncer ainsi :

La composante suivant un axe, celui des X par exemple, des forces mises en jeu par un déplacement suivant un autre axe, celui des Y par exemple, est égale à la composante engendrée suivant ce deuxième axe, par un déplacement égal opéré suivant le premier.

§ 628. — Axes d'élasticité. — Équations dont ils dépendent.

Le but principal vers lequel nous tendons, est d'établir l'existence de trois droites rectangulaires telles, que les déplacements opérés suivant elles engendrent exceptionnellement des forces dont la résultante totale soit dirigée dans le sens même du déplacement. Écrivons donc les cosinus qui fixent et la direction de la résultante et celle du déplacement.

Les premiers sont

$$\cos \lambda = \frac{X}{\sqrt{X^2 + Y^2 + Z^2}}, \qquad \cos \mu = \frac{Y}{\sqrt{X^2 + Y^2 + Z^2}},$$

$$\cos \nu = \frac{Z}{\sqrt{X^2 + Y^2 + Z^2}},$$

ou encore

$$\cos \lambda = \frac{X}{K \sqrt{\Delta x^2 + \Delta y^2 + \Delta z^2}}, \qquad \cos \mu = \frac{Y}{K \sqrt{\Delta x^2 + \Delta y^2 + \Delta z^2}},$$

$$\cos \nu = \frac{Z}{K \sqrt{\Delta x^2 + \Delta y^2 + \Delta z^2}},$$

si l'on se rappelle (§ 626) la proportionnalité de la force totale au déplacement $\sqrt{\Delta x^2 + \Delta y^2 + \Delta z^2}$, et si l'on représente par K la valeur que prend la force engendrée pour un déplacement égal à l'unité, K étant d'ailleurs variable avec la direction du déplacement.

Les derniers sont

$$\cos \alpha = \frac{\Delta x}{\sqrt{\Delta x^2 + \Delta y^2 + \Delta z^2}}, \qquad \cos \beta = \frac{\Delta y}{\sqrt{\Delta x^2 + \Delta y^2 + \Delta z^2}}.$$

et

$$\cos \gamma = \frac{\Delta z}{\sqrt{\Delta x^2 + \Delta y^2 + \Delta z^2}}.$$

Pour trouver la relation des λ, μ, ν et des α, δ, γ, et voir si cette relation peut, dans certains cas, devenir celle de l'égalité, on sait qu'il faut reporter dans les équations générales (1), (2), (3) du problème, les valeurs de X, Y, Z, Δx, Δy, Δz tirées des valeurs des cosinus; nous aurons, en omettant le facteur commun $\sqrt{\Delta x^2 + \Delta y^2 + \Delta z^2}$,

$$K \cos \lambda = A \cos \alpha + E \cos \delta + F \cos \gamma,$$
$$K \cos \mu = E \cos \alpha + B \cos \delta + D \cos \gamma,$$
$$K \cos \nu = F \cos \alpha + D \cos \delta + C \cos \gamma.$$

Pour voir si les deux directions α, δ, γ, λ, μ, ν peuvent coïncider, posons

$$\lambda = \alpha, \quad \mu = \delta, \quad \nu = \gamma,$$

et cherchons si les trois équations

$$(4) \qquad (A - K) \cos \alpha + E \cos \delta + F \cos \gamma = 0,$$
$$(5) \qquad E \cos \alpha + (B - K) \cos \delta + D \cos \gamma = 0,$$
$$(6) \qquad F \cos \alpha + D \cos \delta + (C - K) \cos \gamma = 0,$$

admettront pour α, δ, γ un ou plusieurs systèmes de valeurs acceptables. Elles contiennent, outre α, δ, γ, l'inconnue variable K. Mais on a la quatrième équation

$$\cos^2 \alpha + \cos^2 \delta + \cos^2 \gamma = 1.$$

§ 629. — Il en existe toujours trois. — Troisième et quatrième théorème.

Or ces quatre équations ne diffèrent pas de celles qu'on obtient, soit quand on recherche les trois axes principaux en mécanique, soit quand on veut trouver les axes d'une surface du deuxième degré. Et, en se bornant à cette dernière ressemblance, on voit que la force K joue spontanément le rôle de l'inconnue auxiliaire introduite alors.

On aurait donc, en cherchant d'abord l'équation en K, une équation du troisième degré, qui aurait ici, comme dans la question géométrique analogue, ses trois valeurs réelles et de plus positives. Chacune de ces valeurs, reportée dans les équations (4), (5), (6), amènera pour les cosinus, des valeurs comprises entre $+1$ et -1, et, par conséquent, une direction α, β, γ, c'est-à-dire en tout trois directions. D'où nous concluons deux derniers théorèmes.

En général, la force totale développée sur une particule qui a été déplacée, n'est pas dirigée dans le sens du déplacement. C'est ce que nous avions déjà vu (§ 626) pour les déplacements opérés suivant les **X**, les Y ou les **Z**, puisque chaque force avait donné trois composantes, et c'est ce qui pouvait dès lors paraître établi pour d'autres directions, puisque les axes étaient quelconques.

Cependant, il y a toujours trois directions et rien que trois, telles que la résultante des forces déplacées coïncide avec la direction du déplacement. Ces trois directions sont rectangulaires comme dans la question analogue de géométrie et s'appellent axes d'élasticité.

Le troisième théorème appelle une expression, à savoir celle de l'angle compris entre le déplacement et la résultante, cet angle U est défini par

$$\cos U = \frac{X\,\Delta x + Y\,\Delta y + Z\,\Delta z}{\sqrt{X^2 + Y^2 + Z^2}\,\sqrt{\Delta x^2 + \Delta y^2 + \Delta z^2}}$$
$$= \frac{X\,\Delta x + Y\,\Delta y + Z\,\Delta z}{K\,(\Delta x^2 + \Delta y^2 + \Delta z^2)},$$

et, si le déplacement est égal à l'unité, on a

$$K \cos U = X\,\Delta x + Y\,\Delta y + Z\,\Delta z.$$

§ 630. — **Des surfaces d'élasticité. — Rôle de la transversalité.**

Soient, autour d'un point du milieu, toutes les droites imaginables, on peut convenir de prendre sur ces droites des quantités, soit proportionnelles, soit inversement proportionnelles avec la force élastique totale mise en jeu par un déplacement constant (égal à l'unité par exemple) opéré dans cette direction. Les extrémités de ces rayons vecteurs formeront une surface qui montrera l'ensemble des valeurs que possède l'élasticité dans les diverses directions. Comme on peut construire telle puissance de l'élasticité qu'il plaira, on peut dire, en thèse générale, qu'il y a une foule de surfaces d'élasticité.

Mais comme il y a, dans la force mise en jeu, deux particularités, à savoir une certaine intensité et une certaine *déviation* U, cette construction ne tenant compte que de la première serait incomplète, et ne traduirait aux yeux que moitié du phénomène. D'ailleurs, comme l'élément angulaire U varie suivant une loi compliquée, on peut dire qu'il n'est pas possible de trouver une construction où soient en évidence les deux particularités du phénomène.

Heureusement, à cause de la nullité optique des vibrations longitudinales, il arrive qu'on peut décomposer cette force totale en deux, l'une $K \cos U$ dirigée dans le sens du déplacement, l'autre $K \sin U$ dirigée perpendiculairement et négliger entièrement la dernière; de manière que, n'ayant plus d'élément d'orientation, une surface peut résumer le seul élément (intensité de la composante utile) qui désormais variera.

§ 631. — Surface du sixième degré, — du quatrième degré à une nappe. — Ellipsoïde inverse.

Comme on a

$$K \cos U = X \Delta x + Y \Delta y + Z \Delta z,$$

cette surface a pour équation

$$r = X \Delta x + Y \Delta y + Z \Delta z.$$

Remplaçant X, Y, Z, par leurs valeurs générales (§ 627), et Δx, Δy, Δz, par les valeurs $\cos \alpha$, $\cos \delta$, $\cos \gamma$, que leur donne l'hypothèse d'un déplacement égal à l'unité, il vient

$$r = A \cos^2 \alpha + 2 E \cos \alpha \cos \delta + 2 F \cos \alpha \cos \gamma$$
$$+ B \cos^2 \delta + 2 D \cos \delta \cos \gamma + C \cos^2 \gamma.$$

Si nous appelons x, y, z, les coordonnées du point extrême de la distance, ce seront les coordonnées courantes de la surface, on aura

$$\cos\alpha = \frac{x}{r}, \quad \cos\beta = \frac{y}{r}, \quad \cos\gamma = \frac{z}{r}, \quad r = \sqrt{x^2 + z^2 + y^2},$$

et l'équation polaire donnera pour l'équation de la surface en coordonnées rectangulaires

$$\sqrt{x^2 + y^2 + z^2} = \frac{1}{x^2 + y^2 + z^2}(A x^2 + B y^2 + C z^2 + 2E xy + 2F xz + 2D yz),$$

équation qui est du sixième degré.

On sait qu'en mécanique on remplace souvent des vitesses par des hauteurs de chute, et réciproquement. Si nous remarquons que la force $F\cos U$ entraîne, d'après la formule

$$V = \sqrt{\frac{e}{d}} = \sqrt{\frac{F\cos U}{d}},$$

une valeur de V correspondante, et si l'on se rappelle le rôle important que jouent en réfraction les vitesses de propagation, on comprendra qu'en optique on ait intérêt à considérer, en place des forces, ces vitesses concomitantes liées aux phénomènes d'une manière plus accessible. Bref, on peut vouloir prendre sur chaque rayon vecteur une longueur proportionnelle à la vitesse, c'est-à-dire à la racine carrée de la force ; ce qui donne la surface

$$r = \sqrt{K\cos U} = \sqrt{X\Delta x + Y\Delta y + Z\Delta z}$$

ou bien

$$r^2 = A\cos^2\alpha + B\cos^2\beta + C\cos^2\gamma + 2E\cos\alpha\cos\beta$$
$$+ 2F\cos\alpha\cos\gamma + 2D\cos\beta\cos\gamma,$$

c'est-à-dire, en coordonnées rectangulaires,

$$(x^2 + y^2 + z^2)^2 = A x^2 + B y^2 + C z^2 + 2E xy + 2F xz + 2D yz,$$

surface du quatrième degré, qui est la surface d'élasticité de Fresnel.

Au lieu de prendre sur chaque rayon vecteur une quan-

lité proportionnelle à la vitesse, prenons une quantité qui
en soit la réciproque. Nous aurons

$$r = \frac{1}{\sqrt{K \cos U}} \quad \text{ou} \quad r^2 = \frac{1}{K \cos U}$$

ou encore

$$x^2 + y^2 + z^2 = \frac{x^2 + y^2 + z^2}{A x^2 + B y^2 + C z^2 + 2 E xy + 2 F xz + 2 D yz},$$

c'est-à-dire finalement

$$1 = A x^2 + B y^2 + C z^2 + 2 E xy + 2 F xz + 2 D yz,$$

surface qui n'est plus que du deuxième degré et qui s'appelle l'ellipsoïde inverse des élasticités ; on devrait dire évidemment ellipsoïde inverse des racines carrées des élasticités, ou mieux ellipsoïde inverse des vitesses.

Quand les axes principaux sont axes coordonnés, les calculs qui viennent d'être faits et les équations des surfaces qui en ressortent se simplifient. Il faut en effet qu'en posant dans les équations 1, 2, 3, tour à tour $\Delta y = 0$, $\Delta z = 0$, ou bien $\Delta x = 0$, $\Delta z = 0$, ou enfin $\Delta x = 0$, $\Delta y = 0$, on n'ait qu'une composante, à savoir X dans le premier cas et Y, Z dans les deux autres : ce qui exige que les trois coefficients D, E, F soient nuls. On obtiendrait donc ces résultats plus simples en posant, dans les formules précédentes,

$$E = 0, \quad F = 0, \quad D = 0,$$

mais nous croyons utile de reprendre rapidement la question.

§ 632. — Les surfaces d'élasticité rapportées aux axes principaux.

On suppose que les axes coordonnés sont les axes d'élasticité du cristal. Si A, B, C, sont toujours les trois forces mises en jeu suivant les trois axes, par un déplacement égal à l'unité opéré suivant ces axes, ces forces ont pour expressions équivalentes ωa^2, ωb^2, ωc^2, a, b, c étant les trois vitesses de propagation correspondantes, dites *vitesses principales*, et ω un coefficient de proportionnalité.

Soit un déplacement égal à l'unité, opéré dans une direction quelconque α, δ, γ. C'est comme si j'avais eu, suivant les axes, les déplacements $\cos\alpha$, $\cos\delta$, $\cos\gamma$. J'aurais donc, suivant ces axes, les trois forces

$$\omega a^2 \cos\alpha, \quad \omega b^2 \cos\delta, \quad \omega c^2 \cos\gamma,$$

et une résultante

$$\omega K = \omega \sqrt{a^4 \cos^2\alpha + b^4 \cos^2\delta + c^4 \cos^2\gamma}$$

dont la direction est fixée par les trois cosinus

$$\cos\lambda = \frac{a^2 \cos\alpha}{\sqrt{}}, \quad \cos\mu = \frac{b^2 \cos\delta}{K}, \quad \cos\nu = \frac{c^2 \cos\delta}{K}.$$

L'angle U que fait cette résultante avec la direction du déplacement sera donnée par

$$\cos U = \frac{a^2 \cos^2\alpha + b^2 \cos^2\delta + c^2 \cos^2\gamma}{K}.$$

Si je voulais construire cette première surface d'élasticité si incomplète, je prendrais dans la direction α, δ, γ, la force totale développée, sans tenir compte de sa direction propre et j'aurais pour équation de la surface $r = K$, c'est-à-dire

$$\sqrt{x^2 + y^2 + z^2} = \sqrt{\frac{a^4 x^2 + b^4 y^2 + c^4 z^2}{x^2 + y^2 + z^2}},$$

ou bien

$$(x^2 + y^2 + z^2)^2 = a^4 x^2 + b^4 y^2 + c^4 z^2.$$

Mais il suffit pour les besoins de l'optique de construire les forces projetées sur les directions des déplacements, c'est-à-dire les quantités $K \cos U$, de sorte qu'on a

$$r = a^2 \cos^2\alpha + b^2 \cos^2\delta + c^2 \cos^2\gamma,$$

ou bien

$$\sqrt{x^2 + y^2 + z^2} = \frac{a^2 x^2 + b^2 y^2 + c^2 z^2}{x^2 + y^2 + z^2}$$

ou enfin

$$(x^2 + y^2 + z^2)^3 = (a^2 x^2 + b^2 y^2 + c^2 z^2)^2.$$

Mais, à la force $K \cos U$, correspond une vitesse V proportionnelle à la racine carrée de cette force, on a donc

$$V = \sqrt{K \cos U} = \sqrt{a^2 \cos^2 \alpha + b^2 \cos^2 \beta + c^2 \cos^2 \gamma},$$

et si l'on prend sur la direction du déplacement des quantités proportionnelles aux vitesses, on aura, en passant à l'équation en x, y, z,

$$\sqrt{x^2 + y^2 + z^2} = \sqrt{\frac{a^2 x^2 + b^2 y^2 + c^2 z^2}{x^2 + y^2 + z^2}},$$

ou

$$(x^2 + y^2 + z^2)^2 = a^2 x^2 + b^2 y^2 + c^2 z^2,$$

c'est la véritable surface d'élasticité.

Enfin, sur chaque direction, prenons une réciproque à la vitesse, et nous aurons

$$\sqrt{x^2 + y^2 + z^2} = \frac{\sqrt{x^2 + y^2 + z^2}}{\sqrt{a^2 \cos^2 \alpha + b^2 \cos^2 \beta + c^2 \cos^2 \gamma}},$$

ou bien, et ce sera l'*ellipsoïde inverse* des vitesses que nous désignerons sous le nom de *premier ellipsoïde*,

$$a^2 x^2 + b^2 y^2 + c^2 z^2 = 1.$$

§ 633. — Nécessité de considérer une onde. — On la choisit plane.

Voilà bien des surfaces d'élasticité, et cependant la meilleure n'y est pas. C'est qu'en effet le point de vue précédent est très-imparfait.

Jusqu'ici nous n'avons considéré que les forces nées des divers déplacements, sans nous occuper, soit des mouvements périodiques produits par ces forces dans la particule déplacée, soit surtout de la communication de ces mouvements aux portions du fluide de plus en plus éloignées. C'est cependant en abordant ces conséquences du développement des forces élastiques que l'on entre sérieusement dans la question d'optique qui est toute dynamique et qui n'existe qu'en germe dans le point de vue purement statique qui précède.

Il y a plus : pour approprier sincèrement ces études aux phénomènes de double réfraction, il faut, sous peine de faire de la diffraction de double réfraction, considérer non pas une seule particule oscillante, mais une foule de particules qui, situées dans un même plan, soumises à des déplacements égaux et parallèles, et ainsi animées des mêmes forces, constitueront la chose simple par excellence en optique, c'est-à-dire une onde plane polarisée.

En prenant ainsi une onde plane, on voit qu'il est possible d'user avec sécurité du principe de la transversalité, et que le moyen employé jusqu'ici pour discerner, avec une vibration isolée, la composante longitudinale pourrait bien être incorrect.

Car une vibration isolée laisse indécise la direction du rayon, qui ne sera pas en général situé, comme on l'a admis, dans le plan formé par la vibration et le déplacement. Au lieu de deux composantes $K \cos U$ et $K \sin U$, on en aura en général trois, une dans le sens du déplacement, l'autre dans le sens du rayon et la troisième perpendiculaire aux deux autres. La deuxième (distincte de $K \sin U$), doit seule être rejetée : quant aux deux autres, situées dans le plan de l'onde, elles sont toutes deux transversales.

Cependant nous montrerons qu'il est possible d'user seulement de rayons polarisés, qui n'offrent exceptionnellement que les deux composantes $K \cos U$ et $K \sin U$, que l'on sait heureusement ramener à ce cas simple, le cas général, et qu'ainsi tout ce qui a été dit sur les surfaces d'élasticité est légitimement acquis à la question.

§ 634. ··· Cas où elle contient deux axes d'élasticité.

Ayant, dans une onde plane intérieure au milieu, des particules déplacées parallèlement et oscillant à la suite de ce déplacement, comment se propagera dans les couches subséquentes ce mouvement primordial? Après un certain temps, quelles particules, à l'exclusion des autres, en seront dépositaires? Pour le voir, commençons par un cas particulier, celui où le plan de l'onde est l'un des trois plans principaux.

Chaque molécule, écartée, dans une direction quelconque,

de sa position d'équilibre, communiquera, en y revenant, son agitation aux particules des plans subséquents, mais l'étude directe de cette transmission est très-complexe, parce que, dans cette direction quelconque, les particules, sollicitées par des forces non dirigées suivant leurs déplacements, ne reviennent pas en ligne droite à leurs positions d'équilibre, et transmettent aux molécules sous-jacentes des mouvements plus ou moins curvilignes analogues à ceux qui les animent elles-mêmes. Mais si nous remplaçons chaque déplacement par deux autres, parallèles aux deux axes d'élasticité compris dans le plan de l'onde, et si nous considérons à part leur propagation, nous voyons : 1° que chacun d'eux déterminera dans les particules, des mouvements rectilignes qui seront communiqués, sans que leur direction s'altère, aux tranches d'éther sous-jacentes ; 2° que les élasticités et les vitesses qui président à ces deux communications étant différentes, il y aura, après un certain temps, deux séries de particules, situées dans des plans parallèles entre eux et à l'onde primitive, qui posséderont exclusivement tout le mouvement originaire ; 3° que les vibrations des deux faisceaux engendrés, et aussi leurs plans de polarisation, seront à angle droit.

§ 635. — Deuxième cas. — Le plan de l'onde intérieure excitatrice est quelconque.

Ce plan coupe la surface d'élasticité suivant une courbe ovale, et l'ellipsoïde inverse suivant une ellipse. Comme cette intersection ne contient aucun des trois axes d'élasticité, il n'y a chez elle aucune direction de déplacement qui puisse donner une résultante dirigée suivant le déplacement. Mais pour avoir une oscillation rectiligne de la particule, et consécutivement transmission d'oscillation rectiligne, il suffirait que cette résultante, dirigée en général hors du plan, ne penchât ni à droite ni à gauche, qu'elle se projetât sur le déplacement, car elle se décomposera alors en deux, l'une normale au plan, dès lors non avenue, et l'autre $K \cos U$ seule utile, dirigée suivant le déplacement et

opérant sa transmission comme s'il s'agissait d'un axe d'é-
lasticité.

On établit (§ 636) qu'il y a toujours pour chaque section deux de ces *directions singulières*, et qu'elles sont
rectangulaires. Les deux directions singulières rendent aux
vibrations dirigées dans ce plan le même service que des
axes d'élasticité. Chaque vibration se remplace par deux
autres dirigées suivant elles, et ces deux composantes cheminant dans le milieu, sans se désorienter, mais avec des
vitesses différentes, on voit que toute onde plane polarisée
se transforme en deux ondes planes parallèles entre elles et
à l'onde première, et polarisées à angle droit, ce qui est un
théorème bien général ; que de plus, leurs intensités relatives
sont $\cos^2 \alpha$ et $\sin^2 \alpha$, ce qui étend la loi de Malus à tous les
cristaux. D'ailleurs, quelle que soit la direction de la vibration dans cette onde plane, ce sont toujours les deux mêmes
ondes polarisées qui en ressortent, ce qui montre que ces
résultats établis sur une onde polarisée ne conviennent pas
moins à une onde naturelle.

Pour établir l'existence de ces directions et calculer les
forces élastiques, et, par conséquent, les vitesses qui leur
sont propres, chacune des trois précédentes surfaces d'élasticité peut également servir. Quelle que soit celle que l'on
choisisse, il faudra : 1° la couper par un plan dont la position sera fixée par les angles l, m, n de sa normale ; 2° prouver qu'il y a dans les sections plusieurs rayons vecteurs
(il y en aura deux rectangulaires), tels que si on les prend
pour directions de déplacement, la force élastique développée
se projette sur eux ; enfin 3° calculer leurs longueurs dont
les carrés, analogues aux quantités a^2, b^2, c^2 caractéristiques des axes d'élasticité, exprimeront soit les élasticités
développées par ces déplacements privilégiés, soit les carrés
des vitesses corrélatives. Fresnel opérait sur sa surface d'é-
lasticité du quatrième degré. Mais il y a tout avantage à
faire ces calculs sur une surface dont les propriétés soient déjà
connues et à choisir l'ellipsoïde inverse. En effet, on peut

établir alors sans calcul l'existence des directions singulières, montrer qu'elles ne sont autres que les axes de l'ellipse d'intersection et n'avoir à faire qu'un calcul, celui de
la grandeur de ces deux axes.

§ 636. — Les directions singulières sont les axes de l'ellipsoïde inverse.

Dans le plan de la section, l'élasticité, mesurée par les
carrés des réciproques des rayons vecteurs, est la même à
droite et à gauche pour les deux axes, et n'est la même
que pour eux. Imaginons par un de ces axes le plan normal
à la section, ce plan coupera, suivant leur axe homologue,
toutes les ellipses d'intersection déterminées par les plans
parallèles à la section diamétrale (car on sait qu'elles ont
toutes la même orientation). Par rapport à ce plan normal, les rayons vecteurs et, par conséquent, les élasticités
seront donc également symétriques à droite et à gauche.
C'est-à-dire que, si le déplacement a lieu suivant un des
axes de la section, la force élastique totale sera comprise
dans le plan normal et se projettera dès lors sur cet axe.
Et puisque l'ellipsoïde est inverse des vitesses, ce seront les
réciproques des axes qui mesureront les vitesses de propagation.

§ 637. — Calcul de la longueur de ces axes.

Le plan quelconque a pour équation

$$x \cos l + y \cos m + z \cos n = 0.$$

On sait que, pour avoir l'intersection, il faut, non pas le
combiner avec l'équation de la surface

$$a^2 x^2 + b^2 y^2 + c^2 z^2 = 1,$$

mais introduire dans cette dernière, au lieu de x, y, z, les
trois valeurs

$$z = y' \sin \theta,$$
$$x = x' \cos \varphi + y' \cos \theta \sin \varphi,$$
$$y = x' \sin \varphi - y' \cos \theta \cos \varphi \ (\textit{fig. } 306).$$

φ et θ sont définis par les équations

$$\operatorname{tang} \varphi = -\frac{P}{Q}, \qquad \cos \theta = \frac{R}{\sqrt{P^2 + Q^2 + R^2}},$$

qui deviennent ici

$$\operatorname{tang} \varphi = -\frac{\cos l}{\cos m}, \qquad \cos \theta = \cos n,$$

de sorte que les valeurs de x, y, z sont de fait

$$x = \frac{x' \cos m - y' \cos l \cos n}{\sin n},$$

$$y = -\frac{x' \cos l + y' \cos n \cos m}{\sin n},$$

$$z = y' \sin n,$$

et l'équation de l'intersection dans son plan est

$$x'^2 \frac{a^2 \cos^2 m + b^2 \cos^2 l}{\sin^2 n}$$

$$+ y'^2 \left(\frac{a^2 \cos^2 l \cos^2 n + b^2 \cos^2 n \cos^2 m}{\sin^2 n} + c^2 \sin^2 n \right)$$

$$- 2 x' y' \frac{\cos l \cos m \cos n}{\sin^2 n} (a^2 - b^2) = 1.$$

Les réciproques des deux axes dépendent de l'équation bi-carrée (*)

$$0 = V^4 - \left(\begin{array}{l} \dfrac{a^2 \cos^2 m + b^2 \cos^2 l}{\sin^2 n} \\ + \dfrac{a^2 \cos^2 l \cos^2 n + b^2 \cos^2 n \cos^2 m}{\sin^2 n} + c^2 \sin^2 n \end{array} \right) V^2$$

$$+ \frac{a^2 \cos^2 m + b^2 \cos^2 l}{\sin^2 n} \left(\frac{a^2 \cos^2 l \cos^2 n + b^2 \cos^2 n \cos^2 m}{\sin^2 n} + c^2 \sin^2 n \right)$$

$$- (a^2 - b^2)^2 \frac{\cos^2 l \cos^2 m \cos^2 n}{\sin^4 n}.$$

---

*) Pour rapporter à *ses axes* une ellipse

$$A x^2 + B y^2 + 2 C xy = 1,$$

on sait qu'il faut passer du premier système d'axes coordonnés rectangulaires à un deuxième système, tel que l'angle u qui sépare le nouvel axe des X de l'ancien, dépende de l'équation

$$\operatorname{tang} 2 u = \frac{2 C}{A - B}.$$

Si l'on songe qu'on a

$$a^2 \left(\cos^2 m + \cos^2 l \cos^2 n \right)$$
$$= a^2 \left(1 - \cos^2 l - \cos^2 n + \cos^2 l \cos^2 n \right)$$
$$= a^2 \left(1 - \cos^2 n \right) \left(1 - \cos^2 l \right)$$
$$= a^2 \sin^2 n \sin^2 l,$$

on voit aisément que le coefficient de V^2 est réductible, soit à la forme

$$a^2 + b^2 + c^2 - a^2 \cos^2 l - b^2 \cos^2 m - c^2 \cos^2 n,$$

soit à la forme

$$a^2 \sin^2 l + b^2 \sin^2 m + e^2 \sin^2 n,$$

soit enfin, si l'on ne garde que des cosinus, à la forme préférée

$$\left(b^2 + c^2 \right) \cos^2 l + \left(a^2 + c^2 \right) \cos^2 m + \left(a^2 + b^2 \right) \cos^2 n.$$

Le terme constant, par une première réduction évidente, devient

$$a^2 c^2 \cos^2 m + b^2 c^2 \cos^2 l + \frac{a^2 \, b^2 \cos^2 n}{\sin^4 n} \left(2 \cos^2 l \cos^2 m + \cos^4 l + \cos^4 m \right);$$

or la **quantité entre parenthèses** vaut

$$\left(\cos^2 l + \cos^2 m \right)^2 = \left(1 - \cos^2 n \right)^2 = \sin^4 n ;$$

donc le terme constant vaut

$$a^2 b^2 \cos^2 n + a^2 c^2 \cos^2 m + b^2 c^2 \cos^2 l$$

et l'équation bicarrée prend la forme

$$0 = V^4 - \left[\left(b^2 + c^2 \right) \cos^2 l + \left(a^2 + c^2 \right) \cos^2 m + \left(a^2 + b^2 \right) \cos^2 n \right] V^2$$
$$+ b^2 c^2 \cos^2 l + a^2 c^2 \cos^2 m + a^2 b^2 \cos^2 n ;$$

---

alors l'équation de l'ellipse devient

$$M x'^2 + N y'^2 = 1,$$

et l'on a

$$M + N = A + B, \quad M - N = \pm \sqrt{(A - B)^2 + 4 C^2},$$

$$M = \frac{1}{2} \left(A + B \pm \sqrt{\quad\quad} \right), \qquad N = \frac{1}{2} \left(A + B \mp \sqrt{\quad\quad} \right),$$

$$MN = AB - C^2.$$

c'est-à-dire que M et N, réciproques des carrés des axes de l'ellipse, sont les valeurs de v^2 fournies par l'équation bicarrée

$$v^4 - (A + B) v^2 + AB - C^2 = 0.$$

Si l'on multiplie V^4 par l'unité prise sous la forme

$$\cos^2 l + \cos^2 m + \cos^2 n,$$

l'équation peut s'écrire

$$(V^2 - b^2)(V^2 - c^2)\cos^2 l + (V^2 + a^2)(V^2 - c^2)\cos^2 m \\ + (V^2 - a^2)(V^2 - b^2)\cos^2 n = 0,$$

ou encore

$$\frac{\cos^2 l}{V^2 - a^2} + \frac{\cos^2 m}{V^2 - b^2} + \frac{\cos^2 n}{V^2 - c^2} = 0,$$

et nous allons voir que cette équation bicarrée, quelle que soit sa forme, doit être considérée encore comme une surface d'élasticité.

§ 638. — Surface d'élasticité à deux nappes. — Sa génération par l'ellipsoïde. — Son équation.

On peut, surtout quand on substitue aux forces élastiques K cos U les vitesses correspondantes, trouver que nos surfaces d'élasticité ont été jusqu'ici mal conçues. En effet, dans ces surfaces, les forces élastiques ou les vitesses sont comptées dans le sens du déplacement. Or ces vitesses ne se développent nullement dans le sens de l'ébranlement [*], mais bien, vu la transversalité, dans un certain sens perpendiculaire à l'ébranlement, dans la direction normale au plan de l'onde. Nous n'avons donc introduit qu'à demi la transversalité dans nos surfaces ; nous l'avons introduit dans la manière de compter la force, mais nous n'avons pas indiqué le sens dans lequel elle propage la perturbation. Pour obtenir ce résultat désirable, il faut transformer, comme il suit, l'ellipsoïde inverse.

---

[*] La force élastique développée par un déplacement opéré dans une direction quelconque, singulière par exemple, a deux influences, elle agit sur le mouvement oscillatoire de la particule déplacée, elle agit sur la propagation de ce mouvement oscillatoire. On n'a pas à s'occuper de la première, puisque l'oscillation a une durée marquée par celle du mouvement oscillatoire extérieur dont elle n'est que la répétition. La seconde dépend au contraire exclusivement des qualités du milieu, et se résume dans ce qu'on appelle la vitesse de propagation. Or cette vitesse est transversale et doit s'estimer perpendiculairement au plan de l'onde.

Coupez-le par un plan quelconque, élevez au centre de la section une normale, prenez sur cette normale deux valeurs respectivement égales à chacune des deux valeurs distinctes que donne pour les réciproques des axes de l'ellipse l'équation bicarrée; vous aurez ainsi les deux vitesses qui servent exclusivement à la propagation de tous les mouvements compris dans ce plan. Le lieu géométrique de ces couples de points constitue une surface à deux nappes qu'on appelle la *surface d'élasticité à deux nappes*. Puisque l, m, n sont les angles qui caractérisent la direction de ces vitesses devenues rayons vecteurs de la surface, il est visible qu'en considérant V, l, m, n comme quatre variables, l'équation bicarrée qui précède est l'équation polaire de la surface d'élasticité. En appelant ξ, η, ζ les coordonnées de l'extrémité du rayon vecteur V, on a

$$\cos^2 l = \frac{\xi^2}{V^2}, \quad \cos^2 m = \frac{\eta^2}{V^2}, \quad \cos^2 n = \frac{\xi^2}{V^2};$$

d'ailleurs

$$V^2 = \xi^2 + \eta^2 + \zeta^2.$$

Bref l'équation polaire donne, pour l'équation rectangulaire de la surface d'élasticité à deux nappes, l'équation suivante qui est du sixième degré

$$\frac{\xi^2}{\xi^2 + \eta^2 + \zeta^2 - a^2} + \frac{\eta^2}{\xi^2 + \eta^2 + \zeta^2 - b^2} + \frac{\zeta^2}{\xi^2 + \eta^2 + \zeta^2 - c^2} = 0,$$

surface dont nous reparlerons à propos de la surface de l'onde avec laquelle elle a la plus vive analogie.

On pourrait craindre que cette nouvelle surface ne délaissât certains déplacements, puisque dans chaque plan il n'y a que deux déplacements d'utilisés; mais il n'en est rien. Seulement les déplacements successifs sont introduits autrement que nous ne l'avions fait dans les anciennes surfaces d'élasticité. Il est certain que tous les déplacements possibles et toutes les forces et vitesses correspondantes ont leur tour dans cette nouvelle étude; et l'on s'en convaincra si l'on démontre ce théorème dont nous aurons encore besoin plus tard (§ 641) : *Un rayon vecteur quelconque d'un*

*ellipsoïde joue le rôle d'axe pour l'une des sections dia-
métrales qui le contiennent.* Comment douter d'ailleurs
que les mêmes forces ne soient en jeu dans les surfaces
d'élasticité à une et à deux nappes, quand on leur trouve
ce caractère commun, que c'est la racine carrée de la force
projetée sur le déplacement, que l'on construit. Mais si ce
sont bien les mêmes forces que construisent les deux surfaces, la mise en œuvre y est différente : l'une les construit
dans la direction du déplacement, l'autre perpendiculairement au plan de l'onde à laquelle est subordonnée cette
force de propagation. Cette dernière est à deux nappes, parce
qu'il y a deux forces de propagation au service des mouvements divers d'une onde plane; la première n'en a qu'une,
parce qu'un rayon vecteur ne peut jouer le rôle d'axe que
par rapport à une seule section, ou, en d'autres termes,
n'est qu'une fois direction singulière.

Le point capital de la double réfraction consistait à concevoir comment un rayon lumineux se décomposait nettement en deux rayons distincts. Puisque la lumière est du
mouvement, nous avons pu remplacer le mouvement primitif par un système quelconque de deux mouvements équivalents. Le difficile était de tomber sur un système binaire
tel, que chacun d'eux, sans se dénaturer, se séparât spontanément de l'autre, et résidât au bout d'un certain temps
dans des particules distinctes. Les axes pour les *plans principaux*, les directions singulières pour les plans quelconques, nous ont donné les vibrations des deux rayons formant ce système utile. La différence d'élasticité suivant ces
directions, telle est la cause qui sépare les deux portions du
mouvement. Enfin c'est au principe des interférences in-
tervenant comme au § **28** qu'il faut attribuer la concentration du mouvement dans chacune des deux ondes. Il nous
reste à approprier maintenant ces résultats aux divers cas
qui se présenteront. Cette appropriation se fait très-simple-
ment et d'une manière générale à l'aide d'une surface importante connue sous le nom de *surface de l'onde.*

ARTICLE II.

LA SURFACE DE L'ONDE.

Rapports analytiques et géométriques des ellipsoïdes dits réciproques.— Ellipsoïde direct ou de Fresnel. — La surface de l'onde construite par points à l'aide des ellipsoïdes inverse et direct. — Son équation déduite sans calcul de la surface d'élasticité à deux nappes. — Théorème de Magnus.— Discussion des principes sur lesquels repose la théorie de la double réfraction. — L'inégale élasticité attestée par des faits étrangers à l'optique. — Incompatibilité d'une composante longitudinale avec certaines expériences d'optique.

---

§ 639. — Surface de l'onde.—Ses rapports avec la surface d'élasticité à deux nappes.

Si l'on excepte le cas d'une onde incidente parallèle à la surface du milieu, cas qui rentre sans effort dans les études précédentes, le problème de la propagation d'une onde plane se présentera autrement qu'on l'a supposé jusqu'ici.

L'onde primitive donnée dont il faut étudier la transformation ne sera pas intérieure au milieu biréfringent, mais extérieure.

Quand elle est donnée intérieure, on a vu qu'elle se transformait en deux ondes planes, parallèles et entre elles et à l'onde primitive; mais quand elle va envahir le milieu en arrivant du dehors, le mouvement transmis restera-t-il réductible à une ou à plusieurs ondes planes? Ce couple d'ondes planes, car il y en aura deux en général, auront-elles entre elles la relation de parallélisme, ce qui prouverait qu'exciter le milieu par une onde plane extérieure, revient à l'exciter par une autre onde plane, équivalente à la première, mais intérieure.

Même en supposant qu'on consentît à n'exciter le milieu que par des ondes planes intérieures, on conçoit l'utilité d'établir entre tous ces systèmes binaires un mode d'association tel, qu'on pût y choisir le couple utile plus simplement qu'avec cette perpendiculaire et ces deux points pris sur elle aux deux distances principales.

Mais cela serait surtout utile quand, ainsi qu'il arrive dans le cas d'une onde excitatrice extérieure, les deux ondes engendrées cessent d'être accouplées par systèmes parallèles, quand l'une est prise à l'un des systèmes binaires, et l'autre à un deuxième système.

Cette association de toutes les ondes planes que peut engendrer, après l'unité de temps, une onde plane excitatrice prise dans toutes ses positions imaginables intérieures et de fait extérieures, nous est fournie par leur surface *enveloppe* qui, empruntant à chacune un élément superficiel, les équivaudra toutes, les tiendra en quelque sorte à notre disposition, et sera prête à les restituer, pourvu qu'on sollicite cette restitution par un procédé légitime ; cette enveloppe est ce qu'on appelle *surface de l'onde*. Ses rapports avec la surface d'élasticité à deux nappes sont évidents. Cette dernière passe par les points pris sur les normales à chaque section, et ne touche pas les ondes planes. Elle, au contraire, touche les ondes et ne passe pas par les pieds des perpendiculaires.

On doit remarquer que la surface de l'onde constituera mieux qu'un artifice géométrique propre à rendre les ondes planes qu'elle contient toutes en germe, et qu'elle a un rôle physique immédiat et vrai. Que si, par exemple, les diverses ondes planes passant par un point étaient simultanément excitées, la surface de l'onde résumerait les parties de ces ondes co-engendrées qui ne seraient pas détruites par l'interférence, et serait le lieu géométrique des particules du milieu seules dépositaires, après l'unité de temps, des mouvements qui ont affecté ce point.

Nous allons successivement construire par points la surface de l'onde, en trouver l'équation, y recourir pour mettre en place, à l'aide de la règle connue (§ 148), les rayons réfractés dans les divers cas qui peuvent se présenter, puis, dans les chapitres suivants, en faire jaillir, soit les cas particuliers, soit les phénomènes secondaires, ceux de polarisation par exemple, que présentent ces rayons biréfractés.

soit enfin des procédés propres à déterminer les paramètres
caractéristiques d'un milieu biréfringent.

§ 640. — Ellipsoïdes réciproques. — Équivalence de leurs deux définitions.

On peut construire par points la surface de l'onde à
l'aide de deux certains ellipsoïdes réciproques. Occupons-
nous donc de leurs propriétés.

Analytiquement, deux ellipsoïdes sont réciproques quand
l'un ayant pour équation

$$a^2 x^2 + b^2 y^2 + c^2 z^2 = 1,$$

l'autre est

$$\frac{x^2}{a^2} + \frac{y^2}{b^2} + \frac{z^2}{c^2} = m^2.$$

Si $m = 1$, ce dernier ellipsoïde devient

$$\frac{x^2}{a^2} + \frac{y^2}{b^2} + \frac{z^2}{c^2} = 1,$$

sans cesser d'être réciproque au premier. C'est de lui que
nous userons en le désignant sous le nom de *deuxième ellipsoïde* (*); il a ses axes égaux aux trois vitesses principales.

Géométriquement, on déduit d'un premier ellipsoïde,
un ellipsoïde réciproque (*fig.* 307) en menant par chacun
de ses points q un plan tangent, abaissant du centre O sur
ces plans des perpendiculaires $\overline{Op}$, y prenant le point Q de
manière à avoir le produit $\overline{Op} \times \overline{OQ}$ constant et égal à m^2,
par exemple.

(*) Fresnel ne paraît avoir connu que l'ellipsoïde direct; il en déduisait à
peu près comme nous allons le faire, mais sans aucune justification, la surface de l'onde. Les résultats que nous avons demandés à l'ellipsoïde inverse
(§ 636), il les obtenait moins simplement à l'aide de la surface d'élasticité
à une nappe. Les auteurs qui appellent *premier* l'ellipsoïde direct ou de
Fresnel et *second* l'ellipsoïde inverse ou de Plücker, sont donc fidèles à l'ordre historique. Il nous a semblé préférable de subordonner les mots de *premier* et *second* à l'ordre dans lequel ils se produisent dans l'exposition théorique des causes de la double réfraction.

Prouvons que le lieu des points Q est bien un ellipsoïde dont les axes sont inversement proportionnels à ceux du premier et dirigés suivant les mêmes droites ; que, par conséquent, les deux définitions sont équivalentes.

Premier ellipsoïde

$$a^2 x^2 + b^2 y^2 + c^2 z^2 = 1 ;$$

plan tangent au point $q . (x', y', z')$

$$(1) \qquad a^2 x' X + b^2 y' Y + c^2 z' Z = 1,$$
$$(2) \qquad a^2 x'^2 + b^2 y'^2 + c^2 z'^2 = 1 ;$$

normale par l'origine (*)

$$X_1 = \frac{a^2 x'}{c^2 z'} Z_1, \qquad Y_1 = \frac{b^2 y'}{c^2 z'} Z_1 ;$$

en considérant comme égales les coordonnées X, Y, Z du plan et celles X_1, Y_1, Z_1 de la normale, on trouve pour les trois coordonnées du pied de la normale,

$$Z_1 = \frac{c^2 z'}{a^4 x'^2 + b^4 y'^2 + c^4 z'^2},$$

$$Y_1 = \frac{b^2 y'}{a^4 x'^2 + b^4 y'^2 + c^4 z'^2},$$

$$X_1 = \frac{a^2 x'}{a^4 x'^2 + b^4 y'^2 + c^4 z'^2} ;$$

d'où l'on conclut

$$\overline{Op}^2 = X_1^2 + Y_1^2 + Z_1^2 = \frac{1}{a^4 x'^2 + b^4 y'^2 + c^4 z'^2}.$$

Le point $Q (X_2, Y_2, Z_2)$ est défini par l'équation

$$\overline{OQ}^2 = X_2^2 + Y_2^2 + Z_2^2 = \frac{m^4}{\overline{Op}^2} = m^4 (a^4 x'^2 + b^4 y'^2 + c^4 z'^2),$$

(*) Le rayon vecteur a pour coefficients angulaires $\frac{x'}{z'}$, $\frac{y'}{z'}$. Prenez, par la formule connue

$$\cos DD' = \frac{pp' + qq' + 1}{\sqrt{p^2 + q^2 + 1} \cdot \sqrt{p'^2 + q'^2 + 1}},$$

l'angle qu'il forme avec la normale, et vous trouverez sans peine que cet angle qOp est le même que l'angle 1 donné par la formule du § 651.

et par les relations

$$\frac{X_2}{X_1} = \frac{Y_2}{Y_1} = \frac{Z_2}{Z_1} = \frac{\overline{OQ}}{\overline{Op}};$$

en remplaçant X_1, Y_1, Z_1, $\overline{OQ}$, $\overline{Op}$ par leurs valeurs, on trouve

$$X_2 = m^2 a^2 x', \quad Y_2 = m^2 b^2 y', \quad Z_2 = m^2 c^2 z',$$

et si l'on remplace, dans l'équation (2), x', y', z', par leurs valeurs en X_2, Y_2, Z_2, elle devient

$$\frac{X_2^2}{a^2} + \frac{Y_2^2}{b^2} + \frac{Z_2^2}{c^2} = m^4.$$

Que m^2 soit égal à 1 ou bien $\overline{OQ}$ réciproque de $\overline{Op}$, on a le deuxième ellipsoïde

$$\frac{X_2^2}{a^2} + \frac{Y_2^2}{b^2} + \frac{Z_2^2}{c^2} = 1,$$

comm nous l'avions annoncé.

Ayant déduit un point Q du deuxième ellipsoïde d'un point q du premier par la construction précédente, on peut mener actuellement au point Q un plan tangent, abaisser sur lui une perpendiculaire OP, prendre, à partir du point O, sur OP, une distance réciproque de OP. On prévoit que l'on reproduira ainsi le premier ellipsoïde, mais il n'est pas évident que la normale OP coïncide avec le premier rayon vecteur Oq, tout comme le rayon vecteur OQ coïncide avec la première normale Op, et qu'ainsi la relation directe et réciproque se trouve confinée entre deux droites, le rayon vecteur et la perpendiculaire pour l'un des ellipsoïdes étant la perpendiculaire et le rayon vecteur pour l'autre. Il suffit d'en appeler à la relation

$$Z = m^2 c^2 z',$$

qui devient, quand on y remplace z' par Z_2, c^2 par $\frac{1}{c^2}$, m^2 par $\frac{1}{m^2}$,

$$Z = \frac{1}{m^2 c^2} Z_2,$$

et qui donne bien $z = z'$ quand on y fait

$$Z_i = m^2 c^2 z';$$

on trouverait de même y', x' pour les valeurs des deux autres coordonnées du point q_i subordonné à P; donc ce point ne diffère pas de q.

§ 641. — Construction par points des deux nappes de la surface de l'onde.

Supposons actuellement une vibration dirigée suivant Oq. nous avons eu déjà l'occasion d'affirmer que parmi les innombrables sections de l'ellipsoïde qui passent par la droite Oq, il en était une qui l'acceptait pour axe, et pour laquelle, par conséquent, Oq était *vibration principale*. Pour en établir l'existence et en déterminer la position, nous remarquons : 1° que les axes d'une ellipse ont pour caractère exclusif d'être perpendiculaires à la tangente; 2° que les tangentes aux innombrables ellipses sont résumées par le plan tangent. On peut donc, écartant l'ellipsoïde, ramener la question à cette autre empruntée à la géométrie du plan : *Ayant une droite Oq et un plan qui se coupent en q, choisir dans ce plan celle des droites qp, qr, ... qui donne Oqr droit;* or on sait que cette droite est normale au plan projetant de la droite donnée, c'est-à-dire ici au plan du triangle opq. Donc la section, qui accepte Oq pour axe et qui sera pour nous l'onde intérieure, sera la section menée par Oq normalement au plan du triangle. Pour les mêmes motifs, et à cause des relations identiques qu'a le plan Oqp avec les deux ellipsoïdes, le plan mené par OQ normalement à ce même triangle coupera le deuxième ellipsoïde suivant une ellipse qui aura OQ pour axe. Les seconds axes de ces deux ellipses inclinées entre elles de l'angle POQ auront pour direction commune une droite menée en O perpendiculairement au plan POQ.

Pour mettre en place un des plans dont la surface de l'onde sera l'enveloppe, il faut mener par le centre O une normale au plan de l'onde, et prendre sur elle, à partir de O, une distance $\dfrac{1}{Oq} = OP$, puis mener en P un plan perpendiculaire à cette normale, ce sera un de nos plans, et pour construire réellement la surface, il faudrait connaître le point de ce plan où l'enveloppe le touche.

On réalise tout cela en faisant tourner le triangle OPQ dans son plan (*fig.* 3o8) jusqu'à ce qu'il atteigne une position OP'Q' telle, que l'angle POP' et conséquemment aussi QOQ' soient droits. Car le plan tangent, projeté suivant P'Q', sera parallèle au plan de l'onde excitatrice, en sera distant de OP et sera devenu le plan désiré.

Or tous ces plans tangents, qui se projetaient d'abord sur les plans des triangles suivant les lignes PQ et qui, après rotation, se projettent suivant les lignes P'Q', constitueront une surface enveloppe dont j'obtiendrai les éléments superficiels en supposant que dans cette rotation, j'entraine, outre le triangle et le plan tangent PQ, l'élément de la surface du deuxième ellipsoïde qui entourait le point de contact Q. Car, vu la continuité, tous ces éléments se convertiront en surface continue qui sera l'une des nappes de la surface de l'onde engendrée ainsi à l'aide de certains éléments du deuxième ellipsoïde juxtaposés par transport.

Quant à la deuxième nappe, elle s'obtiendra de la même manière avec le deuxième axe de l'ellipse d'intersection. Soit Oq_1 cet axe, il faut mener au point q_1 un plan tangent, déterminer à l'aide d'une perpendiculaire Op_1, abaissée de O sur ce plan tangent, le plan fondamental Op_1q_1. Ce plan (puisque Oq_1 est un axe) est perpendiculaire au plan de l'ellipse, et, prolongé, il vient passer comme Opq par la normale OP' à ce plan. Quand donc une rotation, égale à 9o degrés, du triangle Oq_1p_1 et du triangle associé oP_1Q_1, se fera dans leur plan commun et autour de Oq comme charnière, la droite Oq_1 viendra coïncider avec OP', et la droite OQ_1p_1 dépassant OP' viendra avec l'élément de surface qu'elle arrache au point Q_1 du deuxième ellipsoïde, constituer au point Q'_1 un élément de la deuxième nappe de l'enveloppe.

<table><tr><td>II.</td><td></td><td>34</td></tr></table>

La surface d'élasticité à deux nappes nous donnait par
couples les plans tangents à la surface de l'onde, et nous
venons de construire les deux points de contact correspondants à chaque couple. La solution est complète : car les
deux rayons engendrés par la double réfraction seront OQ',
OQ'_1, leur angle est la face hypoténuse $Q'OQ'_1$ du trièdre
$Q'OP'Q'_1$: car chacune des vibrations principales Oq, Oq_1
se transportant parallèlement à elle-même dans le milieu,
il en résulte que $P'Q'$, $P'_1Q'_1$, rendues par la rotation parallèles à Oq et Oq_1, représentent sur la surface de l'onde,
ou mieux sur ses plans tangents, les directions des vibrations des deux rayons : car on voit que les deux polarisés
issus de notre onde plane polarisée ou naturelle ont des
plans de vibrations rectangulaires représentés par les deux
plans $OP'Q'$, $OP'_1Q'_1$. Mais on ne doit pas oublier que,
tandis que les deux axes d'une ellipse d'intersection sont
dans un même plan, les deux vibrations qui leur sont parallèles, résident sur deux plans tangents parallèles, mais distincts, menés l'un à l'une des nappes et l'autre à la deuxième.
On voit même : 1° que les rayons OQ', OQ'_1 sont obliques
sur leur vibration, puisque ce sont les angles $Q'P'O$, $Q_1P'_1O$,
et nullement $P'Q'O$, $P'_1Q'_1O$, qui sont droits; 2° que la
direction de la vibration sur le plan tangent en un point de
la surface de l'onde est celle de la projection sur ce plan du
rayon vecteur, OQ' ou OQ_1, caractéristique du rayon lumineux. Qu'il nous suffise pour le moment d'indiquer ces résultats, sur lesquels nous devons revenir dans la discussion.

§ 642. — Équation de la surface de l'onde.

A la section du premier ellipsoïde, qui a pour axes Oq,
Oq_1, sont subordonnées dans le deuxième ellipsoïde deux
sections qui ont l'une OQ pour axe et l'autre OQ_1. Les
deux points Q', Q'_1 de la surface de l'onde qui s'en déduisent sont pris sur des perpendiculaires à ces dernières sections, précisément comme les points de la surface d'élasticité à deux nappes le sont sur les normales aux sections

du premier ellipsoïde. La seule différence consiste eu ce que
sur les normales aux plans d'intersection du second ellipsoïde, c'est la longueur des axes, et non plus leur réciproque qu'il faut prendre. On peut donc dire que la surface de l'onde est au deuxième ellipsoïde ce que la surface
d'élasticité à deux nappes est au premier, et passer de cette
dernière à la première sans aucun calcul et par un simple
mutatis mutandis.

Or l'équation polaire de la surface d'élasticité à deux
nappes est

$$\frac{\cos^2 l}{V^2 - a^2} + \frac{\cos^2 m}{V^2 - b^2} + \frac{\cos^2 n}{V^2 - b^2} = 0 \ (\S\,637);$$

remplaçons l, m, n, caractéristiques d'une section quelconque du premier ellipsoïde, par L, M, N, caractéristiques d'une
section correspondante du deuxième, a^2, b^2, c^2 par $\frac{1}{a^2}$, $\frac{1}{b^2}$,
$\frac{1}{c^2}$. Si W est la longueur d'un axe de la section L, M, N,
le rôle de V est dévolu à la quantité $\frac{1}{W}$ et l'équation de la
surface de l'onde est

$$\frac{\cos^2 L}{\frac{1}{W^2} - \frac{1}{a^2}} + \frac{\cos^2 M}{\frac{1}{W^2} - \frac{1}{b^2}} + \frac{\cos^2 N}{\frac{1}{W^2} - \frac{1}{c^2}}$$

ou bien

$$\frac{a^2 \cos^2 L}{W^2 - a^2} + \frac{b^2 \cos^2 M}{W^2 - b^2} + \frac{c^2 \cos^2 N}{W^2 - c^2} = 0,$$

ou, si l'on garde pour les quatre variables W, L, M, N
les anciens symboles V, l, m, n,

$$\frac{a^2 \cos^2 l}{V^2 - a^2} + \frac{b^2 \cos^2 m}{V^2 - b^2} + \frac{c^2 \cos^2 n}{V^2 - c^2} = 0,$$

et l'on voit, puisque cette équation ne diffère de celle d'é-
lasticité que par l'introduction, aux numérateurs, des facteurs a^2, b^2, c^2, combien est vive l'analogie des deux surfaces.

Cette différence a toutefois un heureux résultat; on lui

doit de n'avoir plus une équation du sixième, mais seulement du quatrième degré, quand on remplace les coordonnées polaires V^2, $\cos^2 l$, $\cos^2 m$, $\cos^2 n$, par leurs expressions

$$x^2 + y^2 + z^2, \qquad \frac{x^2}{x^2+y^2+z^2}, \qquad \frac{y^2}{x^2+y^2+z^2}, \qquad \frac{z^2}{x^2+y^2+z^2};$$

on obtient ainsi l'équation

$$\frac{a^2 x^2}{x^2+y^2+z^2-a^2} + \frac{b^2 y^2}{x^2+y^2+z^2-b^2} + \frac{c^2 z^2}{x^2+y^2+z^2-c^2} = 0$$

qui, les dénominateurs chassés, donne par un calcul simple

$$(x^2+y^2+z^2)\left[\begin{array}{l} (a^2x^2+b^2y^2+c^2z^2)(x^2+y^2+z^2)-(a^2b^2+c^2)x^2 \\ -b^2(a^2+c^2)y^2-c^2(a^2+b^2)z^2+a^2b^2c^2 \end{array} \right] = 0,$$

ou bien, délaissant le facteur étranger $x^2 + y^2 + z^2$,

$$(a^2 x^2 + b^2 y^2 + c^2 z^2)(x^2 + y^2 + z^2) - a^2(b^2 + c^2)x^2$$
$$- b^2(a^2 + c^2)y^2 - c^2(a^2 + b^2)z^2 + a^2 b^2 c^2 = 0.$$

§ 643. — Réflexions sur la méthode précédente.

Les remarques suivantes dissiperont les doutes qui pourraient s'élever sur la méthode précédente. Sur la normale que donne une section du premier ellipsoïde, on compte deux longueurs égales aux réciproques des axes, et l'on a (*fig.* 308) deux points P$'$, P$_{,}$ de la surface d'élasticité. Sur la normale que donne une section du deuxième ellipsoïde, on compte deux longueurs égales aux valeurs mêmes de ses axes, et l'on a deux points Q$'$, Q$'_{,}$ de la surface de l'onde. Or ces deux points ne sont pas un système correspondant des premiers. Pour avoir les deux points Q$'$, Q$_{,}$ correspondants aux deux P$'$, P$_{,}$, il faut recourir à deux sections distinctes du deuxième ellipsoïde ; tout comme pour avoir les ondes planes correspondantes aux deux rayons superposés OQ$'$, OQ$'_{,}$ (*fig.* 314), il faut recourir à deux sections distinctes du premier ellipsoïde. Ces sections subordonnées se trouvent dans les deux cas à l'aide des triangles OQP, OQ$_{,}$P$_{,}$ et sont normales aux deux côtés qui n'ont pas été amenés en superposition, c'est-à-dire aux hypoténuses OQ, OQ$_{,}$

dans l'un des cas, et aux côtés OP, OP₁ dans l'autre. Dans l'un des cas, les ondes ont une normale commune et les rayons diffèrent; dans l'autre, au contraire, ce sont les rayons qui se confondent. Bref ce sont là précisément, au point de vue des ellipsoïdes, les deux premiers des quatre cas que nous avons distingués (§ 163). Mais ce défaut de correspondance, qui, dans le troisième cas, est encore plus formel, puisqu'alors le premier ellipsoïde aussi bien que le second fournit deux sections distinctes, ne saurait influer sur le calcul de l'onde qui sera exact si, n'importe dans quel ordre, elle résume tous les points qui lui appartiennent. Au surplus la puissance qu'a la surface de l'onde pour résoudre les divers cas de double réfraction, lui vient précisément de ce que les rayons cessant en quelque sorte d'avoir une association désignée à l'avance, se prêtent par la nature de cette surface à recevoir celle qui dépend de la règle énoncée (§ 148) et justifiée dans les paragraphes suivants. Nous supposions alors, il est vrai, les ondes longitudinales, mais on comprend sans peine que cette règle n'ayant d'autre origine que l'accord et le désaccord dus à la diversité des chemins soit indépendante de l'espèce de mouvement vibratoire qui anime les particules et convienne parfaitement aux vibrations transversales. Quant au nombre et à l'importance des attributions de cette surface, on en jugera par le résumé suivant. Elle donne :

1°. Par ses plans tangents les ondes réfractées;

2°. Par ses points de contact les directions des deux rayons;

3°. Par les rayons vecteurs aboutissant aux points de contact les vitesses des rayons;

4°. Par les normales abaissées du centre sur les plans tangents les vitesses des deux ondes;

5°. Par les projections des rayons vecteurs sur les plans tangents les directions intérieures des vibrations;

6°. Par le plan de ces normales et des rayons le plan de la vibration.

Elle est surtout précieuse quand les deux triangles uti-

lisés, tout en tournant de 90 degrés, cessent d'avoir, comme
dans les deux cas simples, un de leurs côtés superposés. En
effet, tandis que dans le cas général le point de vue des ellipsoïdes perd sa fécondité, elle, au contraire, ne cesse pas
d'offrir sa construction graphique des plans tangents.

Fresnel savait construire la surface de l'onde par les plans
tangents à l'aide de la surface d'élasticité à une nappe, en
la traitant comme nous avons traité l'ellipsoïde inverse
(§ 638) : il savait la construire par points à l'aide du second
ellipsoïde, comme nous venons de le faire, mais il suppo-
sait que ces deux constructions distinctes ne pourraient se
relier que par des calculs compliqués. Plucker, en substituant, à la surface d'élasticité, l'ellipsoïde inverse et en saisissant les rapports de réciprocité qui unissent les deux ellipsoïdes et les deux surfaces à deux nappes, a franchi de la
manière la plus simple ce pas difficile.

§ 644. — Théorème de Magnus.

Comme autre preuve des relations intimes qui existent entre
les surfaces d'élasticité, celle de l'onde et les deux ellipsoïdes,
démontrons avec Magnus que, si, du centre commun à toutes ces
surfaces l'on abaisse des perpendiculaires sur les plans tangents
au deuxième ellipsoïde , le lieu géométrique des pieds de ces perpendiculaires reproduit la surface d'élasticité à une nappe.

Deuxième ellipsoïde

$$\frac{x^2}{a^2} + \frac{y^2}{b^2} + \frac{z^2}{c^2} = 1$$

plan tangent au point $(x'\,y'\,z')$

$$(1) \qquad \frac{x'\mathrm{X}}{a^2} + \frac{y'\mathrm{Y}}{b^2} + \frac{z'\mathrm{Z}}{c^2} = 1,$$

$$(2) \qquad \frac{x'^2}{a^2} + \frac{y'^2}{b^2} + \frac{z'^2}{c^2} = 1,$$

perpendiculaire abaissée de l'origine sur le plan tangent

$$\mathrm{X}_1 = \frac{\dfrac{x'}{a^2}}{\dfrac{z'}{c^2}}\,\mathrm{Z}_1, \qquad \mathrm{Y} = \frac{\dfrac{y'}{b^2}}{\dfrac{z'}{c^2}}\,\mathrm{Z}_1;$$

coordonnées du pied de cette perpendiculaire obtenues en supposant que les coordonnées X, Y, Z du plan et celles X_i, Y_i, Z_i de la normale ne diffèrent pas :

$$Z_i = \frac{\dfrac{z'}{c^2}}{\dfrac{z'^2}{c^4} + \dfrac{y'^2}{b^4} + \dfrac{x'^2}{a^4}},$$

$$Y_i = \frac{\dfrac{y'}{b^2}}{\dfrac{z'^2}{c^4} + \dfrac{y'^2}{b^4} + \dfrac{x'^2}{a^4}},$$

$$X_i = \frac{\dfrac{x'}{a^2}}{\dfrac{z'^2}{c^4} + \dfrac{y'^2}{b^4} + \dfrac{x'^2}{a^4}},$$

On en déduit

$$\left(\frac{z'^2}{c^4} + \frac{y'^2}{b^4} + \frac{x'^2}{a^4}\right)^2 (Z_i^2 + Y_i^2 + X_i^2) = \frac{z'^2}{c^4} + \frac{y'^2}{b^4} + \frac{x'^2}{a^4},$$

c'est-à-dire

$$\frac{z'^2}{c^4} + \frac{y'^2}{b^4} + \frac{x'^2}{a^4} = \frac{1}{Z_i^2 + Y_i^2 + X_i^2},$$

et l'on a pour les valeurs de x', y', z' en X_i, Y_i, Z_i

$$z' = \frac{c^2 Z_i}{Z_i^2 + Y_i^2 + X_i^2},$$

$$y' = \frac{b^2 Y_i}{Z_i^2 + Y_i^2 + X_i^2},$$

$$x' = \frac{a^2 X_i}{Z_i^2 + Y_i^2 + X_i^2}.$$

En mettant ces valeurs dans l'équation (α), on obtient pour relation générale entre les coordonnées X_i, Y_i, Z_i, ou, ce qui revient au même, pour le lieu géométrique cherché, l'équation

$$a^2 X_i^2 + b^2 Y_i^2 + c^2 Z_i^2 = (X_i^2 + Y_i^2 + Z_i^2)^2,$$

c'est-à-dire la surface d'élasticité de Fresnel (§ 632).

§ 645. — Coup d'œil rétrospectif. — Pourquoi n'y a-t-il pas réfraction triple?

Avant d'aborder la discussion des formules, jetons un coup d'œil rétrospectif sur le problème délicat que la surface d'élasticité ne résolvait qu'à un point de vue très-étroit et dont la surface de l'onde donne la vraie solution. Répondons à quelques objections ; signalons quelques imperfections.

Il semblait naturel de décomposer chaque vibration suivant les trois axes d'élasticité qui transporteraient les composantes ainsi obtenues sans les dénaturer. On le ferait ainsi si ce n'était l'inanité des mouvements longitudinaux, et au lieu d'une double, les cristaux offriraient une triple réfraction. Mais ici il faudrait finalement débarrasser ces trois rayons de ce qui n'est pas transversal. Y réussirait-on comme par la méthode suivie qui élimine dès le début les mouvements étrangers?

La solution qui précède repose sur le calcul des forces totales d'élasticité développées par le déplacement d'une seule molécule. Bientôt après, pour éliminer à coup sûr le *longitudinal* et se mettre d'ailleurs sur le véritable terrain de l'optique où l'on a sans cesse affaire à des faisceaux de rayons, on déplace simultanément et parallèlement toutes les particules d'un plan. Il est évident que les forces moléculaires développées ne sont plus celles calculées d'abord. Chaque particule est débarrassée des forces qui naissaient des particules situées, comme elle, dans le plan de l'onde, puisqu'il n'y a plus entre elles de mouvements relatifs. Les actions venant des particules sous-jacentes qui éprouvent, comme celles du plan de l'onde, des mouvements simultanés, sont autres que si ces particules étaient restées à leur place. Nous admettons, et Fresnel s'est ingénié à le prouver, que les nouvelles forces développées sont proportionnelles aux anciennes.

§ 646. — Distinction des élasticités statique et dynamique.

L'inégale vitesse de la lumière dans les divers milieux a été attribuée (§ 58) plutôt à une différence de densité qu'à une différence d'élasticité. Il nous répugnait d'admettre que deux éthers contigus, malgré l'action incontestablement inégale qu'exerce sur eux la matière des corps qui les coercent, ne fussent pas en équilibre d'élasticité. Il semble qu'ici nous nous contredisions en admettant dans un même milieu une foule d'énergies élastiques. Nullement ; car il faut distinguer l'élasticité statique, passive et permanente, d'un éther ou d'un gaz en repos, de l'élasticité dynamique, active et passagère qui se développe dans un milieu troublé. Cette dernière peut et doit être variable non-seulement dans les divers milieux, mais encore dans les diverses directions d'un même milieu, s'il est hétérogène. Il est seulement juste de remarquer que cette élasticité, mise en jeu par un déplacement, nous l'avons calculée sans tenir compte de l'état de mouvement qui accompagne le déplacement. Nous avons d'ailleurs insisté (§ 440) sur la nécessité de revoir ce point qui est le côté faible de la théorie de Fresnel.

§ 647. — Révision des principes de cette théorie. — Autres preuves de l'inégale élasticité.

Les principes fondamentaux sur lesquels repose la théorie de la double réfraction sont :

1°. L'admission d'une constitution du milieu, variable autour d'un point, mais semblablement variable autour des divers points. C'est à lui qu'est due la propagation, sans désorientation, des vibrations, quand elles sont excitées suivant les directions singulières.

2°. Des excursions des particules assez faibles pour que les résultantes d'élasticité soient dans chaque direction proportionnelles au déplacement ; ce qui implique que les distances des particules sont très-grandes par rapport à leurs déplacements. Fresnel ne voyait dans cette manière de conduire le calcul qu'une première approximation, insuffisante à l'égard de certains phénomènes tels que, par exemple, le défaut de coïncidence dans une même substance des axes d'élasticité pour les diverses couleurs.

3°. Le principe de la superposition ou de la coexistence des divers mouvements, principe qu'on pourrait appeler celui du remplacement d'un mouvement vibratoire par d'autres équivalents.

4°. L'inanité en optique des composantes longitudinales.

5°. La corrélation des forces totales avec certaines vitesses et l'identité de cette corrélation avec celle $V = \sqrt{\dfrac{e}{d}}$ que le son présente dans des conditions analogues.

6°. Le principe des interférences qui éteint le mouvement partout ailleurs que sur certaines surfaces qui sont bien, comme le voulait Fermat, les lieux des mouvements de première arrivée.

De ces principes auxquels les questions soulevées (§ 648) permettront sans doute d'en ajouter d'autres (*), le premier et le quatrième seuls, par suite des développements qu'ont reçus les autres, demandent quelques explications.

L'inégale élasticité dans les divers sens résulte surabondamment de l'ensemble de la cristallographie et plus particulièrement des expériences de Savart sur les figures nodales des plaques cristallisées, et de celles de Mitscherlich, de Senarmont, Wiedemann sur la conductibilité de la chaleur ou de l'électricité dans les cristaux. L'importance capitale en double réfraction de cette inégalité ressort vivement des expériences sur le verre comprimé ou trempé chez lequel on voit apparaître, au fur et à mesure que leur constitution homogène est troublée, des phénomènes de double réfraction de plus en plus tranchés. La méthode de M. de Senarmont, appliquée aux bois, montre qu'ils sont doués d'une hétérogénéité très-intense et fait regretter que par défaut de transparence leur double réfraction reste latente. Toute substance organisée est hétérogène et conséquemment biréfringente ; on le voit très-bien sur la corne, qui est uniaxe, sur la nacre de perle, qui se comporte comme un cristal biaxe très-régulier. Il suffit d'en noyer une lame mince entre deux verres dans la térébenthine et de la regarder au microscope d'Amici.

Mais s'il est bien prouvé que toute hétérogénéité entraine double réfraction, on doit distinguer les corps dont la constitution reste pareille aux divers points et ceux qui ont une hétérogénéité variable, soit par organisation, soit simplement par orientation. La théorie de Fresnel ne s'applique pas à ces derniers, ou plutôt ne s'y applique que rudimentairement, puisque si, en chaque point, il reste trois axes d'élasticité, leur direction varie de point à point, et qu'ainsi s'évanouit l'avantage capital d'une orientation inva-

---

(*) C'est ainsi que Fresnel signale cet autre principe qui joue un rôle manifeste dans sa théorie : « L'élasticité mise en jeu par les déplacements relatifs des molécules reste toujours la même dans le même milieu tant que la direction de ces déplacements ne change pas, et quelle que soit d'ailleurs celle du plan de l'onde. » Il s'est même attaché à en montrer l'exactitude chez la topaze.

riable. Quant aux cristaux, tous, ce me semble, même ceux du dernier système, doivent accepter cette théorie. On se demandera, il est vrai, comment peuvent être disposés dans ces derniers cristaux si dissymétriques les trois axes rectangulaires d'élasticité ; mais l'impossibilité de répondre dans tous les cas à cette question tient à l'ignorance où nous sommes des relations générales qui unissent pour les cristaux biaxes les constantes cristallographiques et les constantes optiques.

§ 648. — Inanité du longitudinal.

Quant à l'inanité des vibrations longitudinales sur laquelle nous avons déjà eu l'occasion d'insister, Fresnel en a fait l'objet d'une démonstration fondamentale que nous allons reproduire en lui enlevant toutefois l'incorrection qui y a été signalée par M. Verdet.

On sait que le mouvement vibratoire d'un point lumineux donne

$$V = a \sin 2\pi \frac{t}{T},$$

et que, gardant son caractère dans les points du milieu homogène où il se propage, il devient

$$V = a_1 \sin 2\pi \left(\frac{t}{T} - \frac{x}{\lambda} \right).$$

Ce qu'on ignore, c'est la direction de la vibration par rapport au rayon. Comme la direction de cette vibration dans la particule lumineuse doit être quelconque, il est naturel d'admettre qu'il en est de même de la vibration du milieu propagateur. Nous pouvons donc remplacer cette vibration par trois autres rectangulaires : la première OX dans le sens du rayon et les deux autres transversales, situées dans deux plans rectangulaires dont l'un sera le plan de polarisation. Fresnel admet même pour plus de généralité que chacun de ces trois mouvements élémentaires peut posséder une perte de phase spéciale ; ce qui, nous le savons par la polarisation elliptique, prévoit le cas où la vibration serait curviligne, de sorte que, si ces pertes sont u, v, w et les trois amplitudes α, β, γ, notre rayon polarisé a pour expression

$$\alpha \sin 2\pi \left(\frac{t}{T} - \frac{x+u}{\lambda} \right), \quad \beta \sin 2\pi \left(\frac{t}{T} - \frac{x+v}{\lambda} \right),$$

$$\gamma \sin 2\pi \left(\frac{t}{T} - \frac{x+w}{\lambda} \right).$$

Un deuxième rayon, né de la même source, polarisé dans un plan perpendiculaire au premier et qui aura pu parcourir un chemin x distinct de x', aura de même pour ses trois composantes

$$\alpha' \sin 2\pi\left(\frac{t}{T} - \frac{x' + v'}{\lambda}\right), \quad \beta' \sin 2\pi\left(\frac{t}{T} - \frac{x' + v'}{\lambda}\right),$$

$$\gamma' \sin 2\pi\left(\frac{t}{T} - \frac{x' + w'}{\lambda}\right).$$

Chaque système de vibrations contenues dans le même plan coordonné donne un rayon résultant dont l'intensité sera

$$\alpha^2 + \alpha'^2 + 2\,\alpha\,\alpha' \cos 2\pi\left(\frac{x' - x}{\lambda} + \frac{v' - v}{\lambda}\right),$$

$$\beta^2 + \beta'^2 + 2\,\beta\,\beta' \cos 2\pi\left(\frac{x' - x}{\lambda} + \frac{v' - v}{\lambda}\right),$$

$$\gamma^2 + \gamma'^2 + 2\,\gamma\,\gamma' \cos 2\pi\left(\frac{x' - x}{\lambda} + \frac{w' - w}{\lambda}\right).$$

La résultante des trois systèmes, ou, ce qui revient au même, celle de nos deux polarisés, vaudra la somme des trois intensités, c'est-à-dire

$$\alpha^2 + \alpha'^2 + \beta^2 + \beta' + \gamma^2 + \gamma'^2$$

$$+ 2\,\alpha\,\alpha' \cos 2\pi\,\frac{x' - x + v' - v}{\lambda} + 2\,\beta\,\beta' \cos 2\pi\,\frac{x' - x + v' - v}{\lambda}$$

$$+ 2\,\gamma\,\gamma' \cos 2\pi\,\frac{x' - x + w' - w}{\lambda}.$$

Or, quand les deux rayons sont polarisés à angle droit, l'expérience nous donne une intensité constante K, quelle que soit la différence $x' - x$. Il faut donc qu'alors on ait

$$K - \alpha^2 - \alpha'^2 - \beta^2 - \beta'^2 - \gamma^2 - \gamma'^2$$

$$= 2\,\alpha\,\alpha' \cos 2\pi\,\frac{x' - x + v' - v}{\lambda} + 2\,\beta\,\beta' \cos 2\pi\,\frac{x' - x + v' - v}{\lambda}$$

$$+ 2\,\gamma'\,\gamma \cos 2\pi\,\frac{x' - x + w' - w}{\lambda}.$$

Fresnel en concluait qu'il fallait que les trois termes qui contenaient la différence $x' - x$ fussent individuellement nuls, ce qui lui donnait les trois équations

$$\alpha\alpha' = 0, \quad \beta\beta' = 0, \quad \gamma\gamma' = 0,$$

mais cette conclusion n'est pas justifiée, car si on développe les cosinus, le deuxième membre devient

$$\cos 2\pi \frac{x'-x}{\lambda}\left(\begin{array}{l} 2\,\alpha\alpha' \cos 2\pi \dfrac{\upsilon'-\upsilon}{\lambda} + 2\,\beta\beta' \cos 2\pi \dfrac{\varrho'-\varrho}{\lambda} \\[2mm] +\,2\,\gamma\gamma' \cos 2\pi \dfrac{\omega'-\omega}{\lambda} \end{array} \right)$$

$$-\sin 2\pi \frac{x'-x}{\lambda}\left(\begin{array}{l} 2\,\alpha\alpha' \sin 2\pi \dfrac{\upsilon'-\upsilon}{\lambda} + 2\,\beta\beta' \sin 2\pi \dfrac{\varrho'-\varrho}{\lambda} \\[2mm] +\,2\,\gamma\gamma' \sin 2\pi \dfrac{\omega'-\omega'}{\lambda} \end{array} \right),$$

et l'on arrive aux deux équations de condition

$$\alpha\alpha' \cos 2\pi \frac{\upsilon'-\upsilon}{\lambda} + \beta\beta' \cos 2\pi \frac{\varrho'-\varrho}{\lambda} + \gamma\gamma' \cos 2\pi \frac{\omega'-\omega}{\lambda} = 0,$$

$$\alpha\alpha' \sin 2\pi \frac{\upsilon'-\upsilon}{\lambda} + \beta\beta' \sin 2\pi \frac{\varrho'-\varrho}{\lambda} + \gamma\gamma' \sin 2\pi \frac{\omega'-\omega}{\lambda} = 0,$$

qui donnent à K, pour valeur invariable, l'expression

$$\alpha^2 + \alpha'^2 + \beta^2 + \beta'^2 + \gamma^2 + \gamma'^2.$$

Pour comprendre ce qu'exigent ces équations, il faut demander à l'expérience des renseignements sur les différences $\upsilon'-\upsilon$, $\varrho'-\varrho$, $\omega'-\omega$ des pertes de phase que nous avons admis pouvoir se produire dans la transformation d'un naturel en un polarisé.

Les deux polarisés entre lesquels on établit les tentatives d'interférence sont toujours extraits d'un naturel par une seule opération qui, sauf l'orientation, traite l'un comme l'autre. Ainsi ils auront traversé chacun une des deux moitiés d'une même tourmaline qui auront leurs axes croisés; et le second de ces rayons pourra être considéré comme étant le résultat d'une rotation égale à 90 degrés, opérée sur un rayon identique au premier, sauf toutefois l'amplitude qui aurait varié dans le rapport de m à 1. Cette rotation est cause que $m\beta$ et $m\gamma$ sont les analogues de γ' et $-\beta'$ et qu'on doit poser $\beta' = -m\gamma$, $\gamma' = m\beta$. Elle échange également, mais sans influer sur leurs grandeurs, les phases de ces deux composantes transversales, et l'on devra écrire $\varrho' = \omega$ $\omega' = \varrho$. Quant aux composantes longitudinales, elles restent analogues, et l'on a

$$\alpha' = m\alpha, \quad \upsilon' = \upsilon.$$

Les deux équations de condition deviennent alors, la première,

$$\alpha^2 - m\,\mathfrak{E}\gamma \left(\cos \frac{2\pi}{\lambda}(w - v) - \cos \frac{2\pi}{\lambda}(v - w) \right) = 0,$$

c'est-à-dire d'abord

$$\alpha = 0,$$

puis, la seconde,

$$- m\,\mathfrak{E}\gamma \left(\sin \frac{2\pi}{\lambda}(w - v) - \sin \frac{2\pi}{\lambda}(v - w) \right) = 0,$$

ou bien

$$2\,\mathfrak{E}\gamma \sin \frac{2\pi}{\lambda}(w - v) = 0.$$

$\alpha = 0$ indique que les vibrations sont transversales. La seconde équation donne, soit $\mathfrak{E}\gamma = 0$, soit $\sin \frac{2\pi}{\lambda}(w - v) = 0$. Avec la première supposition on a soit $\mathfrak{E}$ nul, soit γ, de sorte que le plan de polarisation ou passe par la vibration ou lui est perpendiculaire, et nous renvoyons au (§ **234**) pour choisir entre ces deux solutions. Il nous reste à montrer que les solutions données par $\sin \frac{2\pi}{\lambda}(w - v) = 0$ sont inadmissibles. Il faudrait en effet que $w - v$, retard des deux vibrations conservées, soit dans le premier rayon, soit dans le second, fût un multiple exact de $\frac{\lambda}{2}$. Mais alors les deux constituants rectangulaires seraient réductibles à une seule vibration rectiligne dont l'azimut ferait avec le plan de polarisation un angle ayant $\frac{\mathfrak{E}}{\gamma}$ pour tangente ou pour cotangente. Or une pareille obliquité de la vibration est incompatible avec l'ensemble des propriétés des rayons polarisés. Ainsi, par exemple, ce ne serait pas (*fig.* **309**) à 45 degrés, mais à $45 - \mathfrak{E}$ qu'il faudrait placer la section principale du polariscope pour ramener, dans certaines expériences, à l'interférence la plus énergique, deux rayons polarisés *inversement*. Il résulte donc de cette démonstration que le mouvement vibratoire efficace n'est pas curviligne, mais transversal orthogonal (il s'agit d'un milieu homogène) et que la vibration rectiligne fait avec le plan de polarisation un angle $\mathfrak{E}$ qui doit être nul ou droit, c'est-à-dire droit, puisque les développements donnés (§ **234**) ont déjà exclu le premier de ces deux cas.

§ 649. — Questions traitées dans la réfraction uniaxe, qui le sont de fait pour la biaxe.

Le prochain article sera consacré à la discussion de la surface de l'onde. Mais il importe de remarquer à quel point cette discussion sera abrégée ou facilitée par ce qui a été vu dans le chapitre VI, article I. Nous savons en effet discerner, à l'aide des deux plans tangents menés par une certaine droite TT' les rayons issus d'un rayon extérieur quelconque, et le tour donné à la justification de cette construction nous a montré d'avance qu'elle s'appliquerait à toutes les formes d'ondes et nous dispense d'y revenir ici. La même dispense s'étend aux divers cas, tels que le passage d'un biréfringent dans un biréfringent et la réflexion à la surface intérieure des cristaux, qui se résolvent immédiatement par ces plans tangents d'Huyghens, et on n'aurait à y revenir que si l'on désirait connaître les rapports de cette construction avec les deux ellipsoïdes. Les questions vraiment nouvelles sur lesquelles portera principalement cette discussion sont relatives aux plans de polarisation et surtout aux deux phénomènes curieux obtenus dans les parages de certains points de la surface de l'onde, qui sont des *points singuliers*. Pour interpréter convenablement ces phénomènes délicats, nous serons obligés de recourir à divers points de vue, d'employer tantôt la surface de l'onde et tantôt les ellipsoïdes, tantôt l'analyse et tantôt la synthèse. Une extrême clarté et un contrôle incessant seront les précieux résultats de cette marche variée. Nous devrons enfin faire jaillir du cas général des cristaux biaxes le cas particulier des uniaxes et retrouver les diverses règles obtenues dans le chapitre précité.

ARTICLE III.

DISCUSSION. — LES RÉFRACTIONS CONIQUES.

Intersection de la surface de l'onde avec les axes et les plans coordonnés. — Détermination des élasticités principales par la méthode des prismes. — Cas des uniaxes. — Loi qui donne la direction de la vibration. — Exceptions. — Comment on s'en tire. — Plans de polarisation des deux rayons. — Les éléments des deux réfractions coniques déduits de la surface de l'onde. — Les deux réfractions coniques se rattachent aux sections circulaires des deux ellipsoïdes. — Le cône des rayons intérieurs pour la première et celui des normales aux ondes intérieures pour la deuxième, sont circulaires obliques. — Plans de polarisation. — Comment les réfractions coniques peuvent réaliser la transformation d'un rayon polarisé en une foule d'autres, polarisés dans tous les azimuts. — Expériences sur les deux réfractions coniques.

§ 650. · **Orthogonalité de la surface de l'onde sur les plans coordonnés.**

La surface de l'onde, $F(x, y, z) = o$, n'ayant dans son équation que des puissances paires des variables, a un centre, et ce centre est l'origine des coordonnées. Vu cette symétrie, on prévoit qu'elle coupera orthogonalement les trois plans coordonnés, et dans les modèles de la surface de l'onde on pourra n'en construire qu'un huitième. Mais on établit catégoriquement cette relation remarquable en formant les valeurs des dérivées $\dfrac{dF}{dx}$, $\dfrac{dF}{dy}$, $\dfrac{dF}{dz}$, et cherchant, pour les points compris dans ces plans, les cosinus des angles λ, μ, ν que la normale forme avec les axes. Or $\dfrac{dF}{dx}$, numérateur de $\cos \lambda$, vaut

$$2\,(x^2 + y^2 + z^2)\,a^2\,x + 2\,x\,(a^2 x^2 + b^2 y^2 + c^2 z^2) + 2\,(b^2 + c^2)\,a^2\,x$$

et devient nul quand $x = o$, le dénominateur

$$\sqrt{\left(\frac{dF}{dx}\right)^2 + \left(\frac{dF}{dy}\right)^2 + \left(\frac{dF}{dz}\right)^2}$$

n'étant pas nul, il s'ensuit que les normales aux plans tangents, le long des points situés dans le plan des YZ, sont comprises dans ce plan. Il en est de même des deux autres plans.

§ 651. — Courbes et points suivant lesquels elle coupe ces plans et les axes.

Les courbes d'intersection avec chacun des plans coordonnés s'obtiennent en posant successivement $x = 0$, $y = 0$, $z = 0$. Les équations du quatrième degré qu'on en déduit se décomposent chacune en facteurs du second degré. Ainsi $x = 0$ donne l'équation

$$(y^2 + z^2)(b^2 y^2 + c^2 z^2) - b^2(a^2 + c^2) y^2 - c^2(a^2 + b^2) z^2 + a^2 b^2 c^2 = 0,$$

qui, **transformée**, devient

$$(y^2 + z^2 - a^2)(b^2 y^2 + c^2 z^2 - b^2 c^2) = 0.$$

On a de même sur le plan **XZ**

$$(x^2 + z^2 - b^2)(a^2 x^2 + c^2 z^2 - a^2 c^2) = 0,$$

et dans le plan **XY**

$$(x^2 + y^2 - c^2)(a^2 x^2 + b^2 y^2 - a^2 b^2) = 0.$$

Supposons, pour préciser, $a > b$ et $b > c$; les courbes dans le plan des **XY** seront un cercle de rayon c, intérieur à une ellipse dont les axes dirigés suivant les **X** et les **Y** sont b et a (*fig.* 310). Dans le plan **YZ** le cercle de rayon a entoure l'ellipse dont les axes sont b et c (*fig.* 311). Enfin, perpendiculairement à l'axe moyen, le rayon du cercle ayant la valeur moyenne b, et les axes de l'ellipse étant les deux valeurs extrêmes a, c, les deux courbes se coupent (*fig.* 312), ce qui est l'indice de phénomènes spéciaux très-remarquables.

Les intersections des axes coordonnés avec la surface (*fig.* 313) sont données, sur l'axe des **X** par $\pm b$, $\pm c$, sur l'axe des **Y** par $\pm a$, $\pm c$, et par $\pm a$, $\pm b$ sur l'axe des **Z**. On peut ne considérer que les signes $+$, parce que dans un phénomène de double réfraction il n'y a jamais en jeu qu'une moitié de la surface de l'onde; tantôt l'une, tantôt l'autre, suivant que le rayon suit une direction ou la direction contraire. La surface d'élasticité à deux nappes coupe les axes précisément aux mêmes points. Voici donc des nou-

II.　　　　　　　　　　　　　35

velles attributions pour les quantités a, b, c, déjà si remarquables. Elles nous ont apparu d'abord comme racines
carrées des forces élastiques totales développées selon les
trois axes d'élasticité, et bientôt après comme vitesses principales. Plus tard elles ont servi d'axes, soit par elles-mêmes,
soit par leurs réciproques, à nos deux ellipsoïdes, et les voilà
qui jouent également ce dernier rôle dans la surface de l'onde
et dans la surface d'élasticité à deux nappes.

§ 652. — Détermination des trois élasticités principales.

Soit une plaque normale à l'un des axes, OX par exemple,
un rayon incident normal cheminera dans son sein sans
quitter cet axe d'élasticité; car les deux plans tangents aux
points où un axe coupe la surface de l'onde sont normaux
aux deux plans principaux dont cet axe est l'intersection
et conséquemment à l'axe; mais si le rayon poursuit sa
route en ligne droite, il n'en est pas moins dédoublé, et ses
deux portions, propagées avec les vitesses b et c, sont faciles
à manifester : on en opère la séparation en se donnant une
face de sortie oblique à l'axe, en d'autres termes, en usant
d'un prisme. Mais on peut également laisser la face de sortie
normale à l'axe et manifester leur existence individuelle
par des déplacements de franges. Nous renvoyons à l'article V du chapitre actuel pour le détail des interférences
produites ainsi entre ces deux rayons polarisés inversement.

Supposons le cristal taillé en prisme dont l'arête soit parallèle à l'un des axes d'élasticité, celui des X par exemple :
sa section principale se confondra avec le plan des YZ. Si
donc on n'opère, suivant l'usage, que dans cette section
principale, on obtiendra des rayons réfractés qui n'en sortiront pas. En effet, déjà par hypothèse le plan d'incidence
coïncide avec un des plans coordonnés : mais puisque les
plans tangents aux points de la surface de l'onde compris
dans ce plan lui sont normaux, les points de contact des
plans tangents menés par la droite TT' ne sortiront pas du
plan; ils n'en sortiront pas davantage en traversant la face

de sortie. La première loi de Descartes sera donc satisfaite pour les deux rayons, et on pourra les mettre en place par des constructions planes. Il y a plus : puisque l'une des deux courbes utilisées dans ces constructions planes est un cercle, l'un des rayons, et c'est là un privilége des plans coordonnés, suivra la loi des sinus ; enfin la réfraction de ces rayons exceptionnellement ordinaires, caractérisée par des cercles de rayon a, b, c, se fera d'après les indices $n''' = \dfrac{1}{a}$, $n'' = \dfrac{1}{b}$, $n' = \dfrac{1}{c}$.

Ces phénomènes de double réfraction obtenus, soit le long des axes d'élasticité, soit dans les plans qui contiennent deux de ces axes, sont précieux par la facilité avec laquelle ils donnent des valeurs numériques proportionnelles aux paramètres a, b, c, valeurs qu'il faut avoir et qui suffisent pour faire servir la surface de l'onde à la mise en place effective des rayons réfractés. La méthode des lames normales à un axe a le triple avantage de se contenter de lames minces, de n'en exiger que deux, attendu que chacune peut donner deux indices, et de se prêter, quand leur orientation devient quelconque, à la détermination des vitesses non principales ; Fresnel l'a souvent réalisée. Celle des prismes n'admet pas, il est vrai, une telle généralisation, mais elle est nette et expéditive. MM. Biot, Rudberg, de Senarmont, etc., y ont eu recours. Les réciproques $\dfrac{1}{n'}$, $\dfrac{1}{n''}$, $\dfrac{1}{n'''}$ des indices n', n'', n''' obtenus dans les trois prismes sont c, b, a. Pour reconnaître le rayon ordinaire, il semble qu'il faille varier l'incidence de manière à obtenir plusieurs systèmes d'angles i, r, et à voir pour lequel des deux rayons le rapport $\dfrac{\sin i}{\sin r}$ est constant. S'il en était ainsi, la méthode de Newton, qui repose sur la déviation minima, serait insuffisante, et l'on devrait recourir à l'une de celles qui donnent l'indice avec une incidence quelconque. Heureusement il n'en est rien, car la polarisation offre un autre moyen bien plus expéditif de distinguer celle des deux images fournies par les prismes qui est l'ordinaire. Chaque indice est en effet au service d'un rayon de lumière dirigé et en même temps polarisé normalement à l'axe d'élasticité dont il contient la constante. Ainsi, dans le prisme dont l'arête est parallèle aux **X**, le rayon ordinaire, propagé dans le plan **YZ** avec la vitesse a, est celui dont la vibration est parallèle à l'arête. Un prisme de Nicol désignera donc l'image ordinaire et permettra même d'éliminer le spectre extraordinaire, s'il pouvait gêner en se superposant à l'autre. Deux mots maintenant sur la taille des lames et des prismes.

§ 653. — Relations de ces axes d'élasticité avec les paramètres cristallographiques.

On s'aide pour cela soit de ces phénomènes signalés déjà (§ 195) qui se manifestent autour de certaines directions intimement liées aux axes d'élasticité et désignées sous le nom d'*axes optiques*, soit plutôt d'indications cristallographiques. S'agit-il, par exemple, d'un cristal du quatrième système, on sait que les trois axes d'élasticité optique sont parallèles à la hauteur du prisme rhomboïdal droit et aux deux diagonales de sa base, ou, en d'autres termes, aux trois axes cristallographiques. Si le prisme est rhomboïdal oblique, on est beaucoup moins avancé; cependant on a vu qu'un des axes d'élasticité était toujours parallèle à la diagonale horizontale de la base qui est, on le sait, l'axe cristallographique normal aux deux autres. On connaît donc ainsi un axe et le plan des deux autres. Dans le sixième système, il n'y a plus de relations constantes entre les deux sortes de lignes qui puisse désigner à un degré quelconque les axes d'élasticité.

§ 654. — Les résultats précédents chez les uniaxes.

Ces cristaux sont caractérisés théoriquement par l'égalité de deux des trois vitesses principales, de b et c ou de b et a. Il est inutile de considérer la troisième égalité $a = c$, car les deux précédentes reproduisent tous les phénomènes.

$b = c$ donne l'équation

$$(x^2 + y^2 + z^2)\,[a^2 x^2 + b^2 (y^2 + z^2)]$$
$$- 2 a^2 b^2 x^2 - b^2 (a^2 + b^2)(y^2 + z^2) + a^2 b^4 = 0,$$

réductible à la forme

$$(x^2 + y^2 + z^2 - b^2)\,[a^2 x^2 + b^2 (y^2 + z^2) - a^2 b^2] = 0,$$

c'est-à-dire qu'elle se décompose en deux surfaces du second degré, à savoir une sphère dont le rayon est l'axe commun b, et un ellipsoïde qui est de révolution autour de l'axe inégal a, et qui a b pour axe de révolution et a pour rayon équatorial. Ces deux surfaces se touchent donc en deux points situés sur l'axe des X, et l'ellipsoïde enveloppe la sphère. L'autre hypothèse $b = a$ donnerait, au contraire, un ellipsoïde allongé et enveloppé par la sphère, c'est-à-dire que nous retrouvons la construction d'Huyghens et ses deux cas. Le point de vue actuel nous permet d'ajouter ce trait distinctif que l'axe cristallographique principal coïncide, dans les positifs, avec l'axe c de plus petite élasticité et, dans les négatifs, avec celui a de plus grande élasticité. On sait que suivant l'axe d'un négatif, le rayon est réduit dans sa totalité au minimum de vitesse, et cependant cette direction est celle d'élasticité maxima. On ne s'étonnera pas de ce contraste si l'on songe que le rayon qui chemine suivant l'axe utilise, vu la transversalité, l'élasticité équatoriale qui est la moindre de toutes. Pour rester fidèle à la notation du chapitre VI, nous gardons a pour l'axe inégal et l'ellipsoïde est aplati ou allongé suivant qu'on a $a \gtrless b$.

En égalisant ainsi deux axes d'élasticité, les deux ellipsoïdes auxiliaires deviennent de révolution. Tous les rayons vecteurs situés dans le plan de l'équateur deviennent axes d'élasticité. La symétrie montre encore que le plan du triangle $q\,O\,p$ passe constamment par l'axe de révolution.

On a donc en jeu pour les uniaxes trois ellipsoïdes qui sont tous trois de révolution autour d'un même axe :

1°. Celui de Plucker

$$a^2 x^2 + b^2 (y^2 + z^2) = 1 ;$$

2°. Celui de Fresnel

$$b^2 x^2 + a^2 (y^2 + z^2) = a^2 b^2;$$

3°. Celui d'Huyghens

$$a^2 x^2 + b^2 (y^2 + z^2) = a^2 b^2,$$

dont l'équation emprunte un membre aux équations de chacun des deux autres.

§ 655. — Direction des vibrations.

Nous rappelons : 1° que le cas d'excitation intérieure constitue un phénomène simple soumis à des lois moins compliquées, et un terrain avantageux sur lequel Fresnel se plaçait volontiers pour la vérification de sa théorie; 2° qu'un second cas simple (ou le réalise en armant les deux faces du cristal de plaques percées d'un très-petit trou et en offrant au trou d'entrée un cône convergent), est celui où les deux rayons intérieurs s'accompagnent. Nous savons trouver, à l'aide de la surface de l'onde et par des plans tangents, soit les rayons intérieurs subordonnés au premier cas, soit les extérieurs subordonnés au deuxième. Nous avons appris également à obtenir par les ellipsoïdes, soit ces rayons intérieurs, soit les ondes correspondantes. Pour appliquer ce point de vue au deuxième cas, il suffit d'imaginer la section QOQ_1 (*fig.* 314) du deuxième ellipsoïde normale au rayon unique OQ', et ses deux triangles *axiaux* OQP, OQ_1P_1, de faire tourner de 90 degrés ces deux triangles dans leurs propres plans jusqu'à ce que leurs hypoténuses QO, Q_1O viennent coïncider avec la normale OQ'. Les deux côtés OP', OP'_1 sont alors normaux à deux sections du premier ellipsoïde qui sont respectivement les positions des ondes excitatrices intérieures génératrices de nos deux rayons superposés. La direction de leurs vibrations est donnée par un des axes de chacune de ces sections, à savoir ceux sur lesquels se projettent les hypoténuses OQ, OQ_1, ou, ce qui revient au même, ceux qui sont parallèles aux petits côtés $Q'P'$, $Q'_1P'_1$. On voit donc que. déjà dans le deuxième cas simple, les vibrations des deux rayons associés ne sont plus rectangulaires. Que sera-ce

donc dans le cas plus général d'une excitation extérieure
quelconque?

Soit, en effet, une onde extérieure aboutissant, nous le
savons, à deux rayons intérieurs distincts et à deux ondes
intérieures non parallèles. Le plan normal à chaque rayon
intérieur donne la section du deuxième ellipsoïde dont ce
rayon utilise un axe. Cet axe est désigné par la longueur du
rayon qui est la sienne. L'axe connu, on a le triangle QOP,
et, partant, la section correspondante du premier ellipsoïde. Entre les deux opérations, il n'y a plus de sections
communes, et nous avons eu raison d'avancer (§ 643) que
le premier ellipsoïde aussi bien que le second intervenaient
alors chacun par deux sections distinctes. Dans des conditions aussi compliquées, le point de vue des ellipsoïdes est
bien inférieur à celui de la surface de l'onde et des plans
tangents. Mais comme les ondes intérieures restent parallèles à ces plans tangents, on voit que la direction des vibrations non rectangulaires reste soumise à cette loi générale, d'être donnée par la projection sur les plans tangents,
du ou des rayons vecteurs qui expriment les routes des
rayons.

§ 656. — Exceptions à la règle qui donne la direction de la vibration.

La règle est en défaut toutes les fois que l'angle qOp est
nul, et que le triangle ou le rayon vecteur se projettent sur
un point. Comme le triangle QOP s'annihile en même
temps que l'autre, on peut dire encore que les exceptions se
produisent quand les deux points correspondants de la surface d'élasticité et de celle de l'onde se confondent. Cela
arrive dans les biaxes, 1° pour l'un des rayons, tout le long
d'une des courbes d'intersection fournies par les plans coordonnés; 2° pour les deux rayons le long des axes; 3° comme
nous le verrons plus loin, pour l'un des rayons de chacun
des deux cônes de réfraction conique. Cela arrive dans les
uniaxes, 1° au sommet de l'axe de révolution; 2° tout le long
de l'équateur; 3° tout le long de la nappe sphérique, c'est-
à-dire constamment pour le rayon ordinaire. On se tire de

ces cas exceptionnels, en en appelant aux sections du premier ellipsoïde dont les axes restent, dans tous les cas, parallèles aux vibrations polarisées.

Considérons les sections du premier ellipsoïde qui passent par l'un des axes, OY par exemple. Elles ont pour axe le rayon vecteur de l'ellipse ZOX suivant lequel elles coupent le plan coordonné ZX ; le second axe leur est commun en direction et en grandeur, car sa direction est OY et sa grandeur $\frac{1}{b}$: ce qui explique, en passant, ce cercle de rayon b suivant lequel le plan des XZ coupe la surface de l'onde. Comme l'angle qOp, subordonné à l'axe inégal de ces sections, n'est pas nul, la vibration correspondante, c'est celle du rayon non ordinaire, se trouve donnée par projection, elle est contenue dans le plan ZX. L'autre est donc connue, puisque dirigée constamment suivant OY, qu'il s'agisse des cas simples ou du cas général, elle est perpendiculaire à la première. Aux sommets de la surface de l'onde, on se tire d'affaire de la même manière en considérant l'ellipse principale normale à l'axe d'élasticité correspondant, car elle assigne aux vibrations, pour directions, ses propres axes, qui ne sont autres que les deux autres axes d'élasticité.

Puisque, dans un cristal uniaxe, le premier ellipsoïde est de révolution, une section quelconque a pour axes l'intersection de son plan avec l'équateur et la projection sur son plan de l'axe de révolution. On se tirera de l'indétermination qui atteint constamment la vibration ordinaire, en s'appuyant, comme on vient de le faire, sur la vibration extraordinaire que la règle générale de projection met dans le méridien, et lui rattachant l'ordinaire par la relation de perpendicularité. Les deux rayons sont-ils indéterminés et compris dans le plan de l'équateur, l'onde sera une des sections méridiennes toutes égales du premier ellipsoïde, elle donne, ainsi qu'on l'a annoncé (§ 432), une vibration E normale au plan de l'équateur qui est alors plan d'incidence, et une vibration O comprise dans ce plan.

Enfin sont-ils superposés le long de l'axe du cristal, la section subordonnée de l'ellipsoïde devenant son cercle équatorial, la vibration excitatrice n'est plus échangée contre deux vibrations orientées, et le rayon transmis reste naturel.

§ 657. — Plans de polarisation.

Comme le rayon OQ' est en général oblique sur la vibration $P'Q'$ (*fig.* 308 et 314), il est impossible d'avoir un plan de polarisation à la fois perpendiculaire à la vibration et passant par le rayon. Si les rayons intérieurs étaient directement accessibles, peut-être trouverait-on préférable de définir *plan de polarisation* le plan mené par le rayon perpendiculairement au plan du triangle $OP'Q'$. Mais Fresnel remarquant que, dans nos expériences, nous ne jugeons de ces plans que par ceux de polarisation des rayons rendus à l'air, a choisi, même à l'intérieur des cristaux, un plan normal à la vibration, c'est-à-dire le plan mené par OP' normalement au triangle. Il remarque d'ailleurs que, dans les cristaux connus, ce plan diffère très-peu du précédent.

§ 658. — Relation des plans de polarisation des deux rayons associés par la double réfraction.

Avec la première définition, même pour le cas simple de l'onde excitatrice intérieure, les deux plans de polarisation des rayons congénères ne seraient pas rectangulaires, et leur angle, donné par une pyramide quadrangulaire $OP'Q'\pi Q'$, trirectangulaire (*fig.* 315), surpasserait 90 degrés. La définition de Fresnel rend au contraire ces plans rectangulaires, mais ils ne le sont plus dans le deuxième cas simple, tandis qu'ils le seraient alors avec la première définition. Ces avantages partagés, qui se retrouveront dans d'autres circonstances, nous paraissent rendre difficile le choix entre les deux définitions, et nous font proposer de considérer indifféremment les deux sortes de plans. On conçoit d'ailleurs que, dans le cas général, et les uns et les autres perdent la rectangularité ; car ce cas utilise deux sections du premier ellipsoïde distinctes, et faisant entre elles le même angle que les deux plans tangents à la surface de l'onde. La première section donnera deux triangles OP′Q′, OP′,Q′,, dont un seul OP′Q′, par exemple, servira. La deuxième donnera de même deux triangles Oπ′K′, Oπ′,K′, dont un seul Oπ′,K′, servira. Pour que les vibrations P′Q′, π′,K′, fussent rectangulaires, il faudrait que les deux vibrations homologues P′Q′, π′K′ données par deux sections voisines, c'est-à-dire les axes de ces sections, fussent dans un plan perpendiculaire à π′,K′,. Or si cela peut arriver pour certaines sections voisines, ce ne sera pas en général pour celles que nous amènent les plans tangents d'Huyghens.

Que deviennent ces résultats chez les uniaxes? Nous venons de voir que, pour une section quelconque du premier ellipsoïde, l'un des axes était dans l'équateur, et se trouvait perpendiculaire au plan formé par le second axe de la section et par l'axe de révolution de l'ellipsoïde. S'il s'agit du premier cas simple, le plan de ces deux dernières droites n'est autre que celui du triangle OPQ dont les deux côtés représentent, en pareil cas, les deux rayons réfractés. C'est ce plan qui, d'ailleurs, en qualité de section principale du cristal, est le plan de polarisation du rayon ordinaire. Celui du rayon extraordinaire lui sera visiblement normal, quelle que soit celle des deux définitions que l'on adopte. Le lecteur verra qu'il en est encore de même dans le deuxième cas simple. Il nous semble enfin que, dans le cas général, la rectangularité appartienne encore aux plans de polarisation de Fresnel, de sorte que la loi de Malus serait rigoureuse chez les uniaxes.

Les réfractions coniques.

§ 659. — Les deux réfractions coniques, l'interne et l'externe.

Il y a dans le plan des **ZX** perpendiculaire à l'axe moyen deux directions OC, OD (*fig.* 312), ou mieux deux couples de directions dont Fresnel n'a pas connu toute l'importance.

L'une, caractéristique de la tangente Cγ commune aux

deux courbes, est celle de la normale OC déterminée par le point de contact du cercle. L'autre est celle du rayon vecteur OD déterminé par le point commun au cercle et à l'ellipse.

Fresnel vit bien que le plan tangent qui se projette suivant Cγ, ne donnait qu'une onde pour les deux rayons réfractés OC, Oγ, mais il ne soupçonna pas que ce plan tangent pût avoir, en dehors du plan des ZX, d'autres points de contact. Or, aujourd'hui, on sait que ce plan touche la surface suivant un cercle, et que le rayon incident se résout intérieurement en une infinité de rayons qui forment un cône oblique à base circulaire auquel succède, à la sortie du cristal, un cylindre creux d'autant plus large que le cristal est plus épais.

Faute d'avoir envisagé les choses dans l'espace, Fresnel se méprit également sur les phénomènes relatifs aux rayons vecteurs *ombilicaux* qui constituent pour lui les *axes optiques* du cristal. Il remarqua bien que les deux rayons qui suivent ces directions, issus il est vrai de rayons incidents différents, avaient la même vitesse et offraient ainsi, quoiqu'ils redevinssent distincts à la sortie, une incontestable analogie avec l'axe optique des uniaxes. Mais il ne vit pas qu'au lieu de deux rayons, c'était une infinité de rayons, empruntés à autant d'incidents distincts dont deux seulement se trouvaient dans le plan des XZ, qui se résumaient ainsi dans la direction unique OD. Il ne vit pas qu'il y avait au point D une infinité de plans tangents dont les intersections TT', T_1T_1, T_2T_2,...., avec la surface du cristal, conduisaient à autant d'incidents doués de la propriété de lancer un de leurs deux réfractés dans cette direction commune : qu'ainsi cette direction était telle, qu'un certain cône de rayons incidents se résumait dans le cristal en un seul rayon, lequel, à sa sortie, s'épanouissait de nouveau en cône.

Fresnel a donc ignoré, ou mieux n'a que très-imparfaitement connu les deux phénomènes aujourd'hui connus sous les noms de *réfraction conique interne* et de *réfraction conique externe*. La première décompose un rayon en une foule de rayons et ne leur accorde qu'une onde, normale aux droites OC, OC_1 dites *axes de réfraction conique*. La deuxième offre à une foule de rayons réfractés issus de divers incidents, pour direction commune, chacune des deux autres droites OD, OD_1 dites *axes optiques*. Calculons ces directions ainsi que celle de la ligne $O\gamma$ qui forme avec OC l'angle $CO\gamma$ du cône oblique de réfraction conique interne.

§ 660. — Calcul de certains angles, situés dans le plan XOZ, à l'aide de la surface de l'onde.

Angle θ des axes optiques avec l'axe de plus grande élasticité. — On a : le cercle

$$x^2 + z^2 = b^2,$$

l'ellipse

$$a^2 x^2 + c^2 z^2 = a^2 c^2,$$

le rayon vecteur

$$z = kx;$$

on a pour les abscisses des points où il coupe les deux courbes

$$x^2(1 + k^2) = b^2, \quad x^2(a^2 + c^2 k^2) = a^2 c^2,$$

pour l'équation qui exprimera que sa rencontre avec les deux courbes a lieu au même point

$$b^2(a^2 + c^2 k^2) = a^2 c^2(1 + k^2),$$

de sorte que la valeur de k propre au rayon vecteur commun est

$$k = \tang \theta = \pm \frac{a}{c} \sqrt{\frac{b^2 - c^2}{a^2 - b^2}}.$$

Angle θ' des axes de réfraction conique avec l'axe de plus grande élasticité. — Tangente au cercle

$$(1) \qquad \begin{cases} x'X + z'Z = b^2, \\ x'^2 + z'^2 = b^2, \end{cases}$$

tangente à l'ellipse

$$(2) \qquad \begin{cases} a^2 x'_1 X + c^2 z'_1 Z = a^2 c^2, \\ a^2 x'^2_1 + c^2 z'^2_1 = a^2 c^2, \end{cases}$$

équations qui expriment l'identité des deux tangentes

$$\frac{a^2 x'_1}{x'} = \frac{c^2 z'_1}{z'} = \frac{a^2 c^2}{b^2},$$

c'est-à-dire

$$(3) \qquad \frac{x'_1}{x'} = \frac{c^2}{b^2},$$

$$(4) \qquad \frac{z'_1}{z'} = \frac{a^2}{b^2}.$$

Les équations (2), (3), (4) donnent

$$(5) \qquad c^2 x'^2 + a^2 z'^2 = b^4,$$

puis

$$z'^2 = \frac{b^2(b^2 - c^2)}{a^2 - c^2},$$

d'où enfin

$$\operatorname{tang} \theta' = \frac{z'}{x'} = \pm \sqrt{\frac{b^2 - c^2}{a^2 - b^2}}.$$

Angle θ'' des lignes $O\gamma$ avec l'axe de plus grande élasticité. — Ayant $x'\, z'$, les équations (3), (4) donnent

$$x'^2_1 = \frac{c^4}{b^2}\, \frac{a^2 - b^2}{a^2 - c^2}, \quad z'^2_1 = \frac{a^4}{b^2}\, \frac{b^2 - c^2}{a^2 - c^2}, \quad \operatorname{tang} \theta'' = \frac{z'_1}{x'_1} = \frac{a^2}{c^2} \sqrt{\frac{b^2 - c^2}{a^2 - b^2}}.$$

Soit $\theta - \theta' = \rho$, $\theta'' - \theta = \rho'$, et ω l'angle $\theta'' - \theta' = \rho + \rho'$, qui est l'angle maximum des génératrices du cône de la première réfraction conique, on a

$$\operatorname{tang} \rho = \frac{\operatorname{tang} \theta - \operatorname{tang} \theta'}{1 + \operatorname{tang} \theta \operatorname{tang} \theta'} = \frac{\sqrt{a^2 - b^2} \ \sqrt{b^2 - c^2}}{ca + b^2},$$

$$\operatorname{tang} \rho' = \frac{ac \sqrt{b^2 - c^2} \ \sqrt{a^2 - b^2}}{a^2(b^2 - c^2) + b^2 c(a + c)},$$

$$\operatorname{tang} \omega = \operatorname{tang}(\theta'' - \theta') = \frac{1}{b^2} \sqrt{a^2 - b^2} \ \sqrt{b^2 - c^2}.$$

Nous verrons plus loin (§ 663) une deuxième manière d'obtenir cet angle ω avec l'ellipse **ZOX** (*Pl. XIV*, *fig.* 316) du premier ellipsoïde.

On prévoit que les deux tangentes menées au point D ont

de l'importance. Nous verrons, en effet, qu'elles sont normales aux génératrices extrêmes du cône caractéristique de la réfraction conique externe (ce cône sera celui des normales aux ondes) et que leur angle sera l'analogue de celui des droites OC, Oγ en réfraction conique interne. On calcule sans peine et les angles θ_1, θ'_1 qu'elles font avec OX et leur angle ω_1.

Coordonnées du point D.

$$x_1^2 = \frac{b^2}{1 + k^2} = c^2 \frac{a^2 - b^2}{a^2 - c^2},$$

$$z_1^2 = k^2 x_1^2 = a^2 \frac{b^2 - c^2}{a^2 - c^2};$$

angle θ_1, caractéristique de la tangente an cercle,

$$\tan \theta_1 = - \frac{x_1}{z_1} = - \frac{c}{a} \sqrt{\frac{a^2 - b^2}{b^2 - c^2}};$$

angle θ'_1, caractéristique de la tangente à l'ellipse,

$$\tan \theta'_1 = - \frac{a^2 x_1}{c^2 z_1} = - \frac{a}{c} \sqrt{\frac{a^2 - b^2}{b^2 - c^2}};$$

angle $\omega_1 = \theta_1 - \theta'_1$,

$$\tan \omega_1 = \frac{\sqrt{a^2 - b^2} \, \sqrt{b^2 - c^2}}{ac}.$$

Cet angle ω_1 s'obtient encore en abaissant du centre O, sur la tangente DN à l'ellipse, une perpendiculaire ON. Car les angles DON et ω_1 ont leurs côtés perpendiculaires chacun à chacun.

§ 661. — **L'axe de réfraction conique et l'axe optique sont les normales aux sections circulaires du premier et du deuxième ellipsoïde.**

Pour établir l'existence de ces cônes et justifier le rôle que nous venons d'assigner aux droites précédentes, nous allons recourir à la considération des sections circulaires de nos deux ellipsoïdes.

Nous rappelons qu'un ellipsoïde

$$a^2 x^2 + b^2 y^2 + c^2 z^2 = 1$$

admet en général deux séries de sections circulaires; que les deux cercles diamétraux passent, ainsi qu'on pouvait le deviner, par l'axe moyen $\frac{1}{b}$ et sont inclinés symétriquement sur le plan des XY, l'un à droite et l'autre à gauche, sous des angles supplémentaires qui ont pour tangentes (on peut le voir immédiatement (*) en cherchant dans le plan des ZX un rayon vecteur égal à l'axe moyen $\frac{1}{b}$) $\pm \sqrt{\dfrac{a^2 - b^2}{b^2 - c^2}}$. Les normales à ces sections circulaires, situées également dans le plan des ZX, ont donc pour tangentes caractéristiques $\pm \sqrt{\dfrac{b^2 - c^2}{a^2 - b^2}}$, c'est-à-dire qu'elles coïncident avec les axes de réfraction conique.

Mutatis mutandis, les normales aux sections circulaires du deuxième ellipsoïde se trouvent caractérisées par des angles ayant pour tangentes

$$\sqrt{\dfrac{\dfrac{1}{b^2} - \dfrac{1}{c^2}}{\dfrac{1}{a^2} - \dfrac{1}{b^2}}} = \frac{a}{c} \sqrt{\dfrac{b^2 - c^2}{a^2 - b^2}},$$

et par conséquent se confondent avec les axes optiques.

Cette relation d'orthogonalité entre les sections circulaires des deux ellipsoïdes et les axes, soit optiques, soit de

---

(*) Équation d'un rayon vecteur quelconque,

$$z = kx;$$

coordonnées du point où il coupe la courbe,

$$(a^2 + c^2 k^2) x^2 = 1,$$
$$z = kx;$$

longueur du rayon vecteur,

$$x^2 + z^2 = (1 + k^2) \frac{1}{a^2 + c^2 k^2};$$

équation qui donne k,

$$\frac{1}{b^2} = (1 + k^2) \frac{1}{a^2 + c^2 k^2};$$

valeur de k,

$$\pm \sqrt{\dfrac{a^2 - b^2}{b^2 - c^2}}.$$

réfraction conique, nous fait pressentir toute la clarté que
va répandre sur ces deux phénomènes la considération de
ces sections.

Réfraction conique intérieure ou de première espèce.

§ 662. — Le cône des rayons de la première réfraction conique est à base circulaire oblique.

Soit une onde excitatrice intérieure coïncidente avec le
plan $Bq\gamma B'$ d'une des sections circulaires du premier ellipsoïde (*fig.* 316), nous remarquons d'abord que chaque
mouvement vibratoire, quelle que soit sa direction dans ce
plan, se propagera sans déviation, ou, ce qui revient au
même, sans dédoublement, parce que, par symétrie, la
force consécutive à un déplacement quelconque se projette sur le déplacement, parce que, en d'autres termes,
chaque diamètre est pour les sections circulaires une direction singulière. De plus, ces vibrations se propageront
avec la même vitesse, car la vitesse est proportionnelle à la
réciproque $\frac{1}{b}$ de ces diamètres tous égaux à l'axe moyen.

Mais si l'onde excitatrice n'engendre qu'une seule onde,
les vibrations diversement orientées qui exceptionnellement
la constituent, engendreront autant de rayons distincts. Me-
nons, en effet, en un point q du cercle $Bq\,B'$ le plan tangent, abaissons la perpendiculaire Op et formons les triangles Oqp, OPQ. Nous savons (§ 641) que la position du
rayon réfracté, engendré par la vibration Oq, s'obtient en
faisant tourner le triangle OPQ dans son plan jusqu'à ce
que OP coïncide avec la normale OC, à la section, et qu'a-
lors la direction OQ' est celle du rayon. Or il est visible que
les points Q', ainsi obtenus pour les diverses orientations de
Oq, formeront une certaine courbe et que le rayon excita-
teur (nous le supposons ici naturel (§ 669)) se sera transformé en un certain cône réfracté.

Tous les Oq étant dans un même plan, et l'angle OPQ
étant droit, cette courbe est plane et située dans un plan

parallèle à la section circulaire et distant d'elle de
$OC_1 = \dfrac{1}{Oq} = b$. Sa nature dépend de la loi de variation
des longueurs qp et de leur mode d'association angulaire.
Prouvons qu'elle est un cercle.

Tous les plans tangents aux points q étant parallèles au
diamètre conjugué de la section, leurs normales Op forment
un plan perpendiculaire à ce diamètre conjugué. Soient p_1,
$p'_1, \ldots$, les points où prolongées elles coupent la sphère de
rayon $\dfrac{1}{b}$. Au point B, sur l'axe moyen, la quantité variable
qp est nulle, et le rayon réfracté OQ_0 correspondant n'est
autre que la normale OC_1 (on se rappelle en effet qu'aux
extrémités des axes, les normales aux plans tangents coïncident avec les rayons vecteurs). A partir de là qp grandit
avec l'angle BOq, atteint son maximum quand $BOq = 90°$,
et redevient nul à 180 degrés. Soit α cet angle BOq; le
triangle sphérique $OBqp_1$ rectangle en Oq, dans lequel,
outre la face $Boq = \alpha$, on connaît le dièdre $p_1OBq = P_1OQ_1$
(nous allons voir qu'il n'est autre que l'angle ω du § 660),
donnera

$$\tang p_1 O q = \tang \omega \sin \alpha.$$

Dans le triangle rectiligne QOP, on connaît alors, outre
l'angle POQ, le côté $OP = b$; on a donc

$$PQ = b \tang \omega \sin \alpha,$$

quantité dont le maximum $P_1 Q_1$ vaut $b \tang \omega$.

La rotation par laquelle les lignes $PQ, \ldots$, sont amenées
dans un plan parallèle à celui de la section circulaire, les
laisse assemblées sous les mêmes angles que les diamètres
correspondants de la section circulaire. Il en résulte que le
problème est le suivant. *Ayant* (fig. 317) *la ligne*

$$P_1 Q_1 = b \tang \omega,$$

si du point P_1 *on mène une foule de lignes divergentes*
$P_1 Q'$ *qui, pour l'angle* $\alpha' = 90 - \alpha$, *aient la longueur*
$b \tang \omega \cos \alpha$, *quel est le lieu de leurs extrémités?* C'est

II.   36

évidemment une circonférence de cercle dont $P_1 Q_1$ est le diamètre, et comme les points Q' sont, et sur la surface de l'onde et sur le plan $P_1 Q_1 Q'$ qui lui est tangent, il s'ensuit que le contact a lieu suivant un cercle.

§ 663. — On trouve l'angle de ses deux génératrices principales et sa deuxième base circulaire.

Le cône des rayons réfractés engendrés par l'onde plane excitatrice $OB\gamma B'$ est donc un cône oblique à base circulaire tel, que la génératrice OC_1, issue de tous les triangles $OP_1 Q_1$, OPQ,…, et égale à OP_1, OP,… , soit perpendiculaire au plan de la base. Le diamètre $C_1 C_1' = P_1 Q_1$ de cette base, et par suite l'ouverture ω du cône, s'obtiennent aisément au point de vue actuel, car on trouve l'angle ω dans le plan des ZX, entre le rayon vecteur $O\gamma$ égal à l'axe moyen $\frac{1}{b}$ du premier ellipsoïde et la normale $O\gamma'$ à la tangente du point γ. Or on a (§ 661, note) pour l'angle de ce rayon vecteur.

$$k = \frac{z'}{x'} = \sqrt{\frac{a^2 - b^2}{b^2 - c^2}}.$$

La normale aura pour coefficient angulaire

$$\frac{c^2 z'}{a^2 x'} = \frac{c^2}{a^2} \sqrt{\frac{a^2 - b^2}{b^2 - c^2}},$$

et l'on trouve

$$\tang \omega = \frac{1}{b^2} \sqrt{a^2 + b^2} \sqrt{b^2 - c^2},$$

valeur qui ne diffère pas de celle que nous avaient donnée les deux intersections de la surface de *l'onde* par le plan des ZX (§ 660). Nous renvoyons au tableau V du § 695 pour les résultats numériques.

Deux remarques. 1°. Ayant pris la section circulaire qui fait avec OX un angle aigu, nous nous trouvons avoir construit le cône subordonné à l'axe de réfraction conique OC' (*fig.* 312) qui est situé dans le plan des $\overline{ZX}$. Nous avons rétabli sur la *fig.* 316 les deux courbes d'intersection de la

surface de l'onde, que $P_1 Q_1$ relevé touche en C_1, C'_1. 2°. Le
cône que ferment, au point de vue précédent, les lignes PQ, est
également fermé, mais plus loin du sommet, par les lignes qp;
on pourrait donc vouloir le caractériser par la courbe que
les points p forment après la rotation dans l'espace. Cette
courbe, on le verra sans peine, est plane, parallèle au
plan $Bp\gamma'$ des normales et par conséquent perpendiculaire
à l'autre génératrice extrème OC'_1, ce qui permet de conclure qu'elle est aussi circulaire, et qu'elle forme la seconde
des deux sections circulaires de notre cône oblique. Ce
dernier résultat se tire encore de ce que les points p, qui
sont déjà dans un plan normal à $O\gamma'$ relevé, sont aussi, à
cause des angles en p droits, sur une sphère ayant pour
diamètre $\overline{O\gamma} = \frac{1}{b}$.

§ 664. — Plans de polarisation des divers rayons du cône.

Pendant que la vibration parcourt la section circulaire,
les rayons réfractés couvrent *deux fois* la surface du cône.
Deux vibrations rectangulaires Oq', Oq'' restent rectangulaires sur le plan de l'onde réfractée unique. Mais comme
ces vibrations, au lieu de se couper au centre de la base
du cône, passent par un point de sa circonférence, les deux
rayons correspondants sont diamétralement opposés dans
le cône. Ainsi les plans de polarisation, définis à la manière de Fresnel, de chaque couple de rayons opposés dans
le cône, sont rectangulaires. Ainsi encore, l'angle compris
entre les plans de polarisation de deux rayons quelconques
OQ', OQ''' est moitié de celui que comprennent les deux
lignes SQ', SQ''' qui joignent au centre S les points de contact Q', Q''', caractéristiques de ces rayons. C'est au reste ce
qu'indique la règle qui consiste à projeter sur le plan de
l'onde la direction du rayon; car cette règle ne laissant indéterminée que la vibration du rayon OC, normal au plan
de l'onde, est applicable à deux rayons quelconques. Quant
au rayon OC_1, l'exception a la même cause qu'au § 656, et
l'on s'en tire de même.

Réfraction conique extérieure ou de deuxième espèce.

§ 665. — Le cône des normales de la deuxième réfraction conique est à base circulaire oblique.

Nous avons vu qu'en menant une perpendiculaire à une section du deuxième ellipsoïde, et en prenant sur elle deux points à deux distances marquées par les longueurs mêmes des axes, on obtenait les deux points de la surface de l'onde caractéristiques des deux rayons qui suivent cette normale. Les ondes de ces deux rayons ne sont point parallèles ; on peut les obtenir de deux manières : 1° si la surface de l'onde est construite, il suffit de lui mener par ces deux points des plans tangents ; 2° aux extrémités des axes de la section du deuxième ellipsoïde menez des plans tangents, du centre abaissez les normales, ces normales déterminent avec les axes deux triangles OQP, OQ₁P₁ (*fig.* 314) rectangles en P, P₁ ; faites-les tourner dans leur plan jusqu'à ce que les hypoténuses soient normales à la section, alors les deux côtés OP, OP₁, devenus OP′, OP′₁, sont les normales aux deux ondes polarisées intérieures. P′Q′, P′₁Q′₁, devenus, par la rotation, parallèles à OP. OP₁, en sont les vibrations.

Que la section de ce deuxième ellipsoïde en soit une section circulaire B₁QôB₁ (*fig.* 318), on portera sur la normale tous les rayons égaux de la section, et chacun d'eux introduira un triangle OQP, car, pour chacun, on mènera au sommet un plan tangent, et sur chaque plan tangent une perpendiculaire. Après la rotation, ces perpendiculaires aux ondes excitatrices formeront un cône dont il faut étudier la nature. Il semblerait qu'un autre cône dût être formé par les vibrations PQ, mais nous allons prouver que toutes ces lignes sont dans un même plan, et que dans ce plan le lieu géométrique des extrémités P est un cercle.

En effet, pour des motifs déjà donnés de parallélisme à une certaine droite diamètre conjugué, tous les points P sont dans un même plan normal à tous nos plans tangents.

Mais les angles en P, P_1,..., étant droits et la rotation des
triangles étant de 90 degrés, les côtés PQ, $P_1 Q_1$,..., sont,
ainsi qu'on vient de l'annoncer, devenus parallèles aux lignes
OP, OP_1,...: donc ils forment dans l'espace un plan parallèle
au plan des points P, P_1,..., c'est-à-dire au plan $B_1 P \partial'$ de
la *fig.* 318.

Les deux rayons OB_1, OB'_1 de la section circulaire donnent des triangles nuls; pour eux, OP coïncide avec OQ,
et la normale à la section circulaire se trouve être une des
génératrices du cône de nos normales. A partir de ces positions, le côté PQ du triangle grandit, il atteint son maximum avec le rayon $O\partial$ situé dans le plan des XZ. Pour
avoir la courbe formée par leurs extrémités, calculons d'a-
bord ce maximum.

Comme, ici, l'ellipse d'intersection du deuxième ellipsoïde
avec le plan des ZX est la même (l'orientation seule diffère) que celle fournie dans ce plan par la surface de l'onde,
il est tout prouvé que l'angle $\partial' O \partial$ de la section circulaire
et du plan $B_1 P \partial'$ n'est autre que l'angle ω_1 du § 660. Soit
de plus $90 - \alpha$ l'angle de position $B_1 OQ$ du rayon quelconque OQ, et enfin $B_1 \pi \partial'$, le grand cercle suivant lequel
la sphère de rayon b est coupée par le plan des normales OP,
le triangle sphérique $\pi O B_1 Q$ donne

$$\text{tang } \pi OQ = \text{tang } \omega_1 \cos \alpha;$$

mais on n'a plus

$$PQ = b \text{ tang } \omega_1 \cos \alpha,$$

attendu que c'est en P et non en Q que le triangle POQ est
rectangle. Sans insister sur la démonstration analytique
moins facile de cette circularité, et sans recourir à d'autres
triangles $OQ \pi_1$ rectangles en Q, nous établirons la circularité de la base du cône, formée par les droites PQ et parallèle à la section circulaire du deuxième ellipsoïde, par
cette considération géométrique déjà invoquée, que les
points P appartiennent à une sphère construite sur OQ
(devenu OD_1) comme diamètre.

Nous obtenons ainsi le cône des normales aux ondes in-

térieures, tandis que l'expérience nous donnera le cône
des rayons extérieurs générateurs de ces ondes intérieures.
Comme nous savons passer graphiquement des ondes intérieures aux rayons extérieurs, comme d'ailleurs l'ouverture
de ce cône extérieur, qui n'est plus du deuxième, mais du
quatrième degré, dépend de l'obliquité de la face de démarcation du cristal, on conçoit que nous nous bornions au
cône des normales intérieures. Voir plus loin les valeurs
numériques.

§ 666. — Études à faire sur la surface d'élasticité à deux nappes. — Résultats probables.

Le point de vue des ellipsoïdes nous révèle donc, entre
les deux réfractions coniques, un parallélisme remarquable.
Ce qu'est la réfraction conique interne par rapport au premier ellipsoïde, la réfraction conique externe l'est par rapport au second. Les deux sections circulaires de chaque
cône oblique sont respectivement parallèles à l'une des sections circulaires de l'ellipsoïde correspondant et au plan
normal à son diamètre conjugué. Si la surface de l'onde,
au lieu de cette vive analogie des deux phénomènes, n'a
manifesté, pour ainsi dire, entre eux que des relations de
voisinage, cela tient à ce que nous avions le tort de la considérer isolément et de laisser de côté la surface d'élasticité à
deux nappes. Construites à l'instar l'une de l'autre et par le
même procédé, il semble que ces deux surfaces doivent offrir les mêmes accidents. Ainsi la surface d'élasticité pos-
séderait, comme celle de l'onde, des ombilics (*), et ses
rayons ombilicaux, situés dans le plan des ZX, ne seraient
autres que les normales aux sections circulaires du premier
ellipsoïde. Si la deuxième réfraction conique se fait suivant

---

(*) Nous engageons le lecteur à tenter par la discussion de l'équation
(§ 638) la vérification de cette assertion. En effet, pour cette surface, les
normales sont prises réciproques et non égales aux axes de la section. De
cette différence qui amène et le sixième degré au lieu du quatrième, et des
intersections avec les plans coordonnés non résolubles en courbes du deuxième
degré, pourraient bien découler d'autres divergences imprévues.

le rayon ombilical de la surface de l'onde, la première aurait lieu suivant le rayon ombilical de la surface d'élasticité. Si, d'un côté, le premier est la route commune aux rayons innombrables qui, superposés, parcourent exceptionnellement le cristal avec une vitesse indépendante du sens de la vibration, le deuxième serait à son tour la normale commune à ces ondes planes innombrables qui, douées exceptionnellement d'une vitesse indépendante de leur plan de polarisation, ne se séparent pas au sein du cristal. A ce point de vue, ces surfaces rendraient aussi flagrant que les ellipsoïdes, le parallélisme des deux réfractions coniques.

L'angle ρ (§ 660) de ces rayons ombilicaux qui sont, l'un l'axe optique et l'autre l'axe de réfraction conique, est ici celui des sections circulaires. En partant des valeurs données pour les sections, on retrouve

$$\tan \rho = \frac{\sqrt{a^2 - b^2}\ \sqrt{b^2 - c^2}}{ac + b^2}.$$

On obtient ainsi pour quelques cristaux

	ρ_{B}	ρ_{II}
Arragonite............	0. 53. 29	0. 59. 0
Topaze..............	0. 8. 25	0. 15. 36
Baryte sulfatée.......	0. 7. 11	0. 8. 3

Pour que le langage reflétât ces analogies, on devrait abandonner le nom d'*axes optiques* et le remplacer par celui d'*axes de réfraction conique externe*. Cela serait d'autant plus opportun, que les auteurs ne sont pas d'accord sur celle des deux lignes OD, OC qui doit être nommée *axe optique*. Ainsi tandis que Fresnel, après hésitation, adopte OD, Lloyd, s'inspirant sans doute de ce que les lignes OC, OC_1 sont, plutôt que OD, OD_1, le centre de phénomènes réalisables, et répondent au cas si simple de l'onde excitatrice intérieure, préfère OC. Il y a plus : il conviendrait même de répudier le mot d'*axe*, puisque ces prétendus axes, au lieu d'être à l'intérieur des cônes, en sont une certaine génératrice, à savoir la génératrice normale au plan de celle des deux bases circulaires obliques qui est parallèle à la section circulaire de l'ellipsoïde correspondant, puisque enfin, à ce point de vue, il est une autre génératrice *principale* perpendiculaire à l'autre base circulaire et d'une égale importance.

§ 667. — **Axes** principal, — **secondaire**, — tertiaire.

Les axes de réfraction conique, aussi bien que les axes optiques, ont pour bissectrices les deux axes extrêmes d'élasticité. L'axe d'élasticité le plus rapproché des axes de réfraction conique est dit *ligne moyenne* ou *intermédiaire*, ou encore *axe principal*; le plus éloigné s'appelle *axe secondaire* ou *ligne supplémentaire*; à ce point de vue le troisième, c'est-à-dire l'axe moyen, s'appelle quelquefois *axe tertiaire*. La ligne moyenne est surtout importante, parce que, si le cristal est taillé perpendiculairement à sa direction, et si les axes ne sont pas trop écartés, il donne ces phénomènes signalés (§ 195) qui servent de guide pour découvrir les directions des axes d'élasticité. Suivant que $\sqrt{\dfrac{b^2-c^2}{a^2-b^2}} \gtrless 1$, c'est l'axe de plus $\genfrac{}{}{0pt}{}{\text{grande}}{\text{petite}}$ élasticité qui est ligne moyenne. On pourrait tout aussi bien asseoir la définition de la ligne moyenne sur la considération des axes optiques, mais on arriverait ainsi aux inégalités moins simples $\dfrac{a}{c}\sqrt{\dfrac{b^2-c^2}{a^2-b^2}} \gtrless 1$. C'est donc là un motif de préférence pour les axes de réfraction conique, mais ce n'est pas le seul. En effet, ce que l'œil, et surtout notre œil type infiniment presbyte, associe dans les phénomènes, ce sont les rayons parallèles de la première et nullement les rayons divergents de la deuxième réfraction conique. En matière d'interférences, les directions de *retard nul* autour desquelles se groupent les lignes isochromatiques, seront celles où la double réfraction ne donne qu'une onde. On doit donc s'attendre à ce que les lignes OC et non les lignes OD soient le centre des phénomènes les plus accessibles, et l'on ne sera pas surpris de voir figurer dans les tableaux du § 695, au lieu des angles $2\,\theta$, les $2\,\theta'$.

§ 668. — Plans de polarisation des diverses ondes du cône.

Chacun des rayons confondus dans la direction commune OD (*fig.* 312) étant l'un des deux rayons engendrés par une certaine onde plane, sera polarisé, et sa vibration aura pour direction celle du petit côté du triangle devenu corde de la base circulaire du cône. On retrouve donc ici les mêmes particularités que précédemment : ainsi les vibrations de deux rayons opposés sur le cône sont à angle droit, et l'angle des deux vibrations ou des deux plans de polarisation d'un couple quelconque des rayons du cône est moitié de l'angle que comprennent les deux plans déterminés par ces rayons et par l'axe oblique du cône. Ici enfin la direction des vibrations caractéristiques des rayons (hormis pour un seul) s'obtiendrait en projetant sur les divers plans tangents le rayon ombilical.

§ 669. — Théorème de M. Beer.

Il semble au premier abord que l'emploi d'une lumière naturelle soit indispensable. Cependant M. Beer a obtenu la première réfraction conique avec un rayon polarisé. Comment une vibration *orientée* peut-elle se résoudre en une foule de vibrations douées de toutes les orientations? Rien de plus simple.

Soit n vibrations polarisées successives ayant AB pour direction (*fig.* 319); prenons, d'un côté de AB, $n-1$ directions O1, O2, O3,…, angulairement équidistantes et faisant entre elles des angles égaux à $\frac{1}{n}\frac{\pi}{2}$, et, de l'autre côté, $n-1$ directions rectangulaires aux précédentes, et faisant dès lors avec AB les angles $-\frac{n-1}{n}\frac{\pi}{2}$, $-\frac{n-2}{n}\frac{\pi}{2}$,…; laissons une vibration intacte sur AB, et décomposons les autres en $n-1$ couples de vibrations rectangulaires qui auront pour amplitude, celles de gauche $\cos\dfrac{\pi}{2n}$, $\cos\dfrac{2\pi}{2n}$,..., $\cos\dfrac{(n-1)\pi}{2n}$, et celles de droite $\cos\dfrac{n-1}{2n}\pi$, $\cos\dfrac{n-2}{2n}\pi$,..., $\cos\dfrac{\pi}{2n}$, n pouvant être aussi grand que l'on veut: il s'ensuit qu'une vibration polarisée dans un certain azimut équivaut à une foule de vibrations polarisées avec continuité dans tous les azimuts, et se dégradant depuis un maximum situé dans le plan de polarisation jusqu'à une valeur nulle située à 90 degrés.

Si cette singulière équivalence ne peut en général se produire, il n'en est plus de même quand, au lieu de se résoudre en deux rayons, le rayon incident donne une foule de rayons groupés coniquement. Mais comme les vibrations inégales qui émanent du centre de la section circulaire font deux fois le tour de la base du cône, il en résulte qu'au lieu d'avoir deux rayons d'éclat nul dans les azimuts 90 degrés, on n'a qu'un rayon nul à 180 degrés du diamètre du cône parallèle à la vibration. Avec une lumière naturelle, le cône est uniformément éclairé; mais comme les rayons qui sont opposés dans le cône ont une polarisation rectangulaire, si l'on regarde ce cône à travers une tourmaline dont l'axe soit parallèle à la direction AB, il prend, comme le remarque à bon droit M. Beer, le même aspect que le cône fourni par un rayon polarisé.

Quoique la seconde réfraction conique soit engendrée, non plus par un seul rayon extérieur, mais par le concours de plusieurs; quoique les diverses vibrations qu'elle met en jeu proviennent d'ondes planes innombrables, soit intérieures, soit extérieures; cependant, comme ces diverses vibrations sont après tout comprises dans un seul et même plan oblique sur le rayon ombilical, on conçoit que les phénomènes obtenus avec la lumière et naturelle et polarisée, aient entre eux les mêmes ressemblances et les mêmes dissemblances que dans le cas précédent.

§ 670. — Expériences sur la réfraction conique extérieure.

Ayez une arragonite terminée par deux faces polies qui soient, par exemple, perpendiculaires à l'axe principal. Couvrez sa face antérieure d'une plaque percée d'un trou très-fin auquel vous offrirez, à l'aide d'une lentille, un cône plein de lumière incidente (*fig.* 320). Pour pouvoir amener l'axe horizontal de ce cône dans les parages d'un des axes optiques, le cristal aura deux mouvements de rotation, l'un dans son propre plan pour amener cet axe optique dans un plan horizontal, et l'autre autour d'un axe vertical pour changer l'incidence dans le plan XZ. Quand on sera ainsi arrivé à ce que le cône extérieur creux eOf qui se résume dans le rayon ombilical OD, fasse partie du cône plein, sa réfraction conique intérieure sera réalisée, et l'on aura, à la sortie, l'ensemble d'un cône plein ayant son sommet en un certain point S (*) intérieur au cristal et d'un cône creux qui l'aura sur la surface de sortie.

Il est utile de les remanier par une lentille d'un court foyer qui rassemble les rayons étrangers en σ et ceux du cône creux en δ. Les premiers en reçoivent une grande divergence, et deviennent insensibles sur un écran un peu éloigné. Pour les derniers, l'éparpillement n'a lieu que dans un sens sur un contour circulaire de plus en plus grand, et est bien moins actif.

Avec une arragonite de 12 millimètres sensiblement normale à l'un des axes optiques, armée d'un trou de $\frac{1^{mm}}{12}$, et sertie dans un liége de manière à mettre sur le trajet intérieur une de ses rares directions pure et préservée de macles, j'obtiens un beau cercle, polarisé comme il convient.

(*) La distance SD dépend de l'épaisseur ε, de l'incidence i, et varie dès lors pour les divers rayons du cône. Comme ici le cône, quoique surabondamment ouvert, ne l'est pas extrêmement, on peut admettre que tous les rayons étrangers ont le même foyer virtuel S, et que sa distance à la face de sortie s'éloigne peu du maximum $\frac{\varepsilon}{n} = \varepsilon.0,59$ que donnent les faibles incidences.

L'épaisseur notable de ce cercle tient en partie à ce que le phénomène est l'association d'autant de phénomènes élémentaires identiques qu'il y a de points dans le trou.

L'œil peut intervenir directement : sans la lentille L' sa place serait contre la face de sortie, de manière à faire se rencontrer virtuellement dans l'œil les rayons le plus tôt possible, et à obtenir sur la rétine la courbe la plus grande possible. On accroît cette courbe à l'aide d'une lentille, car 1° (*fig.* 321) si elle est plus loin du sommet D que le double de son foyer, le cône qu'elle donne est plus ouvert, car 2° l'œil a plus de facilité pour se mettre au nouveau sommet ∂ et empiéter au besoin sur lui. En recevant sur la lentille antérieure L tour à tour les cônes dus aux diverses portions d'un spectre, on voit les divers cônes diversicolores. Ceux des couleurs les moins vives sont très-beaux.

On peut, avec M. Lissajous, obtenir une élimination radicale des rayons étrangers, fondée sur la diversité des positions focales conjuguées σ et ∂ que fournit la lentille L'. Il suffit en effet de mettre en ∂ une plaque percée d'un petit trou. Le cône creux passera seul, son angle si faible aura bien pu être amoindri, on y remédiera par une autre lentille placée assez loin de ∂.

L'expérience serait assurément plus piquante si la seconde face était également armée d'une plaque percée d'un trou pareil à celui d'entrée. L'élimination de rayons obliques qui, cheminant à côté du rayon ombilical, donnent leurs rayons sensiblement sur le cercle, y serait plus parfaite et d'autant plus parfaite, que la pierre serait plus épaisse. Mais la place à donner à ce second trou réclamerait quelques tâtonnements. Lloyd, qui, sur les indications d'Hamilton, a le premier réalisé les réfractions coniques, alignait sur la face de sortie et dans le plan des axes optiques une fente étroite; le cône incident donne à travers elle une ligne droite, formée par la superposition des deux sortes de rayons qui suivent, on le sait, dans ce plan principal, la première loi de Descartes. Cette ligne (*fig.* 322) s'ouvre en cercle dans la direction privilégiée.

§ 671. — Expériences sur la réfraction conique intérieure.

Il faut n'offrir au cristal de rayons que dans une seule
direction. Je place au porte-lumière une plaque percée d'un
petit trou, ou bien, car cela réussit également, une lentille d'un court foyer. A une distance de plusieurs mètres,
vient le cristal ayant toujours sa face antérieure munie de
la plaque au trou fin. A moins de cristaux très-épais, le
cylindre est si étroit (ε tang $1^{o},52 = 0^{mm},42$ pour le cristal
de 12 millimètres), qu'il faut, pour l'apercevoir, le con-
vertir en cône. C'est ce que fera la lentille L' qui doit rester.
Si l'on voulait l'agrandir sans lui enlever la forme cylindrique, il suffirait de disposer une seconde lentille comme
on le voit (*fig.* 323). La lentille L' est indispensable quand
on veut recevoir le phénomène sur la rétine. Car un œil infiniment presbyte condenserait tout le cylindre en un point.

La proximité des deux réfractions coniques est cause que
quand les choses sont disposées pour l'autre, celle-ci se
produit en même temps parce que le cône incident se trouve
comprendre le rayon qui lui suffit. On séparerait le cylindre du cône en éloignant simplement la lentille L', car
bientôt elle sera trop étroite pour le cône agrandi, et elle
ne sera accessible qu'au cylindre. Ayez un carton annexé à
cette lentille et emporté par elle de manière à maintenir
constante leur distance; la réfraction conique interne se
reconnaîtra à ce que, pour elle seule, les dimensions du
cercle projeté restent invariables quand la lentille s'éloigne
plus ou moins du cristal.

Nous nous proposons maintenant de chercher les relations
qui, dans certains cas, existent entre les vitesses des ondes
ou des rayons, les directions des vibrations ou des plans de
polarisation, et les axes soit optiques, soit de réfraction conique. La facilité avec laquelle on trouve ces directions, les
liens intimes qui les rattachent aux axes d'élasticité, justi-
fient ces nouvelles études, qui ont d'ailleurs l'avantage d'a-
boutir à des lois très-simples.

ARTICLE IV.

Théorèmes sur les vitesses des ondes parallèles et des rayons superposés intérieurement. — Expressions des vitesses, de leurs sommes, et de leurs produits. — Théorème sur les plans de polarisation. — Le rayon ordinaire chez les biaxes. — Biaxes positifs, négatifs et neutres — Rapports des deux rayons avec les deux nappes de la surface de l'onde. — Comment le plan de polarisation d'un même rayon bissecte, tantôt le dièdre aigu et tantôt le dièdre obtus de Biot. — Comment les phénomènes d'interférence sont en général en dehors des théorèmes sur les vitesses. — Calcul du retard sur les ondes ; — sur les rayons. — Équation générale des lignes isochromatiques pour un cristal à faces parallèles. — Équations des lemniscates, obtenues par une méthode évasive et approximative. — Calcul des hyperboles. — Cas où la lame est oblique sur l'axe principal. — Cas où elle est normale à l'un des axes de réfraction conique. — Expérience de M. H. Soleil. — Équations des franges qu'elle donne. — Elles sont sensiblement rectilignes. — Cas où elles s'évanouissent.

---

672. — Théorème sur les vitesses des ondes.

Dans l'équation

$$\frac{\cos^2 l}{V^2 - a^2} + \frac{\cos^2 m}{V^2 - b^2} + \frac{\cos^2 n}{V^2 - c^2} = 0 \quad (\S\ 637)$$

de la surface d'élasticité à deux nappes, les deux valeurs V'^2, V''^2, obtenues pour chaque direction l, m, n, sont les carrés des vitesses de deux ondes planes parallèles excitées par l'onde intérieure. La somme $V'^2 + V''^2$, égale au coefficient de $-V^2$ dans l'équation bicarrée, vaut

$$(b^2 + c^2) \cos^2 l + (a^2 + c^2) \cos^2 m + (a^2 + b^2) \cos^2 n ;$$

on a de même, pour leur produit,

$$V'^2 V''^2 = b^2 c^2 \cos^2 l + a^2 c^2 \cos^2 m + a^2 b^2 \cos^2 n.$$

Si l'on ne garde que les deux angles l, n, à l'aide de la relation

$$\cos^2 m = 1 - \cos^2 l - \cos^2 n,$$

ces équations deviennent

$$(1) \quad V'^2 + V''^2 = a^2 + c^2 - (a^2 - b^2) \cos^2 l + (b^2 - c^2) \cos^2 n,$$

$$(2) \quad V'^2 V''^2 = a^2 c^2 - c^2 (a^2 - b^2) \cos^2 l + a^2 (b^2 - c^2) \cos^2 n,$$

Or il est visible qu'au lieu de caractériser la direction commune aux trois ondes par les trois angles l, m, n (dont deux seuls arbitraires) que leur normale fait avec les trois axes d'élasticité, on peut avoir recours aux deux angles t, t' qu'elle fait avec les deux axes de réfraction conique intérieure, et obtenir les deux vitesses en fonction de t, t'.

Pour cela il suffit de trouver l'expression de l, n en t, t' et de les substituer dans l'équation bicarrée.

Les axes de réfraction conique font, avec les trois axes d'élasticité, les angles, $\alpha = \theta'$, $\beta = 90$, $\gamma = 90 - \theta'$ pour l'un, et $\alpha = 180 - \theta'$, $\beta = 90$, $\gamma = -(90 - \theta')$ pour l'autre; et l'on a

$$\tan \theta' = \sqrt{\frac{b^2 - c^2}{a^2 - b^2}} \quad (\S\,660).$$

On en tire

$$\cos \theta' = \sqrt{\frac{a^2 - b^2}{a^2 - c^2}}, \quad \sin \theta' = \sqrt{\frac{b^2 - c^2}{a^2 - c^2}}.$$

La formule du cosinus de l'angle de deux droites donne alors

$$\cos t = \sqrt{\frac{a^2 - b^2}{a^2 - c^2}} \cos l + \sqrt{\frac{b^2 - c^2}{a^2 - c^2}} \cos n,$$

$$\cos t' = -\sqrt{\frac{a^2 - b^2}{a^2 - c^2}} \cos l + \sqrt{\frac{b^2 - c^2}{a^2 - c^2}} \cos n.$$

Ces deux équations résolues par rapport à $\cos l$, $\cos n$, donnent

$$\cos l = \frac{\cos t - \cos t'}{2} \sqrt{\frac{a^2 - c^2}{a^2 - b^2}},$$

$$\cos n = \frac{\cos t + \cos t'}{2} \sqrt{\frac{a^2 - c^2}{b^2 - c^2}};$$

remplaçant dans les équations (1), (2), il vient

$$V'^2 + V''^2 = a^2 + c^2 - \frac{1}{4}(a^2 - c^2)(\cos t - \cos t')^2$$

$$+ \frac{1}{4}(a^2 - c^2)(\cos t + \cos t')^2$$

$$= a^2 + c^2 + (a^2 - c^2)\cos t \cos t',$$

et

$$V'^2 V''^2 = a^2 c^2 - \frac{1}{4} c^2 (a^2 - c^2) (\cos t - \cos t')^2$$
$$+ \frac{1}{4} a^2 (a^2 - c^2) (\cos t + \cos t')^2$$
$$= a^2 c^2 + \frac{1}{4} (a^2 - c^2)^2 (\cos^2 t + \cos^2 t')$$
$$+ \frac{1}{2} (a^2 - c^2) (a^2 + c^2) \cos t \cos t',$$

d'où, pour V'^2, V''^2, deux valeurs affectées d'un radical qui, par des réductions considérables et des transformations évidentes, s'extrait et devient

$$\frac{1}{2} (a^2 - c^2) \sin t \sin t' \; ;$$

on a donc

$$V'^2 - V''^2 = (a^2 - c^2) \sin t \sin t',$$
$$V'^2 = \frac{1}{2} (a^2 + c^2) + \frac{1}{2} (a^2 - c^2) \cos (t - t'),$$
$$V''^2 = \frac{1}{2} (a^2 + c^2) + \frac{1}{2} (a^2 - c^2) \cos (t + t'),$$

ou encore

$$V'^2 = a^2 - (a^2 - c^2) \sin^2 \frac{t - t'}{2},$$
$$V''^2 = a^2 - (a^2 - c^2) \sin^2 \frac{t + t'}{2}.$$

La première de ces formules constitue une loi remarquable facile à énoncer.

§ 673. — Discussion. — Cas des uniaxes.

Quand le rayon est compris dans le plan des **YZ**, on a

$$t = t', \quad V'^2 = a^2, \quad V''^2 = a^2 - (a^2 - c^2) \sin^2 t.$$

Est-il dans le plan **XY**, t, t' font chacun partie d'un triangle sphérique, où l'on connaît un angle et deux faces, à savoir (en appelant α l'angle que fait le rayon avec **OX**) : pour t les faces θ', α avec l'angle compris 90 degrés, et pour t' le même dièdre 90 degrés, et les faces $180 - \theta'$, α ; il en résulte par la trigonométrie sphérique

$$\cos t = \cos \theta' \cos z, \quad \cos t' = - \cos \theta' \cos \alpha,$$

d'où

$$\sin t = \sin t' = \sqrt{1 - \cos^2 \theta' \cos^2 \alpha}$$

et

$$\cos(t - t') = 1 - 2 \cos^2 \theta' \cos^2 \alpha,$$
$$\cos(t + t') = - 1,$$

et enfin

$$V''^2 = c^2, \quad V'^2 = a^2 - (a^2 - c^2) \cos^2 \theta' \cos^2 \alpha = a^2 - (a^2 - b^2) \cos^2 \alpha;$$

Enfin, quand le rayon est contenu dans le plan ZX, caractérisons sa position par l'angle ε, que fait la normale à l'onde avec l'axe OX, on aura, suivant que ε est $\lessgtr$ que θ', tantôt

$$t = \theta' - \varepsilon, \quad t' = 180 - \theta' - \varepsilon,$$

et par conséquent

$$V'^2 = a^2 - (a^2 - c^2) \cos^2 \theta' = b^2,$$
$$V''^2 = a^2 - (a^2 - c^2) \cos^2 \varepsilon,$$

tantôt

$$t = \varepsilon - \theta', \quad t' = 180 - \theta' - \varepsilon,$$

et par conséquent

$$V'^2 = a^2 - (a^2 - c^2) \cos^2 \varepsilon,$$
$$V''^2 = a^2 - (a^2 - c^2) \cos^2 \theta' = b^2;$$

de sorte que les deux ondes, après avoir eu exclusivement et tour à tour, dans chacun des deux premiers plans, l'une le cercle et l'autre l'ellipse, se partagent ces deux courbes dans le troisième. Ce qu'il était facile de prévoir d'après cette simple remarque, que les deux rayons ayant les mêmes droits, ils devaient jouir également de la loi des sinus, toute leur différence consistant à en jouir plus ou moins longtemps dans ce troisième plan, suivant les valeurs de a, b, c. Cette discussion prépare l'importante question de la séparation des deux nappes et nous indique déjà qu'ici, comme chez les uniaxes, l'une sera enveloppante et l'autre enveloppée, circonstance géométrique dont nous tirerons plus loin parti (§ 677).

II.　　　　　　　　　　　　　37

Quand le cristal est uniaxe, les deux axes optiques se confondent, suivant qu'on a $b = c$ ou $b = a$, soit avec l'axe a, soit avec l'axe c. Choisissons la première hypothèse en vue de la notation du chapitre VI; alors les deux axes de réfraction conique font entre eux, comme les axes optiques, un angle de 180 degrés, t et t' sont supplémentaires, et les expressions précédentes deviennent

$$V'^2 + V''^2 = (a^2 + b^2) - (a^2 - b^2)\cos^2 t = a^2 \sin^2 t + b^2(1 + \cos^2 t),$$
$$V'^2 - V''^2 = (a^2 - b^2)\sin^2 t,$$
$$V'^2 V''^2 = a^2 b^2 - b^2(a^2 - b^2)\cos^2 t,$$
$$V'^2 = a^2 - (a^2 - b^2)\cos^2 t = b^2 + (a^2 - b^2)\sin^2 t,$$
$$V''^2 = b^2.$$

Les valeurs générales de V'^2, V''^2, sous leur dernière forme, donnent approximativement, quand on considère le dernier terme comme petit vis-à-vis du premier,

$$V' = a - \frac{(a^2 - c^2)\sin^2 \frac{1}{2}(t - t')}{2a},$$

$$V'' = a - \frac{(a^2 - c^2)\sin^2 \frac{1}{2}(t + t')}{2a},$$

et par suite

$$V' + V'' = 2a - \frac{a^2 - c^2}{2a}\left(\sin^2 \frac{t - t'}{2} + \sin^2 \frac{t + t'}{2}\right),$$

expression qui varie peu chez les cristaux connus. Comme nous aurons occasion, par la suite, d'invoquer la quasi-constance de cette somme, ainsi que celle du produit $V'V''$, il convient ici de donner pour le spath, cristal excessif, et pour le quartz les valeurs numériques de cette partie variable. Chez les uniaxes, $V' + V''$ devient

$$2b + \frac{a^2 - b^2}{2b}\sin^2 t.$$

Pour le spath, le rapport de la partie variable au terme constant a pour valeur maximum 0,061 ; pour le quartz, on trouve 0,0039. Chez ces cristaux, le produit $V'V''$ prend la forme également approximative

$$ab - \frac{b}{2a}(a^2 - b^2)\cos^2 t :$$

et le terme variable y est limité à une fraction du terme constant exprimée pour le spath par 0,0662 et pour le quartz par 0,00798.

§ 674. — Théorème sur les vitesses des rayons superposés.

Tandis que, sur chaque rayon vecteur de la surface d'élasticité, on trouve deux points qui déterminent les deux ondes planes parallèles excitées par une onde intérieure normale au rayon vecteur, de même, sur tout rayon vecteur de la surface de l'onde, on trouve deux points déterminateurs de deux rayons réfractés qui s'accompagnent intérieurement. Le premier de ces deux cas est lié, au premier ellipsoïde, à la surface d'élasticité et aux axes de réfraction conique, comme le second l'est, au deuxième ellipsoïde, à la surface de l'onde et aux axes optiques. Il en résulte la possibilité d'accommoder sans calcul, et par un simple *mutatis mutandis*, les théorèmes de l'un des cas à l'autre. Cette méthode, à laquelle nous devons déjà l'équation de la surface de l'onde, va nous donner les théorèmes suivants.

Soient L, M, N une direction intérieure commune à deux rayons, T, T' les angles de cette direction avec les axes optiques ; au lieu de reprendre les précédents calculs avec la surface de l'onde

$$\frac{a^2\cos^2 L}{W^2 - a^2} + \frac{b^2\cos^2 M}{W^2 - b^2} + \frac{c^2\cos^2 N}{W^2 - c^2} = 0$$

et la relation

$$\tang\theta = \pm\frac{a}{c}\sqrt{\frac{b^2 - c^2}{a^2 - b^2}},$$

nous remplaçons dans les expressions finales de V'^2, V''^2 et dans leurs relations diverses, a, c par $\frac{1}{a}$, $\frac{1}{c}$; V'^2, V''^2 par $\frac{1}{W'^2}$,

$\dfrac{1}{W''^2}$; t, t' par T, T', ce qui donne

$$\frac{1}{W'^2} = \frac{1}{2}\frac{a^2+c^2}{a^2 c^2} - \frac{1}{2}\frac{a^2-c^2}{a^2 c^2}\cos(T-T') = \frac{1}{a^2} + \frac{a^2-c^2}{a^2 c^2}\sin^2\frac{T-T'}{2},$$

$$\frac{1}{W''^2} = \frac{1}{2a^2 c^2}\left[a^2 + c^2 - (a^2-c^2)\cos(T+T')\right] = \frac{1}{a^2} + \frac{a^2-c^2}{a^2 c^2}\sin^2\frac{T+T'}{2},$$

$$\frac{1}{W''^2} - \frac{1}{W'^2} = \left(\frac{1}{c^2} - \frac{1}{a^2}\right)\sin T \sin T' = (n'^2 - n''^2)\sin T \sin T,$$

c'est-à-dire que la *différence des carrés des réciproques des vitesses des deux rayons lumineux de même direction est proportionnelle au produit des sinus des angles que fait cette direction commune avec les axes optiques*, et que le *quotient de cette différence par ce produit est égal à la différence des carrés des indices de plus grande et de moindre réfraction*.

Discussion. — En suivant la même marche qu'au § 673, on trouve que, dans le plan YZ, la vitesse W' est constante et vaut a, que, dans le plan XY, la constance est pour W'', qui vaut c, et qu'enfin, dans le troisième plan, la vitesse constante est b et qu'elle appartient tour à tour à chaque rayon. A ce point de vue légèrement différent de celui créé par le précédent théorème, c'est aux ombilics que se fait le départ des deux nappes. Comme la surface des ondes est en relation plus intime avec les rayons qu'avec les normales aux ondes, nous considérons cette démarcation comme la vraie.

Quand $c = b$. on a

$$T' = 180 - T,$$

et il vient

$$W'^2 = n_a^2 - (n_a^2 - n_c^2)\sin^2 T, \quad W''^2 = n_c^2.$$

§ 675. Théorèmes sur les plans de polarisation.

Soit une section centrale quelconque du premier ellipsoïde. Les deux sections circulaires centrales la coupent suivant deux droites EF, E'F' qui sont égales et conséquemment équidistantes des deux axes AB, CD (*fig.* 324). Les deux plans

P, P′, menés par la normale à la section et par les normales
aux sections circulaires (axes de réfraction conique) sont respectivement perpendiculaires aux intersections EF, E′F′ de
chaque section circulaire avec la section quelconque. Les
plans normaux à la section, menés par AB, CD, étant ceux
de nos triangles, les plans de polarisation π, π' des rayons se
trouvent être (si on les définit comme Fresnel) normaux à
ces droites. Bref, un de ces derniers plans et les deux premiers P, P′ se trouvent former un système de trois plans perpendiculaires chacun à chacun aux trois droites, EF, E′F′,
AB, ou bien EF, E′F′, CD, dont l'une, AB ou CD, bissecte les
deux autres. Il en résulte que la relation de bissection se retrouve dans les plans et que l'on a ce théorème : *Dans le cas
d'excitation intérieure, menez, par la normale commune
aux trois ondes et par les axes de réfraction conique, deux
plans, puis les deux plans qui les bissectent ; ces derniers
(ils sont rectangulaires) seront les plans de polarisation
des deux rayons réfractés.* Ce théorème ne peut pas donner
la loi de distribution des plans de polarisation dans le cône
de la première réfraction conique, attendu que, pour l'onde
plane engendrée par cette réfraction, il y a coïncidence de
la normale avec un des axes de réfraction conique.

Pour avoir l'autre théorème, soit par une normale à une
section du deuxième ellipsoïde, c'est-à-dire par le chemin
commun à deux rayons intérieurs, et par les deux axes optiques, deux plans. Ces plans seront bissectés par deux autres
plans qui sont ceux de la normale et des deux axes de la section. Ces derniers plans qui, normaux aux plans des triangles,
passent par les rayons et auraient pu être choisis pour plans
de polarisation, aussi bien que ceux de Fresnel dont ils diffèrent très-peu, sont donc définis par la précédente bissection. Cette règle est également, et pour les mêmes motifs,
incapable de fixer les plans de polarisation des rayons qui
constituent le cône de deuxième réfraction conique.

§ 676. — Le rayon ordinaire chez les biaxes. — Biaxes positifs, négatifs et neutres.

Peut-on adapter aux deux rayons et aux deux ondes

d'un biaxe une distinction analogue à celle qui s'exprime chez les uniaxes par les qualifications d'ordinaire et d'extraordinaire? Peut-on étendre aux biaxes la division en positifs et en négatifs? Ce sont là des questions que les formules précédentes vont nous permettre de traiter.

Chez un biaxe, les vitesses des deux rayons sont toutes deux variables; mais à part certains biaxes exceptionnels, ils y subissent des variations inégales. L'ordinaire d'un uniaxe gardant une vitesse constante, on conçoit qu'on lui assimile et qu'on appelle ordinaire celui des deux rayons dont les vitesses extrêmes différeront le moins. Cherchons donc les valeurs extrêmes de W' et W''.

On a

$$W'^2 = \frac{a^2 c^2}{c^2 + (a^2 - c^2)\sin^2 \frac{T - T'}{2}}, \quad W''^2 = \frac{a^2 c^2}{c^2 + (a^2 - c^2)\sin^2 \frac{T + T'}{2}},$$

leurs maxima répondent aux directions qui donnent, soit $\frac{T - T'}{2}$, soit $\frac{T + T'}{2}$, le plus près de zéro, et leurs minima à celles qui rapprochent le plus ces demi-sommes de 90 degrés. $\frac{T - T'}{2}$ est nul pour toutes les directions comprises dans le plan des ZY, il a sa plus grande valeur absolue $90 - \theta$ quand la direction commune aux deux rayons est située dans le plan **ZOX**, et est *de plus comprise dans l'angle* **DOD**, (*fig* 312). Dans le premier cas,

$$W'^2 = a^2,$$

dans le second,

$$W'^2 = \frac{a^2 c^2}{c^2 + (a^2 - c^2)\cos^2 \theta},$$

ou bien égal à b^2 si l'on remplace $\cos^2\theta$ par sa valeur $\frac{c^2(a^2 - b^2)}{b^2(a^2 - c^2)}$. Les vitesses de ce rayon varient donc de a à b.

$\frac{T' + T}{2}$ atteint son minimum $90 - \theta$ pour des directions situées dans le même plan **ZOX**, mais comprises cette fois dans l'angle **DOD'**, et son maximum. quand on a, soit

$T = 90$, $T' = 90$, ce qui a lieu suivant la seule direction OY, soit plus généralement $T + T' = 180$, ce qui a lieu suivant toutes les directions comprises dans le plan XOY (*). Les deux valeurs extrêmes de W''^2 sont b^2 et c^2. Ainsi la vitesse de ce rayon varie de b à c. Nous en concluons que le rayon ordinaire sera $\begin{cases} W' \\ W'' \end{cases}$ suivant qu'on aura $a - b \lessgtr b - c$.

On pourrait tout aussi bien fonder la distinction des deux rayons sur les inégalités $a^2 - b^2 \lessgtr b^2 - c^2$, car les carrés des vitesses expriment les forces élastiques dont le rôle, en double réfraction, est plus primordial que celui des vitesses ; mais ce qui rend les carrés préférables, c'est qu'avec eux la question admet un deuxième aspect très-important. En effet, d'après la valeur de $\tang \theta'$, ces nouvelles inégalités reviennent à ces autres $\theta' \gtrless 45°$ ou $2\theta' \gtrless 90°$ qui rendent axe principal celui de $\lessgtr$ élasticité. La fusion de ces deux points de vue amène l'énoncé suivant : *Le rayon ordinaire est donné par l'expression* $\begin{cases} W' \\ W'' \end{cases}$ *suivant que l'axe principal a l'élasticité* $\begin{cases} minima \\ maxima \end{cases}$. Mais quelle que soit l'étendue relative des variations des deux rayons, c'est W' qui, compris entre a et b, est toujours le plus rapide ; on peut donc dire encore : *Suivant que l'axe principal est celui de plus* $\begin{cases} petite \\ grande \end{cases}$ *élasticité, c'est le rayon le* $\begin{cases} plus \\ moins \end{cases}$ *rapide qui est l'ordinaire.* La distinction des deux sortes de cristaux découle sans peine de ce dernier énoncé ; car si l'on se rappelle que dans les uniaxes $\begin{cases} positifs \\ négatifs \end{cases}$, c'est l'ordinaire qui va

---

(*) Soit une quelconque de ces directions caractérisée par l'angle α qu'elle fait avec OX. T, T' seront les faces hypoténuses de deux triangles sphériques rectangles ayant pour autres faces, l'un α . θ, l'autre α $180 - \theta$. On aura donc
$$\cos T = \cos \alpha \cos \theta, \quad \cos T' = - \cos \alpha \cos \theta,$$
de sorte que T et T' sont bien réellement supplémentaires.

le $\left\{\begin{array}{l}\text{plus}\\\text{moins}\end{array}\right.$ vite, on devra considérer comme leurs analogues,

et par conséquent qualifier également de $\left\{\begin{array}{l}\textit{positifs}\\\textit{négatifs}\end{array}\right.$, *les biaxes*

chez lesquels l'axe principal sera celui de $\left\{\begin{array}{l}\textit{plus petite}\\\textit{plus grande}\end{array}\right.$ *élas-*

ticité. Au point de vue historique, on peut prendre comme types de ces deux catégories la topaze, qui donne

$$a^2 - b^2 = 0,0010, \quad b^2 - c^2 = 0,0035,$$

et l'arragonite, qui donne

$$a^2 - b^2 = 0,0735, \quad b^2 - c^2 = 0,0017;$$

la thenardite, qui donne $2\theta'$ sensiblement égal à 90°, et partant $a^2 - b^2 = b^2 - c^2$, doit être considérée comme un corps limite, *un biaxe neutre* chez lequel il n'y a plus lieu de distinguer ni rayon ordinaire ni extraordinaire. Il est juste de remarquer que si, en rigueur, les inégalités sur les carrés diffèrent de celles exprimées d'abord entre a, b, c; dans la pratique, elles diffèrent très-peu parce que nos cristaux donnent $a + b$ peu différent de $b + c$.

Au lieu de raisonner sur les rayons qui s'accompagnent, on peut tout aussi bien le faire sur les ondes qui sont parallèles. On arrive aux mêmes valeurs extrêmes, à savoir a^2 et b^2 pour V'^2, b^2 et c^2 pour V''^2. La seule différence consiste en ce que c'est OC et non plus OD qui délimite dans le plan ZOX les directions que doit avoir la normale pour amener soit V'^2 à son minimum, soit V''^2 à son maximum. Il y a donc, avec les ondes seules, une parfaite correspondance entre cette délimitation et celle qui donne tour à tour à chacun des axes extrêmes d'élasticité la qualité de ligne moyenne. Avec les θ, la correspondance entre les conditions $a^2 - b^2 \lessgtr b^2 - c^2$ et $\theta \gtrless 45$ ne serait plus rigoureuse. On peut donc voir là un nouveau motif de préférence pour les θ'. Cependant, comme la surface de l'onde est plus maniable que celle d'élasticité, la considération des W', W'' peut, dans certains cas, être préférable à celle des V', V''.

§ 677. — Sur la distinction théorique et pratique des rayons.

Ce sont les formules W', W'' qui individualisent analytiquement les rayons. Nous venons de voir que W' était constamment supérieur à W'', puisque le minimum de l'un coïncide avec le maximum de l'autre ; nous savons en outre que W', W'' ne sont autres que les rayons vecteurs de la surface de l'onde. Il en résulte que le rayon W' aura l'usage exclusif des points extérieurs de cette surface, et W'' celui des points intérieurs. L'une des deux nappes est donc enveloppante et l'autre enveloppée comme chez les uniaxes, ce qui confirme la remarque déjà faite sur la scission des deux courbes comprises dans le plan des ZX, laquelle consiste en ce que les arcs d'ellipse ZD, DX ont pour continuation physique les arcs de cercle DX, DZ (*). L'étude des V', V'' conduirait à des renseignements analogues sur les deux nappes de la surface d'élasticité.

Si les formules V, W, si la nappe touchée par le plan tangent distinguent algébriquement ou géométriquement rayons et ondes, il faut à ces deux modes de désignation en ajouter un troisième purement expérimental. Occupons-nous donc de la réalisation de leurs vitesses extrêmes et des moyens pratiques de reconnaître celui qui se rattache à l'une des formules ou à l'une des nappes.

Admettons qu'on veuille opérer avec des lames parallèles et qu'on leur présente les rayons normalement. On réalisera la vitesse maxima a commune à l'onde V' et au rayon W' à l'aide d'une quelconque des lames qui ont leurs faces parallèles aux X, et la vitesse minima c commune à l'onde V'' et au rayon W'' par des lames parallèles aux Z. La vitesse b, minima de V', W' et maxima de V'', W'', réclame des lames

---

(*) Les développements précédents nous permettent d'ajouter aux différences qui séparent les deux rayons, la particularité géométrique que voici : *Le rayon ordinaire est, dans tous les cas, celui qui, dans le plan des XZ, est subordonné au plus grand des deux arcs de cercle et est ainsi, le plus longtemps, ordinaire.*

parallèles aux Y, mais ici il faut distinguer. Pour les ondes, il faudra que leurs normales tombent dans l'un des angles $\left\{\begin{array}{l} COC, \\ COC' \end{array}\right.$ suivant qu'il s'agira du $\left\{\begin{array}{l} \text{minimum de } V' \\ \text{maximum de } V'' \end{array}\right.$. Pour les rayons, les deux angles auxquels sera dévolu un rôle analogue par rapport à la direction intérieure du rayon seront $\left\{\begin{array}{l} DOD, \\ DOD' \end{array}\right.$. Comme on est maître, dans ces réalisations, de s'attacher aux cas les plus simples, on peut se borner à prendre, pour obtenir a^2, une lame parallèle aux **XY** ou aux **XZ**; pour obtenir c^2, une lame parallèle aux **XZ** ou aux **YZ**; pour obtenir b vitesse minima, une lame parallèle aux **YZ**, et pour l'obtenir vitesse maxima, une lame parallèle aux **XY**. Pour un biaxe positif, le rayon ordinaire est donc réalisé, suivant qu'on a $a - b \lessgtr b - c$, par un des deux systèmes de deux lames $\left\{\begin{array}{l} XY \\ YZ \end{array}\right.$ ou $\left\{\begin{array}{l} XZ \\ YZ \end{array}\right.$: le dernier donne au rayon pour directions OY, OX, c'est-à-dire les axes tertiaires et secondaires. Pour un négatif, les deux solutions simples sont $\left\{\begin{array}{l} XZ \\ XY \end{array}\right.$ et $\left\{\begin{array}{l} YZ \\ XY \end{array}\right.$. La première donne au rayon les deux directions OY, OZ. Or, avec un négatif, OZ est devenu l'axe secondaire. Dans sa polémique sur l'absence d'un rayon à vitesse constante chez les biaxes, Fresnel trouvait donc juste quand il posait cette règle générale. *Le rayon ordinaire prend ses vitesses extrêmes quand sa direction intérieure est tour à tour bissectrice de l'angle obtus des axes optiques et normale à leur plan.*

Chez les uniaxes, on distingue les rayons par leur position relative et par leurs plans de polarisation. Le premier moyen y comporte de telles exceptions, qu'on ne peut songer à l'employer ici. Le deuxième, au contraire, y est un guide sûr. En sera-t-il de même en biaxie?

Pour un biaxe positif, dans le plan des YZ, le rayon ordinaire suit les deux lois de Descartes et est polarisé dans le plan ZOY, et tout va pour le mieux. Mais les choses vont

au rebours chez un biaxe négatif, puisque dans le même
plan ZOY, c'est le rayon extraordinaire qui présente ces
deux particularités. On ne trouve pas plus de fixité en s'en
référant, avec M. Biot, à la bissection des dièdres formés
par les plans que déterminent la direction commune Or des
rayons et les axes optiques, et faisant du rayon ordinaire
celui dont le plan de polarisation bissecte le dièdre aigu.
Car en prenant, chez un biaxe négatif, des rayons compris
dans le plan ZOY, et rapprochant ces rayons superposés de
l'axe OZ, le dièdre $DOrD'$ finit par devenir obtus, quoique
son bissecteur ZOY ne cesse pas d'être le plan de polarisation
du rayon ordinaire. Ainsi, en dehors des expressions W', W''
et des deux nappes de la surface de l'onde, il n'y a plus rien
de général sur la distinction des rayons. Deux mots encore.
Nous avons vu que les micas et le quartz parallèles à l'axe
produisaient des retards de même sens quand leurs sections
principales avaient la même orientation, et cependant le
mica est un biaxe négatif. Cette similitude d'effets entre un
uniaxe et un biaxe de signes contraires s'interprète très-
bien. Elle tient à ce que les micas sont normaux à leur axe
principal. Les deux axes compris dans le plan de ses lames
sont ceux de moyenne et de plus faible élasticité, et c'est ce
dernier qui est aligné dans le plan des axes optiques, et
par conséquent dans la section principale. Il est donc bien
l'analogue de l'axe du quartz qui, lui aussi, est de plus petite élasticité. Si la lame d'un négatif était parallèle à l'axe
principal, on lui trouverait, pour une même orientation,
une action retardatrice contraire à celle du quartz, tout
comme on trouve en pareil cas, aux lames positives de
gypse, une action de même espèce. Retenons donc bien
que quand on conjugue un biaxe avec un uniaxe parallèle
ou normal à l'axe, il y aura interversion de leurs rapports,
suivant que ce dernier sera parallèle ou normal à son axe
principal. On doit à M. Delezenne d'intéressants travaux
sur cette matière.

§ 677 bis. Expérience de MM. Moigno et Soleil.

De ce que le verre, comprimé dans un sens, devient un uniaxe négatif qui a son axe dans la direction de la compression (§ 206), on en conclut que la compression a pour effet d'agrandir l'élasticité optique dans le sens où elle s'exerce. Cela posé, soit un uniaxe négatif pris sous la forme d'un parallélipipède rectangle (*Pl. XIV*, *fig.* 341) ayant un de ses systèmes de faces, les horizontales par exemple, normales à l'axe optique. Si je le comprime normalement à deux de ses autres faces, les verticales latérales je suppose, l'élasticité, accrue dans ce sens transversal, cessera d'être égale à celle antéro-postérieure, et le cristal deviendra un biaxe. Comme les élasticités principales extrêmes seront : 1° l'axiale qui, maxima au début, garde en général sa supériorité; 2° l'antéro-postérieure qui, n'étant pas accrue par la compression, devient la moindre; on voit que les axes optiques écloront dans le plan normal au sens de la compression. Avec un positif, au contraire, les axes s'ouvrent dans le plan de compression, parce que c'est dans ce sens qu'on a l'élasticité maxima. Cette transformation d'un uniaxe en biaxe par compression, et les deux manières d'être des axes optiques constituent une belle expérience d'optique qu'on improvise sans peine au microscope d'Amici, avec la presse à comprimer du § 206, et qui se laisse très-bien projeter avec le dispositif du § 347. Elle est due à la collaboration de MM. Moigno et Soleil. On voit avec quelle facilité la théorie l'interprète.

Si l'uniaxe négatif était assez peu biréfringent pour que l'élasticité transversale, accrue par la compression, y devînt la plus grande des trois, ce serait alors dans le plan vertical de compression que se trouveraient les deux élasticités principales extrêmes. et par suite les deux axes optiques. Il est visible que pour obtenir, chez les positifs faibles, cette dénaturation du résultat ordinaire, il faudrait recourir, non plus à une compression. mais à un tiraillement.

Un négatif comprimé donnera $a - b$ grand et $b - c$ très-petit, et par conséquent $a - b > b - c$. L'axe principal y sera donc celui de plus grande élasticité, de sorte que l'uniaxe négatif sera devenu par la compression un biaxe de même signe.

Nous avons eu jusqu'à présent plusieurs occasions de remarquer la parfaite conformité de la théorie de la double réfraction avec les faits. Mais faute de nous être occupé de ces rapprochements d'une manière spéciale, nous sommes loin d'avoir passé en revue l'ensemble imposant de ces vérifications. Les unes, par la nature même du phénomène sur lequel elles reposent, empruntent à leur seule existence une telle force, qu'elles peuvent se passer d'une comparaison numérique minutieuse et rester en quelque sorte *qualitatives*. Telles sont les réfractions coniques étudiées dans l'article précédent, et les lemniscates dont l'étude va terminer celui-ci. Les autres, au contraire, ont été formellement instituées pour avoir au plus haut degré ce caractère *quantitatif* qui est le *nec plus ultra* des épreuves que peut subir une théorie. Le dernier article de ce chapitre leur sera consacré.

§ 678. — L'interférence considérée entre les rayons ou entre les ondes. — Loi générale des sinus.

Les phénomènes dont nous avons à traiter se rattachant aux interférences, la pensée se reporte naturellement sur les théorèmes des §§ 672, 674 relatifs aux différences des V et des W. Cependant, si l'on considère que ce que l'œil associe dans la vision à travers les biréfringents, ce ne sont ni deux rayons superposés intérieurement, ni deux ondes parallèles, on prévoit qu'on ne pourra y recourir qu'exceptionnellement. Avec des lames parallèles, cela n'aura lieu pour les ondes que sous l'incidence normale; pour les rayons il faut de plus que la lame soit une des trois lames principales normales aux trois axes d'élasticité. La face de sortie cesse-t-elle d'être parallèle à celle d'entrée, ces théorèmes deviennent insuffisants pour l'évaluation du *retard total*, attendu qu'il cesse de s'engendrer tout entier à l'intérieur du cristal. Les incidences deviennent-elles obliques, ce n'est plus d'insuffisance, mais d'incompétence qu'ils sont frappés, puisque, d'une part, les conditions fondamentales qu'ils supposent, cessent d'être réalisées, et que, de l'autre, il y a également cette complication d'un retard extérieur surajouté au retard intérieur. Nous allons procéder à l'évaluation de ce retard total en nous restreignant toutefois au cas principalement utile d'une lame à faces parallèles. Nous étendrons ainsi aux biaxes le calcul déjà donné pour les uniaxes (chapitre **X**). Mais comme on pourrait se croire obligé d'établir entre les phénomènes engendrés par les retards une division fondamentale, séparant ceux où l'interférence parait s'accomplir entre les rayons (franges de Young par exemple), de ceux où elle semble s'exercer entre les ondes (phénomènes de la polarisation colorée par exemple), il nous faut d'abord montrer qu'il n'y a là que deux manières équivalentes de considérer un seul et même ordre de phénomènes, l'utilité de ce double point de vue consistant à nous permettre d'introduire à notre gré dans les formules, soit les paramètres empruntés aux ondes, soit ceux des rayons.

Loin d'avoir une existence indépendante des rayons, les ondes ne sont, on le sait, qu'une pure association de rayons contemporains dont le trajet commun s'estime d'une manière spéciale, à savoir sur leurs normales, produisant ainsi de nouveaux angles de réfraction σ, σ' et de nouvelles longueurs d'ondes $\lambda', \lambda'',$ qui ne se confondent avec les éléments de même nom fournis par les rayons, que si le milieu est homogène. Mais ces normales font toujours, avec les ondes, des angles droits et il en résulte pour elles un théorème considérable qui se conserve dans le cas général des biaxes, quoique, quand on veut l'appliquer aux rayons, il se trouve déjà en défaut chez les uniaxes.

Loi générale des sinus. — Quand le milieu qui délimite un biréfringent est monoréfringent, la droite par laquelle sont menés les plans tangents déterminateurs des rayons et

des ondes est normale au plan d'incidence. Il en résulte que
les trois normales caractéristiques de l'onde incidente et
des deux réfractées sont toutes situées dans ce plan et que
déjà les figures construites pour l'évaluation du retard contracté par les deux dernières ondes, seront planes. Mais il y
a plus. Soient en effet (*Pl. XIV*, *fig.* 325) dP, dp, dp' les
traces des trois plans tangents ou ondes ; fP, fp, fp' les
trois normales, on a, vu la rectangularité des trois triangles,
et en songeant que la normale fP n'est autre que la continuation du rayon incident,

$$\sin i = \frac{f\mathrm{P}}{df}, \quad \sin \sigma = \frac{fp}{df}, \quad \sin \sigma' = \frac{fp'}{df},$$

d'où l'on tire

$$\frac{\sin i}{\sin \sigma} = \frac{f\mathrm{P}}{fp}, \quad \frac{\sin i}{\sin \sigma'} = \frac{f\mathrm{P}}{fp'}.$$

Or, fP, fp, fp' sont des proportionnelles aux trois longueurs
d'onde λ, $\lambda'_{\shortmid}$, $\lambda''_{\shortmid}$; on a donc

$$\frac{\sin i}{\sin \sigma} = \frac{\lambda}{\lambda'_{\shortmid}}, \quad \frac{\sin i}{\sin \sigma'} = \frac{\lambda}{\lambda''_{\shortmid}},$$

c'est-à-dire une proportionnalité incessante des sinus d'incidence et de réfraction avec les longueurs d'onde correspondantes. C'est là la loi des sinus prise dans son acception
la plus générale. Elle ne donne un rapport constant pour
$\dfrac{\sin i}{\sin r}$ que quand les longueurs d'ondes restent les mêmes dans
toutes les directions.

§ 679. — Calcul du retard introduit entre les deux ondes dans la traversée d'une lame biréfringente.

Dès que l'incidence est oblique, le passage d'une onde à
travers un milieu réfringent est accompagné de dislocations.
Mais si les divers éléments de l'onde n'y entrent ainsi et
n'en sortent que successivement, les chemins qu'ils parcourent le long des normales, entre les deux positions extrêmes
de l'onde, à savoir celle abc (*fig.* 326) qui précède la dislocation d'entrée et celle $a'\,b'\,c'$ qui termine la dislocation

de sortie, chemins représentés en général par trois termes $b\hat{s} + n\hat{s}c + \overline{eb'}$, sont tous équivalents. On peut donc s'en référer, dans l'évaluation de ce retard commun, aux chemins, formés de deux termes seulement, qui appartiennent à l'un des éléments extrèmes de la portion d'onde considérée. Le cristal dédouble-t-il l'onde et fournit-il deux ondes distinctes ayant pour normales intérieures fa', fa_1, traçons, et les normales extérieures $a'e$, a_1g de cet élément extrème seul considéré, et les positions $a'b'c'$, $a_1b_1c_1$ des ondes reconstituées. Comme elles sont sur des plans différents, il faudra ajouter $a_1\,g$ au retard intérieur, et le retard total aura pour expression

$$n_1\,\overline{fa_1} + a_1g - \overline{nfa'}.$$

Soit e l'épaisseur du cristal, on aura

$$fa_1 = \frac{e}{\cos \sigma'}, \quad fa' = \frac{e}{\cos \sigma},$$

$$a_1g = a'a_1 \sin i = e\,(\text{tang}\,\sigma - \text{tang}\,\sigma')\sin i.$$

Nous venons de trouver pour les équivalents optiques, n, n_1, les valeurs

$$\frac{f\mathrm{P}}{fp} = \frac{\sin i}{\sin \sigma}, \quad \frac{f\mathrm{P}}{fp'} = \frac{\sin i}{\sin \sigma'};$$

il en résulte donc pour l'anomalie contractée entre les deux ondes,

$$(\mathrm{A})\begin{cases} \dfrac{2\pi}{\lambda}\,e \sin i \left(\dfrac{1}{\sin \sigma' \cos \sigma'} + \text{tang}\,\sigma - \text{tang}\,\sigma' - \dfrac{1}{\sin \sigma \cos \sigma} \right) \\[2mm] = \dfrac{2\pi}{\lambda}\,e \sin i \,(\cot \sigma' - \cot \sigma). \end{cases}$$

§ 680. — Calcul du retard introduit entre les deux rayons dans la traversée d'une lame biréfringente.

La *fig.* 325 devient insuffisante. C'est en dehors du plan d'incidence et des deux traces dp, dp' que tombent les deux points de contact q, q' déterminateurs des deux rayons. Nous la remplaçons par la *fig.* 327, dans laquelle AMN figure le plan d'incidence supposé vertical. ACN, ABN, les deux plans de réfraction caractérisés par les angles azimutaux φ, φ', NCB le plan de sortie horizontal. Le retard contracté commence en A et se termine sur la droite BD menée par B perpendiculairement à CR', direction extérieure de celui des deux rayons qui est sorti le premier du cristal. Son expression est

$$\nu\,\overline{AB} - \nu'\,\overline{AC} - CD.$$

Soient ρ, ρ' les rayons vecteurs de la surface de l'onde qui, aboutissant aux points de contact q, q', mesurent les vitesses des rayons ; les équivalents optiques ν, ν' vaudront $\dfrac{1}{\rho}$, $\dfrac{1}{\rho'}$, et l'on aura

$$\nu\,\overline{AB} = \frac{1}{\rho}\,\overline{AB} = \frac{e}{\rho\cos r}, \quad \nu'\,\overline{AC} = \frac{e}{\rho'\cos r'}.$$

Pour avoir CD, j'abaisse du point B sur la droite CF (menée par le point C, et dans le plan de sortie, parallèlement au plan d'incidence) une perpendiculaire, et je prouve qu'en joignant DF, le triangle DFC est rectangle en D (*). J'en conclus, car $FCD = 90 - i$,

$$CD = CF \sin i.$$

Projetons BN et CN sur le plan d'incidence, il viendra

$$FC = BN \cos\varphi - CN \cos\varphi' = e\,\mathrm{tang}\,r\cos\varphi - e\,\mathrm{tang}\,r'\cos\varphi'.$$

Le retard R, exprimé à l'aide des caractéristiques des rayons, sera donc

$$(\mathbf{B}) \quad R = \frac{e}{\rho\cos r} - \frac{e}{\rho'\cos r'} - e\sin i\,(\mathrm{tang}\,r\cos\varphi - \mathrm{tang}\,r'\cos\varphi').$$

Le cas particulier traité (§ 277) se déduit de cette formule générale en y posant $\varphi' = 0$: mais on n'oubliera pas que φ y désignant un angle que nous avons fait ici égal à zéro,

---

(*) Le plan vertical mené par FC contient CD, la droite BF perpendiculaire à CF étant dans un plan horizontal est perpendiculaire au plan vertical. Du point B, extérieur au plan vertical, nous avons donc abaissé deux perpendiculaires, l'une BF au plan, l'autre BD à une droite CD située dans le plan. Or on sait qu'en pareil cas, la droite CD est perpendiculaire à DF, ligne des pieds.

à savoir l'azimut du plan d'incidence, les choses analogues
sont le φ actuel et le $\varphi' - \varphi$ du § 277.

§ 681. – Comment les deux formules aboutissent aux mêmes chiffres.

Qu'il soit évalué sur les rayons ou sur les ondes, le retard,
dès qu'il est ramené à une certaine longueur d'air ou à un
certain nombre d'ondes, doit être exprimé par un même
chiffre. Pour s'en convaincre d'une manière générale, imaginons (*fig.* 325), en dehors du plan d'incidence *df* P, le point
de contact q conjugué de p. Je dis que p est la projection
de q et qu'ainsi qp est une horizontale. Cela résulte de ce
que le plan d'incidence, le plan tangent et le plan projetant
du rayon vecteur fq sur le premier de ces plans sont trois
plans rectangulaires deux à deux. Si donc le plan de sortie
était le plan horizontal passant par qp, onde et rayon auraient fourni dans le cristal le même nombre d'ondulations,
puisque les longueurs fp, fq sont leurs vitesses respectives.
Reculer le plan de sortie en le laissant horizontal ne change
rien à ce premier résultat. Il en sera de même pour l'autre
rayon, et les différences dues au trajet intérieur se compo-
seront pour les ondes comme pour les rayons d'un même
nombre d'ondulations. Restent les quantités extérieures $a_1 g$
de la *fig.* 326, et CD de la *fig.* 327, on se convaincra qu'elles
ne diffèrent pas l'une de l'autre.

Quand l'incidence est normale, le retard est tout intérieur. Pour les ondes, les quantités $fp = p$, $fp' = p'$ ne diffèrent
plus des quantités V', V" (§ 672), et puisqu'elles correspondent
à un chemin d'air égal à l'unité, le retard est $\frac{c}{p} - \frac{c}{p'}$, la formule (A) devenant $0 \times \infty$ ne donne pas immédiatement ce
résultat, mais on le retrouve en s'en prenant à l'une des expressions antérieures. Dans ce cas de $i = 0$ l'expression
(B) devient

$$R = \frac{c}{\rho \cos r} - \frac{c}{\rho' \cos r'},$$

ρ, ρ' continuant de différer des W', W" du § 674.

§ 682. -- Courbes isochromatiques chez les biaxes.

Des deux formules (A), (B) qu'il s'agit d'appliquer, la première est de beaucoup la plus simple : aussi est-elle la seule qui ait été appliquée franchement à des cas un peu généraux. Quelle que soit l'orientation d'une lame parallèle, on obtient les lignes isochromatiques en égalant tour à tour aux multiples successifs de $\frac{\lambda}{2}$ l'expression du retard.

Nous avons vu que chez les uniaxes, pour y échanger les variables contre les coordonnées des points des courbes, il fallait choisir son terrain; on conçoit donc qu'ici, où il s'agit de surfaces bien moins maniables que celles qui servent chez les uniaxes, il faille en général, pour arriver à quelque chose d'explicite, chercher *à fortiori* les cas simples et y aider par des approximations.

Calcul des lemniscates. — Le calcul qui va suivre est moins une application des formules précédentes qu'un calcul évasif dans lequel on se rattache aux théorèmes des vitesses. Comme la superposition qui en résulte pour les rayons allonge visiblement le chemin intérieur décrit par l'un d'eux, on corrige partiellement cet accroissement en négligeant le retard extérieur. Si les incidences sont faibles, si les directions suivant lesquelles le cristal est traversé, ne s'éloignent pas trop des ombilics de la surface de l'onde, régions où les rayons diffèrent le moins de vitesse, la correspondance entre les résultats du calcul et les phénomènes n'en est pas sensiblement altérée.

Supposons la plaque perpendiculaire à l'axe principal et les axes de réfraction conique assez peu ouverts pour que le couple d'ondes extérieures, qui chacune n'engendrent exceptionnellement qu'une onde intérieure, puissent y entrer et en sortir. Dans ces directions, l'œil ne recevra qu'une onde et il n'y aura pas d'interférence possible. Dans toute autre direction, il en recevra deux parallèles dont l'une aura un retard et qui, suivant ce retard, donneront, avec l'aide d'un polarisateur et d'un polariscope, lumière vive ou obscurité.

En rigueur, ces ondes extérieurement parallèles ne le sont pas intérieurement ; mais, ainsi qu'on vient de le dire, dans nos cristaux si peu biréfringents, ce défaut de parallélisme peut se négliger et l'on peut remplacer l'expression du retard par une autre plus simple tirée du premier des deux théorèmes relatifs aux vitesses.

Ainsi, soit OR (*fig.* 328) cette direction commune, caractérisée, comme précédemment, par les angles t, t'. Le trajet durera pour l'une $\dfrac{\overline{OR}}{V'}$, pour l'autre $\dfrac{\overline{OR}}{V''}$ et le retard exprimé en longueur d'air vaudra

$$\overline{OR}\left(\frac{1}{V''}-\frac{1}{V'}\right)=\overline{OR}\,\frac{V'-V''}{V'V''}:$$

or si, conformément à la remarque du § 673, on introduit les deux facteurs sensiblement constants $V'+V''$ et $V'V''$, cette expression prend la forme $\overline{OR}\,(V'^2-V''^2)$. Mais on a

$$V'^2-V''^2=(a^2-c^2)\sin t\sin t';$$

donc le retard peut s'exprimer par

$$\overline{OR}\,(a^2-c^2)\sin t\sin t'.$$

Autour du point R on trouvera des points pour lesquels la différence de route sera la même. Ces points traceront sur la surface supérieure du cristal une courbe isochromatique dont l'équation est

$$\overline{OR}\,(a^2-c^2)\sin t\sin t'=\text{constante.}$$

Nous nous proposons non-seulement d'y exprimer OR en t, t', mais encore d'y introduire les x et les y. Nos axes coordonnés ont pour origine le point où se croisent, sur la face inférieure, les rayons entrants et pour directions les trois axes d'élasticité.

Dans le triangle sphérique CBAO, nous connaissons les

trois faces t, t', $2\theta'$. Le dièdre C, opposé à t, vaudra

$$\cos C = \frac{\cos t' \cos 2\theta' - \cos t}{\sin t' \sin 2\theta'}.$$

Dans le triangle sphérique CDAO, on connait le dièdre C, et les deux faces adjacentes t', θ', ce qui donne pour la face DOA $= r$, opposée au dièdre C,

$$\cos r = \cos t' \cos \theta' - \sin t' \sin \theta' \frac{\cos t' \cos 2\theta' - \cos t}{\sin t' \sin 2\theta'}$$

$$= \frac{2\cos t' \cos^2 \theta' - \cos t' \cos 2\theta' + \cos t}{2\cos \theta'} = \frac{\cos t + \cos t'}{2\cos \theta'};$$

et comme $OR = \dfrac{e}{\cos r}$, l'équation de la courbe, ramenée à ne plus contenir que t et t', est

$$2\,e\,(a^2 - c^2)\cos \theta' \frac{\sin t \sin t'}{\cos t + \cos t'} = k.$$

Les équations de la droite OR sont

$$x = mz, \quad y = nz,$$

elles donnent pour les coordonnées du point R,

$$x = me, \quad y = ne;$$

celles des deux axes OB, OC sont

$$y = 0, \qquad y = 0.$$
$$x = \tang \theta'\,z, \quad x = -\tang \theta'\,z;$$

l'angle ROB donne

$$\sin t = \frac{\sqrt{x^2 + y^2 \sec^2 \theta' - 2\,ex\,\tang \theta' + e^2 \tang^2 \theta'}}{\overline{OR}\,\sec \theta'} \;(^*),$$

$$\cos t = \frac{x\,\tang \theta' + e}{\overline{OR}\,\sec \theta'};$$

(*) On a pris la formule du sinus de l'angle de deux droites, et l'on y a mis les coefficients des deux droites actuelles ; seulement on a gardé au dénominateur, pour l'un des deux radicaux, la distance OR.

l'angle ROC donne de même

$$\sin t' = \frac{\sqrt{x^2 + y^2 \sec^2 \theta' + 2\,ex\,\tang\,\theta' + e^2 \tang^2 \theta'}}{\overline{OR}\,\sec\theta'}$$

$$\cos t' = \frac{e - x\,\tang\,\theta'}{\overline{OR}\,\sec\theta'};$$

on en tire

$$\frac{\sin t \sin t'}{\cos t + \cos t'} = \frac{\sqrt{(x^2 + y^2 \sec^2 \theta' + e^2 \tang^2 \theta')^2 - 4\,e^2 x^2 \tang^2 \theta'}}{2\,e\,\overline{OR}\,\sec\theta'}.$$

En reportant cette valeur dans l'équation de la courbe, et remplaçant $\overline{OR}^2$ par $x^2 + y^2 + e^2$, il vient

$$(x^2 + y^2 \sec^2 \theta' + e^2 \tang^2 \theta')^2 - 4\,e^2 x^2 \tang^2 \theta' = \frac{k^2 (x^2 + y^2 + e^2)}{(a^2 - c^4)^2 \cos^4 \theta'}.$$

Avec une lumière simple, les courbes isochromatiques sont alternativement noires et éclairées. Leurs endroits les plus sombres ou les plus vifs correspondent aux valeurs successives entières impaires et paires de k.

L'équation précédente est de la forme

$$x^4 + M y^4 + N x^2 y^2 + P x^2 + Q y^2 + R = 0.$$

Si l'on définit *lemniscate* une courbe telle, que le produit des distances de ses points à deux points fixes distants de $2a$ soit constante et égale à D^2, on trouve sans peine pour les nombreuses courbes de ce genre

$$x^4 + y^4 + 2 x^2 y^2 - 2 a^2 x^2 + 2 a^2 y^2 + a^4 - D^4 = 0,$$

quand toutefois on prend pour axes coordonnés la ligne des deux points et la perpendiculaire élevée sur son milieu.

Nos courbes ne sont donc pas des lemniscates; mais elles le deviennent quand l'angle $2\theta'$ des axes de réfraction conique est assez faible pour que $\sec\theta'$ soit sensiblement égal à 1. Car on trouve alors l'équation

$$x^4 + y^4 + 2 x^2 y^2 - M x^2 + M y^2 + P = 0.$$

Herschel a trouvé en effet que chez le nitre, où θ' vaut $3°5'$,

le produit des distances des points d'une même courbe à
deux certains points signalés par des particularités physiques, restait constant. Ce n'était pas sur les courbes telles
qu'elles se dessinent sur la face supérieure du cristal qu'il
opérait, mais sur d'autres courbes bien plus grandes, peu
déformées par la sortie et, par conséquent, semblables aux
précédentes, courbes que la projection lui donnait sur un
écran parallèle à cette face.

L'équation primitive devient avec cette supposition

$$2\,ett'\,(a^2 - c^2)\cos\vartheta' = k,$$

et elle est d'autant plus admissible qu'on l'applique à des
courbes d'un numéro moins élevé, et qu'ainsi t, t' sont
moins grands. Cette expression montre que le produit tt',
ou, ce qui revient au même, d'après les relations $t = \dfrac{R}{e}$,
$t' = \dfrac{R'}{e'}$, le produit RR' des rayons vecteurs des lemniscates
correspondantes est, pour la même courbe isochromatique,
en raison inverse de l'épaisseur e : c'est ce que Herschel a
également vérifié.

Nous n'insisterons ni sur les diverses variétés que présente la lemniscate ni sur la manifestation progressive de
ces variétés au fur et à mesure que la valeur constante du
produit grandit, ni sur les courbes limites qui séparent
chaque grand groupe de lemniscates. Qu'il nous suffise de
recommander cette étude.

§ 683.— Calcul des hyperboles.

Quand les tourmalines sont à l'extinction, il existe sur
chaque courbe isochromatique, ici comme chez les uniaxes,
quatre points où la lumière n'est pas restituée, ou en
d'autres termes n'est pas dépolarisée par le cristal, points
dont l'ensemble formera des courbes noires. Ces courbes
ne sont plus deux droites rectangulaires, mais les deux
branches d'une hyperbole, ainsi qu'on va le démontrer.

Soit 2δ la distance des points H, G où les axes de réfrac-

tion conique coupent, dans le plan ZOX, la surface supérieure du cristal, c'est-à-dire la distance des pôles de nos
courbes, et α l'azimut, compté avec ZOX, du plan de
polarisation du rayon incident. Le rayon passera sans se
diviser quand ce plan coïncidera avec celui de polarisation
d'un des deux rayons réfractés. Or on sait que ces derniers
plans sont les bissecteurs de deux plans auxiliaires qui
coupent la face supérieure suivant les droites RG, RH.
Mais quand un dièdre est bissecté par un troisième plan,
leurs intersections par un plan quelconque donnent deux
angles plans égaux, il en résulte que la trace d'un des deux
plans de polarisation sur la face supérieure du cristal n'est
autre que la bissectrice RI de l'angle GRH (*fig.* 329),
et que pour qu'un point R fasse partie de la courbe noire, il
faut que cette bissectrice fasse avec l'axe OX l'angle α.

On a

$$GRH = RGX - RHX = \theta - \theta',$$

et

$$GRI = \frac{1}{2}(\theta - \theta'),$$

$$GIR = \gamma = \theta' + \frac{1}{2}(\theta - \theta') = \frac{1}{2}(\theta + \theta');$$

mais il faut que γ égale α, l'équation est donc

$$\theta + \theta' = 2\,\alpha.$$

Soit x_1, y_1 les coordonnées du point R, les lignes RG, RH
donnent

$$\tan\theta = \frac{y_1}{x_1 - \delta}, \qquad \tan\theta' = \frac{y_1}{x_1 + \delta},$$

et

$$\tan(\theta + \theta') = \frac{\tan\theta + \tan\theta'}{1 - \tan\theta \tan\theta'}$$

$$= \frac{y_1(x_1 + \delta) + y_1(x_1 - \delta)}{x_1^2 - y_1^2 - \delta^2} = \tan 2\alpha,$$

d'où enfin

$$2\,x_1 y_1 = (x_1^2 - y_1^2 - \delta^2)\tan 2\alpha.$$

equation d'une hyperbole équilatère. Si le plan de polarisation bissectait l'angle obtus fourni par les axes optiques, la dépolarisation n'aurait également pas lieu dans le cristal et les points de cette seconde bissection appartiendraient encore aux courbes noires. L'hyperbole trouvée donne ces deux espèces de points.

Les variations de α répondent à la rotation de l'ensemble des deux tourmalines qu'on laisse rectangulaires, ou autrement à la rotation du cristal entre les tourmalines immobiles. $\alpha = 0° = 90°$ donnent $xy = 0$, c'est-à-dire une croix noire. $\alpha = 45$ donne $x^2 - y^2 = \delta^2$. La rotation du cristal modifie donc les courbes. Les points G et H sont constamment sur la courbe, car l'équation est satisfaite par $y = 0$ $x = \pm \delta$, quel que soit α. La touchante en G fait avec la ligne des pôles, axe des x, un angle dont la tangente s'obtient en posant $y = 0$, $x = \delta$ dans l'expression générale $\dfrac{x \tang 2\alpha}{y \tang 2\alpha + x}$ de la dérivée $\dfrac{dy}{dx}$, et vaut $\tang 2\alpha$. Le trait le plus saillant du changement subi alors par l'hyperbole consiste donc en ce que la tangente au pôle tourne avec une vitesse angulaire double de celle du cristal.

§ 684. — Cas de la plaque oblique sur l'axe principal et de la plaque normale à l'un des axes de réfraction conique.

Quand les axes optiques sont inégalement inclinés sur la face, qu'en d'autres termes l'axe principal diffère de la normale, le calcul des lemniscates ou des hyperboles se conduit de la même manière, la seule différence consistant en ce que, ayant pour les angles ZOB, ZOC (*fig.* 328) deux valeurs distinctes θ_1 et $\theta_2 = 20' - \theta_1$, certaines réductions n'ont plus lieu. Nous n'écrivons pas l'équation actuelle des courbes, car leur recherche n'offre aucune difficulté, et nous nous bornons à y poser $\theta_1 = 0$, ce qui réalise le cas intéressant d'une lame biaxe taillée perpendiculairement à l'un des axes de réfraction conique. On trouve

$$\frac{k^2 (x^2 + y^2 + e^2)}{(a^2 - c^2)^2 \sin^2 2\theta'}$$
$$= (x^2 + y^2)(x^2 + y^2 \sec^2 2\theta' + 2 ex \tang 2\theta' + e^2 \tang^2 2\theta').$$

Suppose-t-on ces axes rectangulaires, ou $2\theta' = 90°$, il vient

$$k^2 (x^2 + y^2 + e^2) = (a^2 - c^2)^2 x^2 + y^2)(y^2 + e^2).$$

Les courbes restent lemniscates, et il y a réalisation de la variété qui consiste en deux courbes isolées et analogues à des cercles, mais dont une seule est ici visible.

L'équation des courbes noires s'obtient en introduisant dans les précédents calculs pour les abscisses des points G, H, deux quantités inégales δ_1, $- \delta_2$, ce qui donne toujours une hyperbole équilatère

$$\text{tang } 2\alpha [x^2 - y^2 + x(\delta_2 - \delta_1 - \delta_1 \delta_2] = 2xy + y(\delta_2 - \delta_1).$$

Si l'on veut atteindre le cas d'une lame normale à un des deux axes, on posera

$$\delta_1 = 0,$$

d'où

$$(x^2 - y^2 + x\delta_2) \text{ tang } 2\alpha = 2xy + y\delta_2,$$

équation dans laquelle δ_2 vaut e tang $2\theta'$. Enfin, quand $2\theta' = 90$ ou $\delta_2 = \infty$, on a une droite, x tang $2\alpha = y$, variable avec α.

§ 685. — Expérience utilisée par M. Soleil.

Cette expérience consiste à placer sur le miroir étamé de l'appareil Norremberg, d'abord un mica quart d'onde, puis la lame, de manière que les angles de leurs sections principales avec la vibration incidente soient o ou 90 pour le mica, et ± 45 pour le cristal ; et à se placer, par l'interposition de la loupe, dans les conditions de la lumière convergente. Avec les uniaxes, on obtient, si l'axe est oblique sur les faces, des franges d'autant plus serrées que la coupe s'éloigne plus du parallélisme à l'axe, et au contraire, quand le parallélisme est parfait, une nuance uniforme très-sombre. De telle sorte qu'on a, dans cette expérience si facile à improviser, un moyen à la fois commode et précis de voir si une lame est ou non rigoureusement parallèle à son axe optique et de l'y amener par des retouches.

La vibration incidente OX (*fig.* 330) donne dans le cristal (nous le supposerons positif) deux vibrations égales OX', OY' séparées par une certaine anomalie ρ et forment, si ρ est compris entre $2n\pi$, et $(2n-1)\pi$ un dextrorsum dont les constituants principaux sont dès lors dirigés suivant OX, OY. La lame de mica, traversée par eux deux fois et traversée suivant ses azimuts principaux, retarde OX de $2\dfrac{\pi}{2} = \pi$, et transforme l'elliptique EF en l'elliptique *symétrique inverse* E′ F′, lequel a ses constituants égaux dirigés suivant $O\overline{Y'}$, $O\overline{X'}$, et séparés par la même anomalie ρ. Mais cette anomalie appartient maintenant à la vibration $O\overline{X'}$, si bien que, dans le second trajet à travers le cristal, le nouveau retard ρ' atteignant $O\overline{Y'}$, il s'agit de voir quelles sont les circonstances qui rendent ρ' égal à ρ, reconstituent dès lors une vibration finale dirigée, comme au début, suivant OX, et rétablissent ainsi pour le polariscope qu'on suppose à l'extinction, l'obscurité primitive.

ρ' est égal à ρ, 1° quand l'axe optique ayant une direction quelconque, on ne considère que les rayons normaux à la plaque ; 2° quand les rayons étant obliques, l'axe est dans le plan des faces. Mais si l'incidence est oblique en même temps que l'axe, l'anomalie ρ' essuyée au retour n'est plus égale à ρ. La *fig.* 331, qui justifiera en même temps les assertions 1 et 2, montre en effet le rayon d'allée IA coupant l'ellipsoïde d'Huyghens à une distance de l'équateur moindre que l'angle de réfraction r, de l'angle α qui sépare cet équateur de la normale, tandis que le rayon de retour I′A′ le coupe à une distance angulaire visiblement égale à $r + 2\alpha$; et comme l'inégalité de ces deux retards imposés consécutivement aux deux composantes, dépend de l'incidence i, on conçoit que l'interférence varie périodiquement et produise des franges. Il s'agit d'en trouver la forme.

§ 686. — Application de la formule (A) au calcul de cette expérience.

L'anomalie contractée dans le premier trajet est donnée par la formule (A), et vaut

$$\frac{2\pi e}{\lambda}\sin i \left(\cot \sigma' - \cot \sigma \right).$$

Quoique les rayons rentrants arrivent sous la même incidence, la manière distincte dont ils se présentent à la surface de l'onde amène deux nouveaux angles σ_1, σ'_1, et par suite assigne au rayon qui n'a pas subi le retard du premier trajet l'anomalie

$$\frac{2\pi e}{\lambda}\sin i\,(\cot \sigma'_1 - \cot \sigma_1),$$

de sorte que l'anomalie totale sera

$$\frac{2\pi e}{\lambda}\sin i\,(\cot \sigma_1 - \cot \sigma + \cot \sigma' - \cot \sigma'_1),$$

il reste à évaluer les angles σ, σ', σ_1, σ'_1.

On a

$$\sin \sigma = b \sin i \quad \text{et} \quad \cot \sigma = \frac{\sqrt{1 - b^2 \sin^2 i}}{b \sin i}.$$

Les longueurs p des normales obtenues avec la surface de l'onde étant correspondantes à l'unité, on a

$$(\text{E}) \qquad\qquad \sin \sigma' = p \sin i,$$

et la formule

$$(\text{F}) \qquad\qquad p^2 = b^2 + (a^2 - b^2)\sin^2 \sigma',$$

du § **179**. Comme on peut avoir θ' en σ', p n'est lui-même qu'une fonction de σ', et en l'introduisant dans la formule (E), il restera une équation où σ' seul sera inconnu; elle pourra donner $\cot \sigma'$. Voyons comment ces calculs aboutissent.

On obtient $\sin \theta'$ par la considération de deux triangles successifs. Soit (*fig.* 332), comme dans l'article II du chapitre VI, OS la trace sur les XY, du plan d'incidence, φ son azimut, ON la normale à l'onde extraordinaire, contenue, ainsi que l'incident OI, dans le plan ZOS. Dans le triangle sphérique OXRS, le dièdre OX est droit, on a les faces adjacentes α, φ. Donc on aura l'hypoténuse ROS $= h$ et le dièdre OS $= \Delta$ par les formules

$$\cos h = \cos \alpha \cos \varphi \quad \text{et} \quad \tan \Delta = \frac{\tan \alpha}{\sin \varphi},$$

qui donnent

$$\sin \Delta = \frac{\sin \alpha}{\sin h}.$$

Dans le triangle sphérique quelconque ORSN, on a le dièdre OS $= 90 - \Delta$, la face ROS $= h$ et l'autre face adjacente SON $= 90 + \sigma'$, on en déduit pour la troisième face NOR, qui n'est autre que θ',

$$\begin{aligned}
\cos \theta' &= \cos (90 + \sigma') \cos h + \sin (90 + \sigma') \sin h \cos (90 - \Delta) \\
&= - \sin \sigma' \cos h + \cos \sigma' \sin h \sin \Delta \\
&= - \sin \sigma' \cos \alpha \cos \varphi + \cos \sigma' \sin \alpha.
\end{aligned}$$

Portons maintenant la valeur déduite de là pour $\sin^2 \theta'$ dans l'équation (F), puis la valeur issue de là pour p dans l'équation (F), remplaçons $\sin \sigma'$ et $\cos \sigma'$ par leurs expressions $\dfrac{1}{\sqrt{1 + \cot^2 \sigma'}}$, $\dfrac{\cot \sigma'}{\sqrt{}}$ en fonction de $\cot \sigma'$, et nous arriverons sans peine à une équation du deuxième degré qui donnera, pour $\cot \sigma'$, la valeur

$$\cot \sigma' = \frac{1}{\sin i \left(a^2 \cos^2 \alpha + b^2 \sin^2 \alpha \right)}$$

$$\times \left\{ \begin{array}{l} - (a^2 - b^2) \sin \alpha \cos \alpha \cos \varphi \sin i \\[4pt] \pm \left[\begin{array}{l} (a^2 - b^2)^2 \sin^2 \alpha \cos^2 \alpha \cos^2 \varphi \sin^2 i \\ - [a^2 \sin^2 i - 1 - (a^2 - b^2) \cos^2 \alpha \cos^2 \varphi \sin^2 i] (a^2 \cos^2 \alpha + b^2 \sin^2 \alpha) \end{array} \right]^{\frac{1}{2}} \end{array} \right\}.$$

Pour le but que nous nous proposons, il est inutile de pratiquer sur le radical les réductions dont il est susceptible. En effet, pour déduire de la différence actuellement connue $\cot \sigma' - \cot \sigma$ celle, $\cot \sigma'_{1} - \cot \sigma_{1}$, qui exprimera le retard contracté au retour, il suffit visiblement (*fig.* 331) de changer le signe de α. Or ce changement n'altère ni $\cot \sigma$ ni le radical de $\cot \sigma'$, d'où il résulte que la différence des deux retards est le double du terme qui, seul, a changé de signe, et qu'on a pour l'anomalie totale

$$- \frac{2\pi}{\lambda} e \sin i \cdot \frac{2 (a^2 - b^2) \sin \alpha \cos \alpha \cos \varphi}{a^2 \cos^2 \alpha + b^2 \sin^2 \alpha},$$

les courbes isochromatiques obscures s'obtiendront en égalant cette anomalie à $(2 n + 1) \pi$; or on a

$$\cos \varphi = \frac{x}{\sqrt{x^2 + y^2}}.$$

Si l'on se restreint à de petites incidences, et si l'on appelle D la distance du cristal au tableau, on a

$$\sin i = \tang i \frac{\sqrt{x^2 + y^2}}{D}.$$

Enfin si l'on admet que z est petit, on obtient pour l'équation de ces courbes

$$\frac{4 c}{\lambda} \frac{a^2 - b^2}{a^2} z \frac{x}{D} = 2 n + 1,$$

c'est-à-dire un système de franges rectilignes, normales à la vibration primitive. Leur largeur égale à $2 x$ étant inverse de z, devient infinie quand z est nul. La première, qui, donnée par $n = 0$, est noire, envahit donc toute la plaque, qui serait en effet noire si la dispersion du mica n'épargnait quelques rayons auxquels est due la teinte sombre qu'on observe.

M. de Senarmont, auquel on doit ce calcul, a pu mener à bonne fin, au moins dans quelques cas particuliers, des calculs analogues sur les biaxes. On va en juger. On a toujours

$$\frac{\sin i}{\sin \sigma'} = \frac{1}{p} = \frac{1}{V'},$$

Si donc on pouvait exprimer en σ' le $\cos (t - t')$ de la formule du § 872, comme on y a réussi pour $\sin^2 \theta'$, l'équation

$$\sin \sigma' = V' \sin i$$

n'aurait plus que cette inconnue. En l'amenant à ne plus contenir que $\cot \sigma'$, elle donnerait cette valeur, et, partant, le retard. Or quand on donne une lame, ses axes de réfraction conique sont connus. Il est donc possible, par des triangles sphériques analogues à ceux déjà considérés, d'avoir les angles t, t'. Il est même des cas où ce calcul ne diffère pas de celui déjà fait, à savoir quand la face comprenant un des deux axes d'élasticité qui bissectent les axes optiques, on prend cet axe d'élasticité pour axe des X. Alors, en effet, les deux axes de réfraction conique compris dans le plan ZOX font avec OX, l'un l'angle z, l'autre l'angle $- \alpha$, et l'on a

$$\cos t = - \sin \sigma' \cos z \cos \varphi + \cos \sigma' \sin z,$$
$$\cos t' = - \sin \sigma' \cos z \cos \varphi - \cos \sigma' \sin z,$$

de là $\cos (t - t')$ et une équation bicarrée en $\cot \sigma'$.

En employant de la même manière V'', on amènerait l'équation

$$\sin \sigma_2 = V'' \sin i$$

à ne plus contenir que $\cot \sigma_2$ d'inconnu, et l'on aurait l'expression du retard en prenant la différence des deux cotangentes et réduisant. Les calculs ne sont que longs et minutieux. Nous engageons le lecteur à les faire, ou tout au moins à voir, dans le Mémoire de M. de Senarmont, les résultats auxquels il est parvenu.

ARTICLE V.

LES CONSTANTES DE LA DOUBLE RÉFRACTION ET LEURS VARIATIONS.

Vérifications fondées sur la mesure des déviations. — Méthode de Fresnel. —Méthode de M. Biot.— Formules qui lient le déplacement des franges aux vitesses ; — pour une seule lame ; — pour deux lames antagonistes dont une biréfringente. — Cas où la lame biréfringente recouvre les deux fentes. — Vérification de la loi du produit des sinus. — Quand on possède a, b, c, on peut vérifier les vitesses elles-mêmes. — Les indices principaux déduits du déplacement des franges obtenues avec deux des trois lames principales. — Une seule lame suffit quand on connaît l'angle extérieur des axes optiques. — Cas où cette lame est oblique à l'axe principal. — Un seul prisme peut donner deux indices. — Tableaux des paramètres des biréfringents. — Comment la position des axes optiques et les grandeurs des élasticités principales varient sous diverses influences.

---

§ 687. — Calcul approximatif de la déviation causée par un prisme.

Si l'on voulait faire porter les vérifications sur les directions absolues, on serait conduit à établir sur la surface de l'onde l'ensemble des calculs de l'article II du chapitre VI. Fresnel et M. Biot ont, en général, éludé cette complication, et se sont bornés, le dernier surtout, à des comparaisons qui portaient sur la différence des doubles réfractions subies par les deux rayons conjugués, ou bien sur l'écart angulaire qu'ils présentent nécessairement dès qu'il s'agit d'un cristal prismatique.

L'appareil dû à M. Biot et décrit (§ 130) donnant avec précision l'angle des deux rayons issus d'un même incident, il suffit d'obtenir cet angle par la voie du calcul. Fresnel y arrivait par une méthode abrégée fondée sur ce que la surface de l'onde donne sans peine (par une simple équation bicarrée) les deux vitesses des rayons pour une direction *intérieure connue*, et cette direction, il la déduisait de l'une des deux directions intérieures correspondantes par l'emploi d'un des trois indices principaux et de la loi de Descartes. Une fois les deux vitesses intérieures ainsi connues, il leur appliquait de nouveau la loi de Descartes, et arrivait à déterminer les deux directions extérieures, et par suite leur écart. Le succès de cette méthode tient à la faiblesse de la double réfraction qui rend peu différentes sur une même nappe les vitesses des rayons voisins, et permet d'échanger les divers points de la surface de l'onde contre certaines sphères. Il tient à ce que les plans des deux réfractions différant peu du plan d'incidence, l'angle des deux rayons extérieurs est peu modifié si on les rabat sur ce plan. Il tient surtout à ce que cette méthode admet les approximations successives, car on peut repartir du même rayon extérieur et en tirer, non plus avec l'un des indices principaux, mais avec une des vitesses trouvées, une nouvelle direction intérieure qui donnera deux vitesses intérieures, et ainsi de suite.

§ 688. — Vérifications telles que les pratiquait M. Biot.

Faute d'une théorie capable de lui donner l'écart, d'après la détermination rigoureuse ou approximative des deux routes suivies, M. Biot, s'appuyant sur la proportionnalité établie (§ 181) entre l'écart et la différence des vitesses, ou, ce qui revient au même, entre l'écart et toute autre fonction des vitesses assimilable à leur différence, se bornait à vérifier que l'écart était proportionnel au produit du sinus de deux certains angles, car ayant soupçonné que la loi du § 179 pouvait s'appliquer aux biaxes, en substituant au carré du sinus avec l'axe le produit des sinus des angles qui séparent des axes optiques la route sensiblement commune aux deux rayons intérieurs, il réussit à se donner, pour trouver une loi difficile, tous les avantages que procure une préconception théorique. Cependant, même à propos de ce *tour de force* de la méthode purement expérimentale, la théorie devait rencontrer un succès bien réel, puisqu'il lui était réservé de fixer le sens précis de la loi de M Biot : sans elle, en effet, on ignorerait l'existence de deux théorèmes analogues portant, l'un sur les vitesses des ondes parallèles, et l'autre sur les vitesses des rayons superposés intérieurement ; et la diversité des axes avec lesquels les angles sont comptés dans chaque cas : nouvel exemple de la

fragilité des lois empiriques, et de la pénétration singulière de la
théorie des ondes. Il n'est pas inutile de remarquer que la méthode
de calcul esquissée dans le précédent paragraphe donne précisément les vitesses des rayons superposés et s'adapte mieux à la vérification de la loi de M. Biot qu'à celle des déviations causées par les
prismes. Fresnel avait organisé, pour obtenir les vitesses des ondes
parallèles, une méthode de calcul analogue par laquelle il vérifiait
plus spécialement l'autre des deux lois issues de la loi unique posée
par M. Biot.

Méthode des franges.

§ 689. — Calcul du déplacement des franges avec une ou deux lames.

Ce qui rend précieuses les vérifications par interférences,
c'est qu'elles s'accommodent de lames minces. On s'est occupé ailleurs des conditions de succès de ces expériences;
ici on va surtout établir les relations fondamentales qui
conduiront des interférences aux retards, et compléter ce
qui en a été dit au § 652.

Et tout d'abord, puisqu'il s'agit de vérifier les lois de la
double réfraction, il est inutile, et c'est là un avantage
marqué de cette méthode, de se jeter dans le cas si compliqué des incidences obliques, et l'on peut, par un choix
de lames minces taillées dans diverses directions, se borner
aux incidences normales. Dans ce cas, on a, *fig.* 325,

$$\sigma = 0, \quad \sigma' = 0,$$

et l'expression du retard devient

$$c\left(\frac{1}{p} - \frac{1}{p'}\right) = c\left(\frac{1}{V'} - \frac{1}{V''}\right).$$

Il dépend uniquement des vitesses des deux ondes sans mélange d'aucun des angles mis en jeu dans une double réfraction.

Les franges que l'on va déplacer seront indifféremment
celles des deux trous ou des deux fentes de Young, celles
du biprisme, des miroirs ou des demi-lentilles. Le déplacement s'obtiendra en interposant sur la route d'un des

faisceaux, ou même, ainsi qu'on le verra, sur la route des deux, la lame biréfringente. La faible obliquité que prennent les rayons générateurs des franges visibles, permet d'admettre que tous ceux qui sont en jeu traversent la lame normalement. Mais si l'on craignait que l'obliquité du trajet de certains rayons dans la lame n'eût une influence appréciable, on y remédierait en plaçant la lame en avant des fentes et en leur offrant par un artifice connu un faisceau parallèle.

Nous avons vu (§ 34) que, si l'on interposait sur le trajet des rayons une lame monoréfringente d'épaisseur e et d'indice $n = \dfrac{\lambda}{\lambda_1} = \dfrac{V}{V_1}$, et si l'on prenait pour mesure du déplacement, le nombre μ de franges *entières* qui séparait la nouvelle frange centrale de l'ancienne, on avait

$$\mu\lambda = (n - 1)\, e,$$

c'est-à-dire

$$V_1 = \frac{e V}{\mu\lambda + e},$$

ou encore, en appelant 1 la vitesse dans l'air,

$$V_1 = \frac{e}{\mu\lambda + e}.$$

Si l'on place en même temps devant la deuxième fente (*fig.* 333) la lame e_2, d'indice $n_2 = \dfrac{V}{V_2}$, on aurait

$$\mu\lambda + e\left(\frac{V}{V_1} - 1\right) = e_2\left(\frac{V}{V_2} - 1\right),$$

d'où l'on tire

$$e\,\frac{V}{V_1} = e - e_2 + e_2\,\frac{V}{V_2} - \mu\lambda,$$

et en posant $V = 1$.

$$V_1 = \frac{e}{e - e_2 + \dfrac{e_2}{V_2} - \mu\lambda}.$$

On peut, avec Fresnel, coller les deux lames bord à bord

sur une lame auxiliaire et leur donner par l'usure la même
épaisseur, et avoir ainsi

$$V_{,} = \frac{e}{\dfrac{e}{V_{2}} - \mu\lambda} \cdot$$

Quand les deux lames, la principale e et l'auxiliaire e_{2}, sont
toutes deux monoréfringentes, on peut remplacer les réciproques des vitesses par leurs indices et écrire

$$n = n_{2} - \frac{\mu\lambda}{e} :$$

mais, que $\dfrac{V}{V_{,}}$, $\dfrac{V}{V_{2}}$ soient ou non constants et puissent ou non
s'appeler indices, la formule reste la même, à la condition
que les vitesses $V_{,}$, V_{2} soient les *vitesses des ondes* ou autrement les quantités p, p' du § 681.

Qu'une des lames soit biréfringente, la lumière de l'une
des fentes sera naturelle et suffira pour former des franges et
avec les rayons ordinaires et avec les extraordinaires transmis
par l'autre fente. On a donc deux systèmes de franges polarisées inversement et reconnaissables au sens dans lequel
elles sont polarisées. On s'affranchira du zéro en tournant
la *bilame* de 180 degrés dans son plan et se donnant le déplacement des franges de l'autre côté. Bref, avec le micromètre de Fresnel, ou plus simplement en recevant les franges
sur un verre divisé, on aura les quantités μ', μ'' caractéristiques du déplacement de chaque système de franges, et,
partant,

$$V' = \frac{e}{- \mu'\lambda + ne}, \quad V'' = \frac{e}{- \mu''\lambda + ne},$$

valeurs qui donneront, soit la différence

$$V'' - V',$$

soit l'autre différence

$$\frac{1}{V''} - \frac{1}{V'} = \frac{\mu' - \mu''}{e}\lambda,$$

qui devient, dans certains cas, une différence d'indices,

soit enfin cette autre combinaison $V''^2 - V'^2$ qui donne lieu
au théorème de Biot. Comme on peut déduire les angles
t, t' de l'orientation commune des lames, il sera facile de vérifier si les valeurs de cette dernière différence, dues aux
diverses lames, sont ou non proportionnelles aux produits $\sin t \times \sin t'$ correspondants. Mais si l'on possède les
constantes a, b, c, il vaudra mieux assurément établir la
comparaison entre les valeurs absolues trouvées pour V', V''
et leurs valeurs théoriques individuelles. Fresnel a obtenu
l'accord le plus satisfaisant dans les vérifications de ce genre
qu'il a entreprises sur la topaze. Aucune des quantités V', V''
ne s'y est montrée douée d'une valeur constante, comme il
l'eût cependant fallu, si l'un des deux rayons eût été ordinaire, et leurs variations atteignaient leur maximum quand
on prenait les lames extrêmes signalées § 677. Quand on
peut considérer comme constants le produit $V' \times V''$ et la
somme $V' + V''$, la différence, si simple d'expression,
$\frac{1}{V'} - \frac{1}{V''}$ devient proportionnelle à

$$\left(\frac{1}{V'} - \frac{1}{V''} \right) (V' + V'') V' V'' = V'^2 - V''^2,$$

et la vérification de la loi du § 672 revient à voir si l'on a
proportionnalité entre les quotients $\frac{x' - \mu''}{e}$, propres aux diverses lames, et les produits correspondants $\sin t \times \sin t'$.

§ 690. -- Cas où les deux fentes sont recouvertes par la lame biréfringente.

On peut, tout en conservant les avantages d'une lame
auxiliaire (ils consistent surtout à permettre l'emploi plus
exact de cristaux épais), simplifier l'expérience et s'épargner, par exemple, la peine d'un polissage simultané de deux
lames. Il suffit de recouvrir les deux fentes par la lame cristallisée elle-même. Mais alors l'intervention d'un polarisateur et d'un polariscope est nécessaire pour avoir les
franges latérales déviées. On aura ainsi à la fois et sans tou-

cher à la lame ces franges de droite et de gauche qui affran-
chissent du zéro. Si on appelle 2μ le nombre de franges qui
mesurent la distance des centres des deux systèmes latéraux,
et si on continue d'appeler 1 la vitesse dans l'air, on a

$$\frac{c}{V'} - \frac{c}{V''} = \mu\lambda.$$

Si on veut que les deux systèmes de franges soient également visibles, on aura soin de mettre les sections principales du polarisateur et du polariscope à 45 degrés de celle
de la lame.

<h3>§ 691. — Les indices principaux déduits du déplacement
des franges.</h3>

Les valeurs des constantes a, b, c, que nous avons obtenues (§ 652) avec certains prismes, Fresnel les deman-
dait également aux phénomènes d'interférence. Ici, au lieu
d'avoir des orientations quelconques, les lames doivent
être parallèles aux plans principaux du biaxe. Si l'on place
devant les fentes la lame parallèle aux **XZ**, l'écart dépendra
des vitesses a, c, et l'on aura

$$e\left(\frac{1}{c} - \frac{1}{a}\right) = \mu'\lambda,$$

la lame parallèle aux **XY** donne

$$e'\left(\frac{1}{b} - \frac{1}{a}\right) = \mu''\lambda,$$

et la troisième

$$e''\left(\frac{1}{c} - \frac{1}{b}\right) = \mu'''\lambda.$$

Or ces équations, par leur composition spéciale, se refusent à donner en échange de la différence des inconnues
$\frac{1}{a}$, $\frac{1}{b}$, $\frac{1}{c}$, ces inconnues elles-mêmes. Elles se bornent à donner le rapport de deux de ces inconnues à la troisième. Aussi
vaut-il mieux ne couvrir qu'une des fentes avec la lame
et lui associer comme précédemment un verre de même

épaisseur. La première lame donne alors

$$a = \frac{e'}{-\mu'\lambda + ne}, \quad c = \frac{e}{-\mu'''\lambda + ne},$$

ou bien, puisque ici les vitesses peuvent s'échanger contre les indices,

$$n''' = n - \frac{\mu'\lambda}{e}, \quad n' = n - \frac{\mu'''\lambda}{e},$$

une deuxième lame donnera le troisième indice n'' et, de plus, l'un des deux premiers, ce qui fournira une vérification. On n'aura donc pas besoin de préparer la troisième lame.

Les lames principales ne sont même pas indispensables. Ainsi une lame qui passerait simplement par l'un des axes, OX par exemple, donnerait

$$e\left(\frac{1}{V'} - \frac{1}{a}\right) = \mu\lambda,$$

c'est-à-dire une relation entre le paramètre a et une certaine vitesse d'onde conjuguée V'. Mais en ne la mettant que sur l'une des fentes, l'un des systèmes de franges, à savoir celui qui sera polarisé dans le plan des YZ de la lame, dépendra de a seul et pourra servir à le déterminer.

Quand la forme cristalline est muette sur la direction des axes d'élasticité, c'est en cherchant par tâtonnement les axes de réfraction conique qu'on arrive aux prismes principaux et aux lames principales. En effet, quand on est parvenu à un système de faces parallèles qui donne dans un plan normal les deux sommets de l'hyperbole, ce dont l'appareil de M. Soleil est bon juge, il suffit de donner, dans la direction de ce plan, deux traits de scie normaux pour en détacher une lame parallèle aux XZ. Si ces faces étaient en outre normales à l'axe principal (le même appareil de M. Soleil le montre aisément), deux nouveaux traits de scie normaux et à la lame et aux précédents donneront, ou le plan YZ ou le plan YX, suivant qu'on aura affaire à un biaxe positif ou négatif. Dans ce cas, la lame elle-même se trouve former la troisième lame principale.

§ 692. — Emploi de l'angle des axes de réfraction conique. — Cas où l'axe principal est oblique à la lame.

L'appareil de Soleil détermine si aisément l'angle extérieur $2\Theta'$ des axes de réfraction conique et, par suite, en usant de l'indice $\frac{1}{b}$, leur angle intérieur $2\theta'$, qu'on est conduit à employer cette donnée concurremment avec les résultats dus à l'interférence ou aux prismes. Ce dernier angle donne

$$\operatorname{tang} \theta' = \sqrt{\frac{b^2 - c^2}{a^2 - b^2}},$$

et il suffira d'avoir une seule des trois lames, à la condition toutefois de n'en couvrir qu'une des fentes. Le mieux sera d'user de la lame même qui vient de donner Θ'. Car elle conduira à deux constantes b, a ou b, c, et l'on saura lequel des deux systèmes, puisque les franges de b sont polarisées dans le plan des axes. Le passage Θ' à θ' n'est d'ailleurs pas obligatoire, puisqu'on a

$$\sin \theta' = \sqrt{\frac{b^2 - c^2}{a^2 - c^2}},$$

et par suite

$$\sin \Theta' = \frac{1}{b} \sqrt{\frac{b^2 - c^2}{a^2 - c^2}} \ (^*).$$

Cette dernière expression montre que la méthode réussirait même alors que la lame serait parallèle aux XZ et ne donnerait pas b.

Cet emploi de l'angle extérieur suppose que l'axe principal est normal aux lames. Si, tout en étant perpendiculaire aux XZ, la lame était oblique à l'axe principal, Θ' ne serait plus la moitié de l'angle extérieur (*fig.* 334). Cet angle $2\Theta'$, serait la somme des deux α, ε correspondants à δ et γ. Les équations du problème se-

---

(*) Cette formule suppose que l'axe principal est celui de plus grande élasticité. Si le cristal est positif, ce ne sera pas à θ', mais à $90 - \theta'$, que correspondra Θ', et l'on aura

$$\sin \Theta' = \frac{1}{b} \cos \theta' = \frac{1}{b} \sqrt{\frac{a^2 - b^2}{a^2 - c^2}}.$$

raient les suivantes :

$$2\Theta'_1 = \alpha + \epsilon, \quad \sin \gamma = b \sin \alpha,$$
$$\sin \delta = b \sin \epsilon, \quad \gamma + \delta = 2\,\theta',$$
$$\sin \theta' = \sqrt{\frac{b^2 - c^2}{a^2 - c^2}}.$$

En supposant que la lame donne par les interférences b, a ou b, c, il resterait les six inconnues α, ϵ, γ, δ, θ' et c ou a ; de sorte que les cinq équations seraient insuffisantes. Il faudrait donc encore une donnée expérimentale, telle que la mesure peu facile d'une des incidences α ou ϵ. Il est donc heureux que chez les cristaux dont les axes optiques sont peu ouverts, l'excès de $2\Theta'$, sur $2\theta'$ reste insignifiant, même pour un notable défaut de normalité. Chez l'arragonite, cet excès ne s'élève qu'à 4 minutes et à 15 minutes quand l'angle ϵ, compris entre l'axe principal et la normale, atteint 5 et 10 degrés. En supposant même le cristal normal à l'un de ses axes optiques, ce qui porte ϵ à 17° 50′, l'excès n'est que de 47 minutes. Avec la topaze, les inclinaisons $\epsilon = 5°$, $\epsilon = 10$ accroissent $2\theta'$ de 1° 24 et 8° 6′.

§ 693. — Tirer deux indices d'un seul prisme.   M. de Senarmont. — M. Angstrom.

Un prisme principal donne, outre l'image ordinaire, un rayon extraordinaire qui suit la première loi de Descartes et se trouve subordonné à une ellipse. Il admet comme l'autre une déviation *minima*, et M. de Senarmont vient de donner la formule qui permet d'en tirer la valeur d'un second paramètre. Un prisme peut donc donner deux des quantités a, b, c. La difficulté de se procurer les matériaux convenables est souvent telle, qu'on doit lui savoir gré de cet accroissement de ressources. Nous recommanderons, au même titre, la manière dont M. Angstrom a disposé ses prismes dans son étude sur le gypse. Quand les deux faces d'un prisme principal sont équidistantes du plan principal auquel son arête est parallèle, ce prisme peut donner deux indices, et les donner tous deux par la méthode et par la formule d'interprétation de Newton, comme si l'on avait affaire à deux ordinaires. Soit par exemple le prisme principal parallèle aux X, si ses faces font avec le plan YOX, l'une en dessus et l'autre en dessous, le même angle α (*fig.* 335), OY sera la bissectrice, et OZ la direction intérieure propre a la déviation minima. Pour cette direction, les deux rayons se construiront donc par deux plans tangents à la surface de l'onde menés aux distances b, a. Or ces plans sont orthogonaux sur la direction AB prolongée. Si donc nous nous attachons à celui des deux qui, polarisé normalement au plan d'incidence, n'est pas ordinaire, il sera mis en place, à la sortie, par les tangentes DC, DE, cette dernière menée au cercle de rayon 1. Les triangles DCB, DBE donneront

$$\frac{\sin i}{\sin r} = \frac{1}{a},$$

et la symétrie fera que pour l'entrée, on aura le même rapport. Cette déviation du rayon AB, si elle est minima, aura donc lieu comme s'il s'agissait d'un rayon ordinaire d'indice $\frac{1}{a}$. Comme la vitesse a, qui seule donne l'angle C droit, est maxima, on conçoit que AB donne réellement la moindre déviation. Nous laisserons au lecteur le soin d'en donner une démonstration en règle en recourant, par exemple, à des calculs du genre de ceux de M. de Senarmont. M Angstrom avait un premier prisme normal au plan des lames et à faces équidistantes du plan principal YZ, et deux autres qui admettaient pour plan bissecteur le plan des lames, et avaient leurs arêtes respectivement parallèles aux Z et aux X. Le premier a donné les deux indices $\frac{1}{b}$, $\frac{1}{c}$, car le gypse est positif; le deuxième les indices $\frac{1}{a}$, $\frac{1}{c}$, et le troisième les indices $\frac{1}{c}$, $\frac{1}{a}$. Les trois valeurs de n' et les deux de n''' ont été parfaitement concordantes.

§ 694. — Tableaux des constantes des uniaxes.

Les tableaux qui suivent contiennent les constantes des cristaux biréfringents uniaxes et biaxes, et les divers angles θ', Θ', ω, ω_1 issus de ces constantes. Les chiffres des trois premiers sont extraits de la thèse si instructive de M. Des Cloizeaux. Les vides des tableaux II et III témoignent assez de la difficulté qu'on éprouve souvent à appliquer les méthodes précédentes. Il est même un assez grand nombre de

cristaux uniaxes ou biaxes dont on a pu seulement déterminer le signe. Nous ne leur avons pour ainsi dire pas donné
place dans ces tableaux.

Le tableau II est consacré aux biaxes du quatrième système. Nous en avons régularisé comme il suit les indications
cristallographiques. On peut toujours se figurer un pareil
cristal sous la forme d'un prisme rhomboïdal droit qui sera
suffisamment désigné, parmi tous les prismes de ce genre que
peut fournir une même substance, si l'on donne l'un des
angles de la base (ce sera l'obtus). Si nous convenons de
mettre ce prisme vertical et d'orienter la petite diagonale
de la base parallèlement aux a (*), on connaîtra nos axes
cristallographiques. Cela posé, que l'on s'attache au plan des
deux élasticités extrêmes a et c, on aura trois cas, suivant
que ce plan des ac coïncidera avec celui des ab, des ac ou
des bc, et chacun de ces cas se subdivisera en deux autres,
suivant qu'un axe désigné, celui des a par exemple, coïncidera avec l'un ou l'autre des deux axes cristallographiques
du plan. On aura donc six cas pour les positifs et autant
pour les négatifs, c'est-à-dire douze en tout.

____

(*) Les caractères a, b, c représentent les trois axes cristallographiques.

Iᵉʳ **TABLEAU.** — *Constantes des uniaxes.*

	LE système cristallin.	LES DEUX INDICES	
		$n_o = \frac{1}{b}$	$n_e = \frac{1}{a}$
		Uniaxes positifs.	
Quartz.......... Raie D.	3ⁿ	1,544 2	1,553 3
Cinabre..................	id.	2,854	3,201
Phénakite......... Rouge.	id.	1,652	1,672
Dioptase................	id.	1,667	1,723
Parisite......... Rouge.	id.	1,569	1,670
Sulfate de potasse à } un axe........ }	id.	1,493	1,501
Sulfate de lanthane......	id.	1,564	1,569
Zircon.......... Rouge.	2ᵉ	1,92	1,97
Calomel.......... id...	id.	1,96	2,60
Schéelite................	id.	1,918	1,934
		Uniaxes négatifs.	
Spath d'Islande... Raie D.	3ᵉ	1,658 5	1,486 4
Tourmaline { blanche. id..	id.	1,636 6	1,619 3
{ verte........	id.	1,640 8	1,620 3
{ v. bleu. Rouge.	id.	1,641 5	1,623
{ bleue... id..	id.	1,643 5	1,622 2
Émeraude { verte.... Vert.	id.	1,584 1	1,578
{ incolore. id..	id.	1,577	1,572
Néphéline................	id.	1,540	1,535
Nitrate sodique..........	id.	1,586	1,336
Apatite......... Raie D.	id.	1,646 1	1,641 7
Corindon................	id.	1,769	1,762
Idocrase................	2ᵉ	1,729	1,718
Méionite................	id.	1,596	1,560
Mellite.................	id.	1,546	1,522
Pennine.................	id.	1,576	1,575
Anatase.................	id.	2,554	2,493
$PoⁱAz H^{3} + 2HO$..........	id.	1,515	1,476
$PoⁱKa O + 2HO$...........	id.	1,507	1,468
$AsO^{5}Az H^{3} + 2HO$........	id.	1,577	1,525
$AsO^{5}Ka O + 2HO$........	id.	1,591	1,536
Chlorure double de cuivre et de potassium, ou de cuivre et d'ammonium........	id.	1,744	1,724
Plomb molybdaté........	id.	2,402	2,304

Le nombre des cristaux négatifs l'emporte de beaucoup sur les positifs. La thèse de M. Des Cloizeaux qui relate tous les uniaxes dont le signe est connu, contient 64 négatifs contre 36 positifs. Relativement à la détermination de ce signe dans des cristaux qui, par leur petitesse, leur imparfaite transparence ou pour toute autre cause, se refusent à donner autre chose, nous rappelons que si la lame est normale à l'axe, on a deux moyens : 1° l'ayant disposée sur le disperseur du microscope d'Amici, faites-la suivre d'un mica très-mince orienté dans l'azimut 45°, la croix se transformera en deux courbes formant comme une hyperbole. Eh bien, l'axe réel de cette courbe noire sera dirigé dans la section principale du mica ou normalement à cette section, suivant que le cristal uniaxe sera négatif ou positif; 2° l'ayant mise dans la lumière parallèle, on la fait précéder d'une lame sensible orientée à 45 degrés, et l'on étudie les altérations qui surviennent dans sa teinte quand la lame inconnue, cessant d'être normale au rayon, s'incline graduellement dans l'azimut 45. L'uniaxe est-il en lame parallèle à l'axe, on procède comme dans le cas précédent par voie de duplication; mais on pratique la duplication comme à l'ordinaire, à l'aide d'un quartz parallèle à l'axe, d'épaisseur convenable, choisi dans un jeu discontinu de quartz diversement épais, ou mieux fourni avec continuité pour l'appareil du § 341.

§ 695. — Tableaux des constantes des biaxes.

Dans les tableaux qui suivent, les valeurs de θ' sont dues à la formule

$$\tan \theta' = \frac{n''}{n'} \sqrt{\frac{n'^2 - n''^2}{n''^2 - n'''^2}},$$

qui est ce que devient la formule du § 660 quand on y introduit les trois indices; on reconnaît qu'on a affaire à un positif quand l'angle trouvé surpasse 45. C'est alors le double de son complément qui doit figurer dans le tableau.

11ᵉ TABLEAU. — *Constantes des biaxes du quatrième système.*

DÉSIGNATION DU CRISTAL.	Angle obtus du prisme rhomboédal.	LES TROIS INDICES			2 θ'	2 Θ'
		n'	n''	n'''		
1°. Le plan des axes de réfraction conique se confond avec les ab, et l'axe principal est suivant les a.						
1ᵉʳ CAS. BIAXES POSITIVES.						
Azotate d'urane	117.20'					⎰ 66°.14' calcul.
Anhydrite	96.36	1,614	1,576	1,571	40.34	⎱ 71 observation.
Chlorure de cuivre	94.54		1,681			
2ᵉ CAS. BIAXES NÉGATIVES.						
Brookite	90.50					
2°. Le susdit plan se confond avec les ab, et le susdit axe est suivant les b.						
1ᵉʳ CAS. BIAXES POSITIVES.						
Comptonite	90.40				56.6	
Thompsonite	90.40					⎰ 70
Chlor. de barium (ray. jaunes)	92.51	1,664	1,644	1,635	67.4	⎱ 130
Sulfate de protoxyde de cérium	92.37					
2ᵉ CAS. BIAXES NÉGATIVES.						
$MgO\,SO^3 + 7\,Aq$	90.34		1,4817		50.39	79.2
$ZnO\,SO^3 + 7\,Aq$	91.7		1,4845		44.2	⎰ 64 18 de Senarm.
$NiO\,SO^3 + 7\,Aq$	91.10				49.4	⎱ 71.40 Des Clois. 65
$MgO\,CrO^3 + 7\,Aq$	91.					
Sorbine	141.11					
3°. Le susdit plan est celui des ac, et le susdit axe est suivant les a.						
1ᵉʳ CAS. BIAXES POSITIVES.						
Andalousite	90.44		1,624		87.34	50.6
Barytine (raie D)	101.40	1,648	1,6375	1,6363	35.4	91
Célestine	104.2				50.	
Cymophane	119.46	1,7505	1,7484	1,747	45.20	84.43
Struvite	122.30				50.30	
Sel de Seignette ⟋ ou ⟍	100.30		⎰ 1,4929 rouge. ⎱ 1,4985 vert.			⎰ 70 rouge. ⎱ 56 violet.
Formiate de baryte	105.10					axes très-écartés.
Terpine (hydrate de térében.)	102.33					
2ᵉ CAS. BIAXES NÉGATIVES.						
Bicarbonate d'ammoniaque	111.06				67.45	

IIe TABLEAU. — *Constantes des biaxes du quatrième système* [Suite].

4°. Le susdit plan est celui des ca, et le susdit axe est suivant les c.

		1er CAS. BIAXES POSITIFS.				
Mésotype	91.	1,522		1,516		90 environ.
Prehnite	99.56					119 id.
Azotate d'argent	93 22	1,788		1,729	62.16′	
Soufre	101.58				70 à 75	
Topaze { vert.	124.22	1,624	1,6174	1,615		
Topaze { jaune.		1,6224	1,615	1,612	65.14	120.50
Thenardite	129 21	presque à la limite des positifs et des négatifs.				
Glucosate de sel marin	120 envir.					très-petit.
Formiate de chaux	129 55	grande dispers. des axes. Rouge int. Bleu ext.				
Tartrate de M. Marignac. (*)	123 56	1,6196	1,5855	1,5811	40.11	66.1 ray. jaun.

		2e CAS. BIAXES NÉGATIFS.				
Stilbite	94.16					61
Withérite	118.30			1,740	tr.-petit.	
Carbonate strontique	117.19	1,700		1,543	6.56	
Carbonate de plomb	116.10	2,0745	2,0728	1,798	8.30	16.44
Alstonite	118.51				tr.-petit.	
Léadhillite	120.20		1,883		10.35	20
Autunite	92.30					54
Mica	120 envir.	1,628	1,613	1,581	0 à 70	
Bimalate ammoniaque	108.16					76.20
Formiate strontique	118.20	1,543	1,526	1,487	65.26	111.7
Codéine	91.40				t.-écart.	

5°. Le susdit plan est celui des cb, et le susdit axe est parallèle aux b.

		1er CAS. BIAXES POSITIFS.		
Sel de Seignette ammoniacal	100.30	1,492	62	100 rouge.
			46	70 violet.
Acide citrique	112.2		70.39	

		2e CAS. BIAXES NÉGATIFS.		
Chromate jaune de potasse	120.41	1,732	49.32	92.20

(*) C'est un tartrate d'antimoine et de chaux avec azotate de chaux qui a pour formule
$$4\,(CaO\,Sb^2 O^4,\ C^4 H^4 O^{10} + 6\,Aq) + CaO\,Az^2 O^5.$$

IIe TABLEAU. — *Constantes des biaxes du quatrième système* [Suite].

6°. Le susdit plan est celui des bc, et le susdit axe est parallèle aux c.

		1er CAS. BIAXES POSITIFS.				
Staurotide...................	129.20		1,7526		85.00	
Harmotome..................	110 26					90
Péridot.....................	119.12	1,697	1,678	1,661	87.46	
Calamine...................	104 12	1,635	1,618	1,615	45.57	78.20
Scorodite...................	98. 1					90 environ.
Sulfate de potasse à deux axes..	120.24				66.54	100.52
Sulfate d'ammoniaque.........	121. 8		1,494		49.42	
		2e CAS. BIAXES NÉGATIFS.				
Cordiérite de Coylan.........	119.10	1,5433	1,5413	1,5371	69. 3	121.46
Cordiérite de Haddam........		1,5627	1,5616	1,5523	37.48	60 46
Talc.......................	120 envir				7.24	
Arragonite (raie D)..........	116.10	1,6859	1,6816	1,5301	17.50	30.50
Nitre......................	118.30	1,5052	1,5046	1,333	6.10	9.17
Azotate de lanthane et d'amm..	98 44					62 environ.
Mica.......................	120 envir.	1,628*	1,613	1,581	0 à 70	

* Haidinger a obtenu les deux derniers indices avec un certain prisme; comme $2\theta'$ valait 68° pour son mica, on en tire 1,628 pour le troisième indice. Ces trois valeurs donnent $\omega = 1°33'$.

IIIᵉ TABLEAU. — *Éléments des biaxes du cinquième système.*

	n'	n''	n'''	2 ϑ'	2 Θ'
BIAXES POSITIFS.					
Euclase	1,671	1,6553	1,653	49° 37'	87°.59'
Épidote		1,7		87. 5	
Clinochlore					50 environ.
Heulandite				41 42	
Brewstérite					85
Diopside (rayons jaunes)	1,7026	1,6708	1,6727	58.57	111.34
Sphène		1,631		30.32	
Gypse (à 19°). Alcool salé	1,5397	1,5227	1,5006	57.31	
SO³ KaO.SO³ MgO + 6 Aq		1,487		51. 6	
id. SO³ NiO + id		1,491		54. 2	
id. SO³ CoO + id		1,465		52.11	
id. SO³ FeO + id					
SO³ AzH³.SO³ MgO + id		1,480		51. 4	
id. SO³ NiO + id		1,499			
id. SO³ CoO + id		1,492			
id. SO³ ZnO + id		1,491			
Bisulfate de soude					43
Hyposulfite de soude	axes optiques variables avec la couleur.				100 à 110
Sulfate de strychnine à 12 atomes d'eau		1,594			16.30
Prussiate rouge de potasse				19.34	
Lévo- et dextro-tartrate d'ammoniaque		1,534		38. 2	59.35
BIAXES NÉGATIFS.					
Orthose	1,526	1,5237	1,519	69.49	121.0
Feldspath					120
Scolésite					60
Borax				axes dispersés.	69
Datholite				axes bizarrement dispersés.	
CO⁴ NaO + 10 Aq					69.30
Azotate strontique				40 env.	
Glaubérite		dispers. curieuse.		0 à 9	
SO³ NaO + 10 Aq		1,44			110
PO⁵. 2 NaO + 25 Aq		1,40		56.40	83
As O⁵. 2 NaO + id		1,40		56.40	83
Tartrate de potasse		1,506		69	
Acide T̄ droit et gauche					69 environ.
Acide oxalique		1,400			69
Acétate de plomb				70.95	
Formiate de cuivre					55
Sucre de canne		1,57		42 16	58.1

Parmi les biaxes positifs du sixième système, nous citerons, sans pouvoir y ajouter de chiffres, l'*albite*, la *labradorite*, l'*anorthite*, l'*oligoclase*, le *bichromate de potasse* et la *cryolithe*. Parmi les négatifs, le *disthène*, pour lequel on a

$$2\,\theta' = 81^\circ 48'.$$

et le *sulfate de cuivre*, qui a donné

$$n' = 1,552, \quad n''' = 1,531, \quad 2\theta' = 45$$

avec une assez grande séparation des axes diversicolores.

Les angles $2\theta'$, $2\Theta'$, inscrits dans les tableaux, sont en général ceux observés; à part quelques cas rares, ils diffèrent peu de ceux calculés. Ainsi le calcul donne

$$2\,\theta' = 68^\circ 24'$$

pour le chlorure de barium, $44^\circ 56'$ pour la calamine, $57^\circ 16'$ pour le diopside, $57^\circ 28'$ pour le gypse, ..., etc. Quant aux auteurs de ces déterminations, si nous ne les avons pas cités, c'est uniquement pour ne pas compliquer nos tableaux; mais c'est pour nous un devoir de dire qu'elles sont principalement dues à MM. de Senarmont et Des Cloizeaux.

IVe TABLEAU. — *Indices de quelques rayons simples.*

UNIAXES.		DÉSIGNATION DE LA RAIE.			
		B	C	G	H
Quartz	n_o	1,540 9	1,541 8	1,554 3	1,558 2
	n_e	1,549 9	1,550 9	1,563 7	1,567 7
Spath d'Islande	n_o	1,653 1	1,654 5	1,676 2	1,683 3
	n_e	1,483 9	1,484 6	1,494 5	1,497 8

		DÉSIGNATION DE LA RAIE.		
		D	F	H
Apatite	n_o	1,646 1	1,653 3	1,659 5
	n_e	1,641 7	1,648 7	1,654 7

BIAXES.		DÉSIGNATION DE LA RAIE.			
		B	C	G	H
Topaze incolore, par Rudberg.	n'	1,617 9	1,618 8	1,631 2	1,635 1
	n''	1,610 5	1,611 4	1,623 7	1,627 5
	n'''	1,608 4	1,609 4	1,621 5	1,625 4
	$90 - \theta'$	33°48'			17°12'
Sulfate de baryte, par Heusser.	n'	1,644 2	1,645 2	1,660 6	1,665 6
	n''	1,633 7	1,634 8	1,649 6	1,654 4
	n'''	1,632 6	1,633 6	1,648 3	1,653 0
	θ'	36°25'			38°18'
Arragonite, par Rudberg.	n'	1,680 6	1,682 0	1,703 2	1,710 1
	n''	1,676 3	1,677 8	1,698 4	1,705 1
	n'''	1,527 5	1,528 2	1,538 8	1,542 3
	θ'	17°52'	17°47'	18°22'	18°26'

Nous avons calculé les chiffres du tableau suivant à l'aide des formules du § 660 et des données des précédents tableaux.

V⁰ TABLEAU. — *Angles des cônes des deux réfractions coniques.*

	ω	ω_1
	° ′ ″	° ′ ″
Anhydrite..................	0.59	1. 0
Sulfate de baryte. Raie { B....	14.21	14.25
{ H....	16. 4	16.10
Cymophane.................	0.17	0.17
Topaze........ Raie { B.....	16.48	16.52
{ H....	31.10	31.15
Carbonate de plomb..........	1.20	1. 9
Formiate strontique..........	1.58	1.55
Péridot....................	1.13	1.14
Cordiérite.................	0.13	0.13
Arragonite...... Raie { B....	1.52	1.44
{ H....	2. 4	1.53
Nitre.....................	0.51	0.45
Euclase...................	0.30	0.29
Gypse.....................	0.18	0.18
Orthose...................	0.15	0.15
Chlorure de barium..........	0.55.50	0.56.12
Tartrate de Marignac..........	0.52.23	0.53.22
Calamine..................	0.30. 9	0.30.17
Diopside..................	0.51.43	0.52.11
Sulfate de cuivre............	0.33	

§ 696.   Nouveaux détails sur la manière d'arriver à ces paramètres.

Il est si désirable de voir étendre à d'autres corps les déterminations qui précèdent, qu'on nous pardonnera d'entrer encore dans quelques détails sur les méthodes qu'on y emploie.

Comment se fait-il que le tableau ne contienne pour quelques corps, comme donnée unique, que l'angle θ' ? Le voici. Soit (*fig.* 336) un cristal du système 4, offrant deux prismes rhomboïdaux parallèles à un même axe. Supposons que le plan des axes optiques soit normal à cet axe commun, que l'axe principal coïncide avec leur diagonale DE, et qu'enfin l'on puisse voir les pôles des lemniscates à travers chaque système de faces, et obtenir ainsi les angles $2\,\Theta'$, $2\,\Theta_1$ qui mesurent leur écart apparent. Appelons $2\,\mathrm{M}$, $2\,m$ les angles connus des normales aux faces des prismes ; I,R ; i, r les angles d'incidence et de réfraction des axes optiques sur ces faces, on aura visiblement pour la face M les trois équations

$$\sin i = n'' \sin \mathrm{R}, \quad \mathrm{M} = \mathrm{R} + \theta', \quad \mathrm{M} = \mathrm{I} + \Theta_1,$$

et pour la face m les trois autres

$$\sin i = n'' \sin r, \quad m = r + \theta', \quad m = i + \Theta',$$

c'est-à-dire six équations entre dix quantités. Comme on en connaît quatre, à savoir Θ, Θ', M, m, le problème est déterminé : reste à voir comment l'élimination donnera θ'. Les trois premières donnent

$$\sin (\mathrm{M} - \Theta_1) = n'' \sin (\mathrm{M} - \theta'),$$

et les trois autres

$$\sin (m - \Theta') = n'' \sin (m - \theta') ;$$

le quotient de ces dernières est l'équation

$$\frac{\sin (\mathrm{M} - \Theta_1)}{\sin (m - \Theta')} = \frac{\sin (\mathrm{M} - \theta')}{\sin (m - \theta')},$$

qui n'a plus que θ' d'inconnu. En se rappelant que l'égalité $\dfrac{a}{b} = \dfrac{c}{d}$ entraîne cette autre $\dfrac{a - b}{a + b} = \dfrac{c - d}{c + d}$, et remplaçant les sommes et les différences de sinus par des produits, on arrive sans peine à l'équation finale

$$\tan \left(\frac{\mathrm{M} + m}{2} - \theta' \right) = \tan \frac{\mathrm{M} - m}{2} \cdot \frac{\tan \dfrac{\mathrm{M} + m - \Theta' - \Theta_1}{2}}{\tan \dfrac{\mathrm{M} - m + \Theta' - \Theta_1}{2}}.$$

M. de Senarmont en a vérifié la fidélité sur les sulfate et chromate de potasse.

Donnons, toujours d'après M. de Senarmont, un exemple de la détermination du signe d'un cristal du cinquième système. Soit l'acide tartrique (*fig.* 337). On sait que l'axe X parallèle à la diagonale horizontale de la base, est axe d'élasticité, et que les deux

autres sont compris dans le plan YZ. Il suffirait donc, pour en obtenir le plan, de donner deux traits de scie normaux à X, de polir
ou simplement de noyer entre deux verres, dans la térébenthine,
la plaque issue de cette opération, et, la déposant sur la plate-forme
d'un appareil de polarisation, d'y chercher les deux azimuts rectangulaires qui conservent l'extinction. On introduira de la précision dans cette opération en collant d'abord deux cristaux par deux
faces homologues parallèles à cette diagonale ; à savoir les faces T,
R, P ou R′ de la *fig.* 276 (on a choisi P), avec la précaution de
les disposer hémitropiquement. Les traits de scie en détacheront
une lame mixte, dans chaque moitié de laquelle les lignes homologues sont symétriquement inclinées sur la ligne de jonction NM.
Si donc une des moitiés conserve l'extinction dans la direction LM,
l'autre la conservera dans la direction ML′ ; et, de l'une à l'autre
de ces directions, l'angle décrit sera double de celui qui sépare
l'axe LM du plan MN. Avec tartrique, l'angle LML′ est de 139° 6′,
le complément de la moitié, à savoir 20° 27′, est l'angle de cet axe
avec la normale à P. On n'aura pas besoin d'ajouter que, dans la
configuration actuelle, il faut prendre cet angle en dessous, si l'on
dit qu'avec la normale à T la droite LM fait un angle de 99° 55′.
Avec des prismes introducteurs, on parvient à voir les anneaux
dans le plan mené par LM normalement à ces lames, et à se convaincre que l'axe principal est LM. Enfin, si l'on conjugue la lame
avec un quartz parallèle, la restitution des teintes de polarisation
colorée aura lieu en dirigeant l'axe du quartz parallèlement à LM.
Donc LM est axe de plus grande élasticité et l'acide est un biaxe
négatif.

§ 697. — Variation des axes optiques et des axes de réfraction conique.

Soit un cristal du quatrième système ; supposons qu'il soit accessible à l'une de ces influences qui, sans porter atteinte à la
forme, altèrent cependant la constitution physique ou chimique
des corps : que, par exemple, sa composition puisse varier par
substitution d'éléments isomorphes. En pareil cas, les élasticités
principales, tout en restant dirigées dans le même sens, subiront
des changements, et l'orientation des lignes qui dépendent de leurs
valeurs numériques en sera modifiée. Si, le cristal étant négatif,
ces variations rapprochent b de c, comme $b^2 - c^2$ est en numéra-

teur dans l'expression de tang θ', on verra les axes de réfraction conique contenus, nous le supposons, dans le plan cristallographique ca, se rapprocher de l'axe principal c, l'atteindre pour une certaine composition chimique qui fournira des uniaxes négatifs, puis se rouvrir, quand c deviendra supérieur à b, dans le plan des cb cristallographiques. Or c'est précisément ce qui arrive chez les micas. M. de Senarmont, en en étudiant de nombreux échantillons, a vu que, si tous avaient leur axe principal suivant les les axes optiques étaient compris, pour les uns dans le plan ca, pour les autres dans le plan cb, et que leur ouverture intérieure pouvait, dans l'un comme dans l'autre de ces plans, varier entre o et 70 degrés. Cette égalité de limites lui a suggéré l'idée que tous ces micas pouvaient bien être dus à l'union en proportions indéfinies de deux certaines variétés définies dont les axes, distants de 70 degrés, s'ouvriraient pour l'une suivant les ca et pour l'autre suivant les cb. Il a même été assez heureux pour organiser, à l'appui de cette interprétation, quelques expériences synthétiques. Ce sont les deux sels de Seignette, l'ordinaire et l'ammoniacal, qui les lui ont fourni. En effet, ces deux isomorphes, associés en proportions variables, donnent des produits chez lesquels les axes optiques varient d'ouverture, et qui, de plus, suivant la prédominance du premier ou du dernier de ces sels, s'ouvrent tantôt dans le plan des ca et tantôt suivant les cb ; la seule différence avec les micas consistant en ce que leur axe principal n'y a plus une direction unique. Ce qui tient visiblement à ce qu'il s'agit de cristaux positifs et à ce que c'est encore l'axe de plus grande élasticité qui reste dirigé suivant les c cristallographiques. Nul doute qu'il ne faille rattacher à cette même cause les pures variations de grandeur que présente, chez certains cristaux, tels que l'orthose, la topaze, etc., l'angle θ'.

§ 698.   Dispersion des axes optiques.

S'il y a, pour un même rayon, variation des a, b, c avec la composition chimique, il y a, avec une composition chimique donnée, variations des a, b, c pour les divers rayons, et par suite défaut de coïncidence, ou, comme on le dit encore, *dispersion des axes optiques*. Passons en revue les diverses allures de cette dispersion.

Parmi les cristaux du quatrième système, il en est qui ont le rouge en dedans et d'autres en dehors. Le premier cas est offert par la *topaze* et le formiate de chaux positifs, par l'*arragonite* et la *barytine* négatives. Le deuxième se rencontre chez les sels de Seignette, tous deux positifs, et le carbonate de plomb négatif. On pourrait encore rattacher au premier cas, dans le cinquième système, le sulfite de soude. Mais, dans ce système et surtout dans le dernier, la dispersion n'est plus, en général, aussi simple Là, en effet, la variation qu'éprouvent, de couleur à couleur, les élasticités principales, peut porter non-seulement sur leurs grandeurs, mais aussi sur leurs directions, que rien de fixe ne rattache plus aux axes cristallographiques. Il en résulte que les axes optiques diversicolores seront, en général, dans des plans différents, et que si, par hasard, ils restent dans le même plan, ils auront des bissectrices distinctes. Cette diversité de plans est fortement accusée chez le *borax* et la *datholite* et faiblement chez le sous-carbonate de soude.

Si la dispersion et son mode peuvent se conclure du calcul quand on a pour les diverses raies les trois indices principaux, pour longtemps encore, même dans le quatrième système, cette manière d'y arriver restera exceptionnelle; et ce sera surtout par l'expérience qu'on se renseignera sur cet objet. On a comme ressource l'étude de la distribution des couleurs sur les lemniscates fournies par la lumière blanche, en s'attachant surtout aux pôles et aux courbes qui les avoisinent. C'est ainsi qu'on a vu qu'il fallait ranger parmi les cristaux qui ont le rouge intérieur, le sulfate de strontiane, le nitre, le gypse et le sucre; parmi ceux qui l'ont extérieur, le carbonate de plomb, le diopside et le mica. A ce point de vue, la diversité des plans des axes optiques se reconnaît à la différence des teintes développées de part et d'autre de la ligne des pôles *moyens*. Mais le mieux est assurément de mettre en jeu tour à tour, dans ces expériences, ainsi que l'a fait Herschel il y a déjà longtemps, les couleurs simples empruntées à un spectre. L'appareil de Soleil convient très-bien pour cette étude.

Les variations introduites dans a, b, c par la composition chimique ou la couleur peuvent amener, soit des isomorphes à avoir des signes différents pour tous les rayons, soit un même cristal à être positif pour une extrémité du spectre et négatif pour l'autre. Les uniaxes surtout offrent des exemples de ces transformations. M. de Senarmont a obtenu des cristaux mixtes dus à l'union de deux uniaxes isomorphes, à savoir l'hyposulfate de plomb positif

et l'hyposulfate de strontiane négatif, lesquels, suivant les proportions des deux sels, étaient tantôt positifs, tantôt négatifs, et l'é-
taient avec des énergies égales. A la limite, il se trouvait des
échantillons chez qui, grâce à un équilibre parfait, la biréfringence avait disparu pour certaines couleurs du spectre, et qui
donnaient, à l'aide des autres couleurs, des anneaux très-larges
dont le blanc était remplacé par la teinte de ces dernières. Nul
doute que les bizarreries offertes par les apophyllites ne ressortent
au moins en partie d'une pareille cause. Certains échantillons de
ce curieux minéral sont franchement positifs, d'autres sont faiblement négatifs et le sont seulement pour les couleurs les moins réfrangibles. Il en est même qui, fortement positifs à un bout du
cristal, ne le sont plus que faiblement à l'autre. Il est très-probable
que là également, on a affaire à des mélanges de deux variétés inverses. Seulement l'*apophyllite négative* ne se serait trouvée dans
les cristaux observés jusqu'à ce jour ni isolée ni même fortement
prépondérante.

Si l'union des deux sels de Seignette ne peut amener l'interversion du signe, elle n'en produit pas moins, grâce à l'énorme dispersion de leurs axes optiques, de curieuses singularités chromatiques. En associant au sel potassique des proportions croissantes
de l'ammonique, M. de Senarmont a vu les axes optiques se rapprocher d'abord dans le plan des ac, les axes rouges se resserrant
plus vite que les violets. Il s'est donc trouvé une proportion qui
mettait ces axes dans une direction commune. Avec une proportion plus grande, la dispersion renait, mais avec des axes optiques
rouges intérieurs aux violets. Bientôt le cristal mixte s'est trouvé
uniaxe pour le rouge, quoique ses axes violets gardassent dans le
plan ac un écart d'au moins 12 degrés. A partir de là, les axes
rouges se rouvrent dans le plan bc, et l'on peut avoir des échantillons tels, que les axes violets et rouge, écartés chacun d'environ
6 degrés, le soient dans des plans rectangulaires. Les axes violets
eux-mêmes passent dans le plan des bc, et les écarts grandissent
jusqu'à reproduire les deux angles propres au sel ammonique.

Ces sels étant actifs, on doit espérer que les cristaux amenés
ainsi à l'uniaxie seront affranchis de la complication que les derniers systèmes cristallins jettent dans l'étude des pouvoirs rotatoires. Mais, pour aboutir, les expériences devront se faire strictement avec le rayon simple qui a le bénéfice de l'*uniaxie*. Car, en

usant de lumière blanche et d'incidences obliques, on voit sans
peine que les bissectrices des dièdres de M. Biot, formés qu'ils sont
par des axes optiques différents, sont éparpillées, et qu'ainsi, en
faisant tourner l'analyseur, on a déjà droit (par ce fait seul qui n'est
pas la polarisation rotatoire), à des variations de teintes analogues
à celles du quartz. Nous n'en dirons pas davantage sur ce sujet qui
n'attend, pour être étudié comme il le mérite, que des matériaux
irréprochables.

§ 699. — Variation des axes optiques avec la température.

Parmi les influences physiques qui changent les a, b, c, et par
suite la situation et l'angle des axes optiques, nous citerons la température. Négligeable en général, cet effet est appréciable chez l'arragonite dont les indices ont été trouvés notablement différents à
80 degrés ; il est très-marqué chez la glaubérite et chez le gypse.
Chez ce dernier corps, l'angle $2\,\theta'$ varie si rapidement, qu'après
avoir valu $61°\,24'$ à 9 degrés, $57°\,30'$ à 19 degrés, il s'annule à
80 degrés. Au delà de 80 degrés, les axes se séparent de nouveau,
mais dans un plan mené normalement aux lames par la bissectrice
qui n'a pas changé. Ces variations, qui rappellent celles des micas,
se retrouvent également dans la glaubérite.

§ 700. — Mesure de la biréfringence chez les biaxes.

Chez les uniaxes, nous avons vu que l'énergie biréfringente avait pour mesure rationnelle $n_o - n_e$ (§ 473). Pour
la raie D, cette expression vaut, chez le spath, le quartz et
l'apatite, 0,172 2, 0,009 1 et 0,004 4. En prenant le rapport du premier chiffre aux suivants, on trouve que le spath
est 18,92 fois plus biréfringent que le quartz et 39,1 fois
plus que l'apatite. Pour les deux premiers corps, ce rapport
grandit du rouge au violet entre les valeurs extrêmes 18,8
et 19,43. Si ces chiffres surpassent un peu ceux des ouvrages,
la cause en est dans le choix de l'expression mensuratrice
qui a été pour leurs auteurs soit $a - b$, soit $a^2 - b^2$. Pour
la raie D, l'expression $a^2 - b^2$ donne seulement 18,19 et
l'autre 18,41.

Quand on aborde la question de mesure chez les biaxes,

on reconnaît qu'il faut s'en tenir aux valeurs de a, b, c, et renoncer à en chercher une combinaison qui peigne le développement de la propriété biréfringente. On serait, il est vrai, tenté d'en appeler à l'expression

$$V'^2 - V''^2 = (a^2 - c^2) \sin t \sin t',$$

et de prendre $a^2 - c^2$ comme le mesureur cherché. Mais ce binôme ne saurait jouer un tel rôle, car il ne contient pas l'indice moyen $\frac{1}{b}$, dont l'influence sur le développement de la double réfraction est cependant incontestable. Pourquoi cette expression qui donne, avec les uniaxes, une mesure peu différente de la bonne, est-elle ici inadmissible. C'est que les angles t, t' se comptent non plus avec une, mais avec deux droites distinctes dont l'écart essentiellement dépendant de b peut varier depuis zéro jusqu'à 180. Cette diversité dans l'ouverture des axes introduit entre les doubles réfractions des divers biaxes une irrémédiable disparité.

L'expression $n_o - n_e$ n'a pas seulement la signification physique qui lui a été reconnue (§ 473), elle exprime encore le retard contracté par l'onde la moins rapide à travers une lame d'un millimètre. A ce point de vue, les trois différences $n' - n''$, $n' - n'''$, $n'' - n'''$ expriment également les retards introduits par les lames principales quand elles sont traversées normalement par les rayons. Ces différences ont de l'importance ; car elles président visiblement aux expériences de duplication auxquelles on a recours quand on cherche le signe d'un biaxe. On nous saura gré de les donner pour quelques cristaux. En les divisant par $0^{mm},000\ 550$, longueur de l'onde moyenne, on obtient le nombre μ d'ondes qui constitue le retard.

On a pour la topaze,

Lame perpendic. à l'axe.	principal....	$n'' - n''' = 0,003\ 0$	$\mu =$	5,45
	secondaire...	$n' - n'' = 0,007\ 4$	$=$	13,45
	tertiaire.....	$n' - n''' = 0,010\ 4$	$=$	18,51

Pour l'arragonite,

$$\text{Lame perpendicul. à l'axe.} \begin{cases} \text{principal} \dots \dots & n' - n'' = 0{,}004\ 32 \\ \text{secondaire} \dots \dots & n'' - n''' = 0{,}151\ 44 \\ \text{tertiaire} \dots \dots & n' - n''' = 0{,}155\ 76 \end{cases} \quad \begin{aligned} \mu &= 7{,}85 \\ &= 275{,}04 \\ &= 283{,}00 \end{aligned}$$

Pour le gypse,

$$\text{Lame perpendicul. à l'axe.} \begin{cases} \text{principal} \dots \dots & n'' - n''' = 0{,}002\ 11 \\ \text{secondaire} \dots \dots & n' - n'' = 0{,}007\ 08 \\ \text{tertiaire} \dots \dots & n' - n''' = 0{,}009\ 19 \end{cases} \quad \begin{aligned} \mu &= 3{,}8 \\ &= 12{,}9 \\ &= 16{,}7 \end{aligned}$$

Rappelons-nous que, pour un quartz parallèle à l'axe, on a eu

$$n_e - n_o = 0{,}009\ 10, \quad \frac{n_e - n_o}{0{,}000\ 55} = 16{,}67,$$

et nous nous trouverons avoir confirmé l'égalité de biréfringence que nous avons attribuée, tome Ier, page 492, aux lames de quartz et de gypse de même épaisseur.

Ces chiffres peuvent donner une idée des difficultés de détail qui doivent se rencontrer dans la pratique de la méthode du déplacement des franges, et expliquer ainsi comment, après avoir fourni à Fresnel quelques expériences fondamentales, elle a depuis lors cessé de concourir, avec la méthode des prismes, à la détermination des constantes des biaxes. On voit : 1° qu'une lame secondaire ou tertiaire d'arragonite qui auroit 1 millimètre ne pourrait, quand on la met sur les deux fentes, donner ses franges latérales qu'à la condition de racheter la presque totalité de l'énorme retard par une lame auxiliaire; 2° que, si on ne la met que sur l'une des fentes, il faudra lui opposer sur l'autre fente, pour le succès des deux expériences, deux lames distinctes d'épaisseur passablement différentes; 3° que la possibilité de rendre égale l'épaisseur des deux lames et de simplifier la formule d'interprétation repose sur la possession d'une substance qui ait sensiblement le même indice que la biaxe.

Pour appliquer commodément la méthode du déplacement, il faudrait avant tout construire un appareil capable de donner avec continuité, et, à partir de zéro, des lames de verre d'épaisseur quelconque. Les compensateurs que nous avons décrits laissent voir sans peine ce que serait cet appareil. Nous venons de reconnaître qu'Arago avait fait construire un compensateur de ce genre lors de ses recherches sur son réfracteur interférentiel. Celui que nous avons fait nous-même établir, depuis deux années, fonctionne très-bien.

NOTE.

NOTE D (§ 349).

Théorème de Kulick. — Comment il permet de construire les trajectoires des vibrations résultantes elliptiques.

On doit à Kulick une démonstration élémentaire de la formule $T = \pi \sqrt{\dfrac{l}{g}}$, fondée sur une comparaison, élément par élément, du mouvement pendulaire varié, avec un certain mouvement uniforme. Rien n'est plus facile que d'étendre cette comparaison aux mouvements vibratoires, ces types du mouvement pendulaire.

Décrivons sur la droite $AA' = 2a$ (*fig.* 339, *Pl. XIV*), qui sépare les deux positions extrêmes d'une particule en vibration, prise comme diamètre, une circonférence de cercle et, qu'à l'instant où cette particule quitte la position A, une autre particule, partant également de A, soit lancée sur l'hémicercle inférieur avec un vitesse $b = 2\pi\dfrac{a}{T}$, égale à celle maxima que la première atteint en passant par sa position d'équilibre O. Nous prétendons que les deux mobiles occuperont constamment sur les deux trajectoires des points M et m, N et n, ..., qui se correspondent par voie de projection. En effet, l'arc AM, décrit après le temps t par le deuxième mobile, vaut $2\pi a \dfrac{t}{T}$ et a pour cosinus tabulaire $\cos 2\pi \dfrac{t}{T}$. Mais le § 9 donne, après le temps t, pour l'élongation $Om = x$, la valeur

$$a \cos \sqrt{k}\, t = a \cos \frac{2\pi t}{T}.$$

Donc Om est bien la projection de OM; l'arc élémentaire MN et sa projection mn sont donc arcs simultanément décrits, et les mouvements complets, à savoir, un va et un vient pour le premier mobile, une révolution pour le second, jouissent, comme les mouvements élémentaires, du synchronisme.

Cela posé, on peut, avec M. Lissajous, accommoder, comme il suit, ce théorème à la construction, par points, des ellipses étudiées dans

le chapitre XII. Soit φ l'anomalie de la vibration retardée OY ; le
tout est, quand on a fait choix d'une position a sur la première trajectoire AA', de découvrir sur la seconde BB' le point b correspondant.
La considération des mouvements uniformes concomitants y conduit
sans peine. Ayant en effet décrit les circonférences OA, OB (*fig.* 340.
Pl. XIV), la position a (supposée antérieure à A), correspondra avec
a_1 qui donnera, par l'angle $AOa_1 = \alpha$, la fraction de T qui s'écoulerait
dans le trajet aA. $\alpha + \varphi$ est donc la fraction de T qui sépare de B la
position cherchée b. Si donc on prend, à partir de B, et vers la gauche.
un arc Bb_1 qui soit, de la circonférence OB, la partie aliquote $\alpha + \varphi$. on
aura dans b_1 la position conjuguée de b, et cette dernière s'obtiendra dès
lors en menant $b_1 b$ parallèle à OX. Cette parallèle, prolongée jusqu'à la
rencontre de $a_1 a$, donnera un point p de la courbe. S'il s'agissait de la
position a postérieure à A, elle se conjuguerait sur le premier cercle
avec a_2. En supposant $\varphi > \alpha$, il s'en faudrait de l'angle $\varphi - \alpha$ ou de
l'arc Bb_2 que le deuxième mobile uniforme ne fût en B ; et l'on aurait
un nouveau point q de la courbe par l'intersection de $a a_2$ avec une
parallèle aux X menée par b_2. Il suffit, pour obtenir la trajectoire résultante elliptique de répéter cette construction pour un nombre suffisant de points.

Le nombre des lignes indispensables devient moindre et l'épure se
simplifie quand on choisit pour φ une partie aliquote exacte, $\frac{1}{n}$, de la
circonférence. C'est ce qu'a fait M. Lissajous dans l'étude des courbes
compliquées auxquelles le conduisaient les phénomènes de l'acoustique.
En optique, où l'on n'a affaire qu'à l'ellipse et à ses variétés, un tel
choix a moins d'utilité. Nous engageons le lecteur à appliquer la synthèse qui a fait l'objet de cette note aux points délicats du chapitre XII.
et nous ne doutons pas qu'elle n'y jette de nouvelles lumières.

FIN DU TOME SECOND ET DERNIER.

ERRATA.

TOME PREMIER.

Page	ligne	au lieu de	lisez
58	la note	§ 489..........	dernière note du § 490.
211 et 214	26 7	$\sin \alpha \dfrac{a}{\frac{2\pi}{\lambda}(q-p)_{2-1}}$.	$\dfrac{a}{\frac{2\pi}{\lambda}(q-p)_{2-1}} \sin \alpha.$
212	12	$\sin \alpha \dfrac{F}{G}$	$\dfrac{F}{G} \sin \alpha.$
214	dernière	$\sin \alpha\,(q-p)_{2-1+3-4}.$	$(q-p)_{2-1+3-4} \sin \alpha.$
282	dernière	§ 234..........	§ 235.
414	avant-dern.	$= \cos^3(l-r)$.....	$= -\cos^3(l-r).$
511	23	polaire..........	polaire de Wheatstone.

Page 489. Le tableau qui suit est tiré des expériences de M. Wertheim, mais il ne diffère sensiblement pas du tableau analogue formé par M. Brücke.

TOME SECOND.

Page	ligne	au lieu de	lisez
38	dernière	page 461.........	tome Ier, page 461.
74	20	§ 580..........	§ 589, la note.
99	25	=..............	= —.
102	6	§ 50..........	§ 52.
132	10	§ 445..........	§ 442.
132	23	§ 235..........	§ 239.
155	4	densité à $\dfrac{1}{l'}$......	densité à $\dfrac{1}{l'^2}.$
164	fin du tabl.	$\dfrac{\gamma^2 \cos r'}{A}$........	$\dfrac{\gamma^2 \cos r'}{P}.$
164	17	$\dfrac{\gamma^2 \cos r}{P}$........	$\dfrac{\gamma^2 \cos r'}{P}.$
191		Dans le § 484, ρ désigne $\dfrac{k}{h}$ au lieu de $\dfrac{h}{k}.$	

ERRATA.

Page	ligne	au lieu de	lisez
197	5	$\pi - \sigma$............	$\pi - 2\,\sigma.$
301	23	ρ...............	$\rho'.$
341	10	$\alpha - 2\,(r - \alpha)$.....	$\pi - 2\,(r - \alpha).$
348	3	$J = je \ldots P_j = \rho_j\,e.$	$j = JE \ldots \rho_j = P\,e.$
377	22	L...............	$l.$
384	21	$+\,34$..........	$+\,34.$
408	12	$Fig.\ 268$........	$Fig.\ 273.$
416	9	activité...........	inactivité.
439	17	a...............	$x.$
478	25	$+\,k\,(1 + k)$.......	$+\,k\,(1 - k).$
484	9	$Fig.\ 267$.........	$297.$
490	22	$X \sin \alpha - Y \cos \alpha$..	$Y \sin \alpha - X \cos \alpha.$
517	5	axes de l'ellipsoïde..	axes des ellipses four- nies par.
532	8	$-\,(a^2\,b^2 + c^2)\,x^2$...	$-\,a^2\,(b^2 + c^2)\,x^2.$
580	25	$W'^2 = \ldots W''^2$....	$\dfrac{1}{W'^2} = \ldots \dfrac{1}{W''^2} = \ldots$

458   9 Déplacer le dernier crochet] et le mettre après
$\cos(\xi - \rho)$

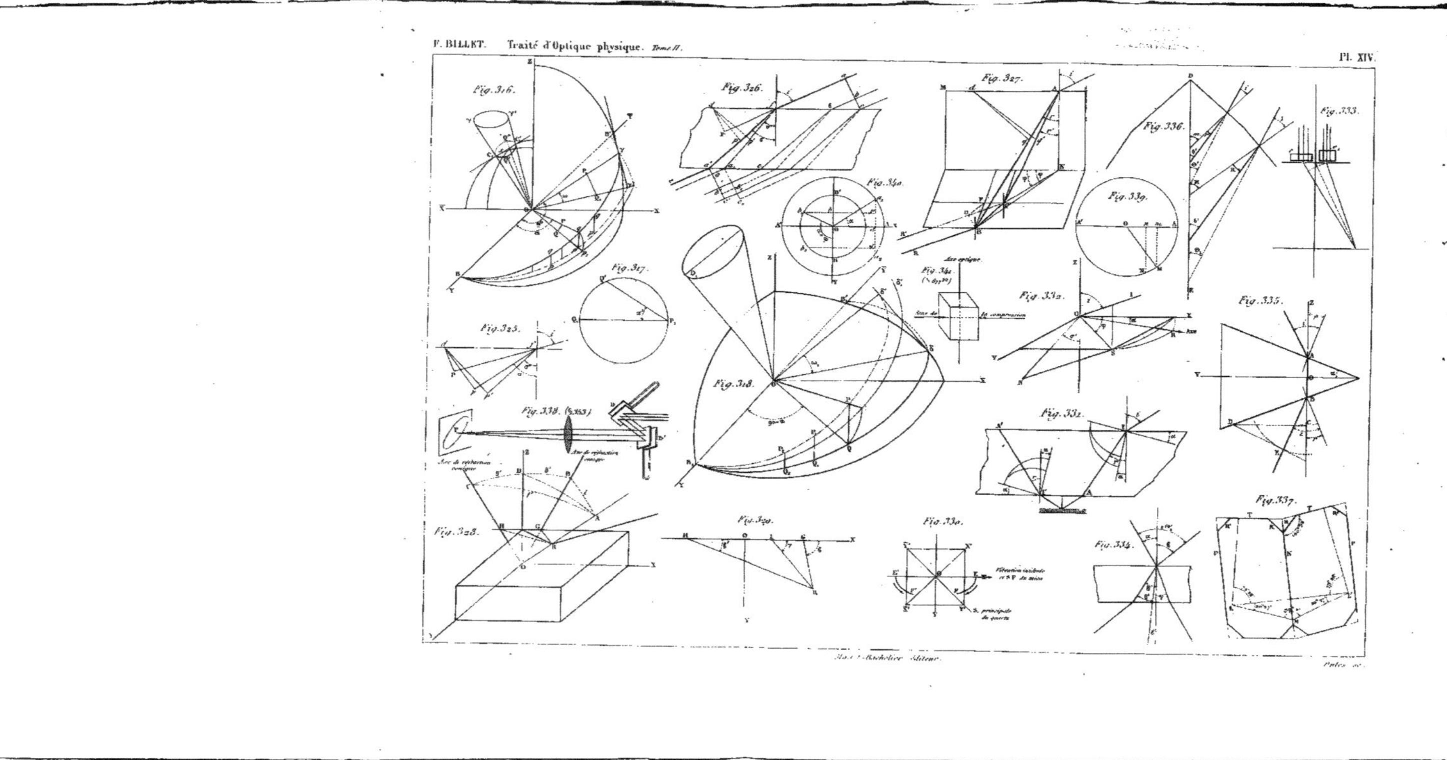

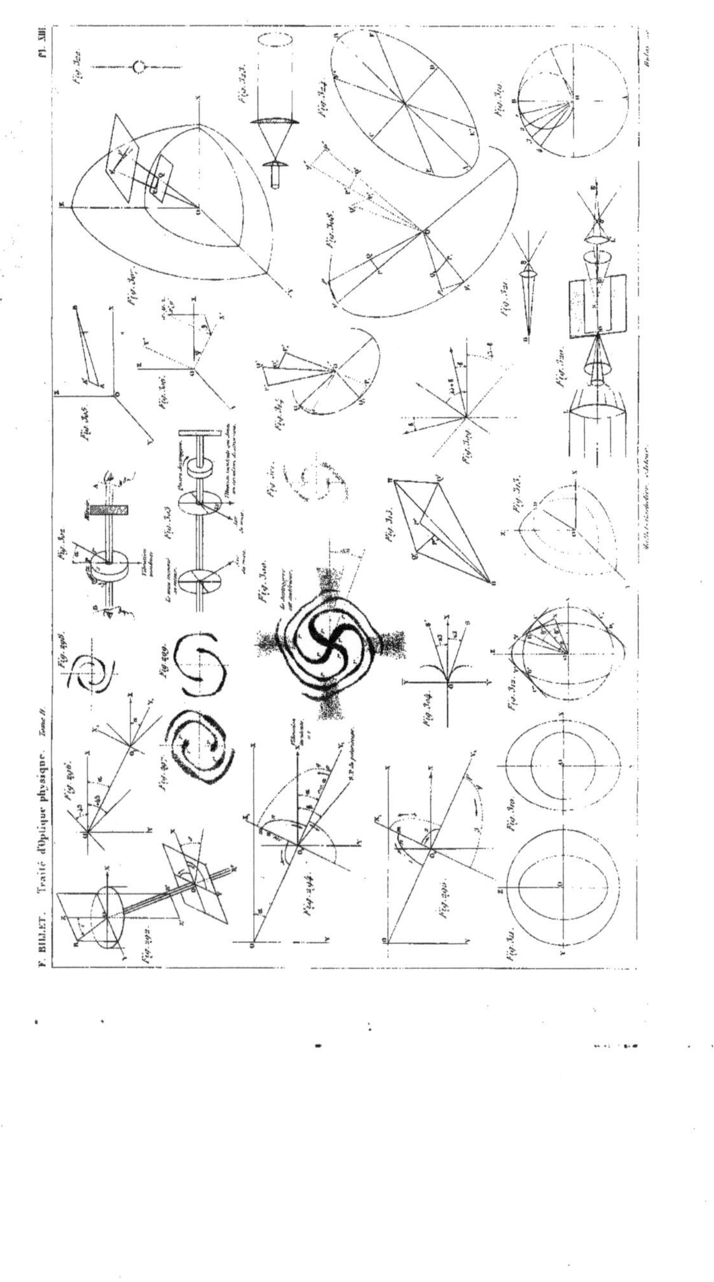

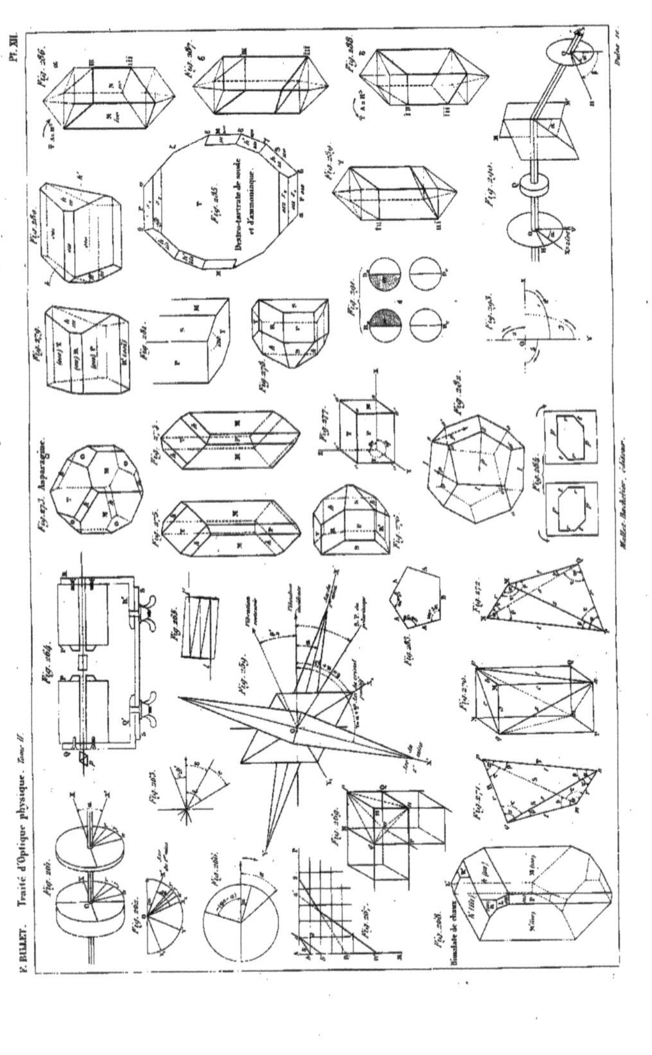

Pl. XII.
F. BILLET. Traité d'Optique physique. Tome II.

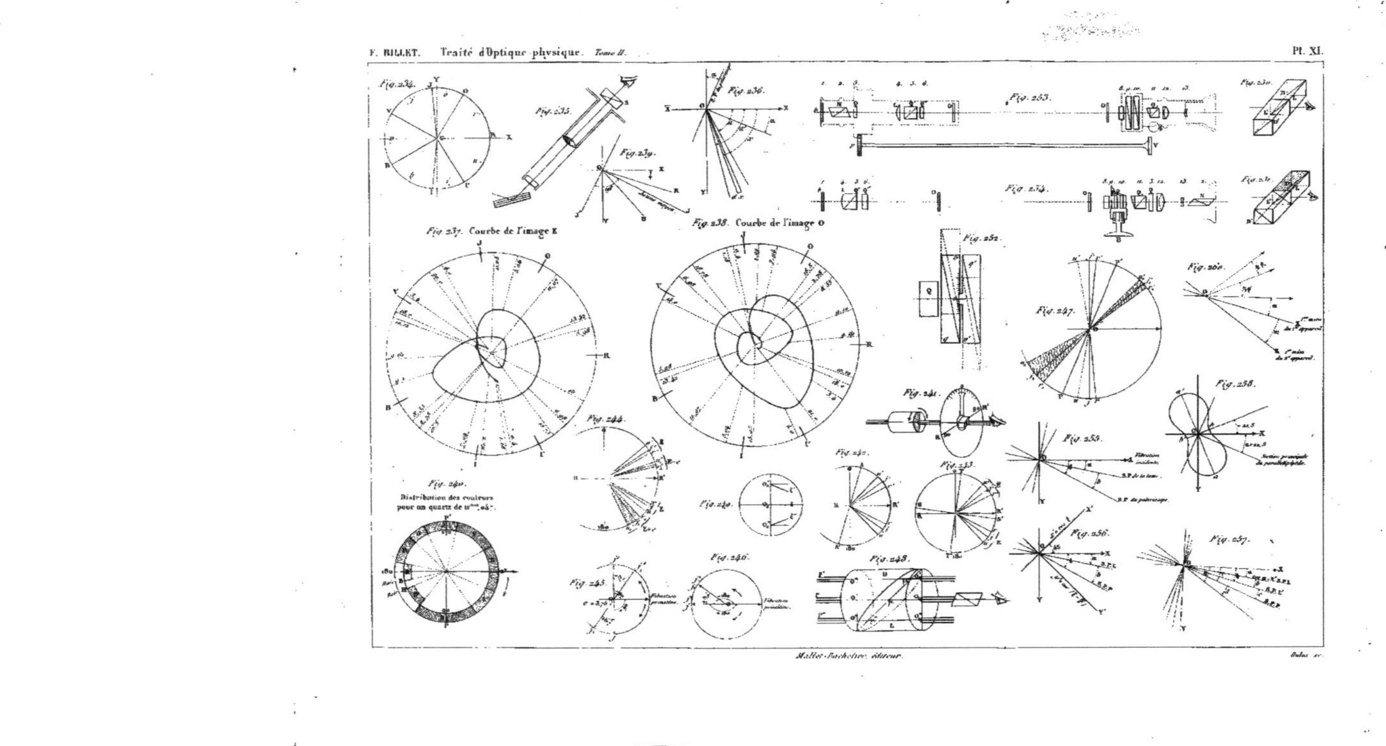

Fig. 234.
Fig. 235.
Fig. 236.
Fig. 239.
Fig. 253.
Fig. 254.
Fig. 251.
Fig. 252.
Fig. 237. Courbe de l'image E
Fig. 238. Courbe de l'image O
Fig. 247.
Fig. 250.
Fig. 258.
Fig. 241.
Fig. 255.
Fig. 244.
Fig. 242.
Fig. 240.
Fig. 243.
Fig. 256.
Fig. 257.
Fig. 240.
Distribution des couleurs
pour un quartz de 1mm,64.
Fig. 245.
Fig. 246.
Fig. 248.

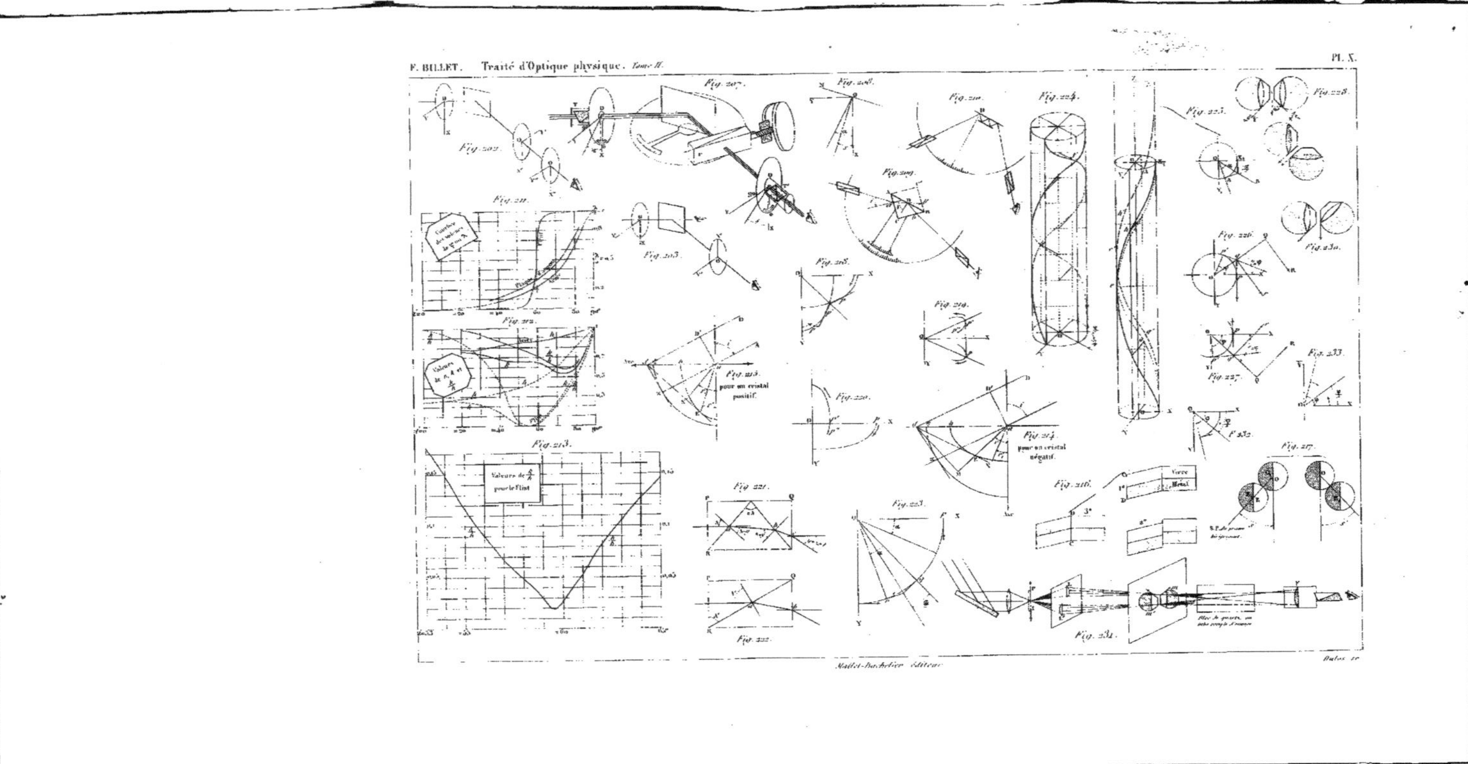
Fig. 209.
Fig. 207.
Fig. 208.
Fig. 210.
Fig. 224.
Fig. 223.
Fig. 228.
Fig. 211.
Fig. 206.
Fig. 205.
Fig. 226.
Fig. 230.
Fig. 212.
Fig. 223.
pour un cristal positif.
Fig. 218.
Fig. 214.
Fig. 220.
Fig. 227.
Fig. 233.
Fig. 213.
Valeurs de A/λ pour le Flint
Fig. 214.
pour un cristal négatif.
Fig. 232.
Fig. 216.
Verre
Métal
Fig. 217.
Fig. 221.
Fig. 225.
Fig. 231.
Fig. 222.
Fig. 219.
Valeurs de A/λ
Pince de quartz, en sous-coupe d'oxroux.

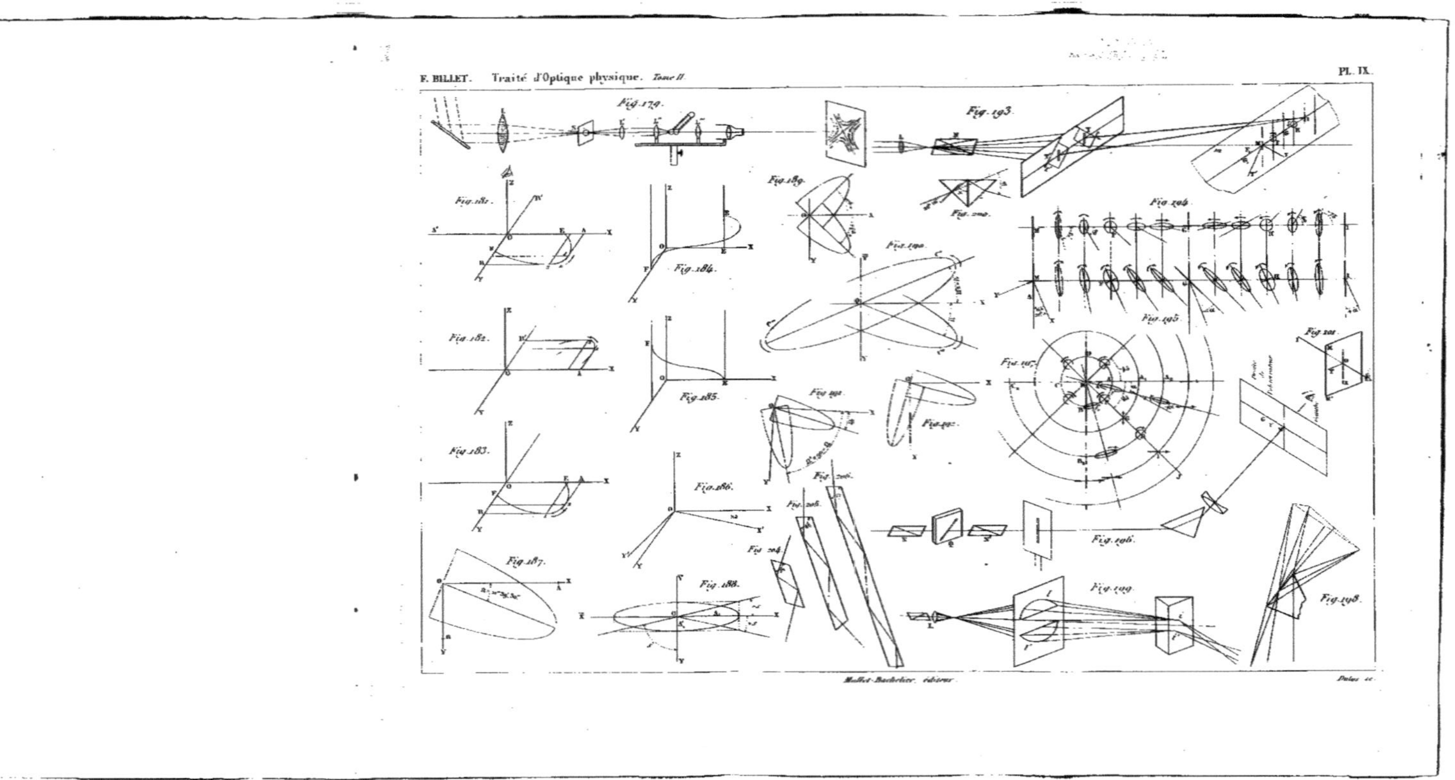

F. BILLET.   Traité d'Optique physique.   Tome II.
Pl. IX
Fig. 179.
Fig. 193.
Fig. 181.
Fig. 189.
Fig. 204.
Fig. 184.
Fig. 190.
Fig. 195.
Fig. 182.
Fig. 197.
Fig. 201.
Fig. 185.
Fig. 191.
Fig. 192.
Fig. 183.
Fig. 186.
Fig. 203.
Fig. 205.
Fig. 196.
Fig. 187.
Fig. 204.
Fig. 188.
Fig. 199.
Fig. 198.
Mallet-Bachelier, éditeur.

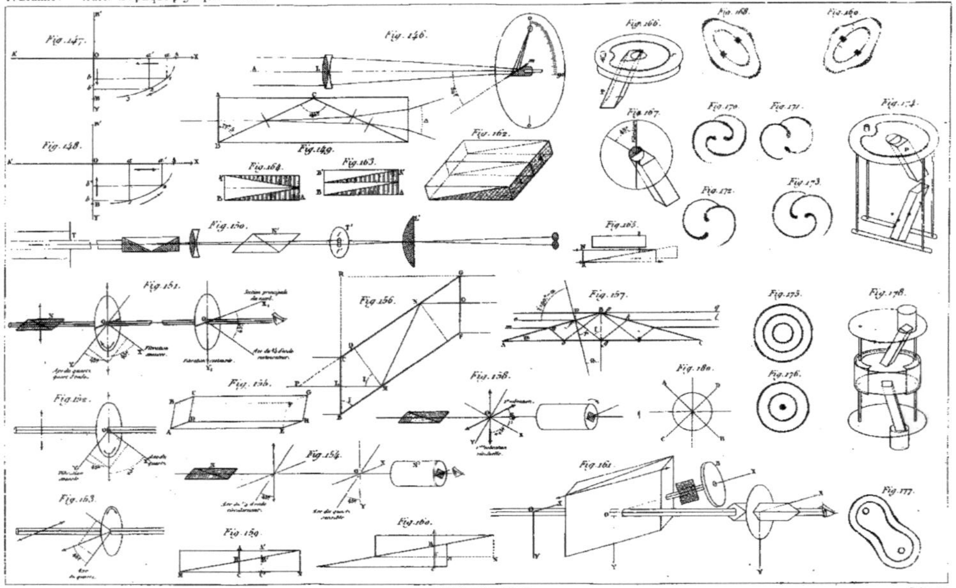

Fig. 147.
Fig. 148.
Fig. 146.
Fig. 149.
Fig. 162.
Fig. 164.
Fig. 163.
Fig. 166.
Fig. 168.
Fig. 169.
Fig. 167.
Fig. 170.
Fig. 171.
Fig. 174.
Fig. 172.
Fig. 173.
Fig. 150.
Fig. 165.
Fig. 151.
Fig. 156.
Fig. 157.
Fig. 175.
Fig. 178.
Fig. 152.
Fig. 155.
Fig. 158.
Fig. 180.
Fig. 176.
Fig. 153.
Fig. 154.
Fig. 161.
Fig. 159.
Fig. 160.
Fig. 177.

Mallet-Bachelier, éditeur.

Dulos sc.

LIBRAIRIE DE GAUTHIER-VILLARS,

QUAI DES AUGUSTINS, 55, A PARIS.

BOUSSINGAULT, Membre de l'Institut. — **Agronomie, Chimie agricole et Physiologie.** 4 vol. in-8, avec planches; 2ᵉ édit.; 1860-1861-1868. 20 fr.
Chaque volume se vend séparément .... **5 fr.**

EBELMEN, Ingénieur en chef au Corps des Mines, Professeur de Docimasie à l'École des Mines de Paris, Administrateur de la Manufacture de Porcelaine de Sèvres. — **Chimie, Céramique, Géologie, Métallurgie**; Recueil des travaux *d'Ebelmen*, revu par M. *Salvétat*. 3 vol. in-8, avec figures dans le texte; 1861 .... **15 fr.**

JAMIN (J.), Membre de l'Institut, Professeur de Physique à l'École Polytechnique. — **Cours de Physique de l'École Polytechnique.** 2ᵉ édition. 3 vol. in-8, avec 943 figures dans le texte et 8 planches gravées sur acier; 1869-1871. (Ouvrage complet.) .... **32 fr.**

On vend séparément :

Le tome Iᵉʳ .... **12 fr.**
Les tomes II et III .... **20 fr.**

LAURENT (A.), Membre correspondant de l'Institut (Académie des Sciences. Section de Chimie), Ingénieur des Mines, ancien professeur de Chimie à la Faculté des Sciences de Bordeaux, essayeur à la Monnaie. — **Méthode de Chimie**, précédée d'un Avis AU LECTEUR, par M. *Biot*, Membre de l'Institut. In-8, avec figures dans le texte; 1854 .... **8 fr.**

SALVÉTAT (A.), Chef des Travaux chimiques à la Manufacture de Sèvres. — **Leçons de Céramique** professées à l'École Centrale des Arts et Manufactures, ou **Technologie céramique**, comprenant les **Notions de Chimie, de Technologie et de Pyrotechnie applicables à la fabrication, à la synthèse, à l'analyse, à la décoration des poteries.** 2 vol. in-18, avec 479 figures dans le texte; 1857 .... **12 fr.**

VINCENT (C.), Ingénieur, Répétiteur de Chimie industrielle à l'École Centrale des Arts et Manufactures. — **Carbonisation des bois en vases clos et utilisation des produits dérivés.** 1 vol. gr. in-8, avec belles figures gravées sur bois; 1873 .... **5 fr.**

La Chimie est sans contredit la science qui a le plus largement contribué au développement des arts industriels. C'est à elle, en effet, que sont dus les perfectionnements apportés à la préparation de nombreux produits, tels que la soude, la potasse, les acides minéraux, l'alcool, etc.; mais, à côté de ces fabrications que la Chimie n'a fait que perfectionner, il en est d'autres qui sont nées dans le laboratoire même et que l'industrie n'a eu qu'à mettre en pratique; de ce nombre sont les belles et nombreuses matières colorantes dérivées des huiles de goudron de houille, qui ont produit une véritable révolution industrielle tant dans la teinture que dans la préparation de produits n'existant jusqu'alors que dans les laboratoires les mieux pourvus. C'est ainsi qu'on a dû tout à coup obtenir en quantité considérable la nitrobenzine, l'aniline, la toluidine, les iodures de méthyle et d'éthyle, l'éther méthylnitrique, etc.

Ces matières ont nécessité le développement de fabrications secondaires, qui n'avaient autrefois qu'une faible importance industrielle, et dont, jusqu'à présent, les Traités de Chimie appliquée à l'industrie ont peu parlé. Citons en particulier celles de l'acide acétique, des acétates, de l'alcool méthylique, des éthers méthyliques, etc.

Cependant leur importance croît chaque jour, et il a paru utile de les faire connaître en détail. L'Auteur était bien préparé à faire ce travail; car, depuis douze années, il s'est occupé spécialement des questions qui font l'objet de cet Ouvrage, et il a installé plusieurs fabriques pour la carbonisation des bois en vases clos et l'utilisation des produits dérivés. Il a dû examiner et discuter les divers procédés, les divers appareils relatifs à ces fabrications, et il a pu facilement grouper ici tous les renseignements qui s'y rapportent. Il lui a paru intéressant d'y joindre les propriétés et les préparations des principaux dérivés de l'acide acétique et de l'alcool méthylique, auxquels l'usage industriel peut d'un moment à l'autre donner une importance qu'ils n'ont point encore. En résumé, l'Auteur a été conduit à rassembler des documents bien complets sur la carbonisation des bois en vases clos, sur le traitement des produits bruts obtenus et leur emploi, sur la préparation des acétates, de l'alcool méthylique et de ses éthers, sur l'utilisation des divers résidus, et sur la fabrication du gaz au bois, qui offre un avenir certain dans un grand nombre de localités.